U0370091

普通高等教育“十二五”电气信息类规划教材

过程控制系统与装置

张宏建　张光新　戴连奎　等 编著

机 械 工 业 出 版 社

本书以生产过程为背景介绍生产过程及典型装置各种参数的检测和控制方法。首先介绍过程控制的要求和特点，被控对象、控制器、执行器、测量变送单元的特性与分析；然后针对工业生产过程的主要参数介绍其检测方法和控制系统的设计；最后介绍计算机控制系统并结合典型生产装置介绍先进控制技术的设计方法和应用。

本书可以作为自动化专业本科生以及化学工程、热能工程炼油和轻工等专业的本科生或研究生教材，也可以作为从事生产过程检测控制的研究人员和工程技术人员的参考用书。

图书在版编目（CIP）数据

过程控制系统与装置/张宏建等编著. —北京：机械工业出版社，2012. 8

普通高等教育“十二五”电气信息类规划教材

ISBN 978-7-111-38563-9

Ⅰ. ①过…　Ⅱ. ①张…　Ⅲ. ①过程控制 - 自动控制系统 - 高等学校 - 教材　Ⅳ. ①TP273

中国版本图书馆 CIP 数据核字（2012）第 109561 号

机械工业出版社（北京市百万庄大街 22 号　邮政编码 100037）

策划编辑：于苏华　责任编辑：于苏华　王　荣　王雅新

版式设计：刘怡丹　责任校对：张晓蓉

责任印制：乔　宇

三河市国英印务有限公司印刷

2012 年 9 月第 1 版第 1 次印刷

184mm×260mm　19.75 印张 · 484 千字

标准书号：ISBN 978-7-111-38563-9

定价：39.00 元

凡购本书，如有缺页、倒页、脱页，由本社发行部调换

电话服务	网络服务
社服务中心：(010) 88361066	教材网：http://www.cmpedu.com
销售一部：(010) 68326294	机工官网：http://www.cmpbook.com
销售二部：(010) 88379649	机工官博：http://weibo.com/cmp1952
读者购书热线：(010) 88379203	**封面无防伪标均为盗版**

全国高等学校电气工程与自动化系列教材
编审委员会

序

随着科学技术的不断进步，电气工程与自动化技术正以令人瞩目的发展速度，改变着我国工业的整体面貌。同时，对社会的生产方式、人们的生活方式和思想观念也产生了重大的影响，并在现代化建设中发挥着越来越重要的作用。随着与信息科学、计算机科学和能源科学等相关学科的交叉融合，它正在向智能化、网络化和集成化的方向发展。

教育是培养人才和增强民族创新能力的基础，高等学校作为国家培养人才的主要基地，肩负着教书育人的神圣使命。在实际教学中，根据社会需求，构建具有时代特征、反映最新科技成果的知识体系是每个教育工作者义不容辞的光荣任务。

教书育人，教材先行。机械工业出版社几十年来出版了大量的电气工程与自动化类教材，有些教材十几年、几十年长盛不衰，有着很好的基础。为了适应我国目前高等学校电气工程与自动化类专业人才培养的需要，配合各高等学校的教学改革进程，满足不同类型、不同层次的学校在课程设置上的需求，由中国机械工业教育协会电气工程及自动化学科教学委员会、中国电工技术学会高校工业自动化教育专业委员会、机械工业出版社共同发起成立了“全国高等学校电气工程与自动化系列教材编审委员会”，组织出版新的电气工程与自动化类系列教材。这套教材基于**“加强基础，削枝强干，循序渐进，力求创新”**的原则，通过对传统课程内容的整合、交融和改革，以不同的模块组合来满足各类学校特色办学的需要。并力求做到：

1. 适用性：结合电气工程与自动化类专业的培养目标、专业定位，按技术基础课、专业基础课、专业课和教学实践等环节，进行选材组稿。对有的具有特色的教材采取一纲多本的方法。注重课程之间的交叉与衔接，在满足系统性的前提下，尽量减少内容上的重复。

2. 示范性：力求教材中展现的教学理念、知识体系、知识点和实施方案在本领域中具有广泛的辐射性和示范性，代表并引导教学发展的趋势和方向。

3. 创新性：在教材编写中强调与时俱进，对原有的知识体系进行实质性的改革和发展，鼓励教材涵盖新体系、新内容、新技术，注重教学理论创新和实践创新，以适应新形势下的教学规律。

4. 权威性：本系列教材的编委由长期工作在教学第一线的知名教授和学者组成。他们知识渊博，经验丰富。组稿过程严谨细致，对书目确定、主编征集、资料申报和专家评审等都有明确的规范和要求，为确保教材的高质量提供了有力保障。

此套教材的顺利出版，先后得到全国数十所高校相关领导的大力支持和广大骨干教师的积极参与，在此谨表示衷心的感谢，并欢迎广大师生提出宝贵的意见和建议。

此套教材的出版如能在转变教学思想、推动教学改革、更新专业知识体系、创造适应学生个性和多样化发展的学习环境、培养学生的创新能力等方面收到成效，我们将会感到莫大的欣慰。

全国高等学校电气工程与自动化系列教材编审委员会

汪槱生 陈伯时 郑大钟

前　言

本书为普通高等教育电气工程与自动化类“十一五”规划教材，内容主要涉及以生产过程为对象的过程参数的检测与控制方法。本书以过程控制系统的组成和生产过程的主要参数为出发点进行编写，便于读者较快地了解控制系统的概念和常规的设计方法。本书的编排如下：第1章介绍过程控制系统的基本概念和特点；第2章根据控制系统的组成环节分别介绍被控对象、测量变送单元、执行器、控制器及其他辅助单元；第3章按照工业生产过程常见的参数介绍温度、压力、流量、液位和成分等参数的检测方法和相应的简单控制系统的设计；第4章结合典型生产装置介绍串级、前馈、比值、均匀、分程、选择等复杂控制系统的设计与实现方法；第5章介绍计算机控制系统；第6章和第7章介绍解耦控制、预测控制、自适应控制、软测量等先进检测控制方法。

本书的特点是自动化仪表部分的内容不单独成章，而是与控制系统紧密结合，这样可以使读者在掌握各种检测仪表的测量原理基础上，加深对仪表特性和测量环节对控制系统的影响的认识，进一步全面了解各类控制系统的特点。另外，本书在编排上尽量将各种应用实例结合在相应的控制系统的设计中，便于读者理解各种控制策略的基本原理、应用场合和应用特点，有利于提高学习的针对性和学习的兴趣。

张宏建编写第7章，张光新编写第1、2章，戴连奎编写第4、6章，张宏建、张光新共同编写第3章，张光新、冯冬芹、曾逢春、蔡庆荣共同编写第5章。全书由张宏建统稿并定稿。

由于作者水平有限，书中错误、不妥之处在所难免，希望读者批评指正。

作　者

目　　录

第 1 章　过程控制系统概述

1.1　过程控制的发展和特点

1.1.1　过程控制的发展概况

过程控制是一个系统的概念，它的发展与控制理论、自动化仪表以及过程控制系统的发展紧密相关，三者相互影响、相互促进，推动了过程控制不断地向前发展。

1. 控制理论的发展

自动控制理论是研究自动控制共同规律的技术科学，它的发展初期是以反馈理论为基础的自动调节原理。根据自动控制技术发展的不同阶段，自动控制理论相应经历了从经典控制理论、现代控制理论，到控制论、信息论、系统论等学科交叉的若干发展阶段。

经典控制理论是指在 20 世纪 40 年代到 50 年代末期所形成的理论体系，它主要是研究单输入单输出（SISO）线性定常系统的分析和设计，其理论基础是描述系统输入-输出关系的传递函数，解决 SISO 系统的稳定性问题。多年来，经典控制理论在工业过程的工程实践中得到了非常广泛的应用，特别是在解决比较简单的控制系统的分析和设计问题方面卓有成效。

现代控制理论是 20 世纪 60 年代初期，为适应系统的非线性特性、多变量特性和最佳性能要求等需要而出现的新理论。现代控制理论主要以状态空间方法为基础，以 Pontryagin 极大值原理、Bellman 动态规划和 Kalman 滤波等最优控制理论为特征，研究多输入多输出（MIMO）、变参数等复杂系统的“反馈”和“最优”控制问题。随后，相继产生和发展了系统辨识、随机控制、鲁棒控制和自适应控制等很多理论分支。20 世纪 70 年代开始，为了解决大规模复杂系统的控制和优化问题，现代控制理论和系统理论相结合，基于大系统的分解和协调思想，逐步发展形成了大系统理论。现代控制理论在航空、航天和军事等领域取得了辉煌的成果，但对于复杂的工业过程有时却显得力不从心。

20 世纪 80 年代以来，对于具有多变量、强耦合性、不确定性、非线性、信息的不完全性和大纯滞后等特征的复杂系统，软测量和软测量建模、预测控制、基于知识的专家系统、模糊控制、神经网络控制、基于信息论的智能控制等先进控制技术应运而生，成为自动控制的前沿学科。目前先进控制技术不但在理论上不断创新，而且在实际生产应用中也取得了令人瞩目的成绩。近几十年来，计算机及计算机控制技术的飞速发展为各种先进控制技术的实施提供了强大的平台，过程控制开始突破自动化孤岛的传统模式，出现了集控制、优化、调度和管理于一体的新模式，控制目标从稳定性、准确度等工艺质量指标的控制，逐渐转向以提高产品质量、降耗节能和减少污染等综合质量指标的控制上，并最终以效益为驱动力来重新组织整个生产系统。

需要指出的是，现代控制理论和先进控制技术的发展，虽然解决了经典控制理论不能解决的许多理论和工程问题，但这绝不意味着经典控制理论已经过时。相反，在自动控制技术的发展中，由于经典控制理论便于工程应用，今后还将继续发挥其理论指导作用。

2. 自动化仪表的发展

自动化仪表是一种“信息机器”，其主要功能是信息形式的转换和表达，将输入信号转换成输出信号。信号可以按时间域或频率域表达，信号的传输则可调制成连续的模拟量或断续的数字量形式。自动化仪表的发展一直适应着工业的需要，经历了自力式、基地式、单元组合式、智能式和总线式几个发展阶段。其中，智能式仪表和总线式仪表通常称之为数字式仪表。目前，在工业现场广泛应用的主要有单元组合仪表和各种各样的数字仪表。

按照工作能源的不同，单元组合仪表还可分为电动单元组合仪表（DDZ）和气动单元组合仪表（QDZ）两大类，它们都经历了Ⅰ型、Ⅱ型、Ⅲ型3个阶段。就电动单元组合仪表而言，DDZ—Ⅰ型、Ⅱ型和Ⅲ型仪表的核心器件分别是电子管、晶体管和集成电路，从中也可以体会到单元组合仪表的发展历程。从20世纪50年代到70年代期间，单元组合仪表经过不断改进，性能已日臻完善。如今，各种DDZ—Ⅲ型仪表、部分DDZ—Ⅱ型仪表和以气动执行器为代表的气动仪表，在包括计算机控制系统在内的各类自动化装置中仍然扮演着极其重要的角色。值得一提的是，20世纪80年代初期，电动单元组合仪表还经历了以单片机为核心器件的DDZ—S型系列仪表这一短暂的发展过程，随后被发展迅速的智能仪表和现场总线仪表所取代。

智能仪表就是在普通的模拟仪表基础上增加微处理器电路而形成的仪表。这里所谓的“智能”，是指现场仪表具有普通模拟仪表拥有的信号变换、补偿、驱动等常规功能以外，还具有一定的拟人智能的特性或功能，例如自适应、自学习、自校正、自诊断和自组织等。智能仪表的特点主要是：可进行远程通信和管理、测控准确度高、使用与维修方便等。现场总线仪表则是支持标准化现场总线协议的智能仪表，它以数字化、网络化为其技术内涵，具有功能自治能力，可直接作为现场总线控制系统的智能网络节点并进行信息的数字化通信，甚至集成各种控制功能，实现真正意义上的全数字全分散控制。具有标准化现场总线协议是总线仪表最主要的技术特征。由于现阶段现场总线多标准并存（如FF、Profibus、EPA、CAN等），现场总线智能仪表通信协议很难统一。因而，总线仪表将像现场总线一样，开放统一的通信标准是其主要的发展方向。

3. 过程控制系统的发展

从结构形式上看，过程控制系统经历了基地式仪表控制系统、单元组合仪表控制系统、集中型计算机控制系统、集散控制系统（Distributed Control System，DCS）、现场总线控制系统（Fieldbus Control System，FCS）几个发展阶段。

（1）基地式仪表控制系统

基地式控制仪表相当于把单元组合仪表的几个单元组合在一起，构成一个仪表。它通常以指示、记录仪表为主体，附加控制、测量、给定等部件，其控制信号输出一般为开关量，也可以是标准统一信号。一个基地式仪表具有多种功能，与执行器联用，便可构成一个简单的调节系统。通常该类系统的功能较简单，控制准确度较低，适合用于单参数的控制。而且基地式仪表信号仅在本仪表内起作用，一般不能传送给别的仪表或系统，各测控点间的信号难以相互沟通，操作人员只能通过巡视生产现场来了解生产状况。

近年来也有在智能变送器、智能式执行机构或智能式阀门定位器中带有控制功能，可与其他现场智能仪表联合实现就地控制功能。当然，这已不再是简单意义上的基地式仪表控制，而是属于网络化控制系统中的全分散控制功能，各种仪表都成为系统中的网络节点，仪表与仪表之间、仪表与各层面的网络节点之间均可实现全数字化的通信。这种控制模式也是以 FCS 为代表的网络化控制系统的重要发展趋势。

（2）单元组合仪表控制系统

单元组合式控制仪表是根据控制系统各组成环节的不同功能和使用要求，将仪表做成能实现一定功能的独立仪表（称为单元），各个仪表之间用统一的标准信号进行联系。将各种单元进行不同的组合，可以构成多种多样、适用于各种不同场合需要的自动检测或控制系统，实现如 PID 控制和串级、均匀、比值、前馈、选择性等一些常用的复杂控制功能。这类控制系统通常把模拟控制器、显示记录等控制室仪表集中安装在控制室内的仪表盘上，操作人员可以坐在控制室纵观生产流程各处的状况。但模拟信号需要一对一的物理连接，信号变化缓慢，提高计算速度与准确度的难度大，成本也较高。为此，单纯由单元组合仪表构成的控制系统也因其功能单一、维护困难等原因，现已基本上被各类计算机控制系统所取代。

（3）集中型计算机控制系统

在应用过程控制之前，计算机主要作为数值运算、数据统计和数值分析的工具，与实际生产过程没有任何的物理连接。到 20 世纪 50 年代末，人们提供了计算机与过程装置间的接口，实现了“变送器—计算机—执行器”三者电气信号的直接传递，计算机系统在配备了变送器、执行器以及相关的电气接口后就可以实现过程的检测、监视、控制和管理。这种用数字控制技术简单地取代模拟控制技术，而不改变原有的控制功能，形成了所谓的直接数字量控制，简称 DDC。虽然控制功能极其有限，但这一开创性工作开辟了一个轰轰烈烈的计算机工业应用时代。

DDC 是计算机控制技术的基础，计算机首先通过 AI 和 DI 接口实时采集数据，把检测仪表送来的反映各种参数和过程状态的标准模拟量信号（4～20mA、0～10mA 等）和开关量信号(“0”／“1”）转换为数字信号及时送往过程控制计算机，计算机按照一定的控制规律进行计算，发出控制信息，最后通过 AO 和 DO 接口把主机输出的数字信号转换为适应各种执行器的控制信号（4～20mA、“0”／“1”等），直接控制生产过程。

典型的 DDC 控制系统原理图如图 1-1 所示，其本质上就是用一台计算机取代一组模拟调节器，构成闭环控制回路。相比于模拟仪表控制系统，DDC 的突出优点是计算灵活，它不仅能实现典型的 PID 控制规律，还可以分时处理多个控制回路。此外，随着计算机软硬件功能的发展，DDC 也很快发展到 PID 以外的多种复杂控制，如串级控制、前馈控制、解耦控制等。

在 20 世纪 60 年代，由于当时的计算机系统的体积庞大，价格非常昂贵，为了使计算机控制能与常规仪表控制相竞争，企图用一台计算机来控制尽可能多的控制回路，实现集中检测、集中控制和集中管理，出现了集中型计算机控制系统。从系统功能上说，集中型计算机控制就是 DDC 控制的简单发展。图 1-2 就是集中型计算机控制系统的原理图。在图 1-2 中，输入子系统 AI、DI，分别采集与控制有关的模拟量和开关量测量信号；输出子系统 AO、DO，用于输出模拟量和开关量控制信号。CRT 操作台代替传统的模拟仪表盘，实现参数的监视。

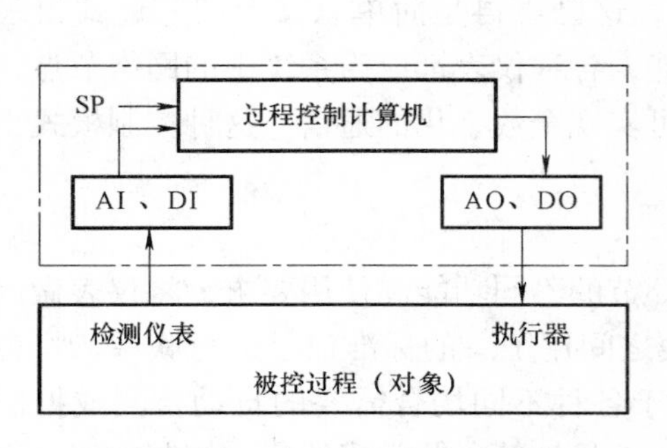

图 1-1　典型的 DDC 控制系统原理图

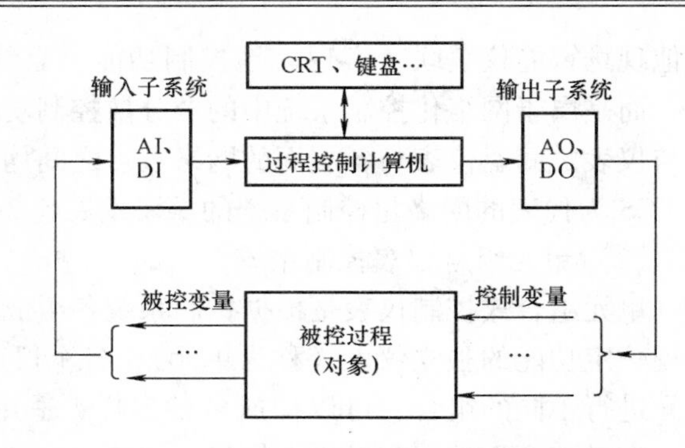

图 1-2　集中型计算机控制系统原理图

从表面上看，集中型计算机控制与常规仪表控制相比具有更大的优越性：信息集中，可以实现先进控制、联锁控制等各种更复杂的控制功能，也有利于实现更高层次上的优化控制和优化生产。由于当时计算机总体性能低，这种集中型的系统架构容易出现负荷过载，而且控制的集中也直接导致危险的集中，高度的集中使系统变得十分“脆弱”。在当时，集中型计算机控制系统并没有给工业生产带来明显的好处，曾一度陷入困境。

值得一提的是，随着当今计算机软硬件水平的提高，集中型计算机控制系统以其较高的性能价格比在许多中小型生产装置上又重新有了活力。

（4）集散控制系统

集中型计算机控制系统由于其可靠性方面的重大缺陷，在当时的过程控制中并没有得到成功的应用。人们开始认识到，要提高系统的可靠性，需要把控制功能分散完成；但考虑到生产过程的整体性要求，各个局部的控制系统之间还应当存在必要的相互联系，即所有控制系统的运行应当服从工业生产和管理的总体目标。这种管理的集中性和控制的分散性是生产过程高效、安全运行的需要，它直接推动了集散控制系统的产生和发展。

进入 20 世纪 70 年代，微处理器的诞生为研制新型结构的控制系统创造了无比优越的条件，一台微处理器实现几个回路的控制，若干台微处理器就可以控制整个生产过程，从而产生了以微处理器为核心的集中信息、集中管理、分散控制权、分散危险的集散型计算机控制系统（简称为集散控制系统，DCS），人们也常称之为分布式计算机控制系统。

层次化是集散控制系统最主要的体系特点。一个大的 DCS 系统可以分为若干层，大多数 DCS 系统自下而上分为 4 层：直接控制级、过程管理级、生产管理级和经营管理级。直接控制级主要实现现场数据采集、控制输出、安全性能和冗余性能的实施等功能；过程管理级主要包括系统组态、优化、运行过程的监控、故障监测等功能；生产管理主要是根据库存、能耗需求和约束等指标进行生产规划和调度；经营管理级居于最高一层，负责全厂范围的工程、经济、商务、人事以及其他的工作。在很多情况下，DCS 的功能层次和物理层次不一定完全相同，常常将两个或多个功能层上的任务或部分任务压缩到一个物理层次上去实现，这使 DCS 得以大大简化。

自 20 世纪 70 年代中期第一套 DCS 问世以来，已取得很多令人瞩目的成果。早期 DCS 的重点在于控制，以“分散”作为关键字。但随着网络技术的日臻完善和数据通信日趋标准化，现代发展更着重于全系统信息综合管理，今后“综合”又将成为其关键字，向实现控制体系、运行体系、计划体系、管理体系的综合自动化方向发展，通过由网络通信实现设备互连和资源网络化共享，实施从最底层的实时控制、优化控制上升到生产调度、经营管理，以至最高层的战略决策，形成一个具有柔性、高度自动化的管控一体化系统。

(5) 现场总线控制系统

在过去的几十年中，工业过程控制仪表一直采用 4 ~ 20mA 等标准的模拟信号传输，一对信号传输线中仅能单向地传输一个信息，如图 1-3 所示。随着微电子技术的迅猛发展，微处理器在过程控制装置和仪表装置中的应用日渐广泛，智能变送器、智能执行器等仪表产品得到了快速发展，由此出现了用数字信号传输代替模拟信号传输的技术需要。这种连接现场仪表、承担现场信号双向传输的通信网络被称为现场总线。根据国际电工委员会和现场总线基金会对现场总线的定义：现场总线是连接智能现场装置和自动化系统的数字式、双向传输、多分支结构的通信网络。

如图 1-4 所示，每个现场智能设备都视为一个网络节点，系统将通过现场总线实现各节点之间及其与过程控制管理层之间的信息传递与沟通，将不同区域的传感、控制、执行等分布对象通过网络连接起来，从而形成了更加灵活、功能更为强大、当然也更加复杂的控制体系。新型的现场总线控制系统突破了 DCS 中通信由专用网络实现所造成的缺陷，把基于封闭、专用的解决方案变成了基于公开、标准化的解决方案；把 DCS 集中与分散相结合的集散系统结构，变成了把控制功能彻底下放到现场、依靠现场智能设备本身实现基本控制功能的全分布式结构。因此，开放性、分散性与全数字通信是现场总线系统最显著的特征。

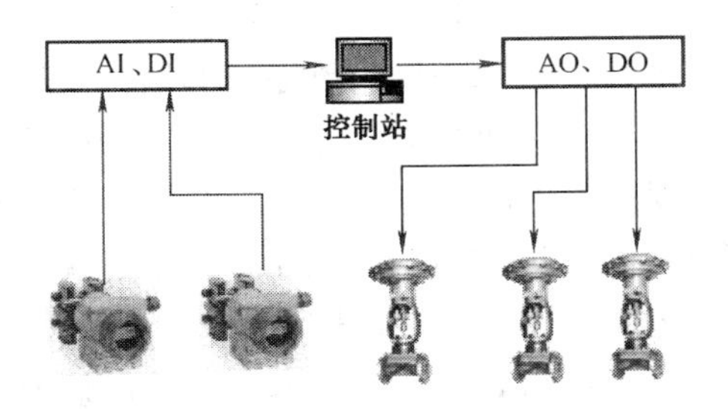

图 1-3　传统计算机控制结构示意图

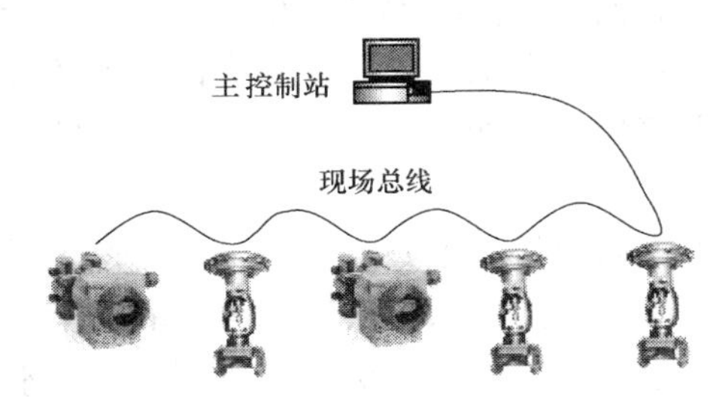

图 1-4　现场总线控制系统结构示意图

当前，现场总线及由此而产生的现场总线智能仪表和控制系统已成为全世界范围自动化技术发展的热点，这一涉及整个自动化和仪表的工业“革命”和产品全面换代的新技术在国际上已引起人们广泛的关注。特别是工业以太网技术，因其具有成本低、通信速率和带宽高、兼容性好、软硬件资源丰富和强大的持续发展潜力等诸多优点，正受到越来越广泛的关注，以太网应用于工业实时控制的一些关键技术问题正逐步得到解决。因此，基于工业以太网的现场总线技术已经成为现场总线和现场总线控制系统的主要发展方向。

1.1.2　过程控制的特点

自动控制技术在工业、农业、国防和科学技术现代化中起着十分重要的作用，自动控制水平的高低也是衡量一个国家科学技术先进与否的重要标志之一。随着国民经济和国防建设的发展，自动控制技术的应用日益广泛，其重要作用也越来越显著。

生产过程自动控制（简称过程控制）是自动控制技术在石油、化工、电力、冶金、机械、轻工、纺织等生产过程的具体应用，是自动化技术的重要组成部分。与其他自动控制系统相比，过程控制系统有如下几个特点：

1）生产过程的连续性　在过程控制系统中，大多数被控过程都是以长期的或间歇形式运行，被控变量不断地受到各种扰动的影响。

2）被控过程的复杂性　过程控制涉及范围广：石化过程的精馏塔、反应器；热工过程的换热器、锅炉等；生物发酵过程的发酵罐、成品包装系统等。很多被控对象的动态特性多为大惯性、大滞后形式，且具有非线性、分布参数和时变特性。

3）控制方案的多样性　被控过程对象特性各异，工艺条件及要求不同，过程控制系统的控制方案非常丰富，有常规的单回路 PID 控制、串级控制、前馈—反馈控制；更有为满足特定要求而开发的比值控制、均匀控制、选择性控制、推断控制、解耦控制、模糊控制、预测控制、最优控制等方法或策略。此外，顺序控制、过程联动、安全联锁等也属于过程控制的重要组成。随着过程控制技术的不断发展，以信息化为特征的综合自动化已成为当前的主要发展方向。

1.2 过程控制系统的组成

生产过程总是在一定的工艺参数条件下进行的。有些工艺参数直接表征生产过程，对生产效率和质量起着决定性的作用。例如，精馏塔的塔顶和塔釜温度，在操作压力保持不变的情况下，使塔内温度保持平稳，才能得到合格的产品。有些工艺参数虽然不直接影响生产效率和质量，然而保持其平稳是保证其他环节或工序良好、正常运行的前提。例如，换热系统中的蒸汽压力，如果换热系统入口蒸汽的压力波动剧烈，要把换热温度控制好将极为困难。有些工艺参数决定着生产过程的安全。例如，化学反应器内的温度和压力，在聚合反应过程中的温度参数控制不好，可能出现“爆聚”，使釜内压力迅速超出规定的限度，不仅会影响生产效率，更严重的还会威胁生产的安全。有些工艺参数和工艺过程控制不好，则会极大地增加生产的能耗水平。例如，传统风机、水泵的出口流量依靠风门、阀来调节，该种节流调节方式虽简单易行，但会造成能量的极大浪费。对于以上各种情况，在生产过程中都必须加以必要的控制。为了对自动控制有一个更清晰的了解，下面对人工控制和自动控制做一个对比和分析。

图 1-5 是一个储槽液位对象及其液位控制系统，图中，q_i表示物料的流入量，q_o表示物料的流出量，h 表示储槽的液位。

如图 1-5a 所示，稳态时，即单位时间内物料的流入量和出料量相等，储槽内的液位高度可维持在生产工艺所要求的液位高度上。此时如果生产工况发生变化，假设物料的流入量减少了，就会导致储槽内的液位下降。为了使储槽内的液位保持在既定的高度上，操作人员可以根据储槽内的液位变化情况，减小出料阀门的开度，使得槽内液位重新保持在工艺规定的高度上，这种依靠人工进行的操作称之为人工控制，如图 1-5b 所示。

所谓生产过程自动化就是在被控设备上安装过程控制装置，部分或者全部地取代人来对生产过程进行控制。如图 1-5c 所示，如果在储槽对象上安装液位变送器来实时测量储槽内的液位，把液位信号转换成标准的测量信号（如 4 ~ 20mA 等）送给控制器，控制器再对测量信号和给定值（工艺要求的液位高度）进行比较并按照一定的规律进行运算或决策后，

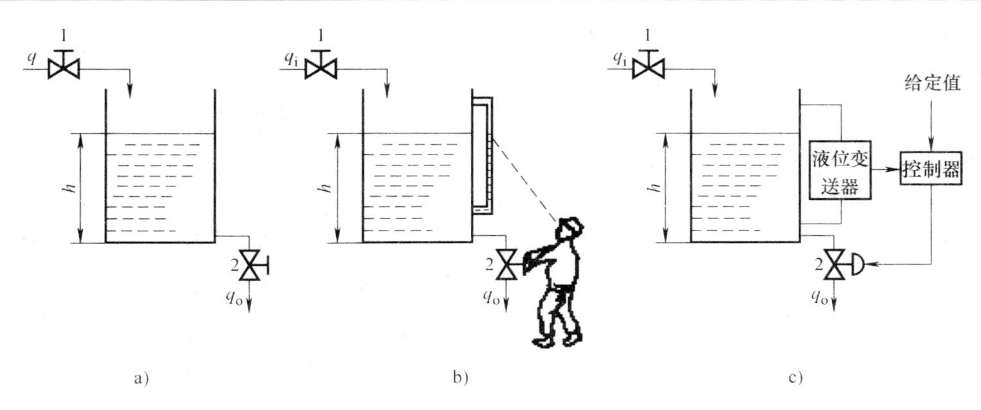

图 1-5　储槽液位对象及其液位控制系统示意图

a）储槽液位对象　b）人工控制　c）自动控制

1—进料阀　2—出料（调节）阀

输出一个控制信号给执行器（出料调节阀），执行器根据信号大小自动改变储槽的出料流量，就可以使储槽内的液位自动地保持在希望的高度上。这种依靠过程控制装置完成的操作称为自动控制。

过程控制的主要目的可归纳为 3 种类型，即实现工业生产过程中产品质量的自动控制、物料平衡的自动控制和限制条件的自动控制。

1.2.1　过程控制系统的组成和框图

图 1-6 是工业生产过程中常见的换热器自动控制系统示意图，被加热介质的出口温度是该系统重要的工艺参数。这种只采用单个负反馈控制回路进行自动控制的系统，也称为简单控制系统。

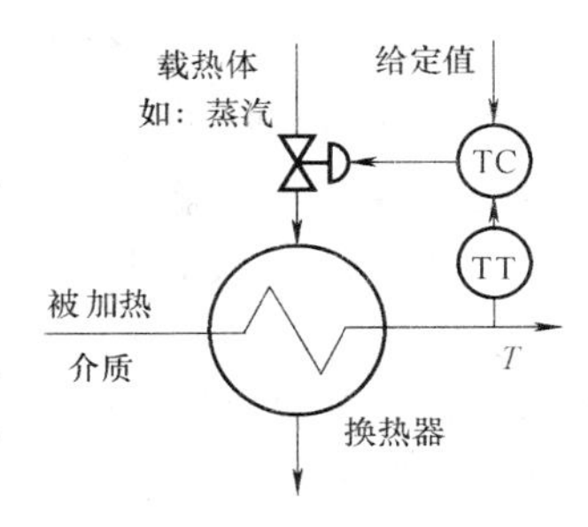

图 1-6　换热器自动控制示意图

不难看出，一个典型的简单控制系统由被控对象、检测元件和变送器、控制器（含计算机控制装置）以及执行器 4 个基本环节组成。事实上，任何复杂控制系统也都是由上述 4 类环节组成。例如，串级控制系统中包含主变量的测量和副变量的测量，因此也就需要两个检测仪表。当然，除了这些基本的控制装置之外，一个自动控制系统根据需要还可以设有显示记录、信号分配、安全保护等单元。

为了以后叙述的方便，现结合图 1-5c 和图 1-6 介绍几个常用术语。

1）被控对象　被控对象是指需要实现控制的设备、机械或生产过程，如图 1-5c 中的储槽、图 1-6 中的换热器。

2）被控变量　被控变量是指被控对象内要求保持一定数值（或按某一规律变化）的物理量，如图 1-5c 中的储槽液位、图 1-6 中的被加热介质出口温度。

3）控制变量　控制变量也称为操纵变量，是指受执行器控制，用以使被控变量保持一定数值的物料或能量，如图 1-5c 中的出料流量 q_o、图 1-6 中的蒸汽流量。

4）干扰　干扰也称为扰动，是指除控制变量（操纵变量）以外，作用于对象并引起被控变量变化的一切因素，如图1-5c中的流入储槽的液体流量、图1-6中的被加热介质入口温度、流量、蒸汽温度、蒸汽压力等。

5）给（设）定值　给（设）定值是指工艺规定被控变量所要保持的数值，如图1-5c中希望的液位高度、图1-6中希望的被加热介质出口温度。

6）偏差　偏差本应是给定值与被控变量的实际值之差，但控制系统能获取的只是被控变量的测量值而非实际值，因此，在控制系统中通常把给定值与测量值之差定义为偏差。

在研究自动控制系统时，为了更清楚地表示控制系统各环节的组成、特性和相互间的信号联系，一般采用框图表示。图1-6所示的简单控制系统可用图1-7所示的框图表示。

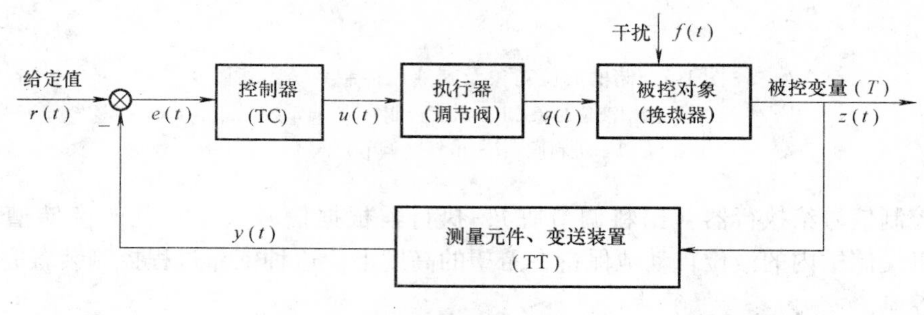

图1-7　简单控制系统框图

$r(t)$—设定值　$y(t)$—测量值

$e(t)$—偏差，$e(t)=r(t)-y(t)$　$u(t)$—控制器输出（阀位）

$z(t)$—被控变量　$q(t)$—控制变量　$f(t)$—干扰

图1-7中，每个方框表示组成系统的一个环节，两个方框之间用一条带箭头的线条表示其相互间的信号联系，箭头表示进入还是离开这个方框。进入方框的信号为环节输入，离开方框的信号为环节输出。输入信号会引起输出的变化，而输出不会反过来影响输入，即各环节输入/输出具有单向性，每个环节的输出信号与输入信号之间的关系仅仅取决于该环节的特性。图中，检测元件和变送装置的作用是把被控变量$z(t)$转换成测量值$y(t)$，例如用热电阻或者热电偶测量温度，热电阻或者热电偶输出的电阻或者电动势信号即为$y(t)$，若用温度变送器进行变换输出，则温度变送器输出的电信号（DC 4～20mA等）为$y(t)$。控制器中的比较装置比较设定值$r(t)$与测量值$y(t)$，产生差值$e(t)$。若控制器设定为正作用形式，偏差$e(t)=y(t)-r(t)$；若为反作用形式，则$e(t)=r(t)-y(t)$。控制器根据偏差$e(t)$的大小、方向，按照某种预定的控制规律计算输出控制信号$u(t)$。执行器的作用是根据控制器送来的$u(t)$，相应地去改变控制变量$q(t)$，进而通过被控对象的控制通道实现$z(t)$的反馈控制。

对于具体一个控制系统来说，被控对象、执行器和测量变送环节的特性一般都是固定的，且在研究对象特性时往往也要包含执行器和测量变送环节的特性。为此，执行器、被控对象及测量变送环节通常被视为一个环节，称为广义对象，如图1-8所示。

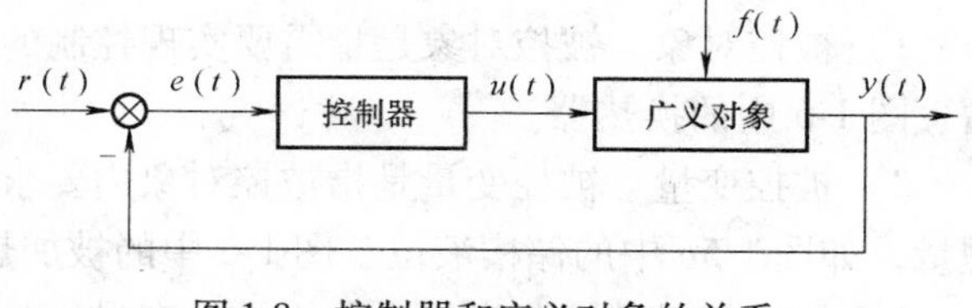

图1-8　控制器和广义对象的关系

在分析和设计控制系统时，需要明确以下几组重要的概念。

1）开环与闭环　系统的输出被反馈到输入端，经过一个闭合回路与给定值一起参与控制的系统称为闭环系统。此时系统根据给定值与测量值的偏差进行控制，直至系统稳定。应该说闭环控制是自控系统最主要的模式，系统稳定后的偏差大小即可反映控制的准确度。若系统的输出没有被反馈回输入端，执行器仅根据输入信号进行控制的系统称为开环系统。此时系统的输出与给定值与测量值之间的偏差无关。

2）正作用和反作用　输出信号随输入信号的增加而增加的环节称为正作用环节；而输出信号随输入信号的增加而减小的环节称为反作用环节。

3）正反馈和负反馈　自动控制系统的基本要求是系统运行必须是稳定的。由于控制系统是由各环节输入/输出信息相互作用形成的一个整体，所以整个系统是否稳定运行与系统中各个环节的特性，特别是与系统的反馈性质有关。所谓反馈，是指控制系统的输出（即被控变量）通过测量变送返回到控制系统的输入端，并与给定值比较的过程。若反馈控制的结果使系统的输出减小则称为负反馈；反之，使系统的输出增加的反馈则称为正反馈。可见，负反馈是保证闭环控制系统稳定运行的先决条件。

由于测量变送环节一般均具有正作用特性，所以，如图 1-6 所示的系统要构成负反馈，则控制器、执行器、被控对象 3 个环节串联相乘后应具有反作用特性。被控对象和执行器的特性是由实际的工艺现场条件决定的，所以应当通过改变控制器的正、反作用特性来满足系统负反馈的要求。

1.2.2　过程控制系统的分类

过程控制系统有多种分类方法，其中最典型的分类方法是按照系统的结构形式进行划分，可以分为闭环控制系统和开环控制系统两大类。

1. 闭环控制系统

闭环控制系统是指系统的输出被反馈到输入端，经过一个闭合回路与给定值一起参与控制的系统。闭环控制系统的控制器与被控对象之间既有顺向控制又有反向联系。

在闭环控制系统中，被控变量送回到输入端与给定值进行比较，根据偏差进行控制，如图 1-6 所示。这种控制系统的特点是按偏差进行控制，无论什么原因引起被控变量偏离给定值，只要出现偏差，就会产生控制作用使偏差减小或者消除。因此，闭环控制系统有较高的控制准确度和较好的适应能力，其应用范围非常广泛。

但从另一个方面看，闭环控制系统按照偏差进行控制，如果干扰已经发生，但又尚未引起被控变量的变化，这段时间是不会产生控制作用的，当系统的惯性滞后和纯滞后较大时，控制作用有时不够及时。如果控制系统设计不当，会出现剧烈的振荡，甚至失去控制。这也就是闭环控制的缺点，在自动控制系统的设计和调试过程应加以注意。

在闭环控制系统中，按给定值的不同可以分为定值控制系统、随动控制系统和程序控制系统。

（1）定值控制系统

给定值恒定不变的闭环控制系统称为定值控制系统。这类系统在工业过程中最为常见，通常要求被控变量尽量与设定值保持一致。图 1-6 所示的温度控制系统就是定值控制系统，其目的是为了使换热器出口被加热介质的温度保持恒定。

（2）随动控制系统

随动控制系统的特点是给定值不断变化，其目的是使被控变量尽可能准确、快速地跟随给定值的变化。

图 1-9 是工业生产过程中常见的单闭环比值控制系统，目的是实现 $F_2=KF_1$ 的控制。当 F_1 发生变化时，经测量变送并乘以系数 K 后，作为控制器 F_2C 的给定值，再经一个闭环控制系统，使得 F_2 和 F_1 的比值保持不变。由此可以清楚地看出，控制器 F_2C 的给定值随 F_1 会发生变化，这就是一个典型的随动控制系统。此外，军事领域的导弹制导系统、航空领域的导航雷达系统等都是随动控制的例子。

（3）程序控制系统

程序控制系统的给定值也是变化的，但它是一个已知的时间函数，即被控变量按一定的时间程序变化。例如，在制药、食品等生物发酵过程的温度控制系统中，发酵温度往往要随着发酵进程而变。图 1-10 是一条典型的程序控制设定曲线。在 $0\sim t_1$ 时间段是一个升温控制过程，给定值根据实际运行时间 t、设定曲线的斜率以及 T_1、T_2 计算可得；在 $t_1\sim t_2$ 时间段为保温过程，给定值 保持在 T_2，依此类推。程序控制系统本质上属于随动控制系统，其分析研究方法与随动控制系统相同。

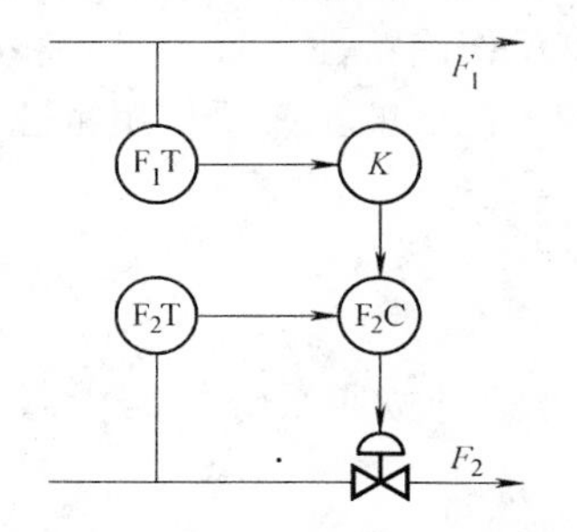

图 1-9　单闭环比值控制系统示意图

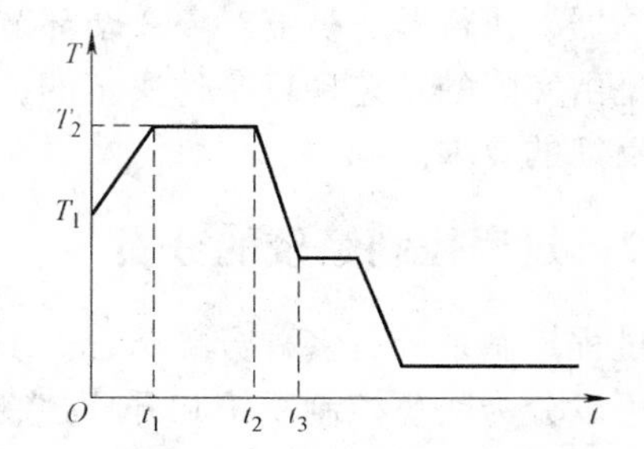

图 1-10　程序控制设定曲线

2. 开环控制系统

系统的输出没有被反馈回输入端，执行器仅根据输入信号进行控制的系统称为开环系统，此时系统的输出和给定值和测量值之间的偏差无关。开环控制系统的控制器与被控对象之间只有顺向控制而没有反向联系，即操纵变量可以通过控制对象去影响被控变量，但被控变量不会通过控制装置去影响操纵变量。从信号传递关系上看，未构成闭合回路。

前馈控制系统是一类最典型的开环控制系统。在图 1-6 所示的温度控制系统中，如果被加热介质的入口流量波动剧烈、频繁，通常也可以直接测量扰动信号（即入口流量），并根据扰动的大小直接控制蒸汽的流量。如图 1-11 所示，一旦被加热介质的入口流量发生变化，不需要等待偏差的产生，系统能及时地产生补偿控制。

但是，前馈控制系统不测量被控变量，也不与设定值进行比较，因此不能消除偏差。此外，这种开环控制系统仅能对被测的扰动进行补偿控制，而对其他扰动及对象，各环节内部参数的变化对被控变量造成的影响没有控制作用，其控制准确度将受到原理上的限制。因此，前馈控制的选择应结合具体的情况和要求而定，如图 1-12 所示的前馈—反馈控制系统，结合了开环控制和闭环控制的各自优点，在不少情况下可获得良好的效果。

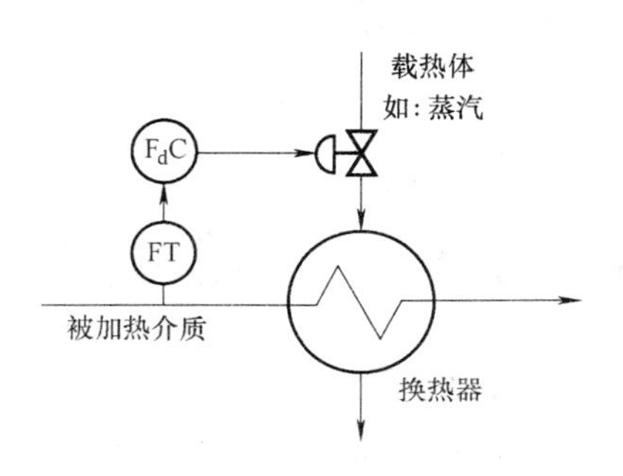

图 1-11　换热温度前馈控制示意图

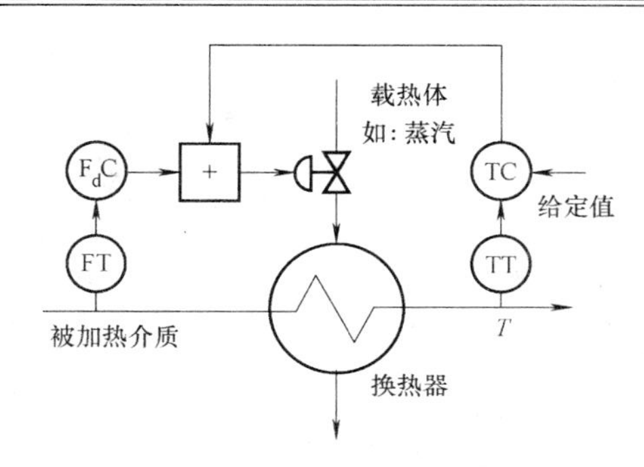

图 1-12　换热温度前馈—反馈控制示意图

除了上述分类方法之外，习惯上还可以从被控变量名称、调节规律、控制系统的复杂程度等角度进行分类。按照被控变量的名称，过程控制系统通常可以分为温度控制系统、压力控制系统、流量控制系统等。按照调节规律，过程控制系统可以分为位式控制、纯比例控制、比例积分控制、PID 控制等。按照控制系统的复杂程度，还可分为简单控制系统、复杂控制系统和先进控制系统。其中，简单控制系统就是所谓的单回路反馈控制系统，常见的复杂控制系统主要包括串级控制系统、均匀控制系统、比值控制系统、前馈控制系统。选择性控制系统等。通常所说的自适应控制、预测控制、神经网络控制、智能控制等则属于先进控制范畴。

1.2.3　过程控制系统的传递函数

分析和研究控制系统实际上就是要分析、研究组成系统的各环节的特性，以及由这些环节组合而成的系统特性，也就是系统输入与输出之间的关系。在知道系统特性之后，进而可以分析在以某一规律变化的输入的作用下，系统的输出（即被控变量）是怎样变化的、是否稳定、最终稳态值是多少、是否符合生产要求等问题。

对于任何一个自动控制系统，它的组成环节以及环节与环节之间的关系都可以以图 1-7 所示的框图形式表示。图中所示的各环节特性可用微分方程等数学手段来描述，在已知各环节特性的基础上，联立求解微分方程组，求解整个控制系统的特性。但由于直接求解表征其特性的微分方程或微分方程组比较烦琐，在数学上一般都采用拉普拉斯变换将微分方程转化为代数方程以便于运算。这一节所介绍的传递函数及框图变换就是在拉普拉斯变换的基础上，为了使自控系统的分析更为方便而引入的一种概念和分析方法。

本书所研究的范围仅限于线性系统，即组成系统各环节的输入与输出之间为线性关系。

1. 传递函数

对于如图 1-13a 所示的线性环节，其输入-输出关系一般来说可用如下微分方程来描述：

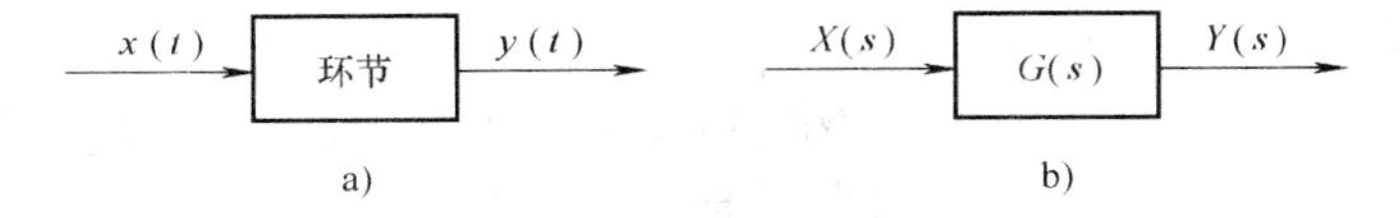

图 1-13　环节的输入-输出关系

$$a_n y^{(n)}(t) + a_{n-1} y^{(n-1)}(t) + \cdots + a_1 y'(t) + a_0 y(t)$$

$$=b_m x^{(m)}(t)+b_{m-1}x^{(m-1)}(t)+\cdots+b_1 x'(t)+b_0 x(t) \tag{1-1}$$

式中，$y(t)$ 为输出，$x(t)$ 为输入。若将其进行拉普拉斯变换，并令初始条件为零，可得

$$Y(s)=\frac{b_m s^m+b_{m-1}s^{m-1}+\cdots+b_1 s+b_0}{a_n s^n+a_{n-1}s^{n-1}+\cdots+a_1 s+a_0}X(s) \tag{1-2}$$

式中，$Y(s)$ 和 $X(s)$ 分别表示 $y(t)$ 和 $x(t)$ 的拉普拉斯变换。将 $X(s)$ 移到等式的左边，得

$$G(s)=\frac{Y(s)}{X(s)}=\frac{b_m s^m+b_{m-1}s^{m-1}+\cdots+b_1 s+b_0}{a_n s^n+a_{n-1}s^{n-1}+\cdots+a_1 s+a_0} \tag{1-3}$$

这里的 $G(s)$ 就称为该环节的传递函数，它为输出与输入的拉普拉斯变换式之比，即在复数 s 域的输出与输入之比。为此，该环节的特性可简单地用图 1-13b 所示的框图表示，输入 $X(s)$ 经过传递函数为 $G(s)$ 的系统后得到输出 $Y(s)$，$Y(s)=G(s)X(s)$。

传递函数表征了系统本身的特性，仅与系统本身的结构有关，而与系统的输入无关。如果将控制系统中各环节的方框内填入各环节的传递函数，表达信息传递的动态关系，再应用框图的代数运算即可使控制系统的分析计算变得十分简单。因此，框图是控制系统分析中的一个重要工具。

2. 框图变换

假设，图 1-6 所示的控制系统中的控制器、执行器、被控对象控制通道、干扰通道、测量变送环节的传递函数分别为 $G_c(s)$、$G_v(s)$、$G_o(s)$、$G_f(s)$、$H_m(s)$，$R(s)$、$F(s)$、$E(s)$ 和 $Y(s)$ 分别为系统的给定值、干扰输入、偏差和输出，则该系统可以表示成如图 1-14 所示的传递函数形式的框图。

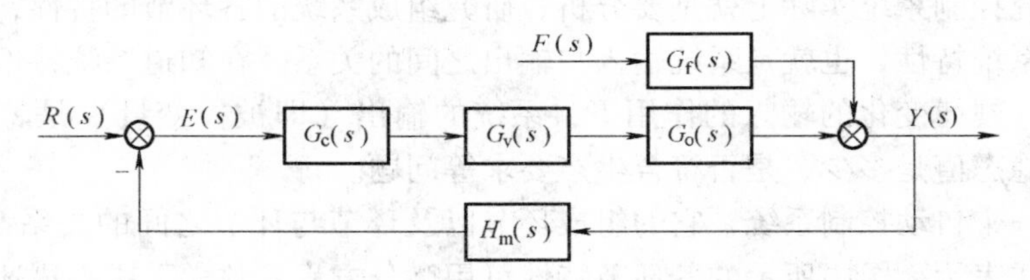

图 1-14 简单控制系统框图

(1) 框图的基本元素

构成控制系统框图的基本元素包括信息、分支点、汇合点和环节。

1) 信息　图 1-14 中的 $R(s)$、$F(s)$、$E(s)$、$Y(s)$ 等，尽管在实际控制系统中是实际的物理量，然而它们是作为信息来转换和作用的。控制系统中传递的信息也就是系统中各环节的输入-输出变量，习惯上也称为信号，箭头方向表示信息的流向。

2) 分支点　分支点用于一个信息分成多个支路输出。如图 1-15a 所示，信息的各分支点具有相同的值，即 $X_2(s)=X_3(s)=X_1(s)$。

3) 汇合点　汇合点用于多个信息的相加或相减，以汇合成一个信息，如图 1-15b、c 所示。汇合点通常又称为加法器或者比较器，每个汇合信息都需要标注加、减运算符号（加号通常也可以缺省不标）。图 1-15b、c 均表示两个信息相减，即 $X_3(s)=X_1(s)-X_2(s)$。

4) 环节　控制系统中的环节为填入传递函数并加上环节输入-输出信息的方框，如图 1-15d 所示。环节具有单向性，即只能由输入得到输出，不能逆行。

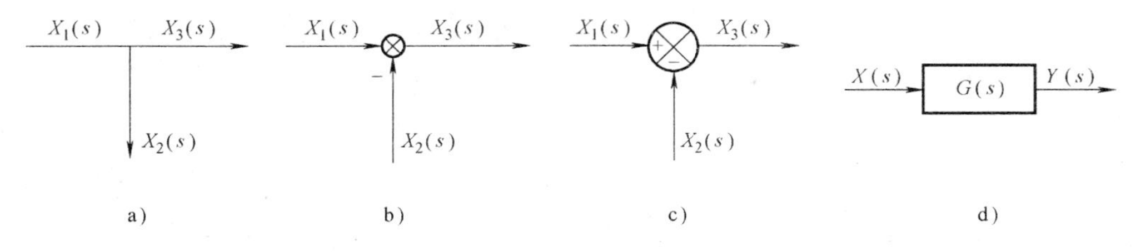

图 1-15　框图的基本元素

（2）框图运算法则

框图的运算法则见表 1-1，主要包括相邻分支点的互换，相邻汇合点的互换，分支点的前、后移动，汇合点的前、后移动。

表 1-1　框图的运算法则

运算法则	原有框图	等效框图
相邻分支点的互换	$X_1(s)$　$X_3(s)$　$X_4(s)$　$X_2(s)$	$X_1(s)$　$X_3(s)$　$X_4(s)$　$X_2(s)$
相邻汇合点的互换	$X_2(s)$　$X_3(s)$　±　±　$X_1(s)$　$X_4(s)$　±　±	±　$X_3(s)$　±　$X_2(s)$　$X_1(s)$　$X_4(s)$　±　±
分支点的前移	$X_1(s)$　$G(s)$　$X_2(s)$　$X_3(s)$	$X_1(s)$　$G(s)$　$X_2(s)$　$G(s)$　$X_3(s)$
分支点的后移	$X_1(s)$　$G(s)$　$X_2(s)$　$X_3(s)$	$X_1(s)$　$G(s)$　$X_2(s)$　$1/G(s)$　$X_3(s)$
汇合点的前移	$X_1(s)$　$G(s)$　±　$X_3(s)$　±　$X_2(s)$	$X_1(s)$　±　±　$G(s)$　$X_3(s)$　$1/G(s)$　$X_2(s)$
汇合点的后移	$X_1(s)$　±　±　$X_2(s)$　$G(s)$　$X_3(s)$	$X_1(s)$　$G(s)$　±　$X_3(s)$　±　$G(s)$　$X_2(s)$

在控制系统框图中，环节与环节之间主要有 3 种基本的逻辑关系：环节串联、环节并联和反馈回路。

1）环节串联　环节串联时其等效传递函数 $G(s)$ 等于各环节传递函数之积，如图 1-16 所示。

因为　$X_4(s)=G_3(s)X_3(s),X_3(s)=G_2(s)X_2(s),X_2(s)=G_1(s)X_1(s)$

所以

$$G(s)=G_1(s)G_2(s)G_3(s) \tag{1-4}$$

2）环节并联　环节并联时其等效传递函数 $G(s)$ 等于各环节传递函数之代数和，如图 1-17 所示。因为，

$$Y(s) = \pm Y_1(s) \pm Y_2(s) \pm Y_3(s) = [\pm G_1(s) \pm G_2(s) \pm G_3(s)]X(s)$$

所以

$$G(s) = \pm G_1(s) \pm G_2(s) \pm G_3(s) \tag{1-5}$$

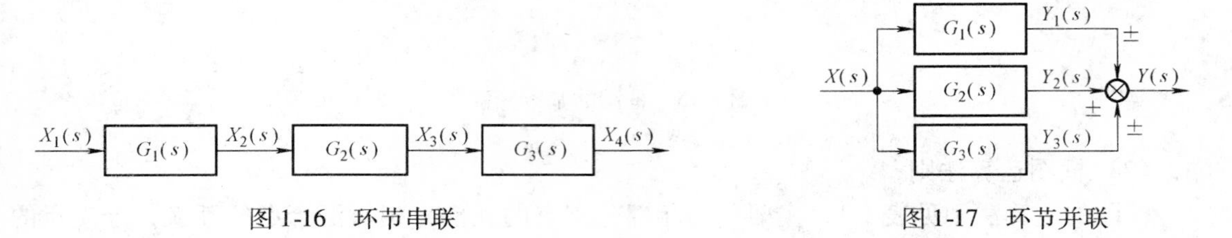

图 1-16 环节串联　　图 1-17 环节并联

3）反馈回路　根据前面的介绍，反馈有两种形式，即负反馈和正反馈。在如图 1-18a 所示的负反馈系统中，因为：

$$Y(s) = G(s)E(s), \quad E(s) = X(s) - H(s)Y(s)$$

所以 $Y(s) = G(s)[X(s) - H(s)Y(s)]$，并由此可得图 1-18a 所示负反馈系统的闭环传递函数 $W_{负}(s)$ 为

$$W_{负}(s) = \frac{Y(s)}{X(s)} = \frac{G(s)}{1 + G(s)H(s)} \tag{1-6}$$

同理，也可以求得图 1-18b 所示的正反馈系统的闭环传递函数 $W_{正}(s)$ 为

$$W_{正}(s) = \frac{Y(s)}{X(s)} = \frac{G(s)}{1 - G(s)H(s)} \tag{1-7}$$

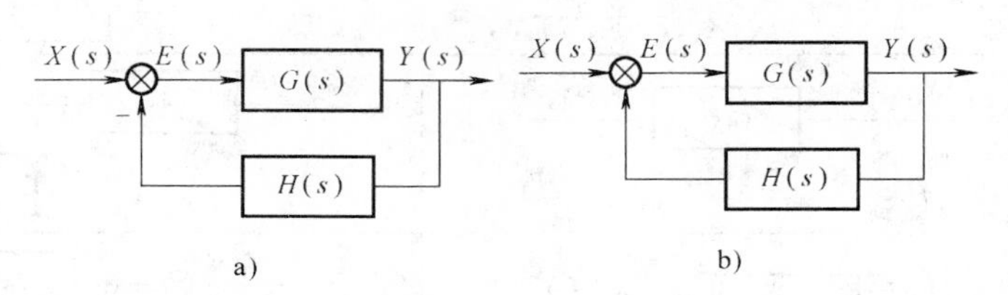

图 1-18 反馈回路

a）负反馈　b）正反馈

（3）复杂框图的化简及应用

对于复杂系统的框图，可以通过化简转化成上述基本形式。转化的基本原则是转化前后对应的输入、输出信息不变。常用的变换规则可参见表 1-1。

【例 1-1】 已知某控制系统的框图如图 1-14 所示，分别求取：①定值控制的闭环传递函数 $Y(s)/F(s)$；②随动控制的闭环传递函数 $Y(s)/R(s)$。

解： ①所谓定值控制是以干扰 $F(s)$ 为输入，$Y(s)$ 为输出的系统，此时 $R(s)=0$，即给定值的增量等于零（给定值不变）。为此，图 1-14 可以变换为如图 1-19 所示的形式。

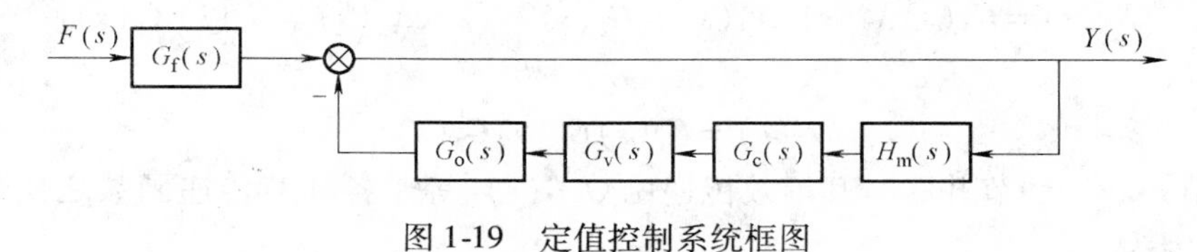

图 1-19 定值控制系统框图

将图 1-19 中的串联环节进行化简可得图 1-20 所示等效框图。

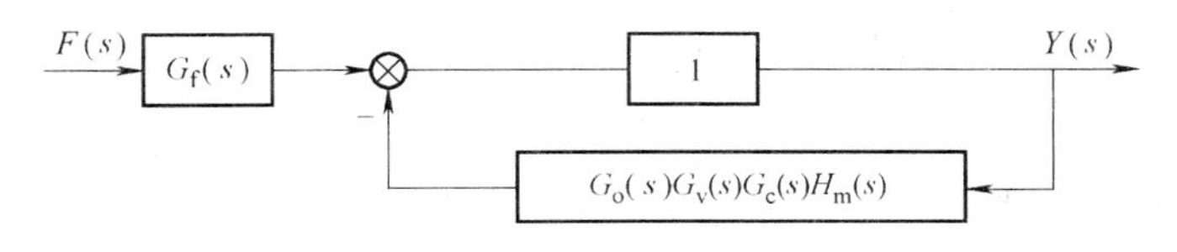

图 1-20　图 1-19 等效框图

进一步对图 1-20 中的负反馈部分进行化简，有图 1-21 所示形式。

对图 1-21 进行简化，可得如图 1-22 所示的定值控制等效框图，其闭环传递函数为

$$\frac{Y(s)}{F(s)}=\frac{G_f(s)}{1+G_c(s)G_v(s)G_o(s)H_m(s)} \tag{1-8}$$

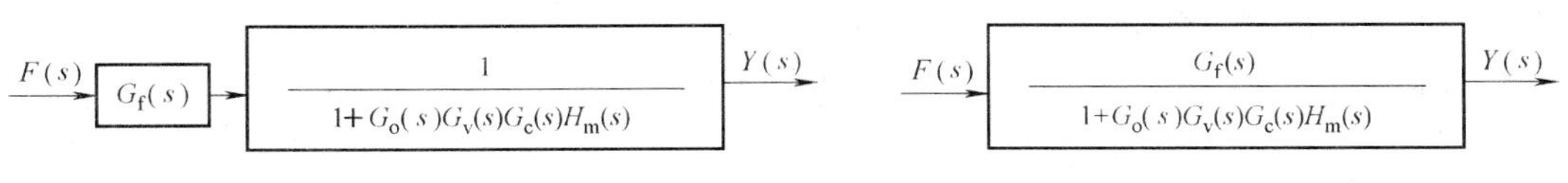

图 1-21　图 1-20 等效框图　　图 1-22　定值控制系统等效框图

②所谓随动控制是以给定值 $R(s)$ 为输入，$Y(s)$ 为输出的系统，此时可考虑 $F(s)=0$。因此，图 1-14 可以变换为图 1-23 所示的形式。

对图 1-23 进行简单的变换，即可求出其闭环传递函数为

$$\frac{Y(s)}{R(s)}=\frac{G_c(s)G_v(s)G_o(s)}{1+G_c(s)G_v(s)G_o(s)H_m(s)} \tag{1-9}$$

【例 1-2】　图 1-24 是某物料加热控制系统，它利用废水中的残余能量对生产物料进行加热。假设被控对象控制通道的传递函数为 $G_o(s)=\dfrac{3}{15s+4}$；调节阀的传递函数为 $G_v(s)=1$；测量、变送环节的传递函数 $H_m(s)=1$。试求：①当控制器传递函数 $G_c(s)=K_p$ 时（K_p 为大于 0 的常数），给定值变化 1℃，物料出口温度的稳态变化量 $T(\infty)$；②当控制器传递函数 $G_c(s)=K_p\left(1+\dfrac{1}{T_is}\right)$ 时（K_p、T_i 为大于 0 的常数），给定值同样变化 1℃，物料出口温度的稳态变化量 $T(\infty)$。

解： 不难看出，图 1-23 就是该系统的框图，式（1-9）则是其闭环传递函数表达式。

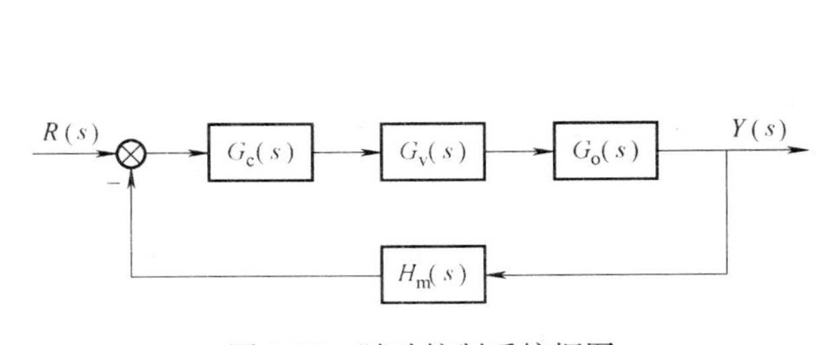

图 1-23　随动控制系统框图

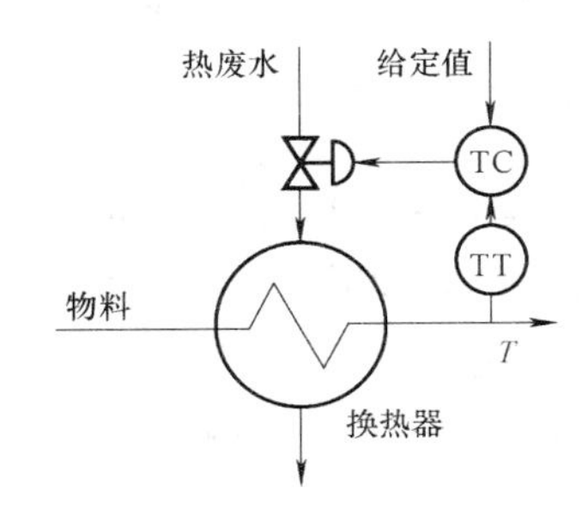

图 1-24　物料加热控制系统示意图

① 当 $G_c(s)=K$ 时，把 $G_c(s)$、$G_v(s)$、$G_o(s)$、$H_m(s)$ 代入式（1-9），有

$$\frac{T(s)}{R(s)}=\frac{G_cG_vG_o}{1+G_cG_vG_oH_m}=\frac{3K_p}{15s+4+3K_p} \tag{1-10}$$

若给定值变化1℃，此时的 $R(s)=\frac{1}{s}$，则

$$T(s)=\frac{3K_p}{s(15s+4+3K_p)}$$

于是，根据拉普拉斯变换的端点性质，可得

$$T(\infty)=\lim_{s\to 0}[sT(s)]=\frac{3K_p}{4+3K_p} \tag{1-11}$$

根据式（1-11）可以看出，当 K_p 为某一个常数的时候，给定值变化1℃，$T(\infty)$ 永远是一个小于1的值，不能完全跟随给定值的变化，即控制系统存在余差。在满足控制系统稳定的条件下，随着 K_p 的增大，$T(\infty)$ 将趋近于1，余差减小。

② 当 $G_c(s)=K_p(1+\frac{1}{T_is})$ 时，同理可求出 $T(s)=\frac{3K_p(T_is+1)}{s[(15s+4+3K_p)T_is+3K_p]}$，则

$$T(\infty)=\lim_{s\to 0}[sT(s)]=1 \tag{1-12}$$

根据式（1-12）可以看出，只要 $G_c(s)$ 中的 K_p、T_i 大于0，给定值变化1℃，$T(\infty)$ 都将等于1，即能完全跟随给定值的变化，控制系统没有余差。需要注意的是，这里仅仅是基于理想情况下的理论分析，并未考虑其他因素。对于实际控制系统，引入 T_i 并不一定能够完全消除余差。

【例1-3】 某控制系统框图如图1-25所示，求其传递函数 $G(s)=\frac{Y(s)}{X(s)}$。

解：对于一些复杂系统框图，若直接利用方程组的形式来求解系统传递函数是非常烦琐的，通常必须采用框图运算法则对复杂框图进行变换，形成以环节串联、并联和反馈为基本形式的等效框图。在图1-25中，并联和反馈相互交叉，需要把两个汇合点进行左右交换。首先将右汇合点前移，如图1-26所示。

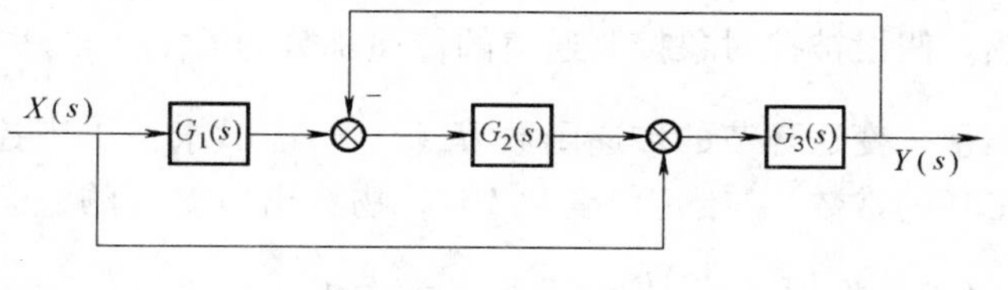

图1-25 例1-3图

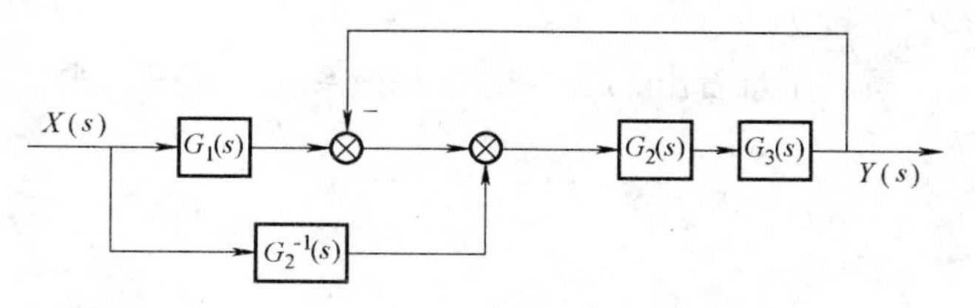

图1-26 图1-25的等效框图

再把图1-26中两个汇合点进行左右互换，如图1-27所示。

至此，可以方便地获得由两个等效环节串联的等效框图如图1-28所示，并求得该系统的传递函数，即式（1-13）。

$$G(s)=\frac{Y(s)}{X(s)}=\frac{G_1(s)G_2(s)G_3(s)+G_3(s)}{1+G_2(s)G_3(s)} \tag{1-13}$$

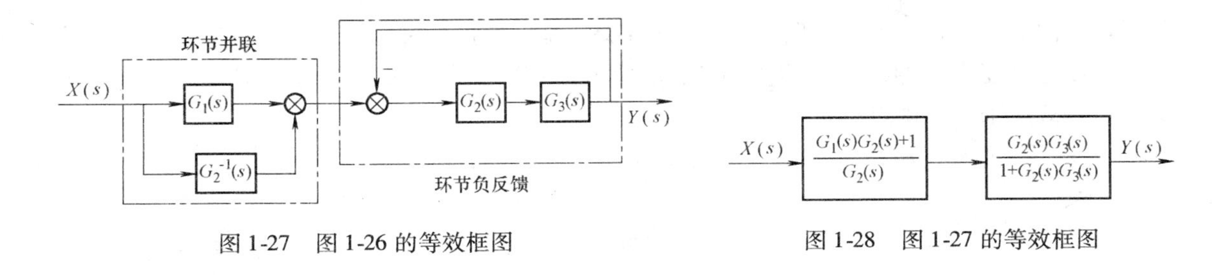

图 1-27　图 1-26 的等效框图　　图 1-28　图 1-27 的等效框图

1.3　控制系统的过渡过程和品质指标

1.3.1　静态和动态

当输入不变时，如果整个控制系统能建立平衡，系统各环节的输入和输出均保持不变，即各环节信号的变化率为零，处于相对静止状态，这种状态成为静态或稳态。图 1-5c 所示的液位储槽的流入量等于储槽的流出量时，储槽的液位就达到了相对平衡状态，即系统处于静态，此时系统输出与输入的关系称为静态特性或者稳态特性。系统的静态特性是控制品质的重要特征，也是控制方案设计、动态分析的基础。

假如系统处于静态，当输入发生变化时，系统的平衡将被破坏，被控变量发生变化，过程控制系统就会动作进行控制，力图使系统重新恢复平衡。当系统出现不平衡，经过控制直到重新平衡，这一阶段整个系统的各个环节和变量都处于变化的过程之中，这种随时间变化的不平衡状态称为系统的动态，此时输入与输出的关系称为动态特性。

在定值控制系统，扰动不断使被控变量偏离给定值，控制作用也就不断克服其影响，系统总是处于动态过程中。同样在随动或程序控制系统中，给定值不断变化，系统也总是处于动态过程中。可见，在自动控制中了解系统的动态特性比了解系统的静态性质更为重要。

1.3.2　过程控制系统的过渡过程

自动控制的目的是使被控变量保持在给定值上。但在实际生产过程中，总是会有干扰存在，使系统偏离平衡状态，处于动态之中，而控制作用又使系统回复到平衡状态。系统从偏离平衡的状态恢复到平衡状态的过程称为过渡过程。

了解过渡过程中被控变量的变化规律对于研究自动控制系统是十分重要的。控制系统在运行的过程中，不断受到各种扰动的影响，这些扰动形式各异，对被控变量的影响也各不相同。为了便于对系统进行分析、研究，通常选择几种具有确定性的典型信号来代替系统运行过程中受到的大量的无规则随机信号，有阶跃信号、斜坡信号、脉冲信号、加速度信号和正弦信号等。其中阶跃信号对被控变量的影响最大，且阶跃扰动最为常见也最容易实现。在研究过渡过程的时候，通常采用阶跃信号作为系统的输入。如果一个控制系统能够有效地克服阶跃干扰，那么对于其他各种变化较缓和的干扰也能较好地克服。

一般来说，自动控制系统在阶跃干扰作用下的过渡过程有如图 1-29 所示的 5 种基本形式。图 1-29a 是非周期衰减过程，也称为单调衰减过程，被控变量在给定值的某一侧作缓慢变化，没有来回波动，最后稳定在某一数值上。图 1-29b 是衰减振荡过程，被控变量上下波动，但幅度逐渐减少，最后稳定在某一数值上。图 1-29c 是等幅振荡过程，被控变量在给定值附近来回波动，且波动幅度保持不变。图 1-29d 是发散振荡过程，被控变量来回波动，且波动幅度逐渐变大，即偏离给定值越来越远。图 1-29e 是单调发散过程，被控变量虽不振荡，但偏离原来的平衡点越来越远。

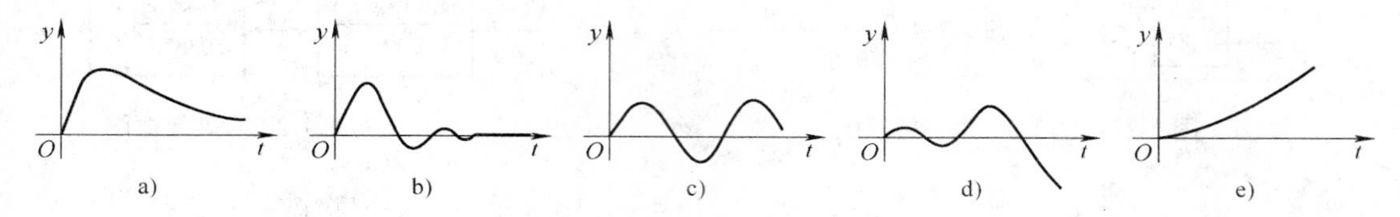

图 1-29　5 种典型的过渡过程

从图 1-29 不难看出，过渡过程 a、b 都是衰减的，被控变量经过一段时间后，逐渐趋向原来的或新的平衡状态，这是人们所希望的。但是，非周期衰减过程的变化往往比较缓慢，被控变量可能长时间偏离给定值，一般只是在生产上不允许被控变量出现正负偏差的情况下才采用。过渡过程 d、e 是发散的，为不稳定的过渡过程，它将导致被控变量超越工艺允许范围，严重时会引起事故，这是生产上所不允许的，应竭力避免。过渡过程形式 c 介于不稳定与稳定之间，一般也认为是不稳定过程。只是对于某些控制质量要求不高的场合，采用位式控制，那么这种过渡过程的形式是可以接受的。

1.3.3　过程控制系统的品质指标

一个自动控制系统在改变设定值或者出现干扰的时候，要求被控变量能够平稳、快速、准确地趋向原来的或新的平衡状态。因此，从稳定性、快速性和准确性 3 个方面提出了各种单项品质指标和综合品质指标。

图 1-30a 表示定值系统在阶跃干扰作用下的过渡过程，图 1-30b 表示随动系统在阶跃给定作用下的过渡过程。

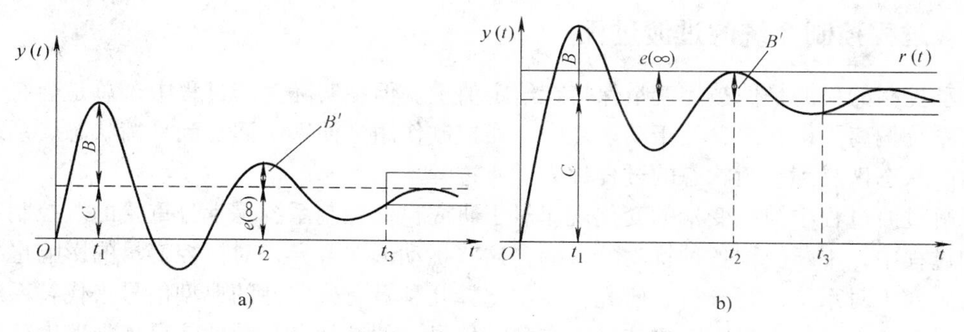

图 1-30　过渡过程的品质指标

a）定值系统在阶跃干扰作用下　b）随动系统在阶跃给定作用下

1. 单项品质指标

（1）最大偏差 e_{max} 或超调量 σ

最大偏差或者超调量是描述过渡过程中，被控变量偏离给定值的最大数值，是衡量系统稳定性的一个动态指标。对于定值控制系统，如图 1-30a 所示，过渡过程的最大偏差就是衰减振荡曲线上第一个波的峰值与给定值之差，$e_{max} = |B + C|$。对于随动控制系统，通常采用

超调量来表示被控变量偏离给定值的程度，它定义为第一个峰值与最终稳态值之差，即图 1-30b 中的 B，但习惯上超调量用百分数来表示，即

$$\sigma = \frac{B}{C} \times 100\% \tag{1-14}$$

一般来说，最大偏差或者超调量以小为好，特别是对于一些有约束条件的系统，如化学反应器的化合物爆炸极限、触媒烧结温度极限等，都会对最大偏差或者超调量的允许值有所限制。同时考虑到干扰会不断出现，当第一个干扰还未清除时，第二个干扰可能又出现了，偏差有可能是叠加的，这就更需要限制最大偏差或者超调量的允许值。所以，在决定最大偏差允许值时，应根据工艺情况慎重选择。

（2）衰减比 n

衰减比是指过渡过程第一个波的幅值与第二个波的幅值之比，它也是衡量过渡过程稳定性的一个动态指标。在图 1-30 中，衰减比 $n = B/B'$。若 $n > 1$，过渡过程是衰减振荡过程；若 $n = 1$，过渡过程是等幅振荡过程；若 $n < 1$，过渡过程是发散振荡过程。n 越小，意味着控制系统的振荡过程越激烈，稳定性越低。要使控制系统稳定，n 必须大于 1。但究竟 n 取多大为合适，没有确切的定论。根据实际操作经验，一般 n 取 4∶1 ~ 10∶1 之间为宜。如果 n 很大，则又太接近于非振荡过程，过渡过程过于缓慢，通常这也是不希望的。

（3）余差 $e(\infty)$

余差是控制系统最终稳态值与给定值之差，或者说是过渡过程终了时存在的残余偏差，即 $e(\infty) = r - y(\infty)$。图 1-30a 是定值控制系统，余差 $e(\infty) = C$；图 1-30b 是随动控制系统，余差 $e(\infty) = r - y(\infty)$。余差是反应控制系统控制准确性的一个重要的稳态指标，一般希望其为零。但实际生产中，也并不是要求任何系统的余差都很小，如一般储槽的液位控制要求就不高，往往允许液位有较大的变化范围。又如化学反应器的温度控制，由于反应温度会影响到产品质量甚至生产安全，一般要求都比较高，应当尽量消除余差。

（4）过渡时间 t_p

控制系统在受到干扰作用开始，被控变量从原有的平衡状态到建立新的平衡状态所需要的时间即为过渡时间，也称为回复时间。严格地说，要完全达到新的平衡状态需要无限长的时间。实际上，当被控变量进入新稳态值的 ±5%（或 ±2%）的范围内所经历的时间，即可计为过渡时间，图 1-30 中的过渡时间 $t_p = t_3$。过渡时间是描述控制快速性的一个动态指标，过渡时间短，表示过渡过程进行得比较迅速，这时即使干扰频繁出现，系统也能适应，系统控制质量就高；反之，过渡时间太长，表示过渡过程进行得比较缓慢。

（5）振荡周期 T 和振荡频率 ω

过渡过程同向两波峰（或波谷）之间的时间间隔称为振荡周期或工作周期，图 1-30 中的振荡周期 $T = t_2 - t_1$，振荡周期的倒数即为振荡频率。显然，振荡周期和振荡频率也可作为衡量控制快速性的指标。

【例 1-4】 某换热器的温度调节系统在单位阶跃干扰作用下的过渡过程曲线如图 1-31 所示。试分别求出最大偏差 e_{max}、余差 $e(\infty)$、衰减比 n、振荡周期 T 和过渡时间 t_p（给定值为 80）。

解： ① $e_{max} = (90 - 80)℃ = 10℃$

② $e(\infty) = (82 - 80)℃ = 2℃$

③ 第一个波峰值 $B = (90 - 82)℃ = 8℃$，第二个波峰值 $B' = (84 - 82)℃ = 2℃$，故 $n = 4∶1$。

④ 振荡周期为同向两波峰之间的时间间隔，$T = 15\text{min} - 3\text{min} = 12\text{min}$

⑤ 过渡时间与规定的被控变量限制范围大小有关，假定被控变量进入额定值的±2%，就可以认为过渡过程已经结束，那么限制范围为80℃×(±2%) = ±1.6℃，这时，可在新稳态值（82℃）两侧以宽度为±1.6℃画一区域，图1-31中以画有阴影线的区域表示，只要被控变量进入这一区域且不再越出，过渡过程就可以认为已经结束。因此，从图上可以看出，过渡时间为22min。

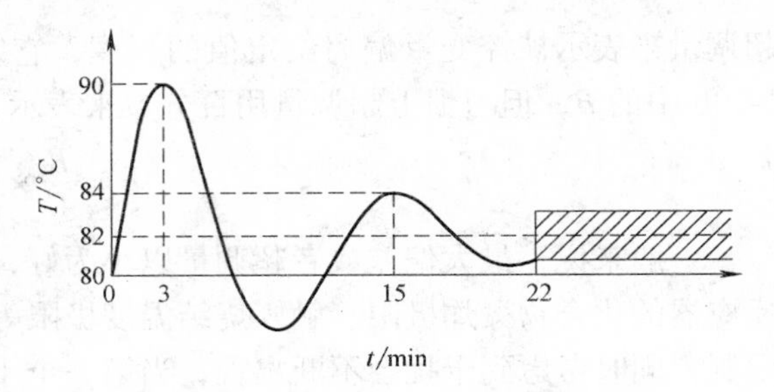

图1-31　温度控制系统过渡过程曲线

综上所述，过渡过程的单项品质指标主要有最大偏差、衰减比、余差和过渡时间等，这些指标都是以阶跃响应曲线的形式给出。需要指出的是，对一个系统提出的品质要求和评价一个控制系统的质量，都应该从实际需要出发，不应过分偏高、偏严。

2. 综合品质指标

综合品质指标以误差积分准则的形式给出，用以评价整个系统的综合性能。对于单变量系统，常用的误差积分准则有二次方误差积分准则、时间乘二次方误差积分准则、绝对误差积分准则和时间乘绝对误差积分准则4种。

1）二次方误差积分准则（Integral of Square-Error，ISE）

$$J = \int_0^\infty e^2(t)\,\mathrm{d}t \tag{1-15}$$

2）时间乘二次方误差积分准则（Integral of Time multiplied Square-Error，ITSE）

$$J = \int_0^\infty t e^2(t)\,\mathrm{d}t \tag{1-16}$$

3）绝对误差积分准则（Integral of Absolute-Error，IAE）

$$J = \int_0^\infty |e(t)|\,\mathrm{d}t \tag{1-17}$$

4）时间乘绝对误差积分准则（Integral of Time multiplied Absolute Error，ITAE）

$$J = \int_0^\infty t|e(t)|\,\mathrm{d}t \tag{1-18}$$

式（1-15）~式（1-18）中，$e(t)$ 表示动态误差。在最优控制理论中，上述各种误差积分准则已被广泛用来设计各种类型的最优控制器，一般的设计思想是采用某种准则，使 $J\to\min$，并由此确定控制器各种控制参数的最优值。

采用不同的误差积分准则，所获得的过渡过程性能要求也不相同。式（1-15）为二次方误差积分准则，按照 $J_{\mathrm{ISE}}\to\min$ 设计的控制系统，着重抑制过渡过程中的大误差，可使系统响应在最短时间内接近设定值，但衰减比很大，同时也往往会造成系统具有过大的超调量，相对稳定性差。式（1-16）为时间乘二次方误差积分准则，该准则减少了初始误差的加权，并着重权衡响应后期出现的小误差，突出了快速性的要求。式（1-17）为绝对误差积分准则，基于这种准则设计的系统，具有适当的阻尼和良好的瞬态响应。式（1-18）为时间乘绝对误差积分准则，基于 $J_{\mathrm{ITAE}}\to\min$ 设计的系统，着重惩罚过长的过渡时间，但过渡过程的振荡有时会比较激烈。

思考练习题

1. 概述自动控制理论、自动化仪表和过程控制系统的发展过程。

2. 过程控制系统有哪些特点？过程控制的主要目的是什么？

3. 过程控制系统一般由哪几个基本环节组成？各组成环节的作用是什么？

4. 什么是被控对象、被控变量、控制变量（操纵变量）、设定值及干扰？画出图 1-32 所示控制系统框图，并指出该系统中的被控对象、被控变量、控制变量和干扰。

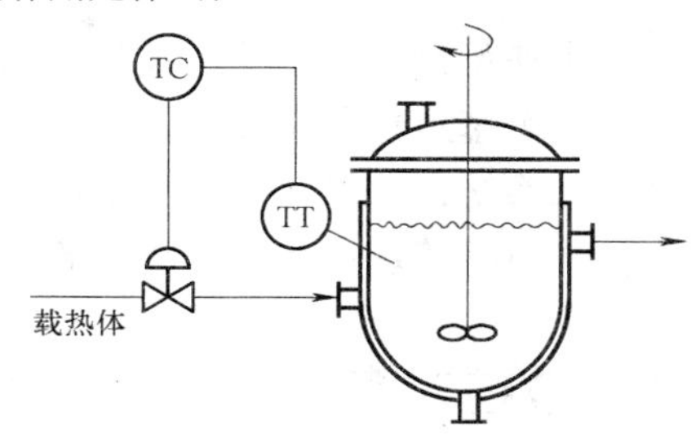

图 1-32　反应器温度控制系统

5. 系统运行的基本要求是什么？

6. 什么是反馈？负反馈在自动控制系统中有什么意义？怎样构成负反馈自动控制系统？

7. 在闭环控制系统中，按给定值的不同，控制系统可以分为哪几类？

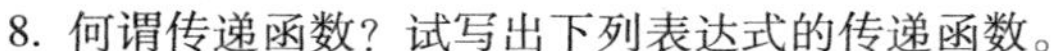

8. 何谓传递函数？试写出下列表达式的传递函数。

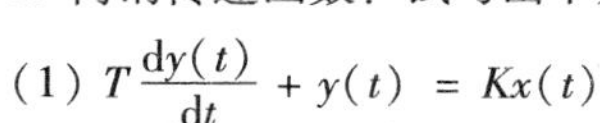

(1) $T\frac{\mathrm{d}y(t)}{\mathrm{d}t}+y(t)=Kx(t)$

(2) $T_1T_2\frac{\mathrm{d}^2y(t)}{\mathrm{d}t^2}+(T_1+T_2)\frac{\mathrm{d}y(t)}{\mathrm{d}t}+y(t)=Kx(t)$

(3) $u(t)=K_\mathrm{p}\left[e(t)+\frac{1}{T_\mathrm{i}}\int e(t)\mathrm{d}t+T_\mathrm{d}\frac{\mathrm{d}e(t)}{\mathrm{d}t}\right]$

9. 什么是框图？框图由哪些基本元素构成？

10. 试化简图 1-33 所示的框图，并求其等效传递函数。

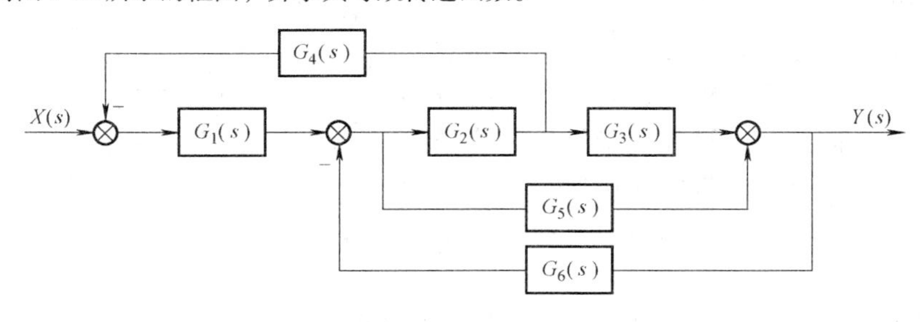

图 1-33　题 1-10 图

11. 什么是控制系统的静态（稳态）与动态特性？为什么说研究控制系统的动态特性比研究其稳态性质更重要？

12. 何谓控制系统的过渡过程？它有哪几种基本形式？

13. 描述自动控制系统过渡过程的品质指标有哪些？

14. 某化学反应器工艺规定的操作温度为 (900 ± 10)℃。考虑安全因素，控制过程中温度偏离给定值最大不得超过 80℃。现设计的温度定值控制系统，在最大阶跃干扰作用下的过渡过程曲线如图 1-34 所示。试求最大偏差、衰减比和振荡周期等过渡过程品质指标，并说明该控制系统是否满足题中的工艺要求。

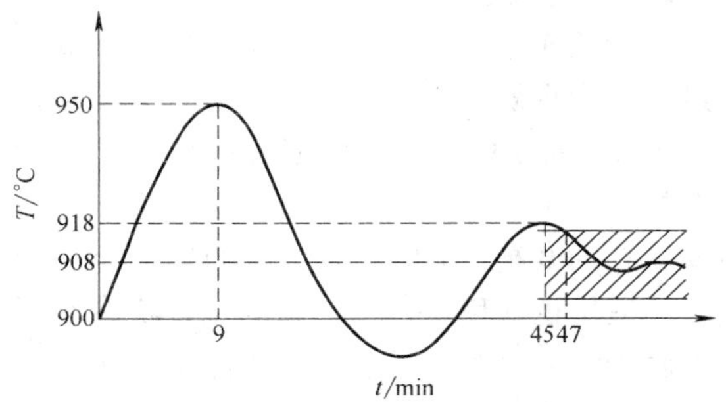

图 1-34　过渡过程曲线

第2章　过程控制系统主要环节的特性与分析

一个典型的控制系统由被控对象、检测变送器单元、控制器（含计算机控制装置）和执行器4个基本环节组成，因此控制系统的特性也就取决于这些基本环节的特性。当然一个自动控制系统，除了这些基本的控制装置之外，根据需要还可以设有显示记录、信号分配、安全保护单元等。这些形形色色的自动化装置就是本章要介绍的内容。

2.1　被控对象

2.1.1　被控对象的基本特性

在实际生产过程中，常常会发现有的设备容易操作，参数能够控制得比较平稳；有的设备却很难操作，参数波动频繁剧烈，极易超出规定范围。所以，不同的设备或生产过程，有着各自不同的特性，只有充分研究被控对象，了解对象的特性，才能设计合理的自控系统。

所谓对象特性，是指被控对象的输入量（控制变量或者干扰）发生变化时，输出量（被控变量）随时间的变化规律，即对象受到输入作用后，被控变量是如何变化的、变化量为多少等。被控对象上一般会有多种输入量，每种输入量对输出量有着各自的作用途径，控制变量对被控变量的作用途径称为控制通道，干扰对被控变量的作用途径称为干扰通道。对象输出为控制通道输出与干扰通道输出之和，如图2-1所示。

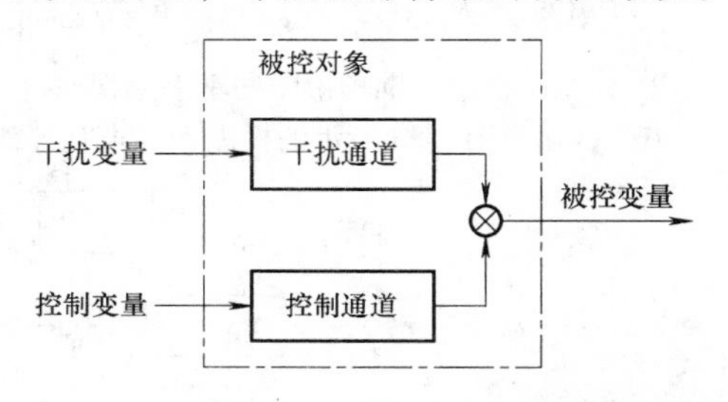

图2-1　干扰变量、控制变量与被控变量之间的关系

由于在具体的控制系统中，被控对象、执行器和测量变送环节的特性都是固定的，且在研究对象特性时往往也要包含执行器和测量变送环节的特性。为此，通常所说的对象特性一般都是指广义对象的特性。被控对象的基本特性可归纳为3种类型。

1. 自衡过程

在阶跃作用下，被控对象不经控制，被控变量能自发地趋于一个新的平衡状态，这种生产过程称为自衡过程，这类被控对象也称为有自衡能力的被控对象。

图2-2所示的两类对象都属于有自衡能力的对象。在图2-2a中，若q_i突然增大，储槽中原有的物料平衡将被破坏。由于进料多于出料，多余的液体在储槽内蓄积起来，使h升高。但随着h的升高，q_o也会因静压的增加而增大，使得进、出料量之差逐渐减小，直至为零，这时的液位也就稳定在一个新的位置状态上。图2-2b所示的蒸汽加热系统也有类似的特性。前者属于物料自衡，后者则属于能量自衡。

图2-2a所示的单个液位对象是一个典型的单容对象，当q_i阶跃增大时，其自衡响应曲线如图2-3a所示，是一个非振荡的指数上升过程。图2-2b所示的温度对象则属于多容对象。

由于整个换热过程包含多个步骤，如整体与加热管壁之间的热交换、管壁和被加热介质之间的热交换等，这类对象的对象模型一般是二阶或者高阶的，其自衡响应曲线通常是一个“S”形的非振荡曲线，如图 2-3b 所示。图 2-3c 所示的是一类振荡的自衡响应，它们在阶跃作用下，被控变量出现衰减振荡过程，最后趋向新的稳态值，这种对象在工业过程中并不多见。

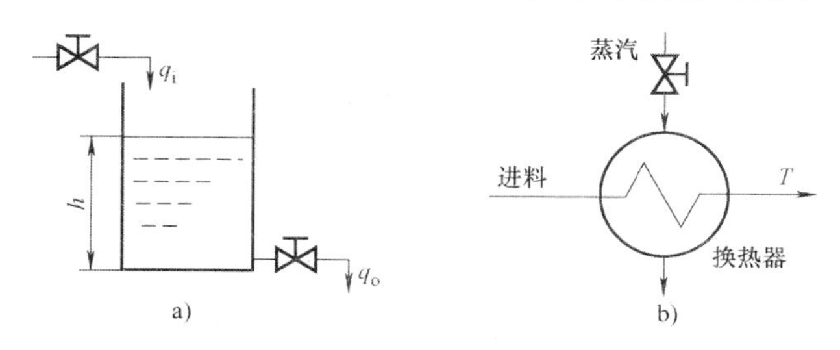

图 2-2　有自衡能力的被控对象
a）液位对象　b）温度对象

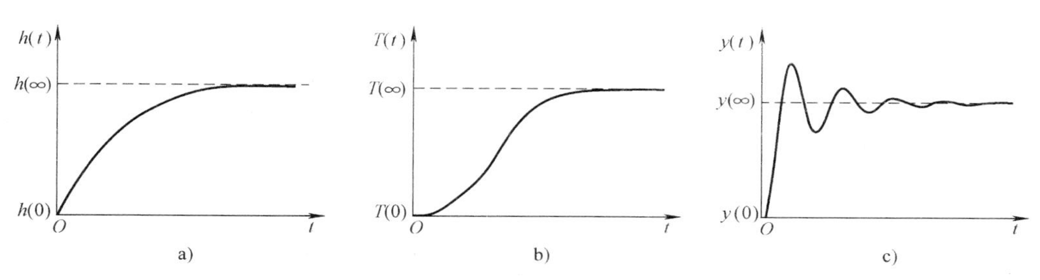

图 2-3　自衡过程的典型响应曲线
a）单容非振荡自衡响应　b）多容非振荡自衡响应　c）振荡自衡响应

2. 无自衡过程

在阶跃作用下，被控对象不经控制，被控变量只能一直上升和一直下降，直到极限值，这种生产过程称为无自衡过程，这类被控对象也称为无自衡能力的被控对象。

如图 2- 4a 所示的液位对象，如果出料管路不是用阀门节流，而是用泵控制，当 q_i 增大时，储槽内的液位也会升高，此时 h 的变化将不会影响 q_o，也就不能建立起新的物料平衡，其对应的响应曲线如图 2-5a 所示。图 2-4b 是化工过程中常见的化学反应釜，对于一些放热的化学反应过程，反应釜内部存在正反馈。如图 2-5b 所示，当反应温度 T 受干扰增大时，反应加剧并释放出更多的热量，使反应温度 T 更大，甚至会因釜内温度和压力的急剧增大而出现爆炸的危险。

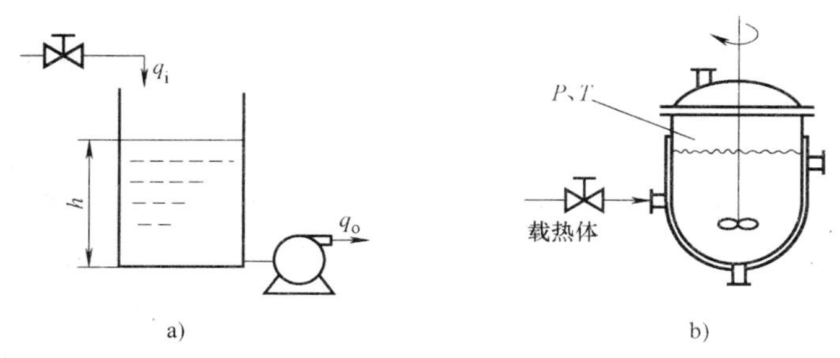

图 2-4　无自衡能力的对象
a）液位对象　b）化学反应釜

无自衡过程都是开环不稳定的，通常它们会比自衡过程更难控制。

3. 具有反向特性的过程

少数过程会在干扰作用下，出现先升后降或者先降后升的现象，即起始的变化方向与最终的变化方向相反。

图 2-6 是锅炉对象的水位控制系统。当蒸汽负荷突然增大时，锅筒内的压力会骤然降低，锅筒内沸腾加剧，使得锅筒内的液位因锅筒的迅速增多出现上升现象，这种不降反升的

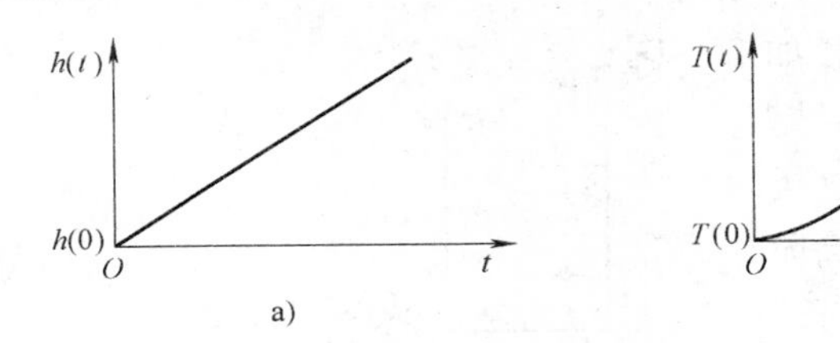

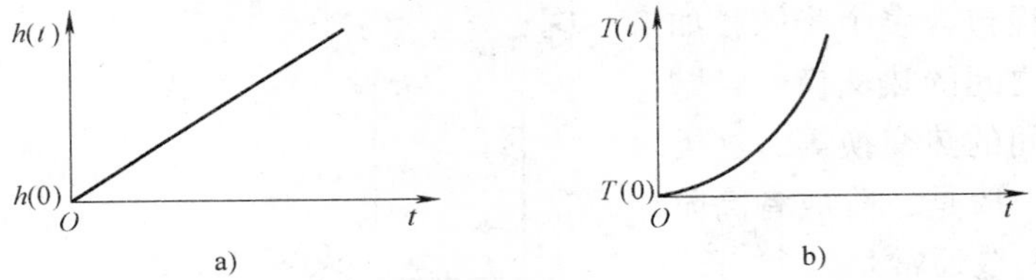

图 2-5 无自衡过程的典型响应曲线
a）液位对象 b）化学反应釜

液位称为“虚假液位”，如图 2-7 所示。虽然，不经控制，锅筒内的液位经过一定的时间还是能够回复到正常状态，但因反向特性造成的错误信号将会给系统带来一定的危险，甚至引起控制系统的误动作。处理这类系统应十分谨慎。

相比之下，上述几种类型的过程中，非振荡自衡过程最为多见。

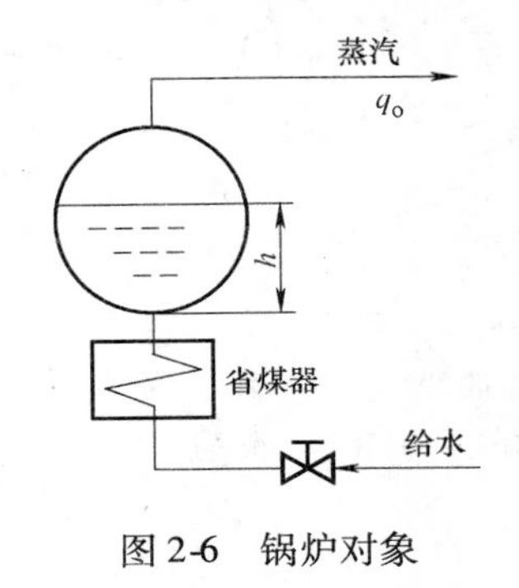

图 2-6 锅炉对象

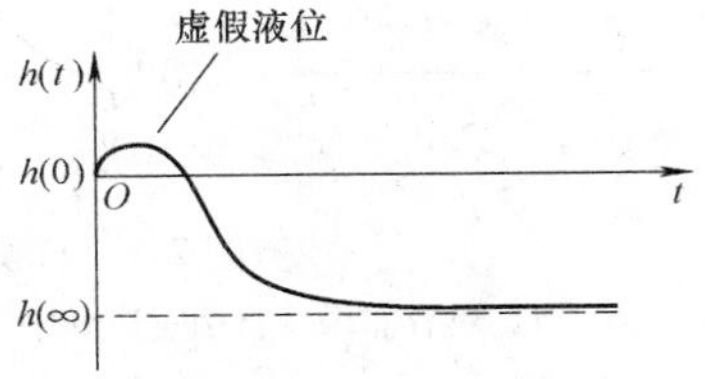

图 2-7 具有反向特性的响应曲线

2.1.2 被控对象的一般描述方法

研究对象特性，就是用数学的方法来描述对象输出量与输入量之间的动态关系，干扰作用和控制作用作为对象的输入，被控变量作为对象的输出。描述对象的数学方程、曲线、表格等称为对象的数学模型，描述对象特性的数学模型主要有参量模型和非参量模型两种形式。

1. 参量模型

采用数学方程式来表示的数学模型称为参量模型。对象的参量模型可以用描述对象输入、输出关系的微分方程式、传递函数、状态方程和差分方程等形式来表示。

对于线性对象，通常可用常系数线性微分方程式或传递函数来描述，方程中的常系数与具体对象有关。状态空间模型是以系统内部状态变量描述的数学模型，主要出现在各种现代控制理论中。差分方程反映的是关于离散变量的取值与变化规律。实际上，连续变量可以用离散变量来近似和逼近，从而微分方程模型就可以近似于某个差分方程模型。

有时要得到对象的参量模型很困难，甚至是无法得到的，在这种情况下可采用非参量模型进行描述。

2. 非参量模型

由于对象的数学模型描述的是对象在受到控制作用或干扰作用后被控变量的变化规律，因此对象模型可以用对象在一定形式的输入作用下的输出曲线或数据来表示，这类模型即为非参量模型。根据输入形式的不同，主要有阶跃响应曲线法、脉冲响应曲线法、矩形脉冲响应曲线法和频率特性曲线法等。这些曲线一般都可以通过实验直接得到，有时也可通过计算得到。非参量模型其特点是形象、清晰，比较容易看出定性特征。但由于它们缺乏数学方程的解析性质，要直接利用它们来进行系统的分析和设计往往比较困难，必要时，可以对它们进行一定的数学处理来得到参量模型的形式。

2.1.3 被控对象的一般建模方法

一般来说，建模的方法有机理建模、实验建模和混合建模 3 种。

1）机理建模　机理建模是根据对象或生产过程的内部机理，利用各种有关的平衡方程，如物料平衡方程、能量平衡方程、动量平衡方程、相平衡方程以及某些物性方程等，从理论上来推导建立对象（或过程）的参量模型，这类模型通常称为机理模型。机理模型最大的优点是具有非常明确的物理意义，适应性强。但由于很多被控对象都比较复杂，其物理、化学过程的机理还不能被完全了解，再加上非线性、时变和分布元件参数（即参数是时间与位置的函数）等因素的影响，对于某些对象（或过程）很难得到机理模型。因此，机理建模仅适用于部分相对简单的系统，且在建模过程中往往还需要引入恰当的简化、假设、近似和线性化处理等。

2）实验建模　实验建模就是在所要研究的对象上，人为地施加一个输入作用，然后用仪表记录表征对象特性的物理量随时间变化的规律，得到一系列实验数据或曲线。这些数据或曲线就可以用来表示对象特性。有时，为了进一步分析对象特性，对这些数据或曲线进行处理，使其转化为描述对象特性的解析表达式。这种应用对象输入/输出的实测数据来决定其模型结构和参数的方法，就是所谓的系统辨识。实验建模的主要特点是把被研究的对象视为一个黑箱子，不管其内部机理如何，完全从外部特性上来测试和描述对象的动态特性。因此对于一些内部机理复杂的对象，实验建模比机理建模要简单、省力，但所得到的对象模型的物理含义有时会不太明确。

3）混合建模　将机理建模与实验建模结合起来，称为混合建模。混合建模是一种比较实用的方法，它先由机理分析的方法提出数学模型的结构形式，然后对其中某些未知的或不确定的参数利用实验的方法给予确定。这种在已知模型结构的基础上，通过实测数据来确定数学表达式中某些参数的方法，称为参数估计。

在下面两节中将通过具体的例子对机理建模和实验建模的方法进行简单介绍。

1. 机理建模

（1）一阶线性对象

当对象的动态特性可以用一阶线性微分方程式来描述时，这类对象称为一阶线性对象。如图 2-8 所示，这是一个常见的储槽液位对象，q_i 为对象的输入变量，是流入水槽的流量，液位 h 为对象的输出变量。为简单起见，假设这是一个圆柱形储槽，储槽截面积为 A。

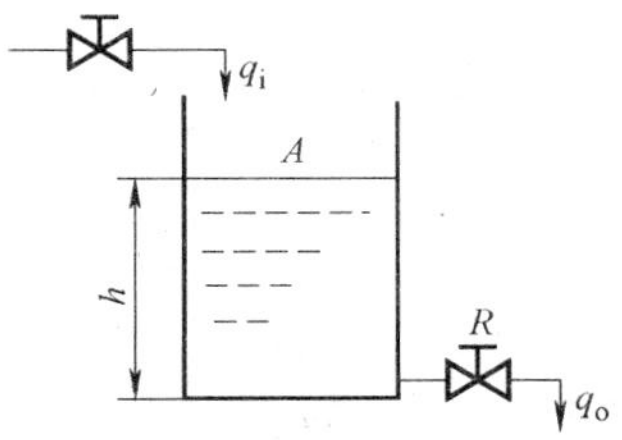

图 2-8　一阶线性对象

据最基本的物料平衡关系可知：对象物料蓄积量的变化率 = 单位时间流入的物料 - 单位时间流出的物料，即

$$A\mathrm{d}h(t) = [q_i(t) - q_o(t)]\mathrm{d}t \tag{2-1}$$

根据流体力学原理，当液位在平衡位置附近作微小变化时，可以近似认为流出储槽的流

量与液位 h 成正比，与出水阀的阻力系数 R 成反比，其表达式为

$$q_o(t) = \frac{h(t)}{R} \tag{2-2}$$

把式（2-2）代入式（2-1），并令 $T=RC$，$K=R$，可得

$$T\frac{\mathrm{d}h(t)}{\mathrm{d}t} + h(t) = Kq_i(t) \tag{2-3}$$

式（2-3）就是用来描述储槽对象的一阶常系数微分方程。式中，T 为时间常数；K 为放大系数。

假设 h_0、q_{i0}分别表示 h、q_i在稳态时的值，因此有

$$\begin{aligned} h(t) &= h_0 + \Delta h(t) \\ q_i(t) &= q_{i0} + \Delta q_i(t) \end{aligned} \tag{2-4}$$

且满足 $h_0 = Kq_{i0}$和$\frac{\mathrm{d}h_0}{\mathrm{d}t}=0$。

将上述条件和式（2-4）代入式（2-3），得

$$T\frac{\mathrm{d}\Delta h(t)}{\mathrm{d}t} + \Delta h(t) = K\Delta q_i(t) \tag{2-5}$$

至此可见，式（2-3）和式（2-5）的结构形式完全相同，前者是针对完全量的输入/输出模型，而后者是针对变化量的输入/输出模型。由于在控制领域中，特性的分析往往是针对变化量而言的，为了书写方便，在以后的表达式中一般将不再写出变化量符号 Δ 和时间符号 t。

将式（2-3）或式（2-5）进行拉普拉斯变换，可得储槽对象的传递函数 $G(s)$ 为

$$G(s) = \frac{H(s)}{Q_i(s)} = \frac{K}{Ts+1} \tag{2-6}$$

（2）一阶纯滞后对象

如图 2-9 所示，假设流入到储槽的物料需要经过长为 l 的导流槽，且平均流速为 v，那么当 q_i发生变化时，需要经过一定的延时才能真正影响到储槽内的液位 h，延时时间 $\tau = l/v$，并有

$$q_f(t) = q_i(t-\tau) \tag{2-7}$$

根据前面的推导，q_f与 h 之间满足

$$T\frac{\mathrm{d}h(t)}{\mathrm{d}t} + h(t) = Kq_f(t) \tag{2-8}$$

将式（2-7）代入式（2-8），有

$$T\frac{\mathrm{d}h(t)}{\mathrm{d}t} + h(t) = Kq_i(t-\tau) \tag{2-9}$$

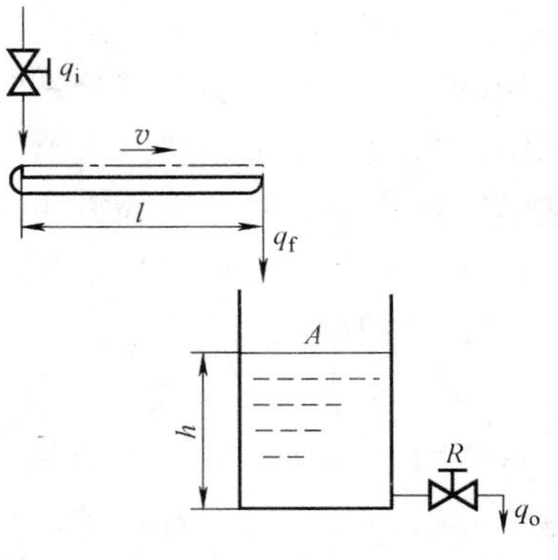

图 2-9　纯滞后对象

再把式（2-9）进行拉普拉斯变换，可得一阶纯滞后对象的传递函数 $G(s)$ 为

$$G(s) = \frac{H(s)}{Q_i(s)} = \frac{K}{Ts+1}e^{-\tau s} \tag{2-10}$$

与式（2-6）比较，式（2-10）多了一个纯滞后项 $e^{-\tau s}$，其中 τ 为纯滞后时间。式（2-10）

中的放大系数 K、时间常数 T 和纯滞后时间 τ 是对象模型最基本也是最重要的描述参数。

（3）二阶线性对象

当对象的动态特性可以用二阶线性微分方程式来描述时，一般称为二阶线性对象。

图 2-10 所示的二阶对象是由两个没有关联的储槽串联而成，要求推导表征 h_2 与 q_i 之间的数学表达式。根据前面的推导，可以列出两个储槽的传递函数。

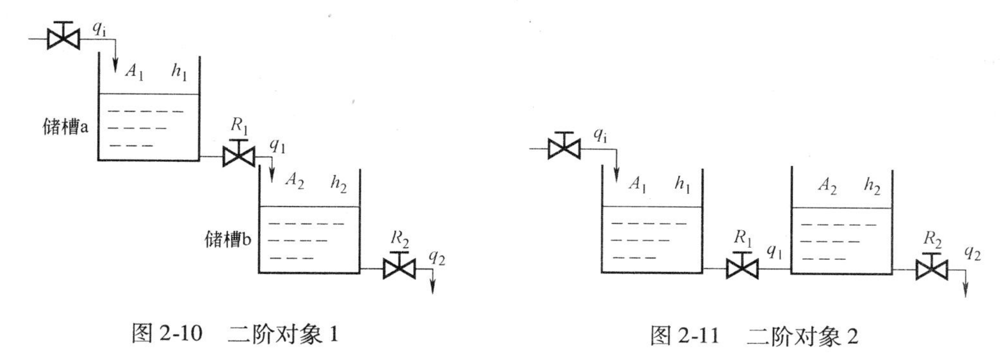

图 2-10　二阶对象 1　　　图 2-11　二阶对象 2

对于储槽 a 有：$\dfrac{H_1(s)}{Q_i(s)}=\dfrac{R_1}{A_1R_1s+1}$，且满足 $Q_1(s)=\dfrac{H_1(s)}{R_1}$，于是可得 q_1 与 q_i 间的传递函数：

$$\frac{Q_1(s)}{Q_i(s)}=\frac{1}{A_1R_1s+1} \tag{2-11}$$

对于储槽 b 也有：

$$\frac{H_2(s)}{Q_1(s)}=\frac{R_2}{A_2R_2s+1} \tag{2-12}$$

于是，根据式（2-11）和式（2-12）可以得出 h_2 与 q_i 之间的传递函数为

$$\frac{H_2(s)}{Q_i(s)}=\frac{Q_1(s)}{Q_i(s)}\frac{H_2(s)}{Q_1(s)}=\frac{K}{(T_1s+1)(T_2s+1)} \tag{2-13}$$

式中，$T_1=A_1R_1$、$T_2=A_2R_2$、$K=R_2$，结果与利用物料平衡方法计算出来的完全相同。

图 2-10 中的储槽 b 不会影响储槽 a，即两个储槽是没有关联的。而图 2-11 所示的二阶对象上的两个储槽是有关联的，此时利用物料平衡方法也可以求出它的传递函数为

$$\frac{H_2(s)}{Q_i(s)}=\frac{K}{T_1T_2s^2+(T_1+T_2+A_1R_2)s+1} \tag{2-14}$$

式（2-14）与式（2-13）的区别在于，传递函数分母中的 s 项多了 A_1R_2，A_1R_2 可理解为两个储槽的相互影响因子。

如果，描述对象特性的微分方程高于二阶，这类对象称为高阶对象。高阶对象的机理建模将更为困难。

2. 实验建模

虽然前面讨论的应用机理建模求取对象动态特性的方法具有较大的普遍性，但对于一些较为复杂的或者高阶的对象，对象数学模型有时难以建立。一方面，在机理建模过程中，常常应用不少假定或假设，虽然这些假设或假定有一定的实际依据，但还不能完整地表达对象特性；另一方面，在一些复杂对象中，错综复杂的相互关联是否对推导结果产生影响有时也

是难于估计的。因此，在实际工作中，有时需要依靠实验法来得到对象的动态特性或验证机理模型。

实验建模通常是通过在调节阀上施加输入信号，并自动记录被控变量的开环响应曲线。然后根据响应曲线，近似得到描述广义对象特性的等效时间常数、放大系数及纯滞后时间等参数。对象特性的实验测取法有很多种，阶跃响应法是最简单也是最常用的实验建模方法。

为了便于比较，假设图 2-10 和图 2-11 所示对象的参数完全相同；图 2-8 所示对象与图 2-10 所示对象相比，$A=A_2$、$R=R_2$，则 3 个对象在受到同样幅值的 q_i 阶跃输入，可以得到图 2-12 所示的阶跃响应曲线。

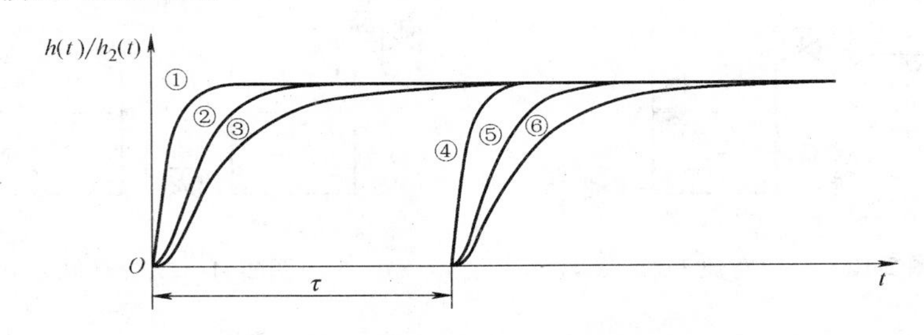

图 2-12 一阶、二阶对象的阶跃响应曲线示意图

如图 2-12 所示，曲线①是图 2-8 所示对象的阶跃响应曲线，这类对象也就是最典型的一阶线性对象。曲线②是图 2-10 所示对象的阶跃响应曲线，与曲线①相比，响应曲线②包含有拐点，是一种“S”形的非振荡曲线。曲线③是图 2-11 所示对象的阶跃响应曲线，由于组成对象的环节之间存在关联，响应曲线③比曲线②更加平缓。如果被控对象包含纯滞后环节，则响应曲线将出现平移，平移的量与纯滞后时间 τ 对应。图中的曲线④、⑤、⑥就是上述 3 个对象在包含纯滞后环节时的阶跃响应。

严格地说，工业生产过程的广义对象一般都是二阶或者高阶对象，利用实验方法测得的阶跃响应曲线多为“S”形曲线，如图 2-13 所示。

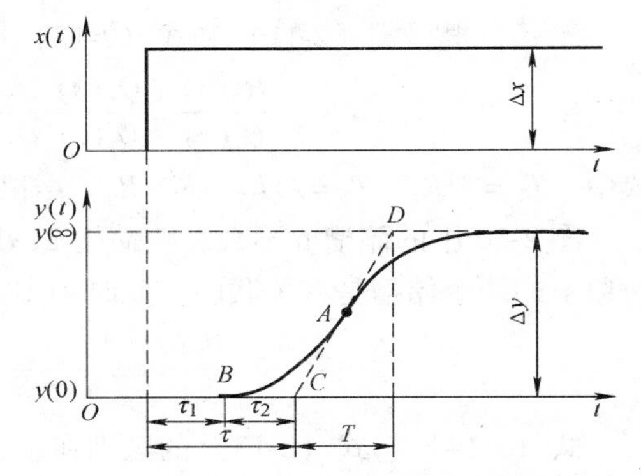

图 2-13 二阶、高阶对象的典型阶跃响应

为了便于数学描述和工程实施，通常会把广义对象的特性近似为只用 K、T、τ 3 个物理量描述的一阶纯滞后特性，参见式（2-10）。

近似处理方法如下：在图 2-13 所示的阶跃响应曲线上，过曲线的拐点 A 作切线，分别与时间轴和稳态值对应的虚线相交于 C 和 D，B 点表示被控变量开始变化的起点。于是，图中的输出变化量 Δy 与输入变化量 Δx 之比为放大系数 K，C、D 两点间对应的时间即为等效的时间常数 T。O、B 两点间对应的时间 τ_1 是对象的纯滞后时间，B、C 两点间对应的时间 τ_2 是对象的容量滞后时间。纯滞后和容量滞后尽管本质上不同，但实际上很难区别，常常把两者合起来统称为等效滞后时间，即 $\tau=\tau_1+\tau_2$。

实验建模是一种简单、常用的建模方法，为了保证建模的准确度，在测试过程中必须注意以下几点：

1）在加测试信号之前，对象的输入量和输出量应尽可能稳定一段时间。当然，在工业现场测试时，要求各个因素都绝对稳定是不可能的，只要是相对稳定，不超过一定的波动范围即可。

2）为准确测量滞后时间，输入量开始作阶跃变化的时刻即为响应曲线的起始记录时间。

3）为保证测试准确度，测试过程中应尽可能排除其他干扰的影响，并在相同条件下，重复测试 2～3 次，几次所得曲线应比较接近。测试和记录工作应该持续进行到输出量达到新稳态值为止。

4）加测试信号后，要密切注意各扰动量与被控量的变化，被控变量变化应在工艺允许范围内，一旦有异常现象，应及时采取措施，例如可马上撤销人为的输入作用。

5）在反应曲线测试工作中，要特别注意工作点的选取，因为多数工业对象不是真正线性的，由于非线性关系，对象的放大系数是可变的。所以，测试工作应该选择正常的工作状态（额定负荷、正常干扰及给定值等）下进行，由此测得的实验结果较符合实际情况。

实验法测试对象特性是一种研究对象特性的有效方法。为了提高测试准确度和减少计算量，也可以利用专用的仪器，在系统中施加对正常生产基本上没有影响的一些特殊信号（如伪随机信号），然后对系统的输入/输出数据进行分析处理，可以比较准确地获得对象动态特性。

2.1.4　被控对象特性的分析

前面已经多次讲过，实际的工业对象特性有一阶、二阶和高阶之分，但为了研究的方便起见，在工业过程中，通常会把对象特性表示（或近似）为只用放大系数 K、时间常数 T、滞后时间 τ 3 个物理量描述的一阶纯滞后特性，这些物理量称为对象的特性参数。

1. 放大系数 K

对于式（2-5）、式（2-6）所描述的一阶线性对象，当其输入信号为阶跃信号时

$$\begin{cases} q_i(t)=0 & t<0 \\ q_i(t)=A & t\geqslant 0 \end{cases} \tag{2-15}$$

方程的解析解为

$$h(t)=KA(1-e^{-t/T}) \tag{2-16}$$

根据式（2-16）可得到如图 2-14 所示的阶跃响应曲线，其中，当 $t=0$ 时，$h(0)=0$。当 $t\to\infty$ 时，$h(\infty)=KA$；当 $t=T$ 时，$h(T)=(1-e^{-1})KA=0.632h(\infty)$。

由此可见，$K=\Delta h(\infty)/\Delta q_i(\infty)$，即放大系数 K 等于输出的稳态变化量与输入的变化量之比。放大系数 K 与对象输出的中间变化过程无关，它表征的是对象的稳态特性。对象的放大系数 K 越大，表示当对象的输入量有一定变化时，对输出的影响也越大。如图 2-15 所示，随着对象放大系数 K 的增大（其他特性参数不变），在相同幅值的阶跃输入作用时，被控变量的稳态输出越大。

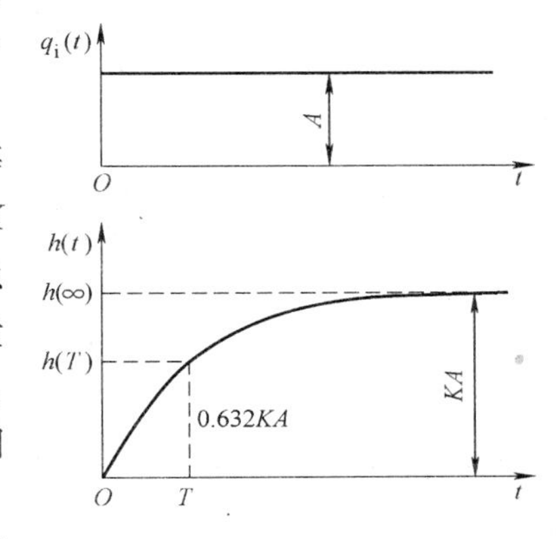

图 2-14　一阶对象的典型阶跃响应

对于同一个对象，不同的输入变量与被控变量之间

的放大系数的大小有可能各不相同。如前所述，被控对象特性包括控制通道特性和干扰通道特性，它们的放大系数一般都是不同的。根据定义，控制通道的放大系数 $K_o=\Delta y/\Delta x$，干扰通道的放大系数 $K_f=\Delta y/\Delta f$，如图2-16 所示。在设计控制方案时，总是希望 K_o要大一些，K_f要尽可能小一些，也即在工艺允许的情况下，选择一个对被控变量影响最显著的输入作为控制变量。K_o越大，控制变量对被控变量的影响越显著，对干扰的补偿能力也越强，越有利于克服干扰；K_f越小，干扰对被控变量的影响就越小。此外，放大倍数 K_o的变化不但会影响控制系统的稳态控制质量，同时对系统的动态控制质量也产生影响。所以，K_o也不能太大，否则过于灵敏，使过程不易控制，难以达到稳定。

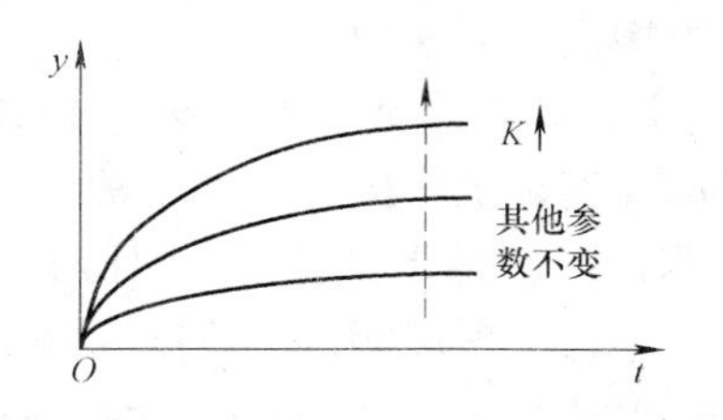

图 2-15 不同放大系数时的响应示意图

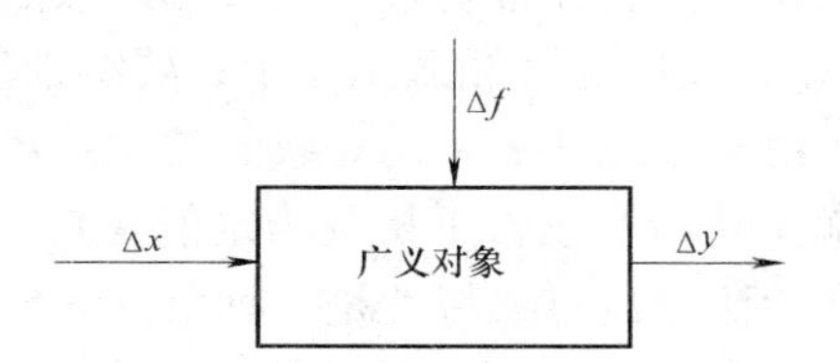

图 2-16 不同的输入对输出的影响

2. 时间常数 T

从生产实践中发现，有的对象受到干扰后，被控变量变化很快，较迅速地达到了稳定值；有的对象在受到干扰后，惯性很大，被控变量要经过很长时间才能达到新的稳态值。这说明不同的对象，或同一个对象对于不同的输入，其输出对输入变化的响应速度是不一样的，时间常数 T 就是用来描述对象对输入响应的快慢程度的特性参数。

根据式（2-16）阶跃响应解析表达式，当 $t=T$ 时，$h(T)=(1-e^{-1})KA=0.632h(\infty)$。因此时间常数 T 的定义是，当对象受到阶跃输入作用时，对象输出从开始变化到输出至最终稳态值的 63. 2% 所需要的时间，或者说时间常数为对象的输出保持以初速度变化而达到最终稳态值所需要的时间。时间常数越大，被控变量对输入的响应越慢。如图 2-17 所示，随着对象时间常数 T 的增大（其他特性参数不变），在相同的输入作用时，被控变量达到新的稳定值所需的时间越长。

时间常数 T 是表征对象动态特性的重要参数，它的大小反映了对象输出变量对输入变量响应速度的快慢。对控制通道而言，若时间常数 T_o太大，则响应速度慢，致使控制作用不及时，易引起过大的超调量，过渡时间很长；若时间常数小，则响应速度快，控制作用及时，控制质量容易保证。对干扰通道而言，干扰通道的时间常数 T_f越大，被控变量对干扰的响应就越慢，控制作用就越容易克服干扰而获得较高的控制质量。同样，控制通道的时间常数 T_o过小也不利于控制，时间常数过小，响应过快，易引起振荡，使系统的稳定性降低。

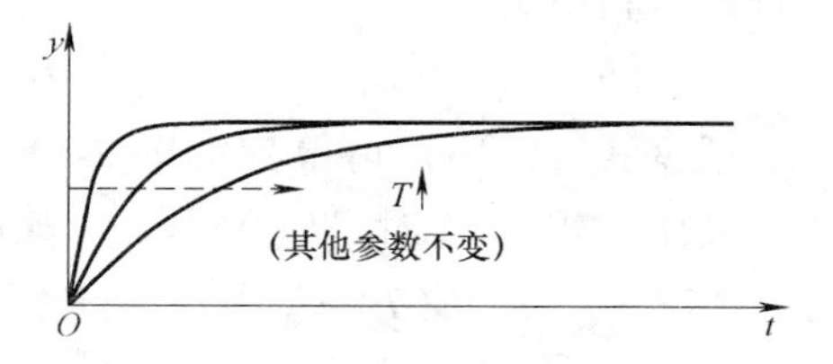

图 2-17 不同时间常数时的响应示意图

3. 滞后时间 τ

根据滞后性质的不同，滞后可分为纯滞后和容量滞后两类。

如图 2-9 所示，纯滞后是指由于物料从一点移动到另一点需要一定的时间而产生的滞后，它将输出对输入的响应推迟了一段时间。在这段时间内，对象输出是没有变化的，如图

2-13 中的 τ_1。

有些对象是由多个环节串联而成的（见图 2-10 的串联液体储槽），称为多容对象，这类对象数学模型通常都是二阶或者高阶的。多容对象的等效时间常数主要取决于所有串联环节中时间常数最大的那个环节，其他较小的时间常数则形成一个等效滞后，即容量滞后。容量滞后一般是由于物料或能量的传递需要通过一定阻力而引起的，如图 2-13 中的 τ_2。在这段时间内，对象输出是有变化的，但变化很缓慢，因此在动态特性上可近似为纯滞后看待，通常称为等效纯滞后。

在纯滞后和容量滞后同时存在时，常把两者之和称为滞后时间，即 $\tau = \tau_1 + \tau_2$。如图 2-18 所示，随着对象滞后时间 τ 的增大（其他特性参数不变），在相同的输入作用时，被控变量对输入的响应延时越长。

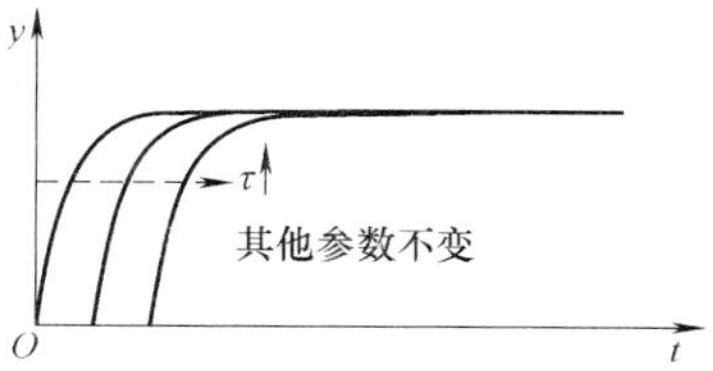

图 2-18　不同滞后时间时的响应示意

控制通道上存在的滞后时间通常用 τ_o来表示，干扰通道上存在的滞后时间通常用 τ_f来表示。显然，控制通道上滞后 τ_o的存在是不利于控制的，且不利作用随着 τ_o的增大而增大。如果图 2-9 中的 q_i作为控制变量，由于滞后的影响，控制作用 q_i必须经历一定的时间延迟 τ_o才能在被控变量 h 上得到体现，致使当被控变量的反馈反映出控制作用时，可能会输入过多的控制量，导致系统严重超调甚至失稳。所以，在设计和安装控制系统时，都应当尽量避免控制通道滞后 τ_o的存在，实在无法避免时，也应尽量把控制通道的滞后时间减到最小。例如，在选择控制阀与检测点的安装位置时，应选取靠近控制对象的有利位置。从工艺角度来说，应通过工艺改进，尽量减少或缩短那些不必要的管线及阻力，以利于减少控制通道的滞后时间。干扰通道 τ_f的存在相当于干扰被推迟了 τ_f时间进入系统，所以对过渡过程品质的影响不大。

控制通道特性参数对控制质量的影响列于表 2-1。

表 2-1　控制通道特性参数对控制质量的影响

特性参数	对稳态质量的影响	对动态质量的影响
K_o增加	余差减小（稳定前提下）	系统趋向于振荡
T_o增加	无影响	过渡过程时间增加
τ_o增加	无影响	稳定程度大大降低

综上所述，对象特性对控制系统的控制质量有着非常重要的影响。在确定控制方案时，应根据工艺要求确定被控变量，并从生产实际出发，分析干扰因素，抓主要矛盾，合理地选择控制变量，以构成合理的控制通道，组成一个可控性良好的被控对象。

2.2　测量变送单元

2.2.1　测量变送的基本概念

测量变送环节，即测量仪表是自动控制系统的“感觉器官”，控制器根据测量信号而动作。

如图2-19所示，一个检测系统主要由被测（控）对象、传感器、变送器和显示（控制）装置等部分组成。其中，传感器、变送器就是组成测量变送环节的两个部分。

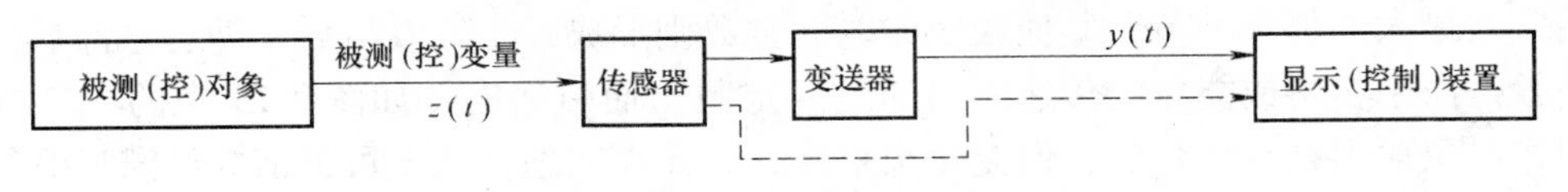

图2-19 参数检测的基本过程

传感器又称为检测元件或敏感元件，它直接响应被测变量，经能量转换并转化成一个与被测变量成对应关系的便于传送的输出信号，如电压、电流、电阻、频率、位移、力等。

由于传感器的输出信号种类很多，而且信号往往很微弱，一般都需要经过变送环节的进一步处理，把传感器的输出转换成如0~10mA、4~20mA等标准统一的模拟信号或者满足特定标准的数字信号，这种检测仪表称为变送器。变送器的输出信号送到显示装置以指针、数字、曲线等形式把被测量显示出来，或者同时送到控制器对该变量实现自动控制。对于部分输出为电信号的传感器，其输出也可以不经过变送环节，直接把传感器输出信号送至显示（控制）装置，如图2-19中的虚线所示。

一般来说，检测、变送和显示可以是3个独立的部分，但更多的检测仪表则把检测和变送功能有机地结合在一起。而且随着仪表技术的发展，越来越多的检测仪表还集成有参数显示、标准通信接口等附加功能，使之成为一个具有检测、变送、显示和通信等多种功能的新型检测仪表。当然，任何检测仪表，测量、变送仍然是它们最基本的功能，如果测量、变送环节的性能不好，就会发出不准确的信号，致使控制器发出误动作，轻则会使控制质量下降，重则会导致自动控制系统失调。

2.2.2 测量仪表的主要特性分析

1. 测量元件

测量元件的品种很多，热电阻是工业生产过程中常用的测温元件。下面仅以热电阻为例说明测量元件的动态特性。

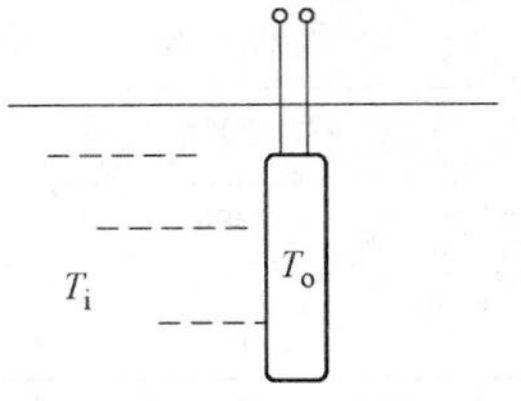

图2-20 热电阻测温

图2-20所示的一个电阻体插入具有温度T_i的被测介质中，假设忽略由导线向外传出的热量，并且电阻体温度是均匀的，其初始温度为T_o。由能量守恒关系可得：

$$Mc\frac{dT_o}{dt}=A\alpha(T_i-T_o) \tag{2-17}$$

式中，M、c分别为热电阻体重量和比热；A为有效传热面积；α为给热系数。根据式(2-17)，热电阻测温的传递函数为

$$H_m(s)=\frac{K_m}{T_m s+1} \tag{2-18}$$

式中，放大系数$K_m=1$；时间常数$T_m=\frac{Mc}{A\alpha}$。由式（2-17）或式（2-18）可见，热电阻的动态特性可由一阶线性微分方程来描述。当介质温度T_i有阶跃变化时，热电阻对输入的响应曲线如图2-21的曲线①所示。时间常数越大，热电阻对被测介质温度变化的响应就

越慢。

在大多数工业现场，都需在热电阻外加上保护套管，以保护热电阻不被损坏或腐蚀。其结构如图 2-22 所示。假设保护套管插入被测介质中较深，由上部传出的热损耗可以忽略，并且保护套管温度均匀，电阻体温度也均匀，介质温度为 T_i。根据能量守恒原理，可分别求得保护套管和热电阻的传热模型

$$M_1 c_1 \frac{dT_a}{dt} = \alpha_1 A_1 (T_i - T_a) - \alpha_2 A_2 (T_a - T_o) \tag{2-19}$$

$$M_2 c_2 \frac{dT_o}{dt} = \alpha_2 A_2 (T_a - T_o) \tag{2-20}$$

式中，T_a为保护套管的温度；T_o为热电阻体的温度；M_1、c_1、α_1和A_1分别为套管的重量、比热、给热系数和有效传热面积；M_2、c_2、α_2和A_2分别为热电阻体的重量、比热、给热系数和有效传热面积。

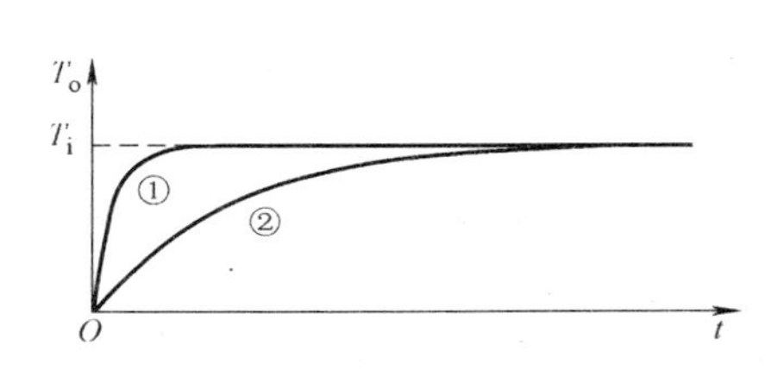

图 2-21　热电阻对被测温度的响应示意图

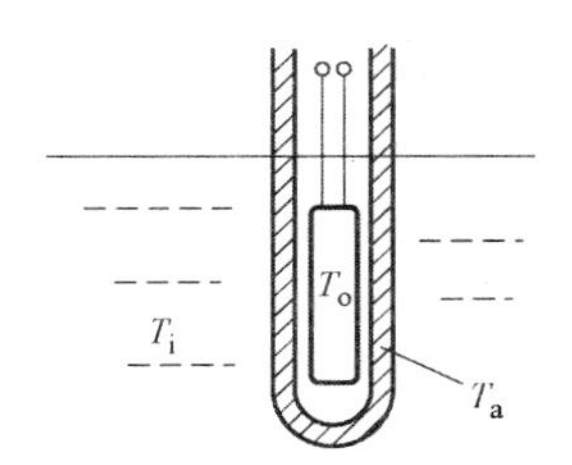

图 2-22　带保护套管的热电阻测温

若令 $R_1 = (A_1 \alpha_1)^{-1}$，$R_2 = (A_2 \alpha_2)^{-1}$，$C_1 = M_1 c_1$，$C_2 = M_2 c_2$，则将式（2-19）、式（2-20）整理后，可以写为以 T_i为输入，T_o为输出的传递函数表达式为

$$H_m(s) = \frac{K_m}{T_{m1} T_{m2} s^2 + (T_{m1} + T_{m2} + R_1 C_2)s + 1} \tag{2-21}$$

式中，放大系数 $K_m = 1$；时间常数 $T_{m1} = R_1 C_1$，$T_{m2} = R_2 C_2$；$R_1 C_2$为输出与输入之间的关联系数。可见，有套管的热电阻的动态特性可由二阶线性微分方程来描述，由于热电阻大多不与套管接触，传热速度很慢，所以增加套管后反应较慢，其测温响应曲线如图 2-21 的曲线②所示。套管的时间常数 T_{m1}一般都比检测元件的时间常数 T_{m2}大，T_{m1}往往就是引起测量滞后的关键所在。T_{m1}越大，热电阻对被测介质温度变化的响应就越慢。因此在温度控制系统中应尽量减小套管的时间常数，以保证控制质量。

以上对热电阻动态特性的讨论也适用于其他测量元件。

2. 变送器

对于变送器而言，其纯滞后和时间常数都很小，可以略去不计。所以实际上它相当于一个放大环节，把检测元件输出的信号转换成统一信号（如 4 ~ 20mA）。若把变送器的输入、输出转换成百分数（无因次）形式，则变送器可近似为放大系数为 1 的放大环节。

3. 测量仪表的特性分析

和被控对象的传递函数相类似，测量仪表的通用传递函数可表示为

$$H_m(s) = \frac{K_m}{T_m s + 1} e^{-\tau_m s} \tag{2-22}$$

式中，K_m、T_m和τ_m分别为测量仪表的放大系数、时间常数和纯滞后时间。三者对控制质量的影响也与对象特性参数相仿。自控系统对测量仪表的要求是准确可靠、重复再现性好、响应速度快、灵敏度高，并在整个量程范围内放大系数保持常数。事实上，绝大多数工业用测量仪表都满足该要求，测量仪表的纯滞后时间τ_m一般都很小，可以近似为0；时间常数T_m也较小，为简化分析，有时也假设$T_m=0$，这样当$K_m=1$时，可将控制系统看成单位反馈系统（控制理论中经常这样描述）。但是，有的测量装置纯滞后特别严重，特别是在成分分析和测量时，从被控变量至采样点可能会有较大距离，且分析测定工作大多不是连续进行而有较大的工作周期，这些都会造成纯滞后，它相当于将被控变量的最新变化情况积压了一段时间再去报告控制器，显然这种信号是不合适的，所以应尽可能地减小纯滞后时间。时间常数T_m及滞后时间τ_m对控制质量带来的影响及克服测量滞后的方法，将在后面的章节中进一步详细讨论。

2.3　执行器

执行器也是组成自动控制系统的4个基本环节之一，是自动控制系统的终端执行装置。如图2-23所示，执行器在自动控制系统中的作用是接收来自调节器的控制信号，通过其本身开度的变化，改变控制变量的流量，从而达到调节被控变量的目的。这时，执行器的动作代替了人的操作，因而人们往往把执行器比喻为生产过程自动化系统的“手脚”。

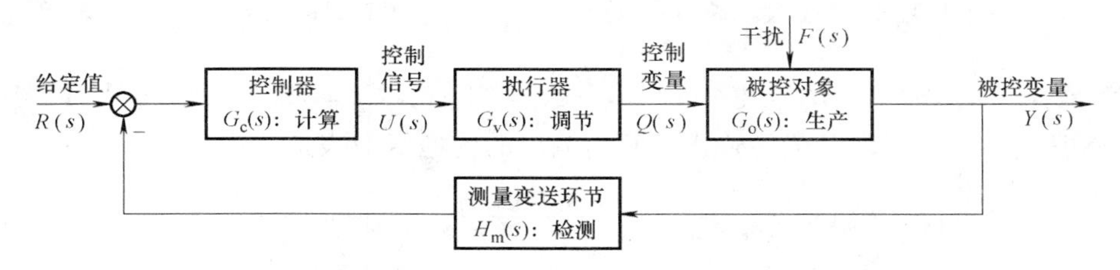

图2-23　自动控制系统的基本组成与工作原理

虽然，执行器是构成自动控制系统的一个重要、必不可少的组成部分，但是由于执行器的原理相对较为简单，往往会受到人们的轻视，它常常成为整个自动调节系统中最为薄弱的一环。一方面，执行器安装在生产现场，长期和各种介质直接接触，常常在高压、高温、深冷、高黏度、易结晶、闪蒸、汽蚀和高压差等状况下工作，使用条件恶劣，要保证它的安全运行往往是一件重要而不容易的事情。另一方面，如果执行器的选型或使用不当、维护不善，也将直接导致整个自动调节系统的调节品质严重下降，甚至造成严重的生产事故。

2.3.1　执行器的构成和分类

1. 执行器的构成

如图2-24所示，执行器主要由执行机构、控制阀和控制附件等组成，其中控制阀习惯上也称为调节机构。执行机构是执行器的推动装置，它根据控制附件输出的信号（气信号P_o或电信号I_o）驱动机械机构产生推力或力矩，推动控制阀动作；控制阀是执行器的调节部分，它根据执行机构的动作（位移或转角）去改变阀位开度（流通截面积），从而调节从阀芯、阀座之间流过的控制变量的流量。控制附件根据控制器或控制系统输出的控制信号（气信号 P 或电信号 I）和阀位开度反馈，计算产生驱动执行机构的控制信号，使执行器整体形成一个闭环反馈系统。常见的控制附件包括电气转换器、阀门定位器和伺服放大器等，多数时候它们是以独立附件的形式和执行机构、控制阀配合使用的。而图中的阀位测量并不是一个独立的部件，通常它仅仅执行机构上的一个辅助功能。

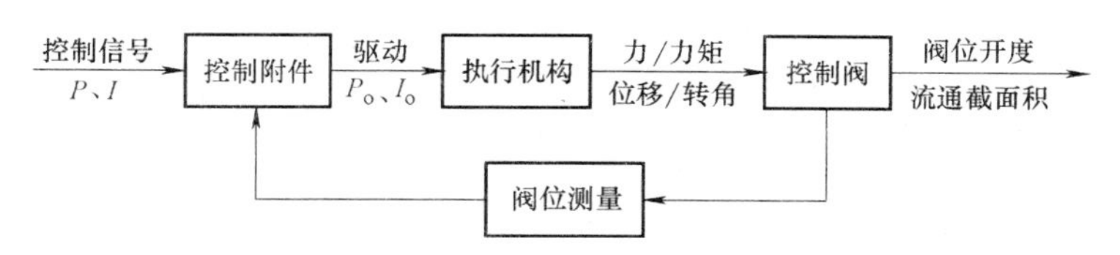

图 2-24　执行器的基本组成与工作原理

2. 执行器的分类

执行器按其使用的能源形式可分为气动执行器、电动执行器和其他执行器三大类。工业生产中多数使用前两种类型。

气动执行器由气动执行机构、阀门定位器或电气转换器、控制阀组成。气动执行器以压缩空气为动力源，主要特点是结构简单、性能稳定、价格便宜、维修方便、本质防爆并容易做成大输出力，广泛用于化工、炼油、石化、冶金、钢铁、电力、造纸、轻工和建材等行业。但其主要缺点是滞后较大，且气信号不适于远传（传送距离应控制在 150m 以内）。为了克服此缺点，目前主要的应用方式是把电信号传送至现场，再利用电气转换器或电气阀门定位器，把电信号转换为气动执行机构可操作的气信号。

电动执行器由电动执行机构、伺服放大器、调节机构组成，它以 220V 或 380V 交流电为动力源。电动调节阀具有动作较快、特别适于远距离的信号传送、能源获取方便等优点，广泛用于冶金、钢铁、电力和建筑等行业，并且其应用领域在逐步扩大；其缺点是价格较贵，一般只适用于防爆要求不高的场合。

其他执行器包括液动执行器、电液执行器以及特种执行器等。表 2-2 为电、气、液动执行器的特点比较。液动执行器以液压为动力，一般都是机电一体化的，虽比较笨重，但因为其推力大的特点，在一些大型场合被采用，如三峡的船闸用的就是液动执行器，对此本书不做详细介绍。

表 2-2　电、气、液动执行器的特点比较

比较项目	气动执行器	电动执行器	液动执行器
结构	简单	复杂	简单
体积	中	小	大
推力	中	小	大
配管配线	较简单	简单	复杂
动作滞后	大	小	小
频率响应	狭	宽	狭
维修	简单	复杂	简单
使用场合	适于防火防爆	不防爆（除防爆型外）	要注意火花
温度影响	较小	较大	较小
成本	低	高	高

按照控制阀的不同，执行器又可分为直通双座调节阀、直通单座调节阀、笼式（套筒）调节阀、角型调节阀、三通调节阀、高压调节阀、隔膜调节阀、波纹管密封调节阀、超高压调节阀、小流量调节阀、低噪声调节阀、蝶阀、凸轮挠曲调节阀、V形球阀、O形球阀等。其中，蝶阀、凸轮挠曲调节阀、V形球阀、O形球阀为角行程式；其余为直行程式。气动执行器用的是气动执行机构，而电动执行器则采用电动执行机构。

按输出动作，执行器可分为开关二位式和0～100%连续可调式两种。

此外，按作用方式，执行机构又可以分为正作用和反作用两种形式：正作用形式就是输入信号增大，执行器的流通截面积增大，即流过执行器的流量增大；反作用形式就是输入信号增大，流过执行器的流量减小。气动执行器正、反作用可通过执行机构和控制阀的正、反作用组合实现，电动执行器一般通过改变控制器（伺服放大器）的正、反作用方式实现。正、反作用的气动调节阀通常分别称为气开阀和气关阀。

2.3.2　执行机构和特性分析

1. 气动执行机构

气动执行机构是气动执行器的推动部分，它按控制信号的大小产生相应的输出力，通过执行机构的推杆，带动调节机构阀芯使它产生相应的位移（或转角），改变阀芯与阀座间的流通面积从而达到调节被调介质流量的目的。图2-25所示的气动薄膜调节阀就是一种典型的气动执行器。

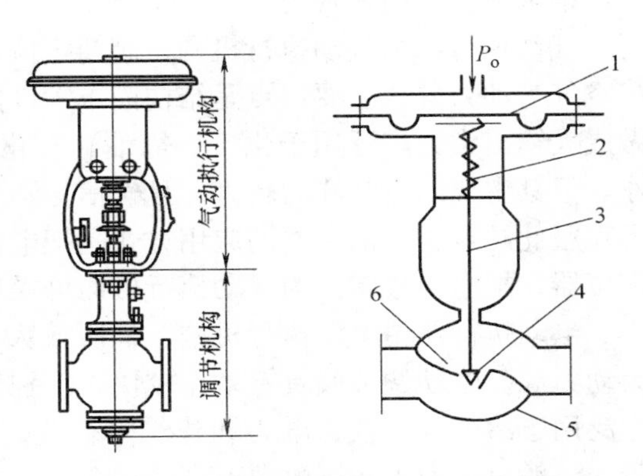

图2-25　气动薄膜调节阀的外形和内部结构
1—薄膜　2—平衡弹簧　3—阀杆　4—阀芯
5—阀体　6—阀座

气动执行机构有薄膜式执行机构、活塞式执行机构、长行程执行机构和滚筒膜片执行机构等。而工业过程常用的气动执行机构主要有薄膜式和活塞式两类。活塞式行程较长，适用于要求有较大推力的场合，不但可以直接带动阀杆，而且可以和蜗杆等配合使用；而薄膜式行程较小，只能直接带动阀杆。相比之下，气动薄膜式用得最多，因为它动作稳定平滑。但当压差较大、要求执行机构必须有较大的输出力才能克服调节阀的不平衡力时，可选用气动活塞式执行机构。

气动执行器品种很多，各种气动执行机构与不同类型的控制阀可组成各种形式的气动执行器产品。各种气动执行机构的原理、结构和特点见表2-3。

表2-3　各种气动执行机构比较

执行机构	薄膜式执行机构	活塞式执行机构	长行程执行机构	滚筒膜片执行机构
原理与应用	将输入信号转换成输出力和直线位移	将输入信号转换成输出力和直线位移或者力矩和角位移	将输入信号转换成长行程输出力和直线位移或力矩和角位移，适用于大转矩蝶阀、风门等场合	专配偏心旋转调节阀

（续）

执行机构	薄膜式执行机构	活塞式执行机构	长行程执行机构	滚筒膜片执行机构
主要特点	（1）输出力主要取决于控制信号和膜片面积 （2）正、反作用的结构基本相同 （3）根据需要可配装阀门定位器、手轮机构和自锁装置	（1）允许操作压力为 5kgf/cm²①，无弹簧，输出力大 （2）比例式必须带气动阀门定位器或电—气阀门定位器 （3）正、反作用可由阀门定位器来实现 （4）与专用自锁装置配用，可在信号气源中断后保持执行机构原有位置，适用于高静压、高压差的场合		具有薄膜式和活塞式执行机构的优点。与前者相比，滚筒膜片的有效面积不变，行程大，耐压高。与后者相比，滚筒膜片在运动中摩擦极小
结构图	1—上膜盖　2—波纹膜片　3—下膜盖　4—推杆　5—支架　6—压缩弹簧　7—弹簧座　8—调节件　9—行程标尺	1—活塞　2—缸体　3—推杆　4—支架　5—行程标尺	1—推杆　2—阀门定位器　3—气缸　4—支架　5—自锁件　6—输出臂	1—滚动膜片　2—活塞　3—导向环　4—压缩弹簧　5—活塞杆　6—缸体　7—防尘器

① $1\text{kgf/cm}^2 = 98.0665\text{kPa}$。

2. 气动执行机构的特性分析

目前最常用的气动执行器是气动薄膜调节阀（下文简称调节阀）。薄膜式气动执行机构由上部的气室、膜片、阀杆和刚性弹簧等所构成，如图 2-26 所示。气室中气压的变动引起阀杆成正比的上下移动，进而改变阀座和阀芯之间的流通截面积。由于阀体开启面积的改变基本上无惯性地使介质流量发生改变，所以调节阀的动态特性主要决定于执行机构的动态特性。

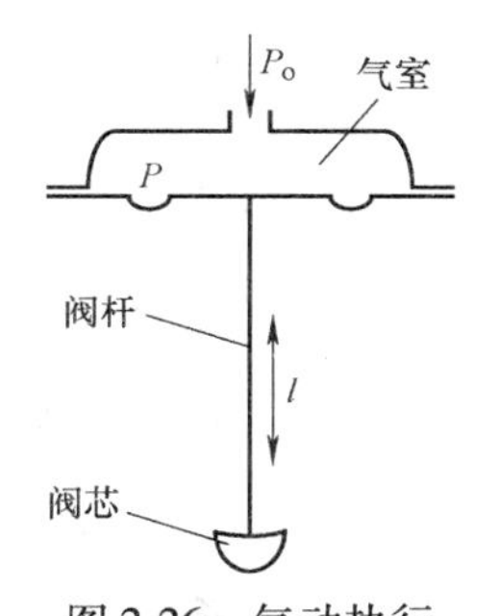

图 2-26　气动执行机构示意图

如果气室的气容为 C，并假设阀在动作时膜室体积近似不变，则它就相当于一个简单的压力容器。根据物料平衡关系有

$$C\frac{\mathrm{d}P}{\mathrm{d}t} = q_i - q_o \tag{2-23}$$

式中，P 为膜室内的压力；q_i、q_o分别为气体流入和流出气室的流量。由于气室是节流盲室，所以 $q_o = 0$。而 q_i则与气室两边的压力满足如下近似关系式

$$q_i = \frac{P_o - P}{R} \tag{2-24}$$

式中，R 为从控制器（阀门定位器）到执行器之间的流动阻力；P_o为控制信号。将式（2-24）代入式（2-23）得

$$RC\frac{\mathrm{d}P}{\mathrm{d}t} + P = P_o \tag{2-25}$$

由于

$$PA = Kl \tag{2-26}$$

式中，A 为膜片的面积；K 为弹簧的弹性系数；l 为阀杆的位移量。将式（2-26）代入式（2-25），整理后得

$$T_{\mathrm{v}}\frac{\mathrm{d}l}{\mathrm{d}t} + l = K_{\mathrm{v}}P。 \tag{2-27}$$

式中，K_{v}、T_{v} 分别表示气动执行机构的放大系数和时间常数，$K_{\mathrm{v}} = A/K$、$T_{\mathrm{v}} = RC$。气动执行机构的传递函数可表示为

$$G_{\mathrm{v}}(s) = \frac{K_{\mathrm{v}}}{T_{\mathrm{v}}s + 1} \tag{2-28}$$

可见，气动执行机构的动态特性也可用一阶线性微分方程来描述，其特性也可用放大系数 K_{v}、时间常数 T_{v}及滞后时间 τ_{v}来表征。一般来说，调节阀的滞后时间和时间常数都很小，在数秒至数十秒，多数时候可作放大环节处理。若调节阀的引压管线很长，膜室空间又大，则时间常数及滞后时间都会较大，这时调节阀动作缓慢，调节质量会受影响，改进的方法是增用阀门定位器，以加大功率，提高调节阀的运动速度。

3. 电动执行机构

电动执行机构接收 DC 0 ~ 10mA 或 DC 4 ~ 20mA 的输入信号，并将其转换成相应的输出力 F 和直线位移 l 或输出力矩 M 和角位移 θ，以推动调节机构动作。

电动执行机构主要分为两大类：直行程式与角行程式。角行程式执行机构又可分为单转式和多转式，前者输出的角位移一般小于 360°，通常简称为角行程式执行机构；后者输出的角位移超过 360°，可达数圈，故称为多转式电动执行机构，它和闸阀等多转式控制阀配套使用。各种电动执行机构的典型应用见表 2-4。

表 2-4 电动执行机构的分类与典型应用

分类	直行程电动执行机构	角行程电动执行机构	
		单转式	多转式
典型应用	执行机构输出轴为各种大小不同的直线位移，通常用来推动单座、双座、三通、套筒型等各种控制阀	执行机构输出轴转动范围小于 360°，通常用来推动蝶阀、球阀、偏心旋转阀等转角式控制阀	执行机构输出轴为各种大小不等的有效转圈数，用来带动闸阀等多转式控制阀

电动执行机构的动力部件有伺服电动机和滚切电动机两种，后者输出力小、价格便宜，属于简易型，工业生产过程中大多使用伺服电动机的电动执行机构。图 2-27 所示为电动执行机构的构成框图，它由伺服放大器、伺服电动机、位置发送器和减速器 4 部分组成。

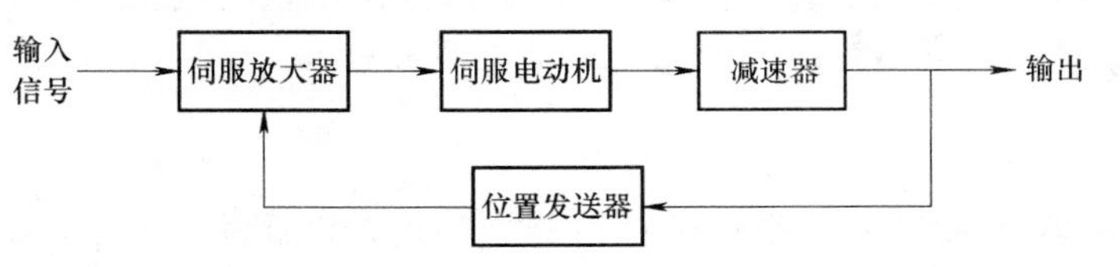

图 2-27 电动执行机构的构成框图

伺服放大器将输入信号和反馈信号相比较，得到差值信号，并将差值进行功率放大。当差值信号大于 0 时，伺服放大器的输出驱动伺服电动机正转，再经机械减速器减速后，使输出轴向下运动（正作用执行机构），输出轴的位移经位置发送器转换成相应的反馈信号，反馈到伺服放大器的输入端使差值减小，直至平衡，伺服放大器无输出，伺服电动机停止运转，输出轴稳定在输入信号相对应的位置上。反之，伺服放大器的输出驱动伺服电动机反转，输出轴向上运动，反馈信号也相应减小，直至平衡时伺服电动机才停止运转，输出轴稳定在另一新的位置上。

4. 电动执行机构的特性分析

电动执行机构的框图，如图 2-28 所示。

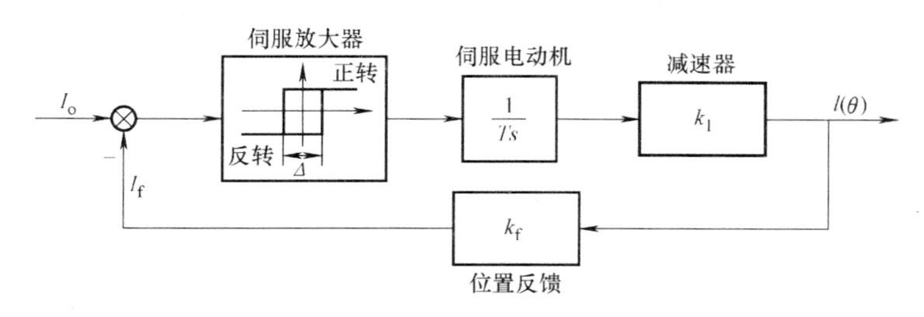

图 2-28 电动执行机构框图

伺服放大器是一个具有继电特性的非线性环节，Δ 为不灵敏区，其输入信号为执行机构的输入信号 I_o（I_o来自控制器）与反馈信号 I_f之差值，当$|I_o-I_f|<\Delta/2$ 时，伺服放大器无输出信号；当$|I_o-I_f|\geqslant\Delta/2$ 时，立即有输出，且输出为一恒定交流电压，根据偏差的符号有正转和反转之分。伺服电动机在接通电源时，工作在恒速状态，故为一个积分环节，减速器和位置发送器都可以看做比例环节。因此，电动执行机构的动态特性主要取决于伺服电动机的特性，即具有积分特性。电动执行机构的过渡过程通常也是数秒至数十秒。

直行程电动执行机构的输出为直线位移 l，角行程电动执行机构的输出为角位移 θ，设 k_f为位置发送器的转换系数，则由图 2-28 可得 $I_f=k_fl$ 或 $I_f=k_f\theta$。由于伺服放大器的不灵敏区很小，在伺服电动机停止转动时，可认为 $I_o-I_f\approx0$，因此可得

$$l=\frac{1}{k_f}I_o \qquad 或 \qquad \theta=\frac{1}{k_f}I_o \tag{2-29}$$

式（2-29）表明，电动执行机构在动态过程运行结束后，输出轴的直线位移 l 或角位移 θ 与输入信号 I_o之间具有良好的线性关系，即电动执行机构的静态特性为比例特性。

2.3.3 控制阀的结构和特性

1. 控制阀的工作原理

从流体力学观点来看，控制阀是一个局部阻力可以变化的节流元件。流体流过阀门与流体流过孔板时的压力及流速变化过程很相似，不同的是阀的通径（即阀的流通截面积）是可变的，而孔板的孔径是不变的。

流体流经控制阀时，由于阀芯和阀座之间的流通截面积的局部缩小，形成局部阻力，使得流体在阀上产生能量损失。对于不可压缩的流体，根据伯努利方程，则有

$$\frac{P_1}{\rho g}+\frac{V_1^2}{2g}=\frac{P_2}{\rho g}+\frac{V_2^2}{2g}+h \tag{2-30}$$

式中，P_1、P_2分别为阀前、阀后的绝对压力；V_1、V_2分别为阀前、阀后的平均流速；ρ 为流体密度；g 为重力加速度；h 为压头损失。

又根据流体流动的连续性方程可知 $F_1V_1=F_2V_2$，其中 F_1、F_2分别表示阀进、出口的通径面积。因为 $F_1=F_2=F_G$（调节阀接管截面积），所以有 $V_1=V_2=V$。则由式（2-30）可以得到阀上的压头损失为

$$h=\frac{P_1-P_2}{\rho g} \tag{2-31}$$

当流体流动时，压头损失与流速阻力系数和重力加速度有关，即

$$h=\xi\frac{V^2}{2g} \tag{2-32}$$

式中，ξ 为阀的阻力系数。

于是可以得到

$$V=\frac{1}{\sqrt{\xi}}\sqrt{\frac{2(P_1-P_2)}{\rho}} \tag{2-33}$$

用体积流量代替流速，则式（2-33）可写成

$$Q=\frac{F_G}{\sqrt{\xi}}\sqrt{\frac{2(P_1-P_2)}{\rho}} \tag{2-34}$$

式（2-34）就是控制阀的流量方程式，从式（2-34）中可以看出，当控制阀口径一定，即控制阀接管截面积 F_G一定，并且控制阀两端压差 P_1-P_2不变时，则流量随控制阀阻力系数的变化而变化。若 ξ 减小，则 Q 增大；反之，若 ξ 增大，则 Q 减小。由于阻力系数和阀的流通截面积有关，即与阀的开度有关，所以控制阀可以按照信号大小通过改变阀芯行程来改变阀的阻力系数，从而达到调节流体流量的目的。

2. 控制阀的分类与特点

控制阀主要由阀体、阀杆或转轴、阀芯或阀板和阀座等部件组成。图 2-29 为两种常用的调节阀。

图 2-29a 为直行程式单座调节阀，执行机构输出的推力通过阀杆 2 使阀芯 3 产生上、下方向的位移，从而改变了阀芯 3 与阀座 4 之间的流通截面积，即改变了调节阀的阻力系数，使被控介质流体的流量发生相应变化。图 2-29b 为角行程式蝶阀，执行机构输出的推力通过转轴 6 使阀板 7 产生旋转位移，从而改变了阀体中的流通截面积，使被控介质的流体的流量发生相应变化。

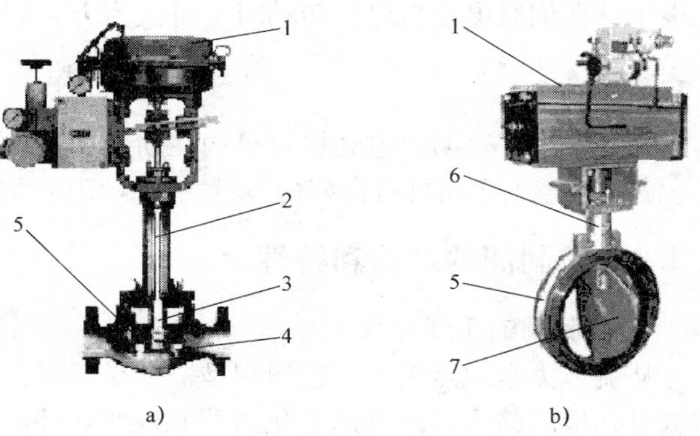

图 2-29 直行程调节阀和角行程调节阀
a）直行程式单座调节阀 b）角行程式蝶阀
1—执行机构 2—阀杆 3—阀芯 4—阀座
5—阀体 6—转轴 7—阀板

根据不同的阀体结构，控制阀可分为很多种。常用控制阀的结构示意图如图 2-30 所示。

（1）直通单座阀

直通单座阀的结构如图 2-30a、b 所示，阀体内只有一个阀芯和一个阀座。这类阀门应用最广，具有泄漏小、允许压差小、结构简单的特点，适用于密封要求严格，工作压差小的干净介质的场合，但小规格的阀（阀座直径 $D_g<20$mm）也可用于压差较大的场合。应用中应注意校对允许压差，防止阀门关不严。

单座阀的阀芯根据口径大小，分为双导向和单导向。阀座直径 $D_g \geqslant 25$mm 的阀芯为双导向，只要改变阀杆与阀芯的连接位置就可实现正装或反装，在其他部件不变的情况下改变执行器的正反作用，如图 2-30a 所示。$D_g<25$mm 的阀芯为单导向，只能正装不能反装，如图 2-30b 所示，因此单导向调节阀的正反作用形式取决于执行机构的作用形式。

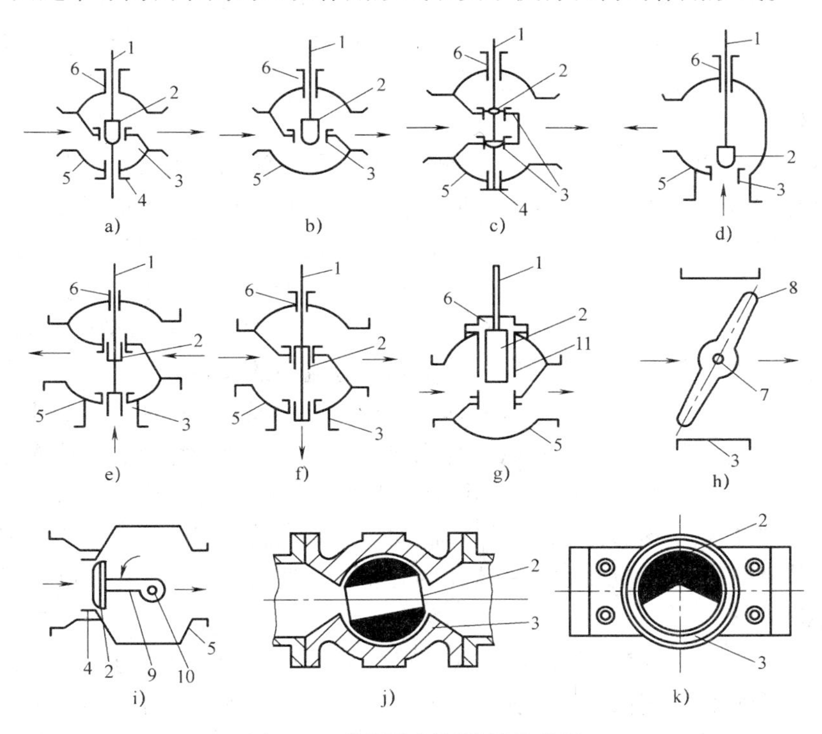

图 2-30　常用控制阀结构示意图

a）双导向直通单座阀　b）单导向直通单座阀　c）直通双座阀　d）角形阀　e）合流三通阀　f）分流三通阀　g）套筒阀　h）蝶阀　i）偏心旋转阀　j）O 形球阀　k）V 形球阀

1—阀杆　2—阀芯　3—阀座　4—下阀盖　5—阀体　6—上阀盖　7—阀轴　8—阀板　9—柔臂　10—转轴　11—套筒

由于单座阀只有一个阀芯，流体对阀芯会产生一个较大的单向推力，即不平衡力较大，尤其在高压差、大口径时不平衡力更大，所以单座阀仅适用于低压差的场合，否则必须选用大推力的气动执行机构或配上阀门定位器。

（2）直通双座阀

直通双座阀的结构如图 2-30c 所示。因阀体内有两个阀芯和两个阀座，阀杆通过做上下移动来改变阀芯与阀座的位置，所以叫做直通双座调节阀，其基本组成部件与单座阀相同。从图 2-30c 中可知，流体从左侧进入，通过上、下阀芯以后再汇合在一起，由右侧流出。直通双座阀均采用双导向结构，只要把阀芯倒装，上、下阀座互换位置之后就可改变正反作用形式。

由于直通双座阀有两个阀芯和两个阀座，流体流经两个阀芯产生的推力因方向相反可相互抵消，所以它的不平衡力较单座阀小，流通能力较同口径的单座阀大，但上、下两个阀芯不易同时关闭。因此，直通双座调节阀具有流通能力大、允许压差大、泄漏大的特点。尤其使用于高温或低温的场合，因材料的热膨胀不同，更易引起较严重泄漏，选型时应特别注意。双座阀阀体流路较复杂，不适用于高黏度和含纤维介质的调节。

3. 角形阀

角形阀的阀体为直角形，如图 2-30d 所示，其流路简单、阻力小，适用于高压差、高黏度、含有悬浮物和颗粒状物质的调节。角形阀一般使用于底进侧出，此时调节阀稳定性好，但在高压差场合下，为了延长阀芯使用寿命，也可采用侧进底出，但侧进底出在小开度时易发生振荡。角形阀适用于工艺管道直角形配管的场合。

4. 三通阀

三通阀具有 3 个通道，可代替两个直通单座阀用于合流或分流场合。合流是两种流体通过阀时混合产生第 3 种流体，或者两种不同温度的流体通过阀时混合成温度介于前两者之间的第三种流体，这种阀有两个入口和一个出口。分流是把一种流体通过阀后分成两路，当阀在关闭一个出口的同时就打开另一个出口，这种阀有一个入口和两个出口。

合流、分流三通阀的结构图分别如图 2-30e、f 所示，它是由直通型调节阀改型而成的，在原来下阀盖处改为接管，即形成三通。合流阀和分流阀的阀芯形状不一样，合流阀的阀芯位于阀座内部，分流阀的阀芯位于阀座外部，这样设计的阀芯，可使流体的流动方向将阀芯处于流开状态，以稳定阀的操作，所以，合流阀必须用于合流的场合，分流阀必须用于分流的场合。但当公称通径 $DN<80\text{mm}$ 时，由于不平衡力较小，合流阀也可用于分流的场合。三通阀的阀芯不能像双座阀那样反装使用，因此三通阀气关、气开的选择必须采用正、反作用执行机构来实现。使用时应注意两种流体的温差不宜过大，通常小于 150℃。

5. 套筒阀

图 2-30g 所示的套筒阀是一种结构比较特殊的调节阀，它的阀体与一般的直通单座阀相似，但阀内有一个圆柱形套筒，又称笼子，利用套筒导向，阀芯可在套筒中上下移动。套筒上开有一定流量特性的窗口（节流孔），阀芯移动时，就改变了节流孔的面积，从而实现流量调节。根据流通能力大小的要求，套筒的窗口可分为 4 个、2 个或 1 个。套筒阀分为单密封和双密封两种结构，前者类似于直通单座阀，适用于单座阀的场合；后者类似于直通双座阀，适用于双座阀的场合。由于在阀芯上设有均压孔，能有效地消除作用于阀芯上、下部分的轴向不平衡力，使得套筒阀还具有稳定性好、拆装维修方便等优点，因而得到广泛应用，但其价格比较贵。

6. 蝶阀

蝶阀用来调节液体、气体、蒸汽的流量，如图 2-30h 所示，它相当于取一直管段做阀体，且阀体又相当于阀座，故“自洁”性能好，体积小，质量轻，广泛使用于含有悬浮颗粒物和浓浊浆状流体，特别适用于大口径、大流量、低压差的场合。当 $DN>300\text{mm}$ 时，通常选用蝶阀。蝶阀按使用要求可分为常温蝶阀（$-20\sim450$℃）、高温蝶阀（$450\sim600$℃、$600\sim850$℃）、低温蝶阀（$-200\sim-40$℃）和高压蝶阀 4 种。

7. 偏心旋转阀

偏心旋转阀如图 2-30i 所示，其球面阀芯的中心线与转轴中心偏离，转轴带动阀芯偏心旋转，使阀芯向前下方进入阀座。偏心旋转阀具有体积小、重量轻、使用可靠、维修方便、通用性强和流体阻力小等优点，适用于黏度较大的场合，在石灰、泥浆等流体中，具有较好的使用性能。

8. 球阀

球阀按阀芯形式可分为 O 形球阀和 V 形球阀两种。

O 形球阀是从手动球阀发展而来的，其结构特点是：阀芯为一球体，球体上开有一个直径和管道直径相等的通孔，转轴带动球体旋转，起调节和切断作用，如图 2-30j 所示。该阀结构简单，维修方便，密封可靠，流通能力大。O 形球阀全开时为无阻调节阀，具有快开式流量特性，“自洁”性能最佳，适用于杂质较多及含纤维介质的两位切断场合。

V 形球阀是在 O 形球阀基础上发展起来的。球体开有一个 V 形口，如图 2-30k 所示。随着球的旋转，流通截面积发生变化，但流通截面始终保持一个三角形的开口形状。当 V 形切口转入阀体内，可使球体和阀体上的密封圈紧密接触，达到良好关闭。V 形球阀的特点是：①流通能力大，相当于同口径双座阀的 2 ~ 2.5 倍；②具有最大的流量调节范围，可调比为 200∶1 ~ 300∶1；③阀座采用软质材料，密封性可靠；④流量特性近似于等百分比特性，适用于带杂质和含纤维介质可调比较大的调节场合，但该阀价格较高。

2.3.4　控制阀的流量特性

控制阀的流量特性能直接影响自动控制系统的控制质量和稳定性。要想合理选择不同流量特性的控制阀，就必须分析讨论控制阀的各种流量特性，从而确定选择流量特性的原则。

1. 流量特性的定义

调节阀的流量特性是指被控介质流过阀门的相对流量 Q/Q_{max} 与阀门的相对开度 l/L 之间的关系。一般说来，改变调节阀的阀芯、阀座之间的节流面积便可实现流量的调节。但实际上由于各种因素的影响，如在节流面积改变的同时还发生阀前后压差的变化，而压差的变化又会引起流量的变化。因此调节阀的流量特性有理想流量特性和工作流量特性之分。

2. 理想流量特性

调节阀在前后压差恒定的情况下得到的流量特性称为理想流量特性（也称固有流量特性），调节阀的理想流量特性取决于阀芯的形状，不同的阀芯曲面可得到不同的理想流量特性，如图 2-31 所示。典型的理想流量特性有直线流量特性、等百分比流量特性、快开流量特性和抛物线流量特性 4 种，其特性曲线如图 2-32 所示。

（1）直线流量特性

直线流量特性是指调节阀的相对流量与相对开度呈直线关系，即单位位移变化所引起的流量变化是一个常数，即

$$\mathrm{d}\left(\frac{Q}{Q_{max}}\right)/\mathrm{d}\left(\frac{l}{L}\right)=K \tag{2-35}$$

式中，K 为常数，即调节阀的放大系数。引入边界条件：当 $l=0$ 时，$Q=Q_{min}$；当 $l=L$ 时，$Q=Q_{max}$，经积分后得

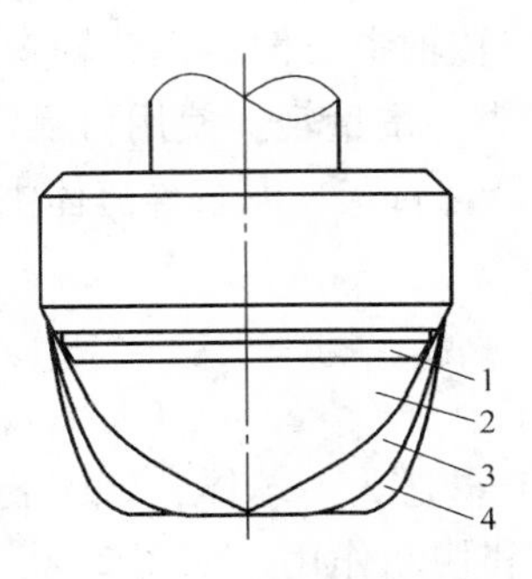

图 2-31 阀芯曲面形状
1—快开 2—直线
3—抛物线 4—等百分比

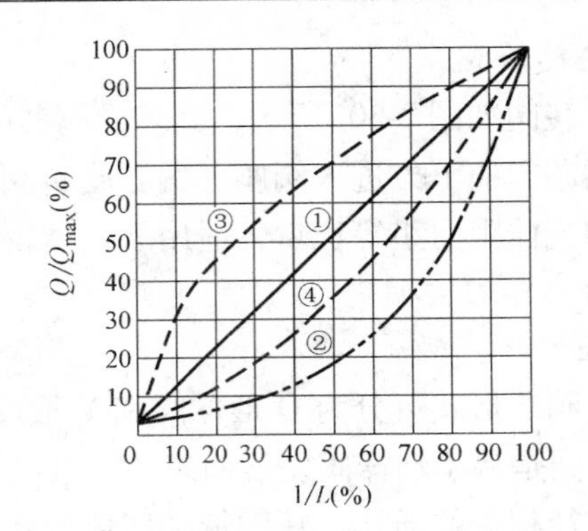

图 2-32 理想流量特性曲线（$R=30$）

$$\frac{Q}{Q_{max}}=\frac{1}{R}\left[1+(R-1)\frac{l}{L}\right] \tag{2-36}$$

式中，R 表示调节阀的可调比，$R=\frac{\text{调节阀控制的最大流量}}{\text{调节阀控制的最小流量}}=\frac{Q_{max}}{Q_{min}}$。

由式（2-36）可以知道，Q/Q_{max} 和 l/L 呈直线对应关系，如图 2-32 的曲线①。不难发现，具有直线流量特性的阀在变化相同的行程，不同的点产生的流量绝对变化量都是相同的，但流量变化的相对值差别很大。流量小时，流量相对值变化大；流量大时，流量相对值变化小。

（2）等百分比流量特性

等百分比流量特性是指相对行程的变化所引起相对流量的变化与该点的相对流量呈正比关系，如图 2-32 的曲线②。其数学式表达为

$$\mathrm{d}\left(\frac{Q}{Q_{max}}\right)/\mathrm{d}\left(\frac{l}{L}\right)=K\left(\frac{Q}{Q_{max}}\right) \tag{2-37}$$

积分并代入边界条件后可得

$$\frac{Q}{Q_{max}}=R^{\left(\frac{l}{L}-1\right)} \tag{2-38}$$

在行程变化值相同的条件下，行程小时，流量的绝对变化量小；行程大时，流量的绝对变化量大，但在整个行程范围内流量的相对值变化相等。

（3）快开流量特性

凡是有这种流量特性的阀在小开度时流量就比较大，随着行程的增大，流量很快地就达到最大，如图 2-32 的曲线③。用数学式表达为

$$\mathrm{d}\left(\frac{Q}{Q_{max}}\right)/\mathrm{d}\left(\frac{l}{L}\right)=K\left(\frac{Q}{Q_{max}}\right)^{-1} \tag{2-39}$$

积分后得

$$\frac{Q}{Q_{max}}=\frac{1}{R}\left[1+(R^{2}-1)\frac{l}{L}\right]^{\frac{1}{2}} \tag{2-40}$$

它的阀芯采用平板形，当阀座直径为 D 时，它有效行程一般在 $D/4$ 之内，行程再大时，

阀的流通面积不再增大，失去调节作用。

（4）抛物线流量特性

抛物线流量特性是指相对行程的变化所引起的相对流量变化与该点的相对流量的二次方根呈正比关系，如图 2-32 的曲线④。用数学式表达为

$$d\left(\frac{Q}{Q_{max}}\right)/d\left(\frac{l}{L}\right)=K\left(\frac{Q}{Q_{max}}\right)^{\frac{1}{2}} \tag{2-41}$$

积分后得

$$\frac{Q}{Q_{max}}=\frac{1}{R}\left[1+(\sqrt{R}-1)\frac{l}{L}\right]^{2} \tag{2-42}$$

从式（2-42）可以看出，相对流量变化和相对行程变化呈抛物线关系，它介于直线流量特性和等百分比流量特性曲线之间。

必须指出，Q_{min}是调节阀可调流量的下限值，并不等于调节阀全关时的泄漏量。一般最小可调流量为最大流量的 2% ~4%，最小泄漏量仅为最大流量的 0.01% ~0.1%。从自动控制系统考虑，当然希望可调比越大越好，但由于受到调节阀阀芯结构设计加上加工工艺的限制，一般取 R 为 30 ~50。表 2-5 为各种典型的固有流量特性和不同的相对行程下的相对流量数值。

表 2-5　各种典型的固有流量特性和不同的相对行程下的相对流量数值（$R=30$）

相对流量 (Q/Q_{max})(%) ＼ 相对行程 (l/L)(%) ＼ 流量特性	0	10	20	30	40	50	60	70	80	90	100
直线流量特性	3.3	13.0	22.7	32.3	42.0	51.7	61.3	71.0	80.6	90.4	100
等百分比流量特性	3.3	4.67	6.50	9.26	13.0	18.3	25.6	36.2	50.8	71.2	100
快开流量特性	3.3	21.7	38.1	52.6	65.2	75.8	84.5	91.3	96.13	99.03	100
抛物线流量特性	3.3	7.3	12	18	26	35	45	57	70	84	100

3. 工作流量特性

工作流量特性是研究调节阀在实际使用时流量特性的变化情况。它不仅取决于阀芯的形状，而且还与调节阀的配管情况有关。当调节阀安装在管道系统中，除调节阀外，在串联管道中有其他设备及管道阻力，在并联管道中，一般都装有旁路。为此，调节阀前后的压差通常是不恒定的。

（1）调节阀与管道串联时的工作流量特性

调节阀与管道串联时，如图 2-33 所示。

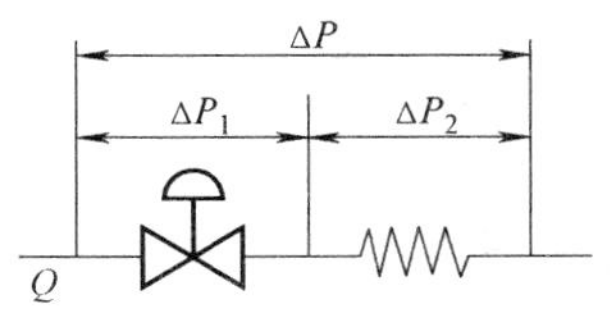

图 2-33　调节阀在串联管道场合

ΔP—系统的总压差　ΔP_1—调节阀上的压差　ΔP_2—串联管道上的压差　Q—流过管道的流量

调节阀的工作流量特性的计算公式为

$$\frac{Q}{Q_{max}}=f\left(\frac{l}{L}\right)\sqrt{\frac{1}{\left(\frac{1}{S}-1\right)f^{2}\left(\frac{l}{L}\right)+1}} \tag{2-43}$$

式中，$f(l/L)$为固有的理想流量特性表达式；S 为降压比，$S=\frac{\Delta P_{1m}}{\Delta P}$；$\Delta P_{1m}$为阀全开时调节阀上的压差。

根据式（2-43），当 $S\neq1$ 时，调节阀的工作流量特性将不等于理想流量特性，即调节阀的工作流量特性将发生畸变。

从图 2-34 中可以看出：当 $S=1$ 时，即管道阻力损失为零，系统的总压差全部降落在调节阀上，工作流量特性与固有的理想流量特性是一致的。随着 S 的减小，即管道阻力的增加，降落在管道上的压差也就增大，调节阀全开时的流量减小，调节阀的可调比缩小。随着 S 的减小，工作流量特性与理想流量特性的偏离也越来越大，直线特性渐渐趋近于快开特性，等百分比特性渐渐接近于直线特性，实际使用中，一般不希望 S 值低于 0.3。

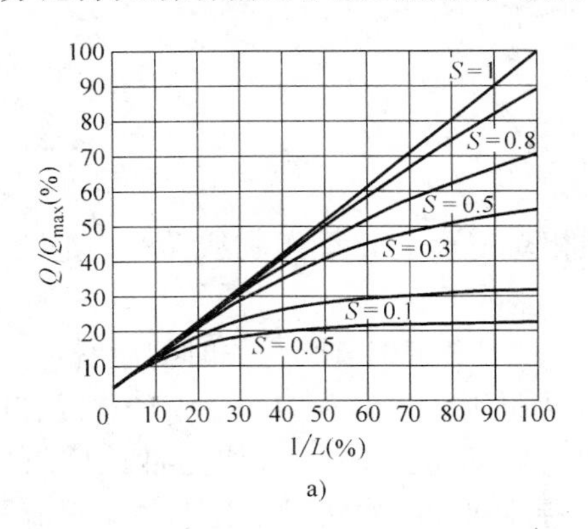

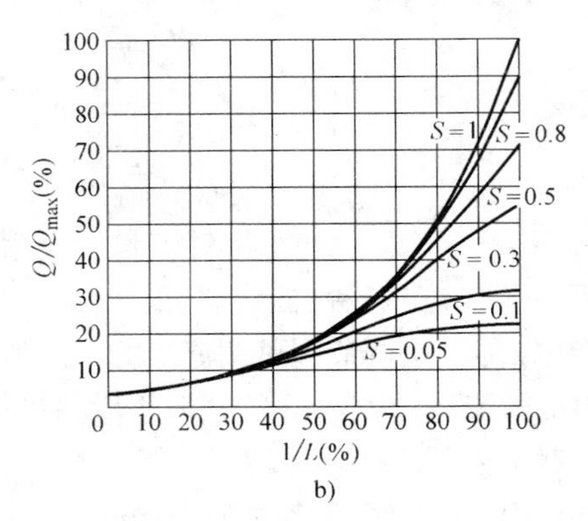

图 2-34 串联管道时调节阀的工作特性（以 Q_{max} 为参比值）

a）直线流量特性 b）等百分比流量特性

（2）调节阀与管道并联时的工作流量特性

调节阀与管道并联时，如图 2-35 所示。

调节阀的工作流量特性的计算公式为

$$\frac{Q}{Q_{max}}=xf\left(\frac{l}{L}\right)+(1-x) \tag{2-44}$$

式中，$f(l/L)$ 为固有流量特性表达式；$x=\dfrac{Q_{1m}}{Q_{max}}$；$Q_{1m}$ 为阀全开时流经调节阀的流量；Q_{max} 为流过总管道的最大流量。

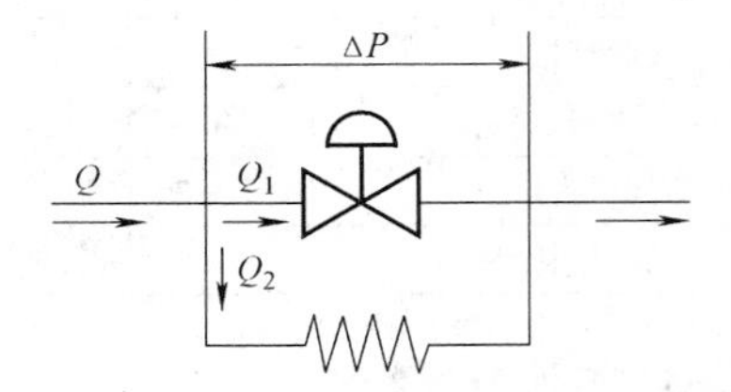

图 2-35 调节阀与管道并联

Q—总管道流量 Q_1—流过调节阀的流量

Q_2—流过并联管道的流量

ΔP—调节阀上的压差

根据式（2-44），当调节阀与管道并联且 $x\neq1$ 时，调节阀的工作流量特性也不等于理想流量特性，调节阀的工作流量特性也将发生畸变。

从图 2-36 中可以看出：当 $x=1$ 时，即旁路关死时，调节阀的工作流量特性与理想流量特性是一致的。随着 x 的减小，即旁路阀逐步打开，虽然调节阀的流量特性没有变化，但可调比显著减小。因此，一般 x 值不应低于 0.8。

2.3.5 控制阀的流量系数和不平衡力

流量系数 K 是调节阀的一个重要参数，它表示调节阀通过流体的能力。由于流量系数 K 和调节阀的公称通径有直接关系，因此工程计算中都利用流通能力的计算来确定所选调节阀的公称通径。如果选择过大，阀门常工作在小开度位置，会降低调节质量并浪费资金；选择过小，将不能满足最大工艺流量的要求，甚至影响自控系统的投用，为此必须正确掌握调节阀的 K 值计算。

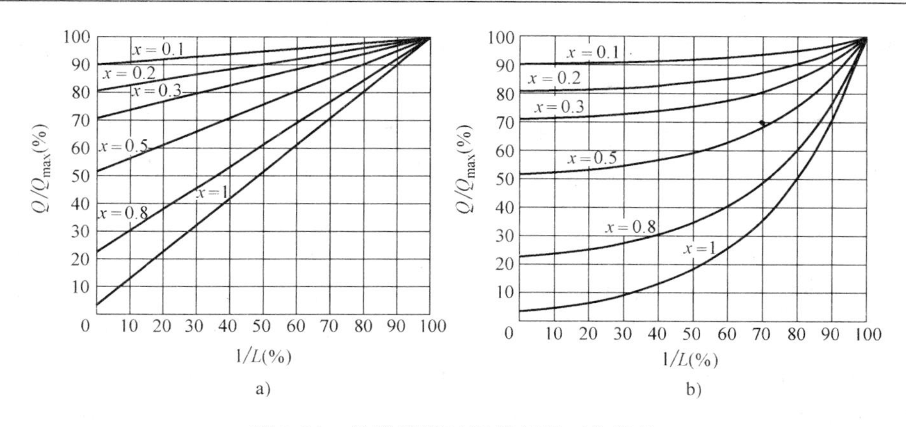

图 2-36　并联管道时调节阀的工作特性
a) 直线流量特性　b) 等百分比流量特性

1. 流量系数 *K* 的计算

调节阀的流通能力是阀门在给定行程下，单位时间内通过阀的流体的体积或质量的数值。它与流体的种类、温度、黏度、重度、压力、阀上的压差以及阀体、阀芯的结构尺寸等多种因素有关。因此，要表示阀的流通能力，必须规定一定的试验条件，并将此条件下流量系数以 K_v 表示。流量系数 K_v 值的定义：在给定行程下，阀两端压差为 1kgf/cm^2（$1\text{kgf}=9.8\text{N}$），流体密度为 1g/cm^3 时流经调节阀的流量数（以 m^3/h 或 t/h 表示）。在使用中，又以额定行程（即全开）时的流通能力（m^3）来表示 K_v 值，通常产品说明书上提供的 K_v 值都是此值。

例如：有一台 $K_v=10$ 的调节阀，即表示阀全开，压差为 1kgf/cm^2 时，每小时通过的水流量为 10m^3。

从调节阀的流量特性方程式（2-34）已知

$$Q=\frac{F_G}{\sqrt{\xi}}\sqrt{\frac{2(P_1-P_2)}{\rho}}$$

若把式（2-34）中的各参数转化为如下的工程单位，即流量 Q 为 m^3/h，调节阀通径截面积 F_G 为 cm^2，阀前、后绝对压力 P_1、P_2 为 kgf/cm^2，流体密度 ρ 为 g/cm^3，则得

$$Q=5.04\frac{F_G}{\sqrt{\xi}}\sqrt{\frac{\Delta P}{\rho}} \tag{2-45}$$

当 $\Delta P=1\text{kgf/cm}^2$，$\rho=1\text{g/cm}^3$ 时，可得流量系数 $K=5.04\dfrac{F_G}{\sqrt{\xi}}$。可见，流量系数 K 值的大小取决于阀公称通径 DN（即 F_G）和阻力系数 ξ，它是一个只与阀结构有关的系数，对于同类结构的调节阀具有相近的阻力系数，而同口径不同类型的调节阀，阻力系数不尽相同，流通能力也就不同。如流线型结构的球阀、蝶阀流阻小，具有大的流通能力；单座阀、多级型高压阀等流阻大，流通能力较小。

若将式（2-45）中 ΔP 的单位取为 kPa，则可得不可压缩流体 K 值的计算公式，即

$$K=\frac{10Q\sqrt{\rho}}{\sqrt{\Delta P}} \tag{2-46}$$

式中，Q 为流过调节阀的体积流量（m^3/h）；ΔP 为调节阀前后压差（kPa）；ρ 为介质密度（g/cm^3）。

但调节阀的流量系数 K 通常是在流体密度为 $1g/cm^3$（即 5～40℃的水）的条件下标定的，流体的种类和性质将会影响流量能力的大小。对于低雷诺数的流体，当雷诺数减小时，有效的 K 值会变小。如高黏度的液体，在 $Re<2300$ 时，流体将处于层流状态，流量 Q 与压差 ΔP 之间不再保持二次方根的关系，而是趋于线性关系。因此对低雷诺数流体的 K 值计算，要用雷诺数进行修正。另外对于气体和蒸汽，由于具有可压缩性，通过调节阀后的气体密度将小于阀前的密度，因此对气体或蒸汽的 K 值计算，要用压缩系数加以修正。对于气液两相混合流体，必须考虑两种流体之间的相互影响。当液相为主时，气相成为气泡而夹杂在液相中间，这时具有液相的性质；而当气相为主时，液相成为雾状，这时具有近似于气相的性质，同时相与相还存在相对运动和能量、质量、动量的传递。当液体和气体（或蒸汽）均匀混合流过调节阀时，其中液体的密度保持不变，而气体或蒸汽由于膨胀而使密度下降，因此要用膨胀系数加以修正。

流体的流动状态也将影响流通能力的大小。当调节阀前后压差达到某一临界值时，通过调节阀的流量将达到极限，这时，即使进一步增加压差，流量也不会再增加，这种达到极限流量的流动状态称为阻塞流。当介质为气体时，由于它具有可压缩性，因此会出现阻塞流；当介质为液体时，一旦阀前后压差增大到足以引起液体气化，即产生闪蒸或空化，也会出现阻塞流。显然，阻塞流出现之后，流量 Q 与压差 ΔP 之间不再遵循式（2-45）的关系，因此阻塞流和非阻塞流的 K 计算是不同的。

对于上述流体的 K 值计算，读者可以查阅相应的手册。

2. 调节阀的不平衡力和不平衡力矩

流体通过调节阀时，由于受到流体静压和动压的作用，在阀芯上会产生上下移动的轴向力和引起旋转的切向力，从而使阀芯处于不平衡状态。不平衡力是指调节阀阀芯受到的轴向合力。这个不平衡力将会推动阀芯，直接影响执行机构的信号压力和阀杆行程的关系。不平衡力矩是指角行程调节阀在阀芯轴上所受到的合力矩。这个不平衡力矩将会使阀板轴转动，直接影响执行机构的信号压力和阀板转角的关系。

不平衡力和不平衡力矩的大小和方向主要取决于 3 个方面：①调节阀的结构、阀芯的大小和形状；②调节阀的阀前、阀后压力和压差；③流体与阀芯的相对流向。各种不同调节阀的不平衡力和力矩的计算汇总见表 2-6。

表 2-6　各种不同调节阀的不平衡力和力矩的计算汇总表

阀门类型	计算公式	符号	说明
单座阀（直通单座阀、角形阀、高压阀）	$F_t=\frac{\pi}{4}(d_g^2\Delta P+d_s^2P_2)$	F_t——不平衡力（kgf） P_2——阀后压力（kgf/cm^2） ΔP——阀前后压差（kgf/cm^2） d_g——阀型直径（cm） d_s——阀杆直径（cm）	阀芯正装，流开状态（流体向着开方向流动）
直通双座阀	$F_t=\frac{\pi}{4}[(d_{g1}^2-d_{g2}^2)\Delta P+d_s^2P_2]$	d_{g1}——上阀芯直径（cm） d_{g2}——下阀芯直径（cm）	阀芯正装

（续）

阀门类型	计算公式	符号	说明
三通阀	$F_t=\frac{\pi}{4}[d_g^2(P_1-P_1')+d_s^2P_1']$	P_1'——流体接触阀杆一端的进口压力（kgf/cm^2） P_1——另一端进口压力（kgf/cm^2）	合流阀
	$F_t=\frac{\pi}{4}[d_g^2(P_2-P_2')+d_s^2P_2']$	P_2'——流体接触阀杆一端的出口压力（kgf/cm^2） P_2——另一端出口压力（kgf/cm^2）	分流阀
蝶阀	$M_t=GD_g^3\Delta P$	M_t——不平衡力矩（kgf·m） G——转矩系数，对平板型阀板，取 0.165 D_g——蝶阀口径（cm）	
球阀	$M_t=mD_g^3\Delta P$	m——转矩系数，取 0.124 D_g——球的内径（cm）	

2.3.6　控制阀附件

1. 阀门定位器

按其结构形式和工作原理，阀门定位器可分为气动阀门定位器、电-气阀门定位器以及智能阀门定位器 3 类，它们均属于气动执行器的主要附件，与气动执行机构配套使用。应用阀门定位器的场合主要有：

1）用于高压介质或高、低温场合　当调节阀用于这类场合时，为了防止流体从阀杆填料处泄漏，经常把填料压盖压得比较紧，从而对阀杆产生很大的静摩擦力，使阀杆行程产生误差。配用定位器之后，能够克服这些摩擦力的作用，可明显地改善执行器的基本特性。

2）用于高压差场合　当调节阀两端的压差 $\Delta P>1\text{MPa}$ 时，介质对阀芯将产生较大的不平衡力，此力将破坏原来的工作位置，对控制系统产生扰动作用，尤其是对单座调节阀，影响更为显著。使用定位器，可以增大执行机构的输出力，克服不平衡力的作用。

3）调节阀口径较大的场合　当调节阀公称通径 $DN>100\text{mm}$ 时，由于阀芯重量增加，阀杆的摩擦力增大，要求执行机构有较大的输出力，应安装阀门定位器。

4）加快执行机构的动作速度　当控制器与执行器相距较远时，气动信号管路比较长，为了克服气信号的传递滞后，可使用电-气阀门定位器，用控制器输出的电流信号进行传输，然后在执行器端转换成气压信号去操作执行器。

5）改变执行器的正、反作用形式　当需要改变气动执行机构的正、反作用时，可通过阀芯反装，或采用相反作用的执行机构实现，但在现场这样改装比较麻烦，且往往需要有一定的备品才能进行。利用不同作用形式的定位器甚至改变定位器输入信号的接入方式，可更容易地来改变执行器的作用形式。

6）改善调节阀的流量特性　调节阀的流量特性主要取决于两个方面：阀芯的几何形状和反馈凸轮的几何形状。对于一台应用于现场的调节阀来说，阀芯的几何形状是确定的、不可改变的，但调节阀的流量特性可以通过改变反馈凸轮的几何形状来改变。因为反馈凸轮的几何形状不一样，就能改变调节阀对定位器的反馈量，使定位器的输出特性变化，从而改变调节阀的输出信号与调节阀位移之间的关系，即修正了流量特性。

7）用于分程控制　所谓分程控制，即用一台调节器控制多个调节阀，每个调节阀只在一定的控制信号范围内工作。应用阀门定位器可以改变调节阀输入信号的工作范围。

8）采用非标准信号的执行机构　采用定位器，选用适当的气源压力，可输出非标准信号去控制非标准信号的气动执行器。

（1）气动阀门定位器

气动阀门定位器直接接收气信号，其品种很多，按工作原理不同，可分为位移平衡式和力矩平衡式两大类。下面以图 2-37 所示配用薄膜执行机构的力矩平衡式气动阀门定位器为例介绍。

当通入波纹管 1 的信号压力 P_0增加时，使主杠杆 2 绕支点 16 偏转，挡板 13 靠近喷嘴 15，喷嘴背压升高。此背压经放大器 14 放大后的压力 P_a引入到气动执行机构 8 的薄膜气室，因其压力增加而使阀杆向下移动，并带动反馈杆 9 绕支点 4 偏转，反馈凸轮 5 也跟着逆时针方向转动，通过滚轮 10 使副杠杆 6 绕支点 7 顺时针偏转，从而使反馈弹簧 11 拉伸，反馈弹簧对主杠杆 2 的拉力与信号压力 P_0通过波纹管 1 作用到杠杆 2 的推力达到力矩平衡时，阀门定位器达到平衡状态。此时，一定的信号压力就对应于一定的阀杆位移，即对应于一定的阀门开度。调零弹簧 12 起零点调整作用；迁移弹簧 3 用于分程控制调整。气动力矩平衡式阀门定位器要将正作用改装成反作用，只要把波纹管的位置从主杠杆的右侧调到左侧即可。

（2）电-气阀门定位器

电-气阀门定位器是随着工业控制的电气化应运而生。它允许使用来自控制器的 4 ~ 20mA 等电流作为输入信号，输出的是气压信号，起到电-气转换器和气动阀门定位器双重作用。电-气阀门定位器和气动执行器配套使用，有防爆和非防爆两种结构。

电-气阀门定位器按力矩平衡原理工作，比较图 2-37 和图 2-38 可以发现，它与气动阀门定位器的最大区别是它把气动阀门定位器的波纹管换成力矩马达，其他部分完全相同，因此，它们有大致相同的工作原理，不再赘述。

（3）智能阀门定位器

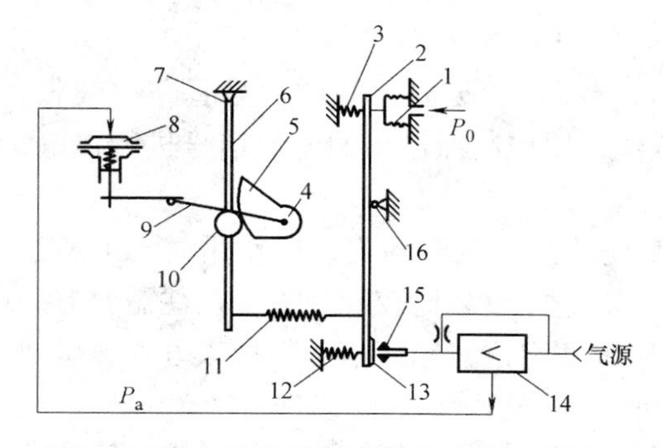

图 2-37　力矩平衡式气动阀门定位器原理图

1—波纹管　2—主杠杆　3—迁移弹簧　4—支点
5—反馈凸轮　6—副杠杆　7—副杠杆支点
8—气动执行机构　9—反馈杆　10—滚轮
11—反馈弹簧　12—调零弹簧　13—挡板
14—气动放大器　15—喷嘴　16—主杠杆支点

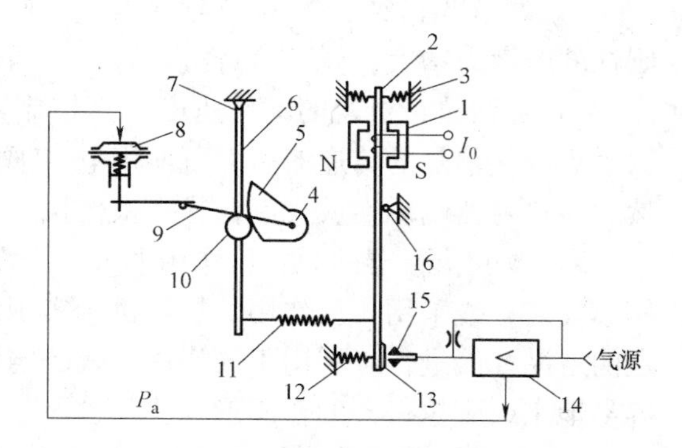

图 2-38　电-气阀门定位器原理图

1—力矩马达　2—主杠杆　3—迁移弹簧　4—支点
5—反馈凸轮　6—副杠杆　7—副杠杆支点
8—气动执行机构　9—反馈杆　10—滚轮
11—反馈弹簧　12—调零弹簧　13—挡板
14—气动放大器　15—喷嘴　16—主杠杆支点

智能式阀门定位器有只接收4~20mA直流电流信号的；也有既接收4~20mA的模拟信号、又接收数字信号的，即HART通信的阀门定位器；还有只进行数字信号传输的现场总线阀门定位器。

智能式阀门定位器以微处理器为核心，它具有许多模拟式阀门定位器所难以实现或无法实现的优点：①定位准确度和可靠性高。智能式阀门定位器机械可动部件少，输入信号和阀位反馈信号的比较是直接的数字比较，不易受环境影响，工作稳定性好，不存在机械误差造成的死区影响，因此具有更高的定位准确度和可靠性。②流量特性修改方便。智能式阀门定位器一般都包含有常用的直线、等百分比和快开特性功能模块，可以通过按钮或上位机、手持式数据设定器直接设定。③零点、量程调整简单。零点调整与量程调整互不影响，调整过程简单快捷。许多品种的智能式阀门定位器还具有自动调整功能，不但可以自动进行零点与量程的调整，而且能自动识别所配装的执行机构规格，如气室容积、作用型式、行程范围、阻尼系数等，并自动进行调整，从而使调节阀处于最佳工作状态。④具有诊断和监测功能。除一般的自诊断功能之外，智能式阀门定位器能输出与调节阀实际动作相对应的反馈信号，可用于远距离监控调节阀的工作状态。

接收数字信号的智能式阀门定位器，具有双向的通信能力，可以就地或远距离地利用上位机或手持式操作器进行阀门定位器的组态、调试、诊断。

2. 伺服放大器

伺服放大器属于电动执行器的主要附件，与电动执行机构配套使用。伺服放大器的作用是将输入信号和反馈信号综合和比较，控制伺服电动机的转动。根据综合后误差信号的极性，放大器应输出相应的信号，以控制电动机的正、反转。伺服放大器主要由前置磁放大器、触发器和晶闸管控制电路等组成，其框图如图2-39所示。

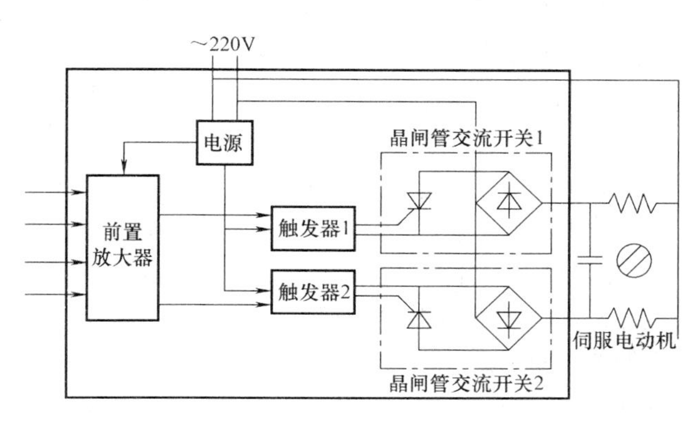

图2-39　伺服放大器原理框图

为满足组成复杂调节系统的要求，伺服放大器有3个输入通道和一个位置反馈通道，因此，它可以同时输入3个输入信号和一个位置反馈信号。简单调节系统只用其中一个输入通道和一个位置反馈通道。磁放大器作为伺服放大器的前置级，它接收3个输入信号和一个位置反馈信号，将它们综合比较后进行偏差放大，输出一个与偏差极性相对应的电压去触发触发器1和触发器2。假定前置磁放大器输出正偏差信号时触发器1动作，它输出的触发脉冲使晶闸管交流开关1导通，两相伺服电动机便向某一方向转动。如果前置磁放大器输出负偏差信号，则触发器2输出触发脉冲，使晶闸管交流开关2导通，两相伺服电动机便向相反方向转动。

2.3.7　控制阀的选型与安装

1. 控制阀的选型

控制阀的选型主要包括执行机构的选型和调节机构的选型两个方面。

（1）执行机构的选择

在选择执行机构时，主要观察执行机构的可靠性、经济性，选择动作平稳、具有足够的输出力、重量轻、外观美、结构简单、维护方便的执行机构。薄膜执行机构结构简单，动作可靠，便于维修，应优先选用；要求执行机构的输出功率较大，响应速度较快时，应选用活塞式执行机构；在没有气源或气源比较困难的场合，动作灵敏、信号传输迅速、远距离传送的场合，应选用电动执行机构。

（2）调节机构的选择

在过程控制系统中，调节机构担负着最终控制过程介质各项质量及安全生产指标的任务，所以它在稳定生产、优化控制、维护及检修成本控制等方面起着举足轻重的作用。

1）结构型式的选择　应从工艺介质的特点入手，根据介质的腐蚀性、黏度、毒性、是否含有纤维及悬浮物、介质温度、压力、阀两端的压差和流体的流速、调节阀管道连接形式，以及对阀门的泄漏量、可调比的要求，综合考虑选择调节阀的形式。一般情况下优先选用体积小，流通能力大，技术先进的直通单、双座调节阀和普通套筒阀。调节低压差、大流量的气体，可以选择蝶阀；调节阀前后压差较小、要求泄露量较小，一般可选择单座阀；既要求调节又要求切断，可以选择偏心阀；噪声较大时可选用套筒阀等。总之，选择调节阀的结构型式，不能只满足于阀运行无问题，而且要对调节阀的各种性能进行比较，选出最佳型式，否则将造成很大的浪费和诸多不便。

2）调节阀材料的选择　调节阀材料选择要考虑以下因素：介质的压力与温度，介质的腐蚀性，介质有无空化，材料价格与市场供应状况、加工性能等。

高温材料必须注重高温强度、高温下的金相组织变化及耐腐蚀性。一般要求合金钢含有铬、镍、钼元素。在高温高压下，钢受到氢气的侵蚀会造成脱碳现象，引起脆化。钢中掺入铬、镍、钼等元素与碳元素结合，能够提高钢的抗氢腐蚀性。比如高压（22～33MPa）场合应选用锻钢。低温材料要重视材料的低温冲击值，还要注意低温脆性。奥氏体不锈钢的低温机械性能比较稳定，因此经常采用。

3）流量特性的选择　选择的总体原则是调节阀流量特性应与调节对象特性及调节器特性相反，这样可使调节系统的综合特性接近于线性。通常按工艺系统要求进行选择，但是还要考虑很多实际情况。

建议优先选用线性流量特性阀的场合主要有：差压变化小或几乎恒定，工艺系统主要参数的变化呈线性，系统压力损失大部分分配在调节阀上，外部干扰小、可调范围要求小的场合。当系统的响应速度较慢时，如液位系统、温度调节系统，通常可选直线特性。

优先选用等百分比特性阀的场合有：实际可调范围大；开度变化，阀上差压变化相对较大；管道系统压损较大，即其阻力系数 S 为 0.3～0.6；工艺系统负荷大幅度波动；调节阀经常在小开度运行等。当被调系统的响应速度较快时，如流量调节、压力调节，可选对数特性。

4）流向的选择　单座阀、角型阀、高压阀、无平衡孔的单密封套筒阀、小流量调节阀等应根据不同的工作条件，选择调节阀的流向。对于口径小于20mm 的高压阀，由于静压高、压差大、气蚀冲刷严重，应选用流闭型；当口径大于20mm 时，应以稳定性好为条件决定流向。角型阀对于高黏度、含固体颗粒介质要求“自洁”性能好时，应选用流闭型。单座阀、小流量调节阀一般选用流开型，当冲刷严重时，可选用流闭型。两位式调节阀（单座阀、角型阀、套筒阀、快开流量特性阀）应选用流闭型。球阀、普通蝶阀对流向没有要求，可选任意流向。三通阀、双密封带平衡孔的套筒阀已规定了某一流向，一般不能改变。

5）调节阀口径的确定 调节阀口径的计算一般按如下程序进行：①根据工艺条件，确定计算流量压差；②用相应的流通能力公式计算 K 值，如式（2-46）；③根据开度要求，完整计算所得的 K 值，选取与该 K 值相应型号的调节阀口径，见表 2-7；④验算开度范围。

表 2-7 精小型气动薄膜单座阀、双座阀参数表

单座阀：

公称直径 DN/mm		20				25	40		50	65	80	100	150		200
阀座直径 D_g/mm		10	12	15	20	25	32	40	50	65	80	100	125	150	200
流量系数 K_v	直线	1.8	2.8	4.4	6.9	11	17.6	27.5	44	69	110	176	275	440	630
	等百分比	1.6	2.5	4	6.3	10	16	25	40	63	100	160	250	400	570

双座阀：

公称直径 DN/mm	25	32	40	50	65	80	100	125	150	200
阀座直径 D_g/mm	26、24	32、30	40、38	50、48	66、64	80、78	100、98	125、123	150、148	200、179
流量系数 K_v	10	16	25	40	63	100	160	250	400	570

2. 控制阀的安装

控制阀的安装主要应考虑 4 方面的要求，即一般性要求、安全性要求、配管要求和手动操作要求。

1）一般性要求 调节阀应垂直立式安装在水平管道上，公称直径 $DN \geqslant 50$mm 的调节阀，其阀前后管道上应有永久性支架。阀门的安装位置应方便操作维修，必要时应设置平台，上、下部分还应留有足够的空间，以便在维修时取下执行机构和阀内件。当调节阀安装在振动场合时，应考虑防振措施。调节阀应先检查校验，并在管道吹扫后安装，其连接形式应符合制造厂产品说明书的规定。

2）安全性要求 阀门在操作的各个环节中（即安装、试验、操作和维修），应首先注意人员和设备的安全性。由于阀门切断后，其压力还可保持一段时间，因此应有降压的安全措施，如安装放空阀或排放阀。对液体介质，应安装一个能够限制流量的放空阀，以防过快打开放空阀时冲击所造成的危害。对蒸汽管线，在接近调节阀的上、下两端应当保温。压力波动严重的地方，应安装管线缓冲器。

3）配管要求 调节阀配管通径尽量与阀通径一致，其入口直管段长度大于 10 倍的管道通径，出口直管段应为 3 ~ 5 倍管道通径。阀门进出口取压点的位置为阀前 2 倍管道通径与阀后 3 倍管道通径处。调节阀在管道上必须按流动方向箭头安装，避免过大的安装应力。

4）手动操作要求 阀门的安装位置应便于人工操作，还应考虑卸下调节阀手轮机构和定位器等附件的侧面空间。对大口径和高空安装的调节阀，要考虑到维护时操作人员有卸下连接螺栓的位置和操作人员的工作位置。

此外，在安装调节阀的时候，还应注意以下一些问题：

5）调节阀的故障位置　故障位置指的是当能源发生故障或控制信号突然中断时，调节阀所应保持的使生产装置处于安全状态的开度。这一点在工程设计中往往被忽略，一旦发生问题，轻者影响生产，重者造成设备的损坏及人员的伤亡，要引起重视，要与工艺设计人员共同对生产流程进行具体的分析，逐个确定。

6）材料的压力-温度等级　选择调节阀的耐压等级时，常常会不注意介质的温度范围。在温度较高的情况下，材料的耐压等级下降很快。例如耐压等级为10MPa的铸不锈钢阀体，在300℃的工况下，只能承受7.8MPa的压力，在430℃的工况下，仅能承受6.3MPa的压力。所以选择阀门的耐压等级时，一定要考虑介质的温度，根据阀门所选材料的压力-温度等级来确定。

7）调节阀的闪蒸和气蚀　在调节阀内流动的液体常常出现闪蒸和气蚀两种现象。它们的发生不但影响口径的选择和计算，而且将导致严重的噪声、振动、材质的破坏等。在这种情况下，调节阀的工作寿命会大大缩短。正常情况下，作为液体状态的介质，流入、流经、流出调节阀时均保持液态。

必须采取有效的措施来防止或者最大限度地减小闪蒸或气蚀的发生：①尽量将调节阀安装在系统的最低位置处，这样可以相对提高调节阀入口和出口的压力；②在调节阀的上游或下游安装一个截止阀或者节流孔板来改变调节阀原有的安装压降特性（这种方法一般对于小流量情况比较有效）；③选用专门的反气蚀内件也可以有效地防止闪蒸或气蚀，它可以改变流体在调节阀内的流速变化，从而增加了内部压力；④尽量选用材质较硬的调节阀，因为在发生气蚀时，对于这样的调节阀，它有一定的抗冲蚀性和耐磨性，可以在一定的条件下让气蚀存在，并且不会损坏调节阀的内件。相反，对于软性材质的调节阀，由于它的抗冲蚀性和耐磨性较差，当发生气蚀时，调节阀的内部构件很快就会被磨损，因而无法在有气蚀的情况下正常工作。

2.4 控制器

2.4.1 控制器概述

控制器的作用是对来自变送器的测量信号与给定值相比较所产生的偏差进行运算，并输出控制信号至执行器。除了对偏差信号进行运算外，一般控制器还需要具备如下功能，以适应自动控制的需要。

1）偏差显示　控制器的输入电路接收测量信号和给定信号，两者相减，获得偏差信号，由偏差显示表显示偏差的大小和正负。

2）输出显示　控制器输出信号的大小由输出显示表显示，习惯上输出显示表也称为阀位表。阀位表不仅显示调节阀的开度，而且通过它还可以观察到控制系统受干扰影响后控制器的调节过程。

3）提供内给定信号及内、外给定的选择　当控制器用于单回路定值控制系统时，给定信号常由控制器内部提供，故称为内给定信号；在随动控制系统中，控制器的给定信号往往来自控制器的外部，称为外给定信号。控制器接收内、外给定信号，是通过内、外给定开关来选择的。

4）正、反作用的选择　为了构成一个负反馈控制系统，必须正确地确定控制器的正、反作用，否则整个控制系统就无法正常运行。控制器的正、反作用，是通过正、反作用开关来选择的。

5）手动操作与手动/自动双向切换　控制器的手动操作功能是必不可少的。在自动控制系统投入运行时，往往先进行手动操作，来改变控制器的输出信号，待系统基本稳定后再切换为自动运行。当自控工况不正常或者控制器的自动部分失灵时，也必须切换到手动操作，防止系统的失控。通过控制器的手动/自动双向切换开关，可以对控制器进行手动/自动切换，而在切换过程中，都希望切换操作不会给控制系统带来扰动，控制器的输出信号不发生突变，即必须要求无扰动切换。

除了上述基本功能外，有的控制器还增加一些附加功能，如抗积分饱和、输出限幅、输入报警、偏差报警、软手动抗漂移、停电对策和零起动等，以提高控制器的性能。

2.4.2　控制器的基本控制规律

控制系统中，控制器的作用是给出输出控制信号，以消除被控变量和给定值的偏差。它是构成自动控制系统的基本环节。控制系统的运行质量在很大程度上取决于控制器的性能，也即其控制规律的选取。如选用不当，不但不能起到好的作用，反而会使控制过程恶化，甚至造成事故。要选用合适的控制器，首先必须了解常用的几种控制规律的特点与适用条件。

控制器的控制规律就是控制器的输出信号随输入信号（偏差）变化的规律，这个规律常常称为调节器的特性。

图2-40是单回路控制系统基本组成框图。在该控制系统中，被控变量y由于受干扰f（如生产负荷的改变，上下工段间出现的生产不平衡现象等）的影响，常常偏离给定值r，即被控变量产生了偏差：

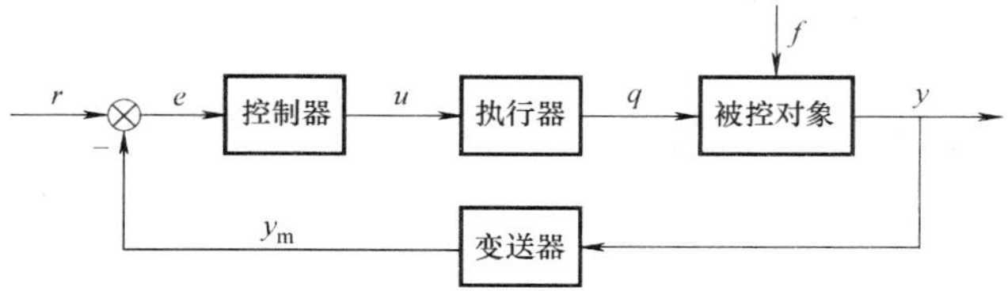

图2-40　单回路控制系统基本组成框图

$$e = y_m - r \quad 或 \quad e = r - y_m \tag{2-47}$$

式中，e为偏差；y_m为测量值；r为给定值。

控制器接收了偏差信号e后，按一定的控制规律使其输出信号u发生变化，通过执行器改变操纵变量q，以抵消干扰对被控变量y的影响，从而使被控变量回到给定值上来。但被控变量能否回到给定值上，或者以什么样的途径、经过多长时间回到给定值上来，这不仅与被控对象特性有关，而且还与控制器的特性有关。只有熟悉了控制器的特性，才能达到自动控制的目的。

必须强调指出，在研究控制器特性时，控制器的输入是被控变量（测量值）与给定值之差即偏差Δx，而控制器的输出是调节器接收偏差后，相应的输出信号的变化量Δy。

习惯上，$\Delta x>0$称正偏差；$\Delta x<0$称负偏差；$\Delta x>0$，相应的$\Delta y>0$，则该控制器称为正作用控制器；$\Delta x>0$，相应的$\Delta y<0$，则该控制器称为反作用控制器。

目前常用工业控制器的控制规律基本上为位式控制、比例控制（P）、比例积分控制（PI）、比例微分控制（PD）、比例积分微分控制（PID）等，这些基本的控制规律及其变型在工业现场的应用率占到了85%以上。

1. 双位控制

在常用的控制规律中，最简单的控制规律是双位控制。它的作用原理是当测量值大于给定值和小于给定值时，控制器分别输出两个极限值，相应的执行器只有开和关两个极限位置，因此又称为开关控制。理想的双位控制器，其输出与输入偏差 e 之间的关系为

$$u=\begin{cases}u_{\max} & e>0 \quad （或\ e<0）\\ u_{\min} & e<0 \quad （或\ e>0）\end{cases} \tag{2-48}$$

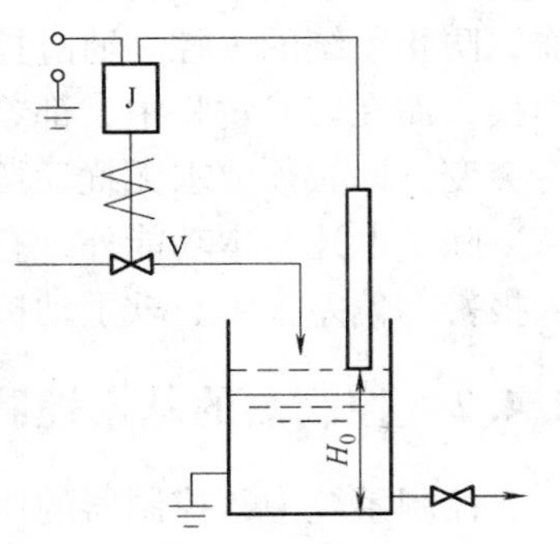

图 2-41　液位双位控制系统

图 2-41 是一个采用理想双位控制的液位控制系统，它利用电极式液位计来控制储槽的液位，槽内装有一根电极作为测量液位的装置，电极的一端与继电器的线圈相接，导电的流体由装有电磁阀 V 的管线进入储槽。当液位低于给定值 H_0 时，流体未接触电极，继电器断路，此时电磁阀 V 全开，流体流入储槽使液位上升，当液位上升至稍大于给定值时，流体与电极接触，继电器接通，使电磁阀全关，流体不再进入储槽。如此反复循环，使液位被维持在给定值上下很小的一个范围内波动。

不难发现，理想双位控制系统中的执行器动作非常频繁，这样会使系统中的运动部件（例如继电器、电磁阀等）因频繁动作而极易损坏，因此实际应用的双位控制系统有一个滞回区。实际的双位控制特性和控制过程分别如图 2-42、图 2-43 所示。

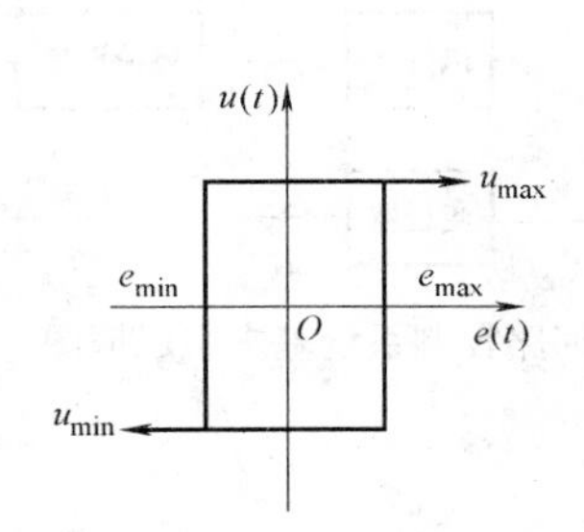

图 2-42　实际的双位控制特性

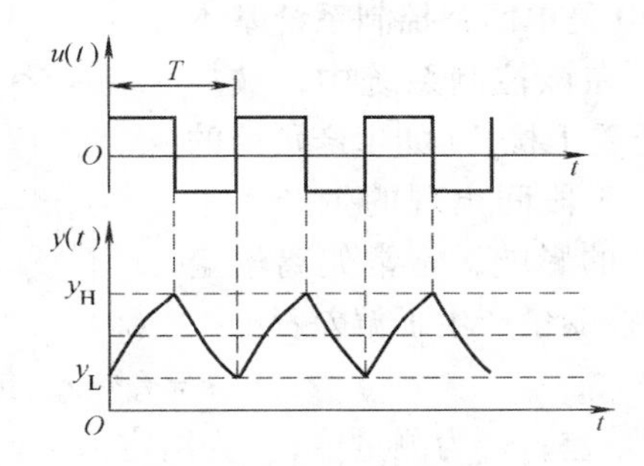

图 2-43　具有滞回区的双位控制过程

实际双位控制系统输出与输入之间的关系为

$$u=\begin{cases}u_{\max} & e\geqslant e_{\max}\\ 保持\ u_{\max}\ 或\ u_{\min}\ 不变 & e_{\min}<e<e_{\max}\\ u_{\min} & e\leqslant e_{\min}\end{cases} \tag{2-49}$$

如果生产工艺允许被控变量在一个较宽的范围内波动，控制器的滞回区就可以宽一些，这样振荡周期较长，可使可动部件动作的次数减少，只要被控变量波动的上、下限在允许范围内，周期长些有利于设备的保护。

双位控制器结构简单、成本较低、易于实现，因而应用很普遍。但双位控制的执行器是从一个固定位置到另一个固定位置，整个系统不可能保持在一个平衡状态，其过渡过程是持

续的等幅振荡，滞回区间的大小影响振荡频率。振荡频率低，控制质量差；振荡频率高，影响执行器的使用寿命。双位控制过程不采用对连续控制作用下衰减振荡过程所述的那些品质指标，一般采用振幅与周期作为品质指标，在图 2-43 中振幅为 $y_H - y_L$，周期为 T。这类控制模式适用于时间常数大、纯滞后小、负荷变化不大也不激烈、控制要求不高的场合。

除了双位控制外，还有三位（即具有一个中间位置）或多位的控制，这一类的控制规律统称为位式控制，它们的工作原理和特点基本上相同。

2. 纯比例控制（P）

（1）比例控制规律

在双位控制系统中，被控变量不可避免地会产生持续的等幅振荡过程，这种过渡过程在工业现场常常是不被允许的。为了避免这种情况，应该使控制阀的开度（即控制器的输出值）连续可调，根据偏差的大小，控制阀可以处于不同的位置，这样就有可能获得与对象负荷相适应的控制变量，从而使被控变量趋于稳定，达到平衡状态。

如图 2-44 所示的液位控制系统，当液位高于给定值时，控制阀就关小，液位越高，阀关得越小；若液位低于给定值，控制阀就开大，液位越低，阀开得越大。它相当于把位式控制的位数增加到无穷多位，于是变成了连续控制系统。图中浮球是测量元件，杠杆就是一个最简单的控制器。

若杠杆在液位改变前的位置用实线表示，改变后的位置用虚线表示，根据相似三角形原理，即有

$$u = \frac{a}{b}e \tag{2-50}$$

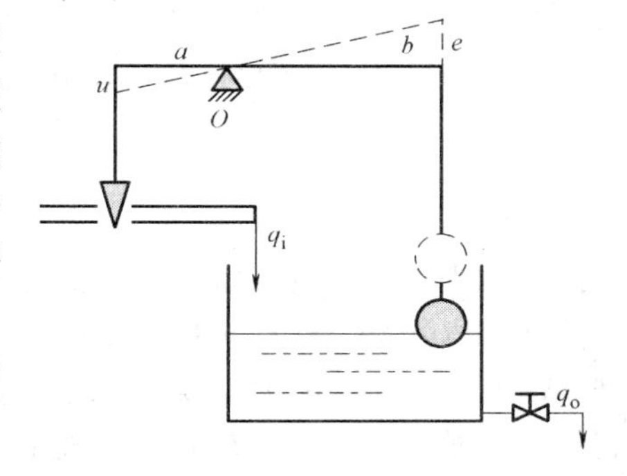

图 2-44　液位比例控制示意图

式中，e 为杠杆右端的位移，即液位的变化量；u 为杠杆左端的位移，即阀杠的位移量；a、b 分别为杠杆支点与两端的距离。

由此可见，在该控制系统中，阀门开度的改变量与被控变量（液位）的偏差值成比例，这就是比例控制规律，其输出信号的变化量与输入信号（指偏差）的变化量成比例关系，即

$$\Delta u(t) = K_P \Delta e(t) \tag{2-51}$$

其传递函数为

$$G(s) = K_P \tag{2-52}$$

式中，K_P是一个可调的放大倍数，称为比例增益。对照式（2-52），可知图 2-44 所示的比例控制器的 $K_P = a/b$，改变杠杆支点的位置，便可改变 K_P的数值。

具有比例作用（通常称为 P 控制规律）的控制器其输出能立即响应输入，图 2-45 所示为当输入为阶跃信号时，在系统开环的情况下，比例控制作用的输出响应曲线。比例增益 K_P决定了比例控制作用的强弱。K_P越大，比例控制作用越强。

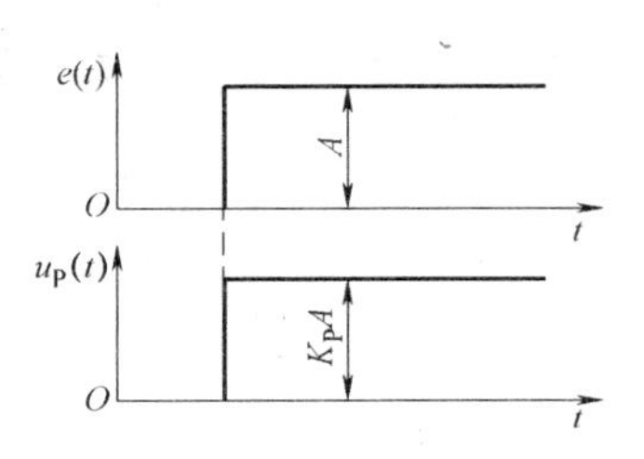

图 2-45　比例控制作用阶跃响应

（2）比例度

在早期的控制系统中，习惯上还使用比例度 δ 来表示比例控制作用的强弱。比例度定义为控制器的输入变化相对值与相应

的输出变化相对值之比的百分数，其表达式为

$$\delta=\left(\frac{\Delta e}{x_{\max}-x_{\min}}/\frac{\Delta u}{u_{\max}-u_{\min}}\right)\times 100\% \tag{2-53}$$

式中，Δe 为输入变化量；Δu 为相应的输出变化量；$x_{\max}-x_{\min}$ 为输入信号的变化范围；$u_{\max}-u_{\min}$ 为输出信号的变化范围，即控制器输出信号的变化范围。

例如，一台比例作用的温度控制器，其温度的变化范围为 0～400℃，控制器的输入、输出信号范围均为 4～20mA。当温度从 200℃变化到 250℃时，控制器相应的输出从 8mA 变为 9mA，求其比例度的值。

根据题意，当温度从 200℃变化到 250℃时，检测仪表的输出将从 12mA 变为 14mA。因此，该控制器的比例度为

$$\delta=\left(\frac{14-12}{20-4}/\frac{9-8}{20-4}\right)\times 100\%=200\%$$

这说明在这个比例度下，温度全范围变化（相当于 400℃）时，控制器的输出从最小变为最大，在此区间内，e 和 u 是成比例的。将式（2-51）的关系代入式（2-53），经整理后可得

$$\delta=C\times\frac{1}{K_{\mathrm{P}}}\times 100\% \tag{2-54}$$

式中，$C=(u_{\max}-u_{\min})/(x_{\max}-x_{\min})$，为控制器输出信号的变化范围与输入信号的变化范围之比，称为仪表常数。如果控制器的输入/输出信号制是一样的，仪表常数 $C=1$。由此可见，比例度 δ 与放大倍数 K_{P} 成反比。比例度 δ 越小，控制器的放大倍数 K_{P} 就越大，它将偏差（控制器输入）放大的能力越强，反之亦然。因此比例度 δ 和放大倍数 K_{P} 都能表示比例控制器控制作用的强弱。只不过 K_{P} 越大，表示控制作用越强，而 δ 越大，表示控制作用越弱。

（3）比例作用与比例度对过渡过程的影响

从图 2-44 中可以看出，在负荷未变化前，进水量与出水量是相等的，此时调节阀有一个固定的开度，比如说对应于杠杆为水平的位置。而当出水量有一个阶跃增大后，进水量也必须增加到与出水量相等时，平衡才能重新建立起来。要使进水量增加，阀门开度必须增大，阀杆必须上移，浮球杆必然下移（杠杆是一种刚性的机构），即液面稳定在比原稳定值（即给定值）要低的某个位值上。也就是说，这个简单的比例控制系统在过渡过程终了时存在余差。

【例 2-1】 如图 1-14 所示的简单控制系统，假定图中测量变送环节、执行器的传递函数 $H_{\mathrm{m}}(s)$、$G_{\mathrm{v}}(s)$ 均为 1，被控对象的控制通道及干扰通道均为一阶滞后环节，即 $G_0(s)=\frac{K_0}{T_0s+1}\mathrm{e}^{-\tau_0s}$、$G_{\mathrm{f}}(s)=\frac{K_{\mathrm{f}}}{T_{\mathrm{f}}s+1}\mathrm{e}^{-\tau_{\mathrm{f}}s}$，系统采用纯比例控制，比例增益为 K_{P}，控制系统稳定。分别求取在设定值和干扰发生单位阶跃变化时被控变量的稳态输出值。

解： 当干扰发生单位阶跃输入时（定值控制系统），被控变量的稳态输出为

$$\begin{aligned}y(\infty)&=\lim_{s\to 0}\left[s\frac{G_{\mathrm{f}}(s)}{1+G_{\mathrm{c}}(s)G_{\mathrm{v}}(s)G_0(s)H_{\mathrm{m}}(s)}F(s)\right]\\&=\lim_{s\to 0}\left[s\frac{K_{\mathrm{f}}}{T_{\mathrm{f}}s+1}\mathrm{e}^{-\tau_{\mathrm{f}}s}/(1+\frac{K_{\mathrm{P}}K_0}{T_0s+1}\mathrm{e}^{-\tau_0s})\frac{1}{s}\right]\\&=K_{\mathrm{f}}/(1+K_{\mathrm{P}}K_0)\neq 0\end{aligned}$$

同理，当干扰发生单位阶跃输入时（随动系统），被控变量的稳态输出为

$$y(\infty)=\frac{1}{1+K_{P}K_{0}}\neq 1$$

由此可见，对采用比例控制规律的简单控制系统而言，余差必然是不可避免的。但是，在对象特性固定且控制系统稳定的情况下，增大控制器的比例增益 K_P，余差会有所减小。与此同时，随着 K_P 的增大，过渡过程的振荡趋于激烈。若 K_P 过大，系统可能出现不稳定现象。图 2-46 是同一对象在相同干扰量下比例作用对过渡过程的影响示意图，曲线①～曲线⑤对应的 K_P 依次增大，即比例度 δ 依次减小。

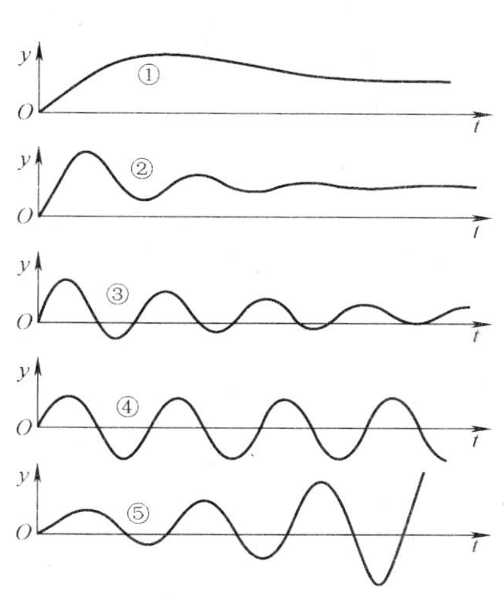

图 2-46 比例度对过渡过程的影响

从图中可以看出，δ 越大，过渡过程曲线越平稳，余差也越大（曲线①）；δ 越小，则过渡过程曲线越振荡（曲线②、③）；δ 进一步减小，则过渡过程曲线会出现等幅振荡（曲线④），此时的 δ 称为临界比例度 δ_K；若进一步减小 δ，将致使系统发散（曲线⑤）。

控制系统出现发散振荡是很危险的，甚至会造成重大事故。所以，并不是安装了自动控制系统就一定能起到自动控制的效果，还需要学会正确使用控制器。对比例控制器来说，就是了解比例度的影响，从而正确地选用比例度。一般来说，若对象滞后较小、时间常数较大以及放大倍数较小时，控制器的比例度可以选得小些，以提高系统灵敏度，使反应快些，从而过渡过程曲线的形状较好。反之，比例度就要选大些以保证稳定。

3. 比例积分控制（PI）

比例控制最大的优点是反应快，控制作用及时；最大的缺点是控制结果存在余差。当工艺对控制质量有更高要求，不允许控制结果存在余差时，就需要在比例控制的基础上，再加上能消除余差的积分控制（通常称为 I 控制规律）作用。

（1）积分控制规律（I）

积分控制作用的输出变化量 u_I 与输入偏差的变化量 e 的积分成正比，其关系式为

$$u_{I}=\frac{1}{T_{I}}\int e(t)\,dt \tag{2-55}$$

式中，T_I 称为积分时间。当输入偏差为一幅度为 A 的阶跃信号时，积分作用 u_I 的响应为

$$u_{I}=\frac{1}{T_{I}}\int e(t)\,dt=\frac{1}{T_{I}}\int A\,dt=\frac{1}{T_{I}}At \tag{2-56}$$

图 2-47 为积分作用的响应曲线，由此可见只要有偏差存在，输出 u_I 就会一直变化下去，直到偏差为零为止。输出信号的变化速度与积分时间 T_I 成反比。积分时间表示了积分速度的大小，T_I 越大，在同样的输入作用下，输出的变化速度越慢，即积分作用越弱；反之，T_I 越小，积分速度越快，积分作用越强。

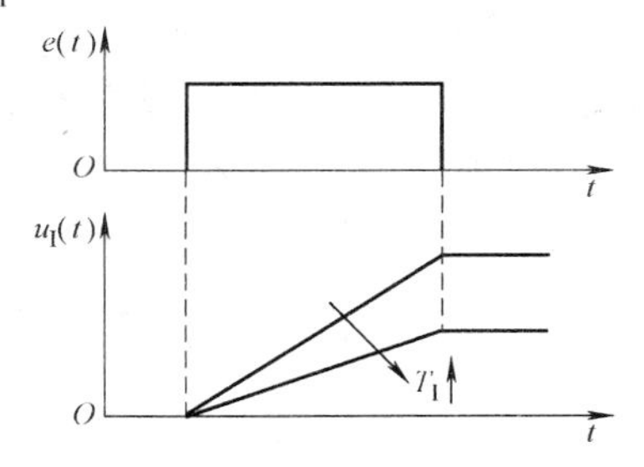

图 2-47 积分作用阶跃响应

积分作用的特点是，控制器的输出 u_I 与偏差 e 存在的

时间有关。只要有偏差存在，即使是很小，控制器的输出也会随时间累积而不断增大施加控制作用，直到偏差消除，控制器输出才稳定不变。因此，有了积分作用可以消除余差，这是它的一个主要优点。但是积分控制作用不够及时，在偏差刚出现时，u_I还很小，控制作用很弱，不能及时克服干扰的影响。所以，实际上很少单独采用积分作用，而是将积分作用与比例作用结合起来，组成兼有两者优点的比例积分控制作用。

（2）比例积分控制规律（PI）

比例积分控制规律（通常称为 PI 控制规律）可用下式表示

$$u(t) = K_P\left[e(t) + \frac{1}{T_I}\int e(t)\,dt\right] \tag{2-57}$$

其传递函数表达式为

$$G(s) = K_P\left(1 + \frac{1}{T_I s}\right) \tag{2-58}$$

比例积分作用是比例作用与积分作用的叠加。在阶跃偏差输入 A 作用下，其输出响应曲线如图 2-48 所示。由图可见，在偏差输入的时刻，由于比例作用，控制器的输出立即跃变至 K_PA，尔后积分起作用，使输出随时间等速变化。在比例增益 K_P 及干扰幅值 A 确定的情况下，输出变化的速度取决于积分时间 T_I，T_I 越大积分速度越小，积分作用越弱，当 $T_I\to\infty$ 时，积分作用消失。

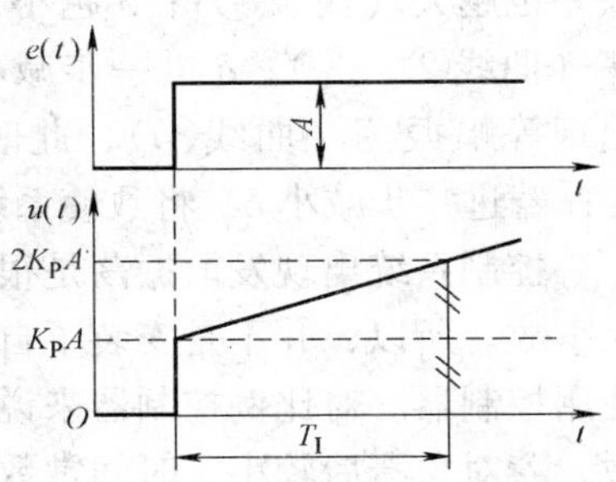

图 2-48 比例积分作用阶跃响应

（3）积分作用与积分时间对过渡过程的影响

【例 2-2】 如图 1-14 所示的简单控制系统，系统采用式（2-58）所示的比例积分控制，其他各环节的传递函数与例 2-1 相同，控制系统稳定。分别求取在设定值和干扰发生单位阶跃变化时被控变量的稳态输出值。

解： 当干扰发生单位阶跃输入时（定值控制系统），被控变量的稳态输出为

$$\begin{aligned} y(\infty) &= \lim_{s\to 0}\left[s\frac{G_f(s)}{1+G_c(s)G_v(s)G_0(s)H_m(s)}F(s)\right] \\ &= \lim_{s\to 0}\left\{s\frac{K_f}{T_f s+1}e^{-\tau_f s}\Big/\left[1+K_P\left(1+\frac{1}{T_I s}\right)\frac{K_0}{T_0 s+1}e^{-\tau_0 s}\right]\frac{1}{s}\right\} = 0 \end{aligned}$$

同理，当设定值发生单位阶跃输入时（随动系统），被控变量的稳态输出为

$$y(\infty) = \lim_{s\to 0}\left[s\frac{G_c(s)G_v(s)G_0(s)}{1+G_c(s)G_v(s)G_0(s)H_m(s)}R(s)\right] = 1$$

可见，引入积分作用能消除余差，即在系统过渡过程终了时，系统的残余偏差为零。

采用比例积分控制作用时，积分时间对过渡过程的影响具有两重性。在同样的比例度下，缩短积分时间 T_I，将使积分调节作用加强，容易消除余差，这是有利的一面。但缩短积分时间，加强积分调节作用后，会使系统振荡加剧，有不易稳定的倾向。积分时间越短，振荡倾向越强烈，甚至会成为不稳定的发散振荡，这是不利的一面。图 2-49 是同一对象、K_P 相同、在相同干扰量下，不同的积分时间对过渡过程的影响示意图，曲线①至曲线④对应的 T_I 依次增大。

由图 2-49 可以看出，积分时间过大或过小均不合适。积分时间过大，积分作用不明显，余差消除很慢（曲线①、②）；积分时间过小，过渡过程振荡太剧烈，稳定程度降低（曲线

④)。所以,在实际应用时,应选取适当的积分时间,既能较好地消除余差,又不至于使振荡过于激烈。

比例积分控制规律对于多数系统都可采用,比例度和积分时间两个参数均可调整。但是,当对象的惯性滞后很大时,由于积分动作缓慢,使控制作用不及时,可能控制时间较长、最大偏差也较大,此时可增加微分作用。

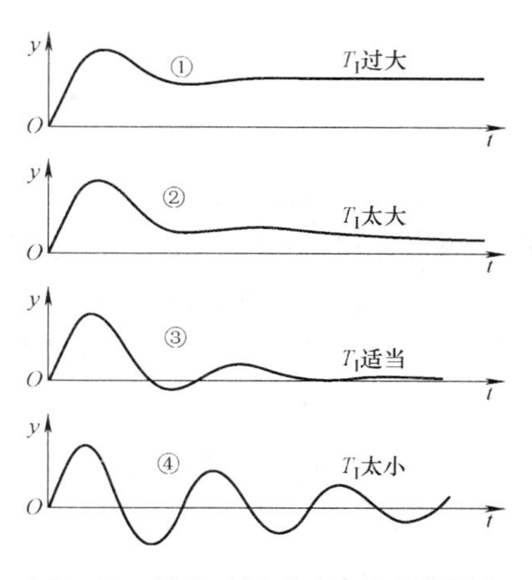

图 2-49 积分时间对过渡过程的影响

4. 比例微分控制(PD)

(1)微分控制和理想的比例微分控制规律

比例控制规律和积分控制规律都是根据已经形成的被控变量与给定值的偏差而进行动作。但对于惯性较大的对象,为了使控制作用及时,常常希望能根据被控变量变化的快慢来控制。在人工控制时,虽然偏差可能还小,但看到偏差变化很快,就可以估计到会有更大的偏差,此时会先改变阀门开度以克服干扰影响,其原理就是根据偏差的速度而引入的超前控制作用,只要偏差出现变化的趋势,就立即动作,这样控制的效果将会更好。微分作用就是模拟这一实践活动而采用的控制规律。微分控制(通常称为 D 控制规律)主要用来克服被控对象的容量滞后,但不能克服纯滞后。

微分控制器的输出信号 u_D 与偏差的变化速度成正比,理想的微分控制规律表达式为

$$u_D(t) = T_D\frac{de(t)}{dt} \tag{2-59}$$

式中,T_D 为微分时间;$\frac{de}{dt}$ 为偏差的变化速度。式(2-59)表明,输入偏差变化的速度越大,微分作用的输出越大,然而对于一个固定不变的偏差,不管这个偏差有多大,微分作用的输出总是零。这种微分调节规律通常称为理想微分作用。如图 2-50 所示,在微分控制系统中,即使偏差很小,只要出现变化趋势,马上就进行控制,这是它的优点。但它的输出不能反映偏差的大小,假如偏差固定,即使数值很大,微分作用也没有输出,所以它常与比例作用组合构成比例微分控制规律(通常称为 PD 控制规律)。比例微分控制规律为

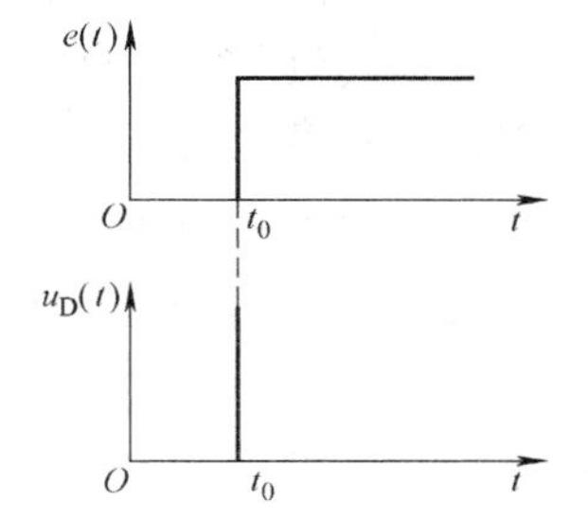

图 2-50 理想的微分作用阶跃响应

$$u(t) = K_P\left[e(t) + T_D\frac{de(t)}{dt}\right] \tag{2-60}$$

其传递函数为

$$G(s) = K_P(1 + T_Ds) \tag{2-61}$$

(2)实际比例微分控制规律

要实现式(2-60)所示的理想的比例微分控制作用是很困难的,且过大的跳变输出也并不实用。工业上则采用对此作了限制的实际比例微分控制规律,其特性为

$$u + \frac{T_D}{K_D}\frac{du}{dt} = K_P\left(e + T_D\frac{de}{dt}\right) \tag{2-62}$$

$$G(s)=\frac{K_P(1+T_Ds)}{1+\frac{T_Ds}{K_D}} \tag{2-63}$$

式中，K_D为微分增益，它反映了实际微分特性与理想微分特性的接近程度，K_D越大，微分作用越接近理想程度，一般K_D为5~10倍。

事实上，实际的比例微分控制就相当于理想比例微分与一阶惯性环节的串联。在幅度为A的阶跃信号的作用下，实际微分控制器输出的解析解为

$$u=K_PA\left[1+(K_D-1)e^{-\frac{K_D}{T_D}t}\right] \tag{2-64}$$

当$t=0^+$时，$u(0^+)=K_PK_DA$；当$t\to\infty$时，$u(\infty)=K_PA$；当$t=T_D/K_D$时，$u(T_D/K_D)=K_PA+0.368K_PA(K_D-1)$。其阶跃响应曲线如图2-51所示。

（3）微分作用与微分时间对过渡过程的影响

由于微分作用的输出与偏差的变化速度成正比，这种根据偏差的变化趋势提前采取调节措施称为“超前”。因此，微分作用也称为超前作用，这是微分作用最主要的特点。

在比例微分控制系统中，微分时间T_D反映了微分作用的强弱，它对系统过渡过程的影响如图2-52所示。T_D越大，微分作用越强，即调节作用越强，但微分时间过长时，容易引起系统的不良振荡（曲线③），甚至会使系统发散（曲线④）；T_D越小，微分作用越弱；当$T_D=0$时，微分作用取消了（曲线①）。如果T_D使用得恰当，则可以使被控变量的超调量减小，操作周期和回复时间缩短，系统的质量得到全面提高（曲线②），特别对容量滞后较大的对象，其效果更加显著。一般温度控制系统因惯性大常需加微分作用，而其他系统则较少使用，特别是当输入信号中叠加有高频分量时，引入微分作用不仅不能改善控制品质，反而可能会引起控制质量的恶化。例如，在很多流量系统中，因流量信号通常会带有高频脉动噪声，通常都不宜引入微分作用。

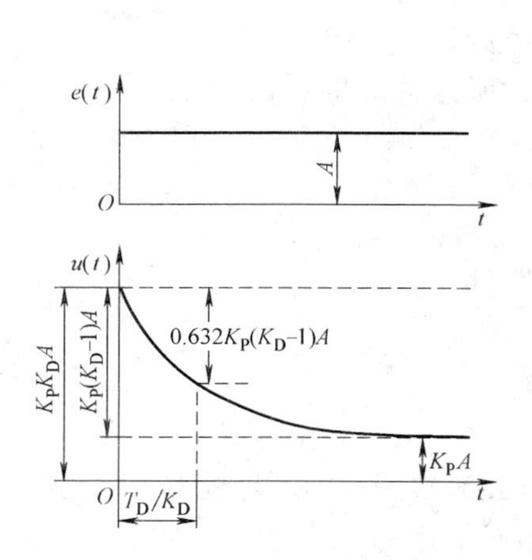

图2-51 实际比例微分作用阶跃响应

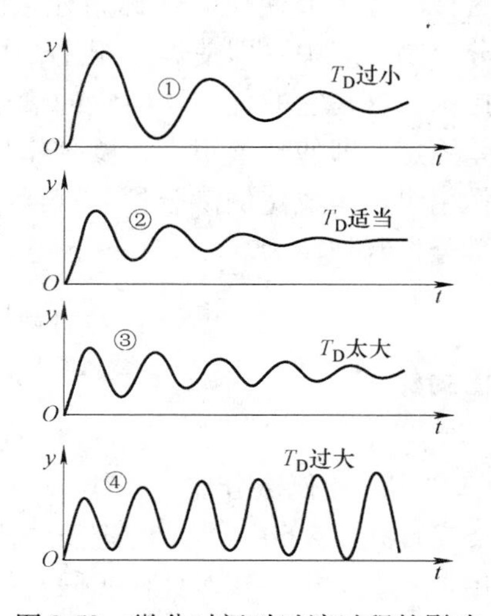

图2-52 微分时间对过渡过程的影响

合理地引入微分作用可以有效地改善过渡过程的品质，但微分作用不能消除余差。

5. 比例积分微分控制（PID）

在生产中常将比例、积分、微分 3 种作用规律结合起来，可以得到较为满意的控制质量，包括这 3 种控制规律的控制器称为比例积分微分控制器，习惯上称为 PID 控制规律，其理想的输出与输入的关系为

$$u(t)=K_{\mathrm{P}}\left[e(t)+\frac{1}{T_{\mathrm{I}}}\int e(t)\mathrm{d}t+T_{\mathrm{D}}\frac{\mathrm{d}e(t)}{\mathrm{d}t}\right] \tag{2-65}$$

其传递函数为

$$G(s)=K_{\mathrm{P}}\left[1+\frac{1}{T_{\mathrm{I}}s}+T_{\mathrm{D}}s\right] \tag{2-66}$$

可见，PID 控制规律即为比例、积分、微分 3 种控制作用的叠加。鉴于理想微分作用的特点，实际 PID 控制规律的传递函数通常为

$$G(s)=\frac{K_{\mathrm{P}}\left(1+\frac{1}{T_{\mathrm{I}}s}+T_{\mathrm{D}}s\right)}{1+\frac{1}{T_{\mathrm{I}}K_{\mathrm{I}}s}+\frac{T_{\mathrm{D}}}{K_{\mathrm{D}}}s} \tag{2-67}$$

PID 控制规律综合比例、积分、微分 3 种控制作用的特点。在阶跃输入作用下，PID 控制作用的阶跃响应曲线如图 2-53 所示。由于微分的超前控制作用，在被控变量的偏差刚出现时，比例微分同时先起作用，可以使起始偏差幅度减小，降低超调量（区间Ⅰ）；随后微分逐渐减弱，积分作用逐渐增强，此时比例、积分、微分同时作用（区间Ⅱ）；若余差仍然存在，则积分将起主导作用，直至慢慢消除余差（区间Ⅲ）。可见，只要 PID 控制器的参数 δ、T_{I}、T_{D}选择得当，就可充分发挥 3 种控制作用的优点，使系统获得较高的控制质量。

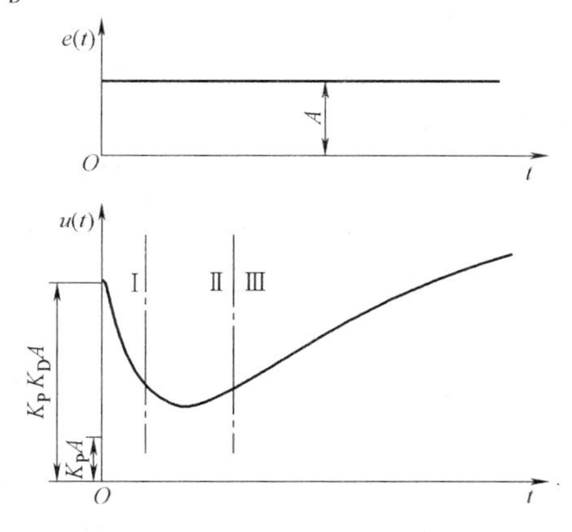

图 2-53　实际 PID 控制阶跃响应

2.4.3　DDZ-Ⅲ型电动调节器

DDZ-Ⅲ型电动调节器有两个基型品种：全刻度指示调节器和偏差指示调节器，它们的结构和电路相同，仅指示电路有些差异。这两种基型调节器均具有一般调节器应具有的对偏差进行 PID 运算、偏差指示、正/反作用切换、内外给定切换、产生内给定信号、手动/自动双向切换和阀位显示等功能。

在基型调节器的基础上，可附加某些单元，如输入报警、偏差报警和输出限幅单元等，以增加调节器的功能；也可构成各种特种调节器，如抗积分饱和调节器、前馈调节器、输出跟踪调节器、非线性调节器等以及构成与工业控制计算机联用的调节器，如 SPC 系统用调节器和 DDC 备用调节器。

DDZ-Ⅲ型全刻度指示调节器的主要性能如下：

测量信号	DC 1～5V
内给定信号	DC 1～5V
外给定信号	DC 4～20mA

测量与给定信号的指示准确度	±1%
输出信号	DC 4～20mA
负载电阻	250～750Ω
输出保持特性	-0.1%/h
比例度	2%～500%
积分时间	0.01～22min（分两档）
微分时间	0.04～10min
调节准确度	±0.5%

1. DDZ-Ⅲ型电动调节器的构成

DDZ-Ⅲ型电动调节器由控制单元和指示单元两部分组成。控制单元包括输入电路、PD 电路、PI 电路、输出电路以及软手操和硬手操电路等。指示单元包括测量信号指示电路和给定信号指示电路。DDZ-Ⅲ型电动调节器的外形及构成框图分别如图 2-54、图 2-55 所示。

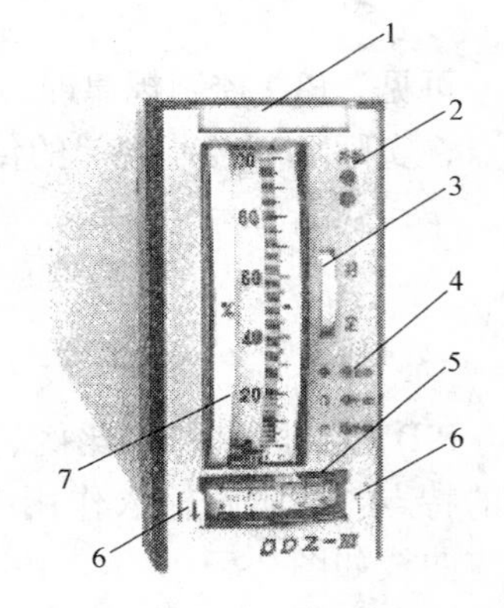

图 2-54　DDZ-Ⅲ型电动调节器的外形

1—位号牌　2—内外给定指示　3—内给定设定拨盘　4—A/M/H 切换　5—阀位表　6—软手动操作扳键　7—双针全刻度指示表

测量信号和内给定信号均为 DC 1～5V，它们通过各自的指示电路，由双针指示表来显示。两个指示值之差即为调节器的输入偏差。调节器的输出信号由输出指示表显示。

外给定信号为 4～20mA 的直流电流，通过 250Ω 的精密电阻转换成 DC 1～5V 的电压信号。内、外给定信号由内、外给定的设定开关来选择，在外给定时，仪表面板上的外给定指示灯点亮。

调节器的工作状态有“自动”、“软手操”、“硬手操” 3 种。当调节器处于自动状态时，测量信号和给定信号在输入电路进行比较后产生偏差，然后由 PD 电路和 PI 电路对此偏差进行 PID 运算，并通过输出电路将运算电路的输出电压信号转换成 4～20mA 的直流输出电流。当调节器处于软手操状态时，可通过操作扳键使调节器处于保持状态、或者实现输出电流的快速增加（或减小）及慢速增加（或减小）。当调节器处于硬手操状态时，移动硬手动操作杆，能使调节器的输出迅速地改变到需要的数值。

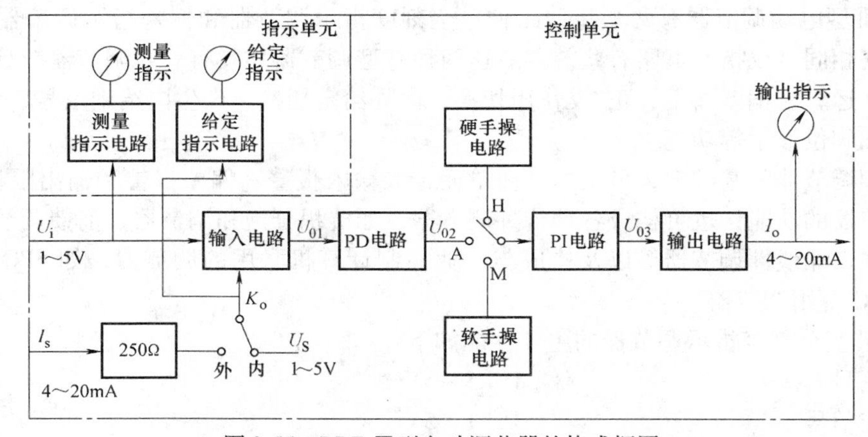

图 2-55　DDZ-Ⅲ型电动调节器的构成框图

DDZ—Ⅲ型调节器“自动↔软手操”、“硬手操→软手操”或“硬手操→自动”的切换均是无平衡、无扰动的，只有自动或软手操切换到硬手操时，必须进行预平衡操作才能达到无扰动切换。但这种切换一般只在紧急情况下才可能进行，那时扰动已是次要问题。

正/反作用切换开关包含在输入电路中，可用于改变偏差的极性，借此选择调节器的正、反作用。在控制系统中，模拟调节器的正、反作用不能随意选择，要根据工艺要求及执行器的特性来决定，确保控制系统为负反馈。

2. DDZ—Ⅲ型电动调节器的整机特性

DDZ—Ⅲ型电动调节器的整机特性主要取决于 3 个串联环节的特性，即输入环节、比例微分环节和比例积分环节，继而经输出环节把 DC 1～5V 控制信号转换为标准电流信号。

（1）输入环节

输入电路原理图如图 2-56 所示，由图可见，它相当于由两个差动输入运算放大电路叠加而成的，其作用有两个：一是测量信号 U_i 和给定信号 U_S 相减，得到偏差信号，再将偏差放大两倍后输出；二是电平移动，将以 0V 为基准的 U_i 转换成以电平 U_B（10V）为基准的输出信号 U_{01}，用于使运算放大器 A_1 工作在容许的共模输入电压范围之内。

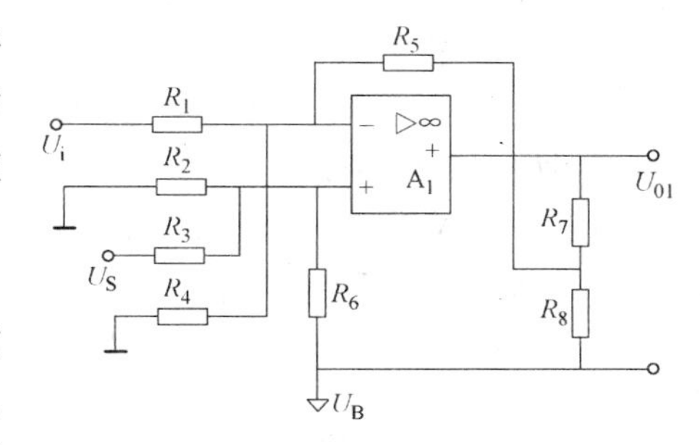

图 2-56　输入电路原理图

由于 $R_1=R_2=R_3=R_4=R_5=R_6=500\text{k}\Omega$，$R_7=R_8=5\text{k}\Omega$。应用叠加定理和分压公式，可以求得输入环节的特性为

$$U_{01}=-2\ (U_i-U_S) \tag{2-68}$$

式（2-68）表明，该环节是一个纯比例环节，比例系数为 -2，且不受导线电阻的影响。

（2）比例微分环节

比例微分电路的作用是对输入电路的输出信号 U_{01} 进行比例微分运算，整机的比例度和微分时间通过本电路进行调整，其电路原理图示于图 2-57。由图可见，它由无源 RC 比例微分电路和同相端输入运算放大电路串联而成。

因 $R_D>>R_{11}$，应用分压公式，可求得比例微分环节的传递函数为

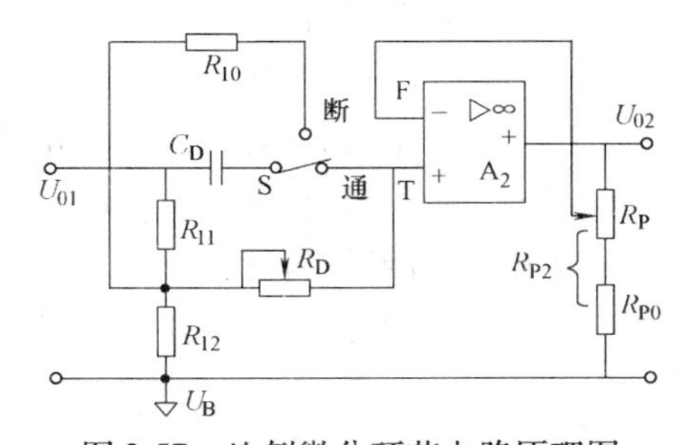

图 2-57　比例微分环节电路原理图

$$G_{PD}(s)=\frac{U_{02}}{U_{01}}=\frac{\alpha}{n}\ \frac{T_Ds+1}{\dfrac{T_D}{K_D}s+1} \tag{2-69}$$

式中，$K_D=n=\dfrac{R_{11}+R_{12}}{R_{12}}$，$T_D=nR_DC_D$，$\alpha=\dfrac{R_P+R_{P0}}{R_{P2}}$。

由于电路中，$R_{11}=9.1\text{k}\Omega$，$R_{12}=1\text{k}\Omega$，$R_D=62\text{k}\Omega\sim15\text{M}\Omega$，$C_D=10\mu\text{F}$，$R_P=0\sim10\text{k}\Omega$，$R_{P0}=39\Omega$（$R_{P0}$ 用以限制 α 的最大值，$\alpha=1\sim250$），因此电路的微分增益 $K_D=10$，微分时间 $T_D=0.04\sim10\text{min}$，比例增益 $\alpha/n=0.1\sim25$。调节 R_D 可以改变微分时间 T_D，调节 R_P 可以改变比例增益。此外，图 2-57 中的 S 为微分开关，当 S 置于“断”的位置，即去掉微分作用。

这时 U_{02} 始终等于 $(\alpha/n)U_{01}$，即只有比例作用。在稳态时，开关 S 由"通"切换到"断"、由"断"切换到"通"均为无扰动切换。

（3）比例积分环节

比例积分电路的主要作用是对来自比例微分电路的电压信号 U_{02} 进行比例积分运算，输出以 U_B 为基准的 DC 1～5V 电压信号 U_{03} 给输出电路，其电路原理图如图 2-58 所示。

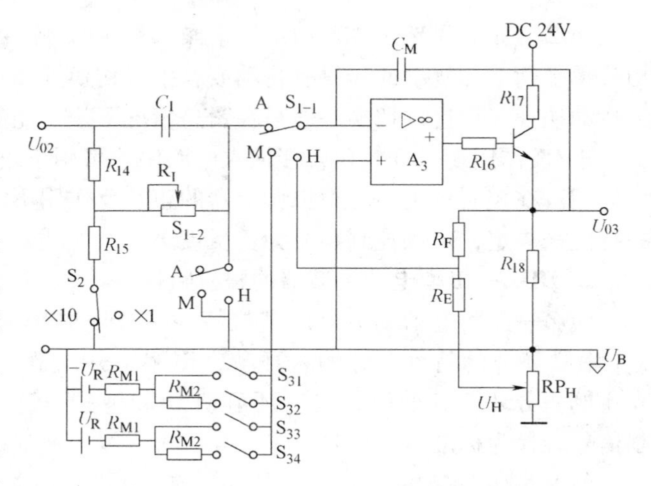

图 2-58　比例积分环节原理图

如果考虑 A_3 的开环增益 K_3 为有限值，当 S_{1-1} 和 S_{1-2} 置于自动（A）状态，则比例积分环节实际的输出/输入关系为

$$G_{PI}(s) = -\frac{C_I}{C_M}\frac{1+\frac{1}{T_I s}}{1+\frac{1}{K_I T_I s}} \tag{2-70}$$

式中，K_I 为积分增益，$K_I = K_3 C_M / C_I$；$T_I = R_I C_I$。

由于 A_3 的开环增益 K_3 是有限值，因此积分增益 K_I 也是有限值。所以即使输入信号 U_{02} 存在，积分作用也不能无限制地进行下去，应用具有这种比例积分电路的调节器的控制系统仍然存在静差。

S_2 是积分时间 T_I 的倍率开关，它有"×1"和"×10"两档。以上讨论均在 S_2 置于"×1"档的情况下。当置于"×10"档时，U_{02} 经电阻 R_{14} 和 R_{15} 分压，由 R_{15} 上的电压经电阻 R_I 向电容 C_M 充电。因为 R_{15} 上的电压降为 U_{02} 的 $1/m$，其中 $m = (R_{14} + R_{15})/R_{15} \approx 10$，所以这时经 R_I 向 C_M 充电的电流只有 S_2 置于"×1"档时的 1/10，这样在相同的 U_{02} 下要将 C_M 两端的电压充到与 S_2 置于"×1"档时相等的电压值，就需要经过 10 倍的时间，即 S_2 置于"×10"档时，积分时间是刻度值的 10 倍。S_2 置于"×10"档时，积分增益 K_I 也改变为 $K_I = K_3 C_M / C_I m$。

手动操作功能是各种调节器（控制器）必备的辅助功能。DDZ—Ⅲ型电动调节器有软手操与硬手操两种操作方式。软手操又称速度式手操，是指调节器的输出电流随手动输入时间而逐渐改变。硬手操是指调节器输出电流随手动输入而立即改变。

DDZ—Ⅲ型电动调节器的手动操作电路是在比例积分电路的基础上附加软手操电路和硬手操电路来实现的，如图 2-58 中的 S_{1-1} 和 S_{1-2} 为自动（A）、软手操（M）和硬手操（H）切换的联动开关，S_{31}～S_{34} 为软手操扳键，RP_H 为硬手操电位器。

1）软手操电路　如图 2-58 所示，当开关 S_{1-1} 和 S_{1-2} 置于软手操（M）位置时，由于 A_3 反相输入端浮空，若 A_3 为理想运放，则电容 C_M 两端的电压因没有放电回路而能长时间保持不变，因而电压 U_{03} 也长时间保持不变；当 S_{31}～S_{34} 某扳键扳动时，软手操输入电压 U_R 或 $-U_R$，将通过由 R_M、C_M 和 A_3 组成的积分电路使 U_{03} 线性下降或线性上升。由于 $R_{M1} = 30\text{k}\Omega$，

$R_{M2}=470\text{k}\Omega$，$U_R=0.2\text{V}$，$C_M=10\mu\text{F}$，因此将 S_{31}或 S_{33}扳向 U_R时，$R_M=R_{M1}=30\text{k}\Omega$，输出作满量程变化所需的时间约为6s；将 S_{42}或 S_{44}扳向 U_R时，$R_M=R_{M1}+R_{M2}=500\text{k}\Omega$，输出作满量程变化所需的时间约为100s。

2）硬手操电路　将开关 S_{1-1}、S_{1-2}置于硬手操（H）位置时，R_E、R_F和 A_3组成了一个比例电路（由于硬手操输入信号 U_H为变化缓慢的直流信号，C_M的影响可忽略），这时的 U_{03}随硬手操输入电压 U_H成比例地改变，比例系数为 -1。

3）自动与手动操作之间的切换　对控制系统来说，在进行自动与手动之间切换时，为了不对控制系统造成扰动（无扰动），要求调节阀的阀位保持不变，即调节器的输出保持不变。各种调节器满足这一要求的程度不同，DDZ—Ⅲ型调节器情况如下：

A→M、H→M 的切换，均为无平衡无扰动切换。这是由于从任何一种操作状态切换到 M 时，A_3处于保持工作状态，U_{03}能保持切换前的值，且长时间不变。在需要改变调节器输出时，把扳键 S_4扳至所需位置，使 U_{03}线形上升或下降。

M→A、H→A 的切换，也为无平衡状态无扰动切换。因为在 M 或 H 时，电容 C_I两端的电压恒等于 U_{02}，因此在切换瞬间，C_I没有充放电现象，U_{03}不会跳变，调节的输出信号也不会突变。如果 U_{02}不等于零，切换到自动位置后，它会使 U_{03}在原来的值上呈积分式变化，这是调节器正常的调节作用，而不属于扰动。

A→H、M→H 的切换，必须在切换前拨动硬手操拨盘，使它的刻度与调节器的输出电流相对应，即必须进行预平衡操作，才能做到无扰动切换。

（4）整机特性和输出环节

1）整机特性　调节器的 PID 电路由上述的输入电路、PD 电路和 PI 电路三者串联构成，如图 2-59 所示，其传递函数为这 3 个电路的传递函数的乘积。化简后可得：

$$W(s)=K_P\frac{1+\frac{T_D}{T_I}+\frac{1}{T_Is}+T_Ds}{1+\frac{1}{K_IT_Is}+\frac{T_D}{K_D}s}\tag{2-71}$$

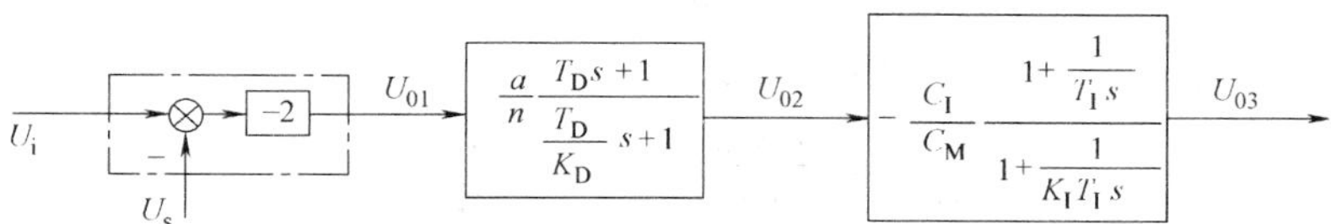

图 2-59　DDZ—Ⅲ型电动调节器整机传递函数框图

式中，各项参数及其取值范围如下：

比例度　$\delta=\frac{1}{K_P}\times100\%=\frac{nC_M}{2\alpha C_I}\times100\%=2\%\sim500\%$；

积分时间　$T_I=m\,R_IC_I$　当 $m=1$ 时，$T_I=0.01\sim2.5\text{min}$；

当 $m=10$ 时，$T_I=0.1\sim25\text{min}$；

微分时间　$T_D=n\,R_DC_D=0.04\sim10\text{min}$；

微分增益　$K_D=n=10$　相互干扰系数；

积分增益　$K_I=K_3C_M/m\,C_I$　当 $m=1$ 时，$K_I\geq10^5$；当 $m=10$ 时，$K_I\geq10^4$。

式（2-71）不是标准形式的 PID 运算式，如果设 $F=1+\frac{T_D}{T_I}$，并设 $K'_P=FK_P$、$T'_I=FT_I$、$T'_D=\frac{T_D}{F_I}$、$K'_I=FK_I$、$K'_D=\frac{K_D}{F}$，则式（2-71）可改写成如下与式（2-72）相类似的标准形式，即为

$$W(s)=K'_P\frac{1+\frac{1}{T'_Is}+T'_Ds}{1+\frac{1}{K'_IT'_Is}+\frac{T'_D}{K'_D}s} \tag{2-72}$$

F 称为相互干扰系数，它是反映调节器参数（主要是 K_P、T_I、T_D）互相影响的一个参数，F 越大，这种影响越严重，影响的结果使 3 个参数的实际值偏离调节器上的刻度值。由于 F 是一个大于等于 1 的数，其大小与积分时间和微分时间的大小以及调节器的结构有关。式（2-72）中，K'_P、T'_I、T'_D 为实际值，K_P、T_I、T_D 为 $F=1$ 时的刻度值。该式表明：K_P、T_I、T_D 这 3 个参数相互干扰的结果，将使实际比例增益增大（即实际比例度减小）、实际积分时间增长、实际微分时间缩短。

2）输出环节

输出环节的作用是将比例积分电路输出的以 U_B 为基准的 DC 1～5V 电压信号 U_{03} 转换为流过负载 R_L（一端接地）的 DC 4～20mA 输出电流 I_0。实际上它是个电压/电流转换电路。

如图 2-60 所示，电路中加接晶体管是为了增大运算放大器 A_4 的输出电流，使整机输出电流 I_0 达到 DC 4～20mA，VT_1 和 VT_2 组成复合管的目的是为了提高放大倍数，降低 VT_1 的基极电流，使得 $I_0=I'_0-I_f$。

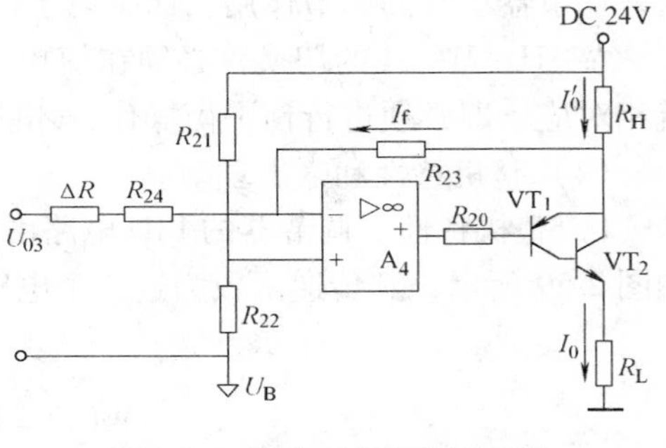

图 2-60　输出环节电路原理图

由图可见，这是一个差动输入运算放大电路，且 $R_{22}=R_{24}$、$R_{21}=R_{23}$，故其输出与输入关系为

$$I_0=\frac{U_{03}}{\Delta R+R_{24}}\left(\frac{R_H+R_{23}}{R_H}\right) \tag{2-73}$$

式中，$R_{23}=10\text{k}\Omega$，$R_{24}=40\text{k}\Omega$，$R_H=62.5\Omega$，取 $\Delta R=4R_H=250\Omega$，则有 $U_{03}=$ DC 1～5V，相应的输出电流 $I_0=$ DC 4～20mA。

为适应某些控制系统的特殊要求，调节器可增设各种附加单元电路，如偏差报警、输入报警和输出限幅等。在基型调节器上增设某些附加电路，可形成具有相应功能的特种调节器，如 PI/P 切换调节器、积分反馈型积分限幅调节器和前馈调节器等。有关调节器的其他附件功能，这里不再赘述。

2.4.4　数字控制器

1. 数字式控制器的主要特点

相比于模拟调节器，数字控制器的硬件及其构成原理有很大的差别，它以微处理器为核心，具有丰富的运算控制功能和数字通信功能、灵活方便的操作手段、形象直观的数字或图

形显示、高度的安全可靠性，比模拟调节器能更方便有效地控制和管理生产过程，因而在工业生产过程中得到了越来越广泛的应用。归纳起来，数字控制器有如下主要特点：

1）实现了模拟仪表与计算机一体化　将微处理机引入控制器，使数字控制器的功能得到很大的增强，提高了性能价格比。同时考虑到人们长期以来的习惯，数字控制器在外形结构、面板布置和操作方式等方面保留了模拟调节器的特征。

2）运算控制功能强　数字控制器具有比模拟调节器更丰富的运算控制功能，一台数字控制器既可实现简单 PID 控制，也可以实现串级控制、前馈控制、变增益控制和史密斯补偿控制等；既可以进行连续控制，也可以进行离散控制。此外，数字控制器还可对输入信号进行处理，如线性化、数据滤波、标度变换和逻辑运算等。

3）具有通信功能，便于系统扩展　数字控制器除了用于代替模拟调节器构成独立的控制系统之外，还可以与上位计算机一起组成 DCS，两者之间可实现双向数字通信。

4）具有和模拟调节器相同的外特性　尽管数字控制器内部信息均为数字量，但为了保证数字控制器能够与传统的常规仪表相兼容，其模拟量输入/输出均采用国际统一标准信号，可以方便地与 DDZ—Ⅲ型仪表相连。同时数字控制器还有数字量输入/输出功能。

5）可靠性高，维护方便　在硬件方面，一台数字式控制器可以替代数台模拟仪表，同时控制器所用硬件高度集成化，可靠性高。在软件方面，数字式控制器的控制功能主要通过模块软件组态来实现，具有多种故障的自诊断功能，能及时发现故障并采取保护措施。

数字式控制器的规格型号很多，它们在构成规模上、功能完善的程度上都有很大的差别，但它们的基本构成原理大同小异。

2. 数字式控制器的构成原理

模拟调节器只是利用模拟元器件构成，它的功能也完全是由硬件构成形式所决定，因此其控制功能比较单一；而数字式控制器由以微处理器为核心构成的硬件电路和由系统程序、用户程序构成的软件两大部分组成，其控制功能主要是由软件决定。

（1）数字式控制器的硬件电路

数字式控制器的硬件电路由主机电路、过程输入通道、过程输出通道、通信接口电路以及人机接口电路等部分组成，其构成框图如图 2-61 所示。

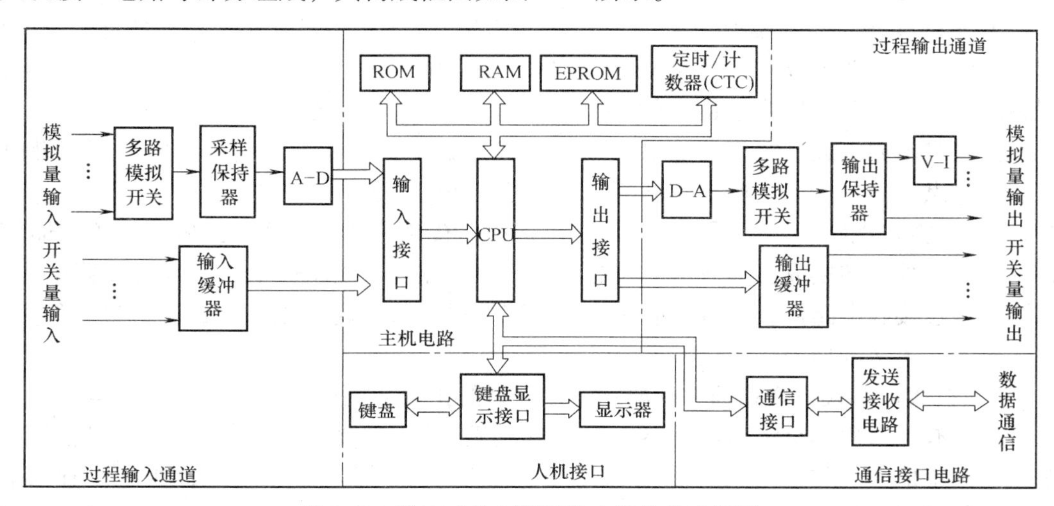

图 2-61　数字式控制器硬件电路的构成框图

1）主机电路　主机电路是数字式控制器的核心，用于实现仪表数据运算处理，各组成部分之间的管理。主机电路由 CPU、ROM、EPROM、RAM、CTC 以及 I/O 接口等组成。

CPU 通常采用的是微处理器，它完成数据传递、算术逻辑运算和转移控制等功能。ROM 中存放系统程序，EPROM 中存放使用者自行编制的用户程序，RAM 用来存放输入数据、显示数据、运算的中间值和结果值等。CTC 的定时功能用来确定控制器的采样周期，并产生串行通信接口所需的时钟脉冲；计数功能主要用来对外部事件进行计数。I/O 接口是 CPU 和过程输入、输出通道等进行数据交换的器件。

2）过程输入通道　过程输入通道包括模拟量输入通道和开关量输入通道，模拟量输入通道用于连接模拟量输入信号，开关量输入通道用于连接开关量输入信号。通常，数字式控制器都可以接收几个模拟量输入信号和几个开关量输入信号。

模拟量输入通道将多个模拟量输入信号分别转换为 CPU 所接收的数字量。它包括多路模拟开关、采样保持器和 A-D 转换器。多路模拟开关将多个模拟量输入信号逐个连接到采样保持器，采样保持器暂时存储模拟输入信号，并把该值保持一段时间，以供 A-D 转换器转换。A-D 转换器的作用是将模拟信号转换为相应的数字量。常用的 A-D 转换器有逐位比较型、双积分型和 V/F 转换型等几种。逐位比较型 A-D 转换器的转换速度最快，一般在 10^4 次/s 以上，缺点是抗干扰能力差；其余两种 A-D 转换器的转换速度较慢，通常在 100 次/s 以下，但它们的抗干扰能力较强。

开关量指的是在控制系统中电接点的通与断，或者逻辑电平为“1”与“0”两种状态的信号，例如各种按钮开关、接近开关、液（料）位开关、继电器触点的接通与断开，以及逻辑部件输出的高电平与低电平等。开关量输入通道将多个开关输入信号转换成能被计算机识别的数字信号。

3）过程输出通道　过程输出通道包括模拟量输出通道和开关量输出通道，模拟量输出通道用于输出模拟量信号，开关量输出通道用于输出开关量信号。通常，数字式控制器都可以具有几个模拟量输出信号和几个开关量输出信号。

模拟量输出通道依次将多个运算处理后的数字信号进行 D-A 转换，并经多路模拟开关送入输出保持电路暂存，以便分别输出模拟电压（1～5V）或电流（4～20mA）信号。该通道包括 D-A 转换器、多路模拟开关、输出保持电路和 V-I 转换器。D-A 转换器起数-模转换作用；多路模拟开关与模拟量输入通道中的相同；输出保持器的功能与采样保持器类似，V-I 转换器将 1～5V 的模拟电压信号转换成 4～20mA 的电流信号。

开关量输出通道通过锁存器输出开关量（包括数字、脉冲量）信号，以便控制继电器触点和无触点开关的接通与释放，也可控制步进电动机的运转。

4）通信接口电路　控制器的通信部件包括通信接口芯片和发送、接收电路等。通信接口将欲发送的数据转换成标准通信格式的数字信号，经发送电路送至通信线路（数据通道）上；同时通过接收电路接收来自通信线路的数字信号，将其转换成能被计算机接收的数据。数字式控制器大多采用串行传送方式。

5）人机接口　人机联系部件一般置于控制器的正面和侧面。正面板的布置类似于模拟式调节器，有测量值和给定值显示器、输出电流显示器、运行状态（自动/串级/手动）切换按钮、给定值增/减按钮和手动操作按钮等，还有一些状态显示灯。侧面板有设置和指示各种参数的键盘、显示器。在有些控制器中附带后备手操器。当控制器发生故障时，可用手操器来改变输出电流，进行遥控操作。

（2）数字式控制器的软件

数字式控制器的软件分为系统程序和用户程序两大部分，其中系统程序是控制器软件的主体部分，通常由监控程序和功能模块两部分组成。

1）监控程序　监控程序使控制器各硬件电路能正常工作并实现所规定的功能，同时完成各组成部分之间的管理。其主要完成的任务有：

· 系统初始化：对硬件电路的可编程器件（如 I/O 接口、定时/计数器）进行初值设置；

· 键盘和显示管理：识别键码、确定键处理程序的走向和显示格式；

· 中断管理：识别不同的中断源，比较它们的优先级，以便做出相应的中断处理；

· 自诊断处理：实时检测控制器各硬件电路是否正常，如果发生异常，则显示故障代码、发出报警或进行相应的故障处理；

· 定时处理：实现控制器的定时（或计数）功能，确定采样周期，并产生时序控制所需的时基信号；

· 通信处理：按一定的通信规程完成与外界的数据交换；

· 掉电处理：用以处理“掉电事故”，当供电电压低于规定值时，CPU 立即停止数据更新，并将各种状态、参数和有关信息存储起来，以备复电后控制器能照常运行；

· 运行状态控制：判断控制器的状态和故障情况，以便进行手、自动或其他控制。

2）功能模块　功能模块提供了各种功能，用户可以选择所需要的功能模块以构成用户程序，使控制器实现用户所规定的功能。控制器提供的功能模块主要有：

· 数据传送：模拟量和数字量的输入与输出；

· PID 运算：通常都有两个 PID 运算模块，以实现复杂控制功能；

· 基本运算：加、减、乘、除、开方、绝对值等运算；

· 逻辑运算：逻辑与、或、非、异或运算；

· 高值选择和低值选择；

· 上限幅和下限幅；

· 折线逼近法函数运算：实现函数曲线的线性化处理；

· 一阶惯性滞后处理：完成输入信号的滤波处理或用作补偿环节；

· 纯滞后处理；

· 移动平均值运算：从设定的时间到现在的平均值；

· 脉冲输入计数与积算脉冲输出；

· 控制方式切换：手动、自动、串级等方式切换。

以上为可编程调节器系统程序所包含的基本功能。不同的控制器，其具体用途和硬件结构不完全一样，因而它们所包含的功能在内容和数量上是有差异的。

3）用户程序　用户程序是用户根据控制系统要求，在系统程序中选择所需要的功能模块，并将它们按一定的规则连接起来的结果，其作用是使控制器完成预定的控制与运算功能。使用者编制程序实际上是完成功能模块的连接，也即组态工作。

用户程序的编程通常采用面向过程语言（Procedure-Oriented Language，POL）。各种可编程调节器一般都有自己专用的 POL 编程语言，但不论何种 POL，均具有容易掌握、程序设计简单、软件结构紧凑、便于调试和维修等特点。POL 的这一特点将在 SLPC 可编程调节器的介绍中更清楚看出。控制器的编程工作是通过专用的编程器进行的，有“在线”和“离线”两种编程方法。

2.5 其他单元

一个完整的控制系统，除了前面所述的 4 个基本环节之外，根据不同的功能需求通常还会配置诸如显示（记录）仪表、安全栅、信号分配器和电源分配器等辅助单元。

2.5.1 显示与记录单元

显示记录单元用于各种检测参数指示、记录，以使操作人员能够准确、直观地把握系统的实际运行状态。显示记录仪表种类繁多，按照显示的方式来分，通常可分为传统模拟式显示记录仪表、数字式显示仪表和新型显示仪表 3 大类。

传统模拟式显示记录仪表在早些年的控制系统中被广泛使用，这种仪表大都使用磁电偏转机构或机电式伺服机构，以仪表的指针（或记录笔）的线性位移或角位移来反映被测参数。模拟式显示仪表的结构简单、价格低廉，但测量准确度低、重现性差、抗振性能较差，因而它在工业生产中的应用已越来越少。

随着微处理技术在显示记录仪表中的应用，显示仪表产品已全面由模拟式向数字式方向发展。数字式显示仪表是以数字形式显示被测参数的仪表，显示的速度快、准确度高、读数直观且功能齐全、可靠性高，对所测参数便于进行数值控制和数字打印记录，尤其是能够将模拟信号转换为数字量，便于和计算机系统或其他数字控制装置的集成，因此这类仪表正逐步取代模拟显示仪表，在当前工业生产过程中占有重要的地位。

新型显示仪表是利用微处理器的强大功能，以大屏幕的 LCD、CRT 为载体，可以在同一时刻在同一屏幕上显示逐个或成组的数据，显示方式灵活多样，允许以图形、曲线、字符、数字以及任意组合的方式来显示所需的信息，这类仪表也被称为屏幕显示仪表或装置。由于功能强大，新型显示仪表的发展和应用使得传统的控制室概念发生了根本变化，过去庞大的仪表盘不断缩小，甚至可以取消。为此，新型显示仪表在当今现代化生产过程中得到了越来越广泛的应用。

随着大规模集成电路的发展和显示器件的完善，显示仪表已向多功能、小体积、高准确度方向发展，能更逼真地显示、记录工业过程参数的变化趋势，而且对于工艺过程的现场数据，不仅能显示、记录、打印，还能存储、传送，更方便操作管理人员及时了解现场情况。由于显示仪表种类繁多，本节只对几种典型的显示记录仪表或装置的基本原理做简单的介绍。

1. 传统显示记录仪表

传统的显示记录仪表主要是指动圈式显示仪表、自动平衡式指示记录仪表等。动圈式显示仪表由一个表头（由永久磁铁及线圈等组成）和简单的测量电路组成，其本质就是一类电流表。自动平衡指示记录仪表又分为自动电子电位差计和自动平衡电桥两类。它们通过自动调节电位差或电阻的方法，使电位差计得到补偿或电桥达到平衡，再通过传递机构、可逆电动机带动指针及记录笔来指示、记录测量结果。

（1）动圈式显示仪表

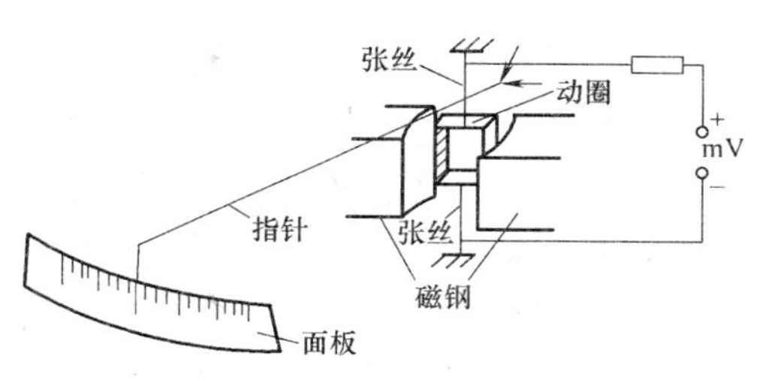

图 2-62　动圈式显示仪表工作原理示意图

动圈式显示仪表为机电结合型仪表，20 世纪 80 年代以前在我国获得了广泛的应用。如图 2-62 所示，动圈式显示仪表的核心部件就是一个电磁毫伏计，其中动圈就是用绝缘细铜丝绕制而成的矩形框，用张丝把它吊置在永久磁钢的磁场中。当测量信号（mV 级）通过张丝加到动圈上时，即有电流流经动圈，此时载流动圈将受到磁场力的作用而产生一个偏转力矩，动圈带动张丝和指针一同发生偏转，输入信号越大，磁场作用力越大，偏转力矩越大。当张丝扭转产生的反力矩与偏转力矩达到平衡的时候，动圈就停留在某一位置。由于指针的位置与输入信号相对应，如果刻度标尺直接刻在面板上，指针就可以指示出被测参数的值。

（2）电子电位差计

电子电位差计用来测量直流电压信号，凡是可以转换成毫伏级直流电压信号的工艺参数都可以用它来测量。电子电位差计与热电偶组成温度检测系统就是一种最典型的应用示例。

电子电位差计是根据电压补偿原理工作的，测量原理如图 2-63 所示，U_i为被测电压，G 为检流计，R_P 为一带刻度的滑线电阻。不难理解，改变滑动触点 C 的位置，电桥会产生不平衡电压 U_{CD}，当 $U_{CD}=U_i$时，检流计 G 指示为零，此时电子电位差计处于平衡状态。可见，当检流计 G 指示为零时，滑动触点 C 的位置时与测量信号 U_i呈线性的一一对应关系。

自动电子电位差计的测量原理如图 2-64 所示，与手动电子电位差计相比，自动电子电位差计用放大器取代检流计来检测不平衡电压并控制可逆电动机 M 的工作，通过 M 及一套机械传动装置来代替手动电压平衡操作。若 $U_{CD}\neq E_t$，二者的差值 U_{ab}经放大器放大并驱动可逆电动机工作，带动滑动触点 C 的移动，直至 $U_{CD}=E_t$为止。可逆电动机在带动滑动触点 C 的同时，还带动指针和记录笔，指示和记录被测参数的数值。

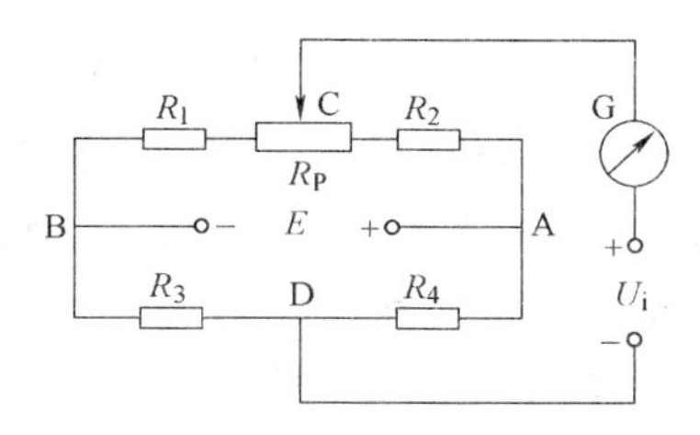

图 2-63　电子电位差计测量原理

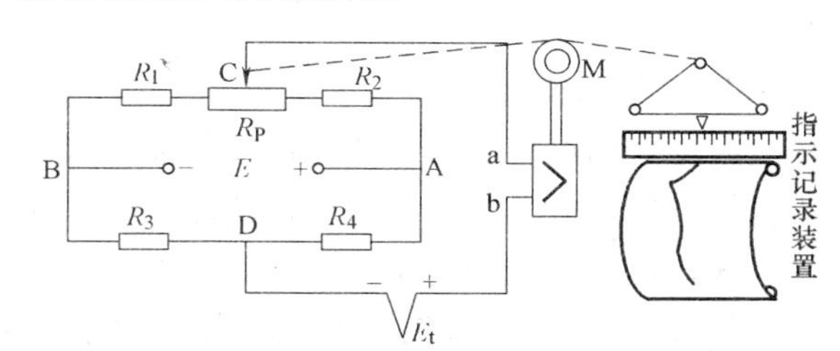

图 2-64　自动电子电位差计测量原理示意图

利用电子电位差计来测量热电偶信号还需要解决热电偶的冷端温度补偿问题。若把图 2-64 中的 R_3换成一个铜电阻，并使 R_3和热电偶冷端处于相同温度。如果冷端温度升高，则热电偶的热电势会随之降低。然而，铜电阻的阻值会随温度的升高而增加，则 R_3上的电位差升高，即 U_{CD}降低。这样，如果配置得当就可以达到冷端温度补偿的目的。

(3) 自动电子平衡电桥

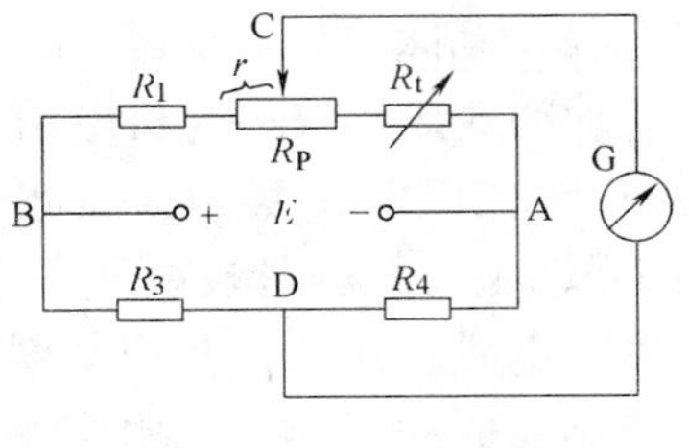

图 2-65　平衡电桥

电子平衡电桥通常与热电阻配合使用，图 2-65 是平衡电桥的原理图。图中，R_P为带刻度的滑线电阻，R_t为热电阻，它与R_P、R_1、R_3、R_4组成电桥，G 为检流计。

假设被测温度为测量下限时，$R_t = R_{t0}$，滑动触点 C 应在R_P的最左端，且电桥处于平衡状态，即满足

$$R_1 R_4 = R_3 (R_{t0} + R_P) \tag{2-74}$$

此时，如果被测温度升高，欲使电桥平衡，触点 C 应向右侧滑动，且 r 应满足：

$$(R_1 + r) R_4 = R_3 (R_{t0} + \Delta R_t + R_P - r) \tag{2-75}$$

即

$$r = \frac{R_3}{R_3 + R_4} \Delta R_t \tag{2-76}$$

从式（2-76）可以看出，r 与 ΔR_t呈线性关系。为此，滑动触点 C 的位置就可以反映电阻的变化，亦即反映了被测温度的变化。

自动电子平衡电桥由测量电桥、放大器、可逆电动机等部分组成，它和电子电位差计相比，除了感温元件和测量电桥之外，其他部分几乎完全相同。因此，工业上通常把自动电子电位差计和自动电子平衡电桥统称为自动平衡显示记录仪表。图 2-66 是自动电子平衡电桥的结构原理示意图。需要指出的是，自动平衡电桥的热电阻 R_t采用三线制接法，使连接导线的电阻 r'分别加在电桥相邻的两个桥臂上，当连接导线的电阻随温度变化时，可以互相抵消，从而减少导线电阻对仪表读数的影响。

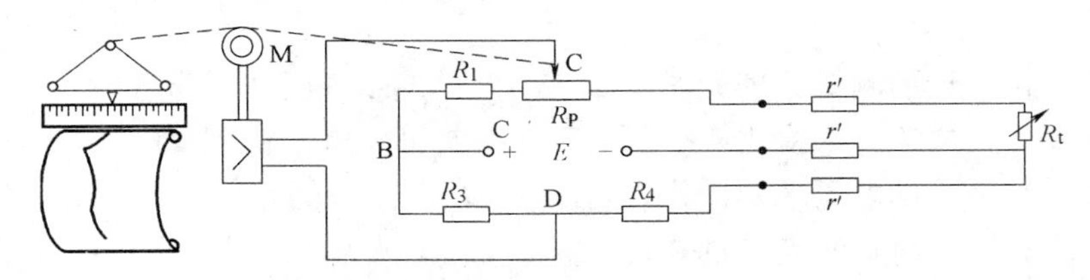

图 2-66　自动电子平衡电桥的结构原理示意图

2. 数字式显示仪表

从上面的介绍可以看出，传统模拟式显示仪表中的信号都是随时间连续变化的模拟量，其中的测量电桥、放大器等都是模拟电路，与其相对应的显示方式是标尺、指针、记录曲线等。数字式显示仪表也是先用检测仪表将如压力、流量等待测变量转换成相对应的物理量，一般为电信号，再经 A-D 转换把电信号转换成数字信号，由数字电路处理后直接以数字形式在 LED、LCD 等数字显示器件上显示被测结果。数字式显示仪表的分类方法较多：按输入信号类型可分为电压型和频率型两类，电压型的输入信号是电压或电流，频率型的输入信号是频率信号或开关信号；按被测信号的点数来分，它又可分为单点和多点两种；根据仪表所具有的功能，又可以分为数字显示仪、数字显示报警仪、数字显示输出仪、数字显示记录仪以及具有复合功能的数字显示报警输出记录仪等。通常，数字式显示仪表能与各种类型的电流、电压信号配接，完成对被测信号的测量、显示、报警和调节控制。

（1）光柱型显示仪表

光柱型显示仪表是一种较新型的仪表，具有结构简单、显示直观、准确度稳定、体积小、可密集安装等优点。以往光柱型显示仪表被归类于模拟显示仪表，但现今的光柱显示仪表往往结合数字处理电路可实现模拟、数字的双重显示，并可附带报警、调节等多种附加功能，为此这里把光柱式显示仪表归于数字显示仪表一类。其外形如图 2-67 所示。

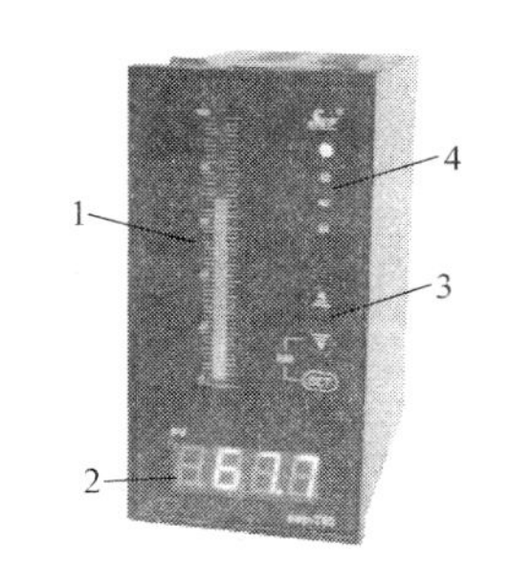

图 2-67　光柱型显示仪表外形
1—光柱指示　2—数码显示
3—参数设置按钮　4—报警指示

根据显示器件的不同，目前光柱型显示仪一般可分为等离子（PDP）光柱显示仪、发光二极管（LED）光柱显示仪和液晶（LCD）光柱显示仪等多种形式，它们的结构和基本原理都是相似的。

光柱型显示仪表一般由输入电路、低通滤波器、光柱驱动器和光柱显示器等几个部分组成。其基本工作过程可以归纳为：根据输入信号的不同，配置合适的输入电路，将输入信号转换成适合光柱显示器所需要的电信号，经低通滤波器去除信号上的干扰波，加于光柱驱动器电路上，并点亮与之相连接的光柱显示器。光柱型显示仪表的构成原理如图 2-68 所示。

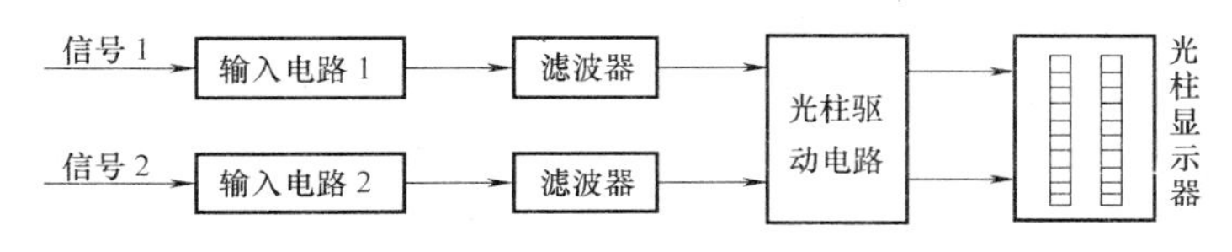

图 2-68　光柱型显示仪表的构成原理

光柱显示仪有单光柱、双光柱显示，显示报警，显示调节等品种，不少仪表还附加数字显示部件，具有信号输出功能，以完成仪表的控制和报警。光柱显示器件的刻度线数分别有 51 线、101 线和 201 线不等，以满足不同用户的需要。

（2）数字显示仪表

1）数字显示仪表的基本构成　数字显示仪表是指以数字形式直接显示测量结果的仪表。这类仪表大多以专用的大规模集成电路芯片外加必要的模拟信号放大器和控制电路组成。如果要增加信号输出、报警控制、光柱显示等附加功能，只需要在上述组成环节的基础上增加必要的处理和控制电路。图 2-69 就是数字显示仪表的基本原理框图。

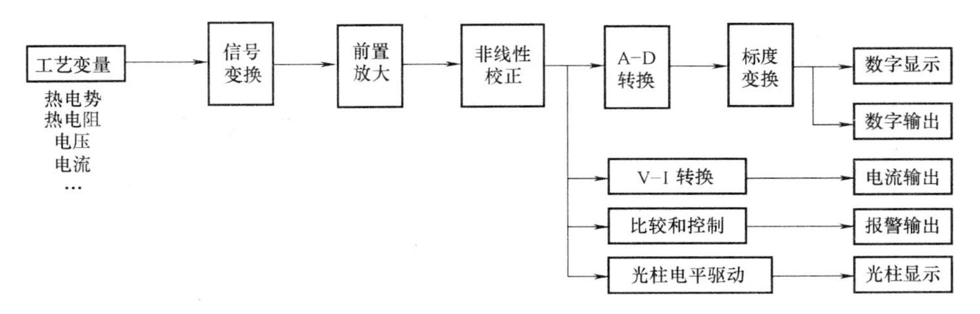

图 2-69　数字显示仪表的基本原理框图

数字显示仪表的一般性工作过程可以归纳为：各种被测的工业过程变量，经检测仪表转换成相应的电信号，送入显示仪表的输入电路，再经信号变换和前置放大转换成标准化电压信号，然后通过必要的非线性校正电路，送入 A-D 转换器，将输入的模拟信号转换成数字信号，由数字显示器显示出测量结果。

① 信号变换。由于显示仪表的输入信号可以是不同的电信号，如热电动势、热电阻……，因此数显仪表要有不同的信号变换电路以便与不同的输入信号配接。若输入热电偶信号时，输入电路还必须具有冷端温度的自动补偿功能。可见，信号变换电路的主要目的就是对输入信号进行预处理，把它转换成相应的电压或者电流值。

② 前置放大。当输入信号很小的时候（如毫伏级电动势），必须经过前置放大电路放大到伏级电压，才能送至非线性校正电路或者 A-D 转换电路做进一步处理。另外，在前置放大电路中往往会加上一些滤波电路，来抑制测量噪声的影响。

③ 非线性校正。许多测量元件都具有一定的非线性，这一环节的作用就是将输入信号经非线性校正电路的处理，转换成线性特性，以提高测量准确度。

④ A-D 转换。数字显示仪表的输入信号一般为连续变化的模拟量，必须经过 A-D 转换电路把它转化成数字量，再加以驱动，点亮数码管等数字显示器进行数字显示。因此，A-D 转换是数字显示仪表的核心。

⑤ 标度变换。标度变换的作用是对被测信号进行量纲换算，使被测参数以工程量的形式显示出来。通常，经过非线性校正的被测量与工程量之间存在一定的比例关系。

此外，有些数字显示仪表还可以通过 RS232、RS485 等端口输出数字信号供其他仪表或装置使用，也可以通过必要的转换电路输出标准电流信号，或者结合报警分析和控制、光柱驱动等电路集成报警控制、光柱显示的功能。

2）数字显示　数字显示仪表的数字显示部分主要由计数器、锁存器、译码器和显示器组成。

计数器、锁存器、译码器一般也都采用大规模集成电路实现。计数器是一个记忆装置，它能记住有多少个时钟脉冲送到输入端，而时钟脉冲的个数由被测信号控制，因而计数器的输出反映了被测信号的数字量。锁存器用来暂时存放计数结果，以备译码显示用，它只有接收到锁存允许输出的控制信号时，才向译码器发送信号。译码器的功能是将一种数码变成另一种数码，然后输出去驱动显示器，实现数字符号的显示。

常用的显示器件中有半导体数码管、液晶数码管和荧光数码管等。下面以半导体数码管为例介绍数码显示的基本过程。

半导体数码管（或称 LED 数码管）的基本元件是 PN 结，当 PN 结外加正向电压时，就能发出清晰的光线。单个 PN 结可以封装成一个发光二极管，半导体数码管则由多个 PN 结分段封装而成，其管脚排列和字型结构如图 2-70 所示。PN 结本身的工作电压很低，一般为零点几伏，工作电流为几毫安到几十毫安，寿命很长。

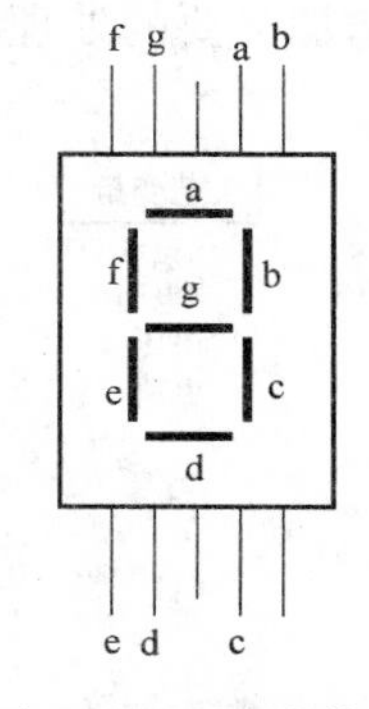

图 2-70　LED 的管脚排列和字型结构

LED 将十进制数分成 7 个字段，每段为一个发光二极管，选择不同的字段发光，可显示出不同的字型。例如，当 a、b、c、d、e、f、g 这 7 个字段全亮时，显示出数字“8”；b、c 段亮时，显示出数字“1”。

LED 的 7 个字段对应的发光二极管可以被分别控制，如图 2-71 所

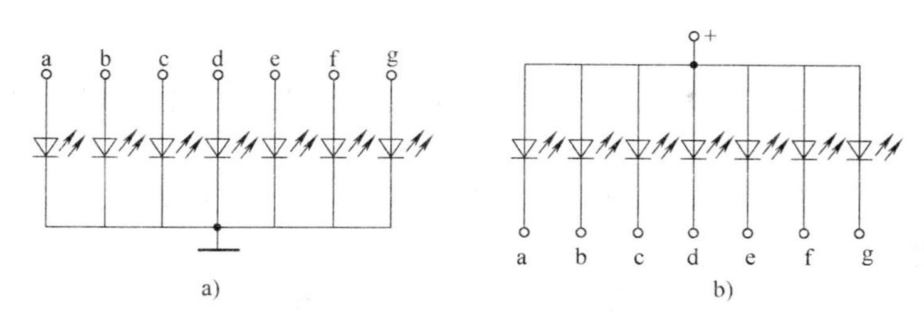

图 2-71　半导体数码管的两种接法
a）共阴极　b）共阳极

示，有共阴极和共阳极两种控制方式。前者某一字段接高电平时发光；后者接低电平时发光。使用时每个发光二极管要串联限流电阻。

七段显示译码器的功能是把“8421”二-十进制代码译成对应于数码管的 7 个字段信号，用以驱动数码管，显示出相应的十进制数码。如果采用共阴极数码管，则七段显示译码器的真值表见表 2-8；如采用共阳极数码管，则译码结果应和表 2-8 所示的相反，即“1”和“0”对换。图 2-72 为七段译码驱动器与共阴极数码管的连接示意图。

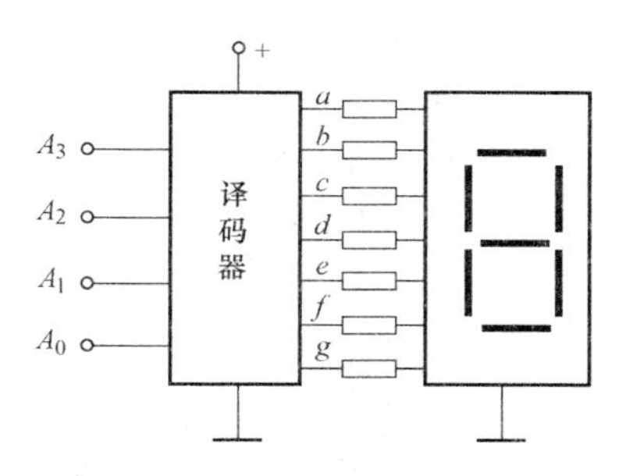

图 2-72　译码驱动器与 LED 的连接示意图

表 2-8　共阴极 LED 七段显示译码器的真值表

十进制代码	“8421”二进制输入				译码结果							显示
	A_3	A_2	A_1	A_0	a	b	c	d	e	f	g	
0	0	0	0	0	1	1	1	1	1	1	0	0
1	0	0	0	1	0	1	1	0	0	0	0	1
2	0	0	1	0	1	1	0	1	1	0	1	2
3	0	0	1	1	1	1	1	1	0	0	1	3
4	0	1	0	0	0	1	1	0	0	1	1	4
5	0	1	0	1	1	0	1	1	0	1	1	5
6	0	1	1	0	1	0	1	1	1	1	1	6
7	0	1	1	1	1	1	1	0	0	0	0	7
8	1	0	0	0	1	1	1	1	1	1	1	8
9	1	0	0	1	1	1	1	1	0	1	1	9

3）数字显示仪表的主要技术指标　数字显示仪表的技术指标有很多项，在选用某一款数字显示仪表的时候，除了需要注意仪表的信号输入规格（如电流、电压、频率、热电动势、电阻……）、工作电源、环境温度、环境湿度、安装方式等基本的技术要求之外，通常还要注意以下技术指标：

① 显示方式。数显仪表一般采用 3 位半或 4 位半的数码管显示，所谓“半位”就是指数码显示的最高位只能是“0”或者“1”。3 位半数显仪表的最大读数范围是 －1 999 ~

1 999，计量单位可选。

② 分辨力。数显仪表末位数改变一个字时输入信号的变化量称为分辨力，它表明了仪表所能显示被测参数的最小变化量。

③ 准确度等级。一般数字显示仪表的准确度等级为 0.5 级或者 0.2 级，通常以 ±0.5% FS（FS 为满量程）或者 ±0.2% FS 表示。

④ 输入阻抗。输入阻抗是指仪表在工作状态下呈现在仪表两个输入端之间的等效阻抗。电流输入仪表的输入阻抗可能影响变送器的实际驱动能力，如果输入阻抗大于变送器的额定负载，可以导致变送器不能正常工作。电压输入仪表的输入阻抗一般要求在 10MΩ 以上。

3. 新型显示仪表

当前的新型显示仪表是指涉及微处理技术、新型显示记录技术、数据存储技术和控制技术，把信号检测处理、显示、记录、数据存储、通信、控制等多个甚至全部功能集于一体的新型仪表或者装置。

（1） 无纸记录仪

无纸记录仪是目前发展应用极其迅速的一类新型显示记录仪表。自 20 世纪 90 年代初诞生了第一台无纸记录仪以来，它以 CPU 为核心，以大屏幕 LCD 为载体，以无纸、无笔、无需维护的功能设计为基础，给无纸记录仪带来了稳定、可靠的性能，无需记录仪一出现便在化工、炼油、钢铁、造纸、环保等各行各业迅速普及开来。同时，随着计算机技术和通信技术的发展，无纸记录仪集成度越来越高，功能也越来越强大，除了数据采集、数据处理、显示和记录功能之外，增加了报警、积算、多通道配电、通信、打印、变送输出和 PID 调节等功能。此外，目前的无纸记录仪还结合了许多计算机应用领域的最新技术，单以网络通信技术为例，现在的无纸记录仪不仅具有 RS232、RS485、Ethernet 等通信方式，而且还可以通过 MODEM、GSM、GPRS、电台等多种通信传输介质进行通信，实现远程（在任何地方）监控仪表的现场运行情况及浏览仪表的历史数据。

1） 无纸记录仪的基本构成　如图 2-73 所示，无纸记录仪的基本构成分为 4 部分，分别是信号输入及输入信号处理部分、主机部分、显示部分和电源部分。

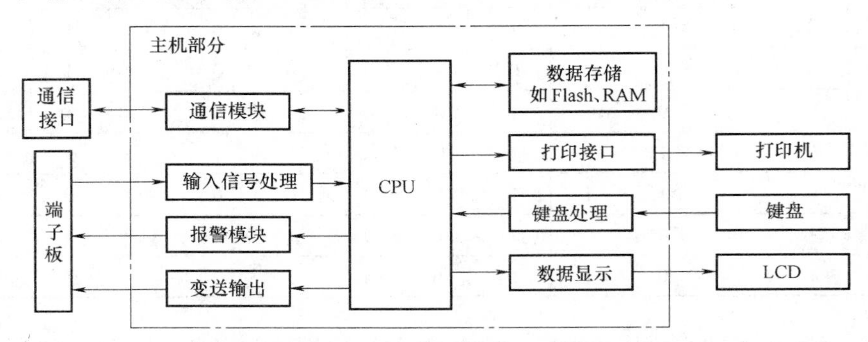

图 2-73　无纸记录仪的基本构成原理框图

① 信号输入及输入信号处理部分。信号输入及输入信号处理部分用于对工业现场的传感器或变送器输出的信号进行采样，完成输入信号的数字化处理。需要强调的是，除了传统意义上的 A-D 转换模块之外，目前许多新型的无纸记录仪（如 SUPCON R 系列、C 系列等无纸记录仪）采用了智能信号调理技术。所谓智能信号调理技术是指使用同一个模块实现

多种类型的信号输入，通过信号类型组态，可自动对输入的信号进行切换、测量，即通常所说的万能输入。通常这类模块还具有自动校准、自动补偿、自动进行故障诊断等功能。

近年来，随着高准确度 A-D 转换器的不断涌现和成本下降，A-D 采样的稳定性、通道间的隔离性能以及采样准确度都得到了大幅度提升。

② 主机部分。主机部分是记录仪的核心，它由微处理器（CPU）、历史数据存储器（Flash RAM）、RAM、ROM 以及看门狗（WATCHDOG）电路、实时时钟和通信接口等辅助电路组成。近年来，部分高端记录仪采用了 32 位微处理器，大幅度提高了记录仪的实时性。另外，由于 CPU 的升级换代，其内部集成功能的增多，外围电路大为简化，而且，先进的硬件平台使得海量数据存储芯片的应用成为可能。

③ 显示部分。显示部分相当于有纸记录仪的纸带，它由液晶显示屏和液晶驱动电路组成。有些高档记录仪还采用了具有视角更广和清晰度更高的真彩 TFT 液晶屏。

④ 电源部分。电源部分为整台仪表提供电源，包括主机模块和采样模块的工作电源、液晶屏的工作电源以及现场仪表配电电源。早期的无纸记录仪多采用模拟电源，它具有输出电压纹波小、成本低的特点，但是体积大、效率低、温升大、对电网电压波动的适应能力差等缺点却无法克服。目前，开关电源技术发展越来越成熟，已经能够使它的输出电压纹波达到理想的要求。随着开关电源频率的提高，它的体积也越来越小，效率进一步提高，成本也相应降低。因此，现在的无纸记录仪多采用开关电源。

2）无纸记录仪的使用　无纸记录仪的种类繁多，不同型号无纸记录仪的功能各不相同，人机接口的模式也可能差别很大，但它们所具有的基本功能和使用方法都是相类似的。无纸记录仪的基本操作一般可分为组态和监控两类，这里以 SUPCON R3000 型无纸记录仪为原型，简单介绍无纸记录仪的基本操作。

① 组态。要使用无纸记录仪，首先需要进行无纸记录仪的组态（当然，组态前应完成记录仪的安装、与现场仪表的连接以及记录仪的配电、上电等一系列必要的工作），其本质就是对记录仪进行功能设定和参数配置。无纸记录仪的组态一般包括系统组态和通道组态两个步骤。

系统组态画面如图 2-74a 所示，主要用于日期、时间、通信地址、波特率、通信类型、通道数目以及记录间隔等系统参数的设置。图 2-74b 是通道组态的示意图，用户根据需要来设定通道参数，如通道、位号、型号、量程、单位、滤波时间、断线处理、小信号切除、报警上下限、流量累积选择以及速率报警的选择等组态设置。

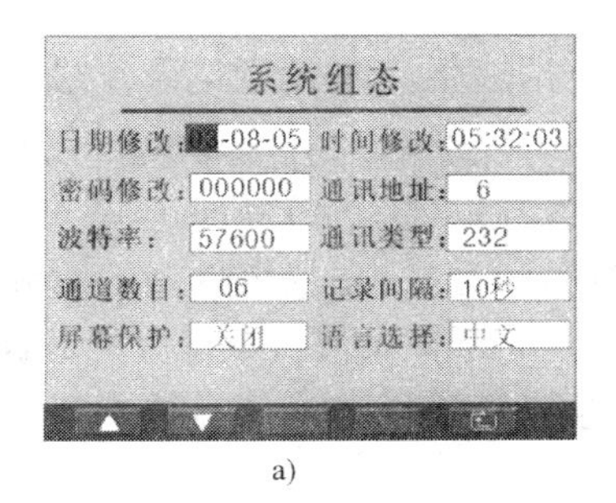

a)

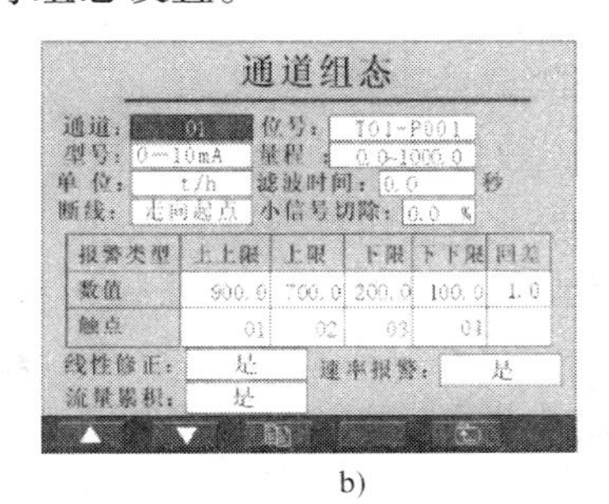

b)

图 2-74　无纸记录仪的组态

a）系统组态画面　b）通道组态画面

② 监控。无纸记录仪的监控功能很多，形式各异，但多通道数显画面显示、单/多通道趋势显示、多通道棒图画面显示以及报警列表是记录仪应该具备的最基本功能。

数显画面如图2-75a所示，一般要显示当前时间、通道号、位号、实时工程量数据、工程量单位以及报警类型标志等信息。实时趋势画面如图2-75b所示，主要是以曲线的形式来反映被测参数的变化趋势，同时显示出当前时间、报警标志、实时数据等。这一画面通常还应具备时标的切换功能，用于实时调整曲线的显示比例。图2-75c是多通道棒图画面，主要用以显示各通道采样数据的百分量以及报警状态、工程量值等相关信息。另外，报警列表（见图2-75d）、历史数据追忆、流量列表等也都是记录仪的基本监控功能。

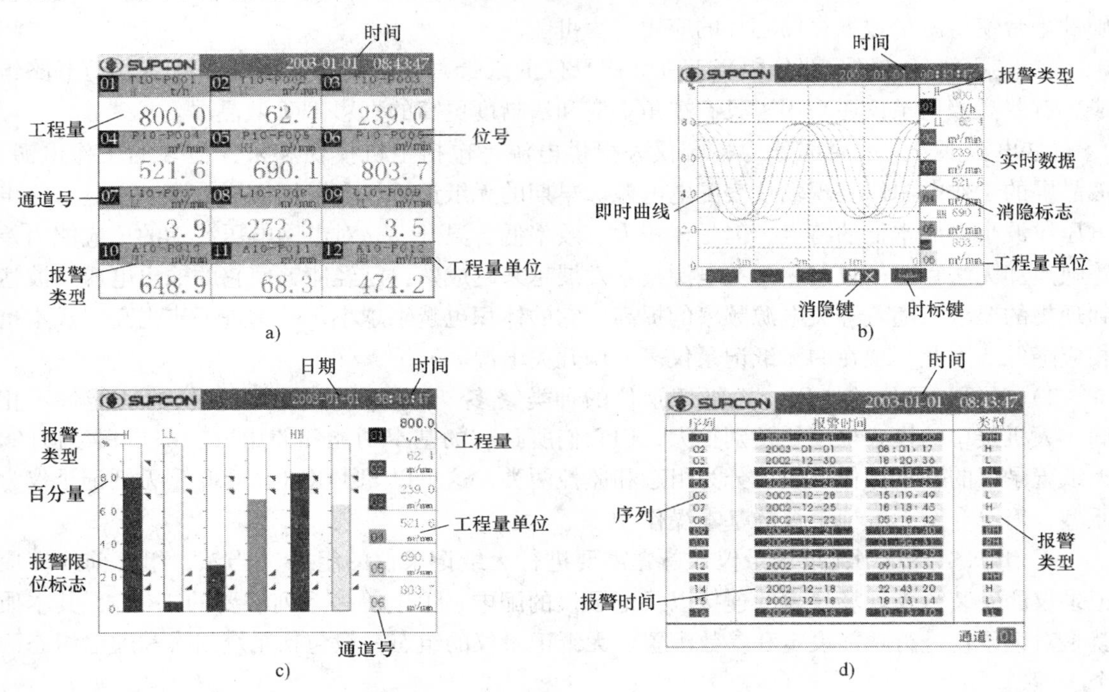

图2-75　无纸记录仪的监控画面

a）数显画面　b）实时趋势　c）多通道棒图画面　d）报警列表

3）附加功能　除了数据采集、处理、显示和记录功能之外，绝大多数记录仪还可以不同程度地集成一些附加功能。

① 海量数据的记录功能。数据记录（历史数据追忆）是无纸记录仪最基本的功能，数据记录深度（历史数据的最长记录时间）不仅与采样通道数、记录间隔有关，数据芯片的存储容量是它最直接、最客观的影响因素。随着大容量（海量）Flash RAM的出现，无纸记录仪的数据存储能力由512KB一直发展到128MB。因此，在仪表选型的时候，应该综合信号数、记录间隔和历史数据记录深度，来合理确定无纸记录仪应该配置的数据存储容量。

② 外部存储功能。研制合适的外部存储器接口是无纸记录仪存储空间最有效的扩展手段，例如通过USB接口、CF卡接口等把历史数据转存到外接存储介质上，实现历史数据的存档。以CF卡为例，它采用闪存技术，可永久性保存信息，速度快、重量轻、兼容性强，容量已经由当初的8MB、16MB发展到现在的几个GB，因而广泛地被记录仪厂商所采用。

③ 通信功能。自动化系统网络化的发展对记录仪通信功能的要求日益提升，各记录仪厂商也在不遗余力地发展其产品的网络通信功能。无纸记录仪的通信链路分为有线方式和无线方式两类。有线通信方式有 RS232、RS485、Modem、Ethernet 等，这是自动化系统中最常见的组网方式。无线通信主要指无线电台、GPRS、GMS 及无线以太网等通信方式。不难理解，无纸记录仪事实上就是一套小型的计算机监控系统，它几乎可以实现计算机监控系统需要的各种功能。对于一些特殊的监控对象，例如一个城市的自来水管网水量计量系统，检测点可能分布在整个城市的各个角落，而且每个检测点一般都只有少数的几个检测仪表，这时如果在各检测点安装一个或者数个无纸记录仪实现就地监控，所有记录仪再通过无线通信功能将其实时数据、历史数据等信息以一定的方式上传到中央监控系统以实现集中监控，不失为一种可行、低成本的解决方案。

④ OPC 功能。由于各厂商的记录仪的通信协议各不相同，如果用户希望在同一网络中集成各种不同的设备往往十分困难，即使厂商公开其通信协议，也必须逐个开发各设备的驱动程序。OPC 技术的出现解决了这一难题，记录仪厂商开发出其产品的 OPC Server，就可以与上位机的 OPC 接口无缝连接，从而实现不同设备的统一组网。

⑤ 其他功能。无纸记录仪还可以提供多种其他的附加功能，例如：配电功能（为现场仪表提供 12V 或 24V 电源）、流量累积和温压补偿功能（用以对液体或气体的流量积算）、速率报警（即变化量报警）、变送输出功能和 PID 调节功能等。

（2）虚拟显示仪表

仪表作为一种参数测量、数据处理、结果显示的工具而被人们所认识，它的应用领域遍及了各行各业的各个角落。要说到仪表的发展，主要体现在两个方面：一是仪表的智能化趋势；二是仪表的虚拟化趋势，即虚拟仪表（Virtual Instruments，VI）。

虚拟仪表的概念是由美国国家仪器（National Instruments，NI）公司首先提出，是对传统仪器仪表概念的重大突破。传统意义上的仪表（包括智能化仪表）基本上都是由三大功能模块组成：信号的采集与控制、信号的分析与处理、结果的表达与输出。由于这些功能块全是以硬件（或固化的软件）的形式存在的，从而决定了传统仪表功能只能由仪表厂商来定义。而虚拟仪表克服了传统仪表的缺陷，它把仪表的大部分功能模块用计算机来实现，在计算机上插数据采集卡，用软件在屏幕上生成仪器面板，用软件来进行信号的分析与处理、以各种形式输出检测结果。可见，虚拟仪表是充分利用计算机技术，并可由用户自己设计、自己定义的仪表。其中，软件技术是虚拟仪表的核心技术。

虚拟仪器技术的三大组成部分如下：

1）高效的软件　软件是虚拟仪器技术中最重要的部分。使用正确的软件工具并通过设计或调用特定的程序模块，可以高效地创建自己的应用以及友好的人机交互界面。常用的开发工具软件有美国 NI 公司的 LabVIEW、LabWindows/CVI、Measurement Studio 等。例如图形化编程软件——LabVIEW，它不仅能轻松方便地完成与各种软硬件的连接，更能提供强大的后续数据处理能力，设置数据处理、转换、存储的方式，并将结果显示给用户。

2）模块化的 I/O 硬件　虚拟仪器测量设备将仪器和数据采集元件合成为新工具。对于 PCI、PXI、PCMCIA、USB 或者 1394 总线，目前都有相应的模块化硬件产品，产品种类囊括了数据采集、信号调理、声音和振动测量、视觉、运动、仪器控制、分布式 I/O 到工业通信等各个方面。高性能的硬件产品结合灵活的开发软件，可以创建完全自定义的测量系统，满足各种独特的应用要求。

3）用于集成的软硬件平台　如 NI 公司提出的专为测试任务设计的 PXI 硬件平台，已经成为当今测试、测量和自动化应用的标准平台，它的开放式构架、灵活性和 PC 技术的成本优势为测量和自动化行业带来了一场冲击。

灵活高效的软件能帮助创建完全自定义的用户界面，模块化的硬件能方便地提供全方位的系统集成，标准的软硬件平台能满足对同步和定时应用的需求。随着计算机技术、仪器技术和网络通信技术的不断完善，虚拟仪器将向外挂式虚拟仪器、网络化虚拟仪器发展。

（3）计算机监控系统的 HMI

应该说，计算机监控系统中的人机接口（Human Machine Interface，HMI）已经超越了显示仪表的范畴，它只是计算机控制系统的一个组成部分，但它却是内容最完整、表现形式最丰富、功能最强大的一类屏幕显示装置，它几乎允许以任何可能的方式来显示和表达系统所拥有的所有信息。

虽然不同计算机监控系统的 HMI 所要表达的信息及其表述形式可能是不一样的，但 HMI 所具有强大的功能是类似的。一般来说，计算机监控系统 HMI 都可以实现以数字、棒图、表格、曲线、多媒体及它们的任意组合来显示实时数据、历史数据、报警信息和操作记录等信息。以 HMI 中常见的“工艺流程图监视”功能为例，如图 2-76 所示，它可以把实际对象的管路、阀门等设备配置、监测点分布、各测点的实际检测数据等信息都在 CRT 上以工艺流程图的方式形象直观地显示出来，并可对重要设备进行遥控操作，为整个监控系统的运行、维护提供一个简单明了的监控手段。又如系统的报警信息，除了可以采用常规的声光报警之外，计算机监控系统 HMI 往往还可以利用多媒体手段以语音、动画等方式来表达。可见，计算机监控系统 HMI 的很多功能是一般的显示仪表难以比拟的。

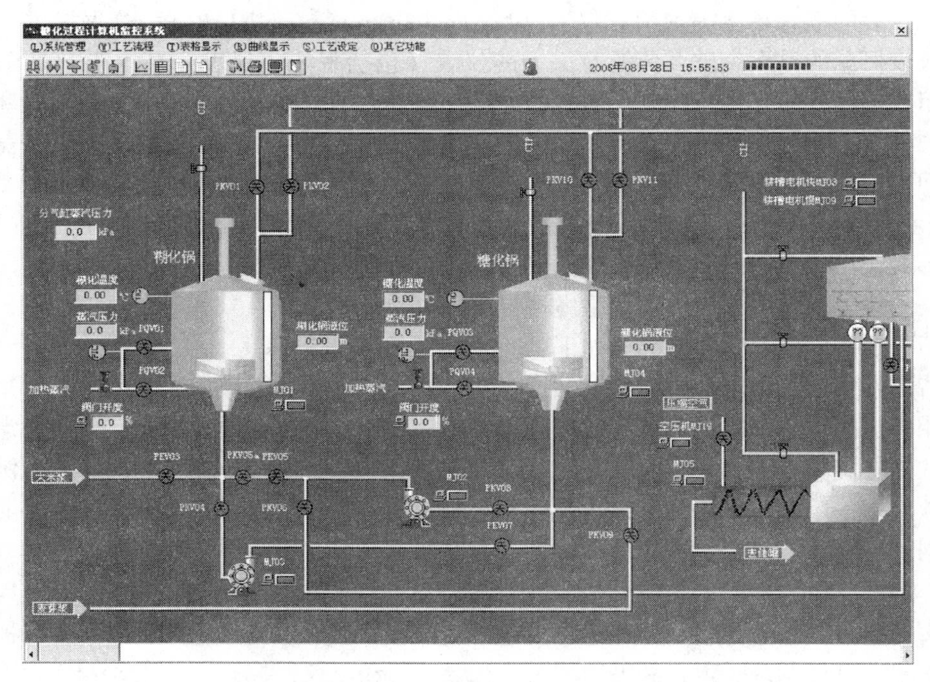

图 2-76　“工艺流程图监视”图例

2.5.2　安全栅

安全栅是构成本质安全系统的关键仪表，其作用有两个方面：一方面保证信号的正常传输，另一方面控制流入危险场所的能量在爆炸性气体或爆炸性混合物的点火能量以下，以确保系统的本质安全性能。

常用的安全栅有两种：一种是齐纳式安全栅，另一种是隔离式安全栅。

1. 齐纳安全栅

齐纳安全栅是本质安全型一次仪表和电气装置的重要关联设备，在本质安全型防爆系统中起着重要的安全保护作用。齐纳式安全栅是基于齐纳二极管反向击穿特性来工作的，利用其内部的快速熔断熔丝、齐纳二极管、电阻等保护器件来限制流入危险场所的故障能量，确保危险场所仪表设备的本质安全，达到保护现场设备及生产人员安全的目的。

齐纳安全栅的根本目的是限能，就是限制送往危险现场的电压和电流。齐纳式安全栅的基本限能原理如图2-77所示。图中，VZ_1、VZ_2、VZ_3为齐纳二极管，R为限流电阻，FU为快速熔断器。

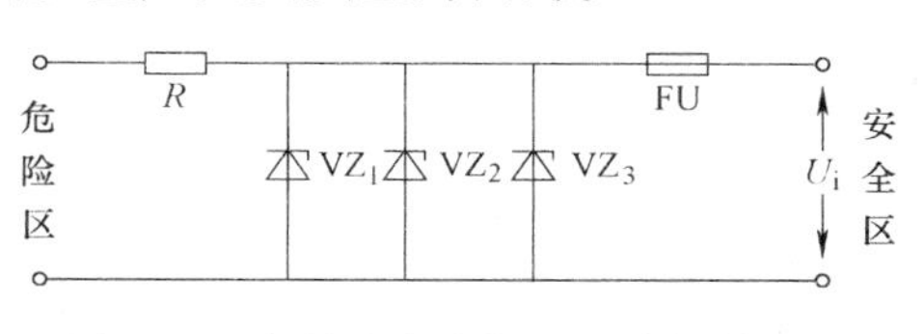

图2-77　齐纳式安全栅的基本限能原理

当电源电压正常时（24V（1±10%）），齐纳二极管两端的电压小于其击穿电压，齐纳二极管截止，这时安全栅不影响正常的工作电流传输。若现场发生故障，如形成短路时，限流电阻R可以将电流限制在安全额定值以下，从而保证现场的安全。

当安全端电压U_i高于安全额定电压时，齐纳二极管被击穿，回路电流由齐纳二极管处返回，不会流入现场。而此时由于限流电阻及现场负载未接入，所以回路电流较大，快速熔断器FU迅速熔断，从而将可能造成危险的高电压立即与现场隔离开，同时也保护齐纳栅不会因承受较长时间大电流烧断齐纳二极管而失去限压功能，以保证本质安全的要求。

电路中采用三冗余齐纳二极管的目的是为了提高安全栅的可靠性。

齐纳安全栅具有多种类型，可与各种现场仪表如普通4～20mA模拟信号变送器、具有HART数字通信功能的智能变送器、电气转换器、各类热电偶、热电阻、开关和电磁阀等组成本安防爆系统。图2-78所示为齐纳式安全栅与变送器、热电阻和电气转换器的连接示意图，其中图2-78a、b所示的安全栅完全相同，具有极性反接保护功能，既可用于输入信号保护，也可用于输出信号保护；图2-78c用于测量热电阻信号，此时的安全栅内部的两个通道需要精密配阻；图2-78d所示的安全栅因其内部设计了一个精密的250Ω配阻，适合于把变送器的4～20mA转换为1～5V输出。

2. 隔离式安全栅

一个控制系统往往包含多种类型的控制设备或仪表，它们之间通过各种输入、输出信号构成一个有机的整体。由于不同的控制设备或仪表会有不同的接地要求，系统或回路中经常出现多点接地的情况，甚至引起不可靠的信号传输。要避免不可靠的信号传输通常有两种方法：单点接地和信号隔离。

在实际的系统中，特别是在大型的计算机控制系统中（DCS、PLC等），要实现单点接地非常困难，甚至不可实现。所以，常采用隔离栅对输入、输出信号在电气上进行隔离，即

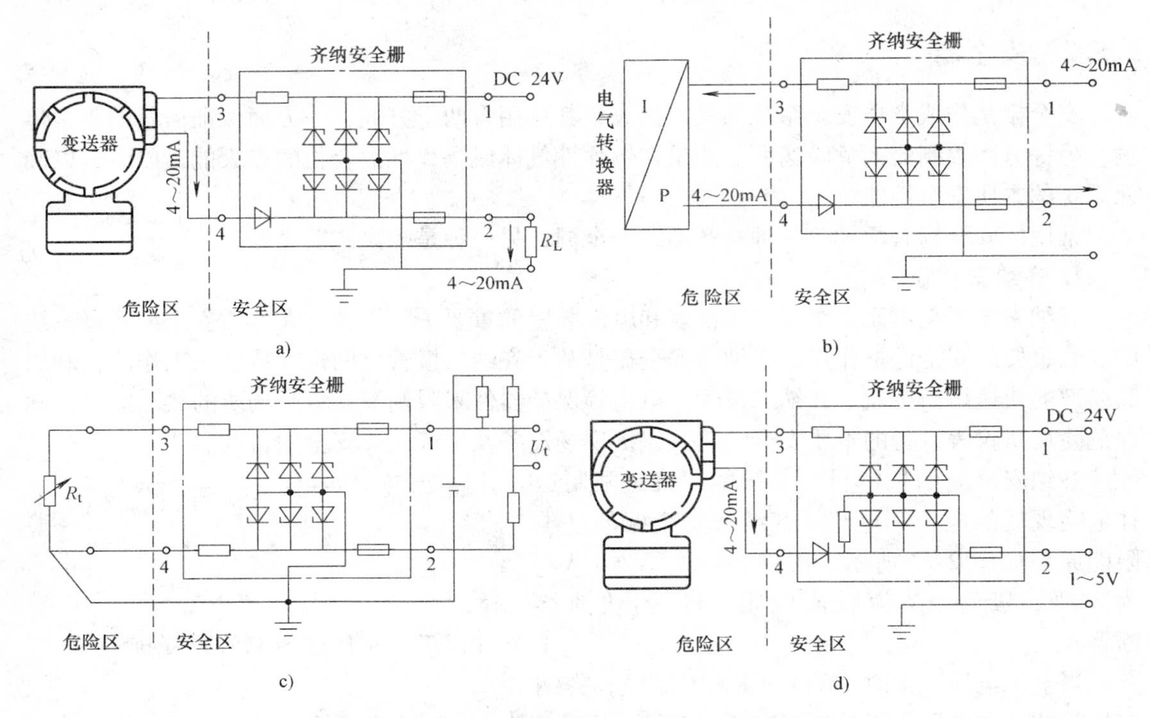

图 2-78　齐纳安全栅与部分现场仪表的连接示意图

在隔离接口单元处阻断电信号的电阻连续性，通过调制-解调，信号穿过隔离介质，使测控系统的I/O接口在电气上浮空，消除接地源之间的复杂联系。

隔离栅的基本工作原理是：首先将待传输的信号，通过半导体器件调制变换，然后通过光感或磁感器件进行隔离转换，再进行解调变换回隔离前原信号，同时对隔离后信号的供电电源进行隔离处理，保证变换后的信号、电源、地之间的独立。隔离式安全栅就是在隔离功能基础上增加电子限流和限压功能，从而进一步提高了其安全可靠性，所以在安全火花防爆系统中得到了广泛的应用。

隔离式安全栅按其构成原理可分为输入型安全栅和输出型安全栅。

图 2-79 为基于调制变换的模拟量输入、输出隔离式安全栅构成框图，由直流/交流转换器、整流滤波器、调制器、隔离变压器及限能器等组成。图 2-79 中可以看出，输入型隔离栅和输出型隔离栅的变换原理都是一样的，两者的区别在于限能器的位置，目的是在故障状态下可限制其电流和电压值，使进入危险场所的能量限制在安全额定值以下。

随着集成器件的发展，光电耦合的隔离方式在隔离式安全栅得到了越来越多的应用。例如 SB3000 系列的一款模拟量输入隔离式安全栅，其原理示意如图 2-80 所示，核心部件为高线性度的光耦合器。

光耦合器内部 VD_1 两端的输入信号经过 I-V 转换，使 VD_1 上的电压变化体现在电流 I_f 上，当有 I_f 流过时，VD_1 发出红外光（伺服光通量），分别照射在 VD_2、VD_3 上，产生控制电流 I_{PD1} 和 I_{PD2}，且满足 $I_{PD1}=I_{PD2}=KI_f$，即保证有满意的线性度。如图 2-80 所示，变送器输出的 4～20mA 电流经 R_1 首先被转换成内部输入电压 U_i，当 U_i 增大时，具有电压跟随功能的 A_2 输出增大，使 A_1 反相端电压 U_1 增大，导致 VD_1 上的电压增大，此时电流 I_f、I_{PD1}、I_{PD2} 也随之

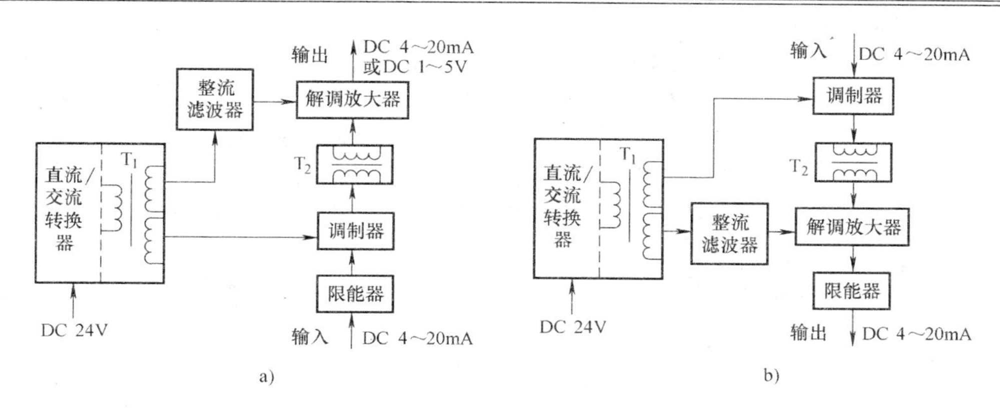

图 2-79　基于调制变换的隔离式安全栅构成框图

a）输入型　b）输出型

增大，但随着 I_{PD1} 的增大，R_1 上的电压降会升高，使 U_1 回落，与 I_f 形成负反馈，直至重新平衡。反之亦然。不难看出，当 R_1、R_2 经过严格匹配以后，可以使 U_2 与 U_i 线性对应，且接地独立，最后经过 V-I 转换，复制输出变送器的电流信号。

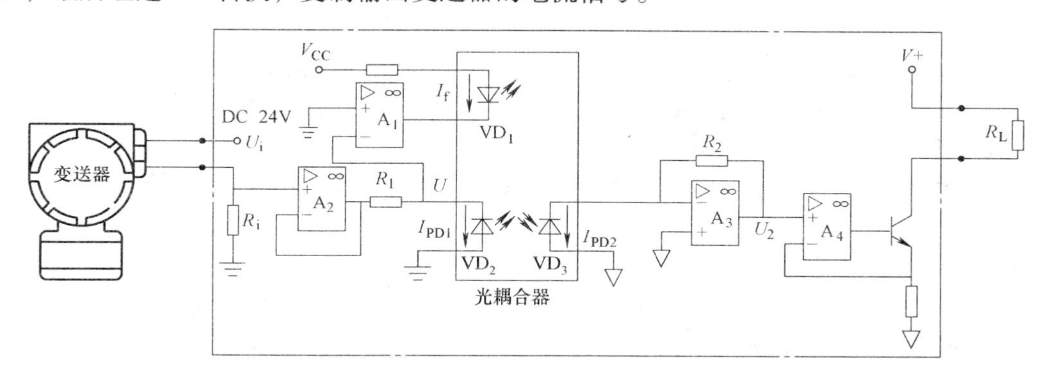

图 2-80　基于光耦合的隔离式安全栅原理示意图

在上述功能基础上，增加相关限压、限流元件，就可以限制流向危险区的故障能量，实现本质安全防爆。就隔离式安全栅的类型而言，除模拟量输入、输出类型之外，还有开关量信号、HART 信号等之分，也有一进一出、一进多出之分，在此不一一介绍。

2.5.3　操作器

操作器的作用是以手动设定方式在输出端输出 DC 4～20mA 信号，以此进行手动遥控操作或为调节器提供外部给定信号。操作器的构成如图 2-81 所示，通常由自动输出指示部分、手动输出指示部分、V-I 转换部分、基准电压及切换开关等组成。

当自动/手动切换开关置到手动操作位置时，通过调节手动设定电压可改变输出信号。手动设定电压在 DC 1～5V 范围内变化时，由 V-I 转换器将其线性地转换为 DC 4～20mA 的输出信号，供负载使用。当自动/手动切换开关置到自动操作位置时，来自控制器的 DC 4～20mA 信号经 250Ω 电阻转换为 DC 1～5V 信号，再由 V-I 转换器将其线性地转换为 DC 4～20mA 的输出信号，供负载使用。此外，操作器中设有标定电路，当标定/测量切换开关打

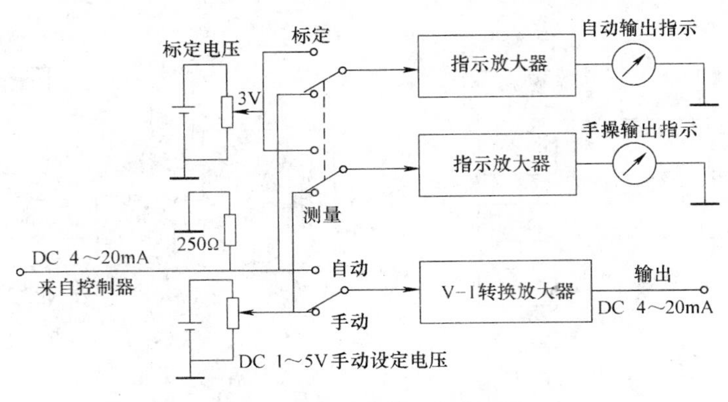

图 2-81　操作器构成框图

到标定位置时，由基准电压电路提供 DC 3V 的标定电压，此时自动和手动输出指示应为50%。否则，需对输出指示进行调整。

思考练习题

1. 什么是对象特性？研究对象特性的目的是什么？

2. 什么是控制通道？什么是干扰通道？在反馈控制系统中它们是怎样影响被控变量的？

3. 被控对象的基本特性主要有哪几种典型的类型？它们各有什么特点？试列举几个教材之外的例子。

4. 建立对象数学模型的方法主要有哪几种？简述系统辨识的基本过程。

5. 试分析如图 2-82 所示的 *RC* 电路，写出以 u_i的变化量为输入、u_o的变化量为输出的微分方程及传递函数表达式。（提示：$C=\dfrac{\int i\mathrm{d}t}{u_o}$）

6. 式（2-10）所示的一阶纯滞后对象的传递函数，式中的 K、T、τ 的物理含义分别是什么？广义对象的特性通常也可以近似为只用 K、T、τ 3 个物理量描述的一阶滞后特性，其中 τ 的含义与前者相比有何区别？

7. 广义对象的特性中 K、T、τ 对过渡过程有什么影响？

8. 已知某对象为一阶纯滞后特性，经分析得知其时间常数为 3.2min，放大系数为 1.2，纯滞后时间为 0.8min，试写出描述该对象的微分方程及传递函数表达式。

9. 如图 2-83 所示的圆柱形液体储槽的截面积为 0.5m^2，储槽中的液体由泵抽出，其流量为恒定值 q_o。如果在稳定的情况下，输入流量 q_i突然增加了 0.1m^3/h，试列出以液位 h 的变化量为输出、流入量 q_i的变化量为输入的表征其动态特性的微分方程及传递函数表达式，并画出水槽液位改变量随时间的变化曲线。（提示：流出量 q_o为恒定值）

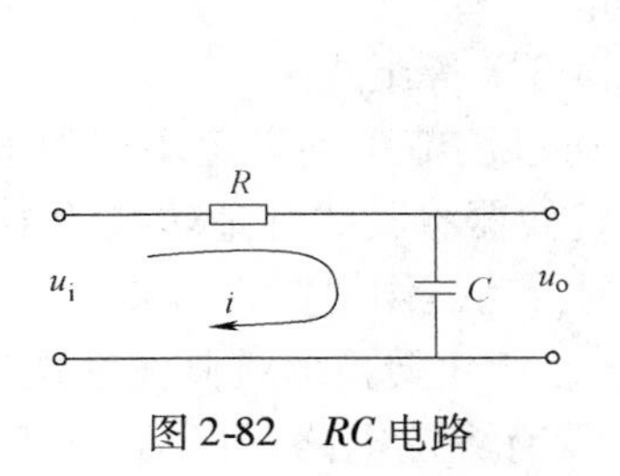

图 2-82　*RC* 电路

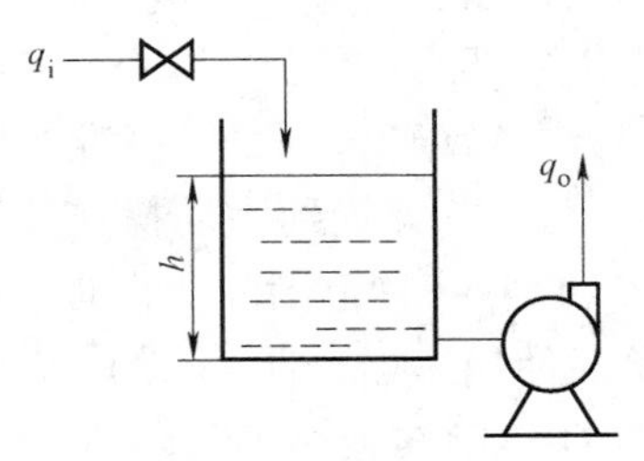

图 2-83　出流量恒定的对象

10. 为了测定某重油预热炉的对象特性，在某瞬间（假定为 $t_0=0$）突然将燃料气量从 2.5t/h 增加到 3.0t/h，重油出口温度记录仪得到的阶跃反应曲线如图 2-84 所示。假定该对象为一阶对象，试写出描述该重油预热炉特性的微分方程式（分别以温度变化量与燃料量变化为输入量与输出量）及传递函数表达式。

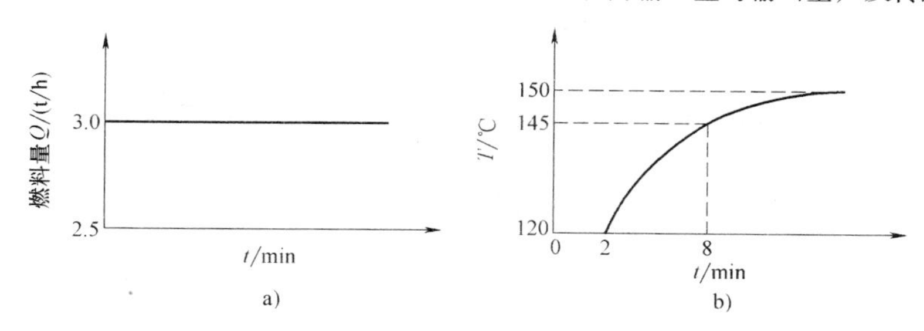

图 2-84 重油预热炉的阶跃反应曲线

a）燃料的阶跃变化 b）出口温度反应曲线

11. 简述参数测量的基本过程。一台典型的测量仪表通常由哪几个部分组成？

12. 测量仪表的动态特性对过渡过程有何影响？

13. 执行器在自动控制系统中起什么作用？执行器主要有哪几个组成部分？各起什么作用？

14. 执行器按其使用的能源形式可分为哪几类？它们各有什么特点？

15. 执行器的动态特性对过渡过程有何影响？

16. 什么是正作用执行器？执行器是如何实现正、反作用的？

17. 气动执行机构有哪几种？它们的工作原理和基本结构是什么？

18. 电动执行机构的构成原理和基本结构是什么？伺服电动机的转向和位置与输入信号有什么关系？

19. 工程中常用调节机构有哪几种？它们各有什么优点？

20. 什么是调节阀的流量特性？常用的流量特性有哪几种？理想情况下和工作情况下有何不同？

21. 什么是调节阀的流量系数？K 与 K_v 有何不同？

22. 阀门定位器有什么作用？简述电—气阀门定位器、气动阀门定位器和智能式阀门定位器的工作原理。

23. 伺服放大器的作用是什么？简述伺服放大器的基本工作原理。

24. 如何选用调节阀？选用调节阀时应考虑哪些因素？

25. 如何确定调节阀的口径？有一冷却器控制系统，冷却水由离心泵供应，冷却水经冷却器后最终排入水沟，泵出口压力 $P_1=400\text{kPa}$，冷却水最大流量为 $18\text{m}^3/\text{h}$，正常流量为 $10\text{m}^3/\text{h}$，最大流量时调节阀上的电压降为 164kPa，试为该系统选择一个调节阀。

26. 调节阀的安装主要考虑哪些因素？

27. 什么是控制器的控制规律？工业上常用的控制规律有哪几种？它们各有什么特点？适用于哪些场合？

28. 请描述家用空调器的温度控制过程，简要说明普通空调器和变频空调器的控制规律。

29. 什么是比例度、积分时间、微分时间？它们对过渡过程各有什么影响？

30. 为什么纯比例控制通常都会存在余差？余差大小与比例系数及对象特性有什么关系？

31. 某纯比例液位控制系统，液位变送器的测量范围为 0～1.2m，控制器的输出变化范围是 0%～100%。当液位信号从 0.4m 增加到 0.6m 时（设定值不变），控制器的输出信号从 50% 增加到 70%，试求该比例控制的放大系数 K_p。

32. 某纯比例压力控制系统，压力变送器的量程为 0～100kPa，控制器的输出变化范围是 0%～100%。若控制器的比例度为 50%，当测量值变化 10kPa 时，控制器的输出相应变化了多少？

33. 为什么引入积分作用能消除余差？引入积分作用对闭环系统的稳定性有何影响？

34. 试画出在图 2-85 所示的矩形脉冲输入信号作用下，比例积分控制器（$K_p=1$，$T_i=2\text{min}$）的输出响应曲线。假定控制器的输入信号范围与输出信号范围相同，为正作用控制器，控制器的初始稳态输出为 50%，要求标明各转折点的坐标。

35. 微分控制的基本原理是什么？为什么说微分作用主要用来克服被控对象的容量滞后的影响，但不能克服纯滞后产生的影响？

36. 某控制规律为 PID 的调节器，初始（稳态）输出为 50%，当输入信号突然增加 10% 的阶跃时（给定值不变），输出变为 60%，随后输出线性上升，经 3min 输出为 80%，试求其 K_p、T_i、T_d。

37. 图 2-86 是蒸汽加热器的温度控制系统示意图。试解答下列问题。

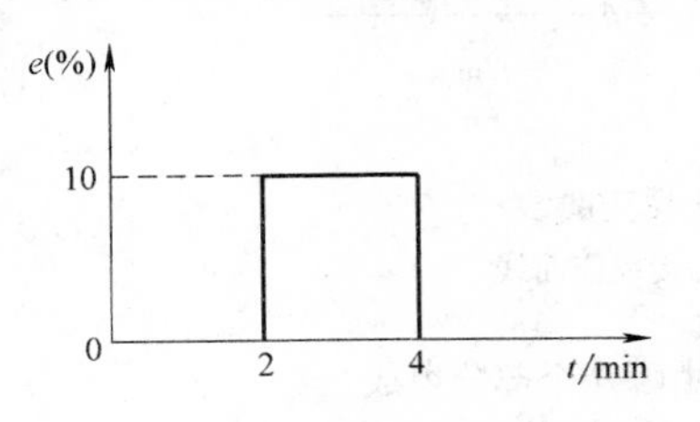

图 2-85 偏差变化曲线

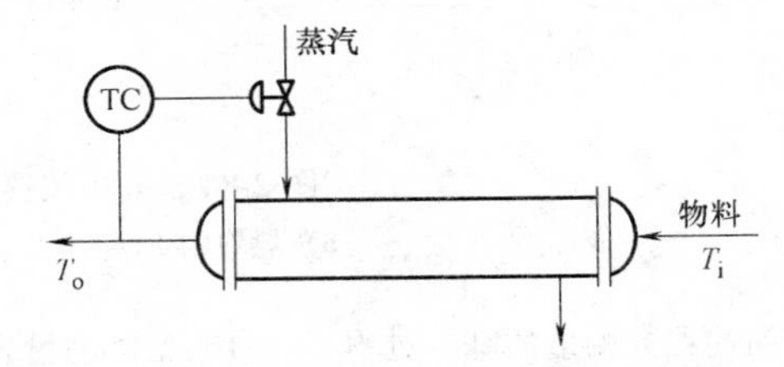

图 2-86 蒸汽加热器温度控制系统

（1）画出该系统的框图，并指出被控对象、被控变量、控制变量及可能存在的干扰。

（2）若被控对象控制通道的传递函数为 $G_0(s)=\dfrac{5}{7s+6}$；控制器 TC 的传递函数为 $G_c(s)=1$；调节阀的传递函数为 $G_v(s)=1$；测量、变送环节的传递函数为 $H_m(s)=1$。因是生产需要，出口物料温度的设定值从 80℃提高到 85℃时，物料出口温度的稳态变化量 $\Delta T(\infty)$ 为多少？系统的余差为多少？

（3）若控制器 TC 的传递函数为 $G_c(s)=1+\dfrac{1}{10s}$，其他条件不变。当出口物料温度的设定值从 80℃提高到 85℃时，物料出口温度的稳态变化量 $\Delta T(\infty)$ 为多少？系统的余差为多少？

第3章　典型参数检测控制系统

3.1　温度检测控制系统

3.1.1　温度检测仪表与变送器

1. 概述

温度是描述系统不同自由度之间能量分布状况的基本物理量，是关于物体冷热程度的度量。许多生产过程，包括物理变化、化学变化和生物变化，都是在一定的温度范围内进行的，因此，实时检测生产过程相关物质的温度，并有效地将其控制在预定的范围内具有重要意义。

（1）温标

用来量度物体温度高低的标尺称温标。目前国际上常用的温标有摄氏温标、华氏温标和热力学温标。

1）摄氏温标　它是把标准大气压下水的冰点定义为0℃，沸点为100℃，其间隔100等分为1℃。单位符号为℃。

2）华氏温标　它是规定标准大气压下水的冰点为32℉，沸点为212℉，其间隔180等分为1℉。单位符号为℉。

3）热力学温标　又称开尔文温标，它是以热力学第二定律为基础的一种理论温标，-273.15℃为热力学温标的绝对零度（0K）。单位符号为K。

由于热力学温标是一种理论的理想温标，为了使用方便，国际上采用国际实用温标，简称国际温标。该温标选择了一些固定点温度（如平衡氢三相点、水三相点、金凝固点等）作为温标的基准点，同时规定了不同温度段的基准仪器。

（2）温度检测方法

温度检测方法主要有接触式和非接触式两类。接触式检测方法是指温度敏感元件或检测元件直接与被测介质接触，并通过热传递的方式感受被测介质的温度。根据检测原理的不同，接触式温度检测方法又可分为以下几种：

1）热膨胀式　根据液体或金属受热产生膨胀的原理工作，常见的有玻璃管温度计和双金属温度计，主要用于一般生产过程的现场温度指示。

2）压力式　根据密封在固定体积中的气体或液体受热产生压力变化的原理工作，主要用于易燃、易爆、振动等环境下的温度指示。

3）热电阻　根据材料的电阻值受温度而变化的原理工作，常见的热电阻有金属热电阻（铂电阻和铜电阻）和半导体热电阻，分别用于工业现场和日常生活温度检测，并能远距离传送。

4）热电偶　根据两种不同金属构成的闭合回路产生的热电效应原理工作，广泛应用于工业生产过程较宽范围的温度测量与控制。

非接触式温度检测方法是利用一定物体的热辐射特性与该物体的温度之间的对应关系，对物体的温度进行检测，常见的有全辐射高温计、光电温度计、比色温度计和红外温度计，主要用于高温物体、不易实施接触式测量的物体表面温度的测量。

由于膨胀式温度计和压力式温度计的检测原理较简单，主要用作现场温度指示，故下面将主要介绍热电阻温度计和热电偶温度计以及相应的温度变送器。

2. 热电阻温度计与变送器

（1）金属热电阻

金属热电阻的测温原理是，给定导体的电阻值随温度的升高而增大，测出该电阻值的变化就可以得到被测温度。工业上常用的热电阻有铂电阻和铜电阻。

1）铂电阻　铂电阻的电阻值与温度之间的关系为

$$R_t = R_0(1 + At + Bt^2) \quad (0°\text{C} \leqslant t \leqslant 850°\text{C}) \tag{3-1}$$

$$R_t = R_0\{1 + At + Bt^2 + C[t^3(t-100)]\} \quad (-200°\text{C} \leqslant t < 0°\text{C}) \tag{3-2}$$

式中，R_t和R_0分别为温度在t℃和0℃时铂电阻的电阻值；A、B和C为常数，分别为$A = 3.9083 \times 10^{-3}/°\text{C}$，$B = -5.775 \times 10^{-7}/°\text{C}^2$，$C = -4.183 \times 10^{-12}/°\text{C}^4$。

由于R_0的大小直接影响R_t，工业应用的铂电阻对R_0的大小有统一的要求。目前我国规定工业用铂电阻有$R_0 = 10\Omega$、$R_0 = 100\Omega$和$R_0 = 1000\Omega$几种，分别称分度号Pt10、Pt100和Pt1000。表3-1给出了Pt100热电阻的分度表。从式（3-1）、式（3-2）和表3-1可以看出，铂电阻的电阻值随温度非线性地变化。

表3-1　工业用铂电阻Pt100分度表

温度 /℃	电阻 /Ω	温度 /℃	电阻 /Ω
-200	18.52	100	138.51
-150	39.72	150	157.33
-100	60.26	200	175.86
-50	80.31	250	194.10
0	100.00	300	212.05
20	107.79	400	247.09
40	115.54	500	280.98
60	123.24	600	313.71
80	130.90	800	375.70

2）铜电阻　和铂电阻相比，铜电阻具有较大的温度系数、较好的线性，价格也便宜，但温度测量范围较窄，一般在-50~150℃。铜电阻的电阻值与温度之间的关系可以表示为

$$R_t = R_0(1 + At + Bt^2 + Ct^3) \tag{3-3}$$

式中，常数A、B和C分别为$A = 4.28899 \times 10^{-3}/°\text{C}$，$B = -2.133 \times 10^{-7}/°\text{C}^2$；$C = 1.2333 \times 10^{-9}/°\text{C}^3$。

铜电阻有两种分度号：Cu50和Cu100，分别代表$R_0 = 50\Omega$和$R_0 = 100\Omega$。表3-2是Cu100铜电阻的分度表。

表 3-2　铜电阻 Cu100 分度表

温度/℃	电阻/Ω	温度/℃	电阻/Ω
-50	78.49	60	125.68
-20	91.40	80	134.24
0	100.00	100	142.80
20	108.56	120	151.36
40	117.12	150	164.27

3）金属热电阻的结构　由金属热电阻构成的测温元件主要由电阻体、绝缘套管、保护套管和接线盒等部分组成，如图 3-1a 所示。电阻体是测温元件的核心，由细铂丝（铂电阻）或铜丝（铜电阻）绕在芯柱上构成。为了使电阻体没有电感，应先将电阻丝对折起来，以双绕方式使两个端头都处于芯柱的同一端，如图 3-1b 所示。

铠装型热电阻也是工业上常用的一种热电阻结构形式，它是将电阻体预先拉制成型并与绝缘材料和保护套管连成一体，具有直径小、易弯曲，抗震性能好等特点。

（2）半导体热敏电阻

半导体热敏电阻是利用某些半导体材料的电阻值随温度而变的特性制成的，主要有负温度系数（NTC）热敏电阻、正温度系数（PTC）热敏电阻和临界温度（CRT）热敏电阻 3 种。

1）NTC 热敏电阻　这种热敏电阻主要由 Mn、Ni、Fe、Co、Ti 等金属氧化物烧结而成，其电阻—温度的特性如图 3-2 中曲线 1 所示，其近似关系可表示为

$$R_T = R_{T_0} e^{B\left(\frac{1}{T}-\frac{1}{T_0}\right)} \tag{3-4}$$

式中，R_T和 R_{T_0}分别为绝对温度为 T 时和 T_0时热敏电阻的电阻值；B 为热敏电阻的材料常数。通过改变材料的不同组合可得到不同的 R_{T_0}和 B 值，从而改变热敏电阻的温度特性。

NTC 热敏电阻可作为温度检测和其他检测元件中用于温度补偿的补偿元件。

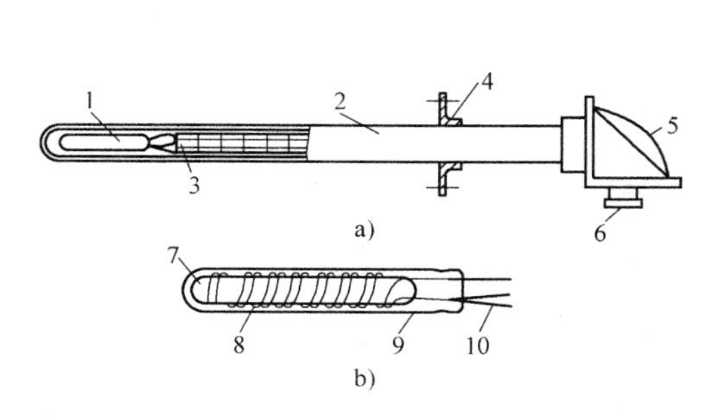

图 3-1　热电阻测温元件结构

1—电阻体　2—保护套管　3—绝缘套管　4—安装固定件　5—接线盒　6—引线口　7—芯柱　8—电阻丝　9—保护膜　10—引线端

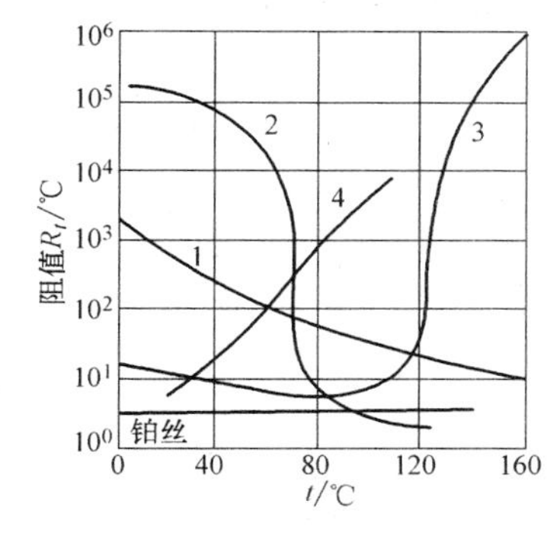

图 3-2　热敏电阻温度特性曲线

1—负温度系数热敏电阻

2—临界温度热敏电阻

3—开关型正温度系数热敏电阻

4—缓变型正温度系数热敏电阻

2）PTC 热敏电阻　这种热敏电阻是由 $BaTiO_3$ 和 $SrTiO_3$ 掺入稀土元素制成的半导体材料。典型的电阻—温度的特性如图 3-2 中曲线 3 和曲线 4 所示，曲线 3 为开关型，宜作为温度控制元件；曲线 4 为缓变型，在一定的温度范围内电阻与温度呈现近似线性关系，宜作为温度检测和补偿元件。

3）CRT 热敏电阻　如图 3-2 中曲线 2 所示，在某一温度以上，电阻值迅速下降几个数量级。这种热敏电阻具有很好的开关特性，常作为温度控制元件。

热敏电阻可以根据需要制成不同的结构形式，有珠形、棒形和管形等，如图 3-3 所示。

热敏电阻的测温范围一般在 -100 ~ 300℃ 之间，其优点是体积小、电阻值大、灵敏度高、结构简单、价格低廉、化学稳定性好，缺点是互换性较差，非线性严重、测量范围较窄。

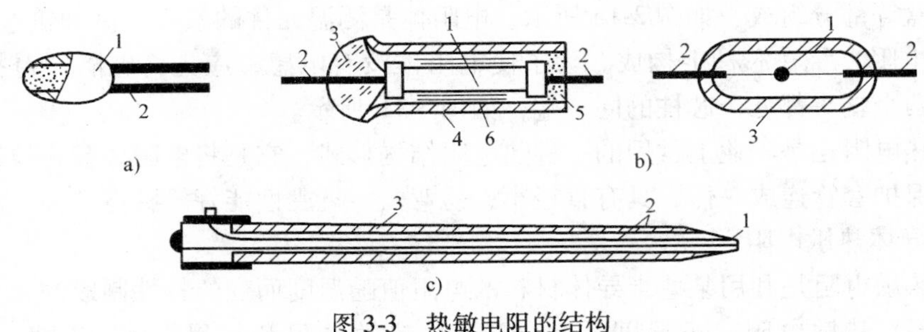

图 3-3　热敏电阻的结构

a）珠形　b）棒形　c）管形

1—热电阻体　2—引出线　3—玻璃壳层　4—保护管　5—密封填料　6—锡箔

（3）热电阻温度变送器

热电阻温度变送器与各种热电阻（主要是金属热电阻）配合使用，可以将温度信号成比例的变换为 DC 4 ~ 20mA 电流信号和 DC 1 ~ 5V 电压信号。变送器在电子线路结构上通常分为量程单元（含输入电路、反馈电路）和放大单元（放大及输出电路）两个部分，其中放大单元一般是通用的，而量程单元则随热电阻种类、测量范围的不同而异。图 3-4 是 DDZ—Ⅲ型热电阻温度变送器量程单元的原理。量程单元主要完成以下任务：

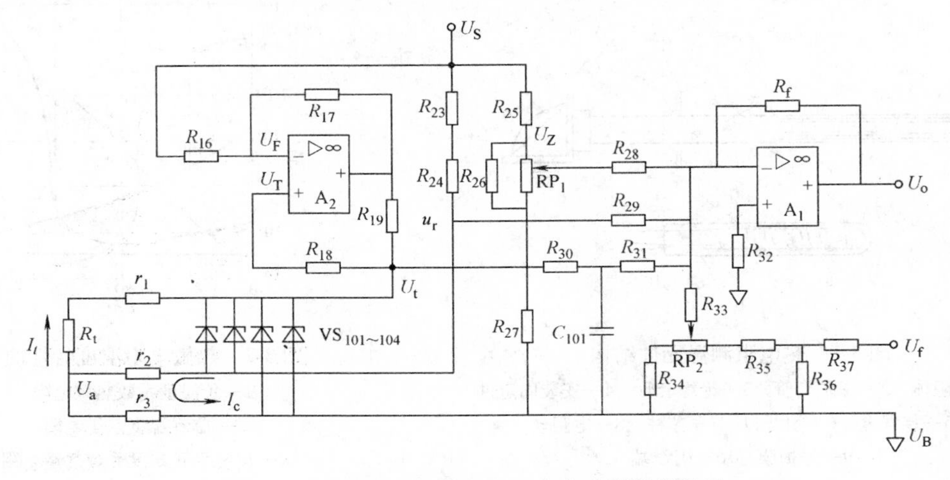

图 3-4　DDZ—Ⅲ型热电阻温度变送器量程单元

1）线性化　通过线性化电路处理，消除热电阻的电阻值和被测温度之间的非线性关系，使输出信号正比于被测温度。线性化电路主要由 A_2、$R_{16} \sim R_{19}$组成。在不考虑引线电阻 $r_1 \sim r_3$影响的情况下，理想运算放大器 A_2 的同相和反相输入端电压分别为

$$U_t = -I_t R_t \tag{3-5}$$

$$U_F = \frac{R_{17}}{R_{16}+R_{17}}U_S - \frac{R_{16}}{R_{16}+R_{17}}I_t(R_t+R_{19}) \tag{3-6}$$

因为 $U_t = U_F$，则由式（3-5）、式（3-6）可得

$$I_t = \frac{gU_S}{1-gR_t},\quad U_t = -I_t R_t = \frac{-gR_t U_S}{1-gR_t} \tag{3-7}$$

式中，$g = \dfrac{R_{17}}{R_{16}R_{19}}$。

当取 $R_{16} = 10\text{k}\Omega$，$R_{17} = 4\text{k}\Omega$，$R_{19} = 1\text{k}\Omega$，即 $g = 4\times10^{-4}\Omega^{-1}$时，在 0 ~ 500℃测温范围内，铂电阻 R_t两端的电压 U_t与被测温度 t 之间的非线性误差最小，从而实现了变送器输出与被测温度之间较好的线性关系。

2）克服热电阻引线电阻影响　在很多情况下，热电阻与变送器之间有一定的距离，如果直接将热电阻两端的引线以两线制方式引至变送器，则它们之间的引线电阻以及引线电阻的变化将会视作热电阻本身的电阻值及变化量，从而导致较大的测量误差。为此需要用三线制方式引线，其中两根引线来自热电阻的一个引出端，另一根引线接至热电阻的另一个引出端。3 根引线要求材质、长度和线径都相同，并分别接到变送器的输入电路，如图 3-4 所示。

在考虑引线电阻 $r_1 \sim r_3$影响时，热电阻两端的电压 U_t为

$$U_t = -I_t(R_t + r_1) + U_a \tag{3-8}$$

R_{24}与 r_2之间节点上的电压 U_r为

$$U_r = I_c r_2 + U_a \tag{3-9}$$

调整 R_{24}，使 $I_t = I_c$，则流过 r_3的电流为零，从而有 $U_a = 0$，进一步使 $R_{28} = R_{29} = R_{30} = R_{31} = R$，则有

$$U_o = -\frac{R_f}{R}(U_t + U_r + U_z) = -\frac{R_f}{R}(-I_t R_t - I_t r_1 + I_c r_2 + U_Z) \tag{3-10}$$

如果 $r_1 = r_2$，有 $I_t r_1 = I_c r_2$，则式（3-10）可简写为

$$U_o = \frac{R_f}{R}(I_t R_t - U_Z) \tag{3-11}$$

由式（3-11）可见，只要两根引线上的电阻相等，则通过导线电阻补偿电路可以消除热电阻连接导线的影响。

3）零点和量程调整　由图 3-4 可知，调节电位器 RP_1可以改变 U_Z的大小，从而实现零点的调整。调节 RP_2可改变反馈电压 U_F对运算放大器 A_1 的输入量，实现量程的调整。

3. 热电偶与温度变送器

（1）热电效应和热电偶测温原理

由两种不同的导体 A、B 构成的闭合回路，如果将它们的两个节点分别置于温度为 t 及 t_0（设 $t > t_0$）的热源中，如图 3-5 所示，则在该回路内就会产生热电动势。这种现象称为热

电效应。这两种材料的组合称为热电偶。导体 A 和导体 B 称为热电偶的电极。两个节点 t 和 t_0端分别称为工作端（或热端）和自由端（或冷端、参考端）。

实验证明，热电偶回路中所产生的热电动势主要是由于两种导体的接触而产生的接触电动势。接触电动势的大小与接触点的温度有关，温度越高，则电动势值就越大。因此，热电偶回路的电动势可近似表示为

$$E_{AB}(t,t_0)=e_{AB}(t)-e_{AB}(t_0) \tag{3-12}$$

式中，$e_{AB}(t)$ 和 $e_{AB}(t_0)$ 分别表示材料 A、B 在接触点 t 和 t_0处的接触电动势。式（3-12）表明，热电偶回路的电动势仅与材料 A、B 的性质和两个节点的温度有关，与材料的形状、尺寸，与接点以外的其他点温度无关。如果保持 t_0恒定或已知 e_{AB}（t_0），测出热电偶产生的热电动势就可以求得热电偶工作端所处的温度，实现温度的测量。

要测得热电偶回路的电动势，需在回路中接入第 3 种导体，并通过它接入到电动势测量回路（或仪表）中，如图 3-6 所示。根据热电偶的“中间导体定律”可知，只要接入的第 3 种导体与导体 A 和导体 B 的接点处温度相同，则图 3-6 所示的回路电动势与式（3-12）相同。利用热电偶的这一性质就可以方便地测量热电偶的热电动势，并进一步获得热电偶的工作端所处的温度 t。

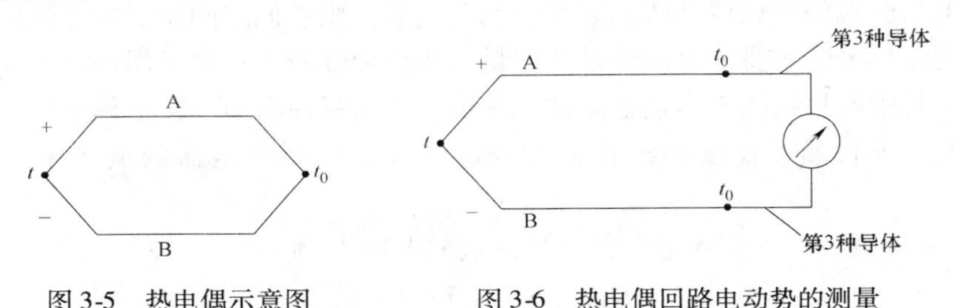

图 3-5 热电偶示意图　　图 3-6 热电偶回路电动势的测量

（2）工业用热电偶

1）标准热电偶　根据热电偶的测温原理，任何两种不同导体都可以组成热电偶。但是工业应用的热电偶材料应有较好的物理化学性能；电导率要高，而且有较小的电阻温度系数；有较高的机械强度；要易制造，价格较低。所构成的热电偶有较高的灵敏度，热电动势随温度有确定的关系，最好是线性关系。

根据上述要求，目前我国已经为 8 种热电偶制定了标准，成为标准热电偶。最常用的 4 种标准热电偶的名称分别为铂铑 10-铂、铂铑 30-铂铑 6、镍铬-镍硅和镍铬-铜镍，其中名称在前的表示为热电偶的正极材料，在后的为热电偶的负极材料。铂铑 10 表示材料的组成为铂占 90%，铑占 10%，以此类推。

① 铂铑 10-铂热电偶。分度号（也称热电偶的型号）为 S，测量范围较宽，一般为 0 ~ 1300℃，短时间可达 1600℃。在氧化性和中性介质中具有较高的物理、化学稳定性，测量准确度较高。但电极材料为贵金属，价格较高，热电动势较小。

② 铂铑 30-铂铑 6 热电偶。分度号为 B，和 S 型热电偶相比，可测温度更高，一般为 0 ~ 1600℃，稳定性也更高。但热电动势是 8 种标准热电偶中最小的，热电动势随温度的线性度也较差。

③ 镍铬－镍硅热电偶。分度号为 K，这是目前使用最广泛的一种热电偶，具有线性度

好、热电动势大、价格低等优点，主要用于 1000℃以下的温度测量。测量准确度低于 S 型和 B 型热电偶。

④ 镍铬-铜镍热电偶。分度号为 E，这是一种廉价的金属热电偶，产生的热电动势在所有标准热电偶中最大，可测温度低于 K 型热电偶，适用于湿度较高、氧化性和惰性介质环境中低于 800℃的温度测量。

另外 4 种标准化热电偶为：

铂铑 13-铂热电偶（R 型），性能与 S 型相近，热电势比 S 型稍高。

镍铬硅-镍硅热电偶（N 型），性能、价格与 K 型相近，在 1000℃高温下稳定性较好。

铜-铜镍热电偶（T 型），价格便宜，适用于 -200 ~ 350℃的温度测量。

铁-铜镍热电偶（J 型），价格便宜，线性度较好，热电动势较大，特别是能用于还原性和惰性环境、温度小于 750℃的介质中的温度测量。

根据国际温标规定，当 $t_0 = 0$℃时，用实验方法测出各种标准热电偶在不同的工作端温度下所产生的热电动势值，列成一张表格，称为分度表。附录中列出了几种常用的标准热电偶的分度表。

2）热电偶的结构

① 普通型热电偶。普通型热电偶主要由热电极、绝缘套管、保护套管、接线盒等组成，如图 3-7a 所示。

根据材料的价格和其他性能，热电偶电极的直径一般在 0.3 ~ 3mm。绝缘套管用于防止两根热电极短路，保证电极与保护套管之间的电气绝缘。保护套管的作用是保护热电极不受化学腐蚀和机械损伤，其材料应具有耐高温、耐腐蚀、密封性好、机械强度高和导热性好等性能。接线盒用于热电偶自由端与引出线（通常是配套的补偿导线）的连接。接线端要求接触良好，两端温度相等。

② 铠装热电偶。铠装热电偶中热电极与金属套管之间填满了耐热的绝缘物，如图 3-7b 所示。铠装热电偶挠性好，机械性能高，动态响应较快。

此外，还有薄膜热电偶、多点式热电偶等多种热电偶形式。

（3）热电偶的使用

1）补偿导线　使用热电偶测温时一般需要将热电偶的自由端延伸到控制室的热电偶温度变送器或配热电偶的温度显示仪表，它们一般距热电偶工作端有较长的距离，意味着需要较长的热电偶电极，这对于电极是贵金属的热电偶来说，价格就太高了。因此，希望用一对廉价的金属导线把热电偶末端（一般在接线盒处）接至控制室，同时使得该对导线 A′B′和热电偶所组成的回路（见图 3-8）产生的热电动势与如图 3-6 所示的全部用热电偶电极构成的回路所产生的热电动势基本相等。满足这个条件的该对导线 A′B′被称为“补偿导线”。显然，补偿导线的热电特性在 $t_0' \sim t_0$ 范围内应与热电偶本身在相同温度范围内相等或基本相等，即

$$E_{A'B'}(t_0', t_0) = E_{AB}(t_0', t_0) \tag{3-13}$$

由热电偶的中间导体定律可得，图 3-8 所示回路的总电动势为

$$E = E_{AB}(t, t_0') + E_{A'B'}(t_0', t_0) = E_{AB}(t, t_0') + E_{AB}(t_0', t_0) = E_{AB}(t, t_0) \tag{3-14}$$

因此，补偿导线 A′B′可视为热电偶电极 AB 的延长，回路的总电动势只与 t 和 t_0 有关。

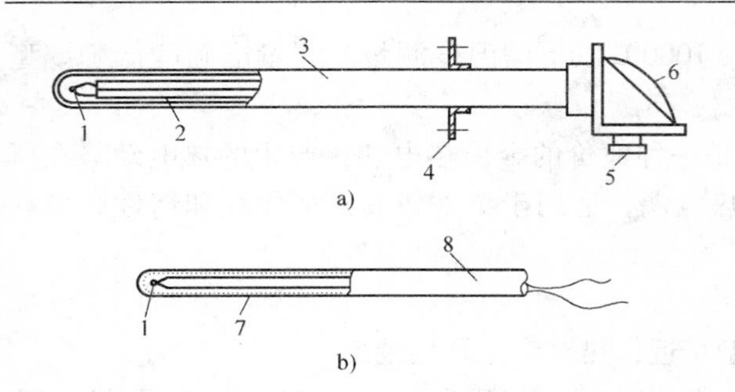

图 3-7 热电偶典型结构

a）普通型热电偶 b）铠装热电偶

1—热电极及焊点 2—绝缘套管 3—保护套管 4—安装固定件

5—引线口 6—接线盒 7—耐热绝缘物 8—金属套管

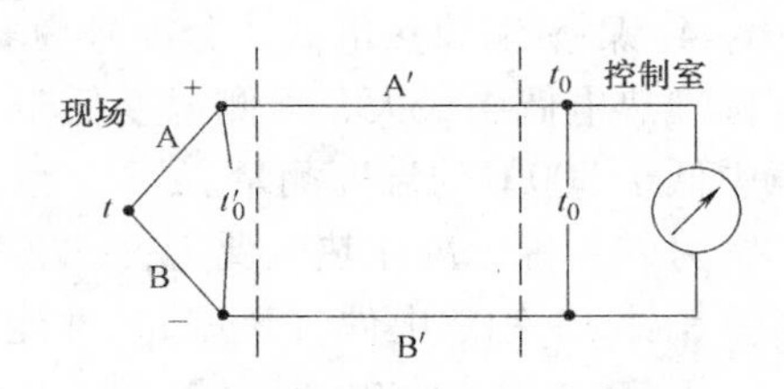

图 3-8 带补偿导线的热电偶测温原理

但是补偿导线不能随意使用，应注意以下两个问题：

① 补偿导线一般只能在 0～100℃温度范围才能满足式（3-13），而且在使用时两根补偿导线的接点处的温度要相同。

② 补偿导线和热电偶要配套使用，补偿导线的正、负极分别与热电偶的正、负极相连。

2）自由端补偿

① 计算修正补偿。附录中热电偶分度表是以 $t_0=0$℃测得的，而实际使用时一般 t_0不为零。如果图 3-8 中控制室采用电压仪表，则可直接测出回路的总电动势。需要注意的是由此测得的电动势不能直接查分度表获得温度值，应进行自由端的补偿。补偿的方法是用其他温度计测出自由端所处的温度 t_0，查分度表得 $E(t_0, 0)$。将该值与电压表测得的电动势相加，再查分度表可获得工作端的温度 t。

【例 3-1】 已知热电偶自由端温度 $t_0=20$℃，测得 K 型热电偶的电动势为 19.846mV，求热电偶工作端的温度。

解： 由题意知，$E(t, 20)=19.846\text{mV}$，查 K 型分度表得 $E(20, 0)=0.798\text{mV}$，则

$$E(t, 0)=E(t, 20)+E(20, 0)=20.644\text{mV}$$

再查分度表查得实际温度 $t=500$℃。

但是，以下计算是不正确的：先根据测得的电动势 19.846mV 查 K 型分度表得 $t'=481.3$℃，则热电偶工作端温度为 $t=t'+20℃=501.3℃$。

导致以上计算错误的主要原因是热电偶的热电动势与温度之间是非线性的。

② 自动补偿法。如果图 3-8 中控制室采用配套的温度显示仪表，则通常在该仪表中有自动补偿电路。该电路能自动感受温度 t_0，并产生电动势 $E(t_0, 0)$ 加入到热电偶回路中，实现自由端的自动补偿。具体补偿方法见热电偶温度变送器中的相关内容。

（4）热电偶温度变送器

热电偶温度变送器和热电偶配套使用，将温度信号变换为与温度成比例的 DC 4～20mA 电流信号或 DC 1～5V 电压信号。图 3-9 是典型热电偶温度变送器的量程单元原理图。量程单元的主要作用有以下几个。

1）热电偶自由端温度补偿 电路中 R_{100}、R_{Cu1}、R_{Cu2}、R_{103}和 R_{105}构成自由端温度补偿电路，由图 3-9 可知，

$$U'_Z=\frac{R_{100}+\dfrac{R_{Cu1}R_{Cu2}}{R_{103}+R_{Cu1}+R_{Cu2}}}{R_{100}+(R_{103}+R_{Cu1})//R_{Cu2}+R_{105}}U_Z \tag{3-15}$$

在电路设计时，有 $R_{105}>>R_{100}+(R_{103}+R_{Cu1})//R_{Cu2}$，则式（3-15）可简化为

$$U'_Z=\frac{1}{R_{105}}\left(R_{100}+\frac{R_{Cu1}R_{Cu2}}{R_{103}+R_{Cu1}+R_{Cu2}}\right)U_Z \tag{3-16}$$

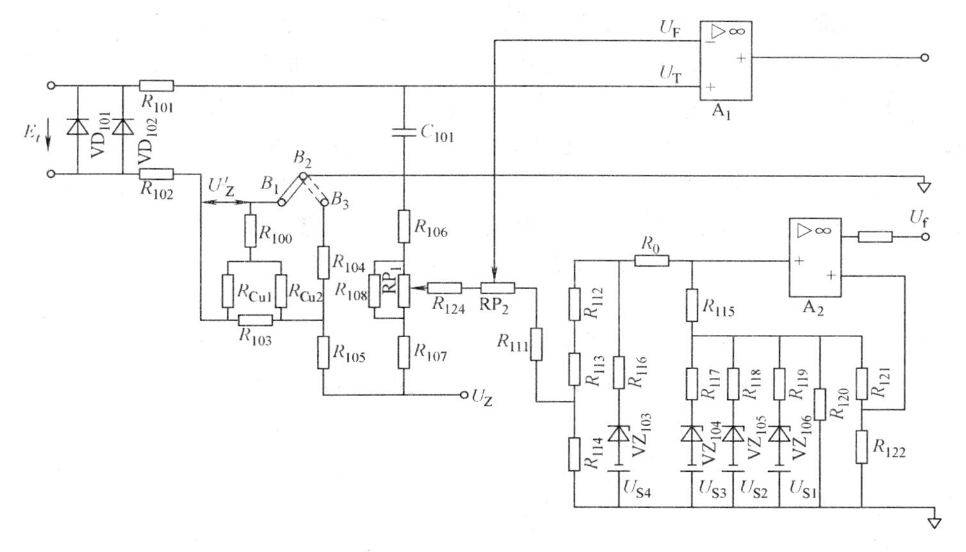

图3-9 热电偶温度变送器量程单元

由于 R_{Cu1} 和 R_{Cu2} 随温度的升高而增大，从而 U'_Z 也相应增大。一般取铜电阻 R_{Cu1} 和 R_{Cu2} 在0℃时为50Ω，$R_{105}=7.5\text{k}\Omega$，并让铜电阻感受热电偶自由端温度 t_0，适当调整 R_{100} 和 R_{103} 电阻值（取决于选用的热电偶的型号）的大小，可使 U'_Z 随温度的变化与热电偶的热电动势 $E(t_0,0)$ 基本一致，即 $U'_Z=E(t_0,0)$，则运算放大器 A_1 同相输入端的电压 U_T 为

$$U_T=E_t+U'_Z=E(t,t_0)+E(t_0,0)=E(t,0) \tag{3-17}$$

确保了量程单元的输出（即放大单元的输入）不随温度 t_0 而变。

2）线性化 热电偶的热电动势与被测温度之间存在着非线性关系，为使变送器的输出信号与被测温度之间呈线性关系，变送器中应有线性化处理电路。图3-9中，A_2、R_{112} ~ R_{122}、R_0、VZ_{103} ~ VZ_{106}、U_{S1} ~ U_{S4} 等元件构成线性化电路，其中 U_{S1} ~ U_{S4} 是由基准电压通过电阻分压提供。

3）零点和量程的调整 R_{106} ~ R_{108}、RP_1 为零点和量程调整电路，改变 R_{106} 可进行大幅度零点迁移，改变 R_{108} 和调节电位器 RP_1 可作 ±5% 的量程调整。

4. 温度检测仪表的使用

（1）选用

温度检测仪表在选用时应考虑以下因素：

1）根据使用的要求选择现场指示型或远传型温度检测仪表。玻璃管温度计、压力式温度计和双金属温度计一般只有现场指示功能，热电阻温度计和热电偶温度计具有远传功能。

2）当选用远传型温度计时，一般温度在300℃以下时选用热电阻温度计，可提高测量

的灵敏度；高温时选用热电偶；温度低于100℃且为中性介质时，可选用铜电阻。

（2）使用

1）要选择有代表性的测温位置，敏感部件要有足够的插入深度。温度计用于测量管道流体温度时，敏感元件应迎着流动方向插入，且尽可能在流速较大处。

2）要根据被测介质的温度、腐蚀性和振动性选择适当的保护套管；接线盒出线孔应朝下，以免因密封不良使水汽和灰尘进入导致接线端受腐蚀或接触不良而影响测量准确度。

3）对于热电阻温度计，应注意用三线制引至控制室，并使3根导线的长度和直径一致；对于热电偶温度计，补偿导线和变送器应配套使用，否则将产生不可估计的测量误差。

【例3-2】 有一K型热电偶测温，但错配了S型分度号的变送器和相应的显示仪表。现显示1150℃，控制室温度为20℃，热电偶工作端的实际温度为多少？

解： 由题意，热电偶产生的热电动势为$E_K(t,20)$（下标K表示K型热电偶的电动势，下同）。当S型分度号的显示仪表显示1150℃，表明该仪表接收到的热电偶的电动势为

$$E_K(t,20)=E_S(1150,0)-E_S(20,0)$$

另一方面，$E_K(t,20)=E_K(t,0)-E_K(20,0)$

整理以上两式，并查S型和K型分度表，得

$$\begin{aligned}E_K(t,0)&=E_S(1150,0)-E_S(20,0)+E_K(20,0)\\&=(11.351-0.113+0.798)\text{mV}=12.036\text{mV}\end{aligned}$$

查K型分度表，得$t=295.8$℃。

可见，由于错配了分度号，导致温度显示值与实际值之间有很大的差别。

3.1.2 温度控制系统的分析与设计

1. 典型的温度控制对象及其特点

温度是工业生产中最普遍的一类控制参数，温度对象（传热设备）多种多样，其中典型的温度对象主要分为换热式和加热式两种类型。各种管式、板式、夹套式换热器和反应釜等均为典型的换热式温度对象，而各种燃烧加热炉、锅炉等则可归类为加热式对象。此外，工业生产过程中常见电阻加热炉、微波加热炉、高频炉、中频炉、工频炉以及冷却塔、再沸器等各种温度对象也都可以归类于上述两种类别之一。

（1）换热式温度对象

换热器是将热量从一种载热介质传递给另一种载热介质的装置，是化工、石油、动力、食品及其他许多工业部门的通用设备，在生产中占有极其重要的地位。

换热器的种类很多，根据热交换的方式基本上可分间壁式、混合式和蓄热式三大类，其中间壁式换热器应用最多，如图3-10所示3种换热器均为典型的间壁式换热器。当然，即使同一类换热设备，因其不同的热交换原理也会体现出不同的对象特性。

1）无相变的热交换过程　所谓相变就是介质形态的变化。在热交换过程中，冷、热流体两侧均不发生相变的加热或冷却过程称为无相变的热交换过程，其本质就是利用冷、热流体的温度差，并通过调节其中一种流体（称为载热体）的流量，实现能量的交换。如图3-11所示的加热系统，当载热体为热水的时候，除了被加热介质自身的温度和流量之外，改变热水温度或流经换热器的热水流量是影响被加热介质出口温度t最主要的因素。相比于其他对象来说，这一类对象的热交换过程最为简单。

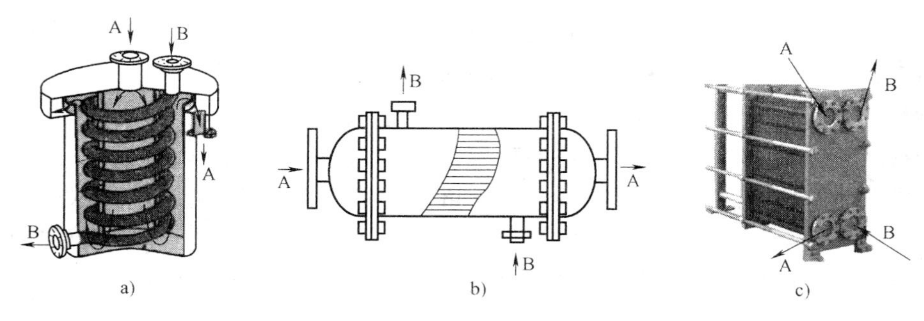

图3-10　典型换热器示意图
a）盘管式　b）列管式　c）板式
A、B——两种换热介质

2）有相变的热交换过程　如果在热交换过程中，载热体会由气态变为液态，或者由液态变为气态，那么这种热交换过程称为有相变的热交换过程。当载热体在热交换过程中发生相变以后，除了两种热交换介质之间的温度差之外，其载热体从气态冷凝成液态，或者从液态蒸发成气态会释放或者吸收大量的汽化潜热，因此这类交换过程的热效率更高，在工业现场也十分普遍。如图3-12所示，有相变的热交换过程分为加热和冷却两种，工业上常用的加热介质就是蒸汽，常用的冷却剂有液氨、液态的乙烯等，其中当属液氨冷却更为广泛。

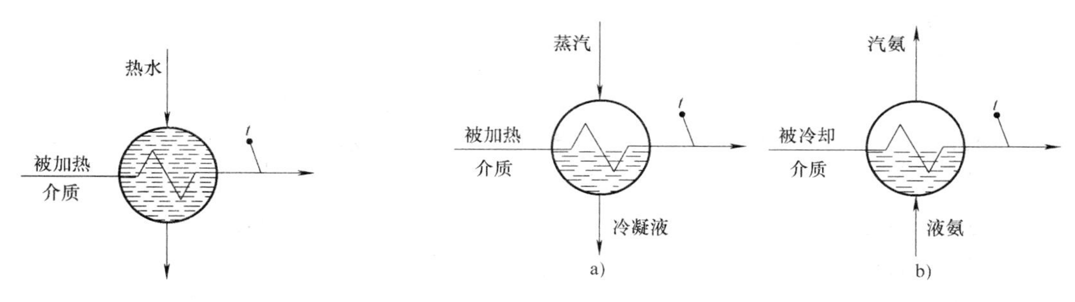

图3-11　无相变的热交换过程

图3-12　有相变的热交换过程
a）加热　b）冷却

有相变的热交换过程一般也是通过改变调节载热体的流量来达到调节被加热介质出口温度的目的，但由于在热交换过程存在相变，因此要保证这类过程的良好运行需要关注以下几个问题：

① 载热体的相变会释放或者吸收大量的汽化潜热，对出口温度的影响会更为剧烈。

② 换热器内液态载热体（如冷凝水、液氨）存留量的变化会引起换热面积和汽化空间的变化，控制不当加热系统会出现局部过热引发结焦现象，冷却系统会出现局部过冷造成设备冻结现象。

③ 在有相变的冷却过程中，冷却剂的汽化温度与汽化压力直接相关。以液氨为例，如在常压下蒸发，对应的汽化温度约为－33℃；在270kPa的压力下蒸发，对应的蒸发温度约为－4℃。由此可见，如果汽化压力出现较大的波动，必将造成冷却器内的温度发生很大的变化，使控制品质下降，甚至引起设备冻结。

3）化学反应器的热交换过程　化学反应器是化工生产中的重要生产设备之一。在化学反应器中进行的各种化学反应过程都伴有不同的物理和化学现象，广泛涉及能量和物料的平衡、热量和物质的传递等过程。一般来说，物理过程可以不牵涉到化学反应，但化学过程却总是与物理因素，如温度、压力、浓度等是密切相关的，它们也就是化学反应器最常见的一类被控变量，而温度又是其中最重要的一种。

按反应器的结构特征，常见的工业反应器可分为釜式、床式、管式和塔式等结构形式；按操作过程可分为间歇式操作、连续式操作和半连续操作几种形式；若按反应器中温度分布情况可以分为等温和非等温两种，由此可见，化学反应器的操作一般比较复杂。

以反应釜为例，表面上看，反应釜热交换过程与换热器的热交换过程没有本质区别，如图 3-13 所示，但由于这类对象在热交换过程中伴随着化学反应的进行，为此在温度控制系统的设计和运行过程中需要关注以下几个问题：

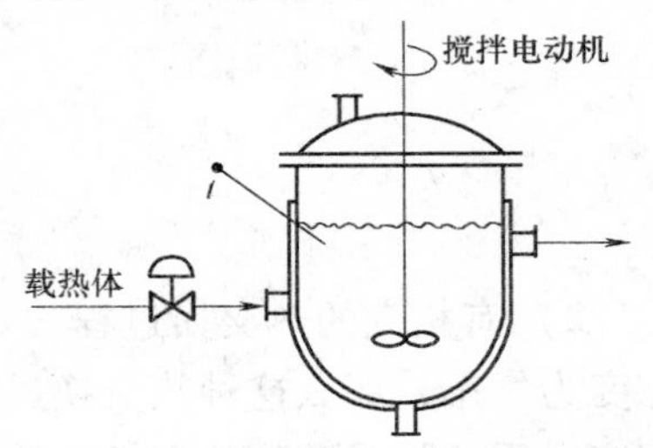

图 3-13　夹套式反应釜

① 釜内温度的滞后往往较大。特别是聚合反应时，釜内的物料黏度大、热传递差，极易引起釜内温度的不均匀，轻则影响产品质量，重则事关生产安全。

② 釜式反应过程多为间歇生产过程，它在整个生产周期中，对象特性具有明显的时变特点，所以对控制策略的适应性要求更高。

③ 反应釜内的很多反应过程都属于无自衡能力的放热反应。随着反应过程的进行，释放出的反应热导致釜内温度升高；随着釜内温度的升高，反应速度将会进一步加快，释放出的热量也将进一步增加，致使反应过程越来越剧烈。这种正反馈性质决定了过程的开环不稳定性。我们知道，所有有机物单体的高分子聚合都是强放热反应过程，如果聚合过程中的热量不能被迅速导出，在反应器的局部地方出现反应温度急剧上升，会引起反应速度的急剧上升，甚至导致反应速率的失控而发生“爆聚”。爆聚在聚合过程中必须严格避免。

（2）加热式温度对象

常见加热式温度对象包括各种加热炉、锅炉等，如图 3-14 所示的管式燃烧加热炉就是炼油、化工生产中常见的加热装置。无论是原油加热还是重油裂解，对炉出口温度的控制都十分重要。将温度控制好，一方面可延长炉子寿命，防止炉管烧坏；另一方面可保证后续生产过程的质量。

一般来说，加热式温度对象的传热过程比其他温度系统更为复杂。以图 3-14 所示的燃烧室加热炉为例，要实现被加热介质出口温度的控制，整个控制通道要包括燃料在炉膛内的燃烧过程和燃烧释放出能量与被加热介质的热交换过程两个过程，两个过程的串联使其控制通道的时间常数一般要比换热式对象更长，致使这类对象的温度控制系统结构也更为复杂。

2. 温度控制系统设计

（1）无相变热交换过程的温度控制

无相变的热交换过程通常以液态载热体为主，选择载热体的流量作为操作变量则是应用最普遍的控制方案，如图 3-15 所示。

根据能量守恒原理，在传热面积、工艺介质的流量、入口温度、比热容等一定的情况下，影响被控介质出口温度 t 的主要因素就是换热器的传热系数和冷热流体之间的平均温差 Δt_m。当载热体的流量发生变化以后，载热体的出口温度也会发生变化，导致 Δt_m 发生变化，从而达到控制被控介质出口温度 t 的目的。

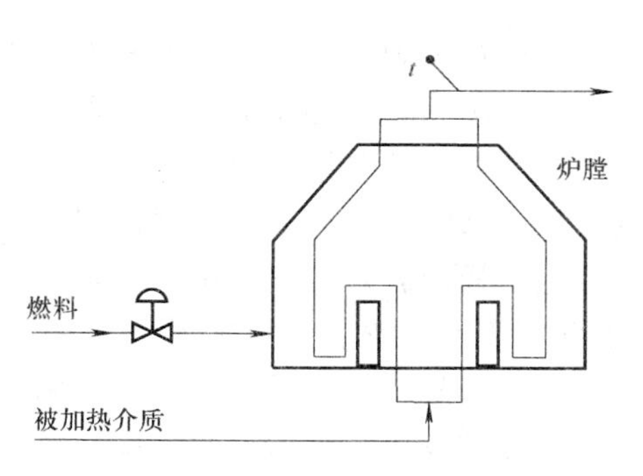

图 3-14 燃烧室加热炉示意图

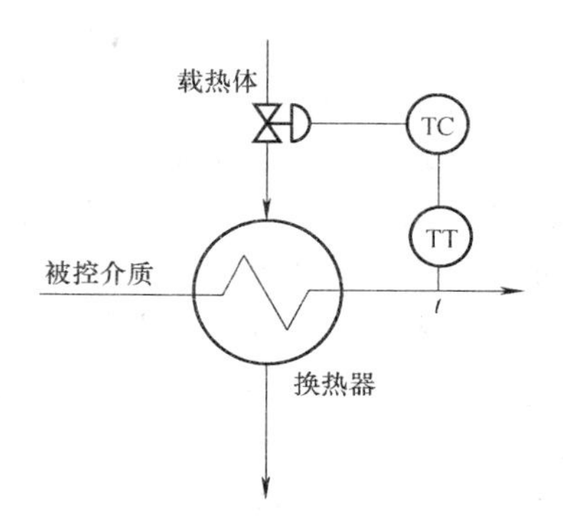

图 3-15 换热器的单回路控制

图 3-15 所示的单回路控制是最简单也最直接的控制方案，一般适用于载热体的流量变化对出口温度的影响较灵敏、载热体入口的压力平稳而且负荷变化不大的场合。如果载热体入口的压力波动较大，往往还需要对载热体另设稳压控制，或者采用以温度 t 为主变量，以载热体的流量（或压力）为副变量的串级控制，如图 3-16a 所示。引入串级控制以后，引起载热体入口压力波动的各种干扰可以在副回路中得到快速有效的克服，因而可以改善整个系统的控制品质。

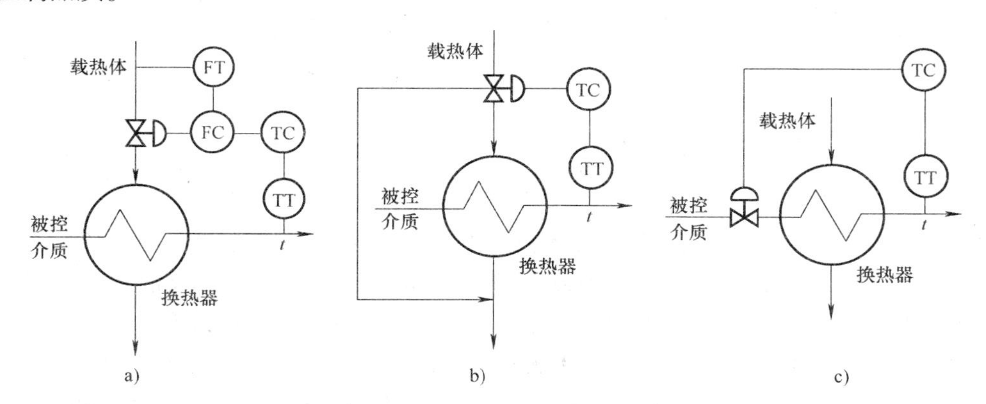

图 3-16 无相变热交换过程的几种温度控制方案
a）串级控制 b）改变载热体旁路测量 c）改变被控介质流量

在有些情况下，载热体也是生产过程的一种主物料，不允许通过单纯的节流来改变其流量，此时可以用一个三通分流调节阀来取代图 3-16a 中的调节阀，实现换热器出口温度的控制，如图 3-16b 所示。三通调节阀用来改变进入换热器的载热体流量和旁路流量的比例，这样既可以调节进入换热器的载热体流量，又可以保证载热体总流量不受影响。

根据热交换原理，改变被控介质的流量同样也能达到控制其出口温度的目的，如图 3-16c 所示。很明显，在这类控制方案中载热体流量一直处于最大状态，如果被控介质流量较小时，该控制方案很难实现有效控制。此外，为了能适应载热体流量的变化，一般要求换热器的换热面积要有较大的裕量。而且，如果被控介质是生产过程的主物料，那么在主物料通道上直接安装节流装置也是不合适的。因此，这类控制方案在工业现场的应用并不广泛。

（2）有相变热交换过程的温度控制

有相变热交换过程分为加热和冷却两种类型，它们在控制方案的设计上有不同的要求。

1）有相变加热过程的温度控制　在工业生产过程中，最常见的有相变加热过程就是利用蒸汽冷凝来加热被控介质的温度。在加热器中进行热交换的能量包括两部分：蒸汽冷凝成凝液而散发出的汽化潜热和冷凝液降温散发出的显热，通常可采用下面两种控制方案：一是直接控制入口蒸汽的流量，二是通过改变凝液排出量来控制有效换热面积。

① 调节蒸汽流量。如图 3-17 所示，当蒸汽流量及其他工艺条件比较稳定的时候，可以通过改变入口蒸汽流量来控制被加热介质的出口温度，这是一种最简单也是最常见的控制方案。如果阀前的蒸汽压力有显著波动时，可对蒸汽总管增设压力定值控制系统，或者采用温度与蒸汽流量的串级控制，如图 3-18 所示。一般来说，设置蒸汽压力定值控制系统比较方便，但采用温度与流量的串级控制更有利于克服副环内的其余干扰，或者对阀门特性不够完善的情况作补偿。

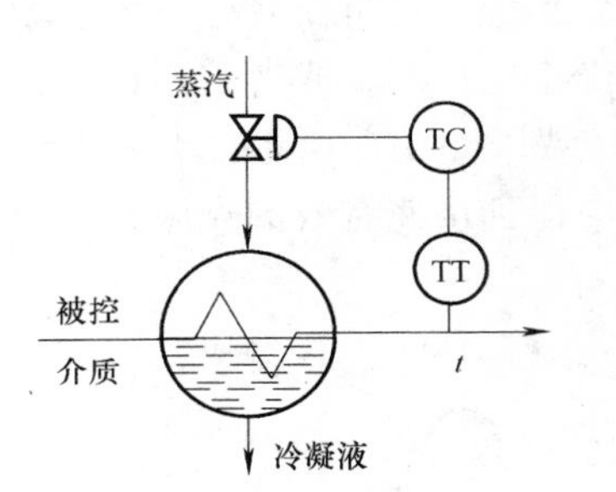

图 3-17　改变蒸汽流量控制出口温度

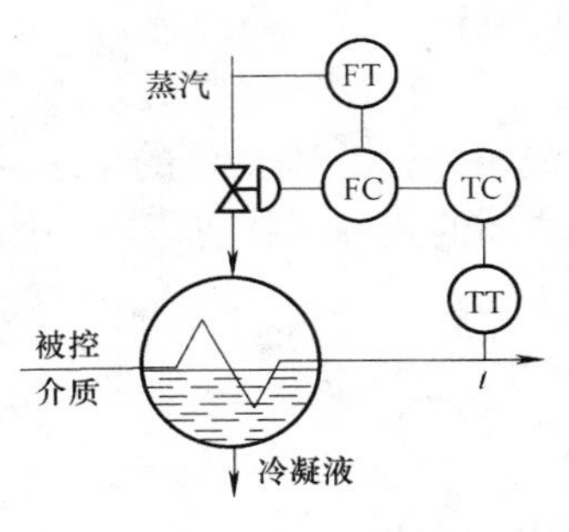

图 3-18　出口温度-蒸汽流量的串级控制

② 调节换热器的有效换热面积。在传热系数和传热温差基本保持不变的情况下，改变有效的换热面积也可以达到控制出口温度的目的。如图 3-19 所示，如果把调节阀安装在冷凝液的排出口上，当调节阀的开度发生变化时，冷凝液的排出量发生改变，使得加热器内部的冷凝液液位发生变化，本质上就相当于传热面积的变化。但由于冷凝液至传热面积的通道是一个滞后的过程，会影响系统的控制品质，一种有效的改进方案就是采用串级控制，以改善广义对象的特性。常用的串级控制有两种方案：一是温度与冷凝液液位之间的串级控制，另一种是温度与蒸汽流量之间的串级控制，分别如图 3-20 和图 3-21 所示。

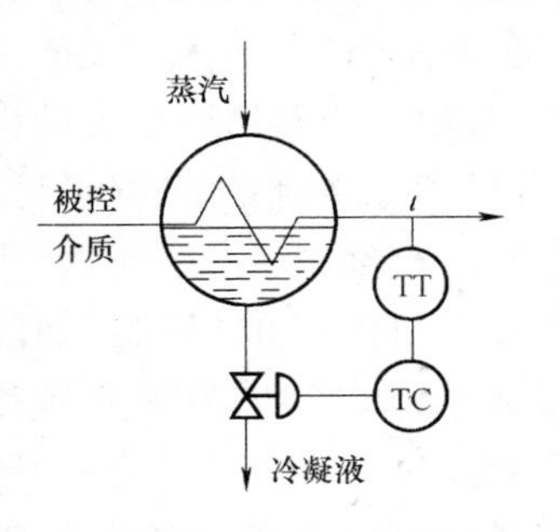

图 3-19　改变换热面积控制温度

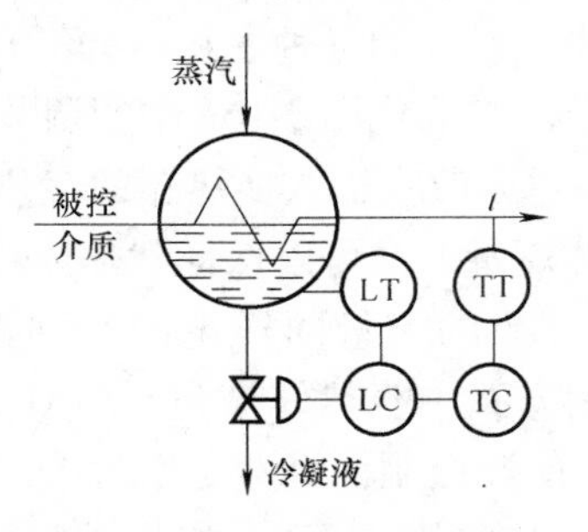

图 3-20　温度-液位串级控制

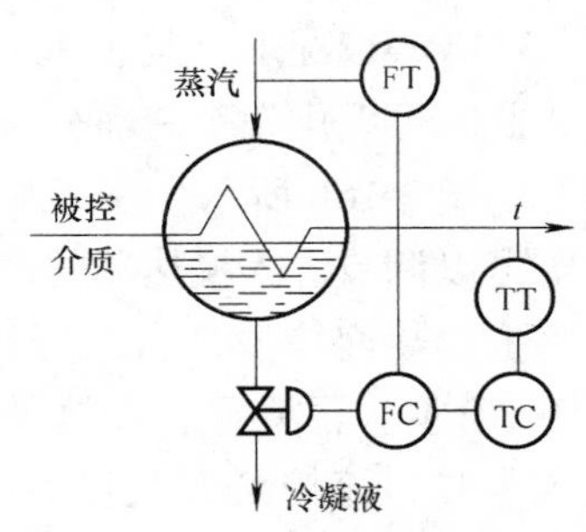

图 3-21　温度-流量串级控制

以上介绍的两种有相变加热过程的单回路控制方案及其各自改进的串级控制方案，它们各有优缺点。控制蒸汽流量的方案简单易行、过渡过程时间短、控制迅速，缺点是需选用较大口径的蒸汽调节阀、传热量变化比较剧烈，容易造成冷凝液的排放不连续，影响均匀传热。控制冷凝液排出量的方案，控制通道长、变化迟缓，且需要有较大的传热面积裕量；但由于变化和缓，具有一定的防止局部过热的优点。由于蒸汽冷凝后凝液的体积比蒸汽体积小得多，可以选用尺寸较小的阀门。

2）有相变冷却过程的温度控制　有相变冷却过程就是利用冷却剂在冷却器中由液体汽化时带走大量潜热，使另一种物料得以冷却。下面以液氨冷却器为例来分析有相变情况下冷却器的温度控制方案。

当冷却器的传热面积、汽化空间有裕度的情况下，进入液氨量的多少，决定了汽化量的多少。所以通过改变液氨的流量，可以调节液氨汽化带走的汽化潜热量，达到控制介质温度的目的。如图 3-22 所示，这是一种最简单的单回路控制。

如果进入冷却器的液氨量超过其蒸发能力，可以导致冷却器内的液位上升。随着液位的上升，汽化空间将减小，过高的液位会引起汽化空间的不足，轻则使控制质量下降，重则会因汽氨中夹带大量液氨引起氨压缩机的损坏。设计一个介质出口温度 - 冷却器液位的串级控制系统，是解决这类问题的常用手段，如图 3-23 所示。图中所示的串级控制系统仍然以液氨流量作为控制变量，同时把冷却器内的液位作为副变量进行控制，把引起液位变化的一些干扰（如液氨入口压力等）包含在副回路中，以提高控制质量。

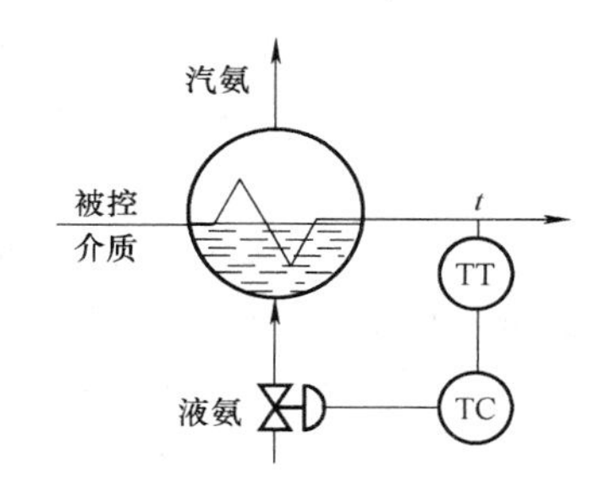

图 3-22　用冷却剂流量控制温度

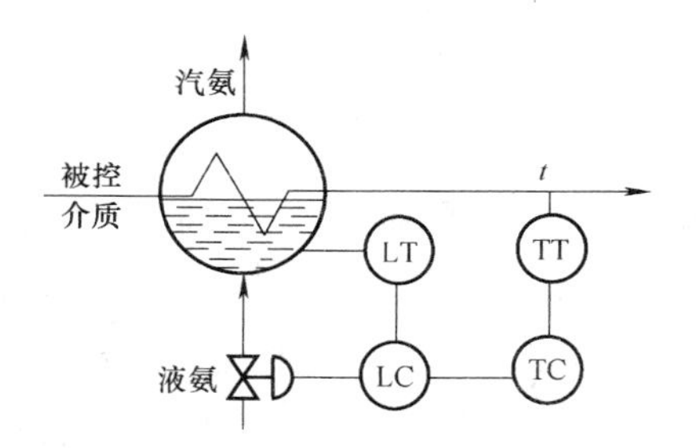

图 3-23　冷却器的温度-液位串级控制系统

由于冷却剂的汽化温度是与汽化压力直接相关的，在上述控制方案中，如果汽化压力出现较大的波动，必将造成冷却器内的温度发生很大的变化，使控制品质下降，甚至因局部过冷造成工艺设备的冻结而影响生产。图 3-24 所示的工作原理就是在实现冷却器液位控制的同时，再根据被控介质的温度来改变汽化压力。当介质温度升高偏离给定值的时候，增大汽氨出口调节阀的开度，来降低液氨的汽化压力，此时蒸发温度随之下降，相当于增大介质与冷却剂之间的温差，加大传热量，以实现温度控制的目的。在对汽化温度要求较严格的场合，可以在液氨出口单独设计控制回路，来实现汽化压力的精确控制，如图 3-25 所示。

有关反应釜的温度控制以及加热炉的温度控制请参见 4. 1 节中的相关内容。

总的来说，换热器、反应釜、加热炉等传热设备都是具有多容、时滞特点的分布参数系统，所以在检测元件的安装时，不论在安装位置上，或者安装方式上，都应该将测量滞后减到最小程度。另外，在控制器的参数整定过程中，适当引入微分作用往往是有益的。

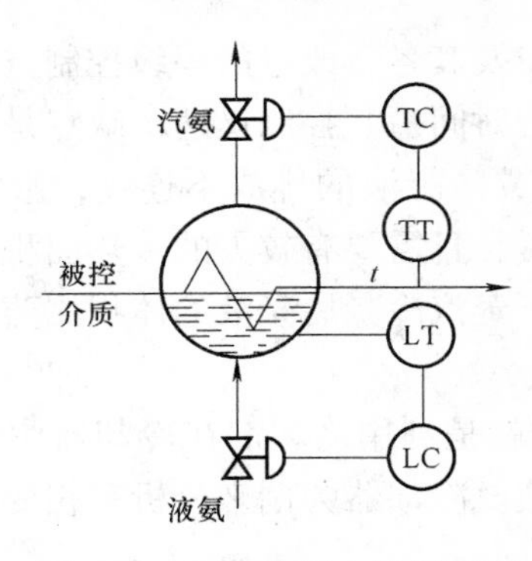

图 3-24 用汽化压力控制温度

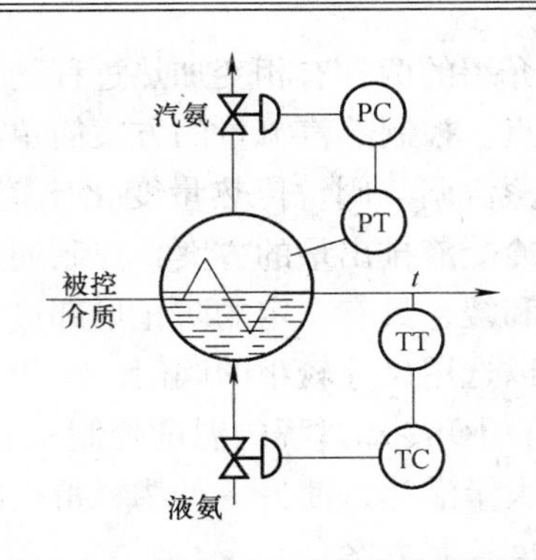

图 3-25 汽化压力的单独控制方案

3.2 压力检测控制系统

3.2.1 压力检测仪表与变送器

1. 概述

压力是工业生产过程中的重要参数，不正常或过高的压力不仅影响生产过程的速度，影响产品的质量，严重时会导致设备爆炸等生产事故。

（1）压力的定义

压力是指均匀而垂直作用于单位面积上的力，用符号 p 表示。

$$p = \frac{F}{A} \tag{3-18}$$

式中，F 为垂直作用于面积 A 上的力。压力的单位为帕斯卡，简称帕，用符号 Pa 表示。

在工程应用中，根据实际需要和应用的方便，压力的单位还有：工程大气压、巴（bar）、毫米汞柱（mmHg）和毫米水柱（mmH_2O）等，它们之间的换算关系见表 3-3。

表 3-3 各种压力单位之间的换算

单位	帕（Pa）	标准大气压（atm）	工程大气压（kg/cm^2）	巴（bar）	mmHg	mmH_2O
帕（Pa）	1	0.986923×10^{-5}	1.019716×10^{-5}	1×10^{-5}	0.75006×10^{-2}	1.019716×10^{-1}
标准大气压（atm）	1.01325×10^{5}	1	1.033227	1.01325	0.76×10^{3}	1.033227×10^{4}
工程大气压（kg/cm^2）	0.980665×10^{5}	0.96784	1	0.980665	0.73556×10^{3}	1×10^{4}
巴（bar）	1×10^{5}	0.986923	1.019716	1	0.75006×10^{3}	1.019716×10^{4}
mmHg	1.333224×10^{2}	1.3158×10^{-3}	1.35951×10^{-3}	1.333224×10^{-3}	1	1.35951×10
mmH_2O	0.980665×10	0.96784×10^{-4}	1×10^{-4}	0.980665×10^{-4}	0.73556×10^{-1}	1

（2）压力的表示方法

1）绝对压力　是指物体所受的实际（全部）压力，如图3-26中用p_a表示，其中p_0表示大气压。

2）表压力　简称表压，是高于大气压的绝对压力与当地大气压p_0之间的差，图3-26中用p表示，即

$$p = p_a - p_0 \tag{3-19}$$

通常情况下处于大气压力的压力检测仪表所测得的压力均为表压。

3）真空度　也称负压，是表示低于大气压力的程度，图3-26中用p_h表示，其数值为

$$p_h = p_0 - p_a \tag{3-20}$$

4）差压　是指两个压力之间的差，用Δp表示，即

$$\Delta p = p_2 - p_1 = p_{a2} - p_{a1} \tag{3-21}$$

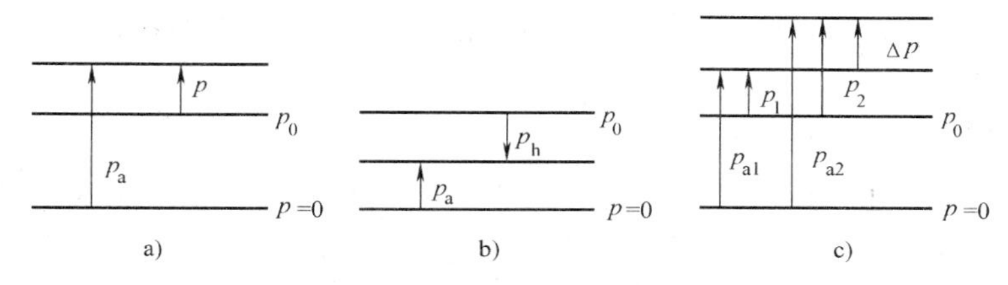

图3-26　几种压力表示方法及它们之间的关系

根据实际应用的需要，通常把用来测量绝对压力的称为绝压表或绝压传感器；用来测量真空度的称为真空表；用来测量大气压力的称为气压表；用来测量差压的称为差压计或差压传感器。

（3）压力检测的主要方法

压力检测方法主要有两类：基于力平衡的方法和基于敏感元件的物性变化方法。

1）基于力平衡的方法

① 重力平衡方法。基于重力平衡方法的有液体压力计和活塞式压力计。液体压力计以流体静力学原理为基础，压力计一般由U形玻璃管或直管构成，管内近一半空间充有已知密度的水银或水。当玻璃管的一端受压，或两端受不同的压力差时，U形管两管内的液面便会产生高度差h，该高度差正比于两管口的压力差。液体压力计具有读数直观、可靠、准确度高等优点，能测表压、差压和负压；其缺点是测量范围有限，玻璃易碎，不能信号远传。

活塞式压力计将被测压力转换成活塞上所加平衡砝码的质量来进行测量，具有测量准确度高（允许误差达0.02%~0.05%）、测量范围宽、性能稳定可靠等特点，常作为标准压力仪表来对其他压力检测仪表进行检定。

② 弹性力平衡方法。利用弹性元件受压力作用产生形变时的弹性力与被测压力相平衡的原理测量压力。弹性元件变形的位移可通过机械传动机构直接带动指针指示，这构成了就地指示式压力检测仪表。根据弹性元件的不同，常见的弹性式压力计有弹簧管压力表、膜盒压力表和波纹管压力表。弹性元件的位移还可以通过其他转换元件和转换电路转换成电信号输出，实现信号的远传。此类仪表有电容式压力变送器、霍尔压力传感器等。

③ 机械力平衡方法。将压力变为一个集中力，利用杠杆原理通过其他外力（如电磁力）

与之平衡，通过测量外力的大小来得到被测压力，此类仪表有力平衡式压力或差压变送器等。

2）基于敏感元件的物性变化方法

该方法利用一些敏感元件在压力作用下其物理特性变化与压力有关的原理。常见的物性型敏感元件有应变片、压电晶体、压阻元件和光纤等，由此构成应变式压力传感器、压电式压力传感器、压阻式压力传感器和光纤压力传感器等。

上述各种压力检测方法或压力检测仪表有的既可以用来测量表压，也可以用来测量差压或真空度，有的只能用来测量其中一种类型的压力。为了简单起见，以下如无特殊说明，不管压力检测仪表是测量何种类型压力（包括差压、真空度等），都统一使用压力计（表、传感器、变送器）这样的名称。

2. 弹性式压力检测仪表

弹性式压力检测仪表是基于弹性元件并根据弹性力平衡原理构成的用于测量压力的仪表。

（1）弹性元件

外力作用下，物体的形状和尺寸会发生变化，若去掉外力，物体能恢复原来的形状和尺寸，这种变形称为弹性变形。基于弹性变形的敏感元件称为弹性元件。弹性元件可用于力、力矩、压力及温度等参数的测量。

用于压力测量的弹性元件有弹簧管、波纹管、膜片和膜盒等多种类型。

作为压力检测用的弹性元件应具有良好的机械性能、温度特性和化学特性，要有稳定的输入—输出关系，很小的滞弹性效应。用做弹性元件的主要材料有 3J53（Ni42CrTiAl）、3J58（Ni44CrTiAl）等 Ni 基弥散硬化恒弹性合金，Nb 恒弹性合金，铍青铜，石英晶体，半导体硅材料，陶瓷材料（如 Al_2O_3）等。每种材料各有适用的温度范围、压力范围和使用环境，其弹性特性也不一样。

1）弹簧管　弹簧管一般是由截面为椭圆形或扁圆形的弯成一定弧度的空心管所构成，其中一端封闭，称为自由端；另一端开口，接被测介质压力，该端为固定，如图 3-27 所示。

在压力作用下，管截面将趋于变成圆形，使管子的自由端产生位移，位移 d 和所受压力 p 之间的关系为

$$d = Cp \tag{3-22}$$

式中，C 是与弹簧管材料、结构尺寸等有关的系数。

2）波纹管　波纹管的结构如图 3-28 所示，它是一种薄壁波状管。但管内受压或管外处加集中力时，波纹管将在高度方向形变，其位移正比于承受的压力。和弹簧管相比波纹管具有线性好、弹性位移大等特点，适用于较低压力的测量。

3）膜片、膜盒　膜片是一种有挠性的薄片，在受到不平衡力作用时，其中心将沿垂直于膜片的方向移动。将两个膜片的外边缘密封焊接，则由此形成的弹性元件称膜盒。膜片有平膜片和波纹膜片，一般地，膜片的位移与所受压力之间的关系是非线性的。

（2）弹性式压力检测仪表

弹性式压力检测仪表利用弹性元件把压力转换成弹性元件的位移，并经适当的机械传动机构或转换元件和转换电路，通过指针指示或电信号输出。

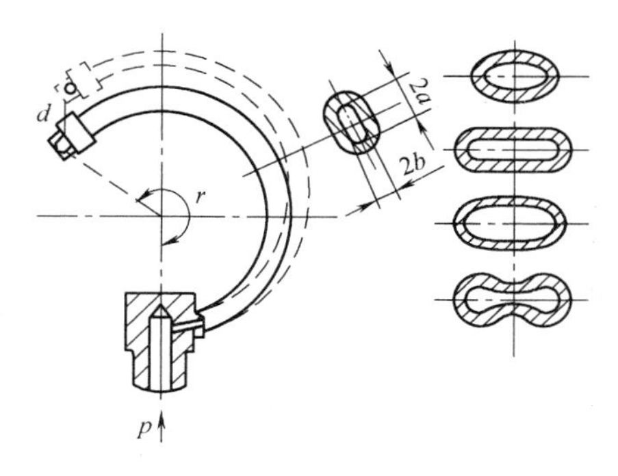

图 3-27　弹簧管测压原理

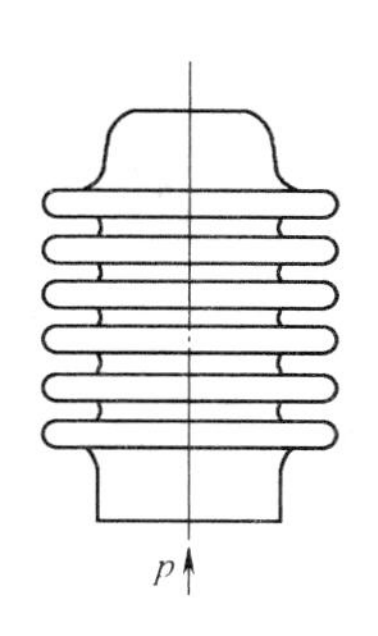

图 3-28　波纹管测压原理

1）弹簧管压力表　弹簧管压力表是最常见的一种指示式压力检测仪表，其结构如图 3-29 所示。被测压力由接头 9 输入，使弹簧管 1 的自由端产生位移，进一步通过拉杆 2、扇形齿轮 3 和中心齿轮 4 带动指针 5 作顺时针偏转，在面板 6 的刻度标尺上显示被测压力的数值。

弹簧管压力表具有结构简单、使用方便、价格低廉和测量范围宽等优点。根据被测介质和准确度要求的不同，可选择不同的弹簧管材质和仪表的准确度等级。

2）霍尔压力传感器　霍尔压力传感器是在弹簧管的基础上增加霍尔元件和磁场构成的具有电远传功能的一种压力检测仪表，其结构如图 3-30 所示。两对磁极用来产生随霍尔片长度方向线性变化的磁场，霍尔片通以电流 I。当弹簧管所受被测压力 $p=0$ 时，弹簧管自由端处于“零”位置，与此刚性相连的霍尔片处于两对磁场中间，等效磁场为零，根据霍尔效应，霍尔片无电动势输出。当被测压力增大，弹簧管自由端带动霍尔片向图 3-30 右上方移动，穿过霍尔片的等效磁场增加，则在垂直于电流方向产生霍尔电动势 u_H，其大小为

$$u_H = K_H IB \tag{3-23}$$

式中，K_H为霍尔系数，与元件的材料和尺寸有关。由于 B 正比于弹簧管自由端的位移，当 I 一定时，则霍尔电动势的大小与被测压力成正比。

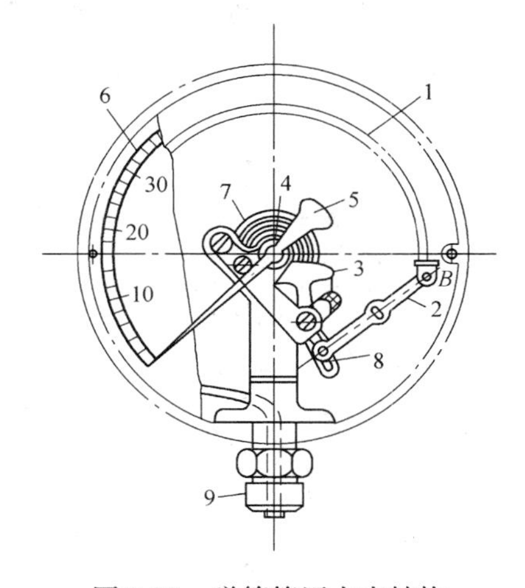

图 3-29　弹簧管压力表结构

1—弹簧管　2—拉杆　3—扇形齿轮　4—中心齿轮　5—指针　6—面板　7—游丝　8—调整螺钉　9—接头

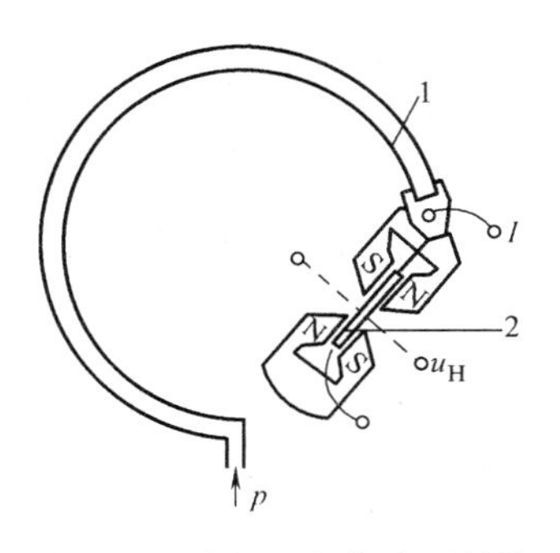

图 3-30　霍尔压力传感器结构

1—弹簧管　2—霍尔器件

3）其他弹性式压力仪表

① 电感式压力传感器。由处于线圈内的铁心取代霍尔压力传感器中的霍尔片和磁极，弹簧管自由端受压力作用带动铁心产生移位，改变线圈的自感或互感系数，最后通过转换电路输出电信号。

② 波纹管压力表。波纹管受压力作用产生位移带动机械转动机构直接指示被测压力。利用波纹管可组成差压计实现差压测量。

③ 膜盒压力表。测量原理基本同波纹管压力计，主要用于较低压力或负压的气体压力测量。

此外，利用膜片、薄壁圆筒也可以构成各种压力检测仪表。

3. 物性型压力检测仪表

（1）应变式压力传感器

导体或半导体材料在受外力作用产生形变时，其电阻值发生变化的现象称为应变效应。具有应变效应的电阻薄片称电阻应变片。应变式压力传感器由粘贴在弹性元件上的应变片和转换电路组成。

应变式压力传感器一般采用金属应变片，其形状有丝式、箔式。根据弹性元件的不同应变片粘贴的方式是不一样的，但一般有 4 个应变片组成。图 3-31 为应变片粘贴在平膜片上的分布情况。

当膜片受压力作用变形时，应变片电阻 R_2 和 R_3 因受拉伸而电阻值增大；而 R_1 和 R_4 因受负的径向应变而电阻值减小。把这 4 个应变片电阻接在一个电桥的各个桥臂上，其中 R_1 和 R_4、R_2 和 R_3 互为对边，则电桥的输出电压反映了被测压力的大小。

应变式压力传感器具有较宽的测量范围，特别是具有良好的动态性能，但传感器的温漂和时漂较严重，不太适合于稳态压力检测。

（2）压阻式压力传感器

压阻式压力传感器是根据压阻效应原理制成的，其结构如图 3-32 所示，它的核心部分是硅杯上圆形的单晶硅膜片，膜片上用离子注入和激光修正方法布置了 4 个阻值相等的扩散电阻，构成惠斯顿电桥。在压力或压力差（$p_1 - p_2$）的作用下，通过隔离膜片和硅油的传递给单晶硅膜片，膜片产生形变时扩散电阻的阻值发生变化，电桥输出不平衡电压。

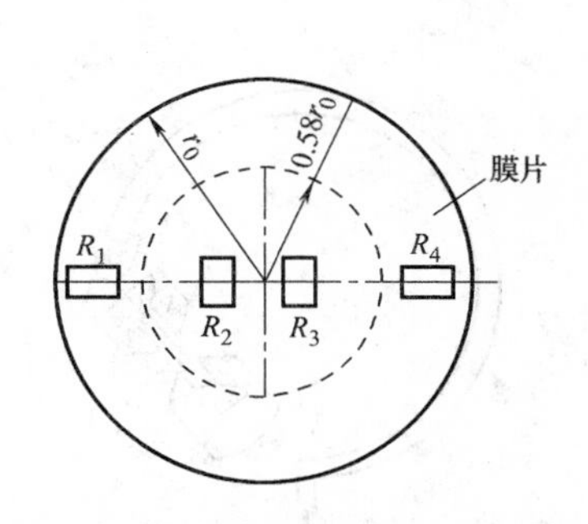

图 3-31 应变片在平膜片上的分布

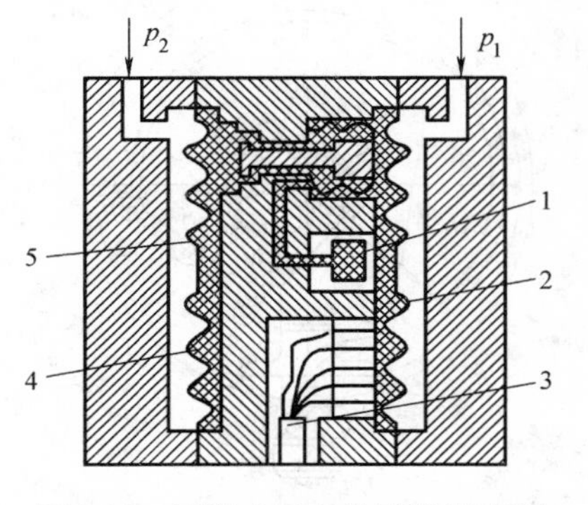

图 3-32 压阻式压力传感器示意图

1—硅杯 2—正压侧隔离膜片 3—引出线 4—硅油 5—负压侧隔离膜片

压阻式压力传感器具有体积小、结构简单、灵敏度高等特点，不仅能测动态压力，更适合测量稳态压力。这种压力传感器性能较好，是目前应用十分广泛的一种压力检测仪表。

压阻式压力传感器配上转换和放大电路可构成压阻式压力（差压）变送器。

（3）压电式压力传感器

当某些材料受到一定方向的外力作用而发生形变时，在特定的两个相对表面上就产生符号相反的电荷；当外力去掉后，又恢复不带电状态。这种现象称为压电效应。具有压电效应的材料称为压电材料。常用的压电材料有石英晶体、压电陶瓷和高分子压电薄膜。

图 3-33 是一种压电式压力传感器的结构示意图。压电元件被夹在两块弹性膜片之间，当压力作用于膜片，压电元件受力而产生电荷，电荷量经放大可转换成电压或电流输出。

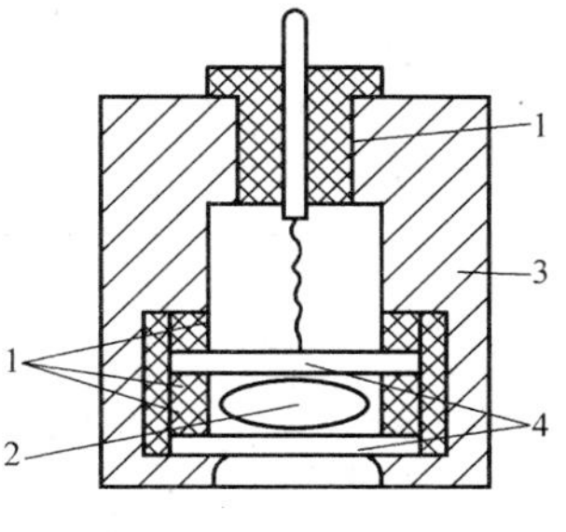

图 3-33　压电式压力传感器的结构示意图

1—绝缘体　2—压电元件　3—壳体　4—膜片

压电式压力传感器具有结构简单、体积小、线性度好、频率响应高和量程范围宽等优点。但传感器对电荷放大器的要求较高，由于在晶体边界上易存在漏电现象，不能用于稳态压力测量。

4. 压力（差压）变送器

（1）力平衡式压力（差压）变送器

力平衡是力矩平衡的简称，图 3-34 是基于力平衡原理的 DDZ—Ⅲ型差压变送器原理图。差压 $\Delta p = p_{\mathrm{H}} - p_{\mathrm{L}}$ 作用于膜片 3，产生力 $F_{\mathrm{i}} = A_{\mathrm{d}}\Delta p$（$A_{\mathrm{d}}$ 为膜片的有效面积），使主杠杆 5 以力 $F_1 = \dfrac{l_1}{l_2}F_{\mathrm{i}}$ 推动矢量机构 8。根据力分解原理图，F_1 的分力 $F_2 = F_1\tan\theta$ 作用并带动副杠杆 14 以 M 为支点逆时针偏转，进一步因衔铁 12 靠近差动变压器 13，使低频位移检测放大器的输出电流 I_0 增大。同时该电流通过反馈线圈 16 产生电磁反馈力 F_{f}，当 $F_{\mathrm{f}}l_{\mathrm{f}} = F_2 l_3$ 时，副杠杆达到平衡，输出电流 I_0 反映了输入差压 Δp 的大小。

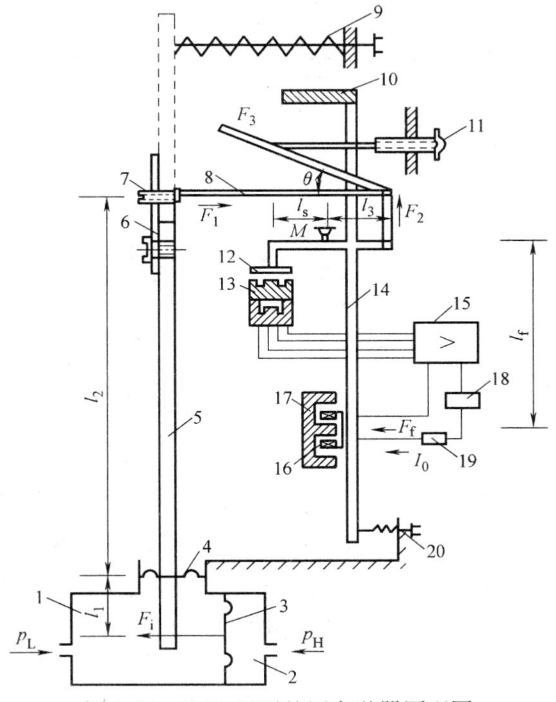

图 3-34　DDZ-Ⅲ型差压变送器原理图

1—低压室　2—高压室　3—膜片　4—轴封膜片　5—主杠杆　6—过载保护簧片　7—静压调整螺钉　8—矢量机构　9—零点迁移弹簧　10—平衡锤　11—量程调整螺钉　12—位移检测片（衔铁）　13—差动变压器　14—副杠杆　15—低频位移检测放大器　16—反馈线圈　17—永久磁钢　18—电源　19—负载　20—调零弹簧

调节零点迁移弹簧 9 可改变主杠杆的初始力，实现变送器的零点调整，也称零点迁移。

由图 3-34 可知，调节量程调整螺钉 11 可改变矢量机构的夹角 θ，进一步改变力 F_2，从而实现量程的调整。θ 增加，量程变小。量程调整还可以通过改变低频位移检测放大器中反馈线圈 L（含 L_1 和 L_2）的匝数来实现，如图 3-35 所示。该电路的作用是将图 3-34 中的衔铁 12 的位移通过差动变压器的一次绕组 L_{AB} 和二次绕组 L_{CD} 及其他电路转换成电流输出 I_o。反馈线圈 L 由 L_1 和 L_2 组成，串联在输出回路中，当 1-2 短路时，L_1 和 L_2 同时接入，则反馈系数较大，为高量程档；当 1-3 和 2-4 短接时，只有 L_1 接入，则反馈系数较小，为低量程档。

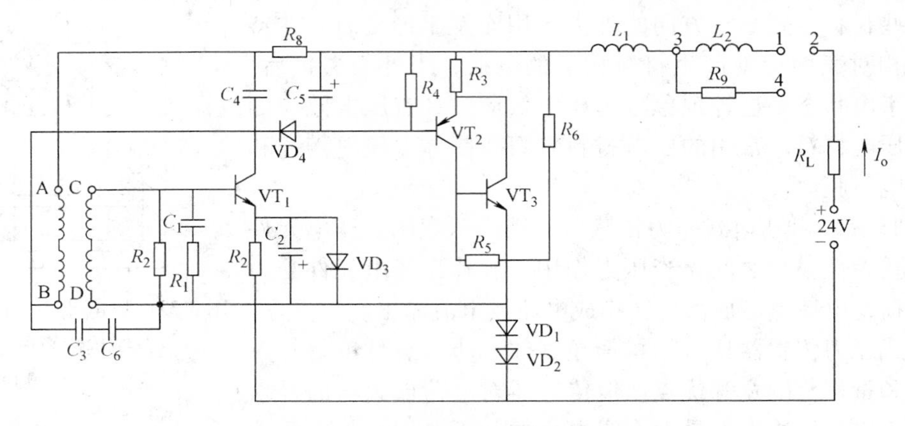

图 3-35 低频位移检测放大器原理

（2）电容式差压变送器

电容式差压变送器主要由测量部分和转换放大部分构成，如图 3-36 所示。

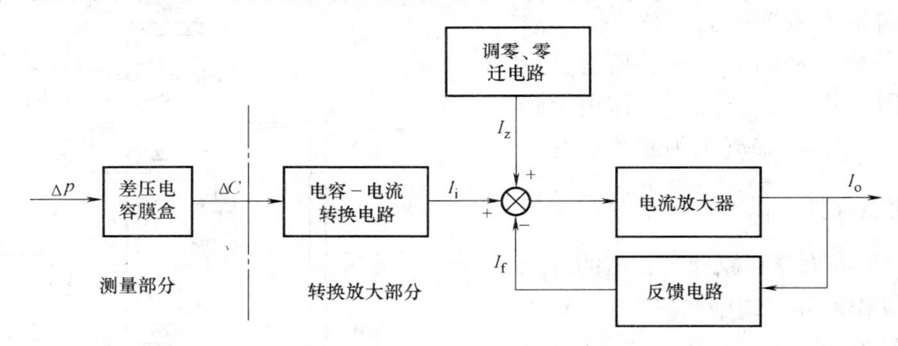

图 3-36 电容式差压变送器的构成框图

1）测量部分 测量部分的作用是把被测差压转换成电容量的变化，其核心是差动电容膜盒。如图 3-37 所示，当差压作用到膜盒两边的隔离膜片上时，通过腔内硅油传递到中心可动电极，可动电极的位移使它与两边的固定电极之间的间距发生变化，形成差动电容。设中心可动电极与两边固定电极之间的电容分别为 C_L 和 C_H，则可以推得

$$\frac{C_L - C_H}{C_L + C_H} = K\Delta p \tag{3-24}$$

2）转换放大部分 转换放大部分的作用是将电容的变化量转换成标准的电流信号，其主要部分是电容—电流转换电路，它由振荡器、解调器和振荡控制放大器等部分组成，如图 3-38 所示。

振荡器由晶体管 VT_1、电阻 R_{29}、电容 C_{20} 以及变压器线圈 L_{5-7} 和 L_{6-8} 组成，其作用是向被测电容 C_L 和 C_H 提供高频电源，设计频率为 32kHz。

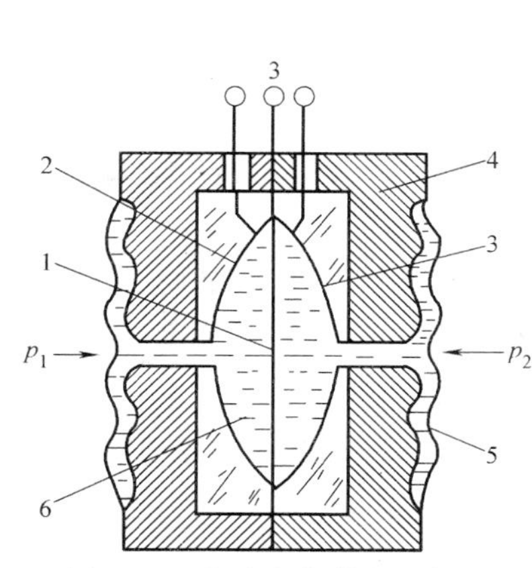

图 3-37　差动电容膜盒示意图

1—可动电极　2—固定电极　3—电极引线
4—底座　5—隔离膜片　6—硅油

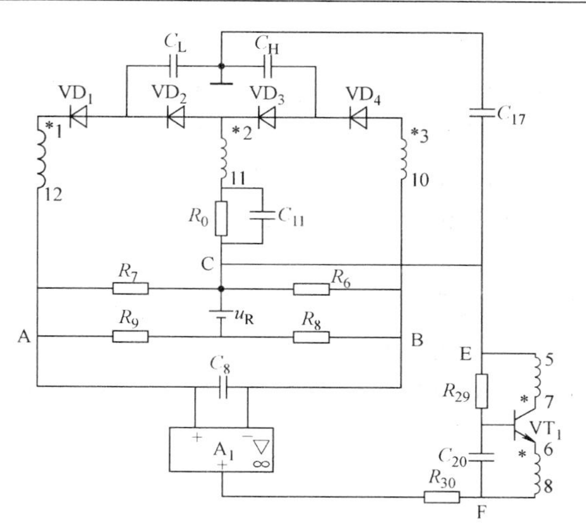

图 3-38　电容—电流转换电路原理

解调器用于对通过电容 C_L 和 C_H 的高频电流（由变压器耦合至 L_{1-12}、L_{2-11} 和 L_{3-10}）经二极管 VD_1 ~ VD_4 进行半波整流，分别构成 4 个半波整流电路。当振荡器输出为正半周时，线圈 L_{2-11} 产生的电压经路径 VD_2、C_L、C_{17}、$R_0//C_{11}$ 回到 L_{2-11}，形成电流 I_L；同时线圈 L_{3-10} 产生的电压经路径 VD_4、C_H、C_{17}、$R_6//R_8$ 回到 L_{3-10}，形成电流 I_H。由于上述电流路径上 C_H 或 C_L 的电抗占主要份额，则电流 i_H 和 i_L 的平均值分别为

$$I_H = \frac{1}{\pi} 2\pi f C_H u_m = 2u_m f C_H \tag{3-25}$$

$$I_L = \frac{1}{\pi} 2\pi f C_L u_m = 2u_m f C_L \tag{3-26}$$

式中，u_m 为线圈 L_{2-11} 和 L_{3-10} 的电压峰值；f 为振荡电源的频率。

同样地，当振荡器输出为副半周时，形成 I'_L 和 I'_H。在波形对称的情况下，电流的平均值有 $I_H = I'_H$，$I_L = I'_L$。

振荡控制放大器 A_1 的作用是使流过 VD_1 和 VD_4 的电流和 $I_L + I_H$ 为常数。由图 3-38 可以推得

$$I'_L + I_H = I_L + I_H = \frac{R_8 - R_9}{R_6 R_8} u_R = K_1 \tag{3-27}$$

由式（3-24）~式（3-27）可得，流过 $R_0//C_{11}$ 的电流为

$$I_d = I_L - I'_H = I_L - I_H = K_1 K \Delta p \tag{3-28}$$

这说明，差动信号 I_d 正比于被测差压，该电流流经 $R_0//C_{11}$ 作为后级电流放大器的输入，其中 R_0 为电容 C_{11} 两端的等效电阻。

5. 压力检测仪表的选用和安装

（1）压力检测仪表的选用

压力检测仪表在选用时，应根据生产工艺对压力测量的要求、被测介质的特性和使用环境，本着节约的原则合理地选择仪表的量程、准确度等级和类型。

1）仪表量程的选择　为了保证仪表可靠工作，防止被测对象超压而损坏仪表，一般地最大被测压力不应超过仪表满量程的 3/4（被测压力较稳定）或 2/3（被测压力波动较大）。

同时仪表的量程不宜选得过大，一般最小被测压力不应低于仪表满量程的1/3。

压力（差压）检测仪表的量程我国有统一的系列，它们是1kPa、1.6kPa、2.5kPa、4.0kPa、6.0kPa以及它们的10^n倍数（n为整数）。

2）仪表准确度等级的选择　确定仪表准确度等级时要求仪表的基本误差应小于实际被测压力允许的最大绝对误差，同时还应保证在满足误差要求的前提下尽量选择准确度等级较低的，以降低仪表的价格。

【例3-3】 现有一台差压变送器与节流装置配套使用测量流量，正常流量情况下差压值为240kPa，要求测量误差小于被测压力的1%，试确定该变送器的量程和准确度等级。

解： 设变送器量程为M，考虑到流量通常波动较大，则量程应满足

$$240\text{kPa} \div \frac{2}{3} < M < 240\text{kPa} \div \frac{1}{3}$$

得

$$360\text{kPa} < M < 720\text{kPa}$$

根据压力仪表的量程系列，可选量程为600kPa的差压变送器。

进一步，根据测量误差的要求，被测压力的允许最大绝对误差为

$$\Delta p_{\max} = 240\text{kPa} \times 1\% = 2.4\text{kPa}$$

这要求变送器的引用百分误差为

$$\delta = \frac{2.4}{600} \times 100\% = 0.4\%$$

按照仪表准确度等级系列，可选0.35级的差压变送器。

3）仪表类型的选择　压力仪表类型选择的基本原则如下：对于只用于现场观测压力变化的，一般选U形管压力计或基于弹性元件的压力检测仪表，如弹簧管压力表等；对于需要电信号输出的，可选各种压力传感器，如霍尔压力传感器、压阻式压力传感器；对于用于控制系统的应选具有输出DC 4～20mA信号的压力（差压）变送器；对于测量动态压力变化的，可选应变式压力传感器和压电式压力传感器。

另外，还要根据被测介质的性质和使用的环境，选择合适的压力检测仪表。对于腐蚀性较强的介质应选择耐腐蚀的敏感元件；对氧气、乙炔等介质应选择专用的压力仪表；对于易燃易爆介质应选择防暴型仪表。选择压力仪表还要充分考虑被测介质的温度。

对于差压检测仪表，还需要特别考虑接入仪表高压和低压侧的工作压力（即静压），所选仪表的额定静压值应是实际工作压力的1.5～2.0倍。

（2）压力检测仪表的安装

压力检测仪表安装时，除常规仪表的基本要求外，一般还要特别注意以下问题：

1）安全性　压力仪表安装前必须先经检验，量程满足被测压力要求，同时取压口和仪表接口处焊接或连接应牢固。

2）正确性　为保证测量的正确性，取压口的位置应随介质的不同而不同，对于管道上取压，被测介质为液体、气体和蒸汽时，取压口应分别位于管道下半部与管道水平线成0°～45°角，管道上半部与管道垂直中心成0°～45°角和管道上半部与管道水平线成0°～45°角，如图3-39所示，这样可以防止液体介质中的气体、气体介质中的液体、蒸汽中的冷凝液进入引压管而产生附加误差。另外，当压力检测仪表安装高度与取压口水平位置不同时，应根据引压管上的液柱高度对仪表的输出进行修正。

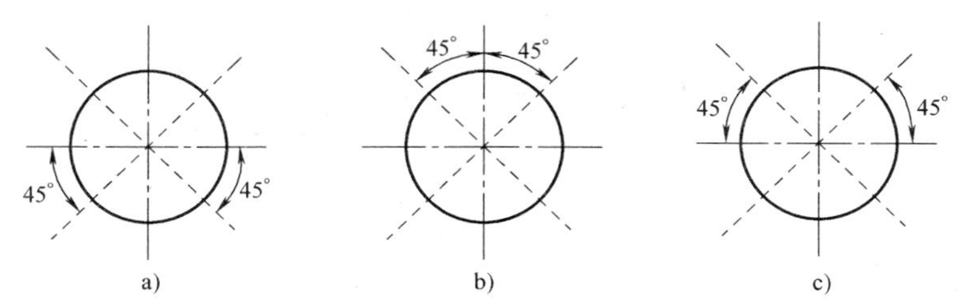

图 3-39　测量管道压力时取压口的位置

a）液体　b）气体　c）蒸汽

3）特殊性　压力检测仪表经常要用于一些特殊介质中的压力测量，对于特殊介质，在安装时要采取特殊的措施。对于高温介质，应在压力检测仪表前加装 U 形管或盘管等冷却介质温度，如图 3-40a、b 所示；对于腐蚀性介质，除选择具有防腐的压力仪表外，还可以加装隔离罐，利用隔离罐中的隔离液将被测介质隔离，如图 3-40c、d 所示；当被测压力波动剧烈时，应在压力仪表前加装缓冲罐，减缓脉冲压力直接进入仪表，如图 3-40e 所示；对黏性大或易结晶的介质，应加装隔离罐和加热装置，如图 3-40f 所示；对含尘埃介质，可加装除尘器，防止颗粒进入仪表造成堵塞，如图 3-40g 所示。

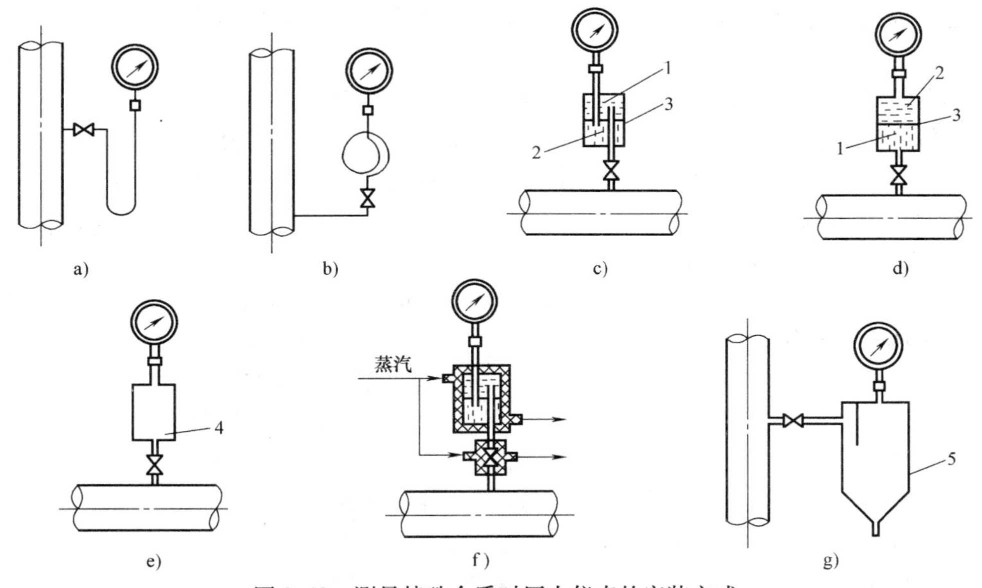

图 3-40　测量特殊介质时压力仪表的安装方式

1—被测介质　2—隔离介质　3—隔离罐　4—缓冲罐　5—除尘器

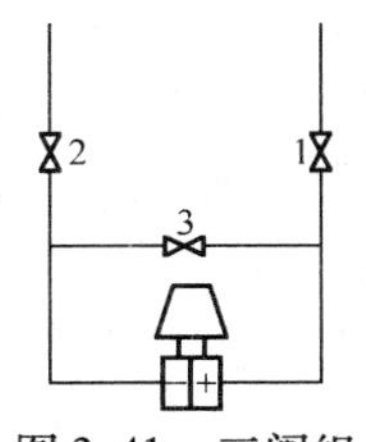

图 3-41　三阀组件示意

1，2—切断阀　3—平衡阀

4）差压变送器引压管的安装　通常情况下，差压变送器与取压口之间需要安装一定长度的引压管，引压管敷设的一般原则是：第一，引压管要尽可能短；第二，引压管路应与水平线之间不小于 1∶10 的倾向度或垂直安装；第三，引压管内径应根据引压管长度和介质选择，可参考表 3-4；第四，对于特殊介质，应加装其他装置，如图 3-40 所示；第五，引压管在接至差压变送器前，必须安装切断阀和平衡阀，构成三阀组，如图 3-41 所示。加装三阀组可避免差压变送器在使用时单向受静压造成仪表的损坏，同时也便于维护。

表 3-4 引压管内径范围

引压管长度/m 引压管内径/mm 被测介质	<1.6	1.6~4.5	4.5~9
水、水蒸气、干气体	7~9	10	13
湿气体	13	13	13
中低黏度油品	13	19	25
脏液体	25	25	33

3.2.2 压力控制系统的分析与设计

1. 典型的压力控制对象及其特点

在工业生产过程中，压力是保证生产能量平衡和系统稳定运行的又一关键参数，压力控制系统在各类工业生产过程中有着极其广泛的应用。尽管压力控制问题多种多样，但归纳起来主要可分为两种类型：容器内的压力控制问题和管道内的压力控制问题。

容器内的压力通常就是指容器内或者容器顶部的气体介质的压力，其被控对象特性主要取决于容器容量的大小，更准确地说是容器内气体容量的大小。由于气体具有可压缩性，当容器内气体容量比较大时，更容易实现压力的平稳控制。相比于容器来说，管道内的体积通常更有限，管道内的介质不论是液体还是气体，被控对象的时间常数通常都很小。

2. 压力控制系统设计

（1）容器压力的自动控制

如图 3-42 所示，容器压力控制系统根据容器内被控介质的不同，主要分为气体介质控制系统和液体介质控制系统。

当容器内包含有一定容量的气体介质时，要实现容器压力的控制一般比较容易，只要检测出容器内的压力信号，再根据实际的工况在气体介质的入口或者出口管道上安装执行器并组成单回路控制系统，一般都能够获得良好的控制效果。例如，在食品、制药生产过程中的发酵环节，随着发酵的进行会生产大量的 CO_2 等气体，此时只要设计如图 3-42a 所示的控制系统，根据发酵罐内的压力调整执行器的开度，就可以实现发酵罐内压力的稳定。

尽管压力是事关系统安全最重要的特征参数，且往往也是影响产品质量的主要因素之一，但实际生产过程对压力参数的控制要求通常要宽松一些。因此，当容器内气体介质容量足够大、压力的变化周期不是很频繁、压力控制准确度要求不是很严格的情况下，甚至可以选用开关式执行器组成位式控制系统，例如电磁阀、开关式气动蝶阀等。位式压力控制系统的控制准确度主要取决于滞回区间的大小，滞回区间越小，则控制准确度越高，但振荡频率越大，执行器动作越频繁。此外，由于压力对象的时间常数往往不是很大，压力检测仪表的安装位置和执行器所在管道口的位置不能过于接近，否则也极易引起系统的振荡。

对于有些容器来说，其内部可能会全部充满液体。由于液体具有不可压缩性，直接在介质的入口或者出口管路上安装执行器既不可行也不安全，因而一般通过调整回流来实现容器内压力的控制目的，如图 3-42b 所示。

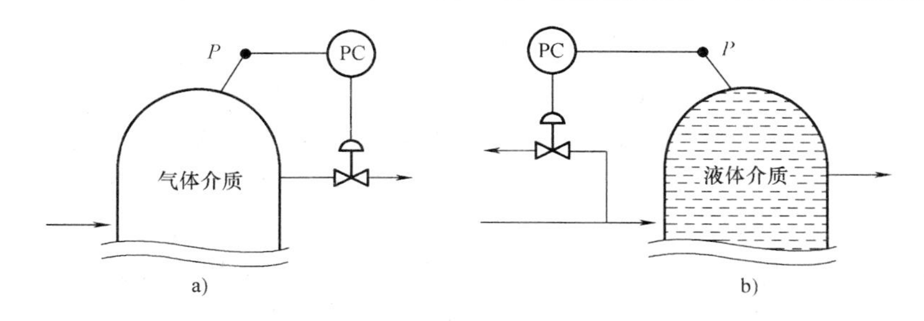

图 3-42　容器压力控制系统

a）气体介质控制系统　b）液体介质控制系统

（2）管道压力的自动控制

要使流体在管道中流动，需要给流体提供必要的能量，主要有两种方式：流体本身的静压能，或者由流体输送设备提供的动能。在实际现场中，利用流体输送设备组成的管路输送系统更为典型常用。不论是液体介质还是气体介质，常见的管路压力控制主要有如图 3-43 所示的两种形式。

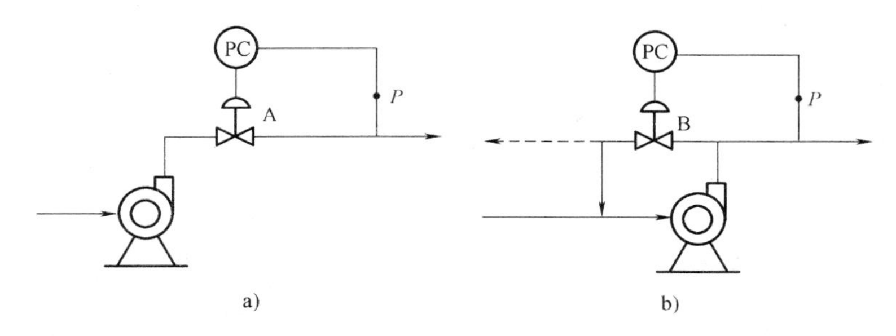

图 3-43　管路压力的自动控制

a）直接节流　b）控制回流

直接在管路上安装调节阀进行节流，通过控制调节阀开度来调节管路压力 P。如图 3-43a 所示，这种控制方案的优点就是简单易行，缺点则是调节阀压损较大，机械效率较低，可用于管路前端以离心式输送设备组成的输送系统。如果管路前端为容积式输送设备，由于容积式输送设备的输出流量与管路特性基本无关，不允许在出口管路上直接安装调节阀，即不能采用如图 3-43a 所示的控制方案。

图 3-43b 所示的控制方案是将输送设备出口的部分流体，经旁路分流到其他环节或部分流回到流体输送设备的入口，通过改变旁路阀的开度来控制出口管路内的压力 P。由于旁路阀两端的压差很大，所以旁路阀的口径往往较小，工程成本更低，实施更方便。这种控制方案对离心式和容积式输送设备组成的管路输送系统都能适用。

由于管路压力控制系统的时间常数很小，控制器的控制作用不能整定得太强，否则极易引起超调甚至振荡。

3. 承压设备的安全保护

承压设备的安全性在很大程度上就体现了整个系统的安全性，尽管承压系统的安全保护不完全属于自动控制的范畴，但在自动控制系统设计过程中仍然是一个必须引起重视的问题。承压设备的安全性通常通过以下两种手段实现：

1）不论采用什么样的控制系统，在执行器选型的时候一定需要结合工艺特点，选择合适的作用形式，确保在失控情况下执行器状态能保证系统是安全的。例如，图3-42a所示的正压容器，调节阀安装在气体介质的出口管路上，一般应选用气关式执行器，即执行器没有控制信号的时候是全开的，保证容器内的压力不至于超过设计极限而发生危险。

2）在承压设备上安装保护装置。对于正压尤其是高压容器或管道，应该在设备上安装安全阀，在正常情况下处于常闭状态，当承压设备内的压力超过安全阀设定的规定数值时，安全阀自动开启，通过向系统外排放介质来防止管道或设备内介质压力超限。对于负压设备，应该在设备上安装呼吸阀或者真空阀，当内部压力下降到一定的真空度，吸气阀受到大气压的作用而打开，外界的气体通过吸气阀进入设备内，保证不会因真空度过大而出现设备的“瘪罐”危险。

3.3 流量检测控制系统

3.3.1 流量检测仪表

1. 概述

在物料自动输送过程中，流量是一个重要的经济核算参数，也是生产过程中管理和控制的关键参数之一。

（1）流量的定义

流量是指单位时间内流过流道（管道或通道）某一截面的流体的数量，也称瞬时流量。在某一时段内流过的流体总和称为累积流量。流量通常有两种计量单位，体积流量和质量流量。

1）体积流量 q_v　单位时间内流过流道上某截面的流体的体积称为体积流量，单位为 m^3/s。体积流量也可以用截面上各点的流速 v 的积分表示

$$q_v = \int_A v \mathrm{d}A \tag{3-29}$$

如果截面上的各点流速都相等，则 $q_v = vA$。因此通过测量流速可获得体积流量。

2）质量流量 q_m　单位时间内流过流道上某截面的流体的质量称为质量流量，单位为 kg/s。质量流量可表示为

$$q_m = \int_A \rho v \mathrm{d}A \tag{3-30}$$

当截面上的各点流速 v 和流体密度 ρ 都相等时，有 $q_m = \rho vA = \rho q_v$。因此通过测量体积流量和流体密度可获得质量流量。

（2）流量检测方法的分类

由于流量检测的复杂性和多样性，流量检测的方法有很多，主要分为体积流量法和质量流量法。

1）体积流量法　体积流量法是直接测出单位时间内流过的体积或先测出管道内的平均流速，再乘以管道截面积求出体积流量，主要的检测仪表类型有：

① 容积式流量计。以标准固定体积对流动介质连续度量，以单位时间内排出固定容积数

来计算瞬时流量，或在一定时间内排出的总容积来计算累积流量。容积式流量计有椭圆齿轮流量计、旋转活塞式流量计和刮板流量计等。

② 节流式流量计。节流式流量计利用节流元件，通过测出流体流经节流元件产生的差压 Δp 来获得流体的流速，其中流速正比于 $\sqrt{\rho \Delta p}$。

③ 转子流量计。利用力平衡原理，流体流经垂直的由上而下逐渐增大的锥形管，当锥形管内含有一定体积和重量的转子时，转子的平衡高度近似正比于流体的流速，并与流体密度、转子的密度和几何尺寸有关。

④ 电磁流量计。利用电磁感应原理，导电流体流经磁场因切割磁力线而产生感应电动势，该电动势正比于流体平均流速。

⑤ 涡街流量计。利用流体振荡原理，流体流经一定形状的物体（称旋涡发生体）会在其周围产生规则的旋涡，旋涡释放的频率正比于流体的流速。

⑥ 涡轮流量计。利用流体对涡轮的作用原理，流体流经涡轮的作用力使涡轮转动，其转动的速度与流体的平均速度成正比。

⑦ 超声波流速计。利用超声波传播速度随流体的速度而改变原理，通过测量超声波在流体中传播速度的变化来获得流体的流速。

2）质量流量法　质量流量的检测有直接法和间接法两类。

① 直接法。它是指检测元件直接感受质量流量信号，并输出相应的信号，目前最常见的有热式质量流量计和基于科里奥利效应的科氏质量流量计。

② 间接法。它是指通过若干个检测元件的组合，通过运算间接获得质量流量。例如用涡轮流量计测出体积流量，用密度计测量流体密度，将这两个检测仪表组合使用，它们的输出信号的乘积即代表了质量流量。

2. 节流式流量计

（1）测量原理

在管道中安装一个固定的阻力件，其流通孔径比管道截面要小，当流体流经该阻力件时，在阻力件前后产生一定的压力差，其大小与流量的大小和阻力件的结构形式等有关。通常把流体通过阻力件形成压力变化的过程称为节流过程，其中的阻力件称为节流件。标准化的节流件有孔板、喷嘴和文丘里管，如图 3-44 所示。

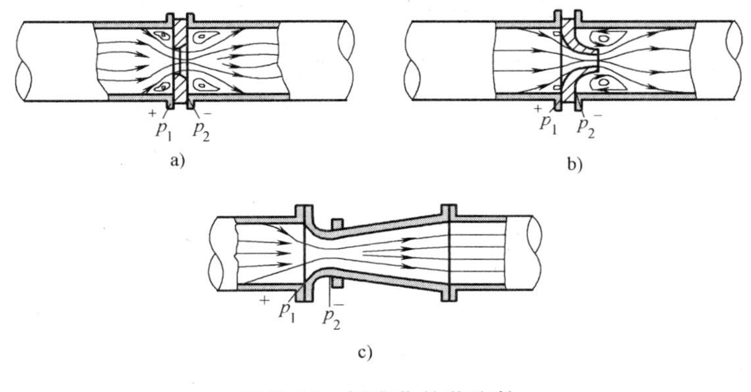

图 3-44　标准化的节流件

a）孔板　b）喷嘴　c）文丘里管

根据流体力学原理，可以推出流体流过节流件产生的压差 Δp 与流体质量流量 q_m 的关系为

$$q_m = \frac{C\varepsilon A_0}{\sqrt{1-\beta^4}}\sqrt{2\rho_1 \Delta p} \tag{3-31}$$

式（3-31）也称流量方程。式中，C 为流出系数，与节流件的种类、节流开孔大小、取压方法和雷诺数 Re 等有关。当节流件和取压方式确定后，并且 Re 大于某一临界值 Re_k 时，流出系数 C 为常数；β 为孔径比，为节流件开孔的最小直径 d 与管道直径 D 之比，即 $\beta=\frac{d}{D}$；ε 为可膨胀性系数，当流体为液体时 $\varepsilon=1$，当流体为气体时，$\varepsilon<1$，并与节流件种类、β、被测气体的等熵指数等有关；A_0 为节流件开孔（最小流通）截面积；ρ_1 为节流件前流体的密度。

在实际使用时，常用流量系数 α 来表示流出系数 C，它们之间的关系为

$$\alpha = \frac{C}{\sqrt{1-\beta^4}} \tag{3-32}$$

图 3-45 给出了标准孔板和喷嘴的流量系数与雷诺数的关系曲线。可见，临界雷诺数与 β 有关，β 越小，Re_k 也越小，说明可测流量较小，但是 β 值减少，意味着流体流过节流件产生的压差及压力损失将大大增加。

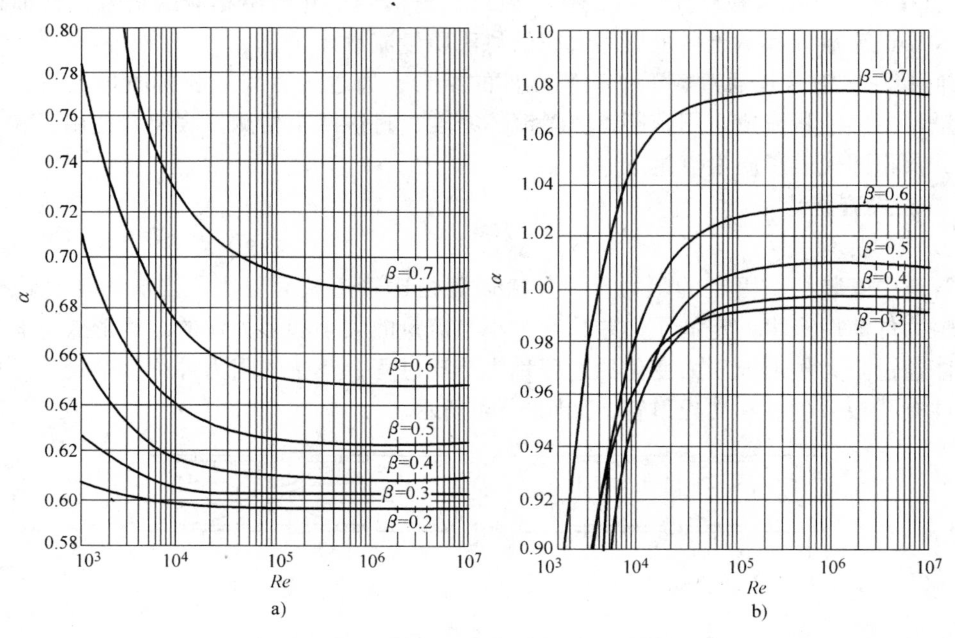

图 3-45 标准孔板和喷嘴的流量系数

a）标准孔板 b）标准喷嘴

（2）标准节流装置

标准节流装置包含节流件、取压装置和节流件前后的管道，并且它们都符合有关标准。

标准节流件的结构形式和加工要求等见国标《用安装在圆形截面管道中的差压装置测量满管流体流量》（GB/T 2624—2006）。

不同的节流件应采用不同形式的取压装置。对于标准孔板，标准取压装置有角接取压法、法兰取压法和$D-\frac{D}{2}$取压法。它们的不同之处主要是取压点距节流件的位置不一样。角接取压法在位于上、下游孔板前后端处取压。法兰取压法在位于上、下游孔板前后25.4mm处取压。$D-\frac{D}{2}$取压法在位于上、下游孔板前端各为D和$\frac{D}{2}$处取压，其中，D为管道直径。

节流装置在安装时，上、下游侧的管道应有较长的直管段，管道内壁的粗糙度也应符合有关规定。直管段长段的要求随节流件种类和β值而变，通常要求上、下游侧直管段长度各为（20～40）D和（5～10）D。

（3）节流式流量计的组成

节流式流量计由节流装置、引压装置（引压管及其他附件）、差压变送器和流量显示仪表组成。

差压变送器通过引压装置接收节流装置产生的压差，通常将其转换成4～20mA的电流信号输出给显示仪表。显示仪表直接以流量刻度显示被测流量的大小。由式（3-31）可见，流量与差压之间成二次方根关系，也就是说如果采用常规的差压变送器，则差压变送器的输出或流量显示仪表的标尺刻度与流量之间是非线性的，为了解决这个问题，可采用带开方器的差压变送器。

（4）节流式流量计的使用

节流式流量计一般根据被测介质的性质、流量大小等专门设计，节流件专门加工，差压变送器、显示仪表等都需配套使用。由于在流量较小（对应雷诺数较小）时，流量系数不再为常数，因此节流式流量计的可测最小流量不能太小。同时由于流量与差压之间的非线性关系，而且节流件前后压损不能过大，因此流量计的可测最大流量也有限。通常最大可测流量与最小可测流量的比称流量计的量程比。节流式流量计的量程比一般为3∶1。节流装置在安装时，要注意直管段长度和粗糙度等是否符合要求，其他安装要求必须符合相关规定。当被测介质密度发生变化，与设计时的密度不一致时，应对流量指示值进行修正。在流量系数不变时，可用式（3-33）修正。

$$q'_m=q_m\sqrt{\frac{\rho'}{\rho}} \tag{3-33}$$

式中，有上标“′”的变量表示实际工作状态下的流量和密度，无上标的表示流量显示值和设计密度。

【例3-4】 用节流式流量计测量某气体流量，设计时气体密度为3.25kg/m³，实际使用时气体密度为3.56kg/m³。当显示仪表读数为2.7kg/m³时，实际流量为多少？

解：由式（3-33）可知，实际流量为

$$q'_m=q_m\sqrt{\frac{\rho'}{\rho}}=2.7\sqrt{\frac{3.56}{3.25}}\text{kg/s}=2.83\text{kg/s}$$

3. 转子流量计

（1）测量原理

转子流量计的测量原理如图3-46所示。在一个下小上大的锥形管内放置一个转子，当

流体由下而上流经锥形管时，转子受到流体对其的浮力和流体对其的阻力作用，这两个作用力与转子所受重力相平衡。流体速度增大，流体对转子的阻力也增大，使转子向上运动。由于锥形管的缘故，随着转子的向上移动，使流过转子的流速下降，从而使转子达到新的平衡。根据力平衡原理可以推出流体流量 q_v 与转子平衡高度 h 之间的关系为

$$q_v = \pi \alpha h D_0 \tan\varphi \sqrt{\frac{2V_f(\rho_f - \rho)g}{A_f \rho}} \tag{3-34}$$

式中，α 为转子流量计的流量系数；D_0 为锥形管零标尺处的直径；φ 为锥形管锥半角；V_f、A_f 和 ρ_f 分别为转子的体积、最大截面积和密度；ρ 为流体的密度。

由式（3-34）可见，流量越大，转子就越高。如果在锥形管外刻上标尺就可以根据转子的平衡位置读出流量值。

（2）转子流量计的使用

根据式（3-34），当锥形管结构、转子一定时，在流量不变情况下，转子的高度与流体的密度有关。为了统一起见，国家规定，转子流量计在流量刻度时需在标准状态（20℃，1.0132×10^5Pa）下用水（对液体）或空气（对气体）进行标定的。也就是说在转子流量计上读得的流量值是指介质为水或空气的流量。当被测介质为其他时，应对仪表刻度进行修正，其修正公式如下：

$$q_v' = q_v \sqrt{\frac{(\rho_f - \rho')\rho}{(\rho_f - \rho)\rho'}} \tag{3-35}$$

式中，有上标“′”的变量表示实际工作状态下的流量和密度；无上标的变量表示刻度值和标准状态下标定介质的密度。

转子流量计的锥形管一般为玻璃管，流量标尺直接刻度在管上，现场可进行读数。将流量计的结构作适当调整，可构成电远传式转子流量计，如图 3-47 所示。电远传转子流量计主要由金属锥形管、转子、连动杆、铁心和差动线圈等组成。转子、连动杆和铁心为刚性连接，转子因流量变化产生运动将带动铁心位移，从而改变差动变压器的输出，实现信号的远传。

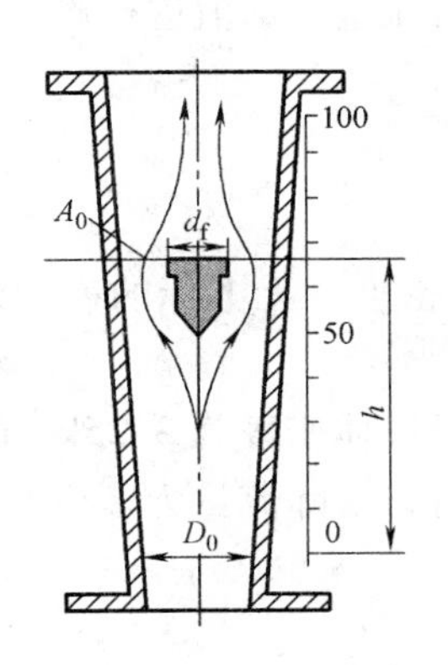

图 3-46 转子流量计测量原理

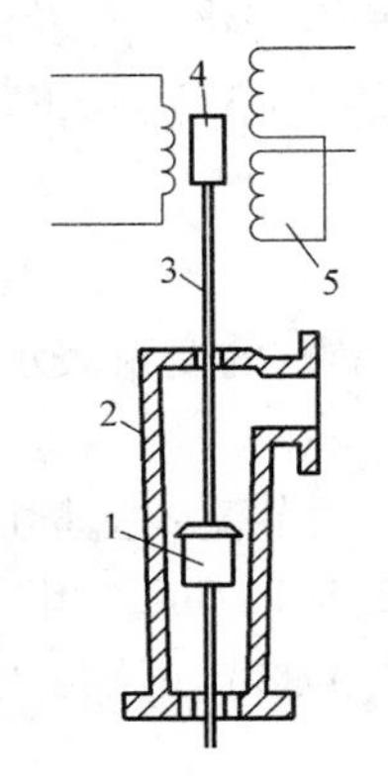

图 3-47 电远传转子流量计原理

1—转子 2—锥形管 3—连动杆

4—铁心 5—差动线圈

转子流量计在使用时需注意垂直安装，要定期检查转子是否干净，转子的上下运动是否

灵活等。

4. 电磁流量计

（1）测量原理

当导电液体（相当于导体）流经磁场，其流速方向垂直于磁场方向，则流体因切割磁力线而在管道两边的电极上产生感应电动势，如图3-48所示。根据法拉第电磁感应定律，感应电动势的大小由下式决定：

$$E_x = BDv \tag{3-36}$$

式中，E_x为感应电动势；B为磁感应强度；D为管道直径（相当于导体切割磁力线的长度）；v为流体的平均流速。

根据体积流量的定义，可得体积流量与感应电动势的关系为

$$q_v = \frac{\pi D}{4B} E_x \tag{3-37}$$

（2）电磁流量计的结构

基于图3-48原理制成的电磁流量计的结构如图3-49所示，它主要由外壳、励磁线圈、衬里、测量管、铁心、电极及相应的转换电路等部分组成。

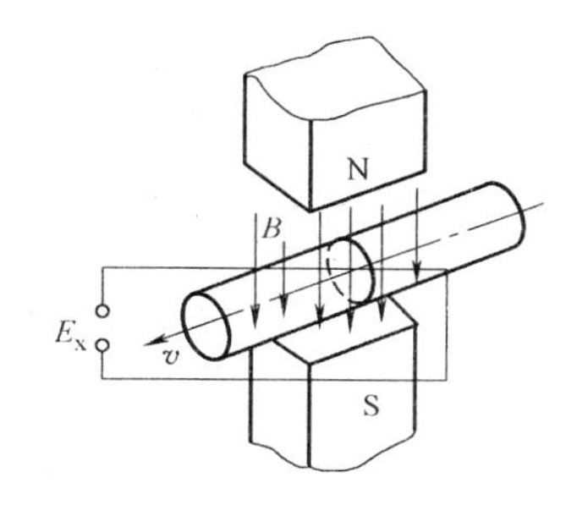

图3-48 电磁流量计测量原理

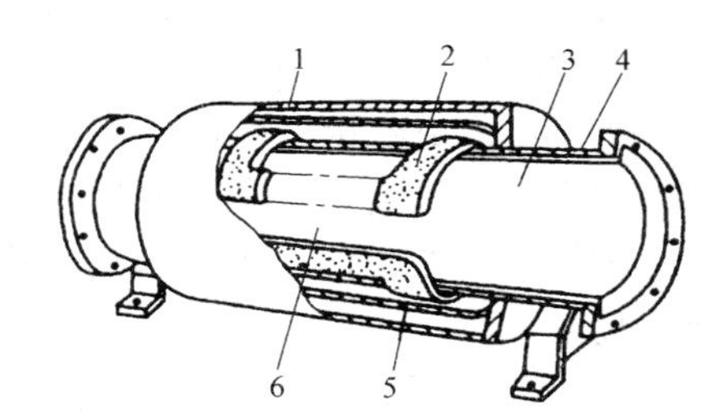

图3-49 电磁流量计结构
1—外壳 2—励磁线圈 3—衬里
4—测量管 5—铁心 6—电极

外壳用来保护励磁线圈，并隔离外磁场。励磁线圈用来产生磁场，由两只串联或并联的马鞍形励磁绕组组成，上下各一只被夹持在测量管上。线圈的电流波形和大小决定了励磁线圈产生磁场的性质和强度，目前较多采用低频矩形波励磁方式，具有功耗小、零点稳定等优点。衬里涂在测量管内侧，起绝缘作用，防止测量管与被测介质直接接触。常用的衬里材料有氟塑料、陶瓷、聚氨酯橡胶等，具有耐腐蚀、耐磨的功能。测量管采用不导磁、低电导率、低热导率的材料，保证磁力线顺利进入被测介质。铁心的作用是形成磁路，使磁场均匀，并减少外磁场的干扰。电极的作用是将感应电动势引出。电极的端面应与衬里齐平，同时与测量管绝缘。

（3）电磁流量计的转换电路

电磁流量计的转换电路因励磁方式的不同而有很大差异。图3-50是基于低频矩形波励磁方式的转换电路框图，它由前置放大、差动交流放大、高通滤波、采样电路和差动直流放大等部分组成。

采样电路是电磁流量计转换电路中一个重要环节。通过控制采样开关S_1和S_2的轮流导

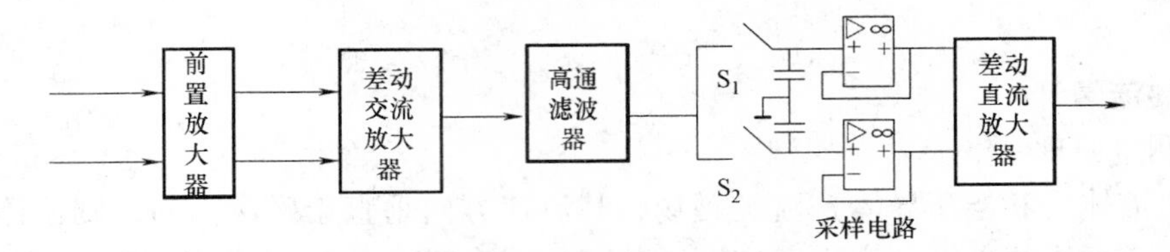

图 3-50 基于低频矩形波励磁方式的转换电路框图

通（合上），可以保证感应电动势在正负半周的后 1/4 时间上的稳定值被采样到，这两个正负信号经差动直流放大后成为一直流电压信号，其大小正比于流量。

（4）电磁流量计的使用

电磁流量计输出值与体积流量（流速）有关，与流体密度、黏度等无关，特别适用于大口径的水流量测量，但这种流量计只能用于导电流体。

电磁流量计易受外界电磁场的干扰，在安装时必须有良好的接地系统。

5. 涡街流量计

（1）测量原理

在垂直管道方向（流体流动方向）插入一个非流线型柱体，在它的下游会形成有规则的旋涡，左右两侧交替出现，旋涡方向相反，这种旋涡称为卡门涡列（也称涡街），其形成原理如图 3-51 所示。该柱体称为旋涡发生体。实验证明，当涡列宽 h 与同列相邻的两旋涡的间距 l 之比满足 $h/l=0.281$ 时，卡门涡列是稳定的，单个涡列产生的频率 f 为

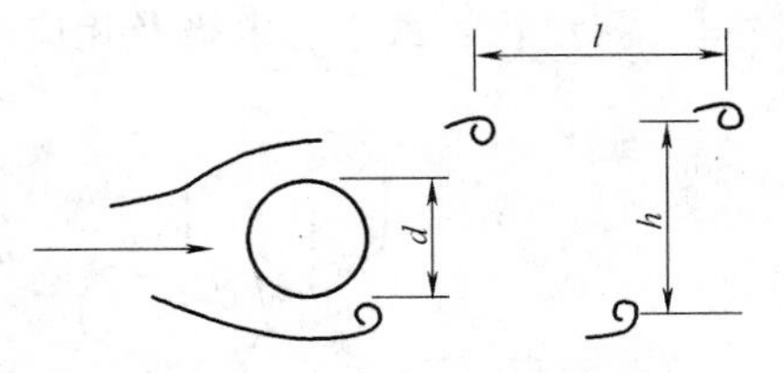

图 3-51 卡门涡列的形成原理

$$f=St\frac{v}{d} \tag{3-38}$$

式中，St 称为斯特劳哈尔数；v 为柱体附近的流体速度；d 为柱体的迎面最大宽度。

斯特劳哈尔数是一个无因次数，实验证明它与旋涡发生体的形状和雷诺数有关，通常当 $Re>2\times10^4$ 时，St 基本为常数，而且对于圆柱形发生体，$St=0.20$；对于三角柱发生体，$St=0.16$。这样，体积流量可表示为

$$q_v=vA_0=\frac{dA_0}{St}f=\frac{f}{K} \tag{3-39}$$

式中，A_0 为发生体处的流通截面积；$K=\frac{St}{dA_0}$ 称为流量计的仪表系数，当柱体一定时，雷诺数在一定范围内，K 为常数。

（2）涡街流量计的组成

涡街流量计主要由旋涡发生体、旋涡频率检测元件和转换电路等组成。

1）旋涡发生体　旋涡发生体是涡街流量计的核心，一般用不锈钢材料。发生体的形状和尺寸决定了流量计的性能，常见的发生体有圆柱形和三角柱形，前者压损低、St 较高，但旋涡强度较弱，仪表稳定性较差；后者正好相反。其他的旋涡发生体还有方柱形、T 字柱形和多柱体组合形等。

2）旋涡频率检测元件　旋涡频率的检测可分为两类：

① 检测元件安装在旋涡发生体上，检测旋涡发生后产生的力的变化，传热特性的变化等。常见的检测元件有压电晶体、差动电容和热敏元件等。

② 检测元件安装在旋涡发生体下游的一定距离内，检测发生体后因旋涡的产生使得流场某些特性的变化。常见的检测元件有压电晶体、差压计和超声波探头等。

3）转换电路　通常转换电路包含信号放大、带通滤波、整形和微处理器系统等。不同的频率检测元件对应的转换电路是不同的，图3-52为压电式涡街流量计的转换电路框图。压电元件把涡街信号转换成电信号进入前置放大器，通过滤波器将信号中的直流低频信号和其他高频干扰信号滤去，整形后得到代表流量大小的频率信号。该信号可直接输出，也可以进一步通过频率-电流的转换成为标准的4～20mA电流信号。

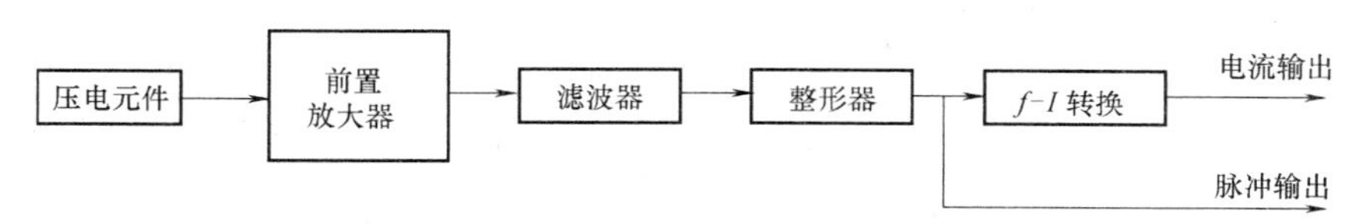

图3-52　压电式涡街流量计的转换电路框图

6. 容积式流量计

容积式流量计是一种直接式的体积流量测量仪器，其使用方法是：流体不断地充满具有一定容积的空间（称该空间为计量空间）然后再连续地将这部分流体从出口排除，在一定时间内排出的流体体积，即为该时间内的体积总量。

根据计量空间形式的不同，容积式流量计有多种类型。

（1）椭圆齿轮流量计

椭圆齿轮流量计的工作原理如图3-53所示。流量计的活动壁是一对互相啮合的椭圆齿轮。流体由左向右，在差压$\Delta p = p_1 - p_2$作用下，使齿轮A和齿轮B轮流受力并作顺时针和逆时针转动，使介质以初月形“计量空间”一次次经过齿轮A和B排至出口。当齿轮A或B旋转一周，排出的体积量为$4V_0$（V_0为单个计量空间的体积）。测出齿轮的转动次数或转速就可获得体积总量或体积流量。

腰轮流量计的工作原理与椭圆齿轮相同，只是活动壁形状为一对没有牙齿的腰轮。

（2）刮板流量计

刮板流量计的活动壁为两对刮板，图3-54为凸轮式刮板流量计原理。流量计的转子为空心圆筒，四周均匀开有4个槽，可让刮板沿槽进出。转子在流体的作用下连同刮板产生旋转，依靠固定的凸轮使刮板旋转时轮流伸出、缩进，把两块刮板和壳体内壁、转子外壁所成的空间（即计量空间）逐一排至出口，实现流量的测量。

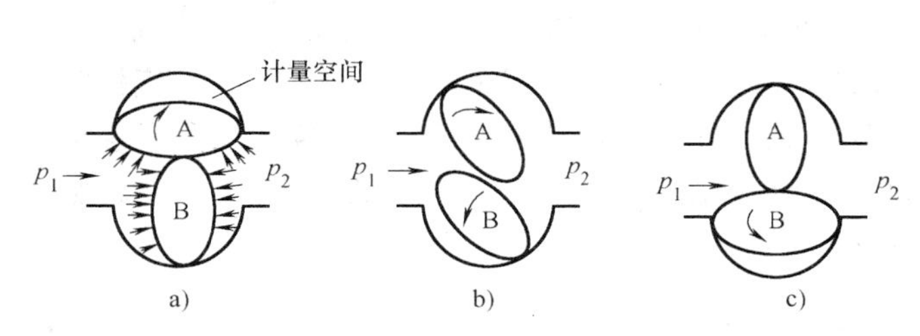

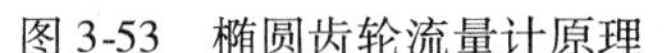
图3-53　椭圆齿轮流量计原理

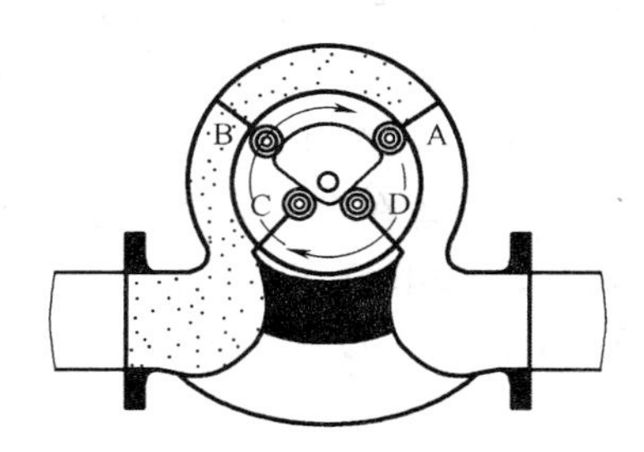

图3-54　凸轮式刮板流量计原理

（3）旋转活塞流量计

旋转活塞流量计主要由固定的内圆筒5、外圆筒6和旋转的活塞等部分组成，如图3-55所示。旋转活塞7在进口1流体的作用下作逆时针方向旋转，并依次将外侧计量室9和内侧计量室8中的流体排到出口3，根据旋转活塞的摆动旋转速度可获得流量。

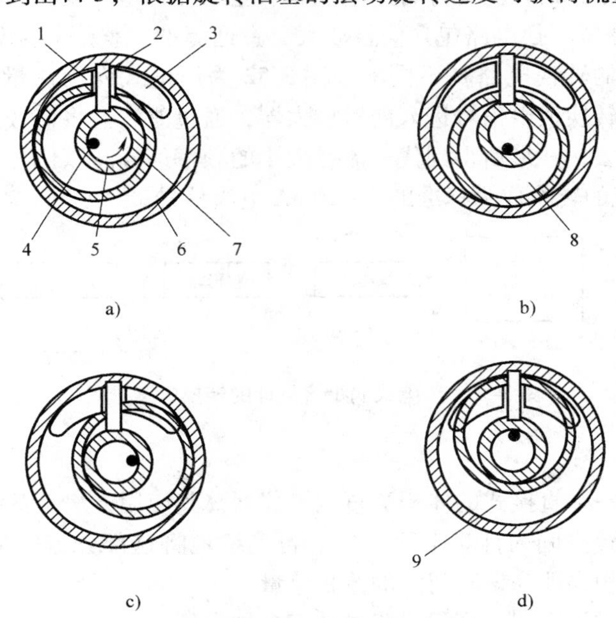

图3-55　旋转活塞流量计原理

1—进口　2—固定隔板　3—出口　4—轴　5—内圆筒
6—外圆筒　7—旋转活塞　8—内侧计量室　9—外侧计量室

（4）容积式流量计的使用

容积式流量计是一种直接式流量测量仪表，对上游流动状态不敏感，测量准确度较高，特别适用于较高黏度的液体流量的计量。但是当流量较大时，容积式流量计的压力损失也明显增大；当流体中有颗粒物存在时会使仪表卡住，甚至损坏仪表。所以在流量计前必须要装有过滤器，以保证洁净的流体流过流量计。

容积式流量计的转子可直接带动机械部件进行机械计数，实现流量的积算。把转子的频率信号经过转换元件和电路可实现电远传。

7. 质量流量计

（1）科里奥利质量流量计

科里奥利质量流量计简称科氏力流量计，其测量原理如图3-56所示。U形管的开口端固定并与被测管路相连。在U形管顶端A处有一个电子装置，激发U形管以O-O'轴产生振动。当U形管内的流体不运动时，U形管只有上下振动，如图3-57a所示。但有流体流动时，U形管在上下振动过程中流体将受到科氏力作用，其大小相等方向相反（因流速方向相反），如图3-57b所示。形成的一对力矩作用在U形管上，使U形管产生扭曲，如图3-57c所示。设扭转角为θ，则质量流量q_m为

$$q_m=\frac{K_s\theta}{4\omega RL} \tag{3-40}$$

式中，K_s 为 U 形管的扭转弹性模量；R 为 U 形管的弯曲半径；L 为 U 形管的长度；ω 为 U 形管振动角速度。

由此可见，测出 U 形管扭转角 θ 的大小，即可获得被测流体的质量流量。如果在 U 形管两侧纵形平面处设置两个电磁传感器 B 和 C，则这两个信号的时间差 Δt（实际上反映了这两个信号的相位差 $\Delta\varphi$）与质量流量之间的关系为

$$q_m=\frac{K_s\Delta t}{8R^2} \tag{3-41}$$

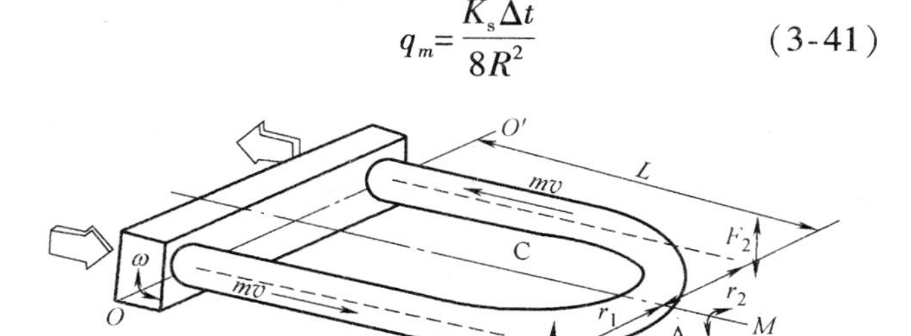

图 3-56　科氏力质量流量计原理

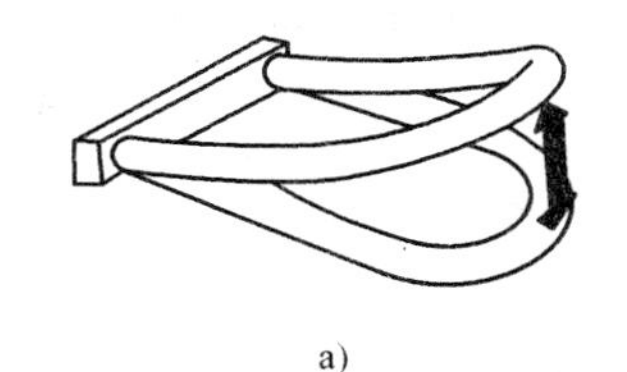

a)

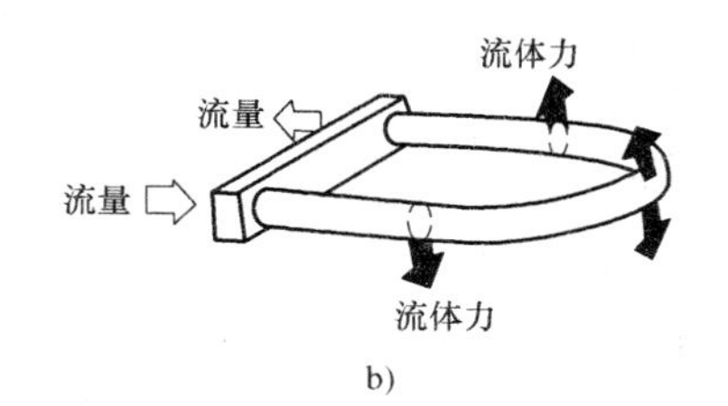

b)

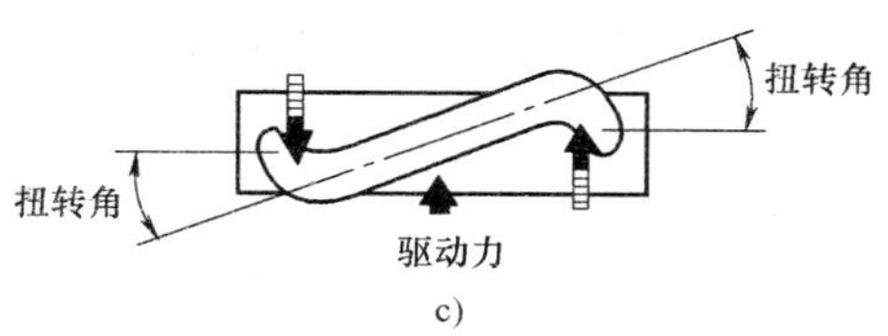

c)

图 3-57　U 形管科氏力原理

a）流体不运动的情况　b）流体流动时的情况

c）U 形管产生扭曲的情况

为了提高灵敏度，常见的科氏力质量流量计为双 U 形管，它由两根平行的 U 形管组成。

（2）热式质量流量计

热式质量流量计原理如图 3-58 所示。在测量导管 1 的外面绕有线圈 4 和 5。线圈 4 起加热作用，线圈 5 左右两个对称于线圈 4，同时起加热和感温作用。当流量为零时，线圈 5 左边和右边所处温度相同，电桥处于平衡状态。当有气体流动时，线圈 5 左边相对于线圈 5 右边因气体流过带走热量较多，温度下降，两个线圈的温度差 ΔT 与质量流量有如下关系：

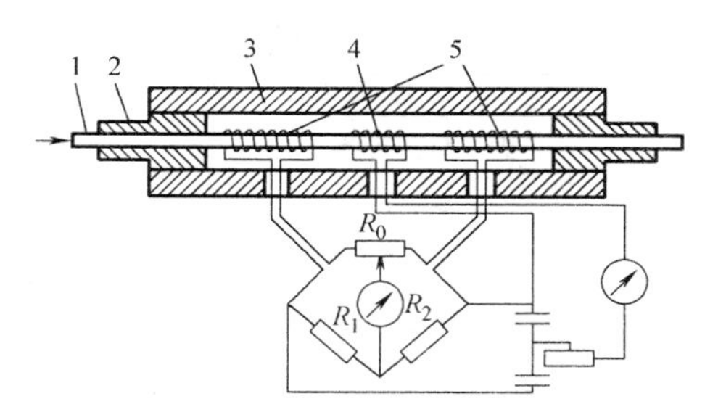

图 3-58　热式质量流量计原理

1—导管　2—黄铜套　3—钢盖

4—加热器　5—感温元件

$$q_m=\frac{K}{c_p}\Delta T \tag{3-42}$$

式中，K 为仪表常数；c_p 为气体的比定压热容。

热式质量流量计属非接触式仪表，主要用于微小气体流量的测量，但灵敏度较低，介质的 c_p 发生变化将影响测量准确度。

（3）间接式质量流量计

间接式质量流量测量主要是采用多台检测仪表组合，通过计算来获得质量流量，主要的方法有：

1）体积流量计与密度测量组合　将体积流量信号与密度信号相乘得到质量流量，其中

密度测量可直接采用密度计，也可以通过流体的温度和压力来算得。

2）差压式流量计或靶式流量计与体积流量计组合　由于差压式流量计或靶式流量计的输出正比于ρq_v^2，它与体积流量信号q_v相除可得质量流量，即

$$q_m=\rho q_v^2/q_v=\rho q_v \tag{3-43}$$

3）差压式流量计或靶式流量计与密度测量组合　将差压式流量计或靶式流量计的输出信号与密度信号先相乘再开方可得质量流量，即

$$q_m=\sqrt{\rho q_v^2 \rho}=\rho q_v \tag{3-44}$$

间接测量方法由于采用多个仪表，测量系统较为复杂，测量准确度也不太高。

8. 其他流量计

（1）涡轮流量计

涡轮流量计的测量原理如图3-59所示。在测量管内安装一涡轮，涡轮在流体的作用下产生旋转，其转速与流体成正比。在涡轮转动过程中，每个叶轮经过磁钢时，在线圈上感应出脉冲电信号，从而得到流量信号。

涡轮流量计的测量准确度较高，测量范围也较宽，但仅适用于洁净的被测介质。

（2）靶式流量计

在管道中垂直于流动方向插上一块圆形的阻力件，称为靶，如图3-60所示。流体通过时对靶产生作用力，在一定范围内该力的大小正比于ρq_v^2，测出作用力的大小可得到流量。

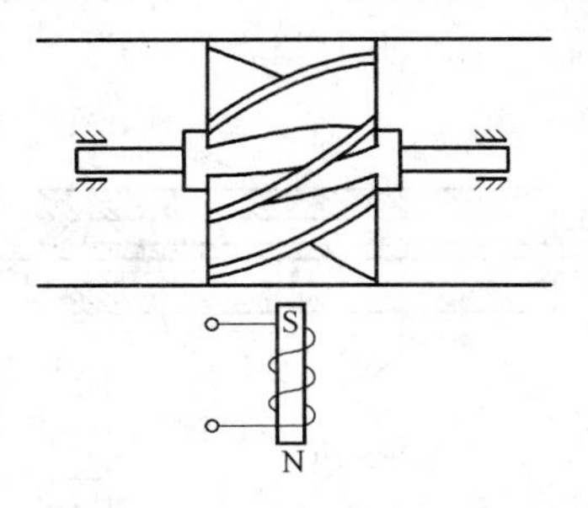

图3-59　涡轮流量计的测量原理

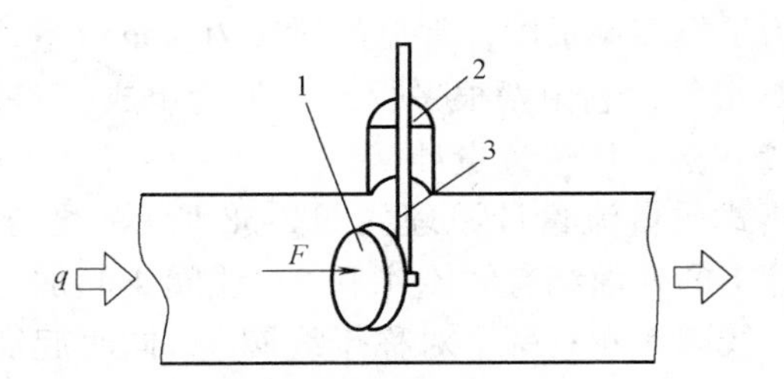

图3-60　靶式流量计原理

1—靶　2—输出轴密封片　3—靶的输出力杠杆

靶式流量计特别适用于黏稠性及含少量悬浮固体的液体的流量测量。

（3）超声波流量计

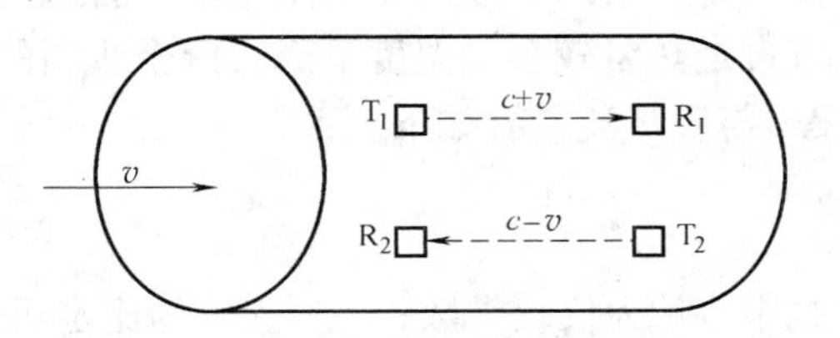

图3-61　超声波流量计原理

超声波流量计是根据声波传播速度与传播介质本身的运动速度有关而工作的，其测量原理如图3-61所示。设流体流速为v，声波在静止流体中的速度为c，则安装在管道上的两对传播方向相反的超声波探头测得的两束超声波传播的时间差Δt为

$$\Delta t=t_2-t_1=\frac{2Lv}{c^2-v^2}\approx\frac{2Lv}{c^2} \tag{3-45}$$

式中，t_1、t_2分别为第一对和第二对探头测得的超声波在距离L内传播的时间。

实际的超声波流量计的探头一般都斜置在管壁外，探头可以采用一对、两对或多对，探头对数决定了超声波的声道数，多声道超声波流量计可以减小管内流速分布不均匀引起的误差。除了通过测量时间差来得到流速外，还有相位差法和频率差法。

超声波流量计的最大特点是可以实现非接触测量，特别适用于大口径管道的液体流量测量。

9. 流量检测仪表的选用和安装

（1）流量检测仪表的选用

除了前面介绍的各种流量计外，还有基于热学原理的热线风速计，基于差压原理的毛细管流量计，基于动压原理的均速管流量计、弯管流量计，基于相关原理的相关流量计等。由于流量检测对象的复杂性和多样性，目前有上百种流量检测仪表。所以，在流量检测仪表选用时要考虑多种因素，包括：①流体的特性，如密度、黏度、导电性、腐蚀性、洁净程度等；②流体的流动状态，如流动在层流还是在湍流，或是脉动流；③流体流经的管道，如管道的直径、前后直管段的长度等；④流体的工作条件，如温度、压力等；⑤其他测量要求，如测量准确度，允许的压力损失，最大、最小流量（量程比）等。

表 3-5 给出了一些常见流量检测仪表的特点和适用范围。

（2）流量检测仪表的安装

1）大部分的流量检测仪表都有前后直管段长度的要求，安装时必须严格保证，同时管道内壁的粗糙度也要符合有关要求。

2）大部分的流量检测仪表应水平或垂直安装，不能随意安装。

3）一些流量检测仪表对被测介质有洁净度的要求，为防止杂质流入流量计，应在流量计前加装过滤器。

表 3-5　常见流量检测仪表的性能汇总

流量计类型	被测介质	适用管径/mm	可测最低流速	量程比	准确度	价格	直管段长度要求	密度影响	压力损失	备注
节流式流量计	液、气、蒸汽	50～1000	高	3:1	中等	中等	长	有	较大	
转子流量计	液、气	4～150	较低	10:1	较低	低	较短	有	中等	垂直安装
电磁流量计	导电液体	10～3000	中等	10:1	较高	中等	较长	无	极小	可用于脏污、腐蚀性介质
涡街流量计	液、气、蒸汽	25～600	较高	10:1	中等	较低	长	无	中等	易受管道、流体振动影响
容积式流量计	液、气	10～300	低	10:1	高	较高	短	无	大	可测非牛顿流体
质量流量计（科氏力）	液体为主	<50	低	10:1	高	高	短	无	较小	需装过滤器
涡轮流量计	液、气	4～500	较低	10:1	高	中等	中等	有	中等	需装过滤器
靶式流量计	液、气、蒸汽	15～200	高	3:1	低	低	较长	有	大	
超声波流量计	液体为主	—	中等	10:1	较低	较高	较长	无	无	非接触测量

3.3.2 流量控制系统的分析与设计

1. 典型的流量控制对象及其特点

流量是保证生产物料平衡的关键参数，相比于压力对象来说，在过程控制领域中的流量对象更为单一，主要局限于管道内的流量控制。流量控制对象的特点也与管道压力控制对象的特点极为相似，即被控介质不论是液体还是气体，流量控制对象的时间常数都很小。

2. 流量控制系统设计

不论是液体介质还是气体介质，常见的流量控制方案主要有如图3-62所示的3种形式。图3-62a、b所示的两种控制方案的原理和特点与图3-43a、b完全相同，在此不再赘述。

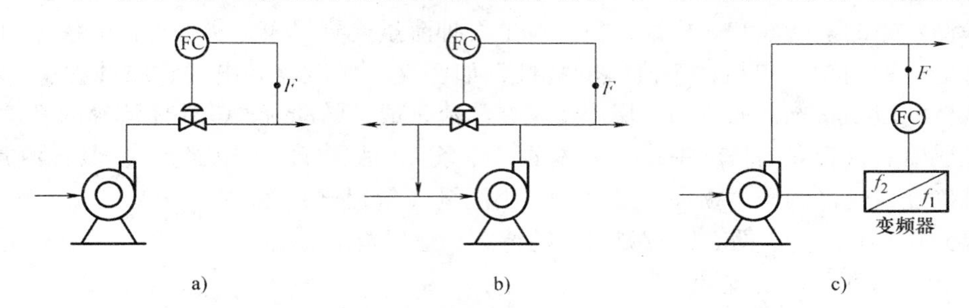

图3-62 管路流量的自动控制
a）直接节流 b）控制回流 c）变频调速

我们知道当泵的转速改变时，泵的流量特性曲线也会发生改变。在相同的流量下，提高泵的转速会使压头增加；同样，在相同的管路特性的情况下，提高泵的转速，会使工作点发生变化，出口流量增加。变频器是一类通过改变电动机工作电源的频率和幅度的方式来控制交流电动机转速的电源转换设备。如果流量控制器FC输出的控制信号直接作用于变频器，变频器可以根据控制信号的大小调整电动机的电源频率和幅值，进而改变电动机的转速，最终实现流量控制的目的，如图3-62c所示。区别于前面两种控制方案，变频控制系统在管道上不需要安装调节阀，阻力损失很小，机械效率较高，尤其是在大功率电动机设备上的节能效果更加显著，这种控制方案的应用也日渐广泛。

变频控制系统的节能效率与电动机的运行工艺有关，如果电动机始终处于满负荷运行，变频控制的节能效率与直接电网运行相比不很明显，如果电动机经常处于低负荷状态运行，其节能效率很显著，可达50%以上。

由于在实时测量的流量信号通常会包含一些脉动成分，因此流量控制器往往不宜引入微分作用；此外，流量控制系统的时间常数很小，控制器的控制作用也不宜整定得太强。

3.4 液位检测控制系统

3.4.1 液位检测仪表

1. 概述

液位是指容器中液体介质液面的高度，用来测量液位的仪表统称为液位计。

由于工业生产中容器的高度、工作压力和温度、介质的特性和对测量的要求等差别很大，形成了各种液位检测方法，归纳起来液位检测主要使用了以下几个原理：

1）基于力学原理，检测元件所受到的力（压力）的大小与液位成正比。基于力学原理的液位计有静压式液位计、浮力式液位计等。

2）基于相对变化原理，当液位变化时实际上是改变了液面与容器底部或顶部之间的距离，因此可通过测量距离的相对变化来获得液位。基于该原理的液位计有超声波液位计、微波液位计等。

3）基于检测元件某个强度性物理量随液位而变的原理，例如，射线式液位计中穿过容器的射线的吸收程度与液位有关；电容式液位计中电容的变化量与液位的高低有关。

液位是物位的一种，物位还包括界面（两种液体介质的分界面）和料位（固体颗粒状物质的堆积高度）。上述液位计中，除基于力学原理的静压式液位计和浮力式液位计外，其他液位计的测量原理均可用于料位的测量。

从使用者的角度，液位计可分为现场直读式和远传式两种。现场直读式液位计大多基于连通器原理，不能用于控制系统。

液位计还可以分为开关式和连续式液位计，前者只检测液位是否达到某一预定高度，并输出一个开关量信号；后者可连续测量液位的高低。本节主要介绍具有远传功能的连续式液位计。

2. 静压式液位计

（1）测量原理

静压式液位计也称差压式液位计，它是利用差压原理，通过测量容器底部和顶部之间液柱产生的静压差来获得液位，测量原理如图 3-63 所示。被测液位高度（该高度可以小于容器内实际液位高度）为 H，则差压计所感受的差压 Δp 为

$$\Delta p = \rho g H \tag{3-46}$$

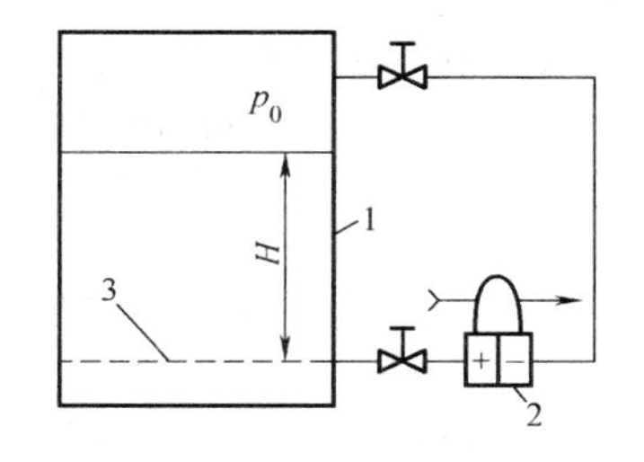

图 3-63　静压式液位计的测量原理
1—容器　2—差压计　3—零液位

当容器内液体的密度 ρ 为已知时，差压计的输出与液位 H 呈一一对应关系。所以静压式液位计实际上是利用差压计（差压变送器）来实现液位测量的，差压计的准确度在很大程度上决定了液位测量的准确度。

（2）差压变送器的量程迁移

在实际使用时，由于差压变送器的位置不可能做到与正压室的在同一条水平线上，差压变送器的引压管上也可能充以其他介质，当液位为“零”时，差压变送器通常会受到一个附加静压的作用从而输出不为零。在这种情况下需要通过对变送器的零点调整使差压变送器在零液位时输出为零，这种方法称为量程迁移。

量程迁移有正迁移、负迁移两种情况。对于如图 3-63 所示的情况，由于 $H = 0$，$\Delta p = 0$，差压变送器不需要迁移。

1）负迁移　图 3-64a 中，如容器上方的气体是易冷凝的或被测介质是腐蚀性的，常在引压管上加装隔离罐，从隔离罐至变送器的正负压室充以隔离液。根据流体静力学原理，可以推出差压变送器感受到的差压为

$$\Delta p=\rho_1 gH+\rho_2 gh_1-\rho_2 gh_2=\rho_1 gH-B \tag{3-47}$$

式中，ρ_1为被测液体密度；ρ_2为隔离液密度；h_1和h_2参见图3-64a的标注；$B=\rho_2 g\ (h_2-h_1)$。

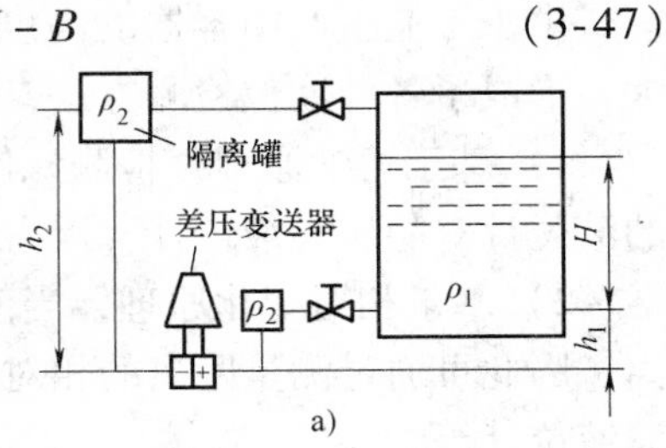

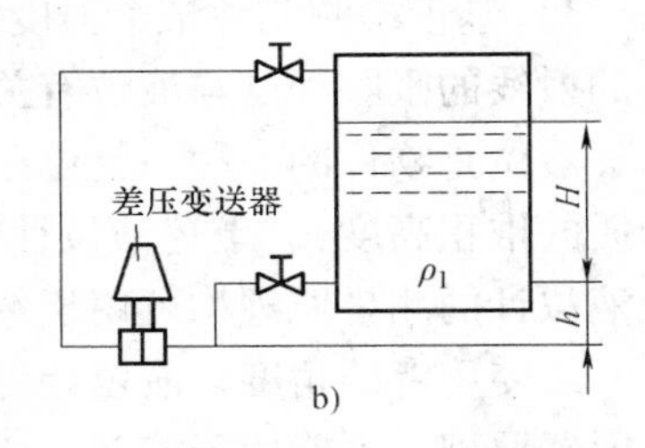

图3-64 需要迁移的差压变送器
a）负迁移 b）正迁移

由式（3-47）可见，当$H=0$时，$\Delta p=-B<0$，差压变送器因受到一个附加的负差压作用，输出不为零。为此要调整差压变送器的迁移弹簧（详见3.2节中的有关内容），进行量程迁移，使差压变送器在$H=0$时输出为零。由于要迁移的量为负值，因此称负迁移，其中迁移量为B。

量程迁移后，当液位在$0\sim H_{max}$变化时，可保证差压变送器的输出从零到满刻度。

2）正迁移 如图3-64b中，忽略负压室引压管内气体产生的静压，差压变送器所受差压为

$$\Delta p=\rho_1 gH+\rho_1 gh=\rho_1 gH+C \tag{3-48}$$

式中，C为迁移量，$C=\rho_1 gh$。当$H=0$时，$\Delta p=C>0$，差压变送器受到一个附加的正差压作用，使输出大于零。因此也要通过调整差压变送器的迁移弹簧，进行量程迁移，使差压变送器在$H=0$时输出为零。由于要迁移的量为正值，因此称正迁移。

正负迁移的作用实质上是同时改变差压变送器的测量上限和下限，即进行平移，而迁移后量程不变。

（3）静压式液位计的使用

静压式液位计在使用时除了要根据差压变送器的安装方式和位置提前进行量程迁移外，还要注意以下问题：

1）差压变送器一旦安装到位，不能随便更改位置，如需改变，则应重新计算迁移量并调整。

2）由式（3-46）~式（3-48）可知，静压式液位计的测量准确度受被测介质密度、引压管内介质密度变化的影响，测量过程应保证密度不变，如有变化应及时进行修正。

3）当被测介质具有腐蚀性、易结晶、易凝固时，引压管易被腐蚀或堵塞，影响测量准确度。对于这样的介质，可选用法兰式差压变送器，这种仪表是将变送器、充硅油的毛细管和法兰做成一体，法兰上带有金属膜盒，用它感受压力并通过毛细管内的传压介质传递到差压变送器的测量室，如图3-65所示。

【例3-5】 如图3-65所示液位测量系统，设被测介质密度为850kg/m³，毛细管内硅油密度为950 kg/m³。两法兰间距离为3m。问选用的差压变送器的量程应为多少？是否需要迁移？

解： 由题意，当液位高度为H时，差压变送器正负压室所受压力各为

$$p_+=p_0+H\rho_1 g-h\rho_2 g,\qquad p_-=p_0+(3-h)\rho_2 g$$

差压变送器所受差压为$\Delta p=p_+-p_-=H\rho_1 g-3\rho_2 g$。

当$H=0$时，$\Delta p=-3\rho_2 g=-3\times 950\times 9.8\text{Pa}=-27930\text{Pa}$

当$H=3\text{m}$时，Δp的变化量为$H\rho_1 g=-3\times 850\times 9.8\text{Pa}=-24990\text{Pa}$

因此，选用的差压变送器的量程档为25kPa，实际使用时调整到24990Pa。由于当$H=0$时，$\Delta p=-27930\text{Pa}$，因此差压变送器需要负迁移，迁移量为27930Pa。

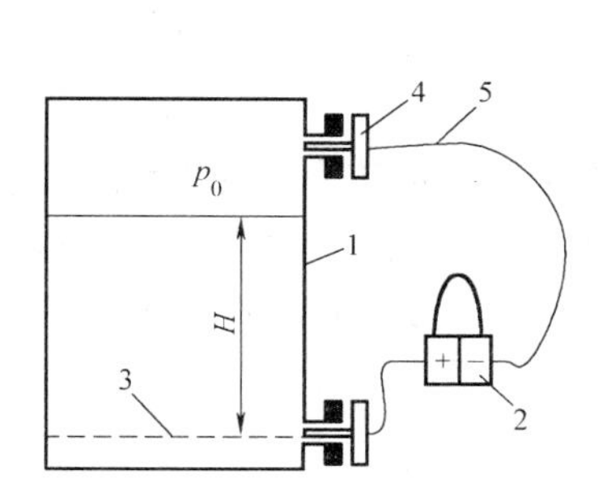

图 3-65　法兰式液位计示意

1—容器　2—差压计　3—零液位

4—法兰　5—毛细管

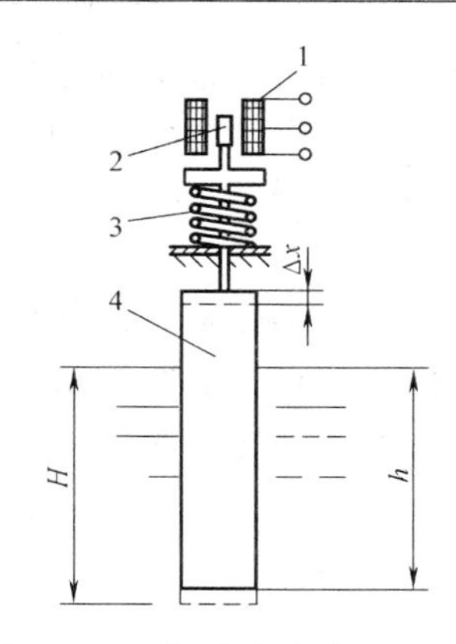

图 3-66　浮筒式液位计测量原理

1—差动变压器　2—铁心

3—弹簧　4—浮筒

3. 浮力式液位计

浮力式液位计可分为恒浮力式液位计和变浮力式液位计。恒浮力式液位计利用漂浮于被测液面上的浮子随液面的变化而上下移动，通过测量浮子的位置来确定液位的高度。恒浮力式液位计包括浮标式、浮球式和翻板式等各种方法，主要用于现场指示。

变浮力式液位计是利用沉浸在被测液体中的浮筒所受到的浮力与液面的位置关系来测量液位的。通过转换元件和转换电路可进一步将浮力转换成电信号输出。下面主要介绍变浮力式液位计。

（1）测量原理

变浮力式液位计的敏感元件是一个浮筒，所以也称浮筒式液位计。浮筒部分浸没在被测液体中，如图 3-66 所示。当浮筒受浮力作用向上移动时，同时受到弹簧力的作用，当它们两者达到平衡时有

$$A\rho gh = C\Delta x \tag{3-49}$$

式中，A 为浮筒的横截面积；ρ 为液体的密度；C 为弹簧的刚度。由于浮筒的位移 Δx 很小，则 $h \approx H$，从而式（3-49）可写为

$$H = \frac{C}{A\rho g}\Delta x \tag{3-50}$$

式（3-50）表明，浮筒的位移量 Δx 正比于液位高度 H。为了检测浮筒的位移，在浮筒的连杆上安装一个随浮筒上下移动的铁心，铁心处于差动变压器中心。当液位上升时，浮筒带动铁心向上移动，使差动变压器输出。

变浮力式液位计的另一种形式是扭力管式浮筒液位计，它用杠杆和扭力管代替图 3-66 中的弹簧，将浮筒所受到的浮力经过杠杆作用于扭力管，根据力矩平衡原理，将浮力转换为扭力管的角位移。

（2）浮筒式液位计的使用

浮筒式液位计中浮筒所受浮力与被测介质的密度有关，因此当介质密度变化时应做相应修正，否则会产生较大的测量误差。

浮筒式液位计通常有内置式和外置式两种安装方式，如图 3-67 所示。内置式是将浮筒

连同静井置于容器内，直接感受液位的变化；外置式是将液位计置于容器的外面，通过连通管将液体引入到液位计中，这种安装方式适用于高温介质，但不适合高黏度、易结晶介质。

4. 电容式液位计

（1）测量原理

电容式液位计是以圆筒电容器为敏感元件，将液位的变化转换为电容量的变化，通过转换电路输出液位信号。圆筒电容器是由两个同轴圆柱电极组成，如图3-68a所示。设电极的有效长度为L，两个圆筒的直径分别为d和D，圆筒间气体的介电常数为ε_1，则两电极间的电容量为

$$C=\frac{2\pi\varepsilon_1 L}{\ln\frac{D}{d}} \tag{3-51}$$

当圆筒电极的一部分被介电常数为ε_2的液体浸没时，如图3-68b所示，使圆筒电容器的电容量发生变化。设被液体浸没的高度为H，可以推导出电容器的电容变化量ΔC为

$$\Delta C=\frac{2\pi(\varepsilon_2-\varepsilon_1)}{\ln\frac{D}{d}}H \tag{3-52}$$

如果介电常数ε_1和ε_2保持不变，则电容的变化量与液位高度成正比。

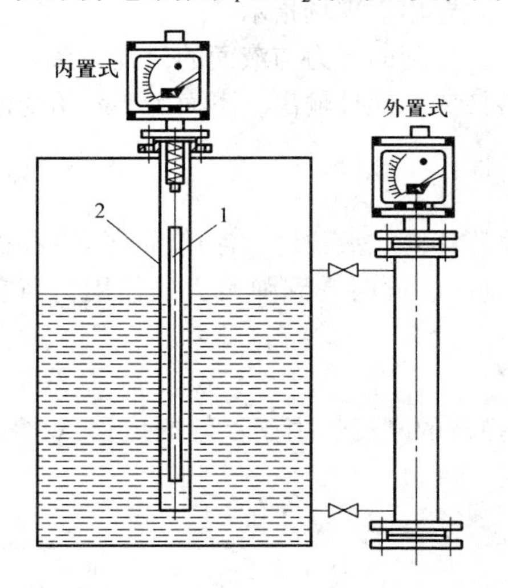

图3-67 浮筒式液位计的两种安装方式
1—浮筒 2—静井

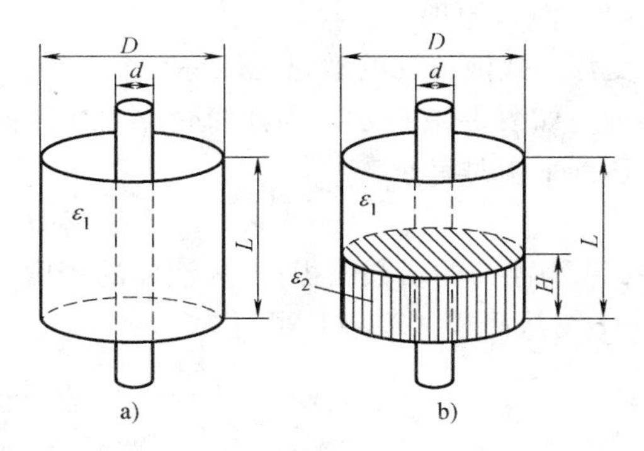

图3-68 电容式液位计测量原理
a）圆筒电容器 b）部分被液体浸没的圆筒电容器

当被测介质为导电液体时，上述圆筒形电极将被导电液体所短路。因此，内电极需用绝缘物覆盖作为中间介质（其介电常数为ε_3），而液体和外圆筒一起作为外电极，如图3-69所示。当液体高度为H时，可以推出电容器的变化量ΔC近似为

$$\Delta C=\frac{2\pi\varepsilon_3}{\ln\frac{D}{d}}H \tag{3-53}$$

（2）转换电路

转换电路的作用是将电容的变化量转换成统一的电流或电压信号输出。由于电容的变化

量很小，转换电路是保证液位计测量准确度的关键。常见的用于电容检测的方法有交流电桥法、充放电法和谐振电路法等。图 3-70 是一个环形二极管电桥充放电的转换电路。频率为 f 的矩形波电压加在电桥的 A 端，C_x 为被测电容，C_0 为平衡电容。在理想情况下（忽略二极管的正向电压降，微安表内阻为零），当矩形波电压由 U_1 升高到 U_2 时，一方面电流经 VD_1 对 C_x 充电；同时电流经微安表和 VD_3 对 C_0 充电。充电结束时流过微安表的电荷量为 $C_0(U_2-U_1)$。当矩形波电压由 U_2 降低到 U_1 时，C_x 上的电荷经 VD_2 和微安表放电；C_0 上的电荷经 VD_4 放电。放电结束时反方向流过微安表的电荷量为 $C_x(U_2-U_1)$。这样流过微安表的平均电流（方向为由 C 到 A）I 为

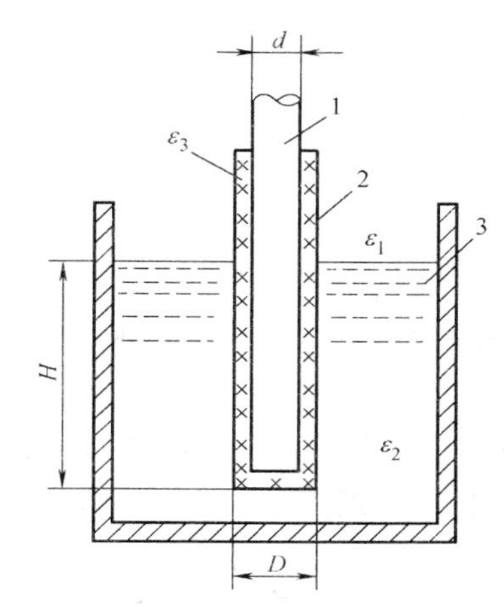

图 3-69　用于导电液体的电容式液位计测量原理

1—电极　2—绝缘套管　3—导电液体

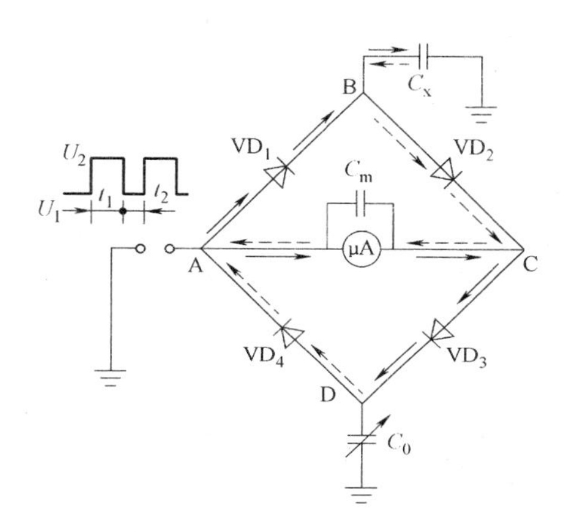

图 3-70　环形二极管电桥

$$I=fC_x(U_2-U_1)-fC_0(U_2-U_1)=f(U_2-U_1)\Delta C \tag{3-54}$$

式中，$\Delta C=C_x-C_0$。调试电路时，当 $H=0$ 时，调整 C_0 使 $C_0=C_{x0}$，有 $\Delta C=0$，从而 $I=0$。当 H 增加时，$C_x=C_{x0}+\Delta C$。由式（3-52）和式（3-54）可知，I 随 H 正比例增加。

（3）电容式液位计的使用

电容式液位计在使用时要注意被测介质的介电常数变化，同时测量系统应严格接地，防止外界电磁场的干扰。

从原理上讲，图 3-68 所示的电容式液位计可以用于测量料位，这就构成了料位计。

5. 超声波液位计

（1）测量原理

超声波是一种机械波，可以在气体、液体和固体中传播，当声波从一种介质向另一种介质传播时，因为两种介质的密度和声波传播速度的不同，在分界面上声波将会产生反射和折射，其中反射系数 R 为

$$R=\frac{I_R}{I_0}=\left(\frac{Z_2\cos\alpha-Z_1\cos\beta}{Z_2\cos\alpha+Z_1\cos\beta}\right)^2 \tag{3-55}$$

式中，I_R、I_0 分别为反射和入射声波的声强；α、β 分别为声波的入射角和反射角；Z_1、Z_2 分别为两种介质的声阻抗，其数值为 $Z_1=\rho_1 v_1$，$Z_2=\rho_2 v_2$，ρ 和 v 分别是介质的密度和声波在

介质中的传播速度。

由于声波在液体中的传播速度要大于在气体中的，而且液体的密度远大于气体，因此有$Z_{液}>>Z_{气}$。从而由式（3-55）可得，声波从气体传播到液体或相反方向传播时，声波的反射系数接近于1，说明几乎是全反射。

超声波就是利用这一原理来测量液位的，其测量原理如图3-71所示。超声波探头位于容器顶部，向下发射超声波，当超声波遇到液面时被反射，反射的超声波向上传播又被超声波探头接收，测出超声波从发射到接收到反射波的时间t，就可以算出超声波探头与液面之间的距离L，即

$$L=\frac{1}{2}vt \tag{3-56}$$

如果超声波探头与容器底部间的距离为H_{max}，则液位高度H为

$$H=H_{max}-L \tag{3-57}$$

（2）超声波液位计的使用

1）超声波的传播速度v不仅与介质有关，而且还与介质的温度有关，当超声波传播的介质温度发生变化时将会引起较大的测量误差。因此超声波液位计应有声速补偿措施，通常采用校正具和温度补偿两种方法。

① 校正具法。校正具法是在超声波传播的介质中安装一个固定长度的装置，其中一端装有超声波探头，另一端装有反射板。由于探头到反射板的距离是不变的，通过测出超声波的传播时间，就可以求得声速。

② 温度补偿法。当介质一定时，超声波的传播速度与温度有确定的关系，超声波在空气中传播的速度v（单位为m/s）可用式（3-58）估算：

$$v=20.067\sqrt{T} \tag{3-58}$$

式中，T为介质的绝对温度（K）。因此测出介质的温度就可以按式（3-58）计算出声速。

2）图3-71所示的测量方法称为气介式，此外还有多种形式，主要有：

① 液介式测量方法。探头位于容器底部的液体中。

② 固介式测量方法。采用固体棒（或管）传播超声波，并将其插入到液体中。

③ 多探头法。超声波的发射探头和接收探头独立使用，可以安装在不同位置。

3）超声波液位计的测量原理一般可用于测量料位。在料位测量时，一般采用气介式安装方法。

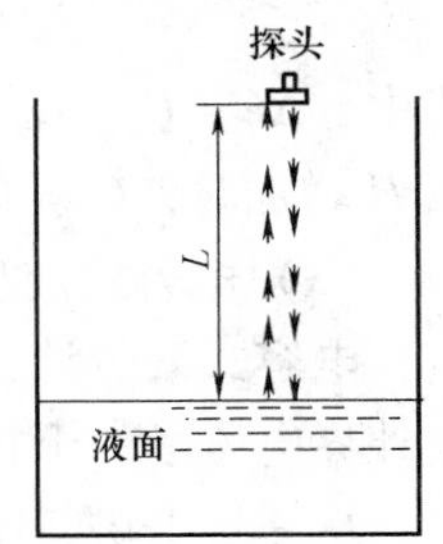

图3-71　超声波液位计气介式测量方法

6. 其他液位计

（1）射线式液位计

由射线源产生的射线穿过被测介质时，射线强度被介质吸收而衰减，其变化规律为

$$I=I_0\mathrm{e}^{-\mu L} \tag{3-59}$$

式中，I、I_0分别为射入介质前和穿过介质后的射线强度；μ为介质对射线的吸收系数；L为射线通过的介质长度。当射线源和被测介质确定后，I_0和μ为常数，测出I就可以求得L，进一步可得到液位的高度。

利用射线法测量液位的实现方法有很多，图 3-72 给出了一些常见的应用实例，图中，I_0 为射线源，有点源和线源两种；D 为检测器，也有单点式检测器和线状检测器两种。图 3-72a 为定点测量，为开关式液位计；图 3-72b ~ d 为连续式液位计，其中图 3-72b 的测量准确度较低，但图 3-72c、d 对射线源和检测器的要求较高，费用较高。

射线式液位计测量方法也可用于料位测量，属于非接触式测量，因此适用于高温、高压、强腐蚀、易结晶等工况条件苛刻的场合，测量结果也几乎不受温度、压力等因素的影响。但由于射线对人体有害，使用和维护时必须采取严格的防护措施。

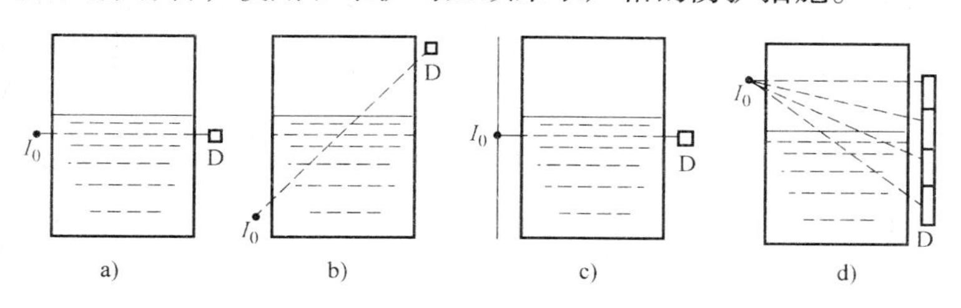

图 3-72　典型的射线式液位计测量原理

a）开关式液位计　b）点-点连续式液位计一　c）线-点连续式液位计二　d）点-线连续式液位计三

（2）磁致伸缩液位计

铁磁材料在外磁场作用下，材料内部在磁化过程中磁畴的界限发生移动，导致材料产生机械变形，这一现象称磁致伸缩效应。利用该效应制成的液位计称磁致伸缩液位计。

磁致伸缩液位计主要由电子线路、波导线和磁浮子等组成，测量原理如图 3-73 所示。磁浮子浮在液面上并可随液面上下移动。磁浮子产生的磁场方向在波导线附近平行于波导管。当电子线路向波导线发出一个电流脉冲时，在波导线附近形成一个新的磁场，它与磁浮子产生的磁场的合成结果是在磁浮子处形成一个螺旋形向上的瞬时磁场，导致由磁致伸缩材料制成的波导线产生应变脉冲，并以机械波的方式向上传播，最后被电子线路中的传感器所接收。通过测量从发出电流脉冲到接收到机械波脉冲的时间就可以获得传感器至液面之间的距离，进一步得到液位高度。

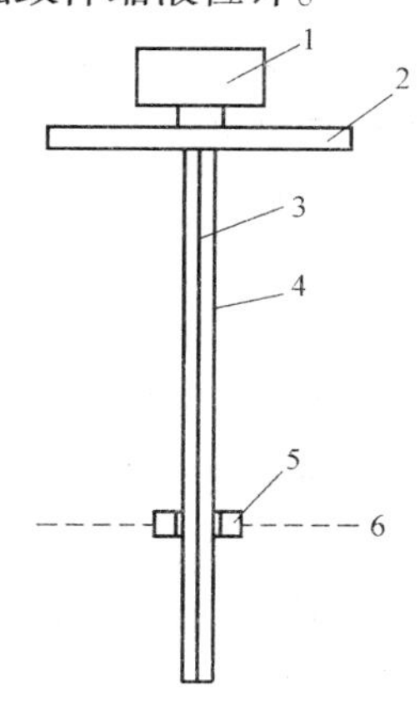

图 3-73　磁致伸缩液位计的测量原理

1—电子线路　2—固定件　3—波导线　4—保护管　5—磁浮子　6—液面

磁致伸缩液位计的测量准确度和分辨率较高，重复性也很好。

（3）微波液位计

微波液位计也称雷达液位计，其测量原理与气介式超声波液位计相似，只是用微波代替超声波，用微波天线代替超声波探头。

微波是波长在 1mm ~ 1m 波段的电磁波，以光速传播。由于光速取决于传播介质的相对介电常数和磁导率，所以微波的传播速度在较大范围内不受介质温度、压力等参数的影响，这是微波液位计明显优于超声波液位计之处。

微波以直线传播，微波在液面的反射强度与液体的相对介电常数有关，为了保证有足够大的微波反射信号，通常要求液体的相对介电常数必须大于某个值，否则应使用波导管来提高反射回波的能量。

7. 液位检测仪表的使用

液位检测仪表在选用时，要充分考虑各种液位计的特点、使用范围，并结合被测介质的性质、工况条件和测量要求来选择合适的液位计。一般情况下，静压式液位计和浮力式液位计是最常用的液位检测仪表。

液位检测仪表在安装调试完成后，一般不能随意改变安装位置，如确需改变，则必须重新调整测量系统。

在液位检测仪表中，有不少液位计的输出与介质的某一参数有关，如静压式液位计和浮力式液位计的输出信号与液体的密度有关；电容式液位计与液体的介电常数有关；超声波液位计与声波传播介质的温度有关。因此在实际测量时应设法保证这些参数不变，或采取适当的补偿措施以减少这些参数变化的影响。

3.4.2 液位控制系统的分析与设计

1. 典型的液位控制系统及其特点

如前所述，液位是指容器中液体介质液面的高度，液位控制过程主要是根据实际的液位大小，通过改变流入或者流出的液体流量来调节其高度，使介质液面能保持在规定的范围。不难理解，液位控制的快慢不仅取决于流入或者流出液体流量的大小，更主要还与对象的特征参数密切相关，即容器的横截面积越大，液位变化越缓慢，液位对象的时间常数越大。一般来说，液位对象的时间常数要明显比流量对象大，但比温度对象小。尽管液位也是影响安全生产的关键参数之一，但液位的适当波动一般不会对生产效率和质量产生直接的影响，因此液位控制系统的控制要求相对压力、温度和流量参数来说要宽松一些。

多数液位控制系统可以采用最简单的位式控制或者常规 PID 控制，但是有一种情况需要特别注意，在 2.1.1 节中提到的一类具有反特性的被控对象，在改变控制变量大小的时候，会产生“不升反降”或者“不降反升”的虚假液位，此时采用简单位式控制或者单回路 PID 控制都不能保证良好的控制效果。

2. 液位控制系统设计

（1）位式控制系统

除了液位变送器之外，液位开关也是在工业现场常用的液位测量仪表，它的输出不是一个连续的信号，而是根据液位是否到达检测点而输出“1”或“0”两个状态。如图 3-74 所示，只要测量出液位变化的上、下限值，就可以实现液位的控制。当 L_H = “1”时，打开出料阀门；当 L_L = “0”时，关闭出料阀门。正常工作的时候，容器内的液位将在 L_H 和 L_L 两个安装点的范围内变化，此时的执行器可以选用电磁阀等开关型执行器。但在该系统中，当液位低于 L_L 时，控制器没有任何感知信号，必要时可以在适当位置安装报警检测点，如 L_A，当 L_A = “0”表示液位过低，系统可以发出警示信号或者进行紧急干预，以保证安全。

（2）常规 PID 控制系统

如图 3-75 所示，通过液位变送器把容器内的连续液位信号测量出来，再结合调节阀组成单回路 PID 控制系统；根据液位对象的特点，液位控制器采用纯比例或者比例积分控制往往都可以取得满意的控制效果。

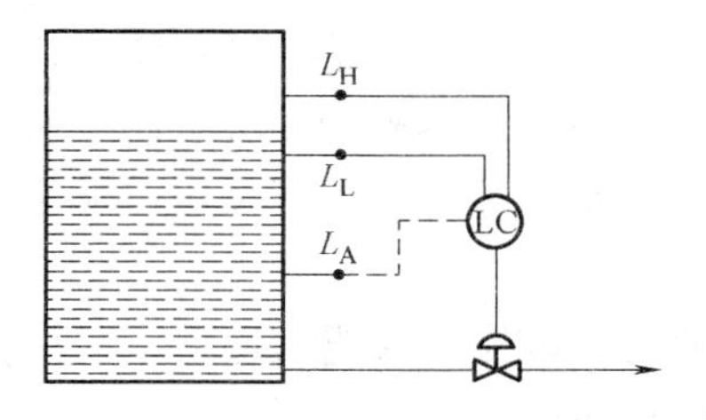

图 3-74　液位参数的位式控制系统

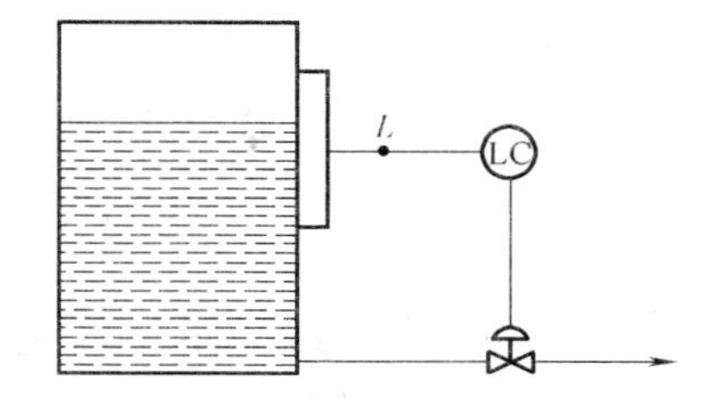

图 3-75　液位参数的连续控制系统

（3）多冲量控制系统

冲量即变量的意思。多冲量控制系统的称谓来自于热电行业的锅炉液位控制系统，它在锅炉给水系统控制中应用非常广泛，常见的控制方案有下列几种。

1）单冲量液位控制系统　在锅炉的正常运行中，汽包水位是重要的操作指标，给水控制系统的作用就是自动控制锅炉的给水量，使其适应蒸发量的变化，维持汽包水位在允许的范围内。图 3-76 是锅炉液位单冲量控制系统的示意图。

锅炉液位单冲量控制系统实际上就是根据汽包液位的信号来控制给水量的简单单回路控制系统，主要用于蒸汽负荷变化不剧烈、控制要求不十分严格的小型锅炉，它的缺点是不能适应蒸汽负荷的剧烈变化。在锅炉其他工况不变的情况下，倘若蒸汽负荷突然有较大幅度的增加，由于汽包内蒸汽压力瞬时下降，汽包内的沸腾状况突然加剧致使水中的汽泡迅速增多，形成了虚假的水位上升现象。这种“虚假液位”会使阀门产生误动作，不但不会增大给水量开大给水阀门，反而会因“虚假液位”而减小阀门开度，减少给水流量。显然，这将引起锅炉汽包水位大幅度的波动，严重的甚至会使汽包水位降到危险的程度，以致发生事故。为了克服这种由于“虚假液位”而引起的控制系统的误动作，引入了双冲量控制系统。

2）双冲量液位控制系统　图 3-77 是锅炉液位的双冲量控制系统示意图。这里的双冲量是指液位信号和蒸汽流量信号。当控制阀选为气关阀，液位控制器 LC 选为正作用时，其运算器中的液位控制信号运算符号应为正，以使汽包内液位增加时关小控制阀；蒸汽流量信号运算符号应为负，以使蒸汽流量增加时开大控制阀，满足由于蒸汽负荷增加时对增大给水量的要求。由图 3-77 可见，双冲量控制系统实际上是一个“前馈—反馈”控制系统。当蒸汽负荷的变化引起液位大幅度波动时，蒸汽流量信号的引入起着超前的前馈控制作用，它可以在液位还未出现波动时提前使控制阀动作，从而减少因蒸汽负荷量的变化而引起的液位波动，改善控制品质。

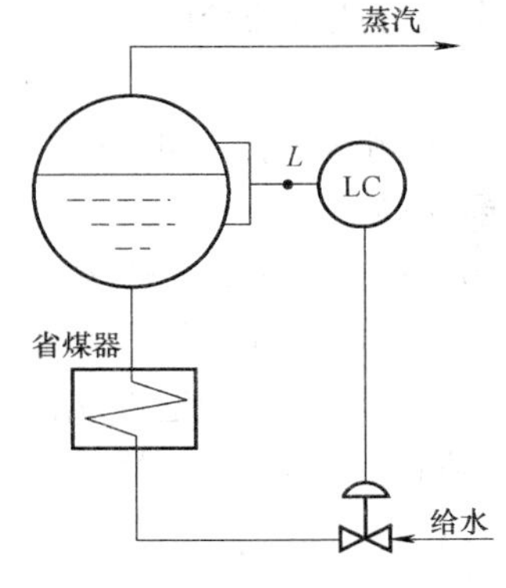

图 3-76　单冲量控制系统

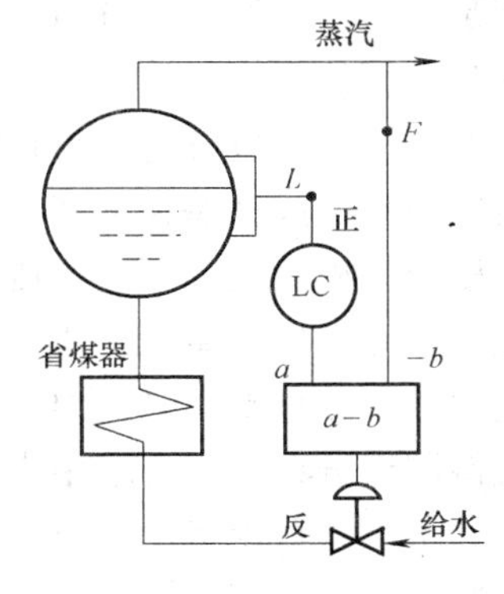

图 3-77　双冲量控制系统

但是，影响锅炉汽包液位的因素还包括供水压力的变化，双冲量控制系统对这种干扰的克服是比较迟缓的，它要等到汽包液位变化以后再由液位控制器来调整进水阀。所以，当供水压力扰动比较频繁时，双冲量液位控制系统的控制质量较差，这时可采用三冲量液位控制系统。

3）三冲量液位控制系统　图3-78是锅炉液位的三冲量控制系统示意图，在系统中还增加一个供水流量的信号，用于克服由于供水压力波动而引起的汽包液位的变化。图3-79是三冲量控制系统的典型控制方案，不难发现该系统的本质就是“前馈—串级”控制。汽包液位是工艺的主要控制指标，作为串级控制系统中的主变量；给水流量作为副变量引入，可以利用副回路克服干扰的快速性来及时克服给水压力变化对汽包液位的影响；蒸汽流量是作为前馈信号引入的，其目的是为了及时克服蒸汽负荷变化对汽包液位的影响。由于三冲量控制系统的抗干扰能力和控制品质都优于单冲量、双冲量控制，特别是在大容量、高要求的锅炉系统上应用非常广泛。

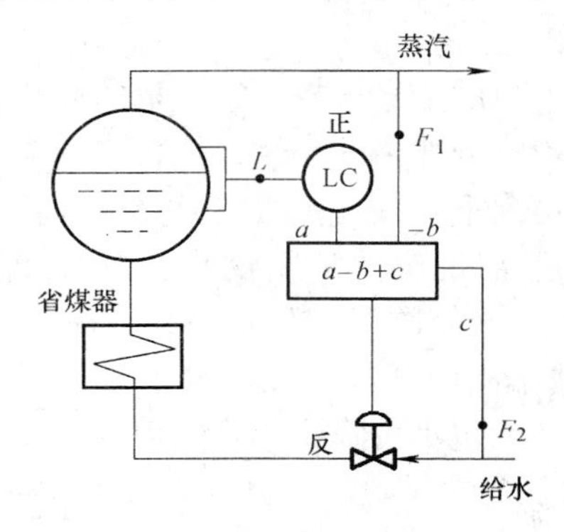

图3-78　三冲量控制系统

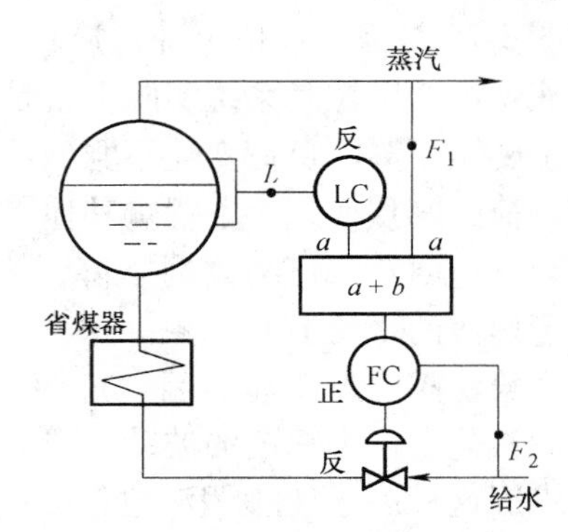

图3-79　三冲量控制系统实施方案

3.5　成分检测控制系统

3.5.1　气体成分检测仪表

1. 概述

成分检测是指对混合物进行分析，确定其中的一个组分或各组分的含量。因此，成分检测仪表也称成分分析仪表。

在工业生产过程中，成分是最直接的控制指标。通过测量并控制生产过程中的原材料、中间产物和最终产品的成分是保证产品质量的一个重要途径。

和温度、压力等检测仪表不同，成分检测仪表的构成比较复杂，但通常由传感器、信号处理单元、显示单元和控制单元构成，此外还包括与之配套的采样系统，如图3-80所示。

成分检测的基本原理是：利用混合物中待测组分的某一化学或物理性质比其他组分的有较大差别，或待测组分在特定环境中表现出来的明显不同的化学或物理性质，通过传感器测出该性质对应的量值来获得待测组分的含量。

根据具体所采用的原理不同，成分检测仪可分为以下几种：

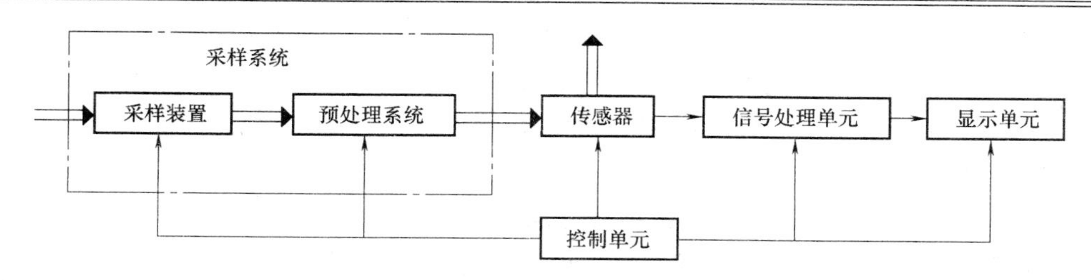

图3-80　成分检测仪表的组成框图

1）电化学原理　根据电化学原理，通过测量电池的电动势等来获得组分的含量，其中包括电导仪、pH计、氧化锆氧量分析仪等。

2）热学原理　如热导式气体分析仪是根据待测组分的热导率与混合物其他组分的有较大差别，通过测量混合物的热导率来得到待测组分含量。

3）光学原理　如红外线气体分析仪，利用各种气体对红外线有不同的吸收光谱来实现气体的成分分析。

4）磁学原理　如热磁式氧量分析仪，利用氧气的磁化率远比其他气体大这一性质。

5）色谱原理　利用气体或液体在特定的色谱柱中流动速度的不同进行先分离后检测，可分析混合物中各组分的含量。

在成分检测中，气体成分的检测占有重要地位。在混合气体中通常含有多种气体，各种气体的含量相差很大，给气体成分检测仪表带来很大困难。而液体成分往往以溶液的质量分数反映，可以通过溶液密度测量（如密度计）、酸碱度测量（如pH计）来获得，因此在下面的内容中，主要介绍气体成分的检测。

2. 热导式气体分析仪

（1）测量原理

不同的气体具有不同的导热能力，即热导率 λ 不同，热导率越大，则气体的导热能力越强。气体的热导率与温度有关，常见气体在0℃时的热导率和相对于0℃时空气的热导率见表3-6。

表3-6　常见气体在0℃时的热导率和相对热导率

气体名称	热导率/[W/（m·K）]	相对空气相对热导率	气体名称	热导率/[W/（m·K）]	相对空气相对热导率
氢气	0.1741	7.130	一氧化碳	0.0235	0.964
甲烷	0.0322	1.318	氨气	0.0219	0.897
氧气	0.0247	1.013	二氧化碳	0.0150	0.614
空气	0.0244	1.000	氩气	0.0161	0.658
氮气	0.0244	0.998	二氧化硫	0.0084	0.344

实验表明，混合气体的热导率 λ 可近似地认为是各组分热导率的算术平均值（设彼此之间无相互作用）。同时，当混合气体满足：

1）除待测组分外其余各组分的热导率十分接近。

2）待测组分的热导率与其余组分的热导率有较大差别。

这时可求得待测组分的体积分数 C_x 与混合气体热导率 λ 之间的关系为

$$C_x=\frac{\lambda-\lambda_x}{\lambda_x-\lambda'} \tag{3-60}$$

式中，λ_x、λ'分别是待测组分和其他组分的热导率。由于λ_x和λ'是已知的，则测出混合气体的λ就能获得待测组分的体积分数。

由表3-6可见，氢气的热导率是其他气体的7倍多，所以热导式气体分析仪最适合于氢气含量的测量，在一定条件下也可用于二氧化硫和二氧化碳含量的测量。

（2）热导池

热导池的作用是将混合气体的热导率的变化转换为热导池中电阻丝的电阻变化，实现热导率的测量，其结构如图3-81所示。

热导池是一个垂直放置的圆柱形气室，其中心有一根热电丝并通以电流I。被测混合气体由下端口进入，从上端排出。

电阻丝通电，产生热量通过气体向热导池壁面传递，在不计电阻丝两端轴向的传导热、混合气体带走的热以及电阻丝和热导池外壁的辐射热的情况下，根据热平衡原理可以推出

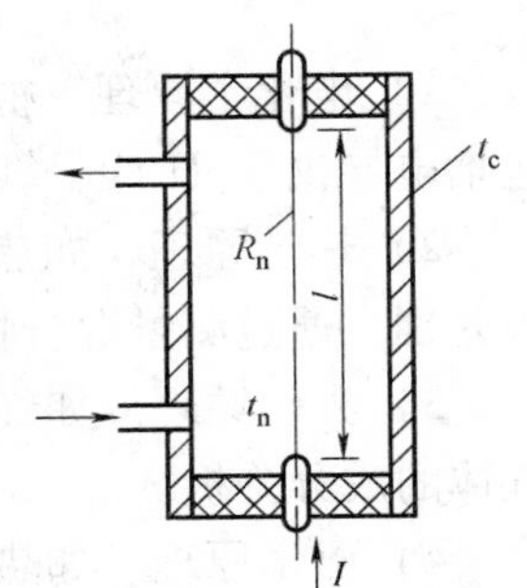

图3-81　热导池结构

$$R_n=R_0\ (1+\alpha t_c)+\frac{\ln\frac{r_c}{r_n}}{2\pi l\lambda}I^2R_0^2\alpha\ (1+\alpha t_n) \tag{3-61}$$

式中，R_n为电阻丝的电阻值；R_0为电阻丝在0℃时的电阻值；α为电阻丝的温度系数；t_c、t_n分别为热导池内壁温度和电阻丝温度；r_c、r_n分别为热导池的内半径和电阻丝半径；l为电阻丝长度。

由于α很小，且t_c和t_n变化不大，可认为（$1+\alpha t_c$）和（$1+\alpha t_n$）近似为常数。当R_0、α、r_c、r_n、l和I保持不变为常数时，式（3-61）中电阻丝电阻R_n仅与混合气体热导率λ有关，从而实现了热导率到电阻的转换。

（3）热导式气体分析仪

热导式气体分析仪主要由热导池、测量电路、温度控制器等部分组成。

为了减小环境参数的影响，提高测量准确度，通常采用4个热导池，它们的4根电阻丝组成一个惠斯顿电桥，并作为测量电路的一部分。测量电桥如图3-82所示，R_1和R_3为测量热导池，通以被测气体；R_2和R_4为参比热导池，里面封装了被测气体的下限含量的气体。当被测混合气体中待测组分的含量为下限值时，由于4个热导池完全一样，电阻值均相同，电桥输出为零。当混合气体中待测组分的含量增加时，R_1和R_3将因气体热导率的变化而改变，电桥产生输出电压，该电压的大小代表了待测组分的含量。电桥的输出经信号放大和处理后可输出标准信号。

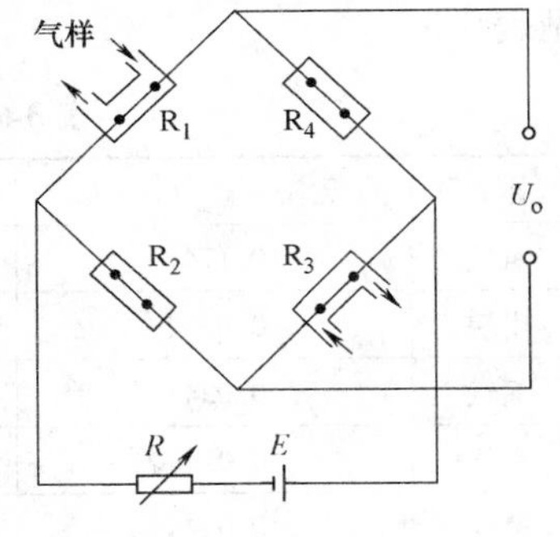

图3-82　热导式分析仪的测量电桥

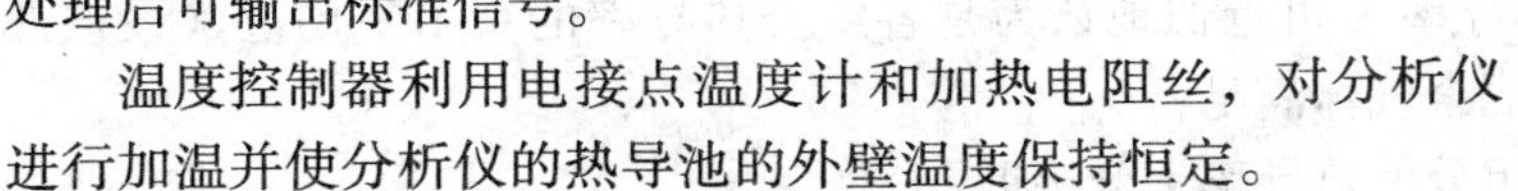
温度控制器利用电接点温度计和加热电阻丝，对分析仪进行加温并使分析仪的热导池的外壁温度保持恒定。

3. 氧化锆氧量分析仪

（1）测量原理

在掺有氧化钙的氧化锆固体电解质两侧，用烧结的方法制成微米级的多孔铂层作为电极，如图 3-83 所示。

当电极两侧分别通入被测气体（设氧气分压为 p_x）和参比气体（常用空气，氧气分压为 p_R），在高温下，高体积分数侧的氧分子通过铂电极向低体积分数侧迁移，形成的氧浓差电池的电动势大小可用涅恩斯特公式表示

$$E=\frac{RT}{nF}\ln\frac{p_R}{p_x} \tag{3-62}$$

式中，E 为浓差电动势；R 为理想气体常数，$R=8.315\text{J/(mol·K)}$；T 为气体的绝对温度；F 为法拉第常数，$F=96500\text{C/mol}$；n 为迁移一个氧分子的电子数，$n=4$。

由式（3-62）可见，当温度较高（一般需要在 650～850℃）并恒定，而且参比气体的氧分压也不变，则测量浓差电动势就可以获得被测气体中氧的含量。

（2）氧化锆探头

氧化锆探头的主要部件是氧化锆管和铂电极，其结构如图 3-84 所示。空气作为参比气体从 U 形的氧化锆管内流过，被测气体在管外流过。氧化锆管附近设有热电偶用来测量温度，温度控制器根据热电偶的信号调节加热电丝的电压，使温度保持恒定。氧化锆管电极信号连同热电偶信号送给转换电路。

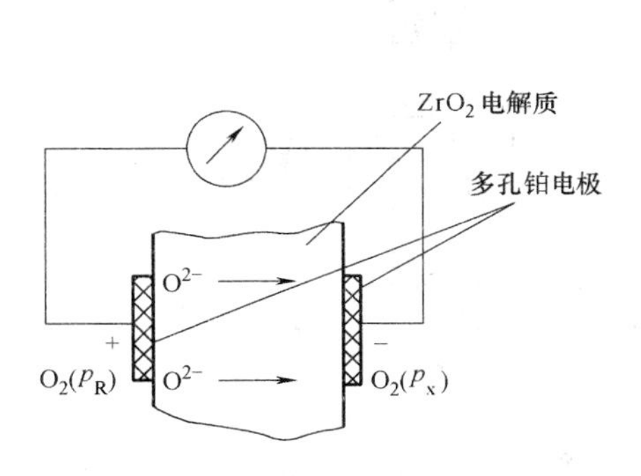

图 3-83　氧浓差电池原理

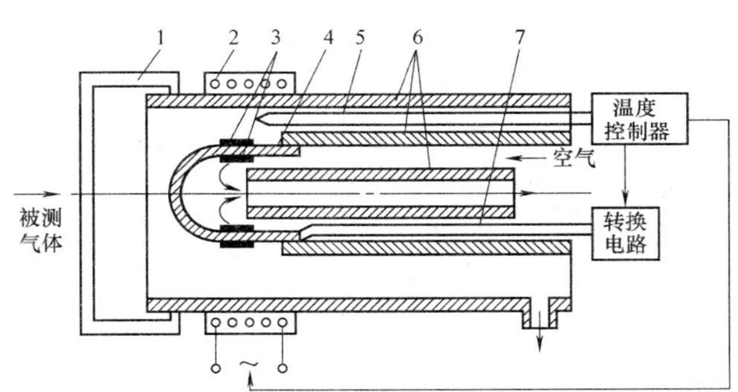

图 3-84　氧化锆探头结构

1—陶瓷过滤器　2—加热电丝　3—内外铂电极
4—氧化锆管　5—热电偶　6—Al_2O_3 管　7—电极引线

（3）转换电路

转换电路的作用是将来自氧化锆探头的浓差电动势和温度信号按式（3-62）进行信号变换和非线性处理，使输出电流信号正比于被测气体氧含量的大小，通用的转换电路框图如图 3-85 所示。

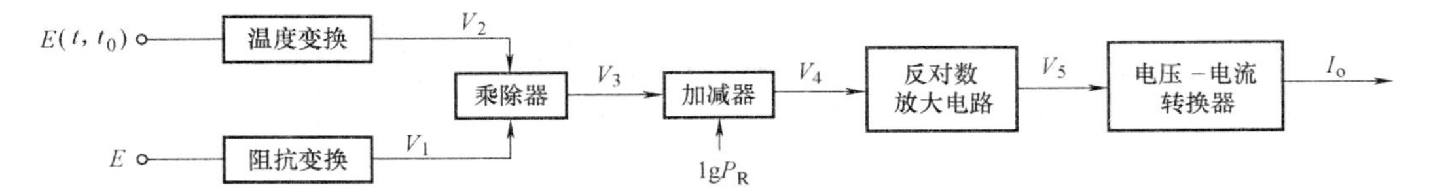

图 3-85　氧化锆氧量分析仪转换电路的框图

由于氧化锆探头是一个内阻很大的浓差电池，所以转换电路中需要增加阻抗变换电路。

温度变换电路是将热电偶的热电动势变换成与绝对温度成正比的信号，以便与浓差电动势进行运算。

反对数放大器用来对数运算，实现信号的线性化。

（4）氧化锆氧量分析仪的使用

氧化锆氧量分析仪在使用时应注意以下问题：

1）氧化锆探头处必须要有足够高的温度，被测气体的温度较低时应采用对探头加热。

2）被测气体和参比气体的通路必须畅通，并且保证其压力相等。

3）氧化锆探头易老化，要定期检查、检定，必要时需更换。

4. 红外线气体分析仪

（1）测量原理

红外线是一种电磁波，其波长范围在0.76～1000μm之间。当红外线穿过气体时，大部分气体会对红外线的波长有选择的吸收，这种随波长变化的吸收曲线称为红外吸收光谱图。图3-86给出了几种气体的红外吸收光谱图。

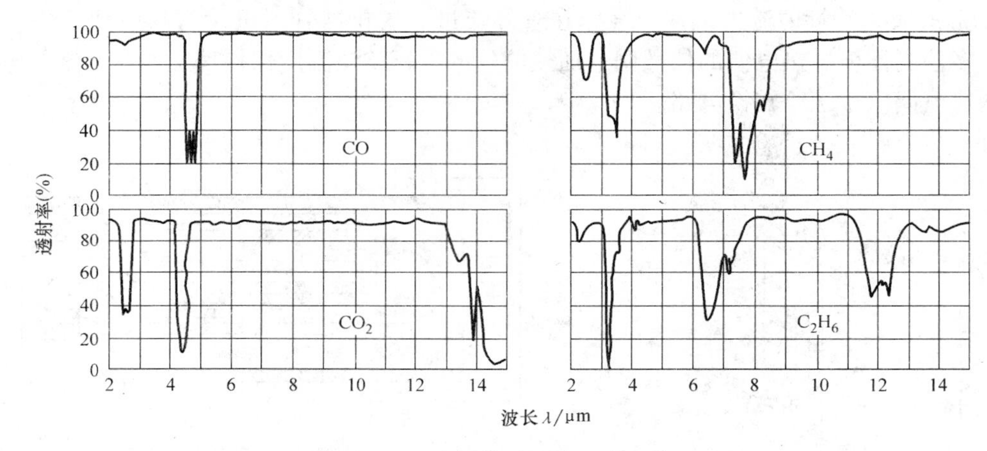

图3-86　几种气体的红外吸收光谱图

由图3-86可以看出，对于特定的气体，在不同的波长段气体对红外线的吸收程度是不一样的；对于不同的气体，总体上它们之间的吸收光谱图是不一样的，但是在某些波段上，可能有多种气体都具有吸收红外线的能力。另外，图中没有给出单原子分子和无极性的双原子分子的气体的红外吸收光谱图，原因是这些气体都不吸收红外线。相反，水蒸汽几乎对所有波长段的红外线都有较强的吸收能力。因此，可以得出红外线气体分析仪可用于除单原子分子、无极性双原子分子、水蒸汽等以外的红外吸收光谱图中具有显著特点的气体成分的测量。

当红外线穿过某气体时，气体对红外线的吸收程度随穿越长度的增加而增加，其透射的红外线强度遵循朗伯-比尔定律，即

$$I = I_0 e^{-K_\lambda l} \tag{3-63}$$

式中，I_0、I分别为通过被测气体前和后的红外线强度；K_λ为气体对波长为λ的红外线的吸收系数；l为红外线穿过气体的长度。由此可见，随着红外线穿越气体的长度的增加，红外线强度快速下降。如果被测气体为混合气体，而且在特定波长段上除待测气体组分能吸收红

外线外，其他各组分在该波长段上均不吸收红外线。假设红外线穿越的被测气体长度仍为 l，待测组分的含量为 c，则穿过该混合气体后的红外线强度相当于穿过长度为 cl 的单一待测组分的强度，即对于混合气体有

$$I = I_0 e^{-K_\lambda cl} \tag{3-64}$$

由式（3-64）可见，当 I_0、l 一定时，测出红外线的透射强度就可以求得待测组分的体积分数。

（2）红外线气体分析仪

基于上述原理的红外线气体分析仪有很多类型，有分光型和非分光型；直读式和补偿式；单光束和双光束；正式和负式等。下面重点介绍直读式红外线气体分析仪，其工作原理如图 3-87 所示。

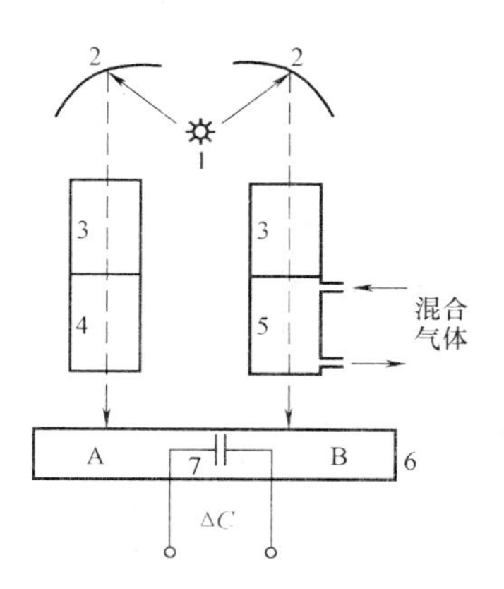

图 3-87　红外线气体分析仪工作原理

1—红外线光源　2—反射镜　3—滤波室或滤光镜　4—参比气室　5—测量气室　6—红外探测器　7—薄膜电容器

光源 1 发出的红外线经反射镜 2 形成两路红外线，一路红外线经滤波气室 3 和参比气室 4 后进入红外探测器 6 的左侧；另一路红外线经同样的滤波气室 3 和测量气室 5 后进入红外线探测器的右侧。

滤波气室的作用是将混合气体中其他各组分的吸收光谱与待测组分气体的吸收光谱中有重叠的波段上的红外线滤去（即全部吸收这些波段上的光），以保证进入测量气室的红外线的所有波长只被待测组分所吸收，而不会被其他任何组分所吸收。也就是说，使用滤波气室后，使穿过测量气室的红外线的吸收光谱不会受其他组分的影响。

参比气室中密封的是不吸收红外线的气体，如氮气等，其作用是保证两束红外线有相同的光学长度。

红外探测器由气室 A、B 和电容器 7 组成。两个气室内都充有足量的待测组分的气体，当被测气体中不含待测组分时，红外线穿过参比气室和测量气室后均未被吸收，进入气室 A 和 B 的能量相等，测量气室中待测组分气体吸收后产生相同的能量，两个气室的温度和压力也相同，从而薄膜电容器 7 的极板不变，$\Delta C = 0$。当被测气体中含有待测组分气体时，穿过测量气室的红外线将被部分吸收，使得进入气室 B 的红外线能量减小，进而气室 B 压力降低，导致薄膜电容器 7 中的动极板向气室 B 偏移，最终引起电容器电容量的变化。待测组分的含量越大，经测量气室进入气室 B 的红外线能量就越小，薄膜电容器的电容变化量就越大。

红外线气体分析仪具有很高的灵敏度，可测微量成分，测量速度也比较快，时间常数一般小于 30s，在工业上较多地用于 CO、CO_2、CH_4、NH_3、SO_2、NO 等气体的含量测量。但红外线气体分析仪的使用条件要求较高，应防振、防潮、防尘，还要根据被测气体的组成情况改变滤波气室内的气体以消除非待测组分气体的干扰。

5. 色谱分析仪

色谱分析仪简称色谱仪。与其他气体分析仪不同，色谱仪能一次同时测出被测样品中所有组分的含量。

（1）测量原理

色谱仪是基于物理分离原理工作的。分离过程由色谱柱来完成，色谱柱是一根具有一定长度的管子，管内放有固体颗粒或涂在担体上的液体。色谱柱内的这些颗粒和液体是固定不动的，故称它们为固定相。

被测样品由气体或液体携带着沿色谱柱内连续流过，该气体或液体成为载气或载液，样品连同载气或载液统称为流动相。

一般情况下，被测样品中各组分受固体颗粒吸附能力和在涂在担体上的液体中的溶解能力是不一样的。固定相对某一组分的吸附或溶解能力越强，则该组分就越不容易被流动相带走，从样品进入到流出色谱柱的时间就越长，从而实现了各组分的有效分离。如果流动相为气体，则称为气相色谱；如果流动相为液体，就称为液相色谱。

图 3-88 所示为气相色谱的分离过程。图中设样品中含有 A 和 B 两个组分，D 表示色谱柱中只有载气无样品的空间。在色谱柱出口安装一个检测器，在无被测组分流入时，检测器的输出为一稳定的平直信号，称为基线。当有组分从色谱柱进入检测器时，检测器就输出一个信号；当样品中所有组分先后流经检测器后，就形成如图 3-88 右侧所示的有不同峰组成的曲线图，称该图为色谱图。根据各组分在色谱图中出现的时间以及峰值或峰面积的大小可确定样品的组成以及各组分的体积分数。

（2）色谱图与定性定量分析

1）色谱图　色谱仪产生的色谱图如图 3-89 所示。图中，t_r^0称为死时间，表示不被固定相作用的气体（如空气等）从进入色谱柱到出现色谱峰所需的时间；t_r称为滞留时间，它反映各组分在色谱柱内受固定相作用的程度，每个组分的 t_r相差越大，表示色谱柱的分离效果越好；$t'_r = t_r - t_r^0$称为校正滞留时间；h 称为峰高；W 为峰宽，它是以色谱峰上两个转折点作切线交在基线 OT 上所形成的截距；$W_{\frac{1}{2}}$为半峰宽，表示在峰高一半 $h/2$ 处的色谱峰的宽度。

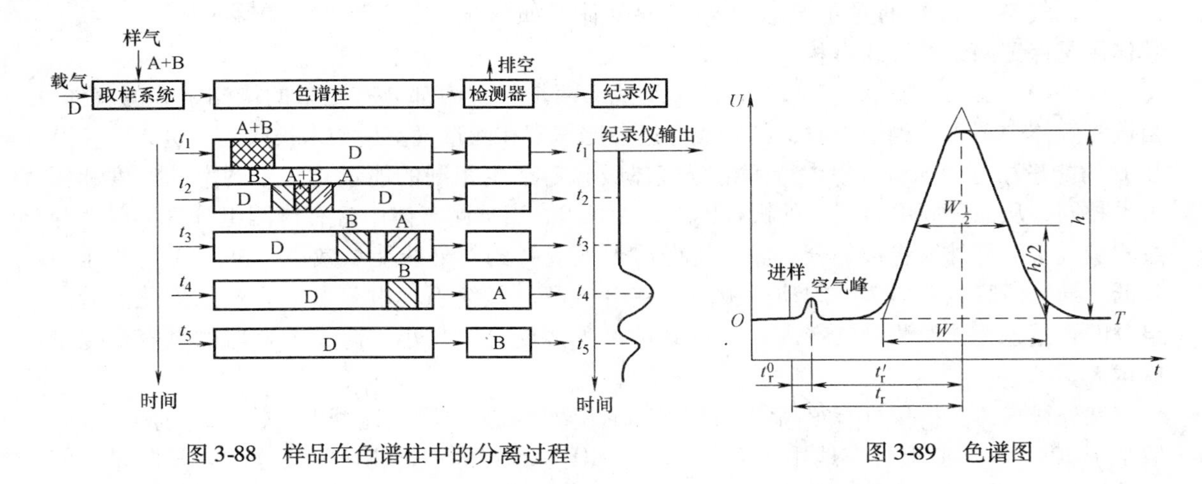

图 3-88　样品在色谱柱中的分离过程　　　图 3-89　色谱图

在一些情况下，色谱图中相邻两个色谱峰有重叠，说明分离效果不够理想。反映两个色谱峰的重叠程度可用分辨率 R 表示，由式（3-65）计算：

$$R = \frac{2(t_{rb} - t_{ra})}{W_a + W_b} \tag{3-65}$$

式中，t_{ra}、t_{rb}分别为组分 a、b 的滞留时间；W_a、W_b分别为组分 a、b 的峰宽。R 越小表示两个峰重叠越严重，当 $R \geqslant 1.5$ 时，通常认为两个峰完全分开。

【例 3-6】 设色谱仪分析双组分混合物，根据色谱图得 A、B 组分的峰宽分别为 2s 和 3.5s；滞留时间为 11s 和 14.2s；峰高为 2V 和 1.2V。问 A、B 两组分的分辨率为多少？根据峰高是否可以判定 A 组分比 B 组分的含量高？

解： 由式（3-65）可得，A、B 两组分的分辨率为

$$R = \frac{2 \times (14.2 - 11)}{2 + 3.5} = 1.16$$

虽然 A 组分对应的色谱峰较高，但是由于各组分通过检测器的灵敏度是不一样的，因此不能仅根据峰高来判定组分含量的大小。当各组分的灵敏度相同时，则色谱峰高的组分含量较大。

2）定性定量分析　定性分析是根据色谱图来判定样品中有哪些组分存在。一般采用滞留时间法和加入纯物质法。其基本出发点是当色谱仪结构和操作条件不变时，每种物质流过色谱柱的时间是不变的，具有相同的滞留时间的物质被认为是同一种物质。

定量分析是确定各组分在样品中所占的百分含量。在定量分析前先要测定检测器对每个组分的灵敏度。常用方法是注入纯物质 m_i，在载气流量为 q_v 的情况下，测出该物质对应的色谱峰面积 A_i，则该物质的灵敏度 S_i 为

$$S_i = \frac{q_v A_i}{m_i} \tag{3-66}$$

定量分析主要有以下几种方法：

① 定量进样法。先测定出总进样量 m，组分 i 的峰面积 A_i，则组分 i 的体积分数为

$$C_i = \frac{m_i}{m} \times 100\% = \frac{q_v A_i}{m S_i} \times 100\% \tag{3-67}$$

② 面积归一化法。当各组分的灵敏度均为已知时，则组分 i 的体积分数为

$$C_i = \frac{A_i / S_i}{\sum_j A_j / S_j} \times 100\% \tag{3-68}$$

③ 外标法。预先测出不同体积分数下某种组分色谱图的峰面积，作出组分含量 C 与峰面积 A 的标准曲线。实测样品时根据该组分对应的峰面积查标准曲线得到组分含量。

（3）色谱分析仪的组成结构

图 3-90 所示为气相色谱仪组成框图，它主要由核心系统、温控系统、预处理系统和信号放大与处理系统等部分组成。

核心系统包括定量管、取样阀、色谱柱和检测器。定量管 2 和取样阀 1 构成取样系统，其结构如图 3-91 所示。样品先注入到定量管中，转动取样阀让样品随载气一次性进入色谱柱。加热和温控系统由铂电阻、温度控制器和加热器等组成，其作用是保证色谱柱和检测器工作在一个恒定的温度。

预处理系统包括载气的预处理和样品的预处理。

信号放大与处理系统对来自检测器的信号进行放大，并以一定的方式显示色谱图，进一步实现对各组分的含量计算。

6. 成分检测仪表的使用

成分检测仪表的一个特点是使用时需要有一个配套的取样系统，其任务是从被测对象中

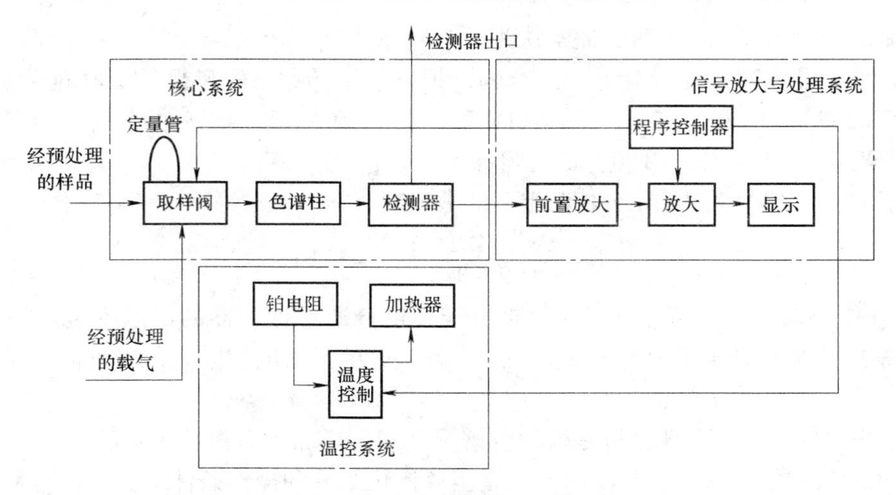

图 3-90　气相色谱仪组成框图

取出有代表性的样品，并经过必要的预处理进入检测仪表。

由于被测对象的不同和各种检测仪表的测量原理不同，取样系统不完全相同，但通常包含采样装置，过滤器、干燥器，压力、温度、流量调节装置和切换装置，如图 3-92 所示。

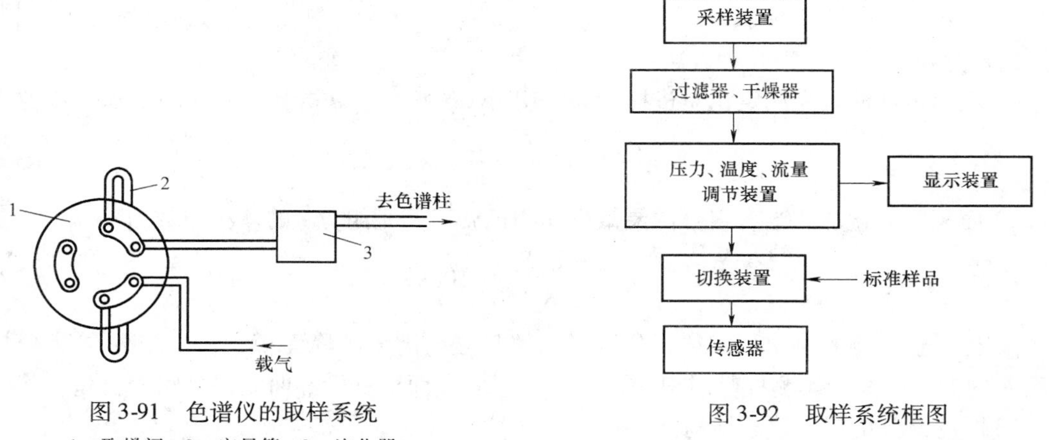

图 3-91　色谱仪的取样系统

1—取样阀　2—定量管　3—汽化器

图 3-92　取样系统框图

采样装置的作用是从被测对象取样，并做初步的前处理。在安装采样装置时应仔细选择取样装置的位置，使取出的样品具有代表性。

过滤器和干燥器的作用是将样品中的杂质（包括水分）去除。过滤器和干燥器要定期更换或处理，以保证它们正常工作。

压力、温度、流量调节装置的任务是将进入仪表的样品的压力、温度和流量控制在仪表正常工作的范围内，保证成分检测仪表测量的准确度。

切换装置可实现用一台成分检测仪表对多个取样点样品的测量，也可用来与标准样品的切换进行标定。

由于成分检测仪表一般需要取样系统，所以使用成本相对较高。另外，取样点与检测仪表的距离通常又较远，加上检测仪表中的检测器的反应时间多数较慢，因此成分参数的测量滞后较大，这给控制系统带来较大的困难。

3.5.2 成分控制系统的分析与设计

1. 典型的成分控制系统及其特点

不同于温度、压力、液位、流量参数，成分往往是在工业生产过程最直接的控制指标，也是保证产品质量最重要的一类测控参数。成分控制系统的对象一般都具有多容、时间常数大、纯滞后时间大的特点，多数对象具有明显的非线性（如 pH 控制）。在成分参数的检测过程中，多数场合都有复杂的取样和预处理环节，精确检测和实时检测较其他参数更为困难。因而，成分控制系统是生产现场中最容易出问题的系统。

成分分析仪表的实时性、稳定性和寿命是影响成分控制系统最关键的因素，由于工业生产过程中涉及的成分多种多样，并不是每一种“成分”都有合适的分析仪表可供选择，当选不到合适的成分分析仪表时（没有在线测量仪表或在线测量仪表的实时性不够高），往往选择能间接反应目标成分的某一参数作为被控变量实施控制，如温度、温差等，也称为间接质量指标控制。

2. 成分控制系统设计

（1） 直接指标控制系统

直接指标控制系统就是指通过合适的检测仪表把被控变量实时、在线测量出来，并把检测仪表的输出结果直接参与控制的系统。

如果成分控制系统中的被控“成分”指标可以通过在线仪表直接测量，那么这类控制系统与温度、压力等其他控制系统并没有本质的区别。下面以燃烧炉烟气中的残氧控制系统为例进行介绍。

在燃烧炉的燃烧过程中，如果进入炉膛燃烧介质和助燃空气完全充分燃烧，燃烧介质和助燃空气都没有过剩，那么此时的燃烧效率最高。否则，会对节能减排和设备保护产生不利影响。但是，在实际过程中要通过热效应量化评估燃烧效率是困难的，一种有效的评估燃烧炉燃烧效率的办法是通过燃烧烟气中燃烧介质或氧气的剩余量来判断当前燃烧是否完全充分。由于燃烧介质的组分多且组分含量不够稳定，要选择一种组分的检测来推断燃烧介质的燃烧剩余量有一定的困难；但是空气中氧气含量基本恒定，可以根据燃烧烟气中的残氧量计算助燃空气的剩余量，评估出燃烧过程的燃烧效率。

如图 3-93 所示，燃烧炉控制系统一般包括燃料量控制、空气量控制、空燃比控制以及炉膛负压控制等回路，其中空燃比控制是最重要的一部分。如果烟气中残氧量偏低，说明空燃比偏小，助燃空气已基本耗尽，燃烧可能不够充分，其直接后果是既浪费能源，又会增大对环境的污染；反之，空燃比偏大，剩余的空气会带走大量的热量，燃烧效率不高，甚至因金属高温氧化而降低设备的使用寿命。因此，通过检测燃烧烟气

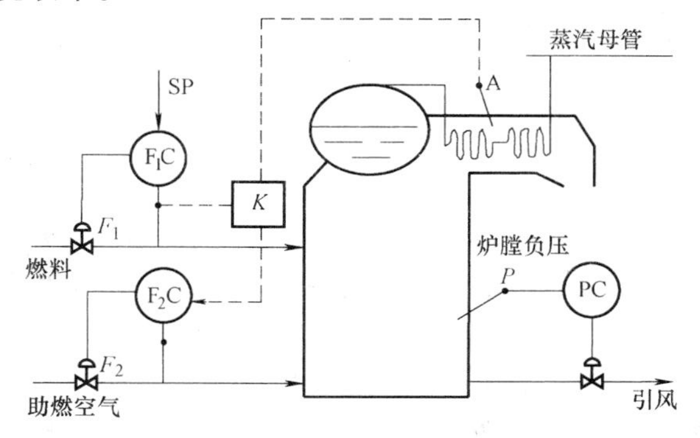

图 3-93 燃烧炉尾气残氧量控制系统示意图

中含氧量的变化，使用数学模型（K）来计算修正空气和燃烧介质的比值，即空燃比。有关

燃烧炉控制系统中的空燃比控制可进一步参考4.3节的内容。

需要注意的是，上述燃烧控制系统在实际生产实践中主要有两个技术瓶颈。首先是烟气的氧量分析单元，它是燃烧控制系统的核心部件，必须在精确、高速、可靠、寿命长、易维护的前提下，才能在生产中得到良好的应用。其次，在可靠的尾气残氧检测基础上，能否对空燃比实现有效的修正也是影响系统运行质量的一个重要环节，不同的系统对应的修正模型也不尽相同，归纳起来是一个结合系统负荷、炉膛温度或炉膛温度分布、炉膛负压、烟气温度、燃料量以及烟气残氧量等参数的综合决策过程。

（2）间接指标控制系统

精馏是在炼油、化工等众多生产过程中广泛应用的一个传质过程。精馏过程通过反复的汽化与冷凝，使混合物料中的各组分分离，分别达到规定的纯度。

精馏塔最直接的质量指标是产品纯度。一般说来，精馏塔的控制目标，应该在满足产品质量合格的前提下，使总的收益最大或总的成本最小。在二元组分精馏中，质量指标就是使塔顶产品中轻组分纯度符合技术要求和（或）塔底产品中重组分纯度符合技术要求。在多元组分精馏中，情况较复杂，一般仅控制关键组分。所谓关键组分，是指对产品质量影响较大的组分。从塔顶分离出挥发度较大的关键组分称为轻关键组分，从塔底分离出挥发度较小的关键组分称为重关键组分。以石油裂解气分离中的脱乙烷塔为例，物料中包含乙烷、丙烯等很多组分，在实际操作中，比乙烷更轻的组分、大部分的乙烷以及少量的丙烯将从顶部分离出，而比丙烯更重的组分、大部分的丙烯和少量的乙烷将从底部分离出。此时，乙烷是轻关键组分，丙烯是重关键组分。在实际操作过程中，对多元组分的分离通常也可简化为对二元组分的分离。

过去由于检测上的困难，难以直接按产品纯度进行控制。现在随着分析仪表的发展，特别是在线色谱仪与在线光谱仪的应用，已逐渐出现直接按产品纯度来控制的方案。然而，这种方案目前仍受到两方面条件的制约，一是测量过程滞后很大，反应缓慢，二是分析仪表的可靠性较差，因此，它们的应用仍然是很有限的。通常，对这类系统通过间接指标实施控制。

分析精馏塔的动态模型可以发现，塔内压力和温度与组分的体积分数具有对应关系，在一定压力下，温度与产品纯度间存在着单值的函数关系。因此，如果压力恒定，则塔板温度就间接反映了体积分数。反过来，如果保持温度一定，在理论上压力也和产品纯度之间存在着单值对应关系，但由于压力的变化极易影响塔内的平衡，所以最常用的间接质量指标是温度。

采用温度作为被控的质量指标时，选择塔内哪一点或几点温度作为质量指标是颇为关键的。常用的有如下几种方案。

1）灵敏板的温度控制　一般认为塔顶或塔底的温度最能代表塔顶或塔底的产品质量。其实，当分离的产品较纯时，在邻近塔顶或塔底的各板的温度变化已经很小，有时变化0.5℃，就可能超出产品质量的容许范围。因而，对温度检测仪表的灵敏度和控制准确度都提出了很高的要求，很多情况下难以满足。解决这一问题的方法是在塔顶或塔底与进料板之间选择灵敏板的温度作为间接质量指标。当塔的操作经受干扰或承受控制作用时，塔内各板的体积分数都将发生变化，各塔板的温度也将同时发生不同程度的变化，当达到新的稳态后，温度变化最大的那块塔板就称为灵敏板。灵敏板的位置可以通过逐板计算或静态模型仿真计算，依据不同操作工况下各塔板温度分布曲线比较得出。

2）温差控制　在精密精馏时，产品纯度要求很高，如果塔顶、塔底产品的沸点差又不大时，可采用温差控制。如果塔顶馏出量为主要产品，宜将一个检测点放在塔顶（或稍下一些），即温度变化较小的位置；另一个检测点放在灵敏板附近，即体积分数和温度变化较大的位置，然后取上述两测点的温度差 ΔT 作为被控变量。此外，选择温差作为衡量质量指标的参数，还有一个作用是为了消除压力波动对产品质量的影响。因为，在精馏塔控制系统中虽设置了压力定值控制，但压力也总是会有些微小波动而引起体积分数变化，这对产品纯度要求不太高的精馏塔是可以忽略不计的。但如果是精密精馏，产品纯度要求很高，微小的压力波动足以影响质量。采用温差控制，塔顶温度实际上起了参比作用，压力变化则对两点温度都有相同影响，相减之后其压力波动的影响就几乎相抵消。

3）双温差控制　当精馏塔的塔板数、回流比、进料组分和进料塔板位置确定之后，该塔塔顶和塔底组分之间的关系就被固定下来。但通过分析精馏塔操作曲线可以发现，当塔内的轻、重组分发生变化时，塔内温度变化较明显的灵敏板的位置会发生变化。如果塔顶重组分增加，会引起精馏段灵敏板温度较大变化；反之，如果塔底轻组分增加，则会引起提馏段灵敏板温度较大的变化。相对地，在靠近塔底或塔顶处的温度变化较小。将温度变化最小的塔板相应地分别称为精馏段参照板和提馏段参照板。双温差控制方法的基础就是分别将塔顶、塔底两个参照板与两个灵敏板之间的温度梯度实现控制。

双温差控制方案如图 3-94 所示，设 T_{11}、T_{12}分别为精馏段参照板和灵敏板的温度；T_{21}、T_{22}分别为提馏段灵敏板和参照板的温度，构成精馏段温差 $\Delta T_1 = T_{12} - T_{11}$ 与提馏段温差 $\Delta T_2 = T_{22} - T_{21}$，将这两个温差的差值 $\Delta T_d = \Delta T_1 - \Delta T_2$ 作为控制指标。从实际应用情况来看，只要合理选择灵敏板和参照板的位置，温度梯度控制稳定，就能达到质量控制的目的，可使塔两端达到最大分离度。

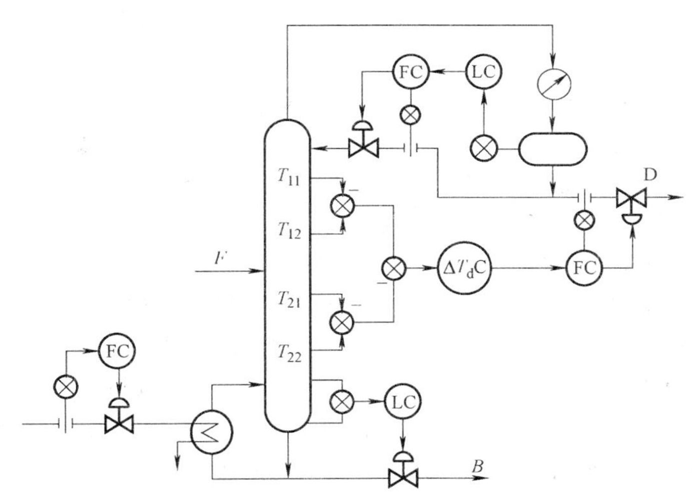

图 3-94　精馏塔的双温差控制方案

当然，除了质量指标的控制之外，精馏塔系统还包括产品产量、能耗等其他指标的控制。由于精馏塔系统是一个复杂的多输入多输出非线性系统，各个控制回路的设计、被控变量和控制变量的选择、控制策略的选用等都应该综合实际的工况条件而定。

3.6 简单控制系统的投运和参数整定

自控系统各组成部分在根据设计方案进行正确安装和调试后，就可进行投运。合理、正确的投运操作，可使自控系统在工艺过程不受干扰的情况下迅速平稳地投入到自动控制方式。

3.6.1 投运步骤

1. 投运前的准备

1）熟悉被控对象和整个控制系统，检查所有仪表及连接管线、气管线、电源、气源等，以保证接线的正确性，以及故障发生时能及时确定故障原因。

2）现场校验所有的仪表，保证仪表能正常工作。

3）确认控制阀的气开、气关作用。

4）确认控制器的正、反作用。

5）根据经验或估算比例度δ_p、积分时间T_i和微分时间T_d的数值，或将控制器放在纯比例作用，比例度放在较大位置。

2. 投运控制系统

1）控制器处于手动操作状态，并观察测量仪表是否正常工作。

2）手动操作执行器，直至工况稳定。

3）手动控制使被控变量接近或等于设定值，待工况稳定后，将控制器由手动状态切换到自动状态。

至此，控制系统初步投运过程结束。但控制系统的过渡过程不一定满足要求，需要进一步整定比例度δ_p、积分时间T_i和微分时间T_d 3 个参数。

3.6.2 控制器的参数整定

自动控制系统的控制质量，与对象特性、干扰形式和大小、控制方案及控制器参数都有着密切的关系。在控制方案、广义对象的特性、控制规律都已确定的情况下，控制质量主要取决于控制器参数的整定。整定控制器参数，就是按照已定的控制方案，求取使控制质量最好的控制器参数值，即确定最合适的控制器比例度δ_p、积分时间T_i和微分时间T_d，使控制质量能满足工艺生产的要求。对于简单控制系统来说，一般希望过渡过程呈 4:1 至 10:1 的衰减振荡过程。

控制器参数整定的方法主要有两大类，一类是理论计算的方法，另一类是工程整定法。理论计算的方法是根据已知的广义对象特性及控制质量的要求，通过理论计算出控制器的最佳参数。这种方法由于比较繁琐、工作量大，计算结果有时与实际情况不符合，故在工程实践中长期没有得到推广和应用。工程整定法是在已经投运的实际控制系统中，通过试验或探索，来确定控制器的最佳参数，这是一类常用的整定方法。

下面介绍 3 种常用工程整定法。

1. 临界比例度法

临界比例度法是先通过试验得到临界比例度δ_K和临界振荡周期T_K，然后根据经验公式求出控制器的 PID 参数值，具体过程如下：

1）先将控制器放在纯比例作用，并把比例度预置一个较大的值。

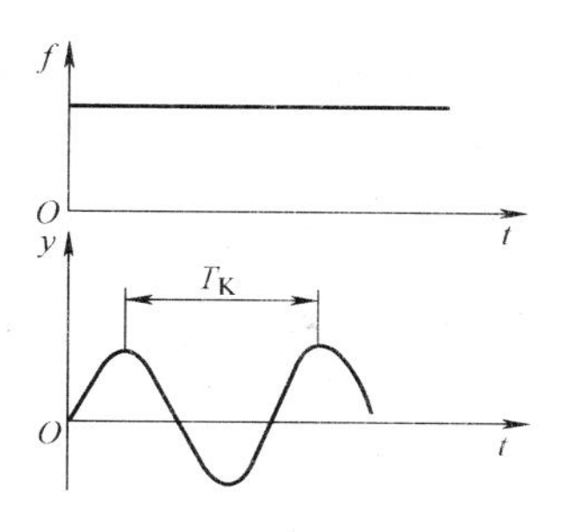

图3-95　临界振荡过程

2）把系统切入闭环控制系统。

3）加入适当的干扰作用（如改变设定值加入阶跃干扰，干扰量要根据生产操作要求来定，一般不超过额定值的5%）。

4）从大到小地逐渐改变控制器的比例度，直至系统产生如图3-95所示的等幅振荡。

5）测得此刻的比例度和振荡周期（此时的比例度称为临界比例度δ_K，周期称为临界振荡周期T_K）。

6）按表3-7中的经验公式计算出控制器的各参数整定数值。

表3-7　临界比例度法参数计算公式

控制作用	比例度（%）	积分时间	微分时间	控制作用	比例度（%）	积分时间	微分时间
比例	$2\delta_K$			比例+微分	$1.8\delta_K$		$0.85T_K$
比例+积分	$2.2\delta_K$	$0.85T_K$		比例+积分+微分	$1.7\delta_K$	$0.5T_K$	$0.125T_K$

临界比例度法比较简单方便，容易掌握和判断，适用于一般的控制系统，但不适用于以下两种情况：①工艺上不允许产生等幅振荡的系统；②临界比例度很小或不存在临界比例度的系统。因为临界比例度法是要使系统达到等幅振荡后才能找出δ_K与T_K，如果临界比例度很小，控制器输出的变化一定很大，被调参数容易超出允许范围，影响生产的正常进行。

2. 衰减曲线法

衰减曲线法通过使系统产生衰减振荡来整定控制器的参数值，具体的整定过程与临界比例度法相似，步骤如下：

1）先将控制器放在纯比例作用，并把比例度预置一个较大的值。

2）把系统切入闭环控制系统。

3）加入适当的干扰作用。

4）从大到小地逐渐改变控制器的比例度，直至系统产生如图3-96所示的4:1衰减振荡，记录此时的比例度δ_S和振荡周期T_S；或者产生如图3-97所示的10:1衰减振荡，记录此时的比例度δ_S和最大偏差时间$T_{升}$（又称上升时间）。

5）4:1衰减整定过程的控制器参数按表3-8中的经验公式计算确定，10:1衰减整定过程的控制器参数按表3-9中的经验公式计算确定。

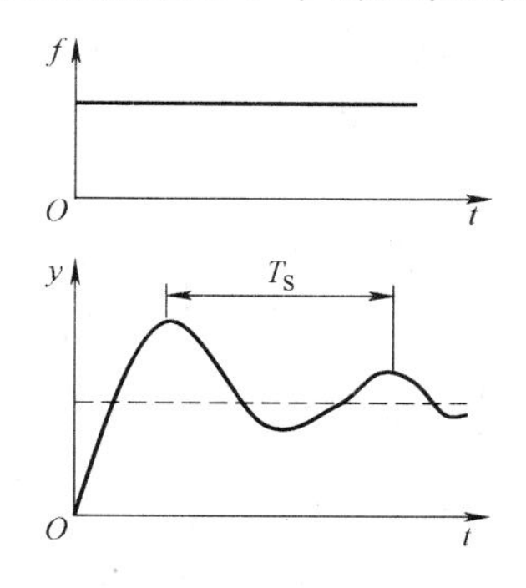

图3-96　临界振荡过程（4:1）

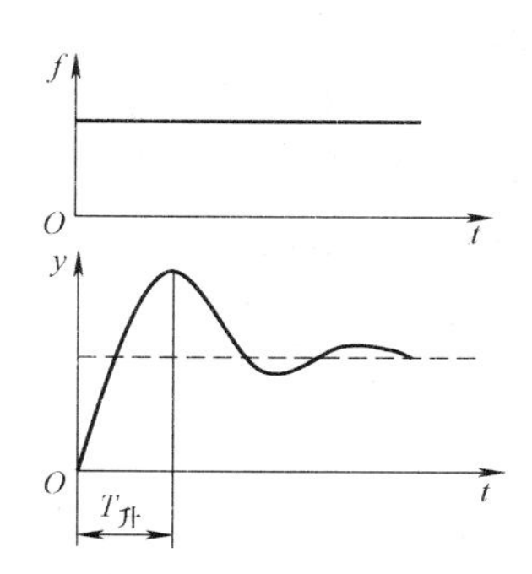

图3-97　临界振荡过程（10:1）

表 3-8 4:1 衰减法参数计算公式表

控制作用	比例度（%）	积分时间	微分时间
比例	δ_S		
比例 + 积分	$1.2\delta_S$	$0.5T_S$	
比例 + 积分 + 微分	$0.8\delta_S$	$0.3T_S$	$0.1T_S$

表 3-9 10:1 衰减法参数计算公式表

控制作用	比例度（%）	积分时间	微分时间
比例	δ_S		
比例 + 积分	$1.2\delta_S$	$2T_{升}$	
比例 + 积分 + 微分	$0.8\delta_S$	$1.2T_{升}$	$0.4T_{升}$

衰减曲线法比较简便，适用于一般情况下的各种参数的控制系统。但对于干扰频繁、记录曲线不规则、不断有小摆动的情况，由于不易得到准确的衰减比例度 δ_S 和衰减周期，使得这种方法难于应用。此外，在使用衰减曲线法的时候还必须注意以下几点：

1）施加的干扰幅值不能太大，要根据生产操作要求来定，一般为额定值的5%左右。

2）必须在工艺参数稳定情况下才能施加干扰，否则得不到正确的 δ_S、T_S 或 $T_{升}$。

3）对于反应快的系统，如流量、管道压力和小容量的液位控制等，要在记录曲线上严格得到 4:1 衰减曲线比较困难。一般以被控变量来回波动两次达到稳定，就可以近似地认为达到 4:1 衰减过程了。

3. 经验凑试法

经验凑试法是长期的生产实践中总结出来的一种整定方法。它是根据经验先将控制器参数放在一个数值上，直接在闭环的控制系统中，通过改变给定值施加干扰，在记录仪上观察过渡过程曲线，运用比例度、积分时间、微分时间对过渡过程的影响为指导，按照规定顺序，对比例度、积分时间和微分时间逐个整定，直到获得满意的过渡过程为止。

1）比例度的整定　根据经验并参考表 3-10 的数据，选定一个合适的比例度值作为起始值，把积分时间放在“∞”，微分时间置于“0”，将系统投入自动，改变给定值并观察被控变量记录曲线形状。如曲线不是 4:1 衰减（这里假定要求过渡过程是 4:1 衰减振荡的），例如衰减比大于 4:1，说明比例度偏大，适当减小比例度值再看记录曲线，直到呈 4:1 衰减为止。需要注意的是，当把控制器比例度改变以后，如无干扰就看不出衰减振荡曲线，一般都要稳定以后再改变一下给定值才能看到。若工艺上不允许反复改变给定值，那只好等到工艺本身出现较大干扰时再看记录曲线。

另外，选取比例度值时应注意检测仪表和执行器的特性，如果检测仪表的量程偏小（相当于测量变送器的放大系数 K_m 大）或控制阀的口径偏大（相当于控制阀的放大系数 K_v 大）时，比例度值应适当选大一些，这样可以适当补偿 K_m 大或 K_v 大带来的影响，使整个回路的放大系数保持在一定范围内。

2）积分时间的整定　如果控制系统要求消除余差，则要在比例控制基础上引入积分作用。一般积分时间可先取为衰减周期的一半，由于积分作用的引入会增大系统的容量滞后，因此在积分作用引入的同时，可以同时将比例度增加 10% ~20%。看记录曲线的衰减比和消除余差的情况，如不符合要求，再适当改变比例度和积分时间值，直到记录曲线满足要求。

3）微分时间的整定　如果系统的容量滞后比较明显，则在已调整好的比例积分控制的基础上再引入微分作用，以缩短过渡过程时间、减小超调量，进一步提高控制质量。微分时间也要在表 3-10 给出的范围内凑试，在引入微分作用后，可以把比例度和积分时间适当缩小一点。

经验凑试法还可以按下列步骤进行：先按表 3-10 中给出的范围把积分时间 T_i 定下来，如要引入微分作用，可取 $T_d=\left(\frac{1}{3}\sim\frac{1}{4}\right)T_i$，然后对比例度 δ 进行凑试调整。

表 3-10　控制器参数经验数据表

被控对象	对象特性	δ (%)	T_i /min	T_d /min
温度	容量滞后大，参数变化迟缓，δ 应小，T_i 要大，一般需加微分	20 ~ 60	3 ~ 10	0.5 ~ 0.3
压力	对象容量滞后不大，一般不用微分	30 ~ 70	0.4 ~ 3	
液位	对象时间常数范围较大，δ 应在一定范围内选取，一般不用微分	20 ~ 80	0.4 ~ 3	
流量	对象时间常数小，参数有波动，δ 要大，T_i 要小，不用微分	40 ~ 100	0.3 ~ 1	0

经验凑试法的关键是“看曲线，调参数”。因此，必须清楚控制器参数变化对过渡过程曲线的影响关系。一般来说，在整定中可以根据以下原则把握：

① 观察到曲线振荡很频繁，需把比例度增大以减少振荡。

② 当曲线最大偏差大且趋于非周期过程时，需把比例度减小。

③ 当曲线波动较大时，应增大积分时间。

④ 在曲线偏离给定值后，长时间回不来，需减小积分时间以加快消除余差的过程。

⑤ 在曲线最大偏差大而衰减缓慢时，需增加微分时间。

⑥ 如果曲线振荡得厉害，需把微分时间减到最小或不加微分作用，以免加剧振荡。

经过反复凑试，一直调到过渡过程振荡两个周期后基本达到稳定，品质指标达到工艺要求为止。表 3-10 中给出的只是一个大致范围，有时变动较大。例如，流量控制系统的比例度有时需在 200% 以上；有的温度控制系统，由于容量滞后大，积分时间往往要在 15min 以上。

在一般情况下，比例度过小、积分时间过小或微分时间过大，都会产生周期性的激烈振荡。但是，积分时间过小引起的振荡，周期较长；比例度过小引起的振荡，周期较短；微分时间过大引起的振荡，周期最短。因此在整定过程中，可以根据振荡周期的不同来分析引起振荡的原因。如图 3-98 所示，曲线①的振荡是积分时间过小引起的，曲线②是比例度过小引起的，曲线③的振荡则是由于微分时间过大引起的。相反，比例度过大或积分时间过大，都会使过渡过程变化缓慢。一般来说，比例度过大，曲线波动较剧烈、不规则地、较大幅度地偏离给定值，而且，形状像波浪般起伏变化，如图 3-99 曲线①所示。如果曲线通过非周期的不正常路径，慢慢地回复到给定值，这说明积分时间过大，如图 3-99 曲线②所示。应当注意，若因积分时间或微分时间设置不恰当致使超出允许的范围，不管如何改变比例度，都是无法补救的。

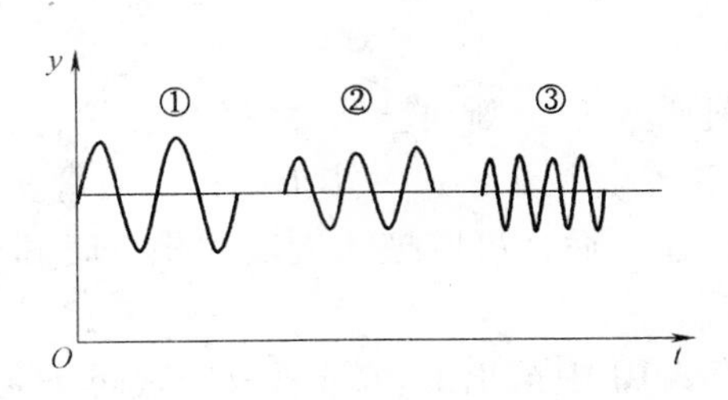

图 3-98 控制作用太强引起的 3 种振荡曲线的比较

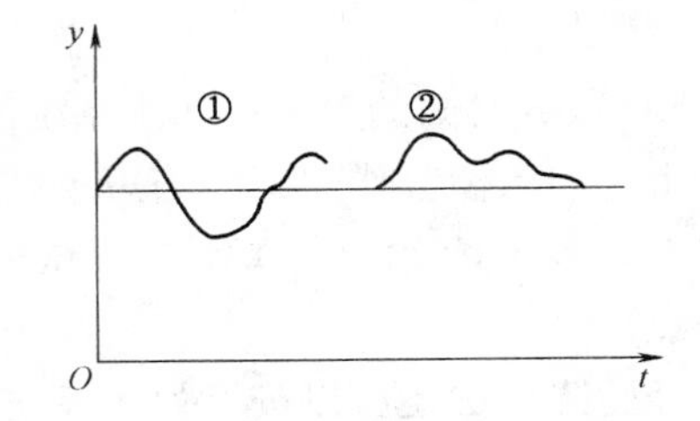

图 3-99 比例和积分作用太弱的比较

经验凑试法的特点是方法简单，适用于各种控制系统，因此应用非常广泛。特别是外界干扰作用频繁，记录曲线不规则的控制系统，采用此法最为合适。但是此法主要是靠经验，在缺乏实际经验或过渡过程本身较慢时，往往较为费时。

在一个自动控制系统投运时，控制器的参数必须整定才能获得满意的控制质量。同时，在生产进行的过程中，如果工艺操作条件改变，或负荷有很大变化，被控对象的特性就要改变，控制器的参数也必须重新整定。所以，整定控制器参数是经常要做的工作，对工程技术人员来说都是需要熟练掌握的。

思考练习题

1. 摄氏温标是如何定义的？它和热力学温标有哪些本质区别？

2. 根据你所了解的温度检测仪表，请说明哪些主要是用来现场指示的？哪些可以用来远传并用于控制系统中？

3. 用热电阻检测温度并用于温度控制系统时，除了热电阻外还需要配备哪些设备（材料）？选配这些设备时要注意哪些问题？

4. 使用热电阻时不知道热电阻的型号，请问可用什么方法来确定其型号？

5. 实际使用热电偶时，在控制室用万用表测得某热电偶的电动势约为 20mV，热电偶的热端温度约为 500℃，请问该热电偶是何种型号？

6. 温度测量时，为什么测量滞后一般都比较大？它对温度控制系统有何影响？

7. 如图 3-100，某加热系统，工艺要求介质出口物料的温度稳定，余差越小越好，已知燃料入口的压力波动频繁，是该控制系统的主要干扰。请针对上述工艺条件设计一个温度控制系统并说明理由，画出控制系统原理图和框图，确定调节阀的作用形式，选择合适的调节规律和控制器正、反作用。

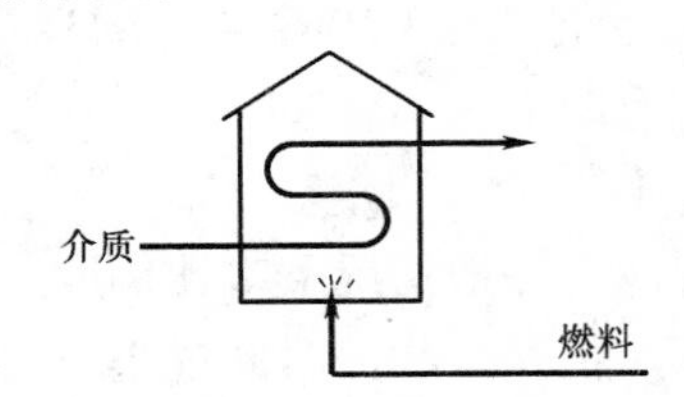

图 3-100 加热对象的温度控制

8. 蒸汽加热器有哪几种常用的控制方案？它们各有什么特点？

9. 氨冷却器有哪几种常用的控制方案？它们各有什么特点？

10. 某压力检测仪表的读数为 3. 5kPa，请问该压力仪表测得的实际压力为多少？

11. 哪些压力检测仪表可用于差压的测量？选择差压计时除了量程和测量准确度外还要特别关注哪些技术参数？

12. 压电式压力传感器和应变式压力传感器可用于动态压力的测量，但它们不宜用于稳态的压力测量，为什么？

13. 安装差压变送器时，为什么要使用三阀组？使用时如何操作这些阀？

14. 压力（差压）测量时常用引压管将容器内的压力引入到压力变送器。引压管为什么不能太细太长？

安装时有何要求？

15. 简述节流式流量计的测量原理。为什么节流式流量计的最大可测流量与最小可测流量之比（量程比）一般为 3:1？如果要提高量程比，你认为可采取哪些方法？

16. 某节流式流量计在实际使用时的被测密度与设计时的高 30%，当流量显示 25000kg/h 时，实际流量是多少？

17. 现有同样用水标定并刻度的转子流量计和电磁流量计各一台，当被测流体为导电液体并且其密度大于水的密度时，转子流量计和电磁流量计的体积流量读数值与实际流量有何关系？

18. 为什么大部分的流量计在安装时要求流量计前要有足够长的直管段？

19. 用差压变送器测量液位，变送器的安装方式如图 3-64a 所示。设计被测流体密度为 $1450kg/m^3$，隔离液密度为 $820kg/m^3$，被测液位的最大值为 4.5m，则应选何种量程的差压变送器？迁移量为多少？

20. 上题中，如果被测液体的密度变为 $1600kg/m^3$，在液位计读数为 3.5m 时，实际液位为多少？

21. 请比较超声波液位计与微波液位计的异同点。

22. 试结合图 3-78 所示的锅炉液位三冲量控制系统，分别说明汽包液位、蒸汽流量、供水流量发生变化时，控制系统是如何工作的。

23. 请说明采样系统在气体成分检测中的作用，预处理系统一般要实现哪些功能？

24. 拟用热导式气体分析仪测量混合气体中的 SO_2。请问对混合气体的组成有何要求？如果不满足要求，应采取什么措施？

25. 用氧化锆氧量分析仪测量烟道中的氧含量，在安装探头时应注意哪些问题？为什么？

26. 红外线气体分析仪中的滤波气室有何作用？

27. 气相色谱仪的分辨率是如何定义的？用色谱仪分析混合物成分时，发现有两种物质对应色谱峰的分辨率 R 较小。请问可采取什么方法提高其分辨率？

28. 什么是直接指标控制？什么是间接指标控制？在设计成分控制系统时，什么时候可以采用直接指标控制，什么时候宜采用间接指标控制？

29. 控制系统的投运步骤主要包括那几个方面？

30. 为什么要整定控制器参数？整定控制器参数的方法有哪几种？简述各种整定方法的整定步骤和注意事项。

31. 在工程上如何区分由于比例度过小、积分时间过小或微分时间过大所引起的过渡过程振荡现象？

第4章　其他控制系统

随着现代过程工业的发展，工艺过程与装置设备变得越来越复杂，采用传统的单回路PID控制往往不能达到控制要求，因此就需要一些改进的控制策略。这些控制策略往往是在单回路PID反馈控制的基础上进行改进，已成功应用于工业过程的控制，并已获得广泛的认可。

本章将介绍一些有代表性的改进策略，这些策略需要采用更多的测量值或者操纵变量，包括串级控制、前馈控制、比值控制、均匀控制、分程控制以及选择控制等。

4.1　串级控制系统

4.1.1　串级控制的概念及框图描述

常规的反馈控制都是在被控变量和设定值之间产生偏差之后才起控制作用。为快速克服外部干扰的影响，有效方法之一就是采用串级控制。它通过选择某一中间测量点构成内反馈回路来克服干扰。这一中间测量点的选择应该比被控变量更快地感知到干扰的影响，这样才能在干扰对被控变量产生很大影响之前，通过内反馈回路迅速克服干扰。

为了进一步认识串级控制系统，在这里先举一个实际例子。对于图4-1所示的连续搅拌反应釜，放热反应所产生的热量被流经夹套的冷却剂移走，控制目标是使反应器内混合物温度T_1恒定在设定值，控制手段是调节冷却剂流量R_C。扰动来自两方面：来自反应进料方面的有物料温度T_F和流量R_F的变化；来自冷却剂方面的有冷却剂压力P_C和温度T_C的变化。

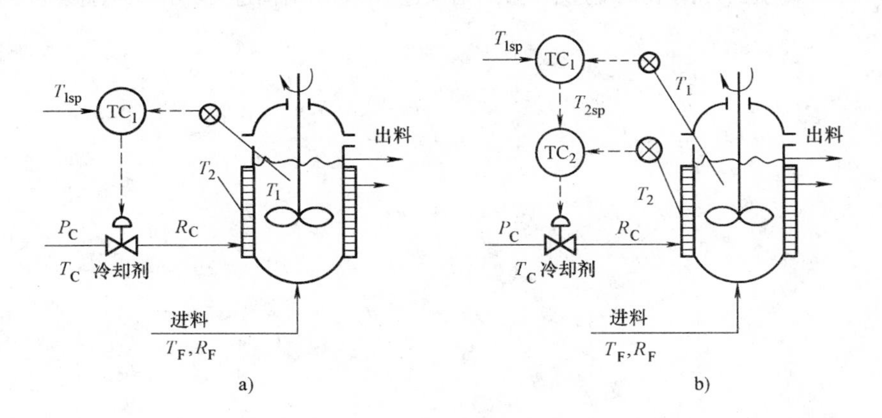

图4-1　夹套式连续搅拌反应釜的温度控制

a）单回路控制　b）串级控制

由于来自物料温度T_F和流量R_F的变化将很快由T_1反映出来，采用单回路控制能够及时反映该干扰的影响。这里主要讨论来自冷却剂方面的干扰。冷却剂阀前压力 P_C 和温度 T_C 的变化首先反映为夹套内冷却剂温度 T_2 的变化，而后才反映为 T_1 的变化。由图 4-1a 可知：由 T_1 ~ R_C 组成的单回路控制对克服来自冷却剂方面的干扰不是很及时。假若改用 T_2 ~ R_C 组成的单回路，则能较快地克服这些干扰。然而，T_2 ~ R_C 组成的单回路却不能克服进料干扰对 T_1 的影响。为了兼顾这两者的作用，设计成如图 4-1b 所示的串级控制。图中，T_2 ~ R_C 回路主要用于快速克服冷却剂方面的干扰，而控制器 TC_2 的设定值接受控制器 TC_1 的调整，用以克服其他干扰。

一个控制器的输出用来改变另一个控制器的设定值，这样连接起来的两个控制器称作“串级”控制。两个控制器都有各自的测量输入，但只有主控制器具有自己独立的设定值，只有副控制器的输出信号送至执行器。这样组成的系统被称为串级控制系统。图 4-1b 所示的系统就是一个典型的串级控制系统，对应的框图如图 4-2 所示。

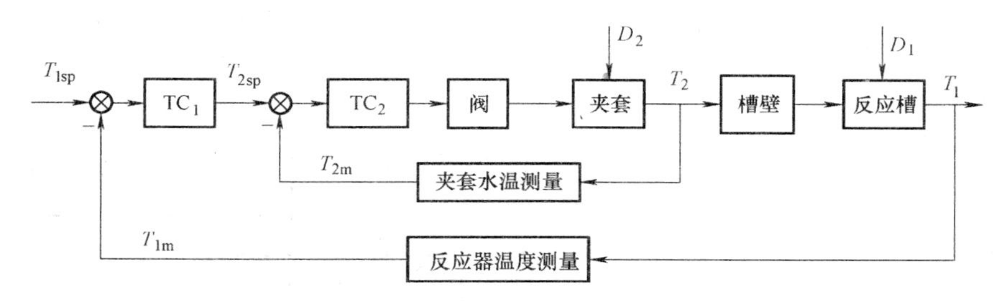

图 4-2　反应器温度串级控制框图

通用的串级控制系统框图如图 4-3 所示。下面参照该图对串级控制系统的一些名词术语进行介绍。y_1 通常被称为“主参数”，保持其平稳是串级控制的主要目标；y_2 被称为“副参数”，它是被控过程中引出的中间变量。副对象 $G_{p2}(s)$ 反映了副参数与操纵变量之间的通道特性；主对象 $G_{p1}(s)$ 描述了主参数与副参数之间的通道特性。此外，主控制器 $G_{c1}(s)$ 接收的是主参数的偏差，其输出用来改变副控制器的设定值；而副控制器 $G_{c2}(s)$ 接收的是副参数的偏差，其输出用于改变阀门开度。

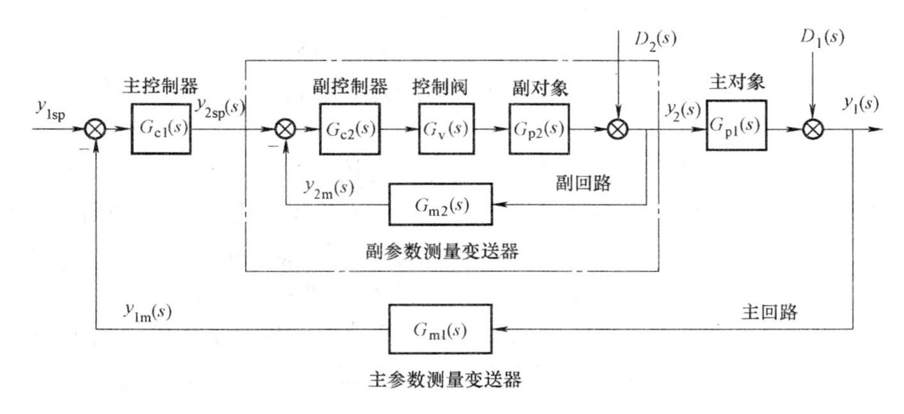

图 4-3　通用的串级控制系统框图

另外，由副参数测量变送器、副控制器、控制阀、副对象组成的内回路，称为“副回路”。若将副回路看成一个以主控制器输出 y_{2sp} 为输入、以副参数 y_2 为输出的等效环节（如图 4-3 中点画线所示），则串级系统转化为一个单回路，称这个单回路为“主回路”。需要注意的是：主回路仅在副回路闭合的情况下才有实际意义。

4.1.2 串级控制系统分析

串级控制系统从总体上看，仍然是一个定值控制系统。因此，主参数在干扰作用下的过渡过程和单回路定值控制系统的过渡过程具有相同的品质指标。但由于串级控制系统从对象中引出了一个中间变量构成了副回路，因此和单回路控制系统相比，具有自己的特点。

（1）副回路具有快速调节作用，能有效地克服发生于副回路的扰动影响。

对于图 4-3 所示的串级控制系统框图，可将其副回路进行等效，如图 4-4 所示。

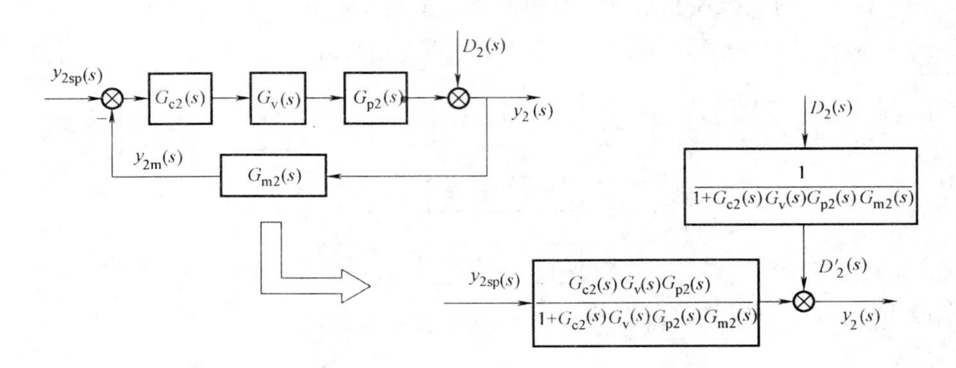

图 4-4 串级控制系统副回路等效框图

由图 4-4 可知，经过副回路后干扰 D_2 对副参数 y_2 的影响可表示为

$$\frac{y_2(s)}{D_2(s)}=\frac{1}{1+G_{c2}(s)G_v(s)G_{p2}(s)G_{m2}(s)} \tag{4-1}$$

假设副回路的动态滞后较小，对于低频干扰，有

$$|G_{c2}(s)G_v(s)G_{p2}(s)G_{m2}(s)|\gg 1 \quad \Rightarrow \quad D'_2 \ll D_2 \tag{4-2}$$

由此可见，副回路能够有效减小副回路干扰 D_2 对副参数的影响，对主参数的影响也就能显著降低。

（2）串级系统对副对象和控制阀特性的变化具有较好的鲁棒性。

由于实际过程往往具有非线性和时变特性，当工艺条件变化时，对象特性也会随之产生变化，从而使原来整定好的控制器参数不再是“最佳的”，系统性能就会变差。然而，不同的控制系统，其控制品质对特性变化的敏感程度是不一样的，一般用“鲁棒性”来描述这种敏感程度。系统品质对被控对象的特性变化越不敏感，则称该系统鲁棒性越好。

如图 4-4 所示，对于串级系统的副回路，经过等效后可得

$$\frac{y_2(s)}{y_{2sp}(s)}=\frac{G_{c2}(s)G_v(s)G_{p2}(s)}{1+G_{c2}(s)G_v(s)G_{p2}(s)G_{m2}(s)} \tag{4-3}$$

由此可得副回路等效对象的稳态增益为

$$K'_{p2}=\frac{K_{c2}K_vK_{p2}}{1+K_{c2}K_vK_{p2}K_{m2}} \tag{4-4}$$

假设副回路的动态滞后较小，则可以通过整定副控制器参数，使

$$K_{c2}K_vK_{p2}K_{m2}\gg 1 \quad \Rightarrow \quad K'_{p2}\approx 1/K_{m2} \tag{4-5}$$

由此可见，只要副回路具有较高的增益，副回路前向通道（这里主要指控制阀和副对象）特性的变化对副回路等效环节特性的影响就很有限。这也就使得串级系统对控制阀和副对象特性的变化具有较强的鲁棒性。

在这里需要注意两点：

1）上述分析结果表明：主回路对副对象及控制阀的特性变化具有鲁棒性，但副回路本身却并没有这种特性。副对象或控制阀特性的变化依然会较敏感地影响副回路的稳定性。因此，在副控制器参数整定时，应充分考虑副对象及控制阀的特性变化。

2）主回路对副回路反馈通道特性的变化没有鲁棒性。为此，要求副参数的测量变送环节尽可能为线性对象，使其静态增益 K_{m2} 不随工况而变化。假设采用孔板作为流量副回路的一次传感元件，其测量信号为孔板两侧的压差信号，该信号与流量的二次方成正比。随着负荷（流量）的变化，副回路等效环节的增益也会发生变化，从而影响到主回路的环路增益。为此，需要进行开方运算处理。而开方后的信号与流量成正比，副回路反馈通道的静态特性接近为常数，由此可显著改善主回路的鲁棒性。

4.1.3　串级控制系统设计与实施

1. 串级控制系统的设计原则

一般来说，串级控制系统的设计原则包括：

1）仅在单回路控制不能满足要求的情况下，才需要考虑采用串级控制。

串级控制系统虽然可以有效抑制副回路中的干扰，但是串级系统比单回路控制复杂。串级控制的调试、投运以及维护工作量都要大于单回路控制。因此只有在单回路控制不能达到满意控制准确度时，才考虑采用串级控制。

2）要求副参数能够检测，而且主要干扰应该包括在副回路中。

能从被控对象中引出可以检测的副参数是设计串级系统的前提条件。由于串级系统对副回路中干扰的抑制作用明显，因此需要将主要干扰或尽可能多的干扰包括在副回路中。

3）副对象的滞后不能太大，以保持副回路的快速响应性能。

根据前文对串级控制的分析可以看到，只有当副对象的滞后不大、副回路具有快速响应性能时，串级控制才能有效地抑制副回路中的干扰。

4）将被控对象中具有显著非线性或时变特性的部分归于副对象中，以利于提高控制系统的鲁棒性。

应该指出，以上几条原则都是从某个局部角度来考虑的，如第 3 条是基于副回路的快速性，但是当副对象包含了太多的滞后时，势必会丧失这种快速性，所以它与第 2 条是矛盾的。当有多个副参数可供选择时，需要兼顾各种因素进行权衡。

现举一个精馏塔提馏段温度控制的例子。图 4-5 表示了串级控制方案。提馏段某块塔板的温度定为主参数，控制阀安装在再沸器的加热蒸汽管线上。中间变量可以是：加热蒸汽流量、加热蒸汽阀后压力、再沸器工艺介质一侧的气相流量。如果选择加热蒸汽流量作为副参

数，它只能快速消除因蒸汽汽源压力或冷凝压力变化引起的干扰，对于克服其他干扰，串级控制的优点不明显。而加热蒸汽阀后压力是冷凝温度的一种度量，在某种程度上，也是对壁温的一种度量。若将蒸汽阀后压力选作副参数，就能将再沸器蒸汽侧的干扰包含在副对象中。但是保持蒸汽压力恒定并不能保证工艺介质气相流量的恒定。若将工艺介质气相流量选作副参数，则副对象又包括了再沸器液相侧的各种干扰。经过扩大副对象，包括再沸器液位、再沸器温度及传热系数等因素的变化也都进入了副回路，因而能得到较快的校正。但是，对加热蒸汽汽源压力波动的校正就不如前面两个方案快速了。

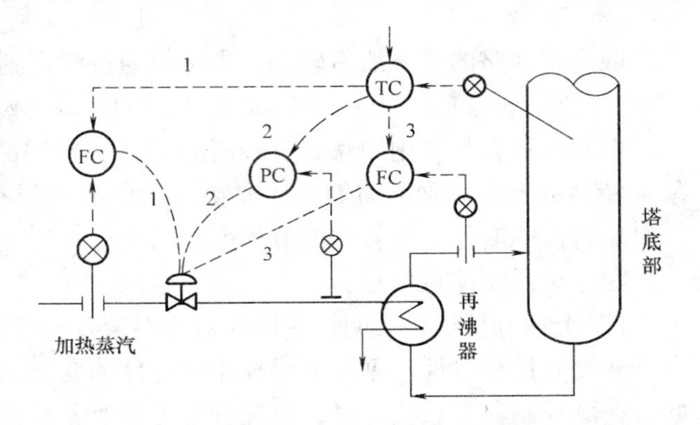

图 4-5 精馏塔提馏段温度的串级控制方案

以上对副参数选择的讨论都是从控制质量角度来考虑的，但在实际应用时，还需考虑工艺上的合理性和经济性。如图 4-6 所示的是两个同类型的冷却器，均以被冷却物料的出口温度为主参数，但两者的副参数选择不同。从控制角度看，以蒸发压力为副参数的方案要比以液位为副参数的方案灵敏。但是，假定抽吸气态丙烯的冷冻机（图中没有表示出来）入口压力在两种情况下相等的话，那么图 4-6b 所示方案中的蒸发压力需要高些，这样才有一定的控制范围，但是，这样会使冷量利用不够充分。而且在图 4-6b 所示方案中需要多配置一套液位控制系统，增加了仪表投资。而图 4-6a 所示方案虽然副回路比较迟钝些，但较经济，所以对于温度控制质量要求不太高的情况，通常采用该方案。

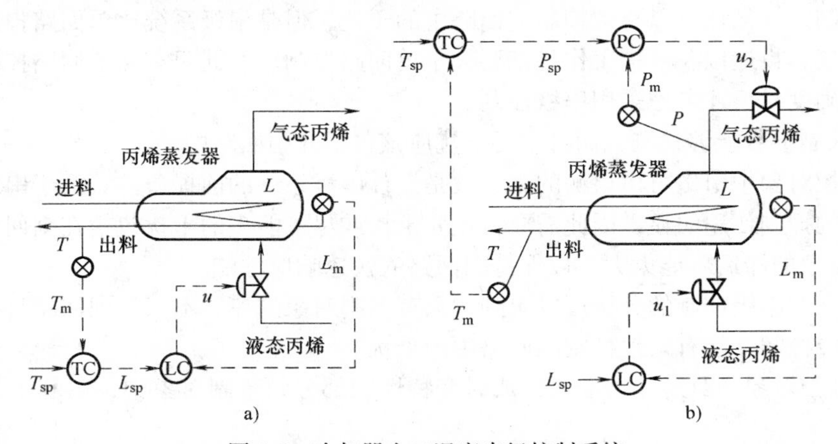

图 4-6 冷却器出口温度串级控制系统

a）出口温度与液位串级控制系统 b）出口温度与蒸发压力串级控制系统

2. 主、副控制器的选型与正反作用选择

凡是设计串级控制系统的场合，对象特性总有较大的滞后，主控制器采用 PID 控制器是必要的。而副回路是随动系统，而且允许存在少量的余差。从这个角度说，副控制器不需要积分作用。如当温度作为副参数时，副控制器不宜加积分作用。这样可以将副回路的开环静

态增益整定得大些，以提高克服干扰的能力。但是，当副回路为流量（或液体压力）系统时，它们的开环静态增益都比较小，若不加入积分作用，会产生很大余差。考虑到串级系统有时会断开主回路，让副回路单独运行，这样大的余差是不合适的；又因为流量副回路构成的等效环节比主对象的动态滞后要小得多，副控制器增加积分作用对主回路控制性能的影响并不大。所以在实际生产过程中，当选择流量（或液体压力）为副参数时，副控制器常采用比例加积分作用。

而对于以温度为副参数的串级系统，副控制器可以具有微分作用。但要注意：因为副回路的设定值是经常变化的，对于设定值变化，微分作用会引起控制阀的大幅度跳动，并可能引起很大超调，所以在副控制器中，不宜设置微分作用。当然，为克服温度副对象的惯性滞后，副控制器可选用具有“微分先行”的 PID 控制器。

另外，控制器正、反作用的选择原则是使主副回路均成为负反馈系统。如果已掌握单回路系统的选择方法，则很容易推广到串级系统。副控制器正、反作用的选择，完全与单回路控制系统相同，就是使副回路成为负反馈回路。

若将副回路等价于一个等效调节阀，则对于主回路而言，该等效调节阀不仅控制精确，而且均为正作用调节阀，即为“气开阀”，其原因在于：主控制器的输出同时为副控制器的设定值 y_{2sp}，若副回路工作正常，增大 y_{2sp}必然使副参数（同时为主对象的输入）增大。将副回路等价为一个等效调节阀后，主回路自然也成为一个单回路控制系统，完全可参照单回路时的情况来决定主控制器的正、反作用。

3. 串级系统投运及参数整定

和单回路控制系统的投运要求一样，串级控制系统的投运过程也必须保证无扰动切换。通常都采用先副回路后主回路的投运方式，具体步骤为：

1）将主、副控制器“手动/自动”切换开关都置于“手动”位置，副控制器处于“内给定”位置，而主控制器始终为内给定。

2）采用副控制器人工操纵调节阀，使生产处于要求的工况（即主参数接近设定值，且工况较平稳）。这时可调整副控制器的设定值，使副控制器的偏差为“零”。而对于具有自动跟踪功能的 PID 控制器，当处于“手动”位置时，其内给定值将自动跟踪测量值的变化，此时无需人工调整副控制器的设定值。接着，检查或整定副控制器参数，再将副控制器切换到自动位置，使副回路投入运行。此时，可适当调整副控制器的内给定，使主参数接近设定值。

3）采用主控制器人工操纵控制输出，使其接近副控制器的内给定。此时，可将副控制器从“内给定”切换至“外给定”。然后，手动调整主控制器的设定值，使主参数的偏差接近“零”。接着，检查或整定主控制器参数，再将主控制器从“手动”切换至“自动”。主回路投用后，操作员可根据工艺需要，调整主控制器的设定值，使主参数完全满足工艺要求。

4. 串级系统应用举例

燃气或燃油加热炉广泛应用于过程工业领域，其基本目标就是要使被加热工艺介质达到所期望的温度，被控变量为工艺介质的炉出口温度，而操纵变量为燃料量。主要干扰来自于 3 方面：工艺介质的流量、进口温度与组成等因素的变化，燃料气供气压力与组成等的变化和炉膛供风量、燃烧状况等条件的变化。

图 4-7a 所示的单回路 PID 控制方案，设计简单，投运方便，能适用于大多数对炉出口

温度控制准确度一般的场合。然而，某些应用场合的燃料气供气压力波动较大，而对炉出口温度的控制要求又很高，自然就需要改进单回路控制方案。图 4-7b 所示的串级控制方案能够有效地克服燃料气供气压力波动对炉出口温度的影响。下面以仿真系统为例来比较串级控制与单回路控制的异同。

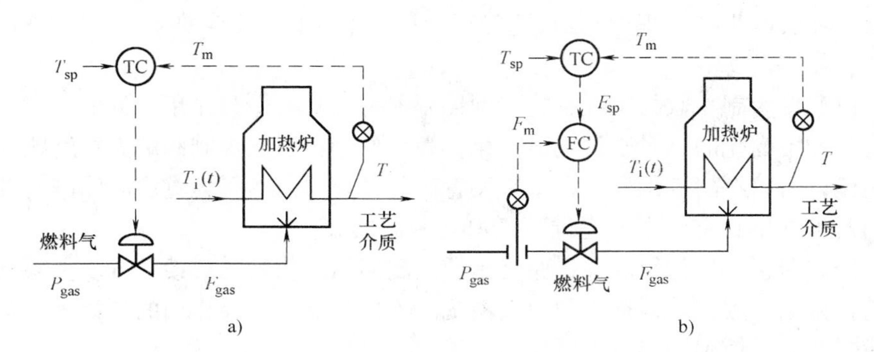

图 4-7 加热炉出口温度控制系统

a）单回路控制 b）串级控制

假设某加热炉采用瓦斯气作为燃料，瓦斯气的燃烧热值基本不变，为便于仿真，假设燃气阀为线性调节阀，而且瓦斯气质量流量与控制信号 u、阀前压力 P_{gas} 的稳态关系为

$$\overline{F}_{gas}(t)=u(t)K_{gas}\sqrt{P_{gas}(t)} \tag{4-6}$$

式中，u 为调节阀控制信号输入（%）；P_{gas} 为调节阀前压力（它与气源供气压力密切相关）（MPa）；K_{gas} 为与调节阀结构相关的增益系数；$\overline{F}_{gas}$ 仅表示瓦斯气质量流量的稳态值（T/hr）。而瓦斯气质量流量的实际值为

$$F_{gas}(t)=\frac{1}{T_{f1}s+1}\overline{F}_{gas}(t) \tag{4-7}$$

式中，T_{f1} 描述了控制信号 u 与阀前压力 P_{gas} 的变化对瓦斯气质量流量的动态滞后。

为建模方便，假设被加热介质炉出口温度 T 与瓦斯气质量流量 F_{gas}、被加热介质进口温度 T_i 的动态关系为

$$T(t)=T^0+\frac{K_1}{T_1s+1}e^{-\tau_1 s}(F_{gas}(t)-F_{gas}^0)+\frac{K_{d1}}{T_{d1}s+1}[T_i(t)-T_i^0] \tag{4-8}$$

式中，T^0 为 T 的初始稳态值，F_{gas}^0 为 F_{gas} 的初始稳态值，T_i^0 为 T_i 的初始稳态值。

又假设流量与温度测量变送仪表均为线性单元，瓦斯气质量流量仪的测量下限为0T/hr，对应的测量变送输出为

$$F_m=\frac{K_{m2}}{T_{m2}s+1}F_{gas}(t),\% \tag{4-9}$$

$$T_m=T_m^0+\frac{K_{m1}}{T_{m1}s+1}[T(t)-T^0],\% \tag{4-10}$$

式中，T_m^0 表示炉出口温度为 T^0 时所对应的温度变送器的输出信号。

结合式(4-6)～式(4-10)，可获得用于描述炉出口温度被控过程的框图如图 4-8 所示。这里，假设该加热炉对应的初始条件为 $K_{gas}=0.4$，$u^0=60\%$，$P_{gas}^0=0.25\text{MPa}$，$F_{gas}^0=12\text{T/hr}$，

$T^0=300℃$，$T_i^0=120℃$。假设瓦斯气质量流量仪与炉出口温度测量仪的量程分别为 0 ~ 40T/hr、200 ~ 400℃，由此可计算得到 $T_m^0=50\%$，$K_{m2}=2.5$，$K_{m1}=0.5$。

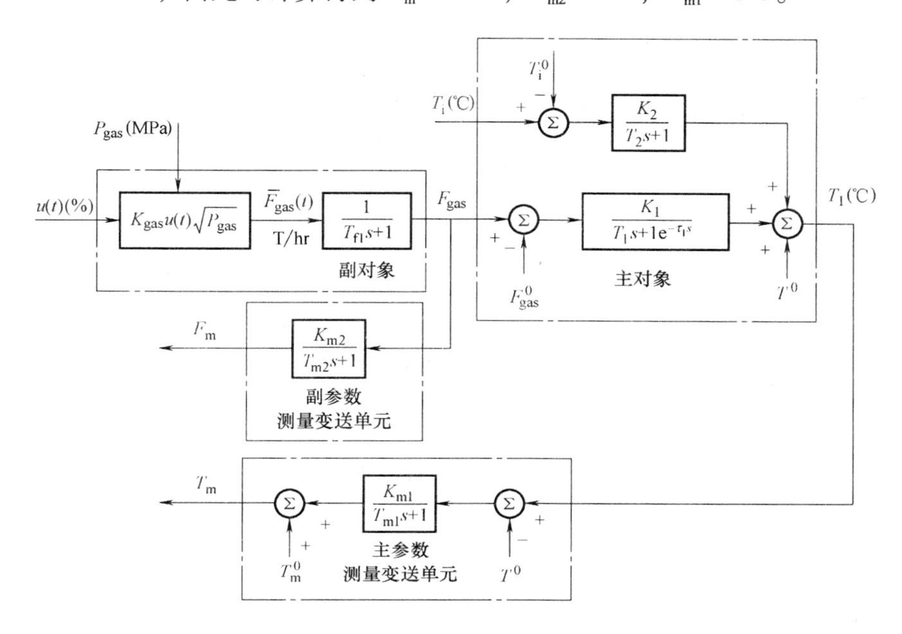

图 4-8　加热炉出口温度被控过程框图

另外，假设其他与被控过程动态特性相关的参数分别为 $T_{f1}=2\text{min}$，$K_1=5$，$T_1=10\text{min}$，$\tau_1=5\text{min}$，$K_2=1$，$T_2=1\text{min}$，$T_{m1}=2\text{min}$，$T_{m2}=0.2\text{min}$。当控制器输出 u 在 $t=10\text{min}$ 时，从 50% 阶跃上升至 60%，瓦斯气质量流量与炉出口温度的测量值的阶跃响应如图 4-9 所示。

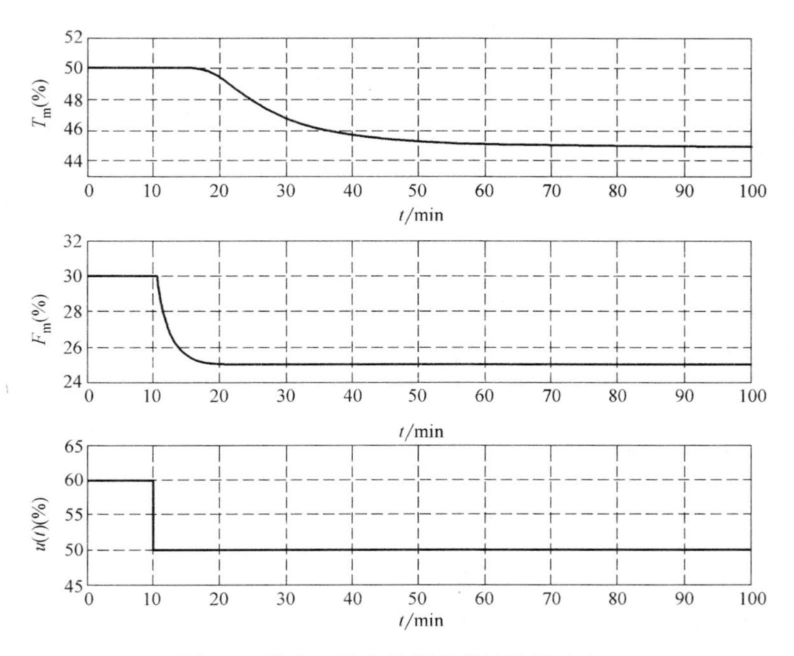

图 4-9　炉出口温度控制通道的阶跃响应

假设采用“一阶+纯滞后”来描述对象的动态模型，由此可获得的广义对象近似模型为

$$\frac{F_m(s)}{U(s)}=\frac{0.5}{2s+1}e^{-0.6s},\frac{T_m(s)}{U(s)}=\frac{0.5}{10.8s+1}e^{-9.0s}。$$

基于上述模型，对应于单回路控制与串级控制方案的仿真系统结构分别如图4-10、图4-11所示。对于炉出口温度单回路控制，这里选择的PID控制器参数分别为：$K_{C1}=2.0$，$T_{I1}=10.8\text{min}$，$T_{D1}=4.5\text{min}$。

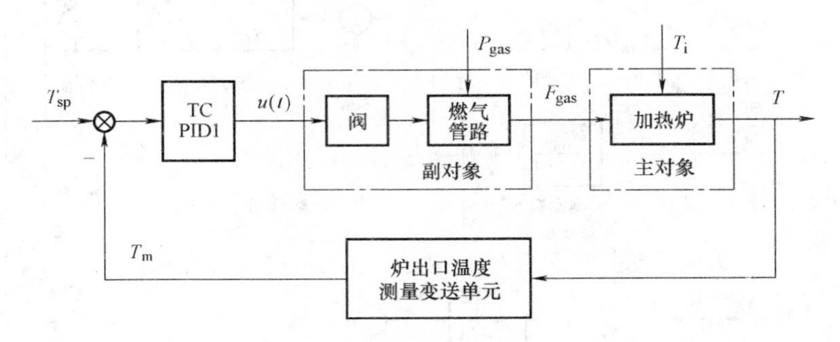

图4-10 炉出口温度单回路控制系统结构

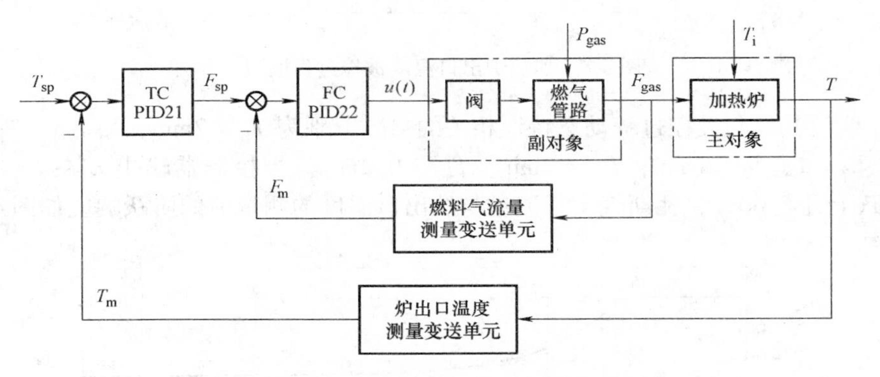

图4-11 炉出口温度串级控制系统结构

而对于炉出口温度串级控制，首先整定副控制器FC，这里选择的PID22控制器参数分别为：$K_{C22}=2.0$，$T_{I22}=2.0\text{min}$，$T_{D22}=0\text{min}$，并投入流量单回路控制。然后，将主控制器TC设置为“手动控制”、副控制器FC设置为“外给定”方式，再对TC控制器的输出（即FC控制器的设定值）作阶跃变化，以获得副控制器FC处于“闭环”情况下的主回路广义对象的阶跃响应曲线，详见图4-12。由此可获得的广义对象近似模型为

$$\frac{T_m(s)}{F_{sp}(s)}=\frac{1.0}{10.5s+1}e^{-8.6s}。$$

最后整定主控制器TC，这里选择的PID21控制器参数分别为：$K_{C21}=1.0$，$T_{I21}=10.5\text{min}$，$T_{D21}=4.3\text{min}$，并将主控制器TC切换至“自动控制”方式投入运行。

炉出口温度单回路控制与串级控制系统最终所获得的闭环响应如图4-13所示，其中实线为串级控制系统的响应曲线，点线为单回路控制系统的响应曲线。控制系统设定值与外部干扰的加入情况均为：①炉出口温度设定值在$t=10\text{min}$时从50%阶跃上升至55%；②瓦斯

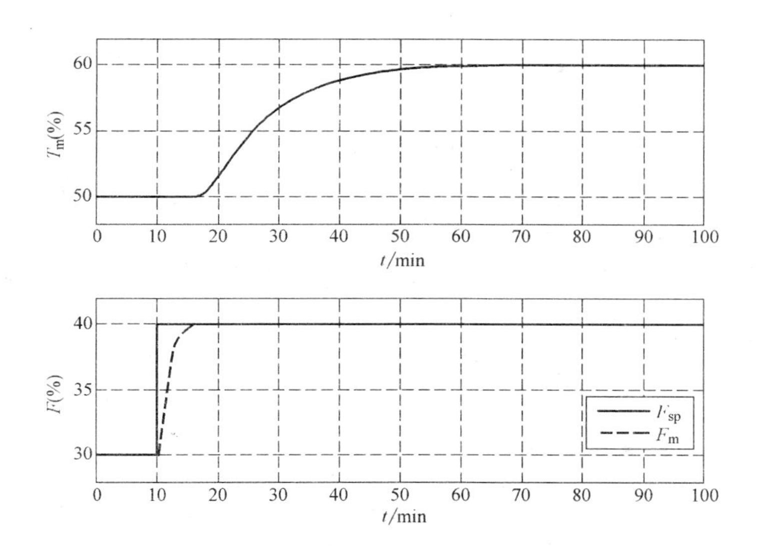

图 4-12　炉出口温度串级控制方案中主回路的广义对象阶跃响应

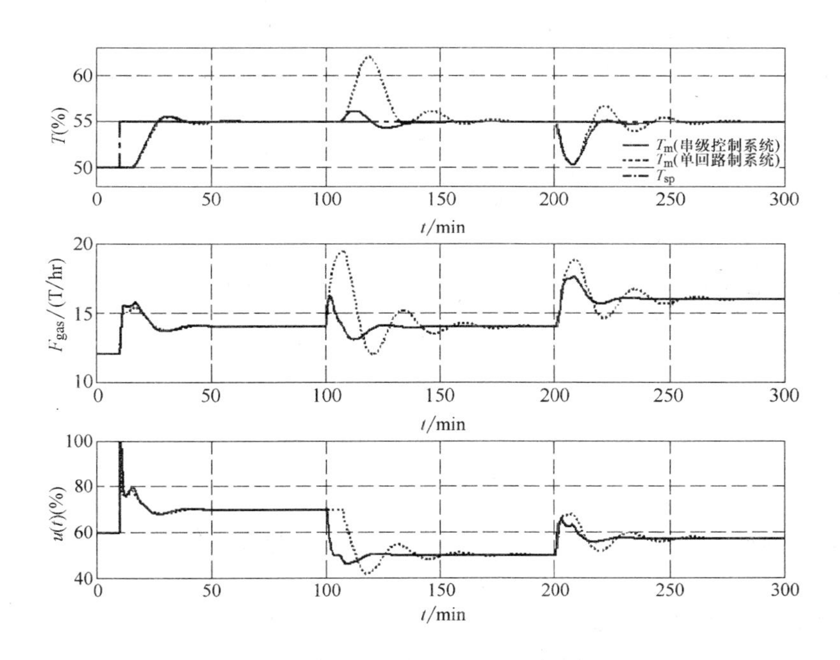

图 4-13　炉出口温度串级控制与单回路控制的闭环响应比较

气供气压力在 $t = 100$min 时从 0.25MPa 阶跃上升至 0.49MPa；③工艺介质进口温度在 $t = 200$min 时从 120℃ 阶跃下降至 110℃。

上述分析与仿真结果均表明：只要内回路响应迅速，串级控制系统就具有两大显著的优势：①对内回路所受到的二次干扰（上例中的“瓦斯气供气压力变化”），串级控制系统具有很强的抗干扰能力；②对于内回路中副对象特性（包括调节阀特性）的变化，串级控制系统又具有很强的鲁棒性。

4.2 前馈控制系统

反馈控制广泛应用于流程工业，它具有通用性强、鲁棒性好、可克服所有干扰、无需建立对象模型等特点。但反馈控制也存在着一些不足之处，反馈控制只有在被控变量产生偏差以后才能产生校正作用，因此它不能实现被控变量完全不受干扰影响的理想控制。反馈控制不能提供预测的功能，无法补偿已知的或可以测量的干扰的影响。而且当被控变量不能在线测量时，反馈控制是无法采用的。

对于那些采用反馈控制无法获得满意效果且干扰可在线测量的过程，加入前馈控制往往能显著改善控制品质，本节将讨论前馈控制的原理和设计。

4.2.1 前馈控制的基本原理

前馈控制的基本原理是测量进入过程的干扰量（包括外界干扰和设定值变化），并根据干扰的测量值产生合适的控制作用来改变控制量，使被控变量维持在设定值上。对于图4-14所示的换热器，需要维持物料出口温度 T_2 恒定。假设物料流量 R_F 为主要干扰，则可组成如图4-14b所示的前馈控制方案，方案中选择加热蒸汽流量 R_V 作为操纵变量。为了便于比较，图4-14a给出了相应的反馈控制方案，图中，T_{sp} 为物料出口温度的设定值。

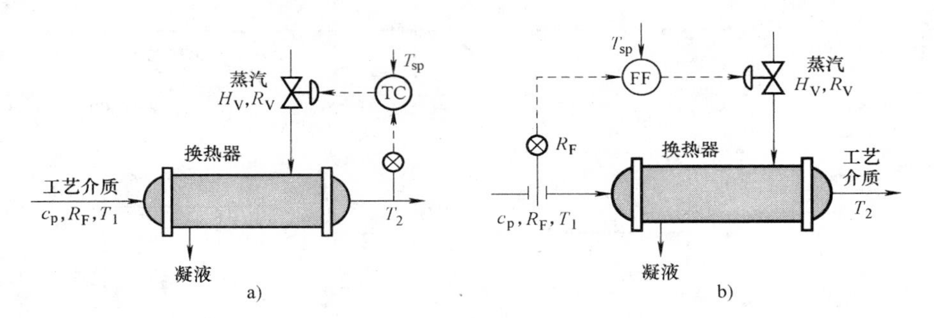

图4-14 换热器控制方案
a）反馈控制 b）前馈控制

对于一般的前馈控制系统，对应的框图可用图4-15表示，其中，$G_{PD}(s)$ 为干扰 $D(s)$ 对被控变量测量值 $Y_m(s)$ 的广义传递函数，$G_{PC}(s)$ 为操纵变量 $U(s)$ 对被控变量测量值 $Y_m(s)$ 的广义传递函数，$G_{FF}(s)$ 为前馈控制器的传递函数，而 $G_{DM}(s)$ 为表示干扰测量变送单元的传递函数。

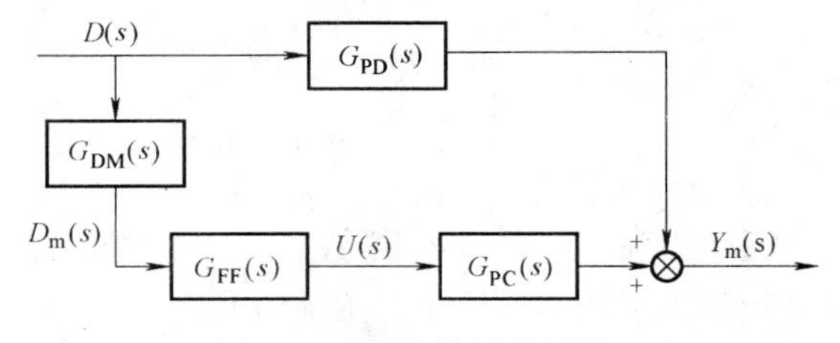

图4-15 前馈控制的框图

由图4-15可知，前馈控制系统的传递函数可表示为

$$\frac{Y_m(s)}{D(s)} = G_{PD}(s) + G_{PC}(s)G_{FF}(s)G_{DM}(s) \tag{4-11}$$

系统对任意形式的扰动 $D(s)$ 实现完全补偿的条件为

$$G_{FF}(s) = -\frac{G_{PD}(s)}{G_{PC}(s)G_{DM}(s)} \tag{4-12}$$

满足式(4-12)的前馈补偿装置能使被控变量不受扰动量 $D(s)$ 变化的影响。如果干扰 $D(s)$ 对被控变量的动态影响和操纵变量相应变化所产生的动态响应方向相反、幅值相同，则它们的叠加结果将实现理想控制：被控变量连续地维持在恒定的设定值上。显然，这种理想的控制性能是反馈控制做不到的，因为反馈控制系统是按被控变量与设定值之间的偏差来动作的。在干扰作用下，被控变量总要经历一个偏离设定值的过渡过程。前馈控制的另一突出优点是本身不形成闭合回路，不存在闭环稳定性问题，因而也就不存在控制准确度与稳定性的矛盾。

"不变性"原理（或称扰动补偿原理）是前馈控制的设计基础。"不变性"是指控制系统的被控变量不受扰动变量变化的影响。进入控制系统中的扰动自然会通过被控对象的内部关联，使被控变量发生变化偏离其设定值；而前馈控制器通过及时校正控制作用，以消除扰动对被控变量的这种负面影响。

对于任何一个控制系统，总是希望被控变量受扰动的影响越小越好。一般情况下存在着以下几种类型的不变性：

1）绝对不变性　所谓绝对不变性是指在扰动 $D(s)$ 的作用下，被控变量在整个过渡过程中始终保持不变，即控制过程的动态和静态偏差均为零。

2）稳态不变性　稳态不变性是指系统在稳态工况下被控变量与扰动无关，即系统在扰动作用下，稳态时被控变量的偏差为零。静态前馈系统就属于这种稳态不变性系统，这类系统既能消除静态偏差，又能在一定程度上满足工艺上对动态偏差的要求。

3）选择不变性　被控变量往往受到若干个干扰的影响，若系统只对其中几个主要的干扰实现不变性补偿，就称为选择不变性。

基于上述不变性原理所构成的自动控制系统称为前馈控制系统，它实际上是一种根据不变性原理对干扰进行补偿的开环控制系统。一旦干扰出现，前馈控制器就根据检测到的干扰，按一定规律进行控制。从理论上说，当干扰发生变化、被控变量还未发生改变时，前馈控制器就产生了控制作用，以彻底消除可能产生的偏差。因此前馈控制对于干扰的克服要比反馈控制及时得多，这也是前馈控制的一个主要优点。表 4-1 对前馈控制与反馈控制进行了比较。

表 4-1　前馈控制与反馈控制的比较

控制类型	控制的依据	检测的信号	控制作用的发生时间
反馈控制	被控变量的偏差	被控变量	偏差出现后
前馈控制	干扰量的大小	干扰量	偏差出现前

另外，前馈控制属于开环控制，而反馈控制系统必然是一个闭环控制系统。前馈控制器根据干扰产生相应的控制作用对被控变量进行影响，而被控变量并不会反过来影响前馈控制器的输入信号（扰动量）。从某种意义上来讲，"前馈控制系统为开环控制系统"这一点是前馈控制的不足之处。由于前馈控制不存在闭环，因此前馈控制的效果无法通过反馈加以检验。因此采用前馈控制时，对被控对象的了解必须比采用反馈控制时更加深入，才能得到比较合适的前馈控制作用。

4.2.2 前馈控制的常用结构形式

一般的反馈控制系统均采用通用的PID控制器，而前馈控制器是专用控制器，对于不同的对象特性，前馈控制器的形式也是不同的。常用的前馈控制结构形式包括以下几种。

1. 静态前馈控制

基于式(4-12)计算得到的前馈控制器，考虑了两个通道的动态特性，它是一种动态前馈控制器，它追求的目标是被控变量的绝对不变性。而在实际生产过程中，有时并没有如此高的要求。很多情况下，只要在稳态下实现对扰动的补偿即可。令式(4-12)中的s为0，就可得到线性系统的静态前馈控制算式：

$$G_{FF}(0) = -K_{FF} = -\frac{G_{PD}(0)}{G_{PC}(0)G_{DM}(0)} = -\frac{K_{PD}}{K_{PC}K_{DM}} \tag{4-13}$$

式中，K_{DM}为干扰测量变送单元的静态增益；K_{PD}和K_{PC}分别为干扰通道和控制通道广义对象的静态增益。K_{PD}和K_{PC}既可用实验的方法获得，也可以基于对象的静态方程来确定。

事实上，利用物料（或能量）平衡方程，可方便地获取较完善的非线性静态前馈算式。对于图4-14所示的热交换过程，当物料流量R_F与物料进口温度T_1为系统的主要干扰时，假若忽略热损失，其热平衡关系可表述为

$$c_pR_F(T_2-T_1)=H_VR_V \tag{4-14}$$

式中，c_p为物料比热容；H_V为蒸汽汽化潜热；R_V为加热蒸汽量。

由式(4-14)，可解得

$$R_V=(c_p/H_V)R_F(T_2-T_1) \tag{4-15}$$

用物料出口温度的设定值T_{sp}代替式(4-15)中的物料出口温度T_1，可得

$$R_{Vsp}=k_vR_F(T_{sp}-T_1) \tag{4-16}$$

式中，$k_v=c_p/H_V$

式(4-16)即为静态前馈控制算式，相应的控制系统如图4-16所示。图中点画线框表示了静态前馈控制装置，它能同时对物料的进口温度、流量和出口温度设定值进行静态前馈补偿。由于在式(4-16)中R_F与（T_2 - T_1）为相乘关系，所以这是一个非线性算式，由此构成的静态前馈控制器也是一种静态非线性控制器。此外，为克服蒸汽阀非线性与供气压力波动对前馈控制静态不变性的影响，控制方案中专门引入了一个局部流量反馈控制回路，但对工艺介质出口温度而言，该方案仍是标准的静态前馈控制系统。

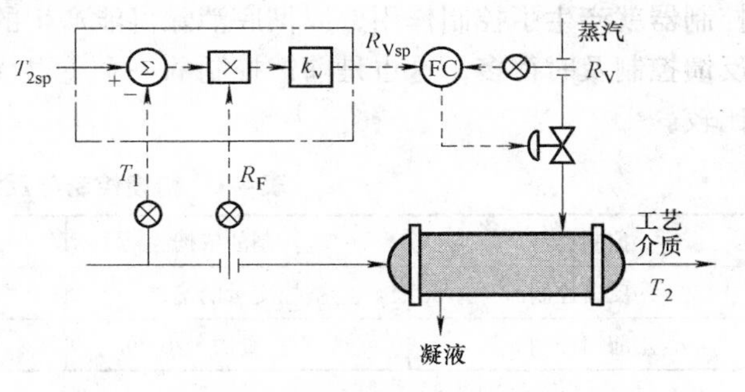

图4-16 换热器的静态前馈控制

2. 动态前馈控制

静态前馈系统的结构简单，容易实现，它可以保证在稳态时消除扰动的影响，但在动态过程中偏差依然存在。当控制通道和干扰通道的动态特性差异很大时，必须考虑动态前馈补偿。

动态前馈的实现完全基于绝对不变性原理。针对单个扰动的动态前馈补偿原理框图如图 4-15 所示，其作用在于力求在任何时刻均实现对干扰的补偿。通过选择合适的前馈控制规律，使干扰经过前馈控制器到达被控变量这一通道的动态特性与对象干扰通道的动态特性完全一致，并使它们的符号相反，便可以达到控制作用完全补偿干扰对被控变量的影响。

由式(4-12) 可知：对于某一可测扰动，假设扰动测量变送单元的动态滞后可忽略不计，则实现动态前馈补偿的条件为

$$G_{FF}(s) = -\frac{G_{PD}(s)}{G_{PC}(s)K_{DM}} \tag{4-17}$$

式中，K_{DM}为扰动测量变送单元的稳态增益，完全取决于扰动测量仪表的量程。

假设扰动通道与控制通道的动态特性均采用“一阶 + 纯滞后”表示，即

$$G_{PD}(s) = \frac{K_{PD}}{T_{PD}s+1}e^{-\tau_D s}, G_{PC}(s) = \frac{K_{PC}}{T_{PC}s+1}e^{-\tau_C s}$$

由此可得到一般形式的单通道线性前馈补偿器为

$$G_{FF}(s) = -\frac{K_{PD}}{K_{PC}K_{DM}}\frac{T_{PC}s+1}{T_{PD}s+1}e^{-(\tau_D-\tau_C)s} \tag{4-18}$$

由式(4-18) 可见，多数工业对象可用一个带有纯滞后的“一阶超前滞后”环节来实现动态前馈补偿。当 $\tau_D < \tau_C$时，$e^{-(\tau_D-\tau_C)s}$为纯超前环节，这在物理上是无法实现的；此时只能令 $e^{-(\tau_D-\tau_C)s}=1$ 来设计前馈控制器。

由式(4-18) 可得到过程控制中应用最广泛的前馈控制算式为

$$G_{FF}(s) = -K_F\frac{T_1 s+1}{T_2 s+1}e^{-\tau_F s} \tag{4-19}$$

式中，$K_F = \frac{K_{PD}}{K_{PC}K_{DM}}$，$\tau_F = \max\{0, \tau_D - \tau_C\}$。

3. 前馈反馈控制系统

在理论上，前馈控制可以实现被控变量的不变性，但在工程实践中，由于下列原因前馈控制系统仍然会存在偏差：

1）实际的工业对象会存在多个扰动。若都设置前馈通道，势必增加控制系统的投资费用和维护工作量，因而一般仅选择几个主要干扰实施前馈控制。这样设计的前馈控制器对其他干扰而言没有丝毫校正作用。

2）受前馈控制模型准确度的限制。实际工业过程中，无论对于扰动通道，还是对于控制通道，其数学模型只是通道动态特性的一种近似描述。尤其当通道特性存在明显的非线性或时变性时，前馈控制模型的准确度就更难保证。

3）用仪表或计算机来实现前馈控制算式时，往往做了近似处理。尤其当综合得到的前馈控制算式中包含有纯超前环节或纯微分环节时，由于它们在物理上是无法实现的，因此构建的前馈控制器只能是近似的，如将纯超前环节处理为静态环节，将纯微分环节处理为超前滞后环节。

另一方面，前馈控制系统中不存在被控变量的反馈，即对补偿的效果没有检验的手段。因此，如果控制的结果无法消除被控变量的偏差，系统将无法做进一步的校正。为了解决前馈控制的这一局限性，在工程上往往将前馈与反馈结合起来应用，构成前馈—反馈控制系

统。这样既发挥了前馈作用及时快速的优点，又保持了反馈控制能克服多种扰动以及对被控变量进行检验的长处，是一种适合过程控制的好方法。

以换热器出口温度控制为例，常用的前馈—反馈控制方案如图 4-17 和图 4-18 所示。对于前馈反馈控制方案 a，为克服前馈增益系数偏差或其他外部干扰，温度反馈控制器通过重新校正前馈控制器的设定值，以消除控制偏差；而对于前馈反馈控制方案 b，温度反馈控制器与前馈控制器并联运行，温度反馈控制器用于修正前馈控制的不足部分，同样可克服前馈增益系数偏差或其他外部干扰对出口温度的影响。

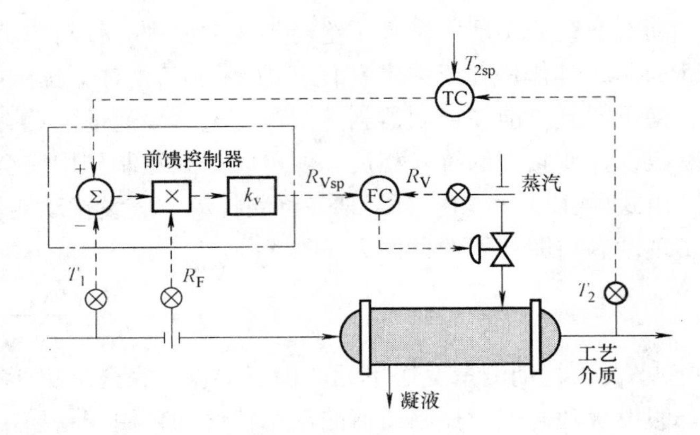

图 4-17　换热器的前馈－反馈控制方案 a

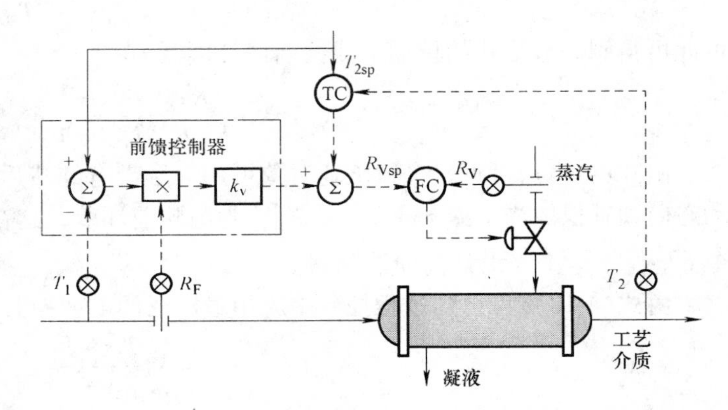

图 4-18　换热器的前馈－反馈控制方案 b

前馈—反馈系统具有以下优点：从前馈控制角度，由于增添了反馈控制，降低了对前馈控制模型准确度的要求，并能对未选做前馈信号的干扰产生校正作用。从反馈控制角度，由于前馈控制的存在，对干扰做了及时的粗调作用，大大减小了反馈控制的负担。

4.3　比值控制系统

4.3.1　比值控制问题

在现代工业生产过程中，经常需要两种或两种以上的物料按一定比例混合或进行化学反应。一旦比例失调，轻则造成产品质量不合格，重则造成生产事故或发生危险。例如在稀硝酸生产过程中，氨氧化炉用于生产一氧化氮（NO），主要反应为 $4NH_3+5O_2=4NO+6H_2O$，要求氨和空气保持一定的比例。氨和空气比过低可能使反应无法正常进行，而过高又可能引起爆炸。比值控制的目的，就是使几种物料在混合前符合一定比例关系，以使生产能安全正常进行。

使两个或两个以上物料的流量符合一定比例关系的控制系统称为流量比值控制系统（简称比值控制系统）。在需要保持比值关系的两种或两个以上物料中，必有一种物料处于主动地位，称为主物料，表征这种物料的流量称为主流量，用 Q_1 表示；而其他物料按主物料进行配比，即在控制过程中随主物料而变化，表征这种物料的流量称为副流量，用 Q_2 表示。

一般情况下，总是将生产中的主要物料定为主物料。在某些场合，将不可控物料作为主物料，用改变可控物料来实现它们之间的比值关系。比值控制就是要实现副流量 Q_2 与主流量 Q_1 成一定的比值关系，即

$$k=\frac{Q_2}{Q_1} \tag{4-20}$$

式中，k 为副流量与主流量的流量比值。

为了进一步了解比值控制问题的实质，现举例说明。某生产过程需连续使用6% ~8% NaOH 溶液，工艺上采用30% NaOH 溶液加水稀释配制，如图4-19所示。一般来说，由电化厂提供的 NaOH 溶液质量分数比较稳定，引起混合器出口溶液质量分数变化的主要原因是入口处的碱和水的流量变化。为了保证出口质量分数稳定，按反馈控制原理，可设计以出口质量分数为被控变量、入口处的水流量为操纵变量的反馈控制系统。然而，质量分数信号的获取较为困难，即使可以获得质量分数信号并组成控制系统，往往也因测量环节和对象控制通道的滞后较大，影响控制品质。

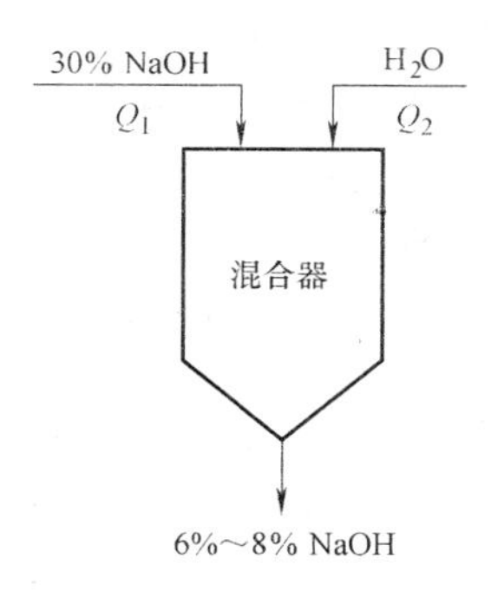

图4-19 溶液配制

根据前馈控制的不变性原理，对于上述混合问题，若某一输入物料流量变化时，另一物料也能按比例随之变化，则可以达到对出口质量分数的完全补偿。通过简单的化学计算可知，只要使入口处的 NaOH 溶液和水的质量流量之比保持在1∶4 ~1∶2.75 之间，就可满足出口处 NaOH 溶液质量分数达到6% ~8%的要求。对于这样一个浓度控制问题，也就成为流量比值控制问题。

工业生产过程中这种类似的控制问题很多，都可以通过保持物料的流量比来保证最终质量。显然，保持流量比只是一种控制手段，保持最终质量才是控制目的。因此可以说，比值控制实质上是前馈控制的一种特例。

4.3.2 定比值控制系统

1. 开环比值控制

对于如图4-19所示的生产过程，为保证混合液的质量分数，可设计如图4-20所示的比值控制系统。当流量 Q_1 变化时，比值器 R 的输出按比例变化。若选择线性调节阀，则 Q_2 也随着 Q_1 按比例变化。在保持流量比例关系的两种物料中，Q_1 处于主导地位，选择为主流量，Q_2 随着 Q_1 变化，选择为副流量。改变比值器的比值系数，就可以改变两个流量的比值 K。因为该系统不存在任一反馈回路，故称为开环比值控制系统。由于该系统的副流量 Q_2 无反馈校正，因此对于副流量本身无抗干扰能力。若水调节阀前的入口压力变化时，就无法保证两个流量的比值。因此，对于开环比值方案，虽然结构简单，但一般很少采用，只有当副流量较平稳且流量比值要求不高的场合才可采用。

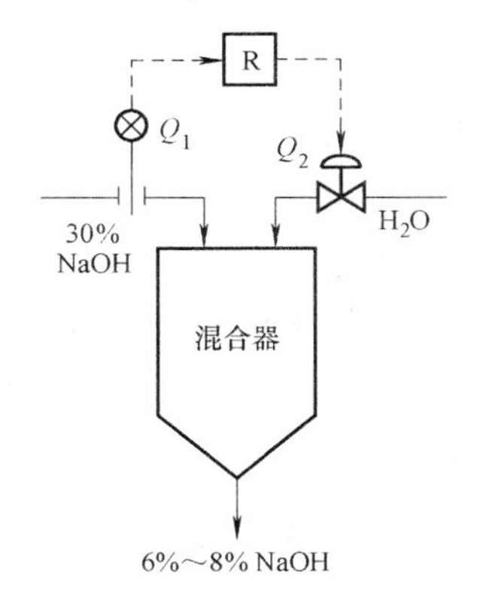

图4-20 开环比值控制系统举例

2. 单闭环比值控制系统

为了克服开环比值控制系统的缺点，可对副流量引入一个反馈回路，组成如图4-21所示的控制系统。当主流量 Q_1 变化时，其流量信号经测量变送器送到比值器R中。比值器按预先设置好的比值系数使输出成比例变化，并作为副流量控制器的设定值。此时，副流量控制是一个随动系统，Q_2 经反馈控制自动跟随 Q_1 变化，使其在新的工况下保持两个流量的比值 K 不变。当副流量由于自身的干扰而变化时，经流量反馈控制后可克服自身的干扰。流量控制器一般都采用PI作用，能消除余差，使工艺要求的流量比 K 保持不变。由于该系统只包含一个闭合回路，故称为单闭环比值控制。

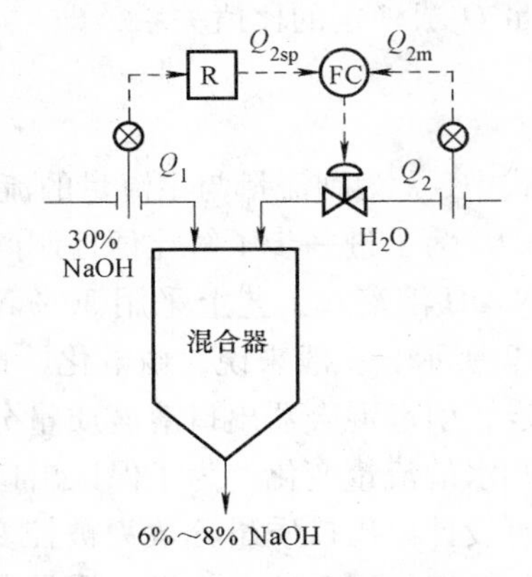

图4-21 单闭环比值控制系统示例

这类比值控制系统的优点是两种物料流量的比值较为精确，实施也较方便，所以得到了广泛的应用。然而，两种物料的流量比值虽然可以保持一定，但由于主流量 Q_1 是可变的，所以进入后续工艺的总流量是不固定的。这对于混合后直接去化学反应器的场合是不太合适的，因为负荷波动会对反应过程造成一定的影响，有可能使整个反应器的热平衡遭到破坏，甚至造成严重事故。这显然是单闭环比值控制系统无法克服的一个弱点。

3. 双闭环比值控制系统

为了既能实现两个流量的比值恒定，又能使进入系统的总负荷平稳，在单闭环比值控制的基础上又出现了双闭环比值控制。

例如，在以石脑油为原料的合成氨生产中，进入一段转化炉的石脑油要求与水蒸气成一定比例，同时还要求各自的流量稳定，所以设计了如图4-22所示的控制系统，图中，Q_{1sp} 为流量 Q_1 的设定值。它与单闭环比值控制系统的差别就在于主流量也构成了闭合回路，故称为双闭环比值控制系统。由于有两个流量闭合回路，可以克服各自的外界干扰，使主、副流量都比较平稳，流量间的比值可通过比值器实现。这样，系统的总负荷也将是平稳的，克服了单闭环比值控制总流量不稳定的缺点；但该方案所用仪表较多，投资高。一般情况下，采用两个单回路定值控制系统分别稳定主流量和副流量，也可基本达到目的；但难以确保两回路流量的同步调整。

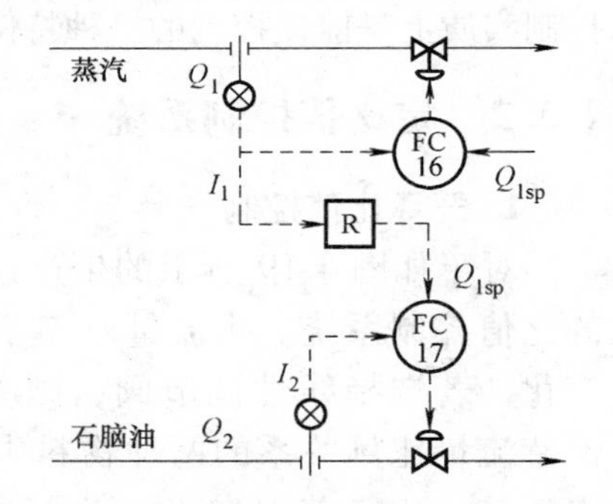

图4-22 双闭环比值控制系统示例

上述3种比值控制方案的一个共同特点是它们都以保持两种物料流量比值一定为目的，比值器的参数经计算设置好后不再变动，工艺要求的实际流量比值 K 也就固定不变，因此统称为定比值控制系统。

4.3.3 变比值控制系统

流量之间实现一定比例仅仅是保证产品质量的一种手段，而定比值控制的各种方案只考虑如何来实现这种比值关系，而没有考虑成比例的两种物料混合或反应后最终质量是否符合工艺要求。因此，从最终质量来看，这种定比值控制系统是开环的。由于工业生产过程的干扰因素很多，当系统中存在着除流量干扰以外的其他干扰（如温度、压力、成分以及反应器中催化剂老化等干扰）时，原来设定的比值器参数就不能保证产品的最终质量，需要进行重新设置。但是，这种干扰往往是随机的，且干扰幅度各不相同，无法由人工经常去修正比值系数，因此出现了按照某一工艺指标自动修正流量比值的变比值控制系统。

图 4-23 所示的硝酸生产中氧化炉温度对氨气/空气的串级控制系统就是这类变比值控制系统的一个实例。氨气与空气混合后进氧化炉氧化生成一氧化氮，而一氧化氮为硝酸生产过程中的基本反应物。氨氧化反应为放热反应，氧化炉温度为该反应过程的主要指标，而影响温度的主要因素是氨气和空气的比值。当混合器中的氨气、空气比值一定时，氧化炉温度也就能基本稳定。当温度受其他干扰（如催化剂老化等）而发生变化时，则可通过主控制器（此处为温度控制器）改变氨气/空气比 R_{sp}，最终通过调节氨气量来补偿。

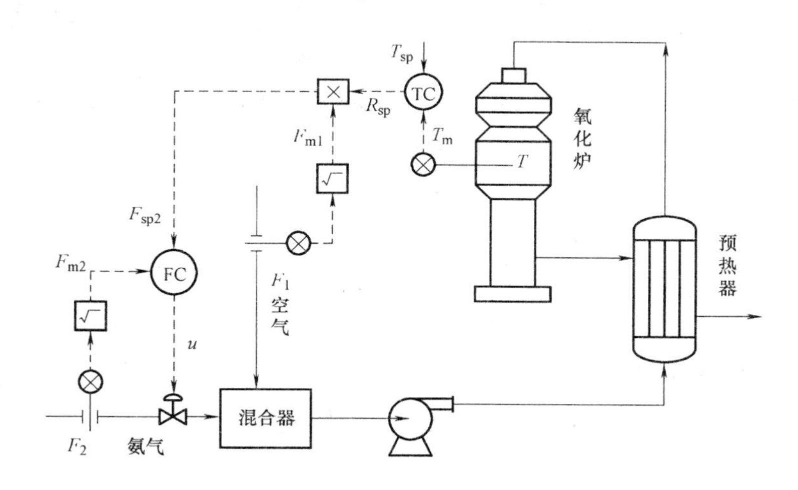

图 4-23　氧化炉温度对氨气/空气的串级控制系统

图 4-23 中流量的检测均采用差压变送器。由于差压变送器的输出与流量的二次方成正比，为得到线性的流量信号，本例中均引入了开方器。此外，本例采用乘法器“×”来实现主副流量的比值控制。

在稳定状态下，表征最终质量指标的主参数（本例中即反应器温度）稳定，主控制器 TC 的输出信号 R_{sp} 也就稳定。若主流量 F_1 稳定，则副流量回路的设定值 F_{sp2} 也自然稳定。当副流量回路稳定且无偏差时，氨气控制阀的开度一定。当系统最终达到稳态时，满足以下关系：$F_{m2}=R_{sp}F_{m1}$，即 $R_{sp}=F_{m2}/F_{m1}$。由此可见，直接反映主副流量的比值关系。

当系统中出现其他干扰引起主参数 T 变化时，通过主反馈回路使主控制器输出（主副流量比值的设定值）改变，以保持主参数稳定。对于进入系统的主流量 F_1 的变化，由于比值控制回路的快速随动跟踪能力，使副流量按比例调节，以保持主参数 T 稳定，它起到了静态前馈的作用。而对于副流量本身的干扰，同样可以通过自身的控制回路来加以克服，它完全等价于串级控制系统的副回路。因此，这种变比值控制系统实质上是一种带有静态前馈的串级控制系统。

4.3.4 比值控制系统的实施与应用

1. 比值系数的计算

首先，有必要把流量比值 k 和设置于仪表的比值系数 K 区别开来。因为工艺上的比值 k 是指两种流体的质量或体积流量之比，而通常在单元组合仪表或计算机控制系统中所使用的是统一的标准信号，如 DDZ—Ⅲ型组合仪表中的 4～20mA 或计算机控制系统中经模数转换与归一化处理后的 0～100%。显然，必须把工艺上的比值 k 折算成仪表上的比值系数 K，才能进行比值设定。

当用转子流量计、涡轮流量计等仪表测量流量时，其仪表输出信号均与流量呈线性关系。当采用差压法测量流量时，其测量变送器的输出信号与流量的二次方成正比。为减少测量环节的非线性对流量控制回路稳定性的不利影响，实际应用中大都对差压变送器的输出信号进行开方运算；而经开方运算后的测量信号与流量呈线性关系。下面以 DDZ—Ⅲ型仪表为例，说明在测量信号与流量成正比情况下的比值系数计算方法。

当流量由零变为最大值 Q_{max} 时，变送器对应的输出为 4～20mA 直流信号，则任一中间流量 Q 所对应的输出电流为

$$I=\frac{Q}{Q_{max}}\times 16+4 \tag{4-21}$$

则有

$$Q=\frac{(I-4)Q_{max}}{16} \tag{4-22}$$

由式(4-22) 可得到工艺要求的流量比值

$$k=\frac{Q_2}{Q_1}=\frac{(I_2-4)Q_{2max}}{(I_1-4)Q_{1max}} \tag{4-23}$$

由此可折算成仪表的比值系数为

$$K=\frac{I_2-4}{I_1-4}=k\frac{Q_{1max}}{Q_{2max}} \tag{4-24}$$

式中，Q_{1max} 和 Q_{2max} 分别为主、副流量变送器的最大量程。

2. 比值控制的实施方法

比值控制系统有两种实现方案：依据 $Q_2=kQ_1$ 就可以对 Q_1 的测量值乘以比值 K，作为 Q_2 流量控制器的设定值，称为“乘法方案”；而依据 $Q_2/Q_1=k$ 就可以将 Q_2 与 Q_1 的测量值相除，作为比值控制器的设定值，称为“除法方案”。

(1) 乘法方案

图 4-24a、b 均采用乘法器“×”来实现单闭环比值控制。比值控制系统的设计任务就是要按工艺要求的流量比值来正确设置图中仪表的比值系数。

对于方案 a，当系统达到稳态时，满足以下关系

$$I_2=I_{2sp}=K_1(I_1-4)+4$$

而

$$I_1=\frac{Q_1}{Q_{1max}}16+4;\ I_2=\frac{Q_2}{Q_{2max}}\times 16+4$$

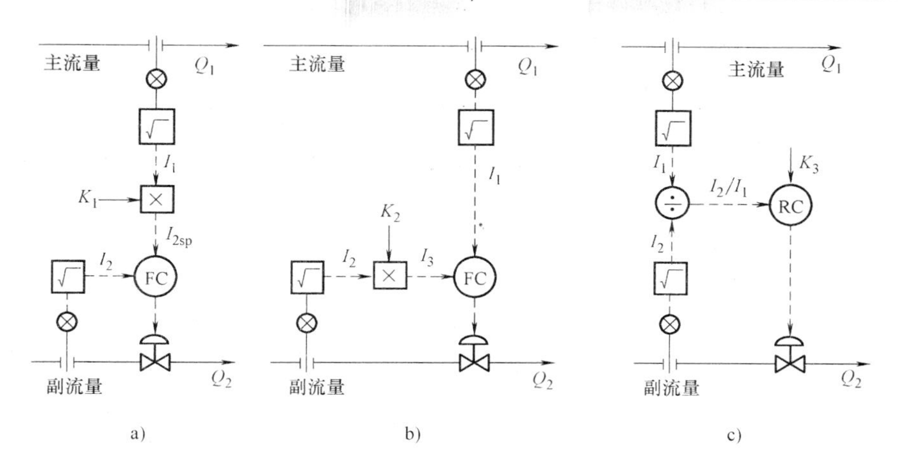

图 4-24 比值控制系统的实施方案

由此可得

$$K_1=\frac{I_2-4}{I_1-4}=\frac{Q_2/Q_{2\max}}{Q_1/Q_{1\max}}=\frac{Q_2Q_{1\max}}{Q_1Q_{2\max}}=k\frac{Q_{1\max}}{Q_{2\max}} \tag{4-25}$$

对于方案 b，当系统达到稳态时，满足以下关系

$$I_1=I_3=K_2(I_2-4)+4$$

由此可得

$$K_2=\frac{I_1-4}{I_2-4}=\frac{Q_1/Q_{1\max}}{Q_2/Q_{2\max}}=\frac{Q_1Q_{2\max}}{Q_2Q_{1\max}}=\frac{1}{k}\frac{Q_{2\max}}{Q_{1\max}} \tag{4-26}$$

（2）除法方案

图 4-24c 采用除法器“÷”来实现单闭环比值控制。显然它还是一个单回路控制系统，只是控制器的测量值和设定值都是流量信号的比值，而不是流量本身。当系统达到稳态时，满足以下关系：

$$K_3=\frac{I_2-4}{I_1-4}\times16+4=\frac{Q_2/Q_{2\max}}{Q_1/Q_{1\max}}\times16+4=\frac{Q_2Q_{1\max}}{Q_1Q_{2\max}}\times16+4 \tag{4-27}$$

除法方案的优点是直观，并可直接读出比值，使用方便，其可调范围宽。但是，由于比值计算包括在控制回路中，对象的放大倍数在不同负荷下变化较大，在负荷小时，系统不易稳定。具体分析如下：

对于副流量控制回路，假设测量信号 I_2 与流量 Q_2 呈线性关系，则对象的静态增益为

$$\frac{\mathrm{d}}{\mathrm{d}Q_2}\left(\frac{I_2-4}{I_1-4}\right)=\frac{1}{Q_1}\frac{Q_{1\max}}{Q_{2\max}}=k\frac{1}{Q_2}\frac{Q_{1\max}}{Q_{2\max}} \tag{4-28}$$

由式(4-28) 可知，负荷越小（即 Q_1 或 Q_2 越小），对象的静态增益就越大。如果控制器的控制增益不减少，控制系统的稳定性会变差；但若控制增益过小，则在大负荷时，控制系统的响应又会显得非常缓慢。

由于用除法器组成的比值控制系统，对象的放大倍数会随负荷变化，因此在比值控制系统中应尽量少采用除法器，一般可用乘法器或比值器来代替它。

3. 比值控制系统的设计、投运及整定

（1）调节器控制规律的确定

比值控制系统的控制规律的选择与控制方案有关。在单闭环比值控制中，副流量回路控制器宜选用PI控制规律，因为它将同时起到比值控制和稳定副流量的作用。在双闭环比值控制中，主副流量回路控制器均选用PI控制规律，因为它不仅要起到比值控制的作用，而且要稳定各自的物料流量。而在变比值控制中，可完全等价于串级系统选用合适的控制规律。

（2）比值系数K的选取范围

比值系数K的取值取决于控制方案、工艺比值要求以及仪表量程。假如采用如图4-24a所示的乘法器方案，要求K_1值既不能太小也不能太大，尽可能接近1。如果K_1值太小，则副流量回路的设定值I_{2sp}也必然很小，导致副流量的仪表量程不能充分利用，影响控制准确度；如果K_1值过大，则设定值I_{2sp}可能接近副流量的量程上限，遇到主流量上升时，将无法完成比值控制的功能。若采用如图4-24b所示的乘法器方案，其比值系数K_2为K_1的倒数，同样可能出现取值过小或过大的情况。为此，需要合理选择仪表量程，以防止内部计算信号超限。事实上，仪表超限是比值控制方案设计时必须检查与防止的问题。

（3）比值控制系统的整定

在比值控制系统中，变比值控制系统因结构上为串级控制系统，因此主控制器按串级控制系统整定。双闭环比值控制系统的主流量回路可按单回路定值控制系统整定。而比值控制系统中的副流量回路是一个随动系统，工艺上希望副流量能迅速正确地跟随主流量变化，并且不宜有超调，即要达到振荡与不振荡的临界过程。一般整定步骤是：首先根据工艺要求的两个流量比值，计算比值系数。然后，对于副流量控制器，可先将积分时间置于最大，由小到大调整控制增益，直至系统达到振荡与不振荡的临界过程为止。最后，适当减少控制增益，一般减少20%，然后慢慢把积分时间减少，直到出现振荡与不振荡的临界过程为止。

4.3.5 比值控制系统的应用举例

下面以锅炉燃烧系统中的空燃比控制为例，来说明比值控制系统的实际应用。锅炉是化工、炼油、发电等工业生产过程中必不可少的重要动力设备。它所产生的高压蒸汽，既可作为驱动透平的动力源，又可作为蒸馏、化学反应、干燥和蒸发等过程的热源。为了确保安全、稳定生产，锅炉设备的控制系统就显得愈加重要。

常见的锅炉设备的主要工艺流程如图4-25所示。燃料和热空气按一定比例送入燃烧室燃烧，生成的热量传递给蒸汽发生系统，产生饱和蒸汽D_S；然后经过热器，形成一定汽温、一定压力的过热蒸汽D，汇集至蒸汽管线，以供给负荷设备。与此同时，燃烧过程中产生的烟气，除将饱和蒸汽变成过热蒸汽外，还经省煤器预热锅炉给水和空气预热器预热空气，最后经引风机送往烟囱，排入大气。

锅炉设备的控制任务是根据生产负荷的需要，提供一定压力或温度的蒸汽，同时要使锅炉在安全、经济的条件下运行。就锅炉燃烧系统而言，其主要控制目的包括：一方面，使燃料燃烧所产生的热量能适应蒸汽负荷的需要（常以蒸汽压力为被控变量）；另一方面，使燃料与空气量之间保持一定的比值（简称“空燃比”），保证最经济燃烧（常以烟气成分为受控变量），以提高锅炉的燃烧效率，并减少大气污染。

1. 蒸汽压力控制和燃料与空气比值控制

蒸汽压力对象的主要干扰来自于燃料量的波动与蒸汽负荷的变化。当燃料流量及蒸汽负

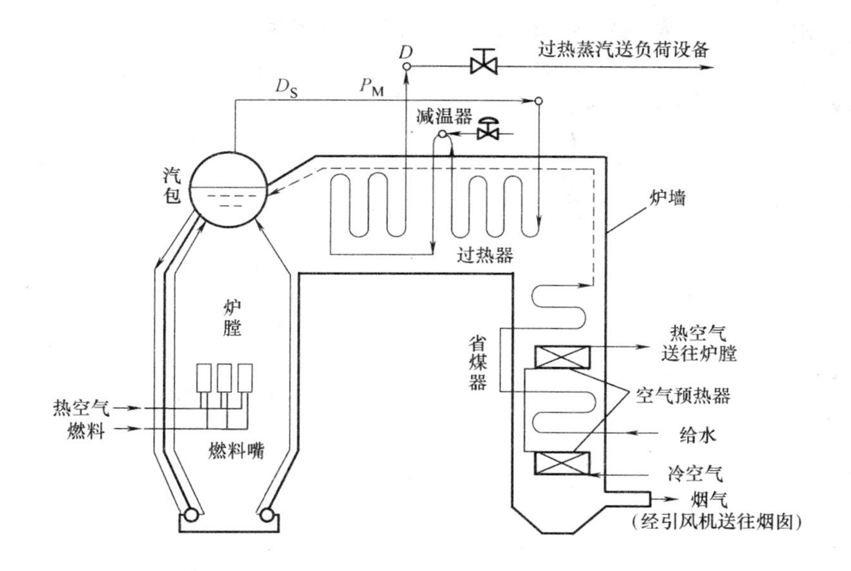

图 4-25　锅炉设备的主要工艺流程图

荷变动较小时，可以采用蒸汽压力来调节燃料量的单回路控制系统；当燃料流量波动较大时，可以采用蒸汽压力对燃料流量的串级控制系统。

由于燃料流量随蒸汽负荷而变化，为实现经济燃烧，可以燃料流量为主流量与空气量组成双闭环比值控制系统，以使燃料与空气保持一定比例。燃烧过程的基本控制方案如图 4-26 所示，它包括以下功能：①燃料量与空气量的单回路控制，可有效克服调节阀前压力变化对流量的影响；②稳态条件下空燃比（空气量与燃料量的比值）能得到有效的控制，即系统达到稳态时，$I_1 = I_2 = K(I_3 - 4) + 4$，而 I_1 与 I_3 又与燃料量、空气量呈线性关系，因而空燃比在稳态条件下完全取决于流量表量程与 K 值；③燃料量与空气量能同时适应蒸汽负荷的变化。当蒸汽负荷增大时，将引起蒸汽压力的下降，蒸汽压力控制器 PC 的输出 I_p 将随之增大；而 I_p 同时又是流量控制器 FC_1、FC_2 的设定值，结果使燃料量与空气量同步增大；最终使锅炉产汽量增大，并达到产汽与用汽的平衡，而作为平衡标志的蒸汽压力最终也将稳定在其设定值 P_{sp}。

上述基本控制方案能够满足稳态条件下的空燃比控制，但无法确保动态调节过程中空气量的适量富裕，以使燃料完全燃烧。为此，工艺过程要求提负荷时应先提空气量，后提燃料量；而降负荷时应先降燃料量，后降空气量。由此可采用如图 4-27 所示的双交叉比值控制系统。

它在基本控制方案的基础上，通过增加两个选择器，既保证了稳态条件下的空燃比控制要求，又具有逻辑提降量功能。在稳态时，各个信号达到平衡状态，即 $I_p = I_4 = I_5 = I_1 = I_2$，而 $I_2 = KI_3$（这里假设各信号均已转换为百分量，%）。假设此时因蒸汽用量增大，使蒸汽压力下降。为使压力恢复至设定值，压力控制器输出 I_p 增大。由于此时燃料量与空气量的测量值尚未改变（即 $I_1 = I_2$），低选择器 LS 的输出 $I_4 = I_2$（即燃料量控制器的设定值并不会立刻增大），高选择器 HS 的输出 $I_5 = I_p$，由此启动空气流量控制器 FC_2 的提量过程，实际空气量逐步提高；相应地，低选择器 LS 的输出 I_4 跟踪与实际空气量成正比的信号 I_2，通过燃料量控制器 FC_1，逐步提高燃料量，最终使燃料量与空气量都得到提高，并使蒸汽压力回复至设定值。同样，读者可自行分析逻辑降量过程。

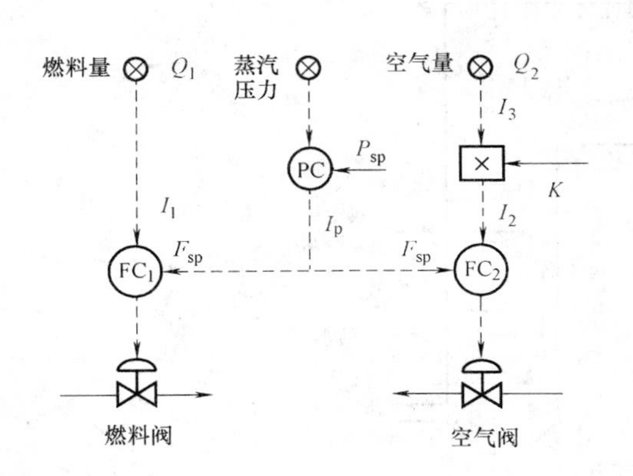

图 4-26 燃烧过程的基本控制方案

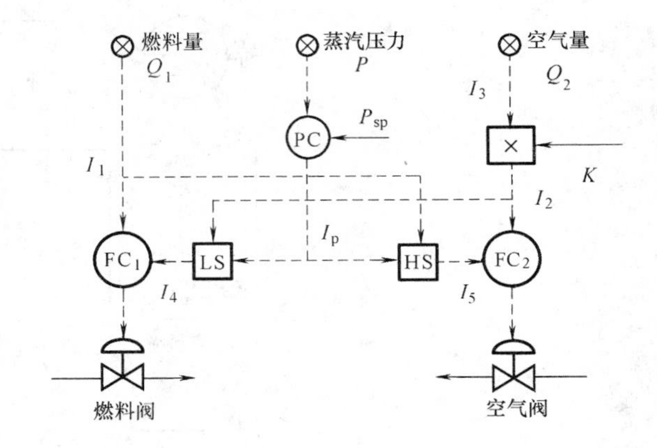

图 4-27 燃烧系统的双交叉比值控制方案

2. 燃烧过程的烟气氧含量控制

图 4-27 所示的双交叉控制方案，虽然也考虑了燃料与空气流量的比值控制，但它并不能在整个生产过程中始终保证最经济燃烧（即两流量的最优比值）。原因包括：①在不同的负荷下，两流量的最优比值是不同的；②燃料的成分（如含水量、组成等）有可能会变化；③流量测量的不准确。这些原因都会不同程度地影响到燃料的不完全燃烧或空气的过量，造成炉子的热效率下降，这就是燃料流量和空气流量定比值控制系统的缺点。为了改善这一情况，最好有一个指标来闭环修正两流量的比值，目前，最常用的是烟气氧含量。

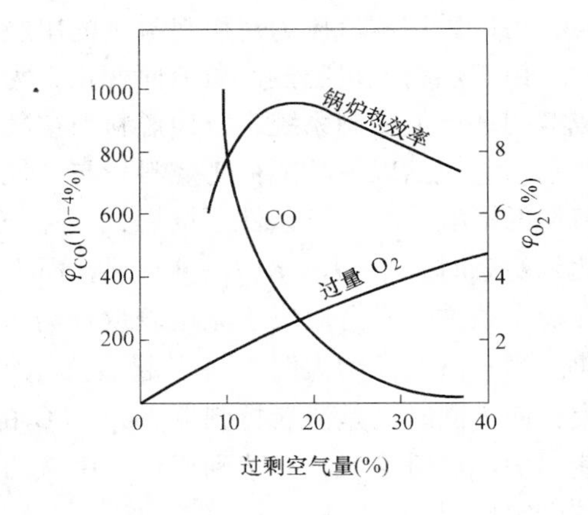

图 4-28 过剩空气量与 O_2、CO 及锅炉效率的关系

锅炉的热效率（即燃料燃烧所发出的热量是否完全被锅炉水所吸收）主要反映在烟气成分（特别是氧含量）和烟气温度两个方面。烟气温度高，表明烟气带走的热损失大；烟气氧含量过低，则可能部分燃料未充分燃烧。烟气中各种成分，如 O_2、CO_2、CO 和未燃烧烃的含量，基本上可以反映燃料燃烧的情况，最简便的方法是用烟气氧含量 φ_{O_2} 来表示。根据燃烧反应方程式，可计算出使燃料完全燃烧时所需的氧量，从而可得到所需的空气量，称为理论空气量 Q_T。但是，实际上完全燃烧所需的空气量 Q_P，要超过理论计算量，即要有一定的过剩空气量。由于烟气的热损失占锅炉热损失的绝大部分，当过剩空气量增多时，一方面使炉膛温度降低；另一方面使烟气热损失增加。因此，过剩空气量对不同的燃料都有一个最优值，以满足最经济燃烧要求，对于液体燃料最优过剩空气量约为 8% ~15%。

过剩空气量常用过剩空气系数 α 来表示，即实际空气量和理论空气量之比

$$\alpha = Q_P / Q_T \tag{4-29}$$

因此，α 是衡量经济燃烧的一种指标。α 很难直接测量，但与烟气中氧含量有直接关系，可近似表示为

$$\alpha = \frac{21\%}{21\% - \varphi_{O_2}} \tag{4-30}$$

这样，可按图 4-28 找出最优的 φ_{O_2}。对于液体燃料，φ_{O_2}的最优值约为 2% ~4%。

为提高锅炉燃烧系统的热效率，可采用如图 4-29 所示的烟气氧含量闭环控制方案。在这个方案中，氧含量作为被控变量，通过氧含量控制器来调整空燃比的系数 K，力求使 φ_{O_2}控制在最优设定值，从而使对应的过剩空气系数稳定在最优值，以实现最经济燃烧。

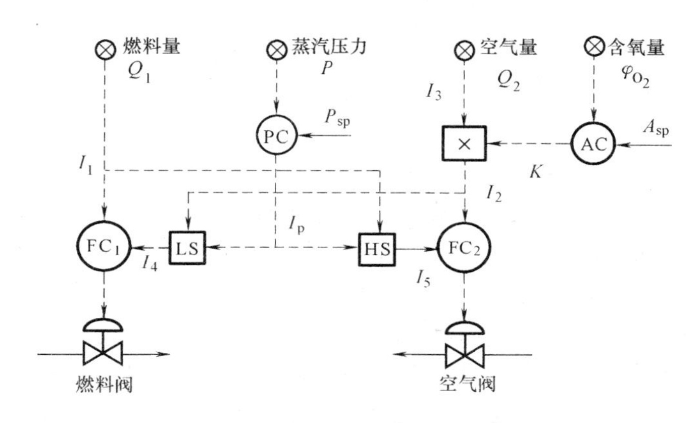

图 4-29　燃烧系统的烟气氧含量闭环控制方案

4.4　均匀控制系统

4.4.1　均匀控制问题的由来

过程工业中生产过程往往包括若干个相互关联的处理设备。按物料流经各生产设备的先后，工艺处理过程分成前工序和后工序。前工序的出料即为后工序的进料，而后者的出料又源源不断地输送给其他后续设备作为进料。均匀控制问题是针对流程工业中如何协调前后工序的物料流量而提出来的。

某连续精馏的多塔分离过程如图 4-30 所示。前塔 C201 塔底的出料作为后塔 C301 的进料，因而两塔的操作是息息相关的。然而，由于两塔都力求自己操作平稳，这将引起两塔之间的矛盾：对前塔 C201 来说，当它经受干扰而使操作平稳被破坏时，它就要通过调整物料量来克服，这样就会引起出料量 FC201 的波动，也就是说出料量 FC201 的波动是前塔 C201 为适应负荷的变化所必须的；而对后塔来说，为了操作平稳，它总是希望进料量越平稳越好。这就给人们提出了这样的问题：怎样将一个变化较剧烈的流量变换成一个变化平稳缓慢的流量？

要使一个变化剧烈的流量变成一个变化较平缓的流量，一种方法是在前后工序之间增加

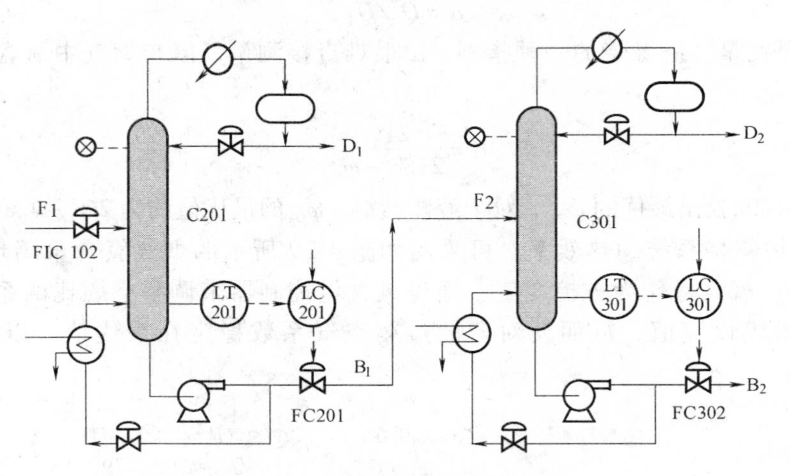

图 4-30　前后精馏塔的供求关系

一个缓冲罐。但这会增加设备投资和扩大装置占地面积，并且有些化工中间产品，增加停留时间可能产生副反应，所以增加缓冲罐可能不是理想办法。为了兼顾流量平稳与液位控制这两方面的要求，应该配以控制系统。均匀控制系统的出现就是为了满足这一要求的。可以说，“均匀控制”是指控制目的而言，而不是指控制系统的结构。

在均匀控制中涉及两个指标：①储罐的输出流量要求平稳或变化缓慢；②在最大干扰时，液位仍在允许的上、下限间波动。为了将均匀控制与通常的液位控制相区别，在本节中称仅以维持液面平稳为指标的控制为“纯液位控制”。

4.4.2　均匀控制系统的实现

实现“液位—流量”均匀控制一般采用单回路控制或串级控制方案，分别如图 4-31 和图 4-32 所示。由此可见，它们的系统结构与纯液位控制相同，单从控制系统流程图是无法判断系统到底是按均匀控制运行还是按纯液位控制。两者的差异主要反映在液位控制器参数的整定上。

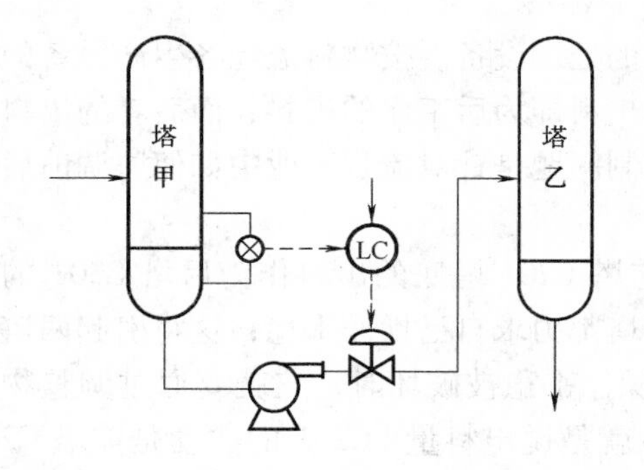

图 4-31　单回路均匀控制系统

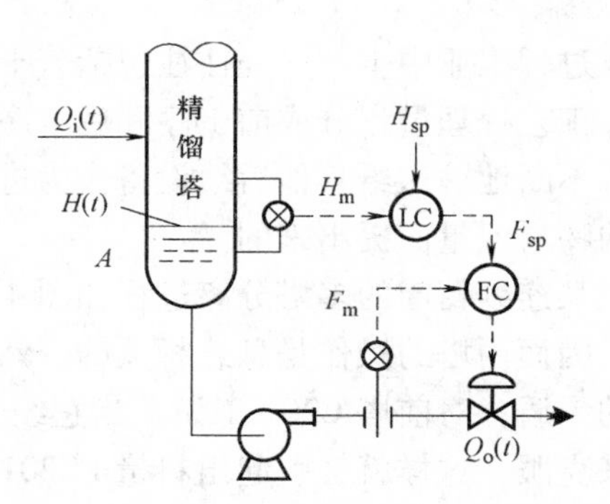

图 4-32　串级均匀控制系统

对于纯液位控制，因为它的操作仅要求液位平稳，所以当液位受干扰而偏离设定值时，就要求通过强有力的调节作用使液位返回其设定值。而所谓强有力的调节作用，反映在调节器参数整定上，就要求有较大的控制器增益或小的积分时间。这种强有力的调节作用，必然导致作为操纵变量的输出流量 Q_o波动很剧烈。

液位—流量均匀调节则与其相反，因为它的主要目标是操纵变量 Q_o平稳，而作为被控变量的液位 H 则可以在允许范围内波动。也就是当液位有较大偏离时，才要求操纵变量做一定的调整，所以均匀控制要求控制作用“弱”。所谓控制作用“弱”，反映在控制器参数整定上，就要求有较小的控制器增益或大的积分时间。因此可以说，均匀控制是通过控制作用“弱”的液面控制器来实现的。至于如图 4-31 和图 4-32 所示的单回路与串级均匀控制方案，主要区别在于串级方案能有效地克服阀前压力或后续装置操作压力波动对流量的影响，因而应用更为广泛。下面就以串级方案为例对均匀控制进行分析。

对于如图 4-32 所示的串级均匀控制系统，假设流量回路调节迅速，对液位对象而言其动态滞后可忽略；并且不考虑液位测量滞后，则广义对象特性可表示为

$$A\frac{\mathrm{d}H}{\mathrm{d}t}=Q_i(t)-Q_o(t) \tag{4-31}$$

式中，A 为塔底截面积。

进一步假设液位测量范围为 0 ~ H_{max}，进出流量的测量范围均为 0 ~ Q_{max}，则简化后的控制系统框图如图 4-33 所示，其中 K_F反映了流量控制回路的静态特性，G_c表示液位控制器的动态特性。当流量回路达到稳态时，有 $F_{sp}=F_m=Q_o(t)/Q_{max}\times 100\%$，由此可知 $K_F=Q_{max}/100$。

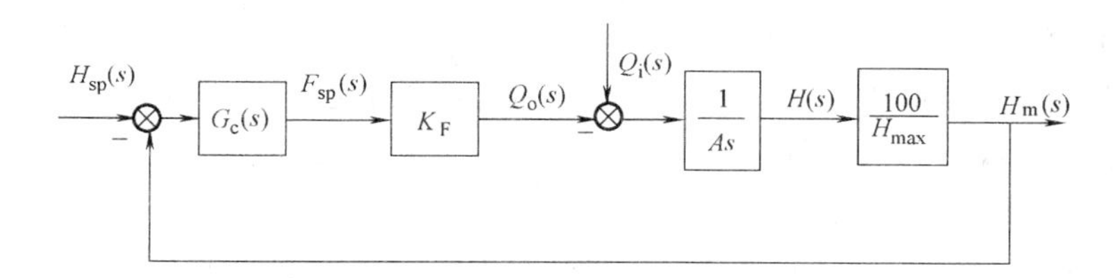

图 4-33　串级均匀控制系统的框图

由如图 4-33 所示的框图，直接可计算得到输入流量 Q_i（主要干扰）对液位（被控变量）、输出流量（操纵变量）的传递函数，分别为

$$\frac{Q_o(s)}{Q_i(s)}=\frac{-\frac{1}{As}\frac{100}{H_{max}}G_c\frac{Q_{max}}{100}}{1-\frac{1}{As}\frac{100}{H_{max}}G_c\frac{Q_{max}}{100}}=\frac{-G_c}{\frac{H_{max}}{Q_{max}}As-G_c} \tag{4-32}$$

$$\frac{H(s)}{Q_i(s)}=\frac{\frac{1}{As}}{1-\frac{1}{As}\frac{100}{H_{max}}G_c\frac{Q_{max}}{100}}=\frac{\frac{H_{max}}{Q_{max}}}{\frac{H_{max}}{Q_{max}}As-G_c} \tag{4-33}$$

对于纯比例控制器 $G_c=-K_c$，则系统的闭环特性为

$$\frac{Q_o(s)}{Q_i(s)}=\frac{K_c}{\dfrac{H_{max}}{Q_{max}}As+K_c}=\frac{1}{\dfrac{T_h}{K_c}s+1},\ \frac{H(s)}{Q_i(s)}=\frac{\dfrac{H_{max}}{Q_{max}}}{\dfrac{H_{max}}{Q_{max}}As+K_c}=\frac{\dfrac{H_{max}}{Q_{max}K_c}}{\dfrac{T_h}{K_c}s+1} \tag{4-34}$$

式中，T_h 为物料的平均停留时间，$T_h=H_{max}A/Q_{max}$。

从式(4-34) 可知：上述串级控制方案可以实现进出物料的自动平衡，而且出料流量为进料流量的一阶滤波值。当进料流量波动范围一定的情况下，出料量的波动幅度完全取决于平均停留时间与控制器增益。与人们的直观感觉相同，塔底截面积愈大、可允许变化的液位愈高或进料流量愈小，则出料量愈平稳；而当物料的平均停留时间 T_h一定时，控制器增益K_c的减少（即比例度增大）可使出料更加平缓，但使液位的波动范围和余差同时增大。因此为减少液位的调节余差，液位控制器需要引入少量的积分作用。

4.4.3 均匀控制参数工程整定

串级均匀控制的副回路流量控制器的参数整定与普通流量控制器整定原则相同，即选用小的控制器增益和小的积分时间（接近于纯积分控制器），所以不再进一步叙述。这里主要讨论液位控制器的参数整定，使用的是“看曲线、整参数”的方法。

根据液位和流量记录曲线整定液位控制器参数的方法，它基于这样两个原则：①先以保证液位不会超过允许波动范围的角度来设置控制器参数；②修正控制器参数，使液位最大波动接近允许范围，其目的是充分利用塔底或中间罐的缓冲作用，使输出流量尽量平稳。

对于纯比例控制，整定过程如下：

1）先将控制器增益放置在估计不会引起液位超越的数值，例如 $K_c=1$ 左右。

2）观察响应曲线，若液位的最大波动小于允许范围，则可减少 K_c值，其结果必然是液位控制“质量”降低，而使流量更为平稳。

3）当发现液位的最大波动可能会超过允许范围时，则应增加 K_c值。

4）这样反复调整 K_c值，直到液位最大波动接近允许范围为止。

对于比例积分控制，整定过程如下：

1）按纯比例控制进行整定，得到液位最大波动接近允许范围时的 K_c值。

2）适当减少 K_c值后，引入积分作用，逐渐减少积分时间，使液位在每次干扰过后，都有回复到设定值的趋势。

3）积分时间的减小，直到流量响应曲线将要出现缓慢的周期性衰减振荡过程为止。

4.5 分程控制系统

4.5.1 分程控制原理

一般来说，一台控制器的输出仅操纵一只控制阀。若用一台控制器操纵几只阀门，并且按输出信号的不同区间操作不同阀门，这种控制方式习惯上称为分程控制。

分程控制系统的执行机构如图 4-34 所示，控制器输出电流信号（4～20mA）经电-气

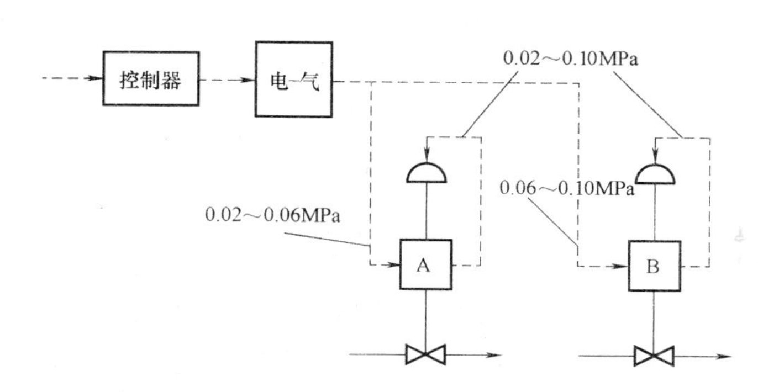

图 4-34　分程控制系统的执行机构示意图

转换器转换成标准气动信号（0.02～0.10MPa）。借助于附设在每只控制阀上的阀门定位器，可实现分程控制的目的。假设要求 A 阀当其输入信号自 0.02MPa 变化至 0.06MPa 时，做全行程动作；而对于标准的气动薄膜调节阀而言，仅当阀头压力自 0.02MPa 变化至 0.10MPa 时，调节阀方能全行程动作。因此，要求附在 A 阀上的阀门定位器具有信号变换功能，对于输入信号在 0.02～0.06MPa 范围内的变化，产生对应的阀头压力 0.02～0.10MPa 的变化。同样，对于 B 阀上的定位器，应调整成在输入信号为 0.06 ～ 0.10MPa 时，相应输出为 0.02 ～ 0.10MPa。按照这些条件，当控制器（包括电-气转换器）输出信号小于 0.06MPa 时，A 阀动作，B 阀不动；当信号大于 0.06MPa 时，则 A 阀动至极限，B 阀动作，由此实现分程控制。

分程控制方案中，阀的开闭形式可分同向和异向两种，如图 4-35 与图 4-36 所示。同向或异向规律的选择，完全取决于工艺需要。

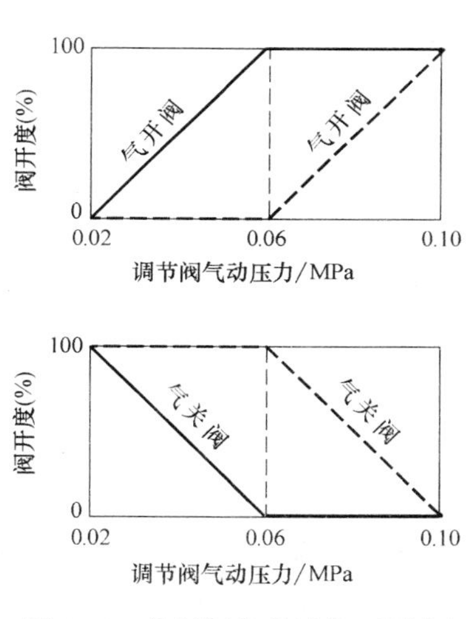

图 4-35　控制阀分程动作（同向）

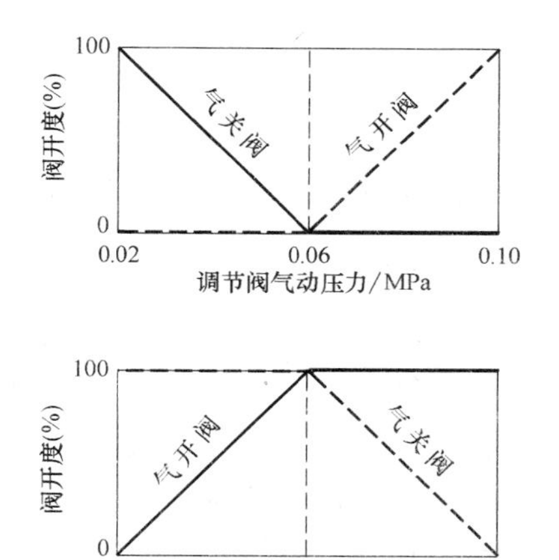

图 4-36　控制阀分程动作（异向）

4.5.2　分程控制系统的设计与应用

分程控制的设计目的包括两方面：一是为了扩大控制阀的可调范围，以改善控制系统的品质；二是用于满足工艺操作上的特殊要求。

1. 用于扩大控制阀可调范围的情况

控制阀有一个重要指标，即阀的可调范围 R。它是一项静态指标，用于反映控制阀执行规定特性（线性特性或等百分比特性）的有效范围的大小。可调范围 R 可表示为

$$R=\frac{C_{max}}{C_{min}} \tag{4-35}$$

式中，C_{max}为阀的最大流通量；C_{min}为阀的最小流通量，均为流量单位。

国产柱塞型阀固有可调范围为$R=30$，所以有

$$C_{min}=3.3\% C_{max} \tag{4-36}$$

需指出，阀的最小流通量不等于阀完全关闭时的泄漏量。一般柱塞阀的泄漏量C_S仅为最大流通能力的0.01%~0.1%。

对于过程工业的绝大部分应用场合，采用$R=30$的控制阀已足够满足生产要求。但有少数场合，可调范围要求特别大，如废水处理中的pH值控制。工厂的废液来自下水道、污水沉淀池等处，其流量变化可达4~5倍，酸碱含量可以变化几十倍以上；废液中酸或碱的类型不同，其含量变化也会引起pH值变化，因而这种场合需要的可调范围会超过1000。如果不能提供足够的可调范围，其结果将是要么在高负荷下中和剂供应不足，要么在低负荷下中和剂用量过剩（即使控制阀达到最小流量）。

分程控制用于扩展控制阀可调范围时，总是将两只同向动作的控制阀并联地安装在同一流体的两个不同管径的管道上。假设A阀为小流量阀，最大流量为$C_{Amax}=4$；B阀为大流量阀，最大流量为$C_{Bmax}=100$。并设两阀的可调范围均为$R=R_A=R_B=30$，而B阀的泄漏量为最大流通能力的0.02%，即$C_{BS}=0.02\% C_{Bmax}=0.02$。

当采用分程控制后，最小流通量和最大流通量分别为

$$C_{min}=C_{Amin}+C_{BS}=\frac{4}{30}+0.02=0.153 \tag{4-37}$$

$$C_{min}=C_{Amax}+C_{Bmax}=104 \tag{4-38}$$

因此两阀组合在一起的可调范围将扩大至

$$R=\frac{104}{0.153}\approx 680 \gg 30 \tag{4-39}$$

分程控制阀的分程范围，一般取0.02~0.06MPa及0.06~0.10MPa两段进行均分。但实际划分时，需要结合阀的特性与工艺要求。

尽管用分程控制可扩展可调范围，但是从流量特性来看，却存在着从A阀到B阀切换动作时流量变化如何平滑过渡的问题。

为了说明该问题，假设前述两只控制阀为线性阀，且采用均分的分程信号。假设两阀均为气开阀，而且大流量阀B阀在后半程，于是可得总的流量特性如图4-37所示。图4-37a、b分别为A、B阀的流量特性，图4-37c为总的流量特性。由图可见，原本都为线性的阀门，组合在一起后，总的流量特性在0.06MPa风压处出现了大的转折，即出现了很严重的非线性。

为了实现圆滑的过渡，可采用两只等百分比阀，并联后总的流量特性也为等百分比特性，如图4-38所示。假若系统要求阀的流量特性为线性，则可通过在控制器输出前添加非线性补偿环节将等百分比特性校正为线性。

2. 用于满足工艺操作上的特殊要求

先看一个例子，某一间歇式聚合反应器如图4-39所示。当配置好反应物料后，开始时需经历加热升温过程，以引发反应；待反应开始后，由于放出大量反应热，若不及时移走热

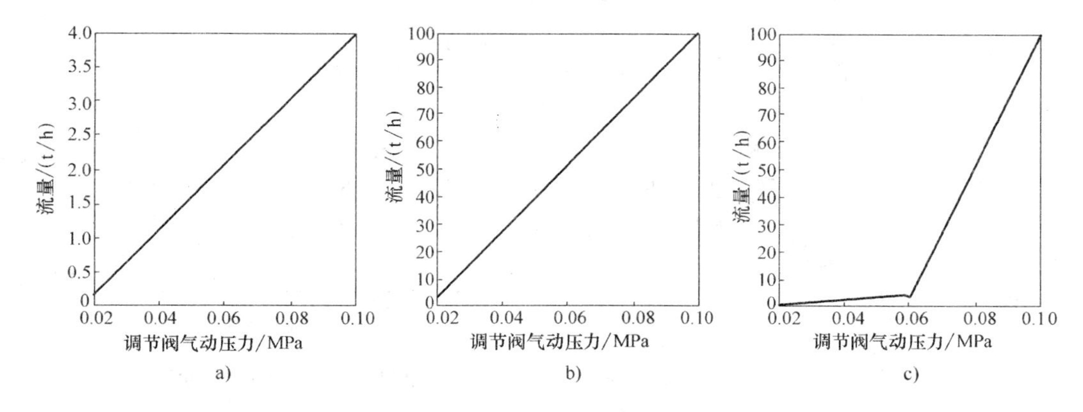

图 4-37　线性阀并联的综合流量特性

a）A 阀的流量特性　b）B 阀的流量特性　c）A 阀与 B 阀并联的流量特性

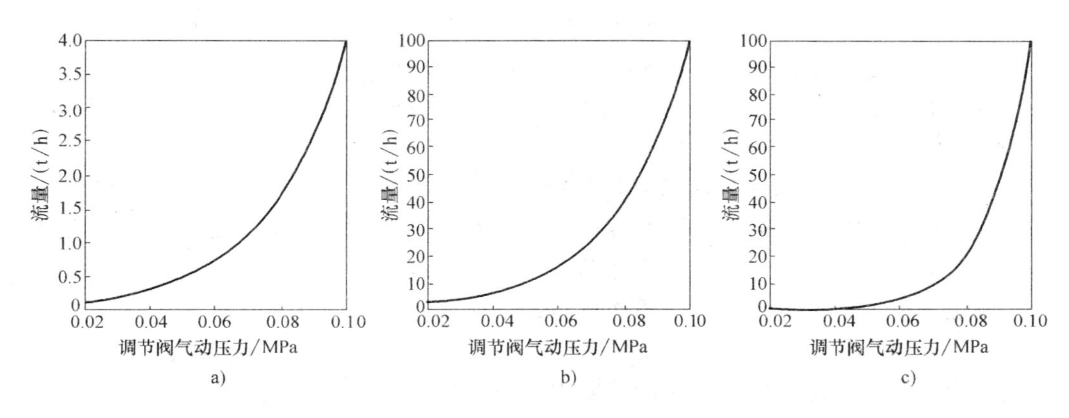

图 4-38　等百分比阀并联的综合流量特性

a）A 阀的流量特性　b）B 阀的流量特性　c）A 阀与 B 阀并联的流量特性

量，会使反应越来越剧烈，温度越来越高引起事故，所以还要经历降温（或保温）移走热量的过程。

为了满足这种有时需加热、有时需取走热量的要求，一方面需配置两种传热介质——蒸汽和冷水，并分别安装上控制阀；另一方面需要设计一套分程控制系统，用温度控制器输出信号的不同区间来控制这两只阀门。下面来讨论该分程控制系统的设计思路。

（1）确定阀的气开、气关特性

从安全角度上讲，为了避免气源故障时引起反应器温度过高，所以要求无气时输入热量处于最小的情况，因而蒸汽阀选择为气开式，冷水阀选气关式。相应地，温度控制器应选反作用。

（2）决定分程区间

根据节能要求，当温度偏高时，应先关小蒸汽阀再开大冷水阀；而由于温度控制器为反作用，温度增高时其输出信号下降。两者综合起来即要求：在信号下降时先关小蒸汽阀，再开大冷水阀。这就意味着蒸汽阀的分程区间在高信号区（如 0.06～0.10MPa），冷水阀的分程区间在低信号区（如0.02～0.06MPa）。其分程动作关系如图4-40所示。

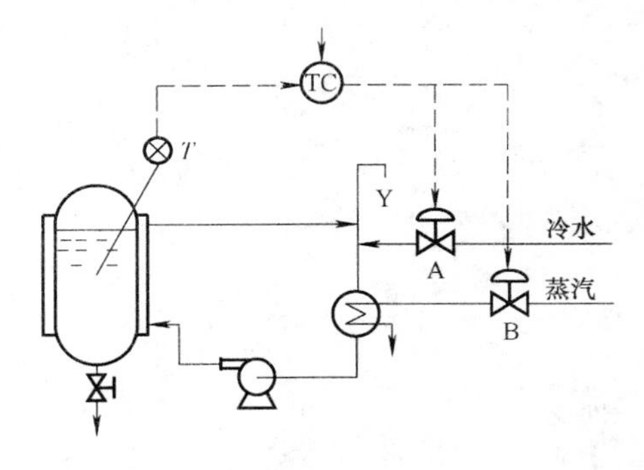

图4-39 间歇式聚合反应器温度分程控制

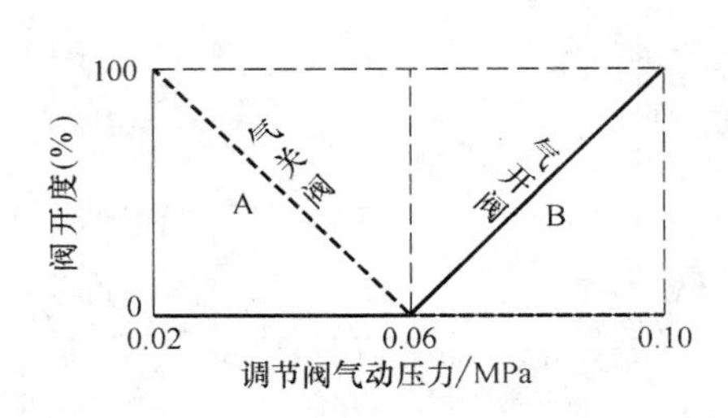

图4-40 控制阀分程动作关系

反应器温度分程控制系统的工作过程如下：当反应釜备料工作完成后，温度控制系统投入运行。因为起始温度低于设定值，所以具有反作用的温度控制器输出信号将增大，使B阀打开，用蒸汽加热以获得热水，再通过夹套对反应釜加热升温，引发化学反应。一旦化学反应进行，反应温度升高并超过设定值后，则控制器输出信号下降，将渐渐关闭B阀；接着打开A阀通入冷水移走反应热，从而把反应温度控制在设定值上。

另一个例子是图4-41所示的罐顶氮封分程控制。在炼油厂或石油化工厂中，有许多储罐存放着各种油品或石油化工产品。这些储罐建造在室外，为使这些油品或产品不与空气中的氧气接触而被氧化变质，或引起爆炸危险，常采用罐顶充氮气的办法，使储存物与外界空气隔绝。

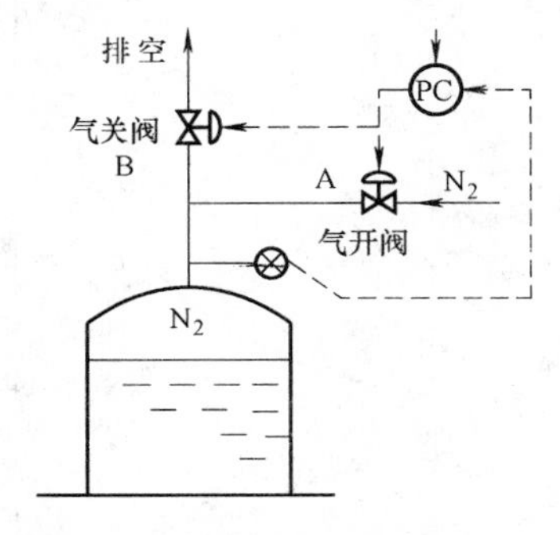

图4-41 罐顶氮封分程控制

对氮封的技术要求就是要始终保持储罐内的氮气压微量正压。储罐内储存物料量增减时，将引起罐顶压力的升降，应及时进行控制；否则，将使储罐变形，甚至将储罐吸扁。因此，当储罐内液面上升时，应停止继续补充氮气，并将压缩的氮气适量排出。反之，当液面下降时应停止放出氮气，而需要适量补充氮气。只有这样才能达到既隔绝空气，又保证容器不变形的目的。这一充氮分程控制方案，已表示在图4-41中。

构成这一氮气压力分程控制方案所用的仪表皆为气动仪表。压力控制器PC具有反作用，采用PI控制规律，进入储罐的氮气阀门A具有气开特性，而排放氮气的阀门B具有气关特性，两阀的分程动作关系如图4-42所示。B阀接收控制器输出信号为0.02～0.058MPa，而A阀接收的信号为0.062～0.10MPa。因此，在两个控制阀之间存在着一个间歇区（$\Delta=0.004$MPa）或称不灵敏区。针对一般储罐顶部空隙较大，而氮气压力控制准确度要求不高的实际情况，存在一个间歇区是允许的。此外，压力控制器也需要引入死区，即当控制误差小于某阈值时，控制器输出不变。这样设计的好处是避免两

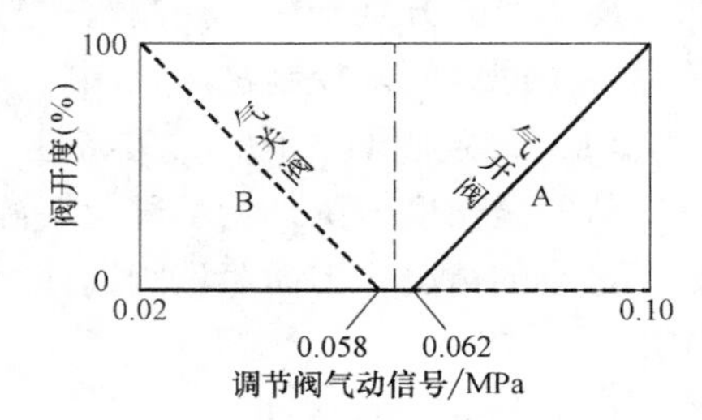

图4-42 控制阀分程动作关系

阀的频繁开闭，以有效地节省氮气。

从控制系统结构上看，以上两例讨论的都是多输入单输出过程的控制问题。不过，这几个控制变量的调整在工艺上存在某种逻辑要求，同一时间只改变一个控制变量的值。这类分程控制系统的设计，除了需要考虑阀的气开、气关特性选择和分程区间的选择外，还应对控制系统的性能特别是非线性，做进一步分析。

4.6　选择控制系统

4.6.1　选择控制问题的由来

通常自动控制系统只能在生产工艺处于正常情况下方能投入运行，一旦生产过程出现异常或出现事故，控制器就要从“自动”切换至“手动”，由操作人员直接对控制阀进行操作。待事故排除后，控制系统再重新投入工作。对于现代大型生产装置而言，过程控制仅仅做到平稳操作这一点是难以满足生产要求的。在大型生产工艺过程中，不仅要求控制系统在生产处于正常运行情况下能够克服外部干扰，维持生产过程的平稳；而且希望控制系统当生产操作达到安全极限时能自动采取相应的保护措施，促使生产过程返回至正常工况，或者使生产暂时停下来，以防事故的发生或进一步扩大。由此可将控制系统分为两大类：一类是以维持物料平衡（或能量平衡）、确保产品质量为目标的平稳控制系统；另一类则主要用于生产处于异常情况下的安全保护系统。

安全保护系统包括两种模式：硬保护与软保护。现代化工业过程所配备的联锁保护装置就属于典型的“硬保护”系统。当生产达到安全极限时，通过专门设置的联锁保护电路，也称“紧急停车系统”，能自动地使设备停车，达到保护生产装置与操作人员的目的。然而，这种硬保护方法并不提供任何补救措施，出现异常就使设备停车，必然会影响到生产。对于大型连续生产过程而言，即使短暂的设备停车也会造成巨大的经济损失。因此，人们希望在联锁系统动作以前，控制系统能采取相应的补救措施，尽可能使生产过程返回至正常状态。这些带有补救措施的控制系统，也称“软保护”系统。

所谓“软保护”，实际上就是一类特定设计的选择性控制系统，在生产过程中短期内出现异常情况时，既不使设备停车又起到对生产进行自动保护的目的。这种控制系统有两个控制目标，一个用于正常工况下的平稳控制，另一个用于异常工况下的安全保护，并具有自动切换的功能。下面以氨蒸发器为例来说明如何从一个常规的平稳控制方案，演变成为一个选择控制方案。

液氨蒸发器是一种换热设备，工业应用广泛。它是利用液氨的汽化需要吸收大量热量，来冷却流经蒸发器内的被冷却物料。在生产上，往往要求被冷却物料的出口温度稳定，这就构成了以被冷却物料出口温度为被控变量、以液氨流量为操纵变量的控制方案，如图 4-43a 所示。

该控制方案是通过改变传热面积来调节传热量，达到控制被冷却物料出口温度的目的。蒸发器内的液位高度会影响热交换器的浸润传热面积，因此液位高度间接反映了传热面积的变化情况。由此可见，液氨流量既会影响温度，也会影响液位，温度和液位在正常情况下有一种粗略的对应关系。通过工艺设计计算，在正常工况下当温度得到控制时，液位也应该在

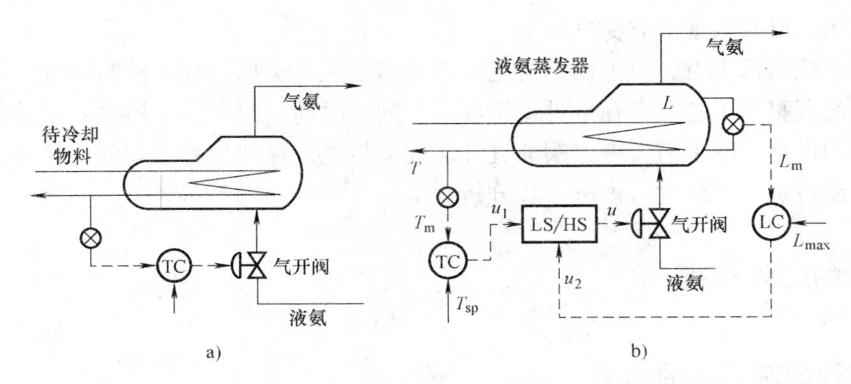

图 4-43 液氨蒸发器的控制方案

a）单回路控制 b）选择控制

允许区间内。

超限现象总是因为出现了非正常工况的缘故。这里，不妨假设被冷却物料入口温度过高。为控制出口温度，所需要移走的热量大增，因而需要大大增加传热面积。但是，当液位淹没了换热器的所有列管时，传热面积的增加已无意义。此时，继续增加氨蒸发器内的液氨量，并不会提高传热量；而液位的继续升高，却可能带来生产事故。由于气化的氨需要回收利用，若氨气带液，进入压缩机后液滴会损坏压缩机叶片。因此，液氨蒸发器的上部必须留有足够的气化空间，以保证良好的气化条件。为了保证有足够的气化空间，就要限制氨液的液位不得高于某一限值。为此，需要在原有温度控制的基础上，增加一个防止液位超限的控制系统。

根据上述分析，这两个控制系统工作的逻辑规律如下：在正常工况下，由温度控制器操纵液氨进料阀进行温度控制；当出现异常工况使蒸发器内液氨的液位达到高限时，被冷却物料的出口温度即使偏高，也成为次要因素，而保护氨压缩机不被损坏已上升为主要矛盾，于是液位控制器应自动取代温度控制器工作（即操纵阀门）。等引起生产不正常的因素消失，如前面假设的“被冷却物料入口温度过高”，液位恢复到正常区域，此时又应恢复温度控制系统的闭环运行。

实现上述功能的选择控制方案如图 4-43b 所示。它具有两台 PID 控制器，它们的输出由选择器选择后，送往控制阀。在正常工况下，选择器应选中温度控制器的输出；而当液位到达极限值时，则应选中液位控制器的输出。下面仍以氨冷却器为例，讨论选择控制系统的设计问题。

4.6.2 选择控制系统的设计

选择控制系统的设计包括控制阀气开/气关特性选择、控制器正/反作用选择、控制规律、选择器类型选择等内容。

首先，根据生产安全要求确定控制阀的气开/气关特性。对上述例子，当气源中断时，为防止氨蒸发器的液位过高而造成溢流，应选用气开阀。其次，根据对象特性选择控制器正/反作用。图 4-44 为上述选择控制系统的框图。由于选择器恒为正作用环节，不改变信号的变化方向，因而为使两个控制回路均为负反馈回路，温度控制器应选正作用特性，液位控制器选反作用特性。

至于选择器的选择完全取决于起安全保护作用的那只控制器。上例中，由于液位控制器为非正常情况下工作的控制器，又由于它是反作用（LC 内部增益为“正”），在正常情况下，液位低于上限值 L_{max}，LC 的输入误差为正，若 LC 带有积分作用，则其输出 $u_2(t)$ 将倾向于最大值；一旦液位上升至超过上限值，液位控制器输出将迅速减小，这时为了保证液位控制器输出信号能够被选中，选择器必须为低选器，从而可防止事故的发生。

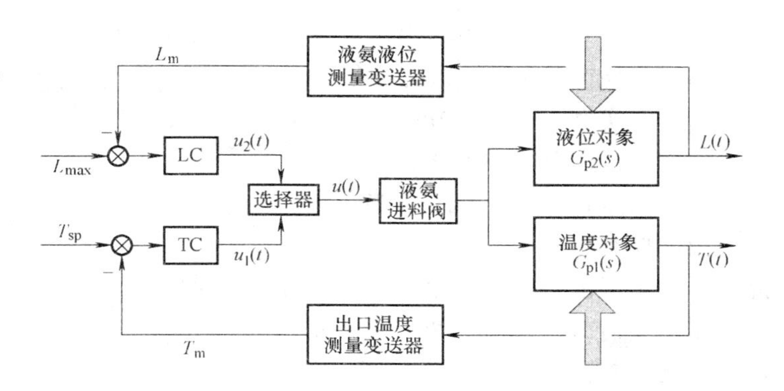

图 4-44　温度和液位选择控制系统框图

再来分析一下控制规律的选择问题。正常工况下工作的控制器起着保证产品质量或平稳操作的作用，其控制算式选择和参数整定均与常规情况相同，通常应选择比例积分控制；如果考虑到对象的一阶滞后时间常数较大，还可以选择比例—积分—微分形式的控制器。本例中，温度控制器可选用 PID 控制规律。而对安全保护功能的液位控制器，为了使它能在异常情况下迅速而及时地采取措施，其参数整定应使其控制作用较常规情况更加灵敏，尽管也选择比例积分控制形式，但应采用较大的控制器增益与较弱的积分作用。

4.6.3　选择控制中的积分饱和及其防止

最后来深入分析一下选择控制中普遍存在的积分饱和问题。一个具有积分作用的控制器，当其处于开环工作状态或控制阀处于极限位置时，如果偏差输入信号一直存在，则由于积分作用的累加效果，将使控制器的输出不断增加或不断下降，一直达到输出的极限值为止。这种现象称为“积分饱和”。上例中，液位控制器就需要引入积分作用，以使液氨液位在出现异常时，能回复至上限值以内。然而，在正常工况下由于液位控制器处于开环状态，而且液位又低于其上限值，液位控制器的输出将不断增大直至其上限值。一旦出现异常情况，就希望液位控制器及时投入运行以关小控制阀，而上述液位控制器的输出 u_2 此时首先需要从其上限值下降至温度控制器输出 u_1 以下，才能被低选器选中，进而达到关小控制阀的目的。这一下降过程所需的时间延缓，可能直接导致了事故的发生。为此，需要引入防积分饱和措施。

对于选择控制系统的防积分饱和，常采用外反馈法，即：控制器在开环情况下，不再使用它自身的信号作积分反馈，而是采用合适的外部信号作为积分反馈信号，从而切断了积分正反馈，防止了进一步的偏差积分累加作用。引入外部积分反馈的选择控制方案如图 4-45 所示，其积分反馈信号取自选择器的输出信号。当控制器 1

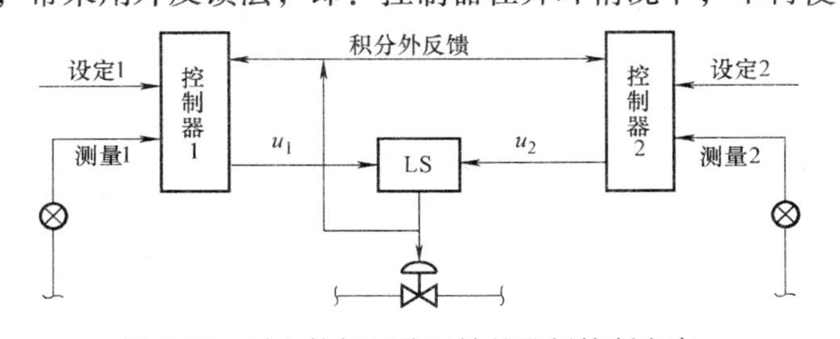

图 4-45　引入外部积分反馈的选择控制方案

处于工作状态时，选择器输出信号等于它自身的输出信号，而对控制器2来说，该信号就变成外部积分反馈信号了。反之亦然。

对上述实例，为讨论方便，假设液位与温度控制器均为PI控制器。带有外部积分反馈的选择控制器内部结构如图4-46所示。在正常情况下，低选器应选中温度控制器输出，即 $u=u_1$。此时，对于温度控制器而言，在控制器输出有效范围内，低选器输出与温度控制器的测量值、设定值具有以下关系：

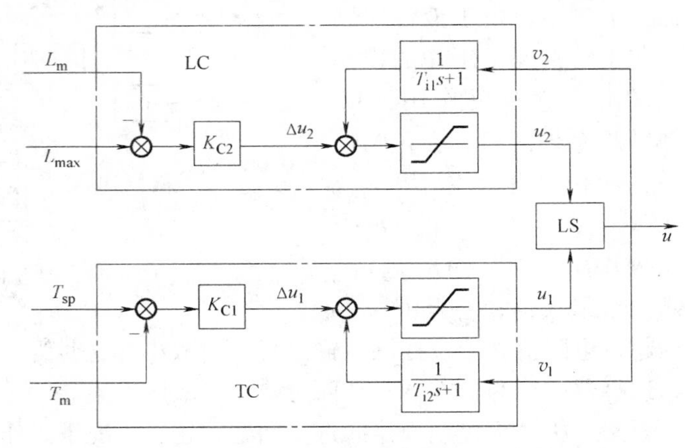

图4-46 外部积分反馈的内部结构与实现原理

$$\frac{u(s)}{e_1(s)}=K_{C1}\frac{1}{1-\frac{1}{T_{i2}s+1}}=K_{C1}\left(1+\frac{1}{T_{i2}s}\right) \qquad (4\text{-}40)$$

式中，$e_1(s)=T_{sp}(s)-T_m(s)$，即温度控制器为标准的PI控制器。而此时，由于液位控制器处于开环状态，其输出信号为

$$u_2(s)=\frac{1}{T_{i1}s+1}u(s)+K_{C2}e_2(s)\approx u(s)+K_{C2}e_2(s) \qquad (4\text{-}41)$$

式中，$e_2(s)=L_{max}(s)-L_m(s)$，即液位控制器此时无积分作用，而且其输出信号 u_2 跟踪温度控制器的输出。另外，在正常情况下 $e_2(s)>0$，$K_{C2}>0$（LC为反作用控制器），则液位控制器的输出略大于温度控制器的输出，低选器不可能选中 u_2。

一旦出现液位超上限值的情况，即 $e_2(s)=L_{max}(s)-L_m(s)<0$。由式（4-41）知，$u_2<u_1$，低选器将迅速及时地选中液位控制器的输出，即液位控制器自动投入闭环运行。此时，温度控制器将转入开环运行，其输出 u_1 将跟踪液位控制器的输出，以随时等待液位恢复至正常范围内。一旦恢复，温度控制器将取得控制权，重新转入温度闭环控制。

选择性控制系统除了用于软保护外，还有很多用途。固定床反应器中热点温度的控制问题就是一个例子。热点温度（即最高温度点）的位置可能会随催化剂的失活、流动等原因而有所移动。反应器各处温度都应参加比较，择其高者用于温度控制。其测量值选择控制方案如图4-47所示。

综上所述，本章简要介绍了各种改进型PID控制方案。事实上，这些控制方案可分为两大类：一类专门用于改善控制系统的性能，如串级控制、前馈控制和变比值控制等；另一类用于满足具体的工艺需要，如液位/流量均匀控制、流量比值控制、选择控制和分程控制等。这些方案为流程工业装置控制提供了基本的手段。

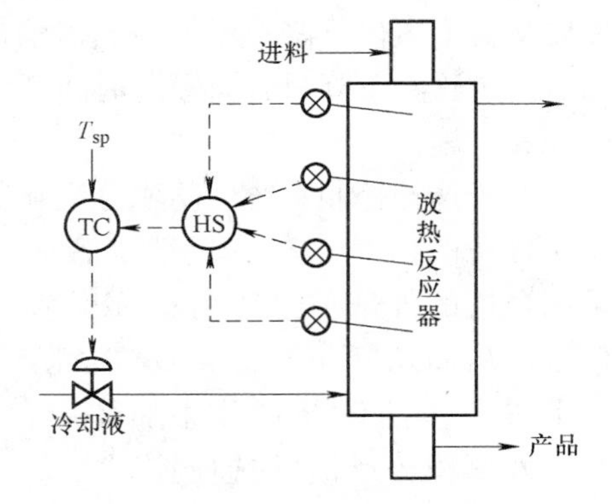

图4-47 高选器用于控制反应器热点温度

思考练习题

1. 考虑图 4-48 所示的加热炉出口温度控制系统，其被控变量为待加热工艺介质的出口温度 T，其操作变量为燃料气量，主要扰动来自于燃料气源压力 P_s、工艺介质流量 F 与入口温度 T_i。图中，P 表示燃料气阀后压力，它与燃料气源压力与控制阀开度有关，直接影响进入加热炉的燃料气量；T_m、P_m 分别表示 T、P 的测量值；T_{sp}、P_{sp} 分别表示温度控制器 TC 与压力控制器 PC 的设定值；而 u 表示控制阀位。假设燃料气燃烧所需的空气充分，燃料气量的增大必然导致工艺介质出口温度 T 的提高。

1）说明各操作参数 T、P、P_s、F、T_i 之间的影响关系，并画出该控制系统对应的框图。

2）选择控制阀的气关/气开形式，并说明原因。

3）确定控制器 TC 与 PC 的正反作用，以使控制系统成为负反馈系统。

4）在控制系统投用的条件下，分别说明当气源压力 P_s 突然下降和工艺介质入口温度 T_i 突然上升时，控制系统的自动调节过程。

2. 针对锅炉汽包水位的三冲量控制系统如图 4-49 所示，其被控变量为汽包水位，操作变量为给水量 F_w，主要干扰来自于蒸汽用量。该方案实质就是一个串级前馈控制系统，其前馈信号取自蒸汽用量 F_s，当蒸汽用量发生变化时，给水流量回路的设定值随即改变，以实现给水与发汽量的质量平衡。流量控制器 FC 的设定值可表示为 $I_o = C_0 + C_1 I_s + C_2 I_c$，其中，$I_s$ 为蒸汽量测量信号，I_c 为液位控制器 LC 的输出，C_0、C_1、C_2 分别为加法器系数。假设给水阀为气开阀。

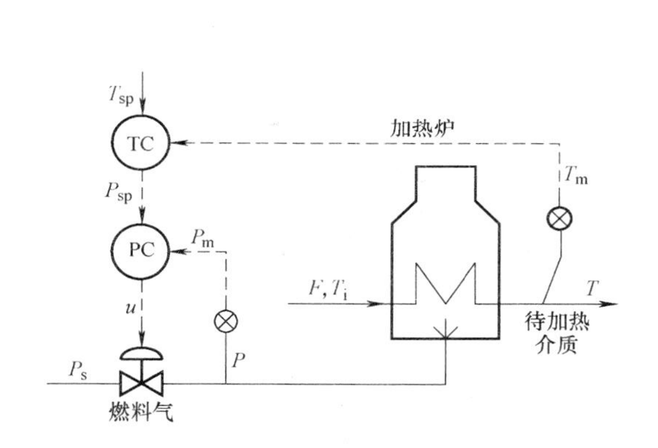

图 4-48　加热炉出口温度串级控制系统

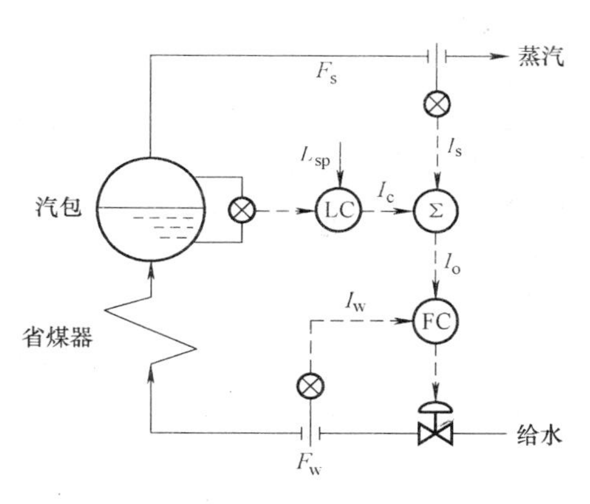

图 4-49　锅炉汽包水位三冲量控制系统

1）绘制该控制系统对应的框图，并注明各方框的输入、输出信号。

2）确定控制器 LC、FC 的正反作用与 C_1、C_2 的符号，以使整个控制系统成为负反馈系统。

3）假设蒸汽量与给水量均采用质量流量计进行测量，而且蒸汽量测量变送器的量程为 $0 \sim F_{sm}$（单位为 T/hr），给水量测量变送器的量程为 $0 \sim F_{wm}$（单位为 T/hr），试确定 C_1 值以实现理想的静态前馈补偿。（提示：在静态条件下，给水质量应等于蒸汽质量）

3. 如图 4-50 所示的比值控制系统可实现对 NaOH 溶液的自动稀释。假设两个流量测量变送单元均为线性 DDZ—Ⅲ型仪表，其电信号输出为标准的 4 ~ 20mA；NaOH 溶液流量 F_1 的测量变送器 FT 31 的仪表量程为 0 ~ 30T/hr，水流量 F_2 的测量变送器 FT 32 的仪表量程为 0 ~ 120T/hr。此外，K 为比值器系数，比值器输出与输入的关系为

$$I_3 = 4\text{mA} + K(I_2 - 4\text{mA})$$

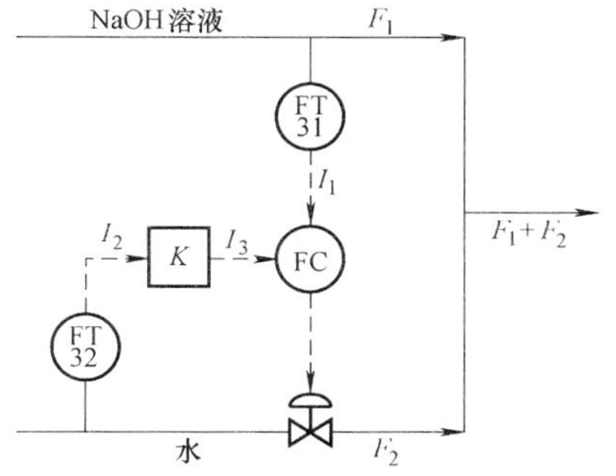

图 4-50　稀释过程的自动比值控制

1）试建立 K 值与流量比 F_1/F_2 的数学关系。

2）假设 NaOH 溶液的质量分数为 20%，希望稀释后的溶液质量分数为 5%，试确定 K 值。在此 K 值下，若 F_1 在 10 ~ 20T/hr 内变化，请分别说明 I_1、I_2、I_3 的变化范围。

4. 有一均匀控制系统（缓冲罐直径为 2m，液位控制器为纯比例控制，控制器增益为 $K_C=1$），输入流量为正弦变化，均值为 $360m^3/hr$，变化幅度为 $\pm 120m^3/hr$，周期为 2min，由此引起的液位变化幅度为 ±0.3m。

1）试求相应输出流量的变化幅度。

2）若将该储罐直径增加到 3m，试计算液位和输出流量的变化幅度。

3）若该储罐直径不变，但控制增益改为 $K_C=2$，请重新计算液位与输出流量的变化幅度。

5. 考虑图 4-51 所示的原料供应单元，原料首先进入中间罐，然后由泵送至后续工艺。为满足后续工艺的要求，要求泵输出流量为定值。在正常操作下，中间罐处于满罐，液位为 h_1；当进料流量过小或工艺流量需求过大时，可能使中间罐液位降至 h_{min} 以下，由此可能导致泵因抽空而损坏。假设控制阀为气开阀，希望设计一控制方案以避免上述情况的出现，即：正常时，控制阀用于控制泵输出流量；液位较低时，控制阀用于控制液位。

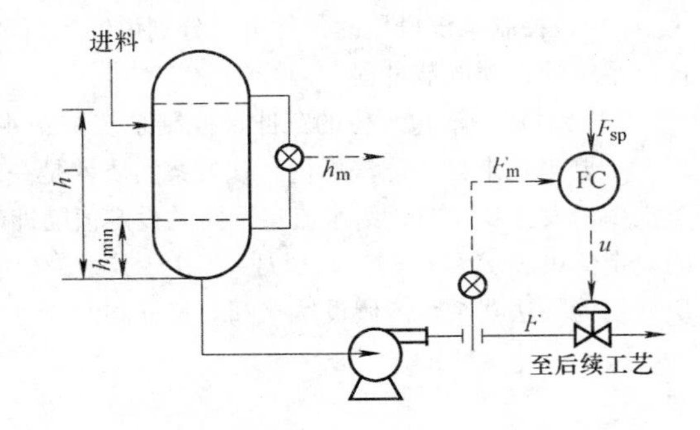

图 4-51 流量与液位控制问题

1）在过程流程图上表示该选择控制方案，并说明其操作原理。

2）绘制该控制系统对应的框图，并确定相关控制器的正反作用。

3）在正常情况下液位控制器将处于“备用”状态，若控制器均采用 PI 控制律，试采用措施避免备用控制器出现“积分饱和”。

第5章　计算机控制系统

5.1　概述

现代科学技术领域中，自动控制技术、计算机技术、通信和信息技术普遍被认为是发展最迅速的学科方向，计算机控制技术正是它们有机结合的产物。随着微电子技术及器件的发展，特别是高速网络通信技术的日臻完善，作为自动化工具的自动化仪表和计算机控制系统取得了迅猛的发展，计算机控制系统的结构特征从早期的直接数字量控制、集中型计算机控制，发展到分布式计算机控制和现场总线控制；计算机控制系统的功能特征也由单一的回路自动化、工厂局域自动化、全厂综合自动化和计算机集成制造，发展到“两化融合”。各种类型的计算机控制装置已经成了实现安全、高效、优质、低耗生产的基本条件和重要保证，成为现代工业生产中不可替代的神经中枢。

5.1.1　计算机控制系统的基本组成

所谓计算机控制就是利用计算机或包含处理器的控制设备取代传统的模拟控制器，实现工业生产过程的自动控制，图5-1是典型的单回路计算机控制原理框图。

不同于常规模拟控制系统，计算机控制系统中控制器的输入、输出信号都是数字信号，因此典型的计算机控制系统通常需要有A-D、D-A、DI、DO等I/O接口装置，实现模拟量信号和数字量信号的相互转换，以构成一个闭合的控制回路。

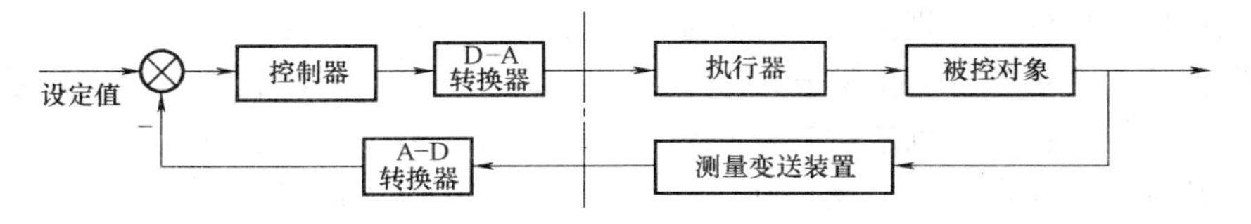

图5-1　典型的单回路计算机控制系统原理框图

计算机控制的工作过程可以归纳为3个步骤：①实时采集来自于测量变送装置被控变量相关的测量值；②根据采集到的信息按一定的控制规律进行分析和计算，决策控制行为，产生控制信号；③根据决策结果向执行机构发出控制信号，完成控制任务。计算机控制系统不断地重复执行上述的3个步骤，使整个系统按照一定的控制目标进行工作。

典型计算机控制系统由计算机控制装置、测量变送装置、执行器和被控对象等几大部分组成。从系统构成上看，计算机控制装置只是取代了常规仪表控制系统中的调节器部分，如图5-2所示。计算机控制装置可概括地分为硬件和软件两大部分。

（1）硬件组成

计算机控制装置的硬件部分通常可理解为由一般意义上的计算机系统和特定的过程输入/

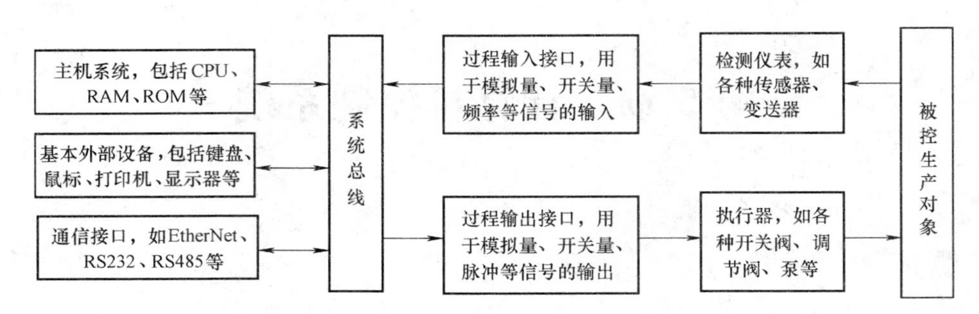

图 5-2　典型计算机控制系统的组成框图

输出接口组成。

典型的计算机系统还可以细分为主机、外部设备和系统总线等若干部分。主机系统是整个计算机控制装置的核心，它包括中央处理器 CPU、内存储器（RAM、ROM）等部件。外部设备可按功能分为 3 类：输入设备、输出设备和外存储器。最常用的输入设备是鼠标和键盘，常用的输出设备是打印机和 CRT 等，常用的外存储器是硬盘、TF 卡和 SD 卡等。系统总线包括内部总线和外部总线两种，内部总线是计算机系统内部各组成部分进行信息传送的公共通道；外部总线是计算机控制装置与其他计算机系统及各种数字式控制设备进行信息交互的公共通道，如 RS232、RS485 及各种类型的网络通信接口等。

过程输入/输出接口是计算机与现场仪表之间信号传递和变换的连接通道。过程输入接口将生产过程的信号变换成计算机能够识别和接收的数字信号，如模拟量输入模块、开关量输入模块等；过程输出接口用于将主机输出的控制命令和数据变换成执行器、电气开关可以接入的控制信号，包括模拟量输出模块、开关量输出模块等。

（2）软件组成

硬件系统只能构成裸机，它只为计算机控制提供了物质基础。一个完整的计算机控制系统必须为裸机提供软件才能把人的思维和知识用于对生产过程的控制。

通常软件分为系统软件、支持软件和应用软件 3 种类型。系统软件包括操作系统、引导程序等，它是支持软件及各种应用软件的最基础的运行平台。支持软件运行在系统软件的平台上，用于开发各种应用软件。支持软件一般包括汇编语言、高级语言、数据库系统、通信网络软件、诊断程序和组态软件等。应用软件是针对特定的生产过程及其控制要求而编制的控制和管理程序。

5.1.2　计算机控制系统的发展过程

计算机控制始于 20 世纪 50 年代末期，经过半个多世纪的发展，计算机控制系统已经成为各个领域不可缺少的基础装备。

（1）直接数字量控制

在应用于过程控制之前，计算机主要作为数据统计和数值分析的工具。到 20 世纪 50 年代末，出现了计算机与过程装置间的物理接口，计算机系统在配备了检测仪表、执行器以及相关的电气接口后就可以实现过程的检测、监视、控制和管理。

如图 5-3 所示，系统首先通过 AI、DI 等输入接口实时采集数据，主机按照一定的控制规律进行计算，发出控制信息，最后通过 AO、DO 等输出接口把主机输出的数字信号转换为适应各种执行器的控制信号，直接控制生产过程。这种用数字控制技术简单地取代模拟控制技术的系统，称为直接数字量控制（Direct Digital Control，DDC）。在本质上，DDC 就是用一台计算机取代一组模拟调节器，其突出优点是计算灵活，可以分时处理多个控制回路；它不仅能实现 PID 控制，还能方便地对传统控制算法进行改进，实现诸如前馈控制、解耦控制等很多复杂控制功能。DDC 的出现开辟了一个轰轰烈烈的计算机工业应用时代，但当时 DDC 的主要问题还在于系统价格昂贵、总体性能偏低。

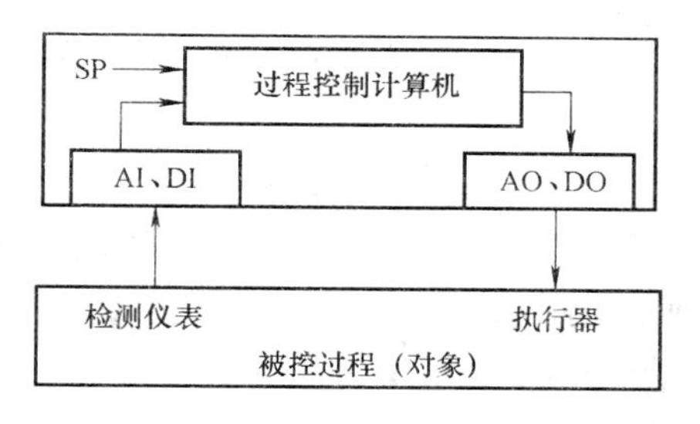

图 5-3　DDC 系统原理图

（2）集中型计算机控制系统

从系统功能上看，集中型计算机控制可以理解为对 DDC 的简单发展。由于当时的计算机系统的体积庞大、价格昂贵，为了能与常规仪表控制相竞争，企图用一台计算机来控制尽可能多的控制回路，实现集中检测、控制和管理。从表面上看，集中型计算机控制有利于实现先进控制、联锁控制、优化生产等更复杂的功能。但是，由于早期的计算机总体性能低，利用一台计算机控制很多个回路容易出现负荷过载，控制的集中也直接导致危险的集中而使系统变得十分“脆弱”。因此，这种危险集中的系统结构也很难被工业现场所接受，集中型计算机控制在当时并没有给工业生产带来明显的好处，曾一度陷入困境。但是，随着当今计算机软硬件水平的提高，集中型计算机控制系统以其较高的性能价格比，在许多小型生产装置上又重新得到较广泛应用。

（3）集散控制系统

由于集中型计算机控制系统存在可靠性方面的重大缺陷，在当时的过程控制中并没有得到广泛的应用。人们认识到，要提高系统的可靠性，需要把控制功能分散到多个不同的控制站实现，以分散“危险”；同时，考虑到生产过程的整体性，各个局部的控制系统之间还应建立必要的联系，服从工业生产和管理的总体目标。这种分散控制和集中管理的控制需求，直接推动了集散控制系统的产生和发展。

集散控制系统（Distributed Control System，DCS）也称为分布式计算机控制系统，其基本设计思想就是适应两方面的需要：一方面使用若干个控制器完成系统的控制任务，每个控制器实现部分有限的控制目标，满足分散“危险”的目的；另一方面，又依靠计算机网络完成分散控制站之间的数据传输与操作显示，使所有控制器都在统一管理下协调完成整体控制目标。进入 20 世纪 70 年代，微处理器的诞生为研制新型结构的控制系统创造了无比优越的条件，产生了以微处理器为核心的集中处理信息、集中管理、分散控制权、分散危险的集散型计算机控制系统。

（4）现场总线控制系统

在过去的几十年中，工业过程控制仪表一直采用 4～20mA 等标准的模拟信号传输，在一对信号传输线中仅能单向地传输一个信息，如图 5-4 所示。随着微电子技术的迅猛发展，微处理器在仪表装置中的应用不断增加，出现了智能化的变送器、调节器等仪表产品，现代化的过程控制系统对仪表装置在响应速度、准确度、多功能等诸多方面都有了更高的要求，导致了用数字信号传输来代替模拟信号传输的需要，这种现场信号传输技术就被称为现场总线，而基于现场总线技术的控制系统也就称为现场总线控制系统（Fieldbus Control System，FCS）。

如图 5-5 所示，在 FCS 中，每个现场智能设备分别视为一个网络节点，通过现场总线实现各节点之间及其与过程控制管理层之间的信息传递与沟通。由于现场总线把数字通信延伸到了控制系统的最底层，从技术上就可以把控制功能从 DCS 中的控制站彻底下放到现场，依靠现场智能设备本身实现基本控制功能。相比于 DCS 来说，FCS 把 DCS 中半分散、半数字的体系结构变成了全分散、全数字的系统构架。

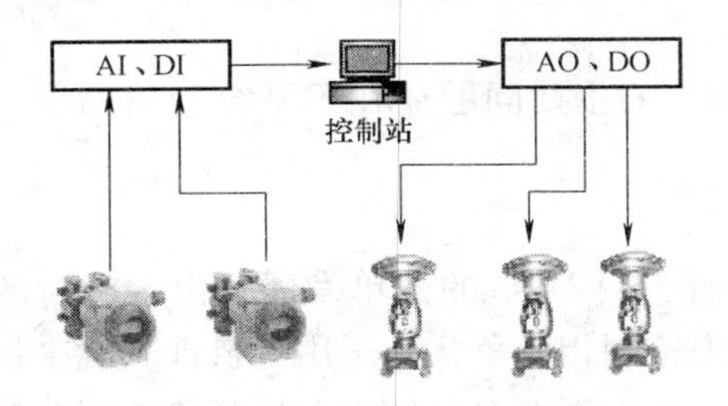

图 5-4 常规计算机控制结构示意图

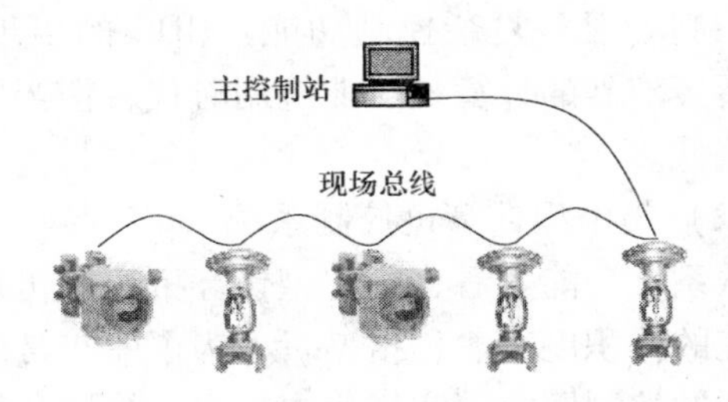

图 5-5 现场总线控制系统结构示意图

5.1.3 工业通信技术的发展过程

计算机控制技术正朝着数字化、智能化、网络化与集成化方向不断发生变革性的发展。控制室和现场仪表之间的信号传输经历了以 4～20mA 为代表的模拟传输、以 RS232、RS485 等为代表的数字通信和以控制网络（包括现场总线、工业以太网、工业无线）为代表的网络传输 3 个阶段。特别是 20 世纪 80 年代末期发展起来的现场总线技术，使控制系统的信息交换除了传统的测量、控制数据外，更是扩展到了设备管理、档案管理、故障诊断和生产管理等管理数据领域，覆盖从工厂的现场设备层到控制、管理的各个层次，逐步形成了以工业控制网络为基础的企业综合自动化系统。

1）模拟信号传输　模拟信号传输在很长时间都占有主导地位，即使在当今的系统中，控制器和现场仪表之间仍然有相当比例采用模拟信号传输方式。模拟信号传输的特点是集成标准完全统一，但准确度较低、传输信号单一并易受干扰。

2）数字信号传输　进入 20 世纪七八十年代，计算机控制技术得到了广泛的发展和应用，系统内部采用数字通信方式实现系统集成和信息交互。特别是随着智能化仪表的发展和应用，控制系统和现场仪表之间也出现了越来越多的以 RS232、RS485 为代表的数字信号传输。数字信号传输的特点是抗干扰能力强、准确度更高、信息量更丰富。

3）现场总线　现场总线是顺应控制系统开放性的要求发展起来的。20 世纪 80 年代中后期开始，现场总线得到了快速的发展，其本质就是采用开放的、可互操作的网络现场各控制器及仪表设备的互联，把控制功能彻底下放到现场，降低安装和维护成本。但是由于各方利益的不同，至今现场总线仍然没有能够形成统一的标准。

4）工业以太网　正是由于多总线并存以及以太网在商用领域获得了巨大的成功，以太网技术不断向工业领域延伸，从 2000 年起，掀起了通过以太网统一现场总线的研究浪潮，以太网以其开放、高速、低成本、软硬件丰富等特点得以在工业领域广泛应用。到 2007 年，包括中国制定的 EPA 在内的共 11 种工业以太网标准进入 IEC 标准体系。

5）工业无线通信　在工业以太网获得极大发展的同时，现代数据通信系统发展的另一个重要方向——无线局域网（Wireless LAN）技术也开始在工业控制网络中逐渐被应用。无线局域网技术可以非常便捷地以无线方式连接网络设备，一些工业环境禁止、限制使用有线传输场所，无线局域网获得了一展身手的机会。虽然在商业通信领域，已经有较为成熟的无线通信技术推向市场，但在工业控制领域，无线局域网技术还处于试用阶段，通信技术和通信标准还未统一。

综上所述，工业通信技术的发展就是引领控制系统发展和变革的核心因素，计算机控制系统发展过程的本质也就是工业通信技术的发展过程。

5.2　集散控制系统（DCS）

5.2.1　概述

集散控制系统也称为分布式计算机控制系统。它以计算机及其网络系统为核心，对生产过程进行监视、控制、操作和管理，为企业的生产和管理的综合自动化提供了强有力的信号处理和传输手段。集散控制系统的主要特征是它的集中管理和分散控制。目前在电力、冶金、石油、化工、制药等行业，集散控制系统都获得了非常广泛的应用。

1. 集散控制系统的组成及特点

集散控制系统采用标准化、模块化和系列化设计，由过程控制单元、过程接口单元、操作站、高速数据通道以及管理计算机等 5 个主要部分组成，基本结构如图 5-6 所示。

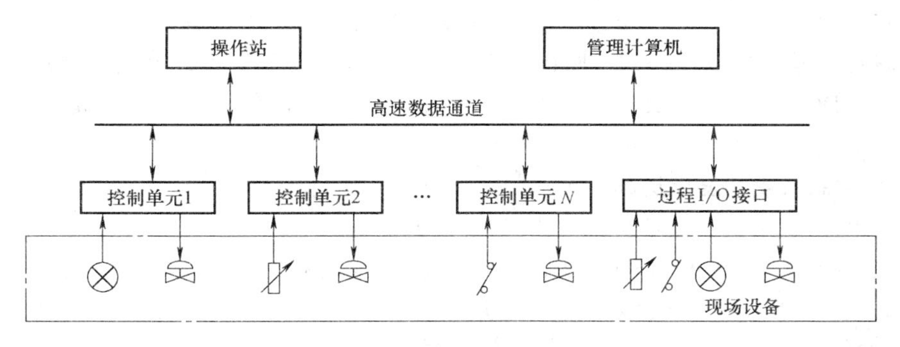

图 5-6　典型 DCS 体系结构

1）过程控制单元（Process Control Unit，PCU）　又叫现场控制站。它是 DCS 的核心部分，可控制数个至数百个回路，对生产过程进行闭环控制、顺序、逻辑和批量控制。

2）过程接口单元（Process Interface Unit，PIU）　又叫数据采集站。它是 DCS 的数据采集装置，不但可完成数据采集和预期处理，还可以对实时数据做进一步加工处理。

3）操作站（Operator Station，OS）　它是集散系统的人机接口装置，完成系统的组态、编程以及监视操作、基本信息管理等功能。

4）数据高速通道（Data Highway，DH）　又叫高速通信总线。它是一种具有高速通信能力的信息总线，一般由双绞线、同轴电缆或光导纤维构成。它将过程控制单元、操作站和上位机等连成一个完整的系统，以一定的速率在各单元之间传输信息。

5）管理计算机（Manager Computer，MC） 习惯上称它为上位机。它综合监视全系统的各单元，管理全系统的所有信息，具有进行大型复杂运算的能力以及多输入、多输出控制功能，以实现系统的最优控制和全厂的优化管理。

DCS 的特点表现在以下几个方面：

1）结构体系层次化 如图 5-7 所示，对于集散控制系统来说，层次化是其最主要的体系特点。一个完整的 DCS 系统，在功能上通常可以从下到上分为直接控制、过程管理、生产管理和经营管理等若干层次，每一层从“上一层”获取指示，从本层或“下一层”获取信息，产生对本层或“下一层”设备的控制。在很多情况下，DCS 的物理层次和功能层次也不一定完全相同，常常将两个或多个功能层上的任务或部分任务压缩到一个物理层上去实现，这使 DCS 结构得以大大简化。

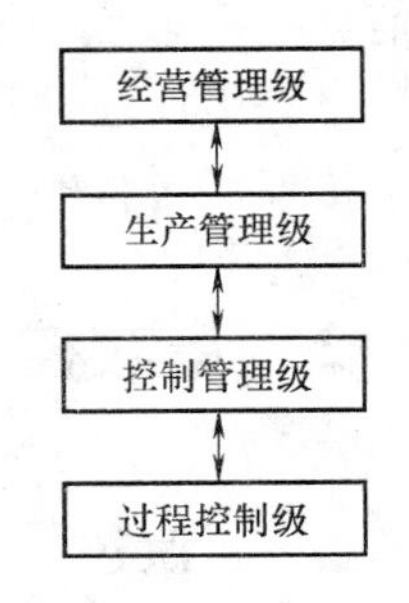

图 5-7 典型的 DCS 功能结构

2）硬件体系积木化 DCS 采用积木化硬件组装式结构。硬件采用积木化组装结构，使得系统配置灵活，可以方便地构成多级控制系统。如果要调整系统的规模，只需按要求在系统中增减部分单元，而系统不会受到任何影响。这样的组合方式，有利于企业分批投资，逐步形成一个在功能和结构上从简单到复杂、从低级到高级的现代化管理系统。

3）软件体系组态化 DCS 为用户提供了丰富的功能软件，如控制软件包、操作显示软件包和报表打印软件包等，用户只需按要求选用，大大降低了用户的开发难度，也减少了用户的开发工作量。通常系统还提供至少一种过程控制语言，供用户开发高级的应用软件。

4）数据通信网络化 通信网络是分散型控制系统的神经中枢，它将物理上分散配置的多台计算机有机地连接起来，实现了相互协调、资源共享的集中管理。通过高速数据通信线，将现场控制站、局部操作站、监控计算机、中央操作站和管理计算机连接起来，构成多级控制系统。DCS 一般采用双绞线、同轴电缆或光纤作为通信介质，通信距离从十几米到十几公里，通信速率为几十 kbit/s 到上百 Mbit/s。

2. 集散控制系统的发展历程

自 DCS 问世以来，按技术特征原则上可分为四代。

第一代 DCS 指在 1975～1980 年间推出的系统，控制界称之为初创期。这个时期的典型产品有率先推出 DCS 的 Honeywell 公司的 TDC—2000 系统，同期还有 Foxboro 公司的 Spectrum 系统、横河公司的 Yawpark 系统等。第一代 DCS 的特点表现为：采用以微处理器为基础的过程控制单元实现分散控制，各种控制功能的算法通过组态独立完成回路控制；采用 CRT 操作站实现集中监视；采用较先进的冗余通信系统；将过程控制单元的信息送到操作站和上位机，从而实现了“分散控制和集中管理”。这一时期的产品比较注重控制功能的实现，系统设计的重点是现场控制站，系统的直接控制功能比较成熟，而人机界面功能则相对较弱，功能上更接近仪表控制系统。此外，各个厂家的系统在通信方面通常是自成体系的，并不能像仪表系统那样可以实现信号互通和产品互换，因此应用范围也受到一定的限制。

第二代 DCS 指在 1980～1985 年间推出的系统，控制界称之为发展期。这个时期信息处理技术、计算机网络技术的飞速发展是 DCS 的强大技术后盾。典型产品有 Honeywell 公司的 TDC—3000 系统，Bailey 公司的 Network—90 系统、Fisher 公司的 PROVOX 系统等。第二代 DCS 最明显的变化是引入计算机局域网（LAN），其特点表现为：过程控制单元采用专用的高性能芯片，加强了系统的自检功能和管理功能，除回路控制外，还具有了数模混合的顺序控制功能；人机交互的图表显示功能进一步加强。第二代 DCS 的出现，使得 DCS 的应用更加广泛，DCS 价格开始下降。但是在通信标准方面仍然没有实质性的进展，系统的各个组成部分仍然以专有技术和专有产品为主。从用户角度看，DCS 仍是一种高成本的系统。

第三代 DCS 指在 1985 ~ 1990 年间推出的系统，控制界称之为扩展期。这一时期的 DCS 把过程控制、监督控制、管理调度更有机地结合起来。典型产品有 Honeywell 公司的 TDC—3000 系统、横河公司带 SV—NET 的 Yawpark 系统和 Centum—XL 等。这个时期 DCS 的特点表现为：采用开放系统网络，使来自不同制造厂商的符合开放系统要求的设备间能进行互相通信；采用了 32 位微处理器，使得系统的信息处理量迅速扩大，出现了过程自动化和顺序控制、电机控制相结合的综合控制系统；系统组态实现了标准化，为用户提供了极大的便利。这一时期的 DCS 除现场控制站以外，工作站、服务器和基础软件已采用了专业开发商的产品，DCS 逐步成为一种大众产品而成为控制系统的主流。

信息化和集成化是新一代 DCS 的最主要特征。可以说，以 Honeywell 公司的 Experion PKS（过程知识系统）、Emerson 公司的 PlantWeb（Emerson Process Management）、ABB 公司的 Industrial IT 等系统为标志的新一代 DCS（权且称为第四代 DCS）已经形成。信息化的发展和应用使得 DCS 系统不再是一个以控制功能为主的控制系统，而是一个充分发挥信息管理功能的综合平台系统，DCS 提供了从现场到设备、从设备到车间、从车间到工厂、从工厂到企业集团整个信息通道。DCS 的集成性则体现在功能的集成和产品的集成两个方面。当今的 DCS 厂商更强调功能的集成，DCS 中除保留传统 DCS 所实现的过程控制功能之外，还集成了 PLC、RTU（采集发送器）、FCS、各种智能采集/控制单元等功能。此外，各 DCS 厂商不再把开发组态软件或制造各种硬件单元视为核心技术，而是纷纷把 DCS 的各个组成部分采用第三方集成方式或 OEM 方式。例如，多数 DCS 厂商不再开发组态软件平台，而转入采用其他公司的通用组态软件平台。因此，新一代 DCS 更强调开放性，可以从不同层面与第三方产品相互连接，这也使得新一代 DCS 逐渐进入低成本时代；过去的 DCS 一般只适合于大中型的系统应用，但第四代 DCS 都采用灵活的配置，不仅经济地应用于大中型系统，而且应用于小系统也很合适。

总而言之，早期 DCS 的重点在于控制，DCS 以“分散”作为关键字，发展至今，取得很多令人瞩目的成果。但现代发展更着重于全系统信息综合管理，今后“综合”又将成为其关键字，向实现控制体系、运行体系、计划体系、管理体系的综合自动化方向发展，向工业化、自动化、信息化融合的方向发展。

5.2.2　DCS 的硬件体系

从 DCS 的层次结构考察硬件构成，最低级是与生产过程直接相连的过程控制级，主要由现场控制站、数据采集站构成，实现了 DCS 的分散控制功能；过程控制级的上一级称为过程管理级，它由工程师站、操作员站、管理计算机和显示装置组成，直接完成对过程控制级的集中监视和管理，通常称为操作站。生产管理级、经营管理级是由功能强大的计算机来实现，这里不详细阐述。

1. 现场控制站

现场控制站位于系统的底层，用于实现各种现场物理信号的输入和处理，实现各种实时控制的运算和输出功能。现场控制站一般远离控制中心，安装在靠近现场的地方，以消除长距离传输的干扰。其高度模块化结构可以根据过程监测和控制的需要配置成由几个监控点到数百个监控点的规模不等的过程控制单元。

现场控制站硬件主要由机柜、机架、I/O 总线、供电单元、交换机及远程光纤模块、基座和各类功能模块（包括控制器模块、通信模块、I/O 连接模块和各种信号输入/输出模块等）组成。以 WebField™ ECS—700 控制系统为例，控制站机柜采用正反面对称结构，机柜正面可装配控制器单元（或 I/O 连接模块单元）和机架，每个机架上可装配各类 I/O 单元和通信单元。机柜背面可装配电源单元、机柜报警单元、网络交换机以及机架。空余机架位可安装交换机、远程光纤模块等部件，各部件安装位置如图 5-8 所示。

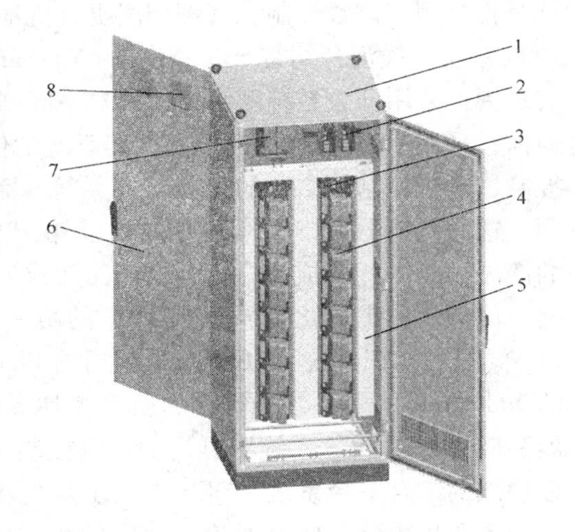

图 5-8　系统机柜正面布置图
1—机柜　2—E—BUS 网络交换机　3—机架
4—基座及 I/O 模块　5—线槽　6—后门
7—控制器模块　8—风扇

1）机柜　机柜用于安装系统直流电源、功能组件、端子接线板等硬件，机柜常配有密封门、冷却扇和过滤器等，起到防尘、防电磁干扰、防有害气体及抗振动冲击等作用，有时还配有温控开关，当机柜内温度超过正常范围时，产生报警信号。同时，机柜还应有良好的接地，接地电阻应小于 4Ω。

2）电源　DCS 通常由 24V 直流电源模块（AC/DC）供电。为保证供给现场控制单元交流电源的稳定可靠，一般采取如下措施：每一现场控制站均采用两路独立的交流电源供电；若电网电压波动严重，应采用交流稳压器；若附近有经常开关的大功率设备，要采用超级隔离变压器，并将一、二次绕组间的屏蔽层可靠接地，以隔离共模干扰；对连续控制要求高的场合，应配备不间断供电电源 UPS。

3）功能组件　控制站一般采用了插拔模块方便、容易扩展的架装结构。控制站 I/O 模块单元和通信模块单元以导轨安装方式固定在机架上，并通过机架内接插件与母板上的电气连接，实现对功能组件的供电和各模块之间的总线通信。以 ECS—700 系统为例，控制站部分常用的功能模块见表 5-1 所示。

表 5-1　部分控制站模块列表

型号	模块名称	描述
FCU711—S	控制器	单控制域最多 60 对冗余控制器，每对控制器最多支持 2000 个 I/O 位号
COM711—S	I/O 连接模块	每对 I/O 连接模块最多可以连接 64 块 I/O 模块，可冗余
COM712—S	系统互连模块	将 JX—300X/JX—300XP/ECS—100 系统 I/O 信号接入 ECS—700 系统
COM722—S	PROFIBUS 主站通信模块	将符合 PROFIBUS—DP 通信协议的数据连入到 DCS 中
OM741—S	串行通信模块	支持 4 路串口的并发工作，可冗余

（续）

型号	模块名称	描述
AI711—H	模拟信号输入模块	8 路输入，点点隔离，可冗余，带 HART 通信功能
AI722—S	热电偶输入模块	8 路热电偶（毫伏）信号的测量功能，提供冷端补偿功能，可冗余
AI731—S	热电阻输入模块	8 路热电阻（电阻）信号的测量，提供二线、三线和四线制接口，可冗余
AO713—H	电流信号输出模块	16 通道输出，可输出Ⅲ型电流信号，带 HART 通信功能，可冗余
DI711—S	数字信号输入模块	24V 查询电压，可支持 16 路无源触点或有源（24V）触点输入，可冗余
DO711—S	数字信号输出模块	16 路晶体管输出及单触发脉宽输出，可冗余
PI711—S	脉冲信号输入模块	6 路 0V ~ 5V、0V ~ 12V、0V ~ 24V 这 3 档脉冲信号的采集，统一隔离
AM711—S	PAT 模块	支持 4 路信号采集（PAT：Position Adjusting Type）
AM712—S	FF 接口模块	将符合 FF 协议的智能仪表设备信息接入到控制器中
LNK711	时钟信号分配器	单路秒脉冲输入（TTL，干触点、RS485），16 路差分输出

4）控制器　控制器是控制站软硬件的核心。控制器可以自动完成数据采集、信息处理、控制运算等各项功能，通过过程控制网络与数据服务器、操作员站、工程师站相连，接收上层的管理信息，并向上传递工艺装置的特性数据和采集到的实时数据；向下通过扩展 I/O 总线和 I/O 连接模块相连，实现与 I/O 模块的信息交换，完成现场信号的输入采样和输出控制。ECS—700 系统的控制器支持冗余或非冗余配置，冗余方式为 1∶1 热备用，单个控制器支持的控制回路可达 500 个，快速逻辑扫描周期可达 20ms。

5）通信模块　通信模块包含 I/O 连接模块和支持各种通信协议的通信接口模块。I/O 连接模块为扩展机柜中的核心单元，是控制器与 I/O 模块的中间环节，它一方面通过基于冗余工业以太网的扩展 I/O 总线与控制器通信，另一方面通过冗余的本地 I/O 总线控制 I/O 模块，一对 I/O 连接模块最多可以连接 64 个 I/O 模块。ECS—700 系统支持的通信模块还有 PROFIBUS 主站通信模块、串行通信模块和 FF 接口模块等。

6）I/O 模块　I/O 模块包括：模拟信号（电流、电压）输入模块、脉冲信号输入模块、热电偶信号输入模块、热电阻信号输入模块、应变信号输入模块、模拟信号输出模块、数字信号输入模块和数字信号输出模块等。

在 DCS 中，现场控制单元应具有很强的自治能力，可单独运行。为此，现场控制站通常应具有如下功能：①完成来自变送器的信号的数据采集，有必要时，要对采集的信号进行校正、非线性补偿、单位换算、上下限报警以及累计量的计算等；②将采集和通过运算得到的中间数据通过网络传送给操作站；③通过其中的软件组态，对现场设备实施各种控制，包括反馈控制和顺序控制；④一般现场控制单元还设置手动功能，以实施对生产过程的直接操作和控制。现场控制单元通常不配备 CRT 显示器和操作键盘，但可备有袖珍型现场操作器，或在前面板上装备小型开关和数字显示设备。

2. 操作站

操作站为操作员和工程师提供仪表化、图形化的操作环境，也是信息显示操作的中心，主要包括操作员站和工程师站。操作员站是运行人员对过程与系统进行操作的接口，也称为人机接口（Human Machine Interface，HMI）。当 DCS 运行时，系统可以提供大量的数据，这些数据通过人机接口转换成信息，并按操作员习惯的方式和重要性反映出来，根据需要操作员也可以通过操作员站对系统进行必要的操作或干预。工程师站主要是为设计工程师提供各种设计工具，使工程师利用它们来组合、调用集散控制系统的各种资源。

典型的操作站的硬件基本组成包括监控计算机、键盘鼠标、显示器和打印机等设备，主要实现集中监视、对现场直接操作、系统生成和诊断等功能，在同一系统中可连接多台操作站，以提高系统的操作性，实现功能的分担和后备作用。

工程师站的硬件配置与操作员站的硬件配置基本一致，它们的区别主要在于键盘类型的不同，以及系统软件的配置不同。操作员键盘主要用于对生产过程的控制进行正常的维护监视操作，多采用防水、防尘结构并具有明确图案标志的平面薄膜键盘，还可能配有一些可以一触操作的系统功能键，键的排列也充分考虑操作的方便。工程师键盘在系统编程和组态时使用，该键盘一般采用大家熟悉的标准键盘。此外，工程师站除安装操作、监视等基本的软件功能以外，还装有相应的系统组态、维护等工具软件。

5.2.3 DCS 的软件体系

DCS 的系统软件为用户提供高可靠性实时运行环境和功能强大的开发工具，用户利用 DCS 的开发软件，可将各种功能软件进行适当的“组装连接”（即组态），即可方便地生成满足控制要求的应用软件。如图 5-9 所示，DCS 软件的基本构成按照其依附的硬件可相应地划分成控制层软件、监控软件和组态软件，同时还有服务于各个站的网络通信软件，作为各个站上功能软件之间的桥梁。

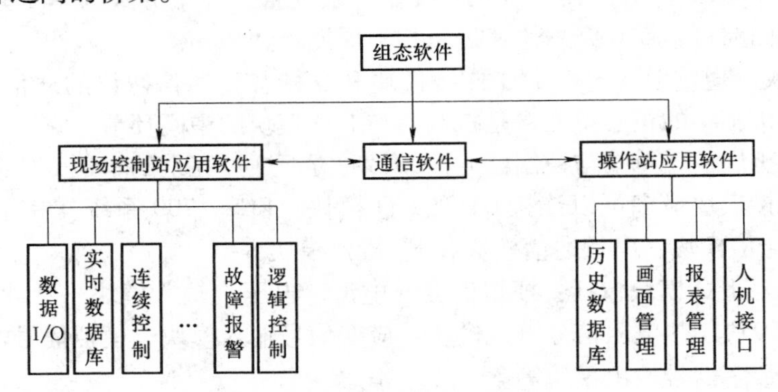

图 5-9 DCS 的软件系统构成示意图

1. 控制软件

DCS 控制软件运行特指运行于现场控制站中的软件，主要完成各种控制功能，包括回路控制、逻辑控制、顺序控制，以及这些控制所必须的针对现场设备连接的 I/O 处理。用户通过组态软件按工艺要求编制的控制算法，下装到控制器中，和系统自带的控制层软件一起，完成对系统设备的控制。现场控制站软件主要包括数据（库）部分和执行代码部分。

1）本地实时数据库 为了实现现场控制站的功能，在现场控制站中建立有本地实时数据库，这个数据库只保存与本站相关的物理 I/O 点及相关的中间变量，以满足本现场控制站的控制计算和物理 I/O 对数据的需求，有时除了本地实时数据外还需要其他现场控制站上的数据，这时可从网络上将其他节点的数据传送过来，这种操作被称为数据的引用。

2）执行代码　程序执行代码的基本功能可以概括为 I/O 数据采集、数据预处理、控制运算及 I/O 数据的输出，有了这些功能，DCS 的现场控制站就可以独立工作。

DCS 控制的基本过程如图 5-10 所示。系统运行时，首先从 I/O 数据区获得与外部信号对应的工程数据，必要时进行滤波、归一化等预处理，再根据组态好的用户控制算法程序，执行控制运算，并将运算的结果输出到 I/O 数据区，由 I/O 驱动程序转换输出给物理通道，从而达到自动控制的目的。除此之外，一般 DCS 控制层软件还要完成如控制器及重要 I/O 模块的冗余功能、网络通信功能及自诊断功能等一些辅助功能。

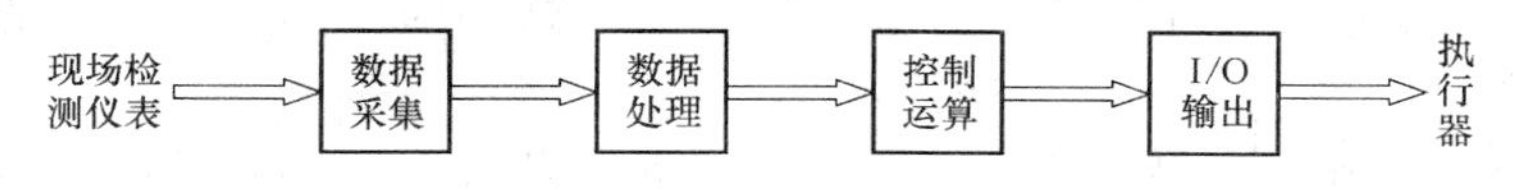

图 5-10　DCS 控制的基本过程

2. 监控软件

DCS 的监控软件指运行于系统操作员工作站、工程师站和服务器等节点中的软件，主要功能是人机接口的处理，其中包括图形画面的显示、对操作员操作命令的解释与执行、对现场数据和状态的监视及异常现象的报警、历史数据的存档和报表处理等。为了实现上述功能，监控软件一般主要包括工艺流程、动态工艺参数、趋势曲线显示软件，操作命令处理软件，报警、事件信息的显示、记录与处理软件，历史数据的存档、报表软件等几个部分。

为了支持上述操作员站软件的功能实现，在操作员站上需要建立一个全局的实时数据库，这个数据库集中了各个现场控制站所包含的实时数据及由这些原始数据经运算处理所得到的中间变量。这个全局的实时数据库被存储在每个操作员站的内存之中，而且每个操作员站的实时数据库是完全相同的复制，因此每个操作员站可以完成完全相同的功能，形成一种可互相替代的冗余结构。当然各个操作员站也可根据运行的需要，通过软件人为地定义其完成不同的功能，而成为一种分工的形态。

3. 组态软件

组态软件主要完成控制软件和监控软件的开发（组态），安装在工程师站中。DCS 的开发过程主要是采用系统组态软件依据控制系统的实际需要生成各类应用软件的过程。组态软件功能主要分为控制站组态和操作站组态。控制站组态是指控制软件的组态，操作站组态主要是指监控软件的组态。

（1）控制站组态

控制站组态主要包括硬件组态和控制方案组态两部分。其中，硬件组态是给出控制站硬件组件的配置信息，如系统的站点个数、它们的通信地址、每个站的输入/输出模块详情等。控制方案组态本质上就是利用组态软件提供的功能丰富的控制算法模块，依靠软件组态构成各种各样的实际控制系统。要组态出一个满足实际需要的控制系统通常要分两步进行：首先进行实际系统分析，找出其输入量、输出量以及需要用到的模块，确定各模块间的关系；然后利用 DCS 提供的组态软件，从模块库中取出需要的模块，按着组态软件规定的方式，把它们连接成符合实际需要的控制系统，并赋予各模块需要的参数，生成需要的控制方案。组态完成以后，把控制站组态部分从工程师站下载到控制站中去执行。

控制算法组态往往是 DCS 组态中最为复杂、难度最大的工作，在对控制站进行组态时需注意以下几个方面：①不同的组态软件，其指令格式和组态方式各有不同，但基本原理是一样的；②确切理解每个算法功能模块的用途及模块中的每个参数的含义、量纲范围和类型（整数、二进制数、浮点数）；③在实时多任务操作系统中，各算法模块必须设计成可重入的，即每次调用不会破坏前次调用的信息；④根据控制站的容量和运算能力，结合实际控制要求，要仔细核算每个站上组态算法的系统内存和运算时间的开销，要保证系统的控制站有足够的容量和时间来处理组态出的算法方案；⑤在实际运行时，安全是第一位的。因此，在每一算法的输出之前，特别是直接输出到执行机构之前，一定要有限幅监测和报警显示。

（2）操作站组态

操作站组态主要包括监控软件的组态，包括显示操作界面组态、历史数据库组态和报表组态等。

1）显示操作界面组态　显示操作界面就是指面向操作员的显示功能，主要包括标准四画面、流程图显示画面、报警画面和操作指导画面等内容。

标准四画面即指总貌画面、一览画面、分组画面和趋势画面。总貌画面由若干个信息块组成，每个信息块既可以关联某个位号，也可以关联某一画面，运行状态下其显示内容由关联对象确定；一览画面用于监视位号的动态实时数据值，可以按照控制要求将相关的位号放置在同一页画面中以方便观察；分组画面以仪表面板形式分组显示功能块位号或I/O位号信息，可以按照控制要求将相关的仪表面板放置在同一个分组画面下，操作员可在仪表面板中执行赋值或画面跳转操作；趋势画面可以显示位号趋势，可以按照相关的要求将有联系的位号放在一个趋势页中进行比较查看。

流程图显示画面主要包括两种元素，一是不随工况变化的静态工艺流程图，二是随工况变化而变化的数据、曲线、图形等动态信息，动态信息被定时刷新。

报警画面按时间顺序记录过程数据发生上、下限报警和设备异常等，并且用颜色变化、闪光文字和声响来区分报警级别，以引起操作员注意，采取相应措施。

为了指导操作员准确及时地操作，帮助操作员记忆众多的操作项目，DCS通常设计有操作指导画面，指导操作员按照正确的要求操作，以保证安全生产。

此外，DCS往往还可以显示变量目录、参数表格、参数变化趋势和故障诊断等画面。

在一般的DCS应用组态中，流程画面的组态占据了相当大的工作量。因为在DCS中，流程画面是了解系统的窗口，画面显示水平的高低会影响操作人员的使用。所以，在进行显示操作界面组态之前，一定要认真地分析生产流程，进行画面的分解，由相关各方共同制定流程图组态原则，例如管道颜色、动态点显示颜色、字体大小及状态显示颜色等。在进行流程画面组态时，一定要充分尊重操作人员的操作习惯，适当参考其他系统上的流程画面会有很多的借鉴意义。

2）历史数据库组态　所有DCS都支持历史数据存储和趋势显示功能，历史数据库的建立有多种方式，而较为先进的方式是采用生成方式。由用户在不需要编程的条件下，通过屏幕编辑编译技术生成一个数据文件，该文件定义了各历史数据记录的结构和范围。目前，多数DCS都提供方便的历史数据库生成手段，以实现历史数据库配置。

在历史数据生成组态时，应注意每套DCS在指标中都给出了系统所支持的数据点的数量，因此在组态之前，一定要清楚这些容量指标，仔细分配各种历史点记录长度。一般长周期的点（如1min以上）占系统内存资源很少，而高频点（如小于1s）占内存资源较多，需要有一定的限制。对于资源比较紧张的情况，一定要先保证关键点优先入库。

3）报表组态　DCS的应用从根本上解除了现场操作人员每天抄表的工作，它不仅准确、按时，而且可以做到内容丰富，目前绝大多数的 DCS 还提供了很强的计算管理功能，用户可以根据自己的生产管理需要，生成各种各样的统计报表。一般来说，DCS 支持两类报表打印功能：一类是周期性报表打印，这种报表打印功能用来代替操作员的手工报表，打印生产过程中的操作记录和一般统计记录；另一类是触发性报表打印，这类报表打印由某些特定事件触发，一旦事件发生，即打印事件发生前后的一段时间内的相关数据。报表组态一般比较简单，但值得注意的是，一般报表生成过程中会用到大量的历史库数据，可能会产生很多中间变量点，因此用户在设计报表时也要分析系统的资源开销。

4. DCS 软件结构的发展趋势

由于软件技术的不断发展和进步，以硬件的划分决定软件体系结构的系统设计，已经逐步让位于以软件的功能层次决定软件的体系结构的系统设计。从软件功能层次上看，系统可分为 3 个层次：直接控制层软件、监督控制层软件和高级管理层软件。直接控制层软件主要完成系统的控制任务，监督控制层主要实现系统的监控和人机交互，而高级管理层则主要负责系统高层生产的调度管理功能。这 3 个层次的软件分别具有自己的数据结构和相应的处理程序，各层次之间通过通信网络实现功能协调，低层软件为高层软件提供基础数据支持。

此外，在传统的 DCS 中，直接支持现场控制的实时数据库分布在各个现场控制站上，而支持人机界面及监控功能的数据库则分布于操作站上，是一种多副本的形式。随着 DCS 规模的不断扩大和系统监控功能的不断加强，这种多副本的全局数据库已无法满足大数据量的处理，也很难在大量数据量的情况下实现各个副本的数据一致性保证，因此 DCS 逐步演变成带有服务器的 Client/Server 结构，而全局数据库也成为一种单副本的集中数据库形式。各个现场控制站通过系统网络对服务器的全局数据库实现实时更新，而操作员站的其他功能节点则通过更高一层的网络从服务器上取得数据以实现本节点的功能，或在本节点上保存一个全局数据库的子集，通过实时更新的方法满足节点功能对数据的要求。

5.2.4　DCS 的通信网络

随着现代计算机和通信网络技术的高速发展，DCS 正向着多元化、网络化、开放化及集成管理的方向发展。从 DCS 的典型结构可以看出，通信网络是 DCS 的核心纽带。然而，DCS 完成的是工业控制，因此它与一般的通信网络相比，具有快速的实时响应能力、具有极高的可靠性、具有适应于恶劣环境下的工作能力等要求。

如图 5-11 所示，为适应 DCS 的分级结构，DCS 通信网络也具有多级结构，现在常用的有 3 级，分别为：I/O 总线和现场传输总线、过程控制网、信息管理网。由于各层完成的功能不同，使得各层所要求的网络特性以及所采用的技术和通信协议也不尽相同。

1）I/O 总线和现场传输总线　I/O 总线把多种 I/O 信号周期性地送到现场控制站，由控制站读取 I/O 模件上的信号，当现场变送器具备数字通信能力时，现场控制站可通过现场传输总线采集信号，现场传输总线主要包括 HART 总线和各种标准的现场总线。

2）过程控制网　DCS 网络把现场控制器和人机界面连成一个系统。为了确保通信可靠，电缆和通信接口一般都做成冗余的，一条网络发生故障，另一条备用网络立即投入运行。

3）信息管理网　信息管理网一般采用以太网，用于工厂级信息传递和管理。该网络上

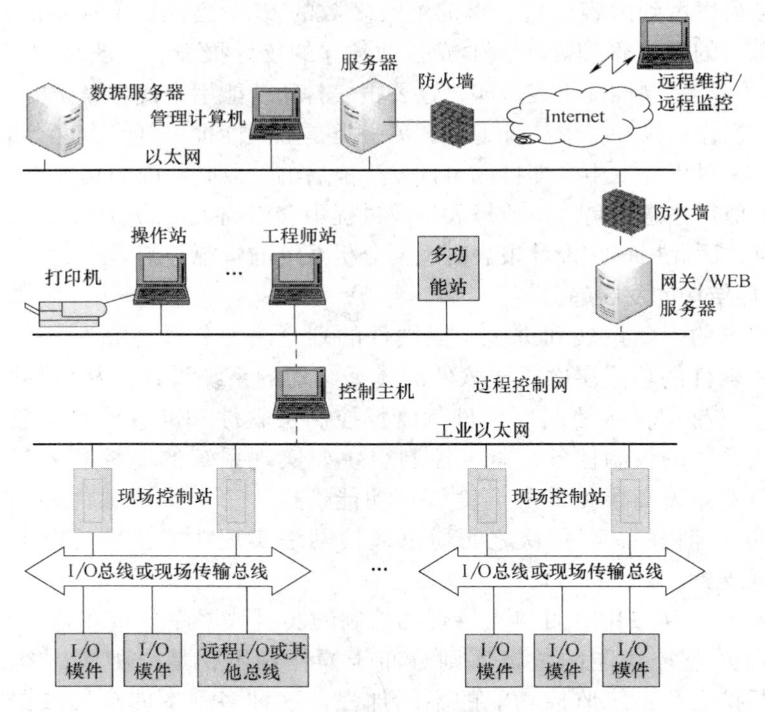

图 5-11 DCS 典型通信网络结构

通过在多功能站上安装双重网络接口转接方法，实现企业信息管理网与过程控制网间的桥接，以获得过程控制参数及 DCS 系统的运行信息，实现对 DCS 系统的远程维护或远程监控。同时，也上下传送上层管理计算机的调度指令和生产指导信息。

通信网络是 DCS 系统的重要支柱，因此要根据不同应用领域的 DCS 系统，慎重选用与之匹配的网络结构、网络拓扑与网络通信协议，同时采用合适的方案，以尽量减少或避免网络堵塞与死机现象的发生。

5.2.5 DCS 的应用示例

本节以 WebField™ ECS—700 系统在某石化公司超千万吨炼油项目的应用为例具体说明如何应用 DCS 实现生产过程的自动控制。

1. 工艺及控制要求简介

千万吨级炼油的联合生产装置包括 800 万吨/年常减压、280 万吨/年催化裂化、50 万吨/年气体分馏、产品精制、170 万吨/年渣油加氢处理、5 万标米^3/时制氢装置、260 万吨/年汽柴油加氢、120 万吨/年催化汽油吸附脱硫、6 万吨/年硫磺回收这几大装置，项目实施后将形成 1300 万吨/年原油加工能力。

1）常减压蒸馏装置　常减压工艺过程如图 5-12 所示。常见工艺由原油换热、闪蒸、常压蒸馏、减压蒸馏和一脱三注等部分组成，是炼油厂原油加工的第一道工序，常被称为炼油厂的“龙头”装置，大部分产品是后续加工装置的原料。常减压装置的主要控制对象包括：闪蒸塔液位控制——通过控制闪蒸塔进料量来实现；汽提塔液位控制——即控制主分馏塔相应侧线抽出量；加热炉进料流量控制——把塔底液位与减压加热炉各路流量组成均匀串级控制，尽量避免各路流量的频繁波动；加热炉出口温度控制——出口温度与炉膛温度串级控制燃料量。此外，还包括炉膛负压控制、加热炉烟气氧含量控制等内容。

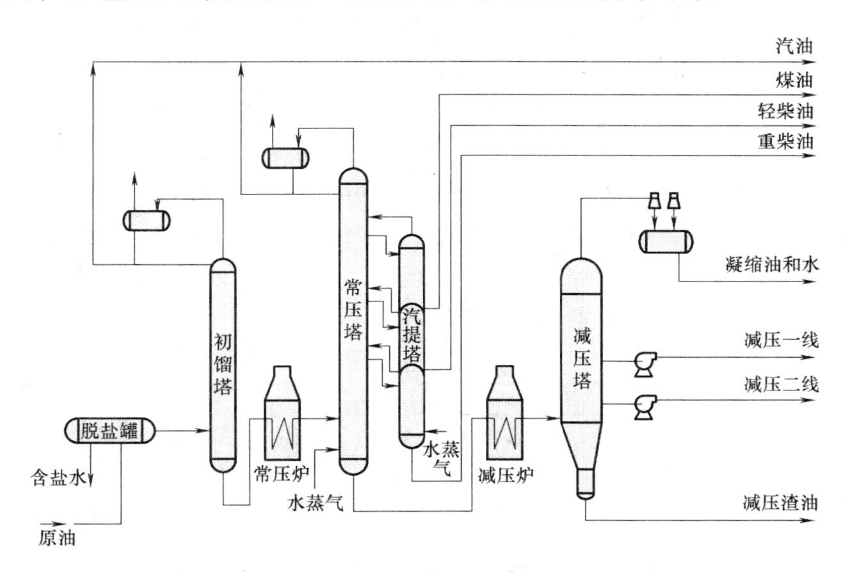

图 5-12　常减压总貌图

2）催化裂化装置　催化裂化工艺过程如图 5-13 所示。催化剂是工艺的核心，重油与高温催化剂接触汽化后，发生气固相的催化反应，是化学反应过程。催化剂在反应后结焦失活，在再生器内用空气烧掉焦炭，恢复活性；反应过后的油气经过分馏、吸收稳定、产品精制等环节，得到了汽油、柴油、液化气、干气等产品。其主要控制对象包括：提升管出口温度与再生滑阀压降组成超驰（选择）控制、沉降器料位与待生滑阀压降组成超驰（选择）控制、外取热器取热量控制、再生器压力控制、余热锅炉汽包水位控制等，工艺过程及主风机、富气压缩机组设联锁保护，由 SIS 系统完成。

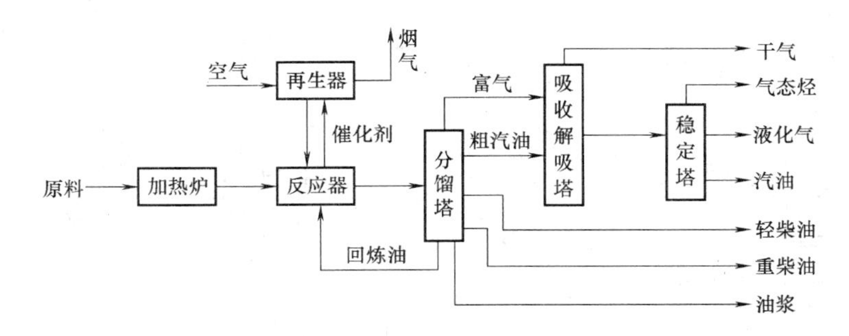

图 5-13　催化裂化总貌图

此外，一个完整的炼油过程还包括焦化装置、加氢精制、催化重整和硫磺回收等重要装置，限于篇幅不一一介绍。

2. DCS 配置及规模

该项目 DCS 如全部采用 WebField ECS—700 大规模联合控制系统，其主体大炼油联合装置共有 5560 个 AI、1128 个 AO、2320 个 DI、1088 个 DO、36 套异构系统、共计 10132 个 I/

O 点，23 对控制器，135 个机柜，100 个操作台，76 个操作节点（含操作员站、工程师站、OPC 服务器、时钟同步服务器、SAMS 服务器等）。

根据现场机柜室的分布特点，利用 ECS—700 系统独特的系统分域管理功能，将整个项目分为 4 个控制域（FCR01、FCR02、FCR04、FCR05）、5 个操作域（1 号操作域、2 号操作域、3 号操作域、4 号操作域、主操作域），每个机柜室对应自己独立的控制域、操作域；同时，再设置一个主操作域（工程师室），可以同时监视各个控制域，并可对这些控制域进行联合监控。通过分域管理，将全厂的工艺装置通过过程控制网络有机地连接成一个整体，实现数据共享；同时各装置的 DCS 控制单元又相互独立、互不影响，以保证装置正常生产和开、停工过程的需要，并且有效地减少了系统网络负荷，保证了在大规模系统构建下过程控制网的实时性。大炼油联合装置 DCS 结构图如图 5-14 所示，

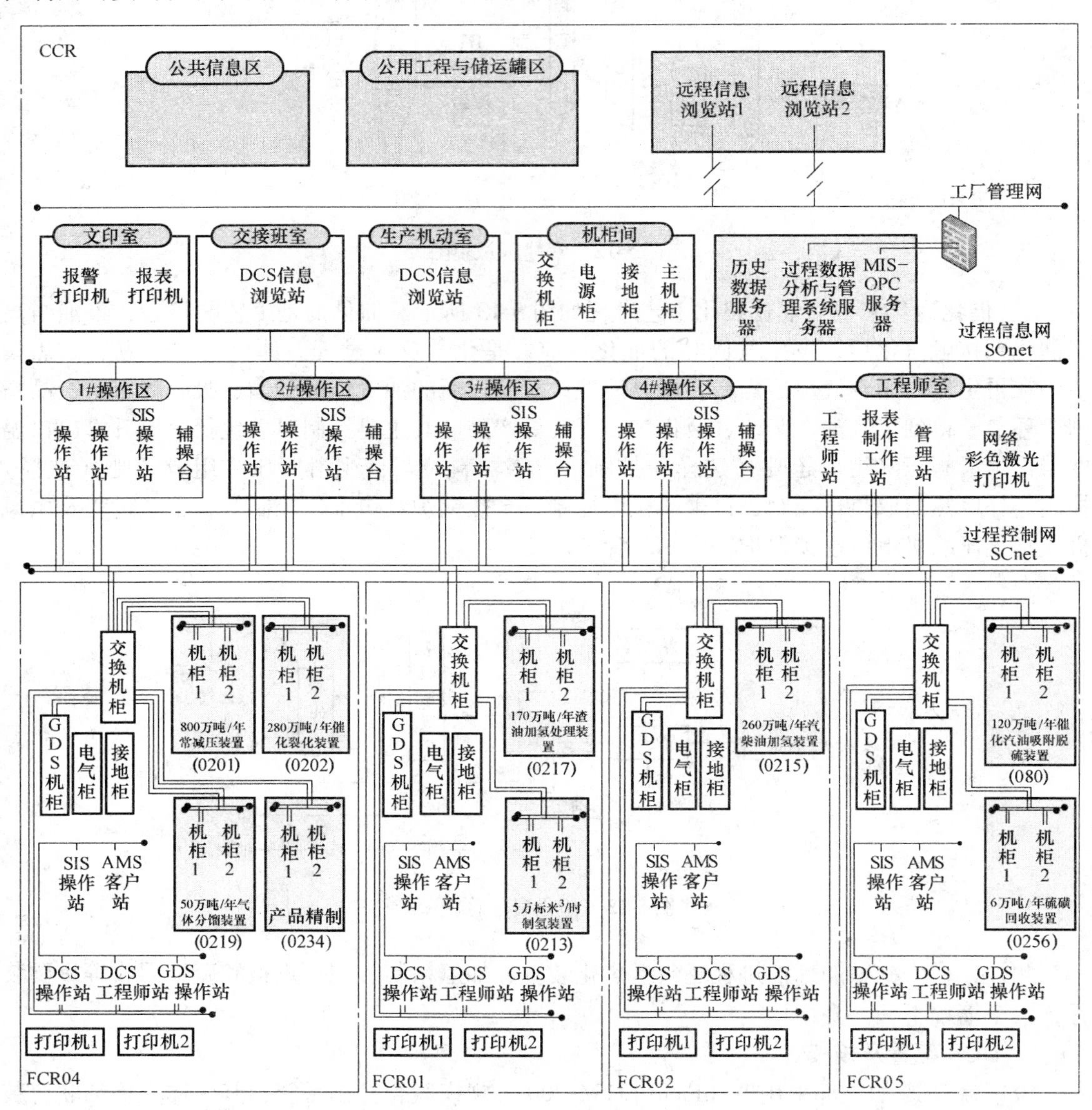

图 5-14 DCS 结构图

该项目除为原油劣质化和油品质量升级改造工程提供DCS外，还提供了DID液晶拼接大屏幕显示系统，并为原油罐区、成品油罐区、液化气罐区和污水等大炼油项目配套的公用工程装置改造或扩建提供DCS和自动化解决方案，采用VFTis系统（罐区信息管理系统）实现了对12个原油罐和86个成品油罐进行自动化监视和管理，系统的装置配置参见表5-2。

表5-2 装置配置表

单元名	地点	I/O点数	控制站数量	异构通信系统数量	操作站数量
800万吨/年常减压装置	FCR04	1040	2	8	0
280万吨/年催化裂化装置	FCR04	1800	3	5	0
50万吨/年气体分馏装置	FCR04	344	1	0	0
产品精制装置	FCR04	232	1	1	0
FCR04现场机柜室		384（GDS系统）	1	0	5
170万吨/年渣油加氢处理装置	FCR01	1392	3	6	0
240万吨/年汽柴油加氢装置	FCR02	1256	3	4	4
120万吨/年催化汽油吸附脱硫装置	FCR05	1088	2	2	1
5万标米^3/时制氢装置	FCR01	980	2	4	0
6万吨/年硫磺回收装置	FCR05	1752	4	4	4
中心控制室	CCR	0	0	0	31
FCR01现场机柜室		208	1	0	4

3. 系统组态工作流程框图

系统组态主要工作流程如图5-15所示，主要包括工程设计、系统结构组态、控制站硬件组态、位号组态、用户程序组态、编译下载、操作域组态、操作小组设置、资源文件组态和组态发布等10项工作。总体上看，该工作流程对于其他类型的计算机控制系统也是适用的。

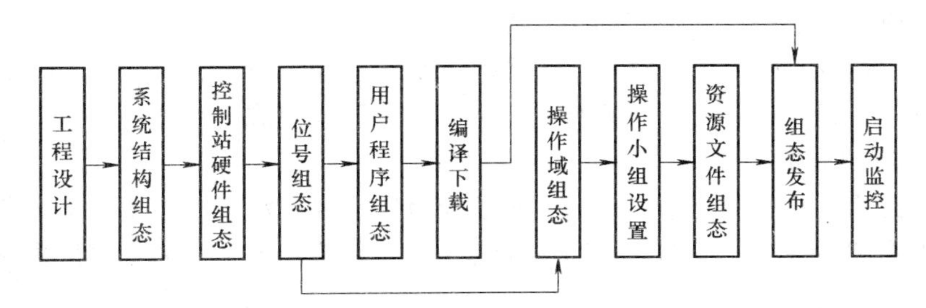

图5-15 系统组态主要工作流程框图

1）工程设计 工程设计包括测点清单设计、常规（或复杂）对象控制方案设计、系统控制方案设计、流程图设计、报表设计以及相关设计文档编制等，应形成包括《测点清单》、《系统配置清册》、《系统拓扑图》、《控制柜布置图》、《I/O模块布置图》、《控制方案》等在内的技术文件。工程设计是系统组态的依据，只有在完成工程设计之后，才能进行系统的组态。

2）系统结构组态　系统结构组态主要根据《系统配置清册》和《系统拓扑图》确定系统的控制域、控制站、操作域、操作域服务器、操作站。

3）控制站硬件组态　根据《I/O模块布置图》及《测点清单》的设计要求在硬件配置软件中完成通信模块和I/O模块的组态。

4）位号组态　主要根据《测点清单》的设计要求完成I/O位号的组态，根据工程设计要求定义上/下位机间交互所需要的变量，根据用户程序的需要定义程序页间交互的变量。

5）用户程序组态　通过FBD或者LD等编程语言实现《控制方案》的要求。

6）编译下载　将控制站运行需要的信息全部下载到对应控制器中。

7）操作域组态　包括操作员权限配置、面板权限配置、报警颜色设置、域变量组态、历史趋势组态和自定义报警分组等。通过在软件中定义不同级别的用户来保证权限操作，即一定级别的用户对应一定的操作权限。

8）操作小组设置　操作小组设置有利于划分操作员职责，简化操作人员的操作，突出监控重点。不同的操作小组可观察、设置、修改不同的标准画面、流程图、报表、自定义键等。

9）资源文件组态　资源文件主要包括流程图和调度，其中流程图组态所需时间比较多，因此可以在项目前期就进行资源文件的独立组态，然后再进行整合。

10）组态发布　将服务器上的工程组态发布到相应操作域的服务器或者操作站。

4. 系统组态的实现

VisualField（简称VF）系统软件是用于ECS—700系统进行控制系统组态和监控的软件包。该系统软件在系统结构上支持控制分域和操作分域，支持多人组态，支持单域导入导出、单控制站导入导出、单控制站组态备份、支持在线调试和在线下载，支持多个数据库。

由于DCS的通用性和复杂性，系统的许多功能及匹配参数需要根据具体场合而设定。例如，系统由多少个控制域和操作域构成，每个控制域或操作域各包含多少控制站或操作节点；系统采集什么样的信号、采用何种控制方案、怎样控制、操作时需显示什么数据、如何操作等。另外，为适应各种特定的需要，集散控制系统备有丰富的I/O模块、控制模块及多种操作平台。在组态时一般根据系统的要求选择硬件设备，当与其他系统进行数据通信时，需要提供系统所采用的协议和使用的端口。

DCS的组态过程是一个循序渐进、多个软件综合应用的过程，在应用VisualField系统软件对控制系统进行组态时，可针对系统的工艺要求，逐步完成对系统的组态。

（1）组态前期准备工作

在动手组态前，首先应将系统构成、模块布置图、测点清单、数据分组方法、系统控制方案、监控画面和报表内容等组态所需的所有文档资料收集齐全。如本实例中系统控制域配置要求见表5-3。

表5-3　控制域配置表

控制域	装置名称	控制站数量	AI点数	AO点数	DI点数	DO点数
FCR01	5万标米^3/时制氢装置	2	392	168	291	358
	170万吨/年渣油加氢处理装置	3	1109	325	358	381
	公共部分	1	112	0	67	90

（续）

控制域	装置名称	控制站数量	AI 点数	AO 点数	DI 点数	DO 点数
FCR02	240 万吨/年汽柴油加氢装置	3	588	179	202	202
FCR04	800 万吨/年常减压装置	2	638	179	179	90
	280 万吨/年催化裂化装置	3	784	269	291	157
	50 万吨/年气体分馏装置	1	157	101	56	67
	产品精制	1	78	34	34	45
	公共部分	1	129	0	67	90
FCR05	120 万吨/年催化汽油吸附脱硫装置	2	448	134	269	179
	酸性水汽提及溶剂再生	1	241	101	67	134
	6 万吨/年硫磺回收装置	3	498	146	258	179

控制域的分域原则除按照工艺特点以及系统规模进行划分外，主要按照操作域的可监视域的要求进行划分。操作域可以以控制域为单位来确定是否需要监视，如果选择不需要监视，那么该操作域的操作节点将接收不到该控制域的数据。如果一个操作域需要监视 A、B 两个控制站而不需要监视 C 控制站，那么 A、B 控制站可以放在一个控制域中，而 C 控制站则一定不能和 A、B 控制站放在同一个控制域中。同一操作域的操作节点可根据需要同时监视多个控制域，一个控制域也可同时被多个操作域监视。

（2）系统结构组态

系统结构确定后，即可在组态服务器上对系统结构进行组态。系统结构组态主要进行工程的系统结构以及工程管理权限组态。系统结构主要是指控制域、控制站、操作域和操作节点的设置。因此，针对 ECS—700 系统的系统结构组态包括创建工程、添加控制域及控制站、添加操作域及操作节点、配置可监视控制域、工程师权限管理、时钟同步服务器设置、单位配置、面板二次确认权限设置和瞌睡报警功能配置等操作。

（3）控制组态

软件提供方便快捷的硬件组态信息编辑功能，支持硬件组态导入功能，为位号组态软件提供已组态硬件的硬件地址（I/O 通道地址等）和通道类型信息，提供硬件组态扫描上载功能（无需手工组态，自动从控制站扫描生成硬件组态信息），提供 I/O 模块实时数据和诊断数据调试功能，提供控制器、I/O 连接模块、机架、I/O 模块电源功耗统计功能，提供通信模块组态功能等。

1）位号组态　位号组态主要包括 I/O 位号、自定义变量、页间交换变量组态。另外功能块位号也在位号表中进行显示，但是不能在位号表中增加、修改、删除。其中 I/O 位号、自定义位号和功能块位号属于与监控交互的变量，因此在整个工程内禁止同名。

2）编写用户功能块　可将程序中常用到的且具有相同逻辑的功能或者算法编写成用户功能块，然后在 FBD 程序中引用，可提高 FBD 程序的可读性和提高编程效率。用户功能块采用 ST 语言进行编写。

3）编写用户程序　控制回路、联锁控制、折线表、站间通信等功能全部可以通过在用户程序中编程实现，不同 DCS 系统的用户程序类型各不相同，主要有 FBD、LD 等。

4）组态下载　组态结果通常可采用在线下载或者离线下载的方式进行下载。在线下载是单站整体增量式下载，只下载修改的组态，下载前软件会先检测控制器的组态版本与组态软件中上次下载的组态版本是否一致，如果不一致则提示用户进行离线下载。离线下载是将该控制站所有的组态都下载到控制器中，在下载过程中可能造成扰动，因此离线下载要慎重进行。不论采取何种方式，下载前必须保证硬件组态、位号组态和程序编译正确。

（4）监控组态

监控组态包括操作域组态、操作小组组态和组态发布 3 个方面。

操作域内统一的配置有监控用户授权、历史趋势、报警分组、域变量组态等。监控用户授权的目的是确定操作域的操作人员并赋予相应的操作权限。历史趋势组态主要是进行历史趋势位号和历史数据服务器的组态，只有配置了历史趋势位号和历史数据服务器才可在监控（或者在历史趋势离线查看软件）状态下查看历史趋势。报警分组可分为默认和自定义。默认报警分组就是位号分组，如果对报警分组有特殊需求，可在自定义报警分组中进行设置。域变量组态是通过 I/O 驱动，提供对第三方设备和 OPC 数据接入的支持。

在控制系统中，不同的操作人员所监控的对象有所不同，通常是通过划分操作小组来满足不同操作人员的需求。在组态时选定操作小组后，有针对性地设定该操作小组关心的内容。

完成组态或组态修改之后，需要向服务器和各个组态节点发布组态信息（告知该节点有新的组态需要更新），以便各操作节点得到最新的组态文件和信息。用户可以选择“增量发布”、“全体发布”、“全域全体发布”等发布方式对工程组态进行发布。工程师可选择某个操作域进行组态发布，向该操作域的各服务器和操作节点发送组态同步消息，并且由各个操作节点到组态服务器上获取更新的组态。

5. 调试指导

当完成项目程序和流程图组态后，需对组态进行调试。调试可分为系统调试和工艺联锁调试两大部分。本节主要对硬件通道调试、控制阻态调试、程序调试和现场调试进行简单介绍。

1）硬件通道调试　在硬件组态完成后，即可对模块通道进行调试。控制站上电，打开硬件组态界面，单击工具栏中的联机调试按钮，即可进入联机调试状态。此时，在 I/O 基座上逐个加入信号（输入通道），可在该界面中查看相关通道的值，从而确定该通道是否正常、测量准确度是否满足要求等；或者直接在通道上（输出通道）输入数值，观察通道的输出是否正常。

2）控制组态调试　控制组态调试主要包括位号参数调试、位号组态界面调试和程序组态界面调试等内容。通过调整位号的具体参数，可以改变该位号的报警值、是否强制等状态，位号参数调试可以在位号组态界面、程序组态界面和功能块面板中进行。单击工具栏中的位号组态按钮，位号组态界面即可进入调试状态，此时在该界面中可查看每个位号所有参数的值，通过右边的设置窗口，可改变位号的相关参数，达到调试的目的。单击工具栏中的程序界面按钮，程序界面即可进入联机调试状态，可分别进行程序调试、功能块调试和变量调试等。

3）程序调试　程序调试主要通过修改参数、强制输入、激活功能块和强制输出等手段进行。为了验证程序功能是否正确，可将输入位号设置成强制，然后手动输入位号的值，以调试程序在不同位号数值下是否满足预期。在进行单元调试时，可将功能块的输入或者输出关闭。输入关闭后，功能块输入参数不由上游功能块决定，可任意修改功能块的值。输出关闭，该功能块计算的值不会传递到下游功能块。输出强制后，位号输出值只跟手动输出值相关，与程序无关，可调整程序而不用担心输出值异常变化。

4）现场调试的简单方法　现场调试的方法很多，不同的调试人员、不同的系统，调试效率和效果差别很大。现场打点测试是一种简单实用的方法，对初学者比较实用。对于输入点，可由现场输入信号，观察流程图上对应数据是否正确；而输出点，则由流程图上给信号（将控制器的“调试模式”参数置为“开启”，弹出输出位号的面板，将位号设置成强制，然后直接输入强制值），观察现场对应信号的值是否正确。此外，在调试过程中还应该查看控制器相位负荷，如果控制器相位负荷分配很不均匀，则可通过调整程序运行的周期来调整程序的相位。当相位负荷都很大的时候（如超过 85%），则可能会终止程序。

5.3　可编程序控制器（PLC）

5.3.1　概述

可编程序控制器（Programmable Controller，PC）是一种以微处理器为核心，综合了计算机技术、自动控制技术和通信技术的现代工业控制装置，被称为现代工业自动化的三大支柱（PLC、CAD/CAM、机器人）之一。由于早期的可编程序控制器主要以逻辑控制为主，而且 PC 早已成为个人计算机的代名词，因此可编程序控制器习惯上也称为可编程序逻辑控制器（Programmable Logical Controller，PLC）。当然，现代的 PLC 绝不意味着只有逻辑控制功能，并以其具有的体积小、功能强、程序设计简单、灵活通用、维护方便等一系列优点，特别是它的高可靠性和较强的适应恶劣工业环境的能力，在汽车制造、机械、石化、冶金、轻工和电气等很多领域都有非常广泛的应用。

在 PLC 问世以前，继电器控制系统在顺序控制领域中占有主导地位。但由于大量的继电器需要通过硬接线相连接，因此继电器构成的控制系统对于生产工艺变化的适应性很差，一旦工艺发生变化，控制要求必然也要相应改变，这就需要改变继电器系统的硬件结构，甚至需要重新设计新系统。到了 20 世纪 60 年代末期，美国的汽车工业发展非常迅速，为了满足汽车型号不断更新的市场要求，1968 年，美国通用汽车公司提出了多品种、小批量、更新快的发展战略，原有基于继电器的控制装置已完全不能适应这种发展要求。于是通用公司公开招标研制新型的工业控制装置，要求新的控制装置随着生产产品的改变能灵活方便地修改控制方案，同时在装置结构、驱动能力、程序容量等方面提出了 10 条具体的技术指标。1969 年，美国数字设备（DEC）公司根据以上要求研制出了世界上第一台 PLC-PDP—14，并在通用公司的汽车生产线上获得成功应用。随后，日本、德国等国家相继引入了这项新技术，PLC 由此而迅速发展起来。早期的 PLC 虽然采用了计算机的设计思想，但实际上它仅有逻辑运算、定时、计数等顺序控制功能。在经历了 40 多年的发展后，现代 PLC 产品已经成为了名符其实的多功能通用控制器，PLC 及 PLC 网络成为了工业企业中不可或缺的一类工业控制装置。

1. PLC 的分类和特点

自 DEC 公司研制成功了第一台 PLC 以来，PLC 已发展成为一个巨大的产业。

按地域范围 PLC 一般可分成 3 个流派，即美国流派、欧洲流派和日本流派，这种划分方法虽然不很科学，但具有一定的实用参考价值。同一地域的产品面对的市场相同，用户要求相近，相互之间的技术渗透也比较深，这都使得同一地域的 PLC 产品的适用性和功能上表现出较多的相似性。

按结构形式可以把 PLC 分为两类：一类是一体化结构，即中央处理单元、存储器、输入输出接口、通信接口、电源等都集成在一个机壳内，如图 5-16 所示；另一类是模块化结构，即中央处理单元、输入输出接口、通信接口、电源等在结构上相互独立。前者多为微、小型 PLC，只要一个 CPU 单元就可以构成一个独立的控制系统，必要时也可以进行少量的 I/O 扩展，例如 OMRON 公司的 CPM1A、CP1H，三菱公司的 FX 系列产品都属于一体化 PLC。模块化结构的 PLC 多为中、大型 PLC，例如 SIEMENS 公司的 S7 系列 PLC 等，用户可根据具体的应用要求，选择不同型号、不同数量的模块，以积木方式构成更大规模、更强功能的控制系统，如图 5-17 所示。

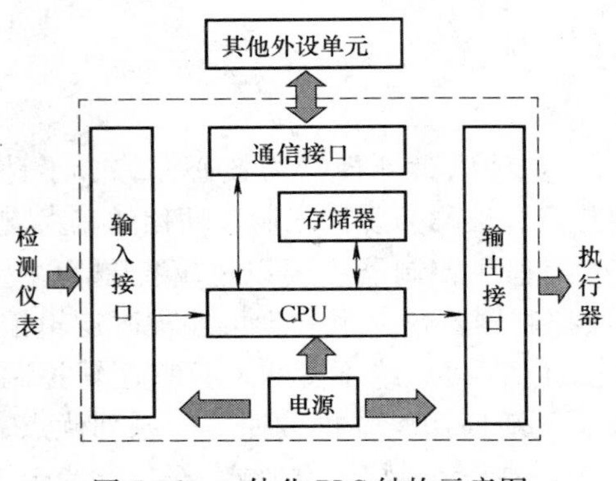

图 5-16 一体化 PLC 结构示意图

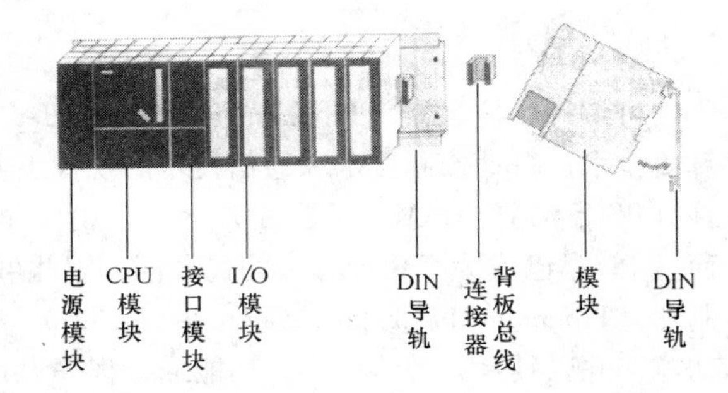

图 5-17 模块化 PLC 结构示意图

如果按 I/O 点数或存储器容量还可以把 PLC 分为超小型、小型、中型和大型 PLC。小型及超小型 PLC，主要用于单机自动化；中、大型 PLC 除具有小型、超小型 PLC 的功能外，还增强了数据处理能力和网络通信能力，主要用于复杂程度较高的自动化控制，并在相当程度上可替代 DCS 以实现更广泛的自动化功能。

PLC 之所以取得高速发展和广泛应用，除了工业自动化的客观需要外，主要还是由于其本身具备许多独特的优点，较好地解决了工业控制领域中普遍关心的可靠、安全、灵活、方便、经济等问题。PLC 的主要特点可以归纳为以下 3 个方面：

1）可靠性高、抗干扰能力强　PLC 在耐电磁干扰、耐低温、耐高温、抗潮湿、抗振动等方面均有突出的表现，可靠性高、抗干扰能力强成了 PLC 最重要的特点之一，被誉为“专为适应恶劣工业环境而设计”的通用控制器。

2）功能完善、通用灵活　现代 PLC 不仅具有逻辑运算、条件控制、计时、计数、步进等控制功能，而且还具有强大的模拟量转换、数据处理以及网络通信等功能，一套系统的输入/输出点数可以少至数十点，也可以多至数万点。因此，它既可实现开关量控制，又可进行模拟量控制；既可单机控制，又可以独立或者和其他控制装置共同构成多级分布式控制系统。

3）编程简单、使用方便　梯形图是PLC第一编程语言，它继承了继电器控制电路的清晰直观感。多数PLC还提供逻辑功能图、指令语言，甚至高级语言等编程手段，进一步简化了编程工作，满足不同用户的需要。此外，PLC还具有接线简单、系统设计周期短、体积小、重量轻、易于实现机电一体化等特点，使得PLC在结构、设计开发等方面都表现出其他控制器所无法相比的优越性。

2. PLC的基本组成

不论是一体化的系统还是模块化系统，PLC的基本组成与一般的微机系统相类似，主要包括CPU、I/O接口、智能模块、扩展通信接口和电源等。

1）CPU模块　CPU模块是模块化PLC的核心部件，主要包括中央处理单元CPU、存储器和集成的通信接口三个部分。根据不同的功能要求，中央处理单元通常会采用8位、16位、32位等不同规格的通用微处理器或单片机，对于一些大中型PLC，还可能采用双CPU或多CPU结构。常用的存储器主要用于存放系统程序、用户程序和工作数据，一般都在几KB到几MB范围之内，不同PLC的存储器容量可能会有较大的差别。集成的通信接口的作用是和其他模块、控制设备或PLC系统建立通信联系。

2）I/O接口模块　PLC通过I/O接口与实际工业生产过程的现场仪表装置相连接，最常用的有模拟量输入（AI）、模拟量输出（AO）、开关量输入（DI）和开关量输出（DO）4种类型的I/O接口。AI、DI等过程输入接口用于接入生产过程各种参数和状态的测量信号，AO、DO等过程输出接口则把控制信号输出到执行器，以实现生产过程的控制。

3）智能模块　除了基本的I/O单元以外，PLC还会提供多种智能模块。智能模块通常就是一个较独立的计算机系统，自身具有CPU、数据存储器、应用程序、I/O接口等，可以独立地完成某些具体的工作，一般不参与PLC的循环扫描过程。但从整个PLC系统来看，它还只能是PLC系统中的一个单元，需要通过系统总线与主CPU模块进行数据交换，在CPU模块的协调管理下，按照自身的应用程序独立地参与系统工作。例如高速计数模块、智能调节控制模块、开环步进电动机定位模块等都属于智能模块。

4）扩展接口模块　扩展接口模块主要用于增加PLC系统的通信接口数量，扩展出来的通信接口通常有两种用途，一种用于在本系统中连接更多的模块或机架，另一种是用于和其他设备或其他PLC系统建立更多的通信链路。模块化结构的系统是通过机架（或机笼）把各种PLC的模块组织起来的，整套PLC系统有可能包含若干个机架，PLC系统就是通过CPU模块上集成的接口或者扩展模块扩展出来的接口把所有机架组织起来。此外，当用户面临更大范围的组网需求时，也需要对通信接口进行扩展，常用的接口有RS232、RS485、以太网接口以及PROFIBUS—DP接口等。需要注意的是，不同的PLC系统所能支持的通信接口扩展能力是不一样的。

5）电源模块　PLC一般配有工业用的开关式稳压电源供各模块内部电路使用。与普通电源相比，开关电源的输入电压范围宽、稳定性好、体积小、重量轻、效率高和抗干扰能力强。在选择电源模块的时候，应重点关注电源的功率，过大或过小的电源功率都是不恰当的。此外，当系统配置有多个电源的时候，应处理好多电源之间的接地问题。

3. PLC 的基本工作原理

PLC 的产品很多，不同型号、不同厂家的 PLC 在结构特点上各不相同，但绝大多数 PLC 的工作原理都基本相同。PLC 主程序的工作方式是一个循环、顺序扫描的过程，它从用户程序的第一条指令开始顺序逐条地执行，直到用户程序结束，然后开始新一轮的扫描。如图 5-18 所示，PLC 的整个扫描过程可以归纳为上电初始化、一般处理扫描、数据 I/O 操作、用户程序的扫描和外设端口服务 5 个阶段。每一次扫描所用的时间称为一个工作周期或扫描周期，PLC 的扫描周期与 PLC 的硬件特性和用户程序的长短有关，典型值一般为几十毫秒。

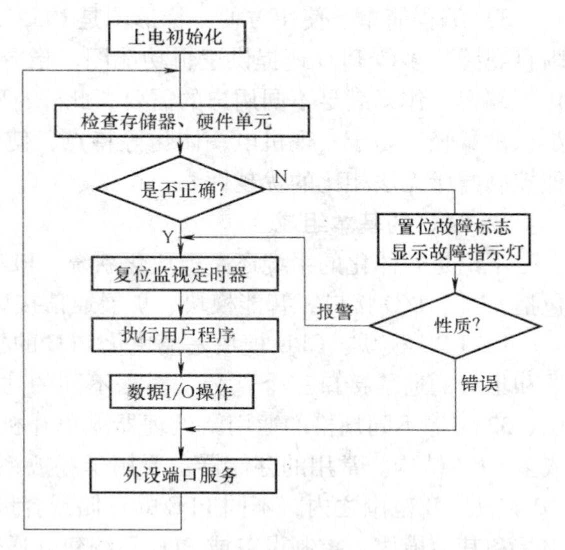

图 5-18 PLC 扫描过程示意图

1）上电初始化　当 PLC 系统接通电源后，CPU 首先对 I/O、继电器、定时器进行清零或复位处理，消除各元件状态的随机性，检查 I/O 单元的连接，这个过程也就是上电初始化，它只在 PLC 刚刚上电运行时执行一次。

2）一般处理扫描　一般处理扫描是在每个扫描周期前 PLC 进行的自检，如监视定时器的复位、I/O 总线和用户存储器的检查，正常以后转入下一阶段的操作，否则 PLC 将根据错误的严重程度发出警告指示或停止 PLC 的运行。

3）数据 I/O 操作　数据 I/O 操作实际上包括输入信号采样和输出信号更新两种操作。PLC 不直接从外部端子上获取输入信号，现场仪表送到 PLC 输入端子上的输入信号，经过输入调理（隔离、滤波、转换等）以后进入缓冲区等待采样。在每一个循环扫描周期，PLC 定时采集全部现场输入信号，存放在输入映像（存储）区，用户程序从输入映像（存储）区读取所需的现场信息。同样，CPU 执行用户程序产生的控制信号通常也不直接送到输出端，在用户程序全部执行结束后，PLC 才将输出映像（存储）区中的全部控制信息集中输出，经过输出调理后送到输出端，驱动各种电动机、阀门等执行单元，改变被控对象的状态。

4）扫描用户程序　基于用户程序指令，PLC 从输入映像（存储）区读取输入元件的状态，结合软元件（中间变量）状态进行逻辑或数值运算，运算产生的软元件状态和输出结果存储于输出映像（存储）区，输出映像（存储）区的内容将随着程序执行的进程而变化。PLC 对用户程序指令根据先左后右、先上后下的顺序扫描执行，也可以有条件地利用各种跳转指令来决定程序的走向。

5）外设端口服务　每次执行完用户程序后，开始外设端口服务，这一步主要完成与外设端口连接的外部设备的通信。如果没有外设请求，系统自动进入下一个周期的循环扫描。

4. PLC 的响应滞后问题

响应时间的定义是从输入端某个输入信号的发生变化，到输出端对该变化产生响应所需要的时间，也称为滞后时间。

图 5-19 是一个描述 I/O 滞后的简单例子，其中的梯形图表示触点 X 闭合，触发 M 闭合。如果在一个扫描周期结束前输入信号产生变化，该信号将在随后的第一个 I/O 刷新阶段写入输入映像区，在同一个扫描周期内执行用户程序，并把输出信号写到输出映像区，输出映像区的内容在第二个 I/O 刷新阶段送到输出端子，驱动负载设备。这种情况的 I/O 响应时间最短，称为最小 I/O 响应时间，相当于输入延迟时间、扫描周期和输出延迟时间之和。如果在第一个扫描周期开始后才输入信号产生变化，那么信号在该周期内不会起作用，直到第二个 I/O 刷新阶段才写入输入映像区，输出信号到第 3 个 I/O 刷新阶段才送到输出端子。这时的 I/O 响应时间最长，相当于输入延迟时间、两倍扫描周期和输出延迟时间之和。这类滞后成为原理性的 I/O 响应滞后。

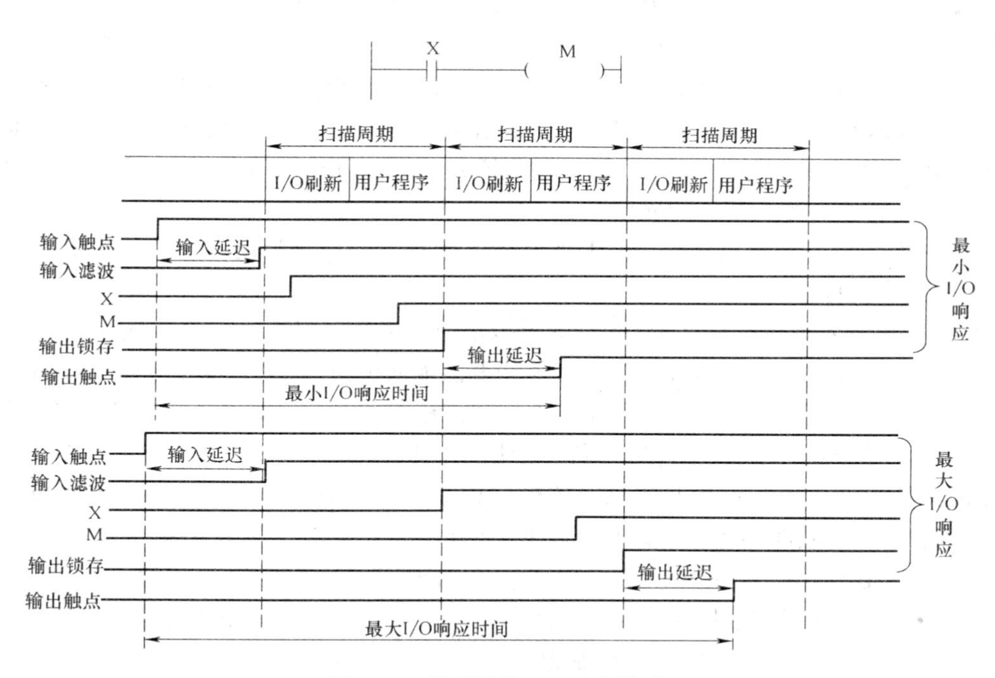

图 5-19　原理性的 I/O 响应滞后

在 PLC 的用户程序中，语句的编排也会影响 I/O 响应时间。因程序编排顺序引起的响应滞后称为程序性的 I/O 响应滞后。图 5-20 中，A、B 两个梯形图的功能是相同的，但两条指令的顺序不同。通过简单分析可以看出，同样的输入信号 X，梯形图 B 中 M 的输出响应要比梯形图 A 滞后一个扫描周期。

图 5-20　程序性的 I/O 响应滞后

PLC 典型的滞后时间只有几十毫秒，对于一般的工业控制系统，这种滞后是完全允许的。但是对于实时性很强的系统，用户应该充分考虑 I/O 的响应滞后，必要时可采用快速响应模块、或中断处理等手段来缩短滞后时间。

5.3.2 PLC的硬件系统

PLC产品的种类很多，但是各种型号的PLC在本质上都是类似的。在这一节中，重点以SIEMENS S7—300系列PLC为例进行介绍。

1. 系统组成

S7—300系列PLC属于模块化结构，主要由CPU模块、I/O模块、智能模块、扩展模块、电源模块、导轨等组成部分。

S7—300系列PLC有多种性能级别的CPU，以CPU31X或CPU31X—2表示，它们适用于不同规模的PLC系统。CPU模块主要的性能指标包括执行速度、存储器容量、最大允许扩展的I/O点数等，一般来说这些性能指标都随着CPU序号的递增而增加。此外，网络通信功能也是CPU模块的重要指标之一。S7系列的各型号CPU都集成了MPI接口，通过MPI接口可以方便地在PLC、操作站、触摸屏、操作员面板等设备之间建立较小规模的通信联系，传输速率为187.5kbit/s。CPU31X－2还集成了PROFIBUS—DP接口，通过DP接口可组建更高传输速率、更大范围的通信系统。

一个PLC系统，数量最多的当属I/O模块，和DCS一样分为模拟量输入/输出模块、开关量输入/输出模块等。

1）模拟量输入模块　S7—300系列的模拟量输入模块（SM331）允许输入电压、电流、电阻、电动势等各种直流电信号，可称之为“万能输入模块”。为了保证模块的硬件结构及相应的处理程序与实际输入信号类型相符合，在使用前需要同时对硬件和软件进行设置。如图5-21所示，在SM331模块上配置了若干个量程模块，面上标有“A”、“B”、“C”、“D”4个标记，其中的一个标记将与模块上的标记相对应，调整量程模块的插入方位可改变模块的硬件结构，不同的插入方式对应于不同的输入信号类型（见表5-4）。模块上每两个相邻的输入通道共用一个量程模块，构成一个通道组。用户可以根据输入信号的类型，以通道组为单位调整量程块的位置。在图5-21中，0、1通道的量程模块被设定在“C”位置，表示这两个通道可以接入四线制电流信号。

表5-4　SM331量程模块设置对应关系

设置标记	对应的测量方式及范围	默认对应参数
A	电压：≤1000mV 电阻：150Ω、300Ω、600Ω、Pt100、Ni100 热电偶：N、E、J、K等各型热电偶	电压：±1000mV
B	电压：≤±10V	电压：±10V
C	电流：≤±20mA（4线制变送器输出）	电流：4～20mA（4线制）
D	电流：4～20mA（2线制变送器输出）	电流：4～20mA（2线制）

2）模拟量输出模块　SM332是S7—300系列PLC的数模转换模块，可以输出电压和电流两种类型的信号，不需要硬件设置，除了通道数不同以外，它们的工作原理和参数设置都完全相同。

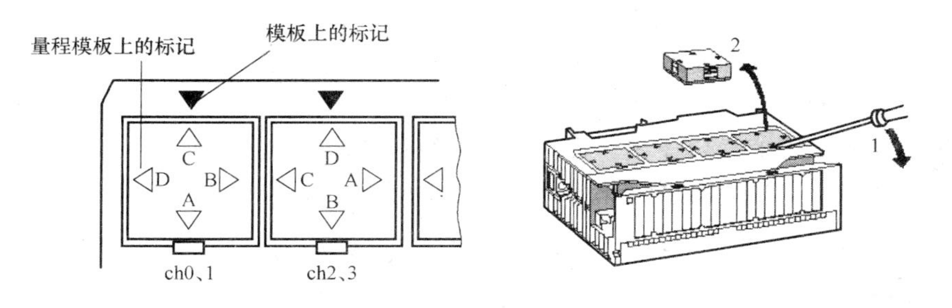

图 5-21　SM331 的量程模块设置

3）开关量输入模块　开关量输入模块 SM321 主要有直流信号输入和交流信号输入两大类，每个输入通道有一个输入指示发光二极管，输入信号为逻辑“1”时点亮指示二极管。

4）开关量输出模块　SM322 模块有晶体管、晶闸管和继电器 3 种输出类型，晶体管输出通常用来驱动直流负载，晶闸管输出用于驱动交流负载，继电器输出则根据需要既可以驱动直流负载也可以驱动交流负载。模块的每个输出通道有一个输出状态指示灯，输出逻辑状态“1”时点亮指示灯。

2. 系统配置

S7 系列 PLC 采用的是模块化的结构形式，根据应用对象的不同，用户可选择不同型号和不同数量的模块，并把这些模块安装在一个或多个机架（导轨）上。除了 CPU 模块、电源模块和通信接口模块之外，它规定每一个机架最多可以安装 8 个 I/O 模块，一个 PLC 系统的最大配置能力（包括 I/O 点数、机架数等）与 CPU 的型号直接相关。

PLC 模块的安装是有顺序要求的，如图 5-22 所示，每个机架从左到右划分为 11 个逻辑槽号，电源模块安装在最左边的 1#槽，2#槽安装 CPU 模块，3#槽安装机架扩展模块，4# ~11#槽可自由分配 I/O 接口模块、智能模块或扩展通信接口模块。需要注意的是，槽号是相对的，机架上并不存在物理上的槽位限制。

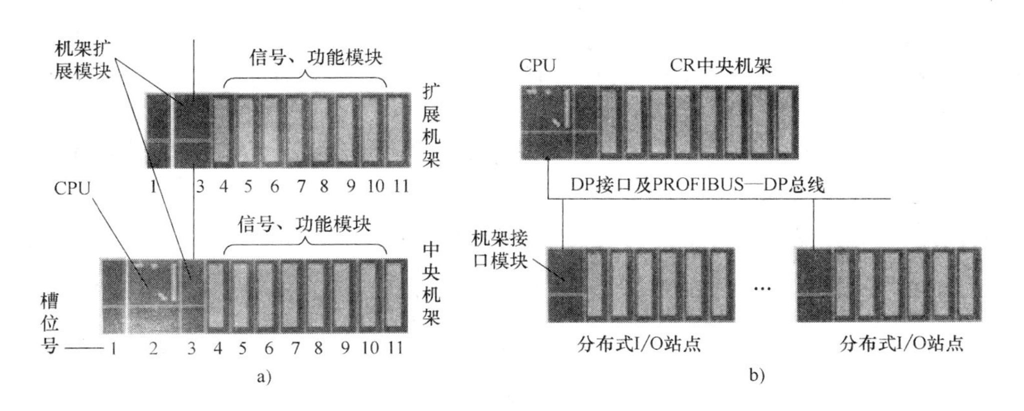

图 5-22　模块扩展示意图
a）本地扩展　b）远程扩展

当一个系统拥有多个机架的时候，机架扩展模块实现了中央机架与各扩展机架之间的物理连接。常用的机架扩展模块有 IM360、IM361、IM365、IM153 等。IM360、IM361 最多可连接一个中央机架和最多3个本地机架，IM360安装在中央机架3#槽，IM361安装在扩展机架3#槽，两者通过专用电缆相互连接。如果整个系统只需要两个本地机架，可选用IM365接口模块对，分别安装在中央机架3#槽位和扩展机架3#槽位。IM153是通过PROFIBUS—DP总线连接远程扩展机架的接口模块，它可以对系统进行更大规模的扩展。同样，远程扩展机架的3#槽安装IM153，4# ~11#槽安装信号模块和功能模块，详见表5-5。

表5-5 机架扩展及模块主要性能参数

接口模块的作用	扩展本地I/O机架		扩展本地I/O机架		扩展远程I/O机架
模块型号	IM365	IM365	IM360	IM361	IM153（ET200M）
安装位置	CR 3#槽	ER 3#槽	CR 3#槽	ER 3#槽	远程I/O机架3#槽位
允许配置的最大机架数	2		4		126
相邻机架的最大连接距离	1m		10m		与传输介质、传输速率有关

在整个PLC系统中，任何一个I/O通道都必须配置相应的I/O地址，I/O地址通常由系统提供默认配置。某些型号的PLC也可以根据需要对I/O地址进行手动配置。在系统的默认配置中，每个开关量模块最多占4B的地址，即每一个开关量通道对应其中的一位；每个模拟量模块最多占16B的地址，即每个通道对应一个字地址2B。

5.3.3 PLC的软件系统

1. 编程语言概述

PLC的程序设计就是用特定的表达方式（编程语言）把控制任务描述出来，其内容体现了PLC的各种具体的控制功能。作为工业控制装置，PLC的主要使用者是工厂现场技术人员，为了满足他们的习惯要求，PLC的程序设计语言多采用面向现场、面向问题、简单而直观的自然语言，它能直接表达被控对象的动作及输入/输出关系，常见的程序设计语言有梯形图、语句表和逻辑功能图等几种表达形式。

梯形图是在继电器控制电气原理图基础上开发出来的一种直观形象的图形编程语言。它沿用了继电器、接点、串/并联等术语和类似的图形符号，信号流向清楚，是多数PLC的第一用户语言。

不难看出，图5-23a、b两种梯形图表达的是同一思想：当常闭按钮SB2、SB3处于闭合状态时，按下常开按钮SB1，则继电器C的线圈通电，C的常开触点闭合，该回路通过C的常开触点实现自锁；任意按下常闭按钮SB2或SB3，继电器C的线圈断电。

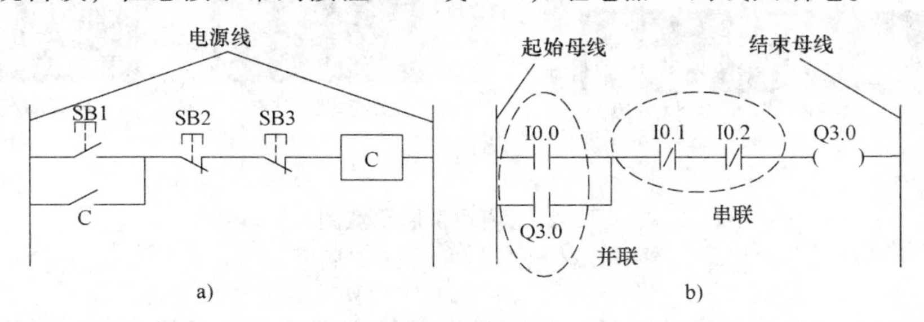

图5-23 梯形图语言

a) 电气控制梯形图 b) PLC梯形图

PLC 梯形图的编程元素主要有 ─┤├─、─┤/├─、─(　)─等，分别表示常开触点、常闭触点和继电器线圈。在 PLC 控制系统中，按钮、行程开关、接近开关等输入元件提供的输入信号，以及提供给电磁阀、继电器、接触器、指示灯等负载的输出信号，都只有完全相反的两种状态，如触点的闭合和断开、电平的高和低、电流的有和无，在 PLC 内部被表示为“1”和“0”。PLC 梯形图按从左到右、自上而下的顺序排列。

指令语言是一种类似于汇编语言的助记符编程语言，每种控制功能通过一条或多条指令来描述，不同厂家的 PLC 往往采用不同的助记符号集，但基本的指令格式都是很相近的。以 SIEMENS S7 系列 PLC 为例，对应于图 5-23 的语句表指令如下：

```
A (
O   I0.0
O   Q3.0
)
AN   I0.1
AN   I0.2
=    Q3.0
```

2. 寄存器和存储区

（1）内部寄存器

S7 系列 PLC 系统中用户常用的内部寄存器有 7 个，它们分别是：累加器 A1 和累加器 A2、地址寄存器 AR1 和地址寄存器 AR2、共享数据块地址寄存器和背景数据块地址寄存器、状态字寄存器。累加器是用户用做处理字节、字、双字的通用寄存器，32 位字长，A1 是主累加器，A2 是辅累加器。AR1 和 AR2 是两个 32 位的地址寄存器，它们用于存放寄存器间接寻址指令中的地址指针。两个 32 位字长的数据块地址寄存器是用来存放数据块的起始地址，一个对应于共享数据块 DB，另一个对应背景数据块地址 DI。状态字寄存器是一个 16 位的寄存器，状态字中包含的一些状态位可以被用户程序所引用。

（2）存储区

S7 系列 PLC 存储区主要分为系统存储区、装载存储区和工作存储区。系统存储区主要存放 CPU 的操作数据，如输入/输出映像区、位存储区、定时器、计数器以及存放临时本地数据的 L 堆栈；装载存储区用来存放用户开发的应用程序；工作存储区主要存放 CPU 运行的程序块和数据块的复制件。表 5-6 是用户程序可以访问的主要存储区及其功能和访问方式。

表 5-6　程序可以访问的主要存储区及其功能和访问方式

<table>
<tr><th>名称</th><th>允许访问方式</th><th>主标识符</th><th>标识符</th><th>存储区功能</th></tr>
<tr><td>输入映像区</td><td rowspan="2">位/字节/字/双字</td><td>I</td><td>I/IB/IW/ID</td><td rowspan="2">用户程序读取现场 I/O 设备的数据（主要面向开关量的输入/输出），可以以“位”等方式访问</td></tr>
<tr><td>输出映像区</td><td>Q</td><td>Q/QB/QW/QD</td></tr>
<tr><td>外设输入存储区</td><td rowspan="2">字节/字/双字</td><td>PI</td><td>PIB/PIW/PID</td><td rowspan="2">用户程序读取现场 I/O 设备的数据，不能以“位”方式访问</td></tr>
<tr><td>外设输出存储区</td><td>PQ</td><td>PQB/PQW/PQD</td></tr>
</table>

（续）

名称	允许访问方式	主标识符	标识符	存储区功能
位存储区	位/字节/字/双字	M	M/MB/MW/MD	存放用户程序运行的中间结果
定时器		T	T	为定时器提供存储区
计数器		C	C	为计数器提供存储区
共享数据块	字节/字/双字	DB	DBX/DBB/DBW/DBD	用户定义的数据存储区域
背景数据块		DI	DIX/DIB/DIW/DID	

表5-6详细地列出了用户程序可以访问的各种存储区域以及各自的访问方式。事实上，输入、输出映像区就是对PI、PQ前若干字节的映像，可以理解为PI、PQ指向的是物理地址，I、Q指向的是逻辑地址。

（3）操作数

一条PLC指令通常由一个操作码和一个操作数组成。操作码定义指令要执行的功能，操作数通常是常数或指令能够找到数据对象的地址，为执行指令操作提供所需要的信息。除了常数之外，用地址表示的操作数都是由操作数标识符和标识参数两部分组成。

操作数标识符表示操作数存放区域及操作数类型，它还可以细分为“主标识符”和“辅助标识”。主标识符表示操作数所在的存储区，主要有：I（输入映像区）、Q（输出映像区）、M（位存储区）、PI（外设输入）、PQ（外设输出）、T（定时器）、C（计数器）、DB（共享数据块）、DI（背景数据块）等。辅助标识符进一步说明操作数的类型，包括有X（位）、B（字节）、W（字）和D（双字）。标识参数用来表示操作数在存储区域的具体位置。

例如MB10，其中的“M”是主标识符，它表示该操作数在位存储区；“B”是辅助标识，它表示操作数的类型是字节；“10”则是标识参数，它表示操作数在位存储区中的位置。因此，“MB10”的含义就是指位存储区中第10字节，参见图5-24。

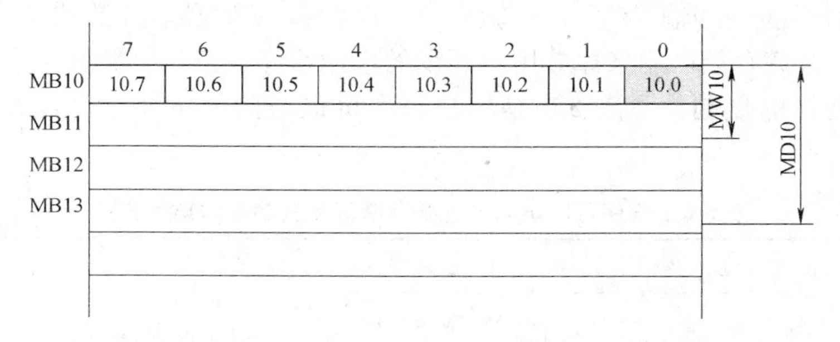

图5-24 位存储区的操作数表示方式

（4）寻址方式

所谓寻址方式就是指语句在执行时获取操作数的方式，S7系列PLC有4种寻址方式：立即寻址、存储器直接寻址、存储器间接寻址和寄存器间接寻址。

1）立即寻址 立即寻址主要是对常数或常量的寻址，操作数直接包含在指令中，如：

```
SET              //把 RLO（Result of Logic Operation）置“1”
L    27          //把整数 27 装入累加器 1
```

立即寻址是一种最容易理解的寻址方式，根据需要可以把立即数表示成不同长度、不同数制的常数类型，部分常见的常数表示类型见表5-7。

表5-7 部分常见的常数表示类型

类型	操作数标识符	L指令示例	L指令说明
16bit常整数	+、-	L -3	累加器1中装入16bit的常整数-3
32bit常整数	L#、L#-	L L#3	累加器1中装入32bit的常整数3
十六进制数	16#	L B#16#1A	累加器1中装入8bit十六进制常数
		L W#16#1A2B	累加器1中装入16bit十六进制常数
		L DW#16#1A2B3C4D	累加器1中装入32bit十六进制常数
二进制数	2#	L 2#10100001111	累加器1中装入二进制常数
实数		L 1.2E-002	累加器1中装入一个实数（0.012）
地址指针	P#	L P# I 1.0	累加器1中装入32bit指向I1.0的指针
		L P#8.6	累加器1中装入一个地址指针，地址为8.6

2）直接寻址　在直接寻址的指令中，直接给出操作数的存储单元地址。例如：

```
A    I0.0          //对输入位 I0.0 进行“与”逻辑操作
L    DB1.DBD12     //把数据块 DB1 双字 DBD12 中的内容传送给累加器 1
```

3）存储器间接寻址　在存储器间接寻址的指令中，标识参数由一个存储器给出，存储器的内容对应该标识参数的值，该值又称为地址指针。当程序执行时，这种寻址方式能动态改变操作数存储器的地址，这对程序的循环十分有利。例如：

```
A    I[MD 2]       //对由 MD 2 指出的输入位进行“与”操作，MD 2 应为地址指针
OPN  DB[MW 2]      //打开由字 MW2 指出的数据块，如 MW2 为 3，则打开 DB3
```

从上面的例子中可以看到，寄存器间接寻址的地址格式既可以用字地址指针的形式给出，也可以用双字地址指针的形式给出，事实上它们是有区别的，读者可以查阅相关手册。

4）寄存器间接寻址　寄存器间接寻址是通过地址寄存器AR1或AR2的内容加上偏移量形成地址指针，访问各种存储单元。

寄存器间接寻址又有两种方式：一种称为区域内寄存器间接寻址，地址指针包括被寻址存储单元的字节编号和位编号；另一种称为区域间寄存器间接寻址，地址指针除了包括被寻址存储单元的字节编号和位编号以外，还包含了存储区域的标识符。由于寄存器地址指针的描述范围也是0.0～65535.7，如果用寄存器间接寻址方式访问一个字节、字或双字的时候，必须保证地址指针中的“位编号”为0。区域内寄存器间接寻址示例如下：

```
L P#8.6               //将 2#0000 0000 0000 0000 0000 0000 0100 0110 装入 A1
LAR1                  //将 A1 的内容传送至地址寄存器 1
A I[AR1, P#0.0]       //AR1 + 偏移量 = 2#0000 0000 0000 0000 0000 0000 0100 0110 (8.6)
= Q[AR1, P#4.1]       //AR1 + 偏移量 = 2#0000 0000 0000 0000 0000 0000 0110 0111 (12.7)
L P#8.0               //将 2#0000 0000 0000 0000 0000 0000 0100 0000 装入 A1
```

```
LAR2                  //将累加器1的内容传送至地址寄存器2
L IB[AR2, P#2.0]      //将输入字节IB10的内容装入累加器1
T MB[AR2, P#200.0]    //将累加器1的内容传送至存储字MB208
```

（5）状态字

状态字包含了CPU执行指令时所产生的一些状态位，用户程序可以通过位逻辑指令或字逻辑指令访问和检测状态字，并根据状态字中的某些位来决定程序的走向和进程，状态字的描述形式如图5-25所示。其中首次检测位和逻辑操作结果是最基本的两个状态位。

15	8							0
	BR	CC1	CC0	OS	OV	OR	STA	RLO	$\overline{FC}$

图5-25　状态字的描述

1）首次检测位（$\overline{FC}$）　状态字中的第0位称为首次检测位$\overline{FC}$，CPU根据$\overline{FC}$来决定位逻辑操作指令中操作数的存放位置。若$\overline{FC}$=0，表明一个梯形逻辑网络的开始，或为逻辑串的首条逻辑指令，CPU对首条逻辑指令中操作数的检测结果将直接保存在状态字的RLO位中，并把$\overline{FC}$置1。若$\overline{FC}$=1，则把操作数的检测结果与RLO进行逻辑运算，把结果存放于RLO。当执行到输出指令（S、R、=）或与逻辑运算有关的转移指令时表示逻辑串结束，将$\overline{FC}$清0。

2）逻辑操作结果（RLO）　状态字中的第1位称为逻辑操作结果（Result of Logic Operation，RLO），它用来存放位逻辑指令或算术比较指令的运算结果。

图5-26表示了CPU单元在执行一个逻辑串指令的过程中，$\overline{FC}$和RLO的变化过程。

语句表	实际状态	检测结果	RLO	$\overline{FC}$	说明
				0	$\overline{FC}$=0：下一条指令开始新逻辑串
A I0.0	1	1	1	1	首次检测结果存放RLO，$\overline{FC}$置1
AN I0.1	0	1	1	1	检测结果与RLO运算，结果存RLO
=Q1.0	1			0	RLO赋值给Q1.0，$\overline{FC}$清0

图5-26　RLO、$\overline{FC}$的变化示例

3. 基本操作指令

（1）位逻辑运算指令

PLC中的触点包括常开（动合）和常闭（动断）两种形式。按照PLC的规定：常开触点用操作数“1”表示触点“动作”，即认为触点“闭合”，操作数“0”表示触点“不动作”，即触点断开；常闭触点的表示方式相反。位逻辑运算指令主要包括“与”、“或”、“异或”、赋值、置位、复位指令及其它们的组合，常用的位逻辑运算指令见表5-8。

表5-8　常用的位逻辑运算指令一览表

逻辑运算功能	操作码	指令示例	说明
与	A	A　I0.0	对信号状态进行“1”扫描并做逻辑“与”运算，当操作数的信号状态是“1”时，其扫描结果也是“1”
与非	AN	AN　I0.1	对信号状态进行“0”扫描并做逻辑“与”运算，当操作数的信号状态是“0”时，其扫描结果是“1”

（续）

逻辑运算功能	操作码	指令示例	说明
或	O	O I0.2	对信号状态进行“1”扫描并做逻辑“或”运算
或非	ON	ON I0.3	对信号状态进行“0”扫描并做逻辑“或”运算
置位（静态赋值）	S	S Q0.0	RLO为1则被寻址信号状态置1，否则输出保持；$\overline{FC}$清0
复位（静态赋值）	R	R Q0.1	RLO为1则被寻址信号状态置0，否则输出保持；$\overline{FC}$清0
赋值（动态赋值）	=	= Q0.2	把RLO的值赋给指定操作数，并把$\overline{FC}$置0来结束一个逻辑串

“与”或“与非”指令用来表示梯形图中触点的串联逻辑，当串联回路里的所有触点都闭合的时候，该回路就通“电”了。如图5-27a所示，当I0.0、I1.0为“1”，M2.1为“0”，则Q4.0输出置“1”（输出继电器接通）；如果有一个或多个触点是断开的，则输出Q4.0置“0”（输出继电器断开）。其对应的指令程序如图5-27b所示。

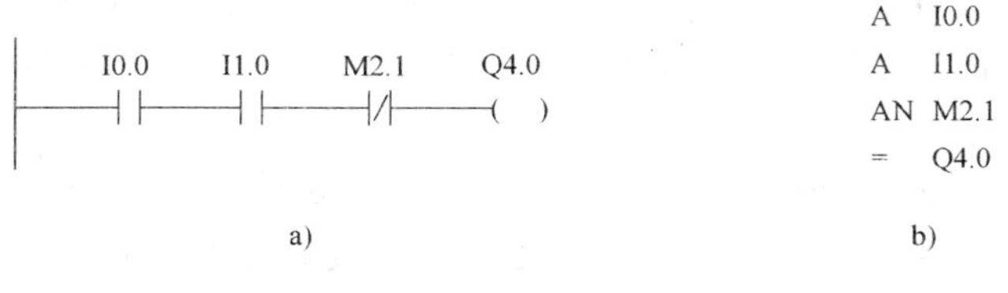

图5-27 串联逻辑
a）梯形图 b）指令程序

梯形图中触点的并联逻辑主要用“或”和“或非”指令来表示，如果在并联逻辑中有一个或一个以上的触点闭合，则输出继电器通“电”置“1”。如图5-28所示，当I0.0、I1.0、M2.1 3个触点只要有一个闭合，即I0.0为“1”或I1.0为“1”或M2.1为“0”，则输出Q4.0置“1”（输出继电器接通）；如果3个触点全部是断开的，则输出Q4.0为“0”（输出继电器断开）。其对应的指令程序如图5-28b所示。

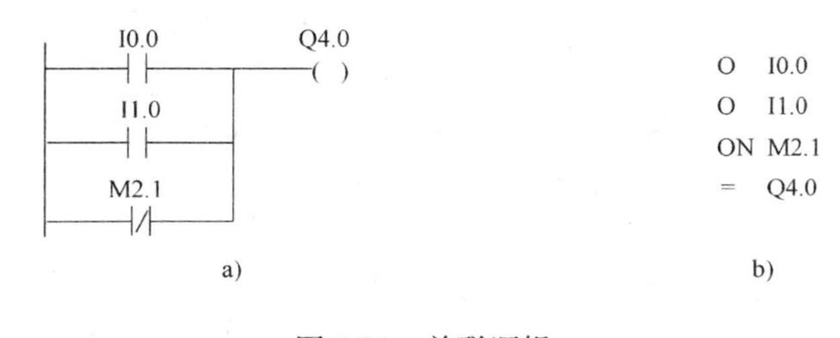

图5-28 并联逻辑
a）梯形图 b）指令程序

在多数情况下，各种逻辑运算都不会是简单的串联或者并联操作，而是串并联复合的。如图5-29所示，梯形图A表示两个串联逻辑串的并联，而梯形图B表示两个并联逻辑串的串联。

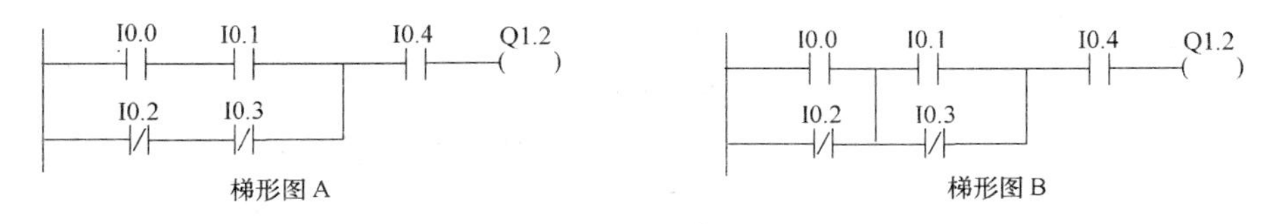

图5-29 串并联的复合逻辑梯形图及其对应的STL语句描述

在S7—300系列PLC中CPU对各触点是先“与”后“或”的顺序进行扫描，因此对应于梯形图A的STL指令程序如下：

```
A (
A    I0.0    //首次检测结果 I0.0 存放在 RLO
A    I0.1    //扫描 I0.1 并与 RLO 进行“与”逻辑运算，运算结果存放在 RLO 中
O            //把 RLO 复制到状态字中的“或位”（第 3 位 OR），结束上一个逻辑串
AN   I0.2    //首次检测结果 I0.1（取反）存放在 RLO
AN   I0.3    //取反扫描 I0.0 并与 RLO 进行“与”逻辑运算，运算结果存放在 RLO 中
)            //把当前的 RLO 与“或位”进行“或”运算，结果存放在 RLO
A    I0.4    //扫描 I0.2 并与 RLO 进行“与”逻辑运算，运算结果存放在 RLO
=    Q1.2    //把 RLO 输出到 Q1.2，FC清零
```

梯形图 B 的逻辑串中嵌套了两个并联逻辑，为了保存逻辑运算的中间结果，它要涉及嵌套堆栈。当执行“A（”嵌套指令时，把当前的逻辑操作结果 RLO 存入嵌套堆栈并开始新的逻辑操作。以下是对应与梯形图 B 的 STL 指令程序：

```
A (
O    I0.0    //首次检测结果 I0.0 存放在 RLO 中
ON   I0.1    //扫描 I0.1（取反）并与 RLO 进行“或”逻辑运算，运算结果存放在 RLO
)
A (          //把当前的 RLO 复制到嵌套堆栈，并结束上一指令
O    I0.2    //首次检测结果 I0.1 存放在 RLO
ON   I0.3    //扫描 I0.0（取反）并与 RLO 进行“或”运算，运算结果存放在 RLO
)            //存放在嵌套堆栈中的 RLO 与当前的 RLO 进行“与”逻辑运算，结果
               存于 RLO
A    I0.4    //扫描 I0.2 并与 RLO 进行“与”逻辑运算
=    Q1.2    //把 RLO 输出到 Q1.2，FC清零
```

（2）数值操作运算指令

数值操作运算指令是指按字节、字、双字对存储区访问并对其进行运算的指令，它包括装入和传送指令、比较指令、字逻辑运算指令及算术运算指令等，数值操作运算一般通过累加器进行，常用的数值操作运算指令参见表 5-9。

表 5-9 常用的数值操作运算指令一览表

功能	操作码	指令示例	说明
累加器装入和传送	L	L 20	把常数 20 装入 A1
	T	T MW0	把 A1 中内容传送到位存储区中的 MW0
地址寄存器装入和传送		LAR1（LAR2）	将操作数的内容装入 AR1（AR2），可以是立即数、存储区或 AR2（AR1）中的内容。若在指令中没有给出操作数，则将 A1 的内容装入 AR1（AR2）
		TAR1（TAR2）	将 AR1（AR2）的内容传送给存储区或 AR2（AR1），若指令中没给出操作数，则 AR1（AR2）的内容传送给 A1
		CAR	交换 AR1 和 AR2 的内容

（续）

功能	操作码	指令示例	说明
比较指令	= =、< > >、< > =、< =	>I >D >R	I 为整型数比较（累加器中低 16bit）、D 为长整数比较、R 为浮点数比较。 如 A2 中的内容大于 A1 中的内容，则 RLO 置“1”，否则 RLO 置“0”
整数运算（16bit 整数）	+I -I * I / I		A2 的整数 + A1 的整数，16bit 和 → A1 低字 A2 的整数 - A1 的整数，16bit 差 → A1 低字 A2 的整数 × A1 的整数，32bit 积 → A1 A2 的整数 ÷ A1 的整数，16bit 商 → A1 低字，余数→A1 高字
长整数运算（32bit 整数）	+D -D * D / D MOD		A2 内容 + A1 内容，32bit 和 → A1 A2 内容 - A1 内容，32bit 差 → A1 A2 内容 × A1 内容，32bit 积 → A1 A2 内容 ÷ A1 内容，32bit 商 → A1，余数不存在 A2 内容 ÷ A1 内容，32bit 余数 → A1，商不存在
浮点数运算	+R -R * R / R ABS		A2 内容 + A1 内容，32bit 和 → A1 A2 内容 - A1 内容，32bit 差 → A1 A2 内容 × A1 内容，32bit 积 → A1 A2 内容 ÷ A1 内容，32bit 商 → A1 对 A1 的 32bit 实数取绝对值，32bit 结果 → A1
字逻辑运算	AW、OW、XOW AD、OD、XOD		A1 和 A2 中的字逐位进行“与”、“或”、“异或”逻辑运算，结果 → A1 A1 和 A2 中的双字逐位进行“与”、“或”、“异或”逻辑运算，结果 → A1 如果指令给出操作数（常数），则 A1 与常数进行逻辑运算，结果 → A1

1）累加器的装入和传送指令　L 和 T 分别是累加器装入指令和累加器传送指令的操作码。L 指令将源操作数装入 A1 中，而 A1 原有的数据移入 A2 中，A2 原有的内容被覆盖；T 指令将 A1 中的内容写入目的存储区中，指令执行结束以后 A1 的内容保持不变。

2）地址寄存器的装入和传送指令　地址寄存器的装入和传送指令可以交换地址寄存器间的数据内容，这类指令有立即寻址和直接寻址两种方式。立即寻址的操作数为常数寻址，直接寻址则是根据存储器或累加器的内容进行寻址。

3）比较指令　比较指令用于比较 A2 与 A1 中的数据大小，数据类型可以是整数 I（累加器中的两个低字节）、长整数 D 或实数 R，比较时应确保两个数的数据类型相同。比较指令的执行结果是一个二进制位，若比较的结果为真，则 RLO 为 1，否则 RLO 置 0。

4）算术运算指令　算术运算指令包括对整数 I、长整数 D 和实数 R 进行加、减、乘、除等算术运算，算术运算指令在两个累加器中进行，算术运算的结果保存在 A1 中，A1 原有的值被运算结果覆盖，A2 中的值保持不变。

5）字逻辑运算指令　字逻辑运算指令的作用是将两个字或两个双字逐位进行逻辑运算，其中一个数存放在 A1，另一个数可以由 A2 给出，或者在指令中以立即数的方式给出。

字逻辑运算指令的逻辑运算结果放在 A1 低字中，A1 的高字和 A2 的内容保持不变；双字逻辑运算结果存放在 A1 中，A2 的内容保持不变。

（3）其他操作指令

除了以上介绍的指令以外，表 5-10 列举了 S7 系列 PLC 的其他常用操作指令，它们中多数指令的含义都比较明确，因此，这里不做过多的说明。

表 5-10 其他常用操作指令

指令	操作数	说明
TAK		累加器 1 和累加器 2 数据互换
PUSH		累加器 1 的内容移入累加器 2，累加器 2 原内容被覆盖
POP		累加器 2 的内容移入累加器 1，累加器 1 原内容被覆盖
INC	常数	累加器 1 低字节内容加上常数，常数范围 0 ~ 255
DEC	常数	累加器 1 低字节内容减去常数，常数范围 0 ~ 255
CAW		交换累加器 1 中 2 个低字节顺序
CAD		交换累加器 1 中 4 个字节的顺序
+ AR1		将累加器 1 中低字节内容加至地址寄存器 1
+ AR2		将累加器 1 中低字节内容加至地址寄存器 2
+ AR1	P#Byte. Bit	将指针常数加至地址寄存器 1，常数范围 0. 0 ~ 4095. 7
+ AR2	P#Byte. Bit	将指针常数加至地址寄存器 2，常数范围 0. 0 ~ 4095. 7
OPN		打开数据块
NOP 0		空操作 0，不进行任何操作
NOP 1		空操作 1，不进行任何操作
BEU		块结束指令

4. 系统组态和控制软件开发

不论是 DCS 还是 PLC 系统，当完成硬件系统集成以后，还需要对其进行组态，再完成控制程序的开发。S7—300 系列 PLC 支持模块化的编程方法，在程序开发过程中主要设计 3 种类型模块：存放数据的数据块（Data Block，DB）、存放指令代码的功能块（Function 或 Function Block，分别简称为 FC 或 FB）以及用于组织功能块的组织块（Organization Block，OB）。

用户在开发 S7—300 系列 PLC 程序的一般步骤是，首先根据实际配置的硬件系统进行系统组态，然后再根据系统 I/O 及控制程序需要的各种中间变量定义数据块，进而根据实际需要开发一些特定的功能块（FB、FC），软件开发包本身也给用户提供了丰富的系统软件模块（SFB、SFC）可供 FB、FC 调用，下一步是通过不同优先级的组织块（OB）把各种功能块组织起来。当上述工作全部完成并确保无误的情况下，通过开发软件把组态信息以及所有的数据块、功能块、组织块下载到 PLC 中，即可进入系统调试和投运。

（1）系统组态

如前文所述，系统组态就是根据实际配置的硬件系统对系统结构、模块参数和通信关系、节点地址等进行软件设置。系统组态的关键是要确保软、硬件配置结果的绝对一致，否则系统不能正常运行。PLC 的系统组态和 DCS 的硬件组态在本质上是一致的，限于篇幅，详细的组态过程不做介绍。

（2）数据块的定义

S7 系列 PLC 中，I、Q、PI、PQ、M、T、C 等都是用于存放各种信息且用户程序可以访问的数据区，但数据块才是真正实现程序之间交换、传递和共享数据的基础，是用户可以根据实际需要就数据类型和容量进行自由定义的区域，通常用户程序运行所需的输入/输出数据、中间变量和状态一般都存储于或转存到数据块中。

S7 系列 PLC 允许在存储器中自由定义不同大小的数据块，不同的数据块以序号区分，每个数据块内都可以自由定义位、字节、字、双字、浮点数、数组等数据类型。需要注意的是，不同的 CPU 对允许定义的数据块的数量和数据总量会有一定的限制，但只要选型得当，一般都不会成为真正的问题。

1）数据块定义　和多数软件系统一样，S7 系列 PLC 中的数据块也是遵循先定义后使用的原则，通常都是在软件开发的过程中定义的。如图 5-30 所示，定义一个数据块需要明确数据块号及数据块中的每一个变量的名称、数据类型和变量初值等内容，它必须作为用户程序的一部分下载到 CPU 中以后才能使用。

Address	Name	Type	Start value	Comment
0.0		STRUCT		
+0.0	pump0	BOOL	TRUE	0#泵的开关状态
+0.1	pump1	BOOL	FALSE	1#泵的开关状态
+1.0	tmp0	BYTE	B#16#0	
+2.0	T0	REAL	0.000000e+000	温度
=6.0		END_STRUCT		

图 5-30　数据块的定义

2）背景数据块和共享数据块　S7—300 系列 PLC 系统可以定义两种类型的数据块，一种称为共享数据块，另一种称为背景数据块。共享数据块中变量等同于一般软件中的全局变量，具有全局通用性。背景数据块是功能块 FB 专用的工作存储区，存放 FB 运行时所需的各种变量，其数据结构与关联的 FB 中的形参结构一致。当某 FB 被调用时，指定的背景数据块被装载，FB 在运行过程中读写该背景数据块中的数据，调用结束以后，最终的结果保存到背景数据块中。假设某系统有 10 个 PID 控制回路，每个回路的测量值、设定值、阀位、控制参数以及偏差等信息都可以定义在背景数据块中，用户只要编制一个 FB 程序，定义 10 个不同的背景数据块，调用 FB 时赋值不同的背景数据块，即可实现不同回路的 PID 控制。可见，背景数据块和 FB 协调使用，可以使程序开发和组织变得十分方便和简洁。

事实上，背景数据块和共享数据块本质上没有区别，除了在被 FB 调用之外，在其他时候，背景数据块中的数据也和共享数据块中数据一样，可以被其他程序读写。

（3）功能块的开发

S7—300 系列 PLC 的功能块分为 FB 和 FC 两种类型，都是由用户自行开发、为了实现某些特定功能的程序段，同一类型的多个块通过序号区分，如 FC1、FC2、FC3……。FB 可以定义很多入口出口参数和静态变量，可以类比于 C 语言中的函数；FC 块也可以定义入口出口参数，本质上也是一类函数，但 FC 的参数一般比较少，更接近于子程序。如有需要，在 FB 或者 FC 内部，可以调用其他的 FB、FC 或者是系统提供的 SFB、SFC。当然，CPU 对所能定义的功能块数量和每个块的代码量也是有限制的。

功能块由两个主要部分组成：一是变量声明表，二是由指令语言或梯形图等组成的程序。从形式上看，FB 和 FC 的区别主要在于变量声明表上。变量声明表中定义了功能块中需要用到的数据，包括形参和临时变量两大类。FB 的形参主要包括入口参数（in）、出口参数（out）、入口/出口参数（in_ out）和静态变量（stat），FB 被调用时这些参数可以通过背景数据块传递；FC 的形参主要包括入口参数（in）、出口参数（out）和入口/出口参数（in_ out），FC 被调用时这些参数通过变量类型一致的实参传递。功能块中的临时变量仅在块运行时有效，运行结束后内存将被操作系统释放而另行分配。

（4）组织块和功能块的组织

与功能块 FB 和 FC 不同，组织块（OB）是为用户创建在特定时间或对特定事件响应的程序，它们是由系统在运行过程中出现的具体事件触发执行的，用户程序不能调用组织块，不同序号的 OB 具有不同的作用。例如：OB1 是基本组织块，它被循环扫描执行，无固定扫描周期，可以理解为 C 语言中的 main（）主函数；而其他 OB 的作用可以理解为特定的中断函数，如 OB35 为定时中断、OB10 为日期时钟中断、OB100 为重新启动中断、OB80 ~ OB87 为异步错误中断等，各型 CPU 所支持的中断类型和数量有所不同。

按照“紧急事件，优先处理”的原则，操作系统为每个 OB 都赋予一个不同的优先级，较高优先级的 OB 可以中断较低优先级的 OB。OB1 是任何时候都需要的主循环块，所以它被分配为最低优先级，其他 OB 可以中断主程序的处理。另外，模块故障或 CPU 异常是最紧急的事件，因此对应的 OB 优先级也是最高的。表 5-11 列举了控制系统中常用的一些组织块和相应的优先级。

表 5-11 常用的一些组织块和相应的优先级

OB	说明	优先级
OB1 主循环	基本组织块，循环扫描	1（最低）
OB10 时间中断	根据设置的日期、时间定时启动	2
OB20 延时中断	受 SFC22 控制启动后延时特定时间允许	3
OB35 定时中断	根据特定的时间间隔允许	12
OB40 硬件中断	检测到外部模块的中断请求时允许	16
OB80 ~ OB87 异步错误中断	检测到模块诊断错误或超时错误时启动	26
OB100 启动	当 CPU 从 STOP 状态到 RUN 状态时启动	27

OB 中可以放置各种指令代码，但 OB 最主要的功能是把各种功能块系统地组织在一起以实现各种目标功能。具体的调用关系如图 5-31 所示。

需要说明的是，同一优先级下各块所需临时本地数据总量、每一个块所能定义的临时本地数据量和每个优先级允许的嵌套深度都是有限制的。

5.3.4 PLC 的网络通信

1. 通信子网

S7—PLC 的网络功能很强，它可以适应不同控制需要构建不同的网络体系，并为各个网络层次提供互联模块或接口装置。S7—PLC 可以提供 MPI（MultiPoint Interface）、PROFI-

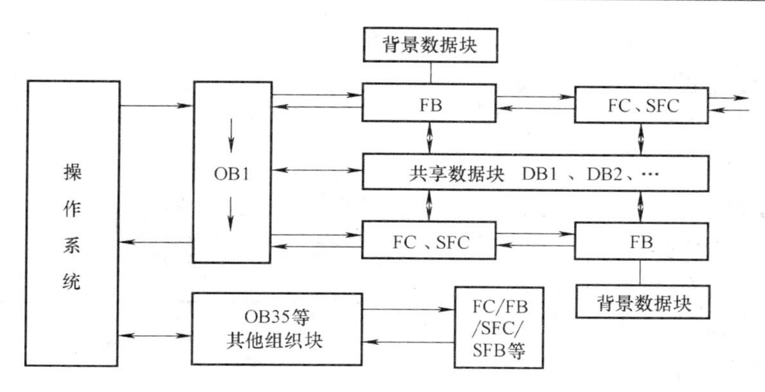

图 5-31　31 块的组织关系示意图

BUS、工业以太网、无线传输等通信方式，每种通信方式都有各自的技术特点和不同的适应面，表 5-12 列出了 3 种通信方式的一些主要特征。

表 5-12　通信子网的主要特征比较

特征 \ 通信子网	MPI	PROFIBUS	工业以太网
标准	SIEMENS	EN50170	IEEE802. 3
传输速率	187. 5kbit/s	≤12Mbit/s	10Mbit/s/100Mbit/s
最大站点数	32	126	>1000
标准拓扑	总线型		星型或树型

1）MPI　MPI 是 SIEMENS 公司开发的一种低成本的总线协议，其物理层符合 RS485 标准，具有多点通信性质。由于该公司的很多 PLC、OP、TP 等工控设备上都集成了 MPI 接口，因此用户可以很方便地把具有 MPI 接口的相关控制设备组成 MPI 网，实现相互间的数据交换和共享，如图 5-32 所示。图中的部分不具备 MPI 接口的设备，如工业 PC，也可以通过扩展 MPI 接口的方式，集成到 MPI 网上。一个 MPI 网段最多可连接 32 个站点，传输速率为 187. 5kbit/s，因此 MPI 子网主要适用于站点数不多、数据传输量不大的应用场合。

MPI 子网上各节点的连接距离是有限制的，如图 5-33 所示，首尾节点最长距离仅为 50m。如果通信距离要求更长，需要采用中继器进行网络延伸，两个中继器间不加其他节点的情况下可以将通信距离延伸 1000m；若采用光纤传输则通信距离更远。此外，MPI 子网上各节点之间的数据交换除了可以通过调用系统函数实现之外，还可以通过配置方式实现两个或多个 PLC 较少量的周期性双向数据通信，简称 GD 通信。

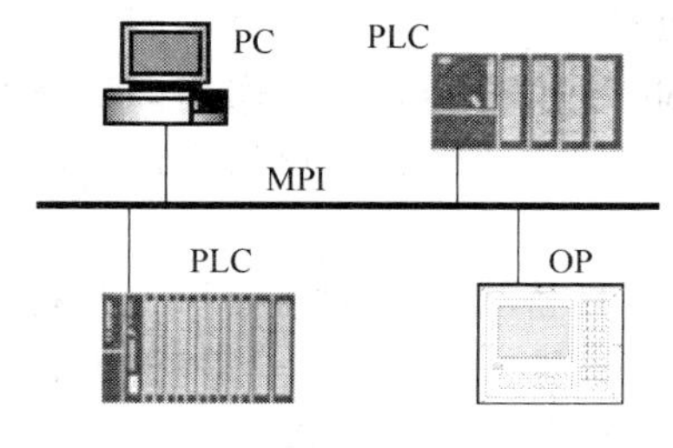

图 5-32　MPI 子网示意图

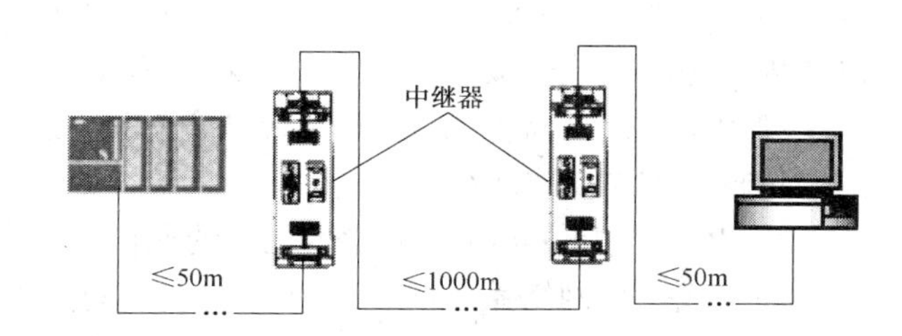

图 5-33　MPI 子网的扩展

2）PROFIBUS　PROFIBUS 通信是一种倍受青睐的组网方式，其最大传输速率为12Mbit/s，通常使用的传输介质是屏蔽双绞线或者光缆，每一个网段可以挂接 127 个站点设备，最大连接距离与总线上的传输速率相关，主要用于现场级或控制单元级的开放式、标准化高速现场总线。如图 5-34 所示，PROFIBUS 总线存取协议是结合了令牌环技术和主从方式的混合介质存取技术，主站之间采用令牌环方式，主站与从站之间采用主从方式。

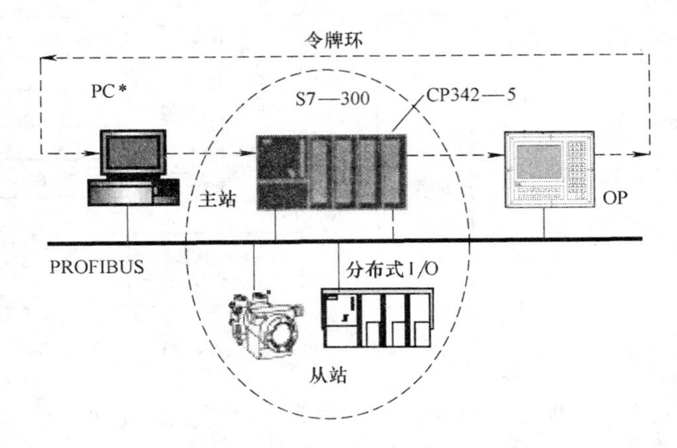

图 5-34　PROFIBUS 子网示意图

很多 S7 系列产品，如 CPU31×—2 等都具有内置的 DP 接口，它们可直接组网。不具备 DP 接口的站点设备，需要进行 DP 接口的扩展，如果图 5-34 中的 PLC 没有内置 DP 接口，用户必须在机架上安装通信扩展模块（如 CP342—5）以后才能组网（虚线连接）。

3）以太网通信　以太网主要用于控制层或管理层之间大量的数据交换。在控制层或管理层中采用工业以太网作为主干网通信是当今自动化系统（包括现场总线控制系统）的发展趋势，而且它还有进一步向现场级延伸的可能。与前两种子网有所不同的是，S7 系列 PLC 及其他相关控制设备一般都没有内置的以太网接口，需要安装适当的模块来扩展网络接口。

2. 系统集成和通信

S7 系列 PLC 的系统集成和网络通信功能很强，这里就 PLC 系统机架扩展、PLC 之间的通信、PLC 与上位机等其他设备之间的通信以及标准异构网络的集成等问题所常用的解决方案做一个简单介绍。

1）PLC 系统机架扩展　如前所述，根据应用对象的不同，用户可选择不同型号和不同数量的模块，并把这些模块安装在一个或多个机架上，所有的机架均通过机架扩展模块集成为一体。根据扩展接口的不同，主要有 3 种集成方式，参见表 5-5，前两种为本地机架的扩展，对于较大规模的 PLC 系统来说，它们在集成距离和机架数量上有一定的局限；第 3 种是通过 PROFIBUS—DP 总线实现分布式 I/O 机架的扩展，其适应性和使用灵活性更有优势。

2）PLC 之间的通信　PLC 与 PLC 之间通常采用如图 5-35 所示的组网模式，通信子网可以是 MPI、PROFIBUS、以太网等。对于规模和通信量都不是很大的场合，基于 MPI 网络可以作为首选的模式，成本低、软件开发简单。如果两个 PLC 都有 DP 接口，一种简单的思路就是利用总线耦合器把两条 DP 总线耦合起来，这样只需要进行简单的配置即可实现信号的双向传输，如图 5-36 所示。

3）PLC 与上位机等其他设备之间的通信　当各种控制设备具备相应的网络接口，并相互之间组成一个网络系统时，节点与节点之间并没有实质性的区别，因此 PLC 与其他设备之间也采用图 5-35 所示的组网模式。但由于平台的不同，不同设备在通信功能的软件实现上会有所不同。

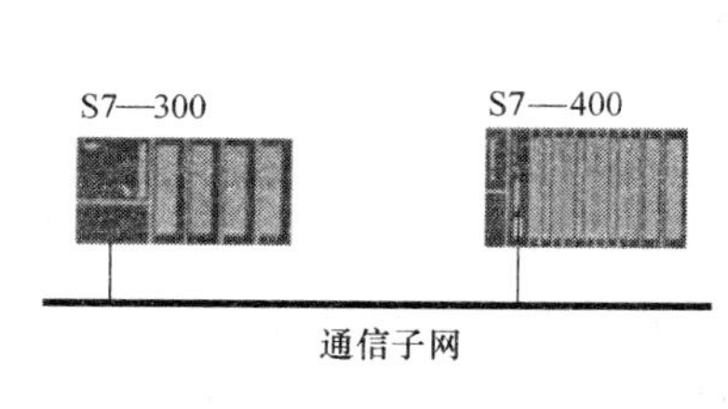

图 5-35 PLC 之间的通信

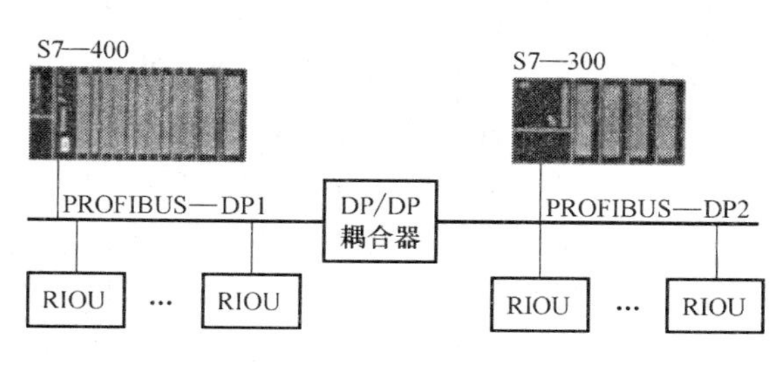

图 5-36 DP 总线的耦合

4）标准异构网络的集成 在工业现场，常常需要把其他异构通信系统集成进来，S7 系列 PLC 系统也具备较强的异构网络的集成功能。如图 5-37 所示，只要在 PLC 系统中配置适当的接口模块，就可以方便地把 RS 232、RS 422、RS 485 等标准的异构通信系统集成进来。

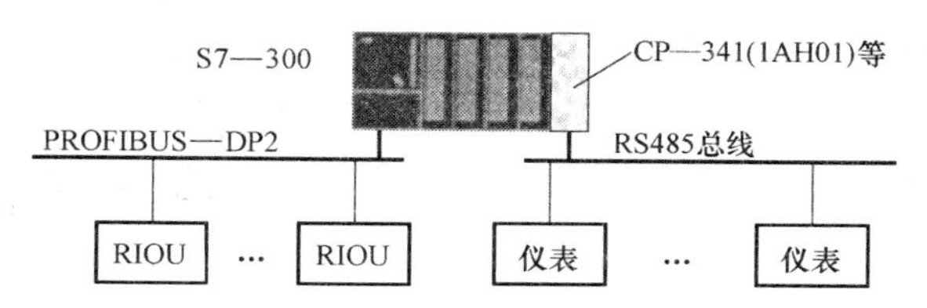

图 5-37 异构通信网络的集成

5.3.5 PLC 的应用示例

PLC 系统的设计和应用往往会涉及很多方面，其中最基本的设计原则有 4 点：确保计算机控制系统的可靠性——可靠性原则；最大限度地满足工业生产过程或机械设备的控制要求——完整性原则；力求控制系统简单、实用、合理——经济性原则；适当考虑生产发展和工艺改进的需要，在 I/O 接口、通信能力等方面要留有余地——发展性原则。

1. PLC 系统的硬件设计

设计一个良好的控制系统，第一步就是需要对被控生产对象的工艺过程、特点和需求做深入的分析，一般包括两个方面：一是为了保证设备和生产过程本身的正常运行所必须的控制功能，如回路控制、联动控制、顺序控制等；二是为了提高系统可靠性、可操作性所必须的人机交互、紧急事件处理、信息管理等功能。这也是现场仪表选型与安装、控制目标确定、系统配置的前提，PLC 系统设计开发都应围绕这些功能展开。

（1）设计任务书创建

设计任务书的创建实际上就是对技术要求的细化，把各部分必须具备的功能和实现方法以书面形式描述出来。设计任务书是进行设备选型、硬件配置、软件设计和系统调试的重要技术依据，若在 PLC 系统的开发过程中发现不合理的地方，需要进行及时的修正。通常，PLC 系统的设计任务书的基本功能应包括数字量输入/输出点数及端口分配、模拟量输入/输出点数及端口分配、特殊功能要求及类型、PLC 功能的划分以及区块分布与集成、通信系统的规划和实现等。

（2）硬件设备的选型

在满足控制要求的前提下，PLC 硬件设备的选型应该追求最佳的性能价格比。

1）CPU 的选型 在选择 CPU 型号的时候，往往需要综合考虑 CPU 的基本性能、速度、存储器容量等因素。CPU 的基本性能要与控制任务相适应：①最大允许配置的 I/O 点数，该指标与 CPU 的寻址能力有关；②网络通信功能，中小型系统可以采用 MPI 接口直接组网，如果站点之间的通信量很大或站点数很多，则需要采用 PROFIBUS 总线甚至以太网组网；

③响应速度能力，它也是满足系统的实时性要求的关键指标。通常影响响应速度的主要因素包括：PLC 固有的 I/O 响应滞后、指令处理速度以及应用程序的长短等。因此，提高响应速度的途径相应的也有 3 种：采用高速响应模块、选择处理速度快的 CPU、优化软件结构以缩短扫描周期。事实上，绝大多数 PLC 都能够满足一般的工业控制要求，只有少数需要有快速响应要求的系统，需要仔细考虑系统的实时性要求。

2）I/O 的配置　I/O 配置主要是根据控制要求选择合适的 I/O 模块，并把各 I/O 信号与 I/O 通道一一对应编号后，以系统安装说明书或接线图的形式描述出来。I/O 的数量、信号类型以及输出信号的驱动能力是 I/O 配置的关键。

3）I/O 站点的分配与通信接口模块的选择　根据 PLC 的要求，所有的 I/O 模块最终都将安装在一个或多个机架上，而通信接口模块则是把多个机架连接成一个整体。因此，在硬件配置中，需要根据机架的数量、机架的安装位置和安装方式来选择合适的通信接口模块。

4）电源模块和其他附属硬件的选择　根据系统中各模块所消耗的电源总量及其实际的系统结构，最后还需要为 PLC 系统配置一个和多个电源模块。一般来说，电源模块提供的电流需要有 30% 左右的余量。此外，通信电缆、通信连接器和信号连接器等一些附属硬件的配备也是硬件设计的内容。

（3）安全设计

随着自动化程度的不断提高，工业生产系统可靠性和安全性已经成为最核心的要求。安全设计一般以确保人身安全为第一目标、保证设备运行安全为第二目标进行设计的，通常可以从两个层面入手：一是从工艺层面对各种工艺行为的风险因素进行分析，以设计安全联锁回路，一般可作为控制目标在系统中实现；二是从安全监控层面设计能够独立于 PLC 系统运行的安全控制回路或安全仪表系统（SIS），当生产过程出现紧急异常状态或需要紧急干预时，安全回路或安全系统将发挥安全保护作用。安全回路是应急控制回路或后备手操系统，也是一种较为传统的安全保护手段，实现方法简单，但保护作用比较有限，对于一些大型系统或关键回路的保护作用不一定适用。安全仪表系统（SIS）是近些年发展起来的新的安全保护理念，特别是针对大型复杂系统，在基本过程控制系统基础上设计安全仪表系统已得到了非常广泛的认可和重视。基本过程控制系统主要用以保证生产正常进行的各种控制任务，安全仪表系统主要用以判断和分析潜在危险工况的逻辑，通过执行机构避免出现危险工况。不难理解，前者强调可用性，追求可用时间的最大化，安全性是其需要考虑的一个问题；而后者强调安全性，它的设计必须保证系统在故障情况下是安全的，可用性是其需要考虑的一个问题。一般情况下，两者在硬件、网络和逻辑上是分离的。

2. PLC 系统的软件设计

一个基本的软件设计过程，首先需要制定控制方案、制定抗干扰措施、编制 I/O 分配表、确定程序结构和数据结构以及定义软件模块的功能等前期工作，然后进行系统组态、编写应用软件的指令程序，最后进行软件的调试和投运。在每一项工作中发现不合理的地方，要进行及时的修正。在软件设计过程中，前期工作内容往往会被设计人员所忽视，事实上这些工作对提高软件的开发效率、保证应用软件的可维护性、缩短调试周期都是非常必要的，特别是对较大规模的 PLC 系统更是如此。对于 S7—300 系列 PLC 的软件开发过程主要有安装软件包 STEP7、系统配置（与硬件保持一致）、控制软件开发和测试、系统配置信息和软件程序的下载、运行和调试等步骤。

3. 应用实例分析

本节的例子选自于某啤酒厂的发酵罐群控制系统。在不影响系统完整性的前提下，做了适当的简化处理。概括地说，整套啤酒生产工艺分为糖化、发酵和灌装三大过程。其中，糖化过程包括了粉碎、糖化、糊化、过滤和煮沸等工序，其作用是把原料转化成啤酒发酵原液（麦汁），麦汁经过发酵而成啤酒；发酵过程包括发酵、修饰和过滤等工序，最后灌装成为成品啤酒。毫无疑问，为了保证产品质量，必须对每个生产工序的工艺参数进行严格的控制。这里抽取啤酒发酵工序作为被控生产过程来介绍PLC系统的应用。

假设被控对象如图5-38所示，PLC系统需要完成1个冷却器和18只大小相同的发酵罐的自动控制。高于90℃热麦汁先经过冷却器冷却成8℃左右的冷麦汁进入发酵罐，加入酵母以后麦汁开始发酵。由于发酵过程会释放出热量和CO_2，会导致酒液温度和罐顶压力升高，因此需要对酒液温度和罐顶压力进行控制。酒液温度通常采用自上而下的分段控制，分段数量视发酵罐大小和罐体结构而定，本例中假设每罐有3个温度控制点和1个压力控制点。需要说明的是，本例仅包括了最基本的温度、压力控制，没有涉及发酵过程中诸如酵母添加、麦汁冲氧、出酒、CIP等其他工序的控制内容。

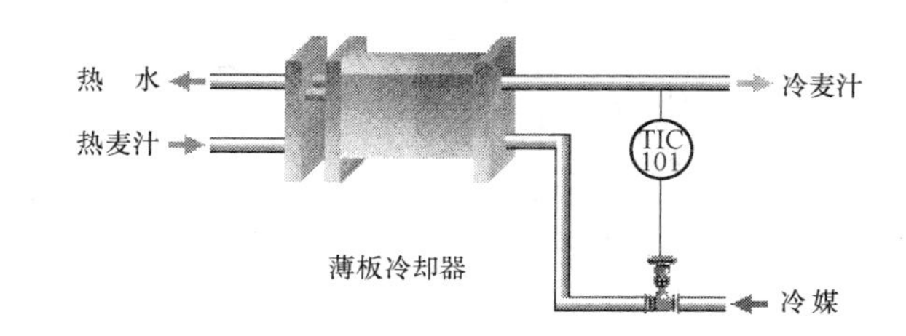

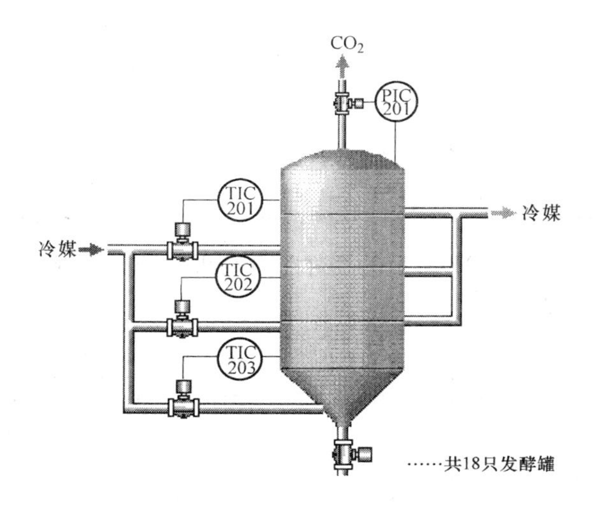

图5-38 被控对象

在薄板冷却器的温度控制回路中，需要1只温度传感器（PT100）、1台调节阀。每个发酵罐有3个温度检测点和1个压力检测点，需要有3个温度传感器（PT100）和1个压力变送器。由于罐顶压力的控制要求较低，通过电磁阀采用双位控制通常就可以满足要求；而温度对象的时滞较大且控制要求很高，一般采用多模态PID控制，但执行器通常也多采用开关式的电磁阀。变送器量程、执行器口径等仪表参数要根据实际的工艺参数来定。

汇总起来，该系统需要输入55路PT100信号和18路压力变送器的4～20mA信号，输出1路控制冷却器冷媒流量的模拟量信号和72路开关量输出信号。根据上述要求，可以有很多种配置方式，表5-13是一种配置结果。

表5-13 PLC系统主要硬件配置清单

序号	模块名称	说明	数量	冗余通道数	说明
1	CPU模块	CPU 315—2DP	1	—	拟采用分布式I/O机架
2	AI模块	SM331：8通道	3	6	接18路发酵罐压力信号

（续）

序号	模块名称	说明	数量	冗余通道数	说明
3	AI 模块	SM331：8 通道 RTD	7	1	接 55 路 PT100 信号
4	AO 模块	SM332：2 通道	1	1	控制冷却器冷媒调节阀
5	DO 模块	SM322：32 通道	2	8	控制发酵罐 18 个压力控制电磁阀和 54 个温度控制电磁阀
6	DO 模块	SM322：16 通道	1		
7	电源模块	24V DC，2A	2	—	给两个机架供电
8	电源模块	24V DC，10A	1	—	给 DO 输出模块供电
9	ET200	IM153	1	—	用于分布式 I/O 机架的扩展
10	前连接器	40 针	9	—	用 RTD 和 32 通道 SM322 模块
11	前连接器	20 针	5	—	用于其他 SM 模块
12	导轨		2	—	两个机架的安装
13	总线连接器		2	—	用于两个机架的通信连接
14	操作站通信接口	CP5611	1		安装在 IPC 上，采用 MPI 通信
15	总线连接器		2	—	用于 PLC 和 IPC 之间的通信连接
16	其他				包括通信电缆、MMC 卡、软件包等

根据表 5-13 所示的硬件配置结果，所有的硬件可以配置形成两个机架，机架配置及 I/O 分配见表 5-14。

表 5-14 机架配置及 I/O 分配

机架 1	PS307 2A	CPU315 —2DP	/	SM331 RTD	SM331 RTD	SM331 RTD	SM331 RTD	SM331 RTD	SM331 RTD	SM331 RTD
逻辑槽号	1	2	3	4	5	6	7	8	9	10
默认地址				256 ~ 271	272 ~ 287	288 ~ 303	304 ~ 319	320 ~ 335	336 ~ 351	352 ~ 367
I/O 分配				输入 1 路薄板冷却器麦汁出口温度和 54 路发酵罐温度信号						
信号类型				PT100	PT100	PT100	PT100	PT100	PT100	PT100
机架 2	PS307 2A	/	IM153	SM331	SM331	SM331	SM332	SM322 32 通道	SM322 32 通道	SM322 16 通道
逻辑槽号	1	2	3	4	5	6	7	8	9	10
默认地址				384 ~ 399	400 ~ 415	416 ~ 431	432 ~ 435	48. 0 ~ 51. 7	52. 0 ~ 55. 7	56. 0 ~ 57. 7
I/O 分配				输入 18 路压力变送器信号			冷却器调节阀	输出 72 个电磁阀控制信号		
信号类型				4 ~ 20mA	4 ~ 20mA	4 ~ 20mA	4 ~ 20mA	DC 24V	DC 24V	DC 24V

在软件设计和开发方面，有些功能是可以多次使用的，例如 18 个发酵罐的控制思想是相同的，可以把一个发酵罐的控制功能设计成一个 FB，通过装载不同的背景数据块（每个发酵罐一个背景数据块）来完成所有 18 个乃至更多发酵罐的控制。有些功能部件是专用的，如麦汁温度控制等，它们可以写成 FC。所有的 FB 和 FC 最终由 OB 组织形成一个完整

的控制软件。根据前面提出的要求，该系统需要的所有程序块 OB、FB、FC 以及数据块 DB 列举在表 5-15 中，图 5-39 是块的调用关系图。

表 5-15　OB、FB、FC 和 DB 一览表

类型	块名称	符号名称	功能说明
组织块	OB1	循环执行程序	
	OB35	定时中断程序	控制周期，如 0.5s
	OB122	模块故障中断	I/O 访问故障处理程序
功能块	FC1	信号采样	从输入模块端口采集信号
	FC2	麦汁温度控制	用于麦汁温度控制
	FC3	信号输出	把控制结构输出到端口
	FB1	发酵罐温度、压力控制	用于每只发酵罐温度、压力控制的函数
数据块	DB1	模拟量信号	存储所有模拟量输入信号
	DB2	开关量信号	存储所有开关量输出信号
	DB3	麦汁温度控制回路信号	存储麦汁温度控制回路的控制参数和中间变量
	DB4 ~ DB21	1 ~ 18#罐背景块	存储 1 ~ 18#罐控制回路的控制参数和中间变量

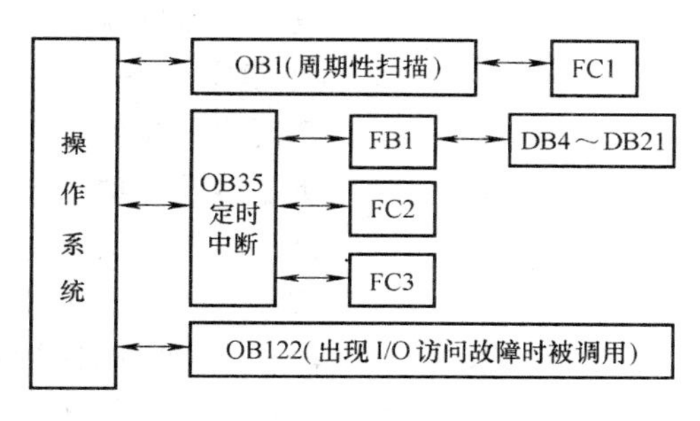

图 5-39　块的调用关系

1）FC1 信号采集模块的程序代码　如果同一类信号的端口地址连续配置，则在信号采样的时候，可以利用寄存器间接寻址方式采用循环采样模式，以简化采样程序的代码。FC1 的核心代码如下所示：

```
     //------------采集 55 个 PT100 温度信号-----------//
     L     P#256.0              //温度输入通道的 I/O 起始地址
     LAR1
     L     P#0.0                //db1 温度起始地址
     LAR2
     L     55                   //通过循环采集 55 个 PT100 温度信号
n1:  T     #Counter             //临时变量，存放循环次数
     L     PIW[AR1, P#0.0]      //从过程输入存储区装入十进制结果
     T     #SampIn              //临时变量
     CALL "SCALE"               //将 SampIn 十进制结果转化为工程量，并存放到临时变量
                                  Tmp 中
```

```
OPN  "模拟量信号"           //打开模拟量输入信号存储
L     #Tmp
T     DBD[AR2, P#0.0]      //把工程量存储到 DB1
L     P#2.0                //改变地址寄存器的值
 +AR1
L     P#4.0
 +AR2
L     #Counter
LOOP  n1
//发酵罐压力信号的采样原理与温度采样相同，由于篇幅限制，故这部分代码省略。
BEU                        //该逻辑块的结束指令
```

2）OB1 的程序代码　根据 PLC 的工作原理，OB1 中的指令将被循环执行，该系统的 OB1 只包含了信号采样功能。

```
    CALL  FC1              //调用信号采样
```

3）OB35 的指令代码　OB35 用于周期性地完成系统的控制功能。本例中把中断时间间隔设为 0.5s，也就相当于控制周期为 0.5s。

```
CALL  FB1 , "1#罐背景块"             //1#发酵罐温度压力控制，相当于 CALL FB1，n
                                     #罐背景块
    T1 : ="模拟量信号" . TIC101     //上部温度测量值（工程量）
    T2 : ="模拟量信号" . TIC102     //中部温度测量值（工程量）
    T3 : ="模拟量信号" . TIC103     //下部温度测量值（工程量）
    P  : ="模拟量信号" . PIC101     //压力测量值（工程量）
    TV1: ="开关量信号" . TV101      //控制上部温度的执行器信号
    TV2: ="开关量信号" . TV102      //控制中部温度的执行器信号
    TV3: ="开关量信号" . TV103      //控制下部温度的执行器信号
    PV : ="开关量信号" . PV101      //控制罐顶压力的执行器信号
……                                  //2# ~18#罐的调用方式与 1#罐相似
CALL  FC2                            //调用麦汁温度控制
CALL  FC3                            //调用信号输出模块
```

由于这一节介绍的重点是程序结构和调用关系，因此其他功能块代码不再一一列举。

5.4 现场总线控制系统（FCS）

5.4.1 概述

所谓现场总线，就是指连接智能现场设备和自动化系统的数字式、双向传输、多分支结构的通信控制网络，其发展的初衷是用数字通信代替 4 ~20mA 模拟传输技术，把数字通信网络延伸到工业过程现场。现场总线的概念诞生于 20 世纪 80 年代，兴起于 90 年代，发展至今，现在的现场总线已不仅仅是一个通信协议，也不仅仅是用智能仪表代替传统模拟仪表，而是一个完整、全分布式的控制系统框架，把控制功能彻底下放到现场，即通常所说的现场总线控制系统，实现了现场通信网络与控制系统的集成。

如图 5-40 所示，现场总线系统是由集散控制系统（DCS）发展而来的。从结构上看，DCS 本质上是半分散、半数字的系统，而 FCS 采用的是一个全分散、全数字的系统架构。归纳起来，现场总线系统具有以下技术特点和优势：

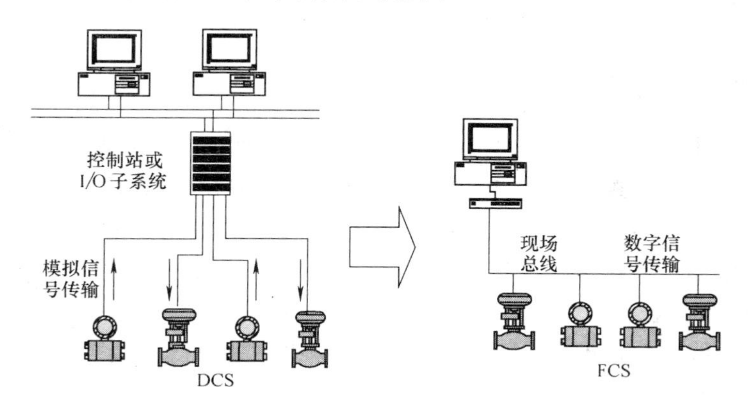

图 5-40　DCS 与 FCS 结构示意图

1）全数字通信　传统控制系统 DCS 采用 4 ~ 20mA、24V DC 等一对一的模拟信号传输方式，即一对传输电缆只能传送一路信号，除测量或控制信号以外，主控系统得不到其他控制信息，难以实现对现场仪表的在线参数整定和故障诊断，使得处于最底层的检测仪表和执行机构成了计算机控制系统中最薄弱的环节。现场总线系统的拓扑结构则更为简单，它采用完全的数字信号传输，这种数字化的传输方式使得信号的检错、纠错机制得以实现，因此它的传输准确度、抗干扰能力、在线整定等保障系统可用性的功能得到显著提高。

2）全分散控制　现场总线系统中的智能现场设备允许通过通信线缆实现与系统的连接，也使得现场设备之间的信息交互成为可能，现场设备也可以实现检测、变换、补偿、运算和控制等功能，通过现场总线可以将传统 DCS、PLC 等控制系统中的复杂控制任务进行分解，分散于现场设备中，由现场变送器或执行机构构成控制回路，实现各部分的控制。同时现场总线控制系统也简化了系统结构，提高了系统的可靠性、自治性和灵活性。

3）多分支结构　传统控制系统中设备的连接都是一对一的，要使用大量的信号线缆，给现场安装、调试及维护带来困难。而现场总线是多分支结构，不仅布线简单，节约布线成本、缩短工程安装周期、便于系统维护，而且这种结构还具有良好的系统扩展性，如果要增加新的设备，只需直接并行挂接即可，无需架设新的电缆，也无需系统停机。

4）高可靠性　通过现场总线，除了现场设备的测量、控制等基本信息之外，包括设备类型、生产厂商、设备材质、过程条件、诊断和验证数据、设备运行状态等其他非控制信息都可以传输到现场总线网络上的任何智能设备，系统可实现对现场设备进行预防性维护、自动探测新设备、及时识别失效设备，以免错误的控制动作发生；即使系统发生故障，报警机制可快速定位故障点和故障性质，从而提高了系统的可靠性和可维护性。

5）开放性、互操作性和互换性　现场总线是开放的协议。不同制造厂商生产的符合同一现场总线协议的设备之间可统一组态和协同工作，实现完全的信息交换，用户可以按实际需求，自由集成来自不同厂商的产品，彻底改变传统控制系统控制层的封闭性和专用性。可见，现场总线控制系统集成的主动权将掌握在用户而不是供应商或集成商手中。

由于以上特点，特别是现场总线系统结构的简化，使控制系统从设计、安装、投运到正常生产运行及其检修维护，现场总线系统都体现出优越性。从以上几大优势可以看出，全数字化、全分散式、可互操作、开放式互连网络的现场总线控制系统是自动控制系统的发展趋势。

5.4.2 几种主要现场总线简介

现场总线产生于20世纪80年代中期，经过十几年的发展，产生了形形色色的现场总线，目前具有一定规模的现场总线已有数十种之多，其中有几种现场总线技术在一些应用领域已逐渐形成影响，并在一些特定的应用领域显示了自己的优势。它们具有各自的特点，对现场总线技术的发展已经初步发挥其优越性。

1. 基金会现场总线

基金会现场总线（Foundation Fieldbus，FF）是由现场总线基金会组织开发的，它的前身是ISP和WorldFIP标准，1994年合并成立了现场总线基金会。由于组成现场总线基金会的相关成员多是工业自动化领域自控设备的主要供应商，对工业底层网络的功能需求了解透彻，也具备足以左右该领域现场设备发展方向的能力，因而基金会现场总线规范得到了世界上主要自控设备供应商的广泛支持，具有一定的权威性。

基金会现场总线（FF）由低速（FF-H1）和高速（FF-HSE）两部分组成，其中，H1主要用于过程工业（连续控制）自动化，传输速率为31.25kbit/s，通信距离可达1900m（与传输介质有关，可加中继器延长）；HSE则采用基于Ethernet（IEEE 802.3）+TCP/IP的6层结构，主要用于制造业（离散控制）自动化以及逻辑控制、批处理。

（1）通信模型的主要组成及其相互关系

为了实现通信系统的开放性，FF通信模型参考了ISO/OSI参考模型，如图5-41所示。FF通信模型取其中的3层，即物理层、数据层、应用层，并在应用层之一增加了用户层。物理层规定了信号如何发送，数据链路层规定了如何在设备间共享网络和调度通信，应用层规定了在设备间交换数据、命令、事件信息以及请求应答中的信息格式与服务，用户层则用于组成用户所需要的应用程序，如规定标准的功能块、设备描述，实现网络管理、系统管理等。在通信模型中，除去最下端的物理层和最上端的用户层之后的中间部分作为一个整体，统称为通信栈。

ISO/OSI参考模型

第七层	应用层
第六层	表达层
第五层	会话层
第四层	传输层
第三层	网络层
第二层	数据链路层
第一层	物理层

FF通信模型

用户层(程序)	用户层
信息规范子层FMS，现场总线访问子层FAS	通信栈
数据链路层	
物理层	物理层

图5-41 FF通信模型

图5-42中表明了通信模型主要组成部分及其相互关系。从图中可以看到，在通信参考模型所对应的物理层、数据链路层、应用层（分为总线访问子层和报文规范子层）、用户层的各部分，按功能被分为三大部分：系统管理内核、功能块应用进程和通信实体。各部分之间通过虚拟通信关系（Visual Communication Relationship，VCR）来沟通信息。

<table>
<tr><td rowspan="2">名　称</td><td colspan="4">物　理　设　备</td><td colspan="2">通　信　实　体</td></tr>
<tr><td colspan="2">系统管理内核</td><td colspan="2">功能块应用进程</td><td colspan="2">网络管理代理</td></tr>
<tr><td>用户层</td><td colspan="2">对象字典
系统管理信息库
系统管理内核协议</td><td colspan="2">设备描述
对象字典
功能块对象</td><td colspan="2" rowspan="2">对象字典
网络管理信息库</td></tr>
<tr><td rowspan="3">应用层</td><td rowspan="3">对象字典
系统管理信息库
系统管理内核协议</td><td colspan="2">VCR</td><td rowspan="2">设备描述；
对象字典；
功能块对象</td></tr>
<tr><td colspan="2">信息规范子层</td><td>层管理</td><td rowspan="4">对象字典；
网络管理
信息库</td></tr>
<tr><td colspan="3">总线访问子层</td><td>层管理</td></tr>
<tr><td>数据链路层</td><td colspan="4">数据链路层</td><td>层管理</td></tr>
<tr><td>物理层</td><td colspan="4">物　理　层</td><td>层管理</td></tr>
</table>

图 5-42　通信模型的主要组成部分及其相互关系

系统管理内核（System Management Kernel，SMK）在模型分层结构中只占有应用层和用户层的位置，主要负责与网络系统相关的管理任务，如确立本设备在网段中的位置，协调与网络上其他设备的动作和功能块执行时间等功能。

功能块应用进程（Function Block Application Process，FBAP）在模型分层结构中也位于应用层和用户层，主要用于实现用户所需要的各种功能。应用进程是指设备内部实现一组相关功能的整体，而功能块把应用功能或算法按某种方式进行模块化，提供一个通用结构来规定输入、输出、算法和控制参数，把输入参数通过这种模块化的函数，转化为输出参数。如 PID 功能块完成现场总线系统中的控制计算、AI 功能块完成参数输入，还有用于远程输入输出的交互模块等。由多个功能块及其相互连接，集成为功能块应用。在功能块应用进程部分，除了功能块对象之外，还包括对象字典（Object Dictionary，OD）和设备描述（DD）。

通信实体贯穿从物理层到用户层的所有各层，由各层协议与网络管理代理共同组成。通信实体的任务是生成报文与提供报文传送服务，层协议的基本目标是要构成虚拟通信关系。网络管理代理则是要借助各层及其层管理实体，支持组态管理、运行管理和出错管理的功能。各种组态、运行、故障信息保持在网络管理信息库（Network Management Information Bases，NMIB）中，并由对象字典来描述。对象字典为设备的网络可视对象提供定义与描述，把如数据类型、长度一类的描述信息保留在对象字典中。

（2）应用进程及其网络可视部分

应用进程是现场总线系统活动的基本组成部分，现场总线系统可以看做为协同工作的应用进程集合。网络可视是指通过某种方式，在网络的总线段上可以进行的访问或者操作。两者关系到现场总线系统的一系列网络活动，也关系到作为网络节点的现场设备的基本构成。

应用进程（Application Process，AP）可以看做是在分布系统或分布应用中的信息及其处理过程，可以对它赋予地址，也可通过网络访问它。应用进程可表述为一个设备包装成组的功能块。一个设备可以包含的 AP 数量与执行情况相关，AP 是否装载进一个设备，取决于该设备的物理能力，例如 PC、PLC 能够随着软件下载而接受其 AP，另外一些设备如单变送器、执行器可以让它们的 AP 在专用集成电路中执行。

应用进程的网络可视部分包括 AP 索引、对象字典（OD）、一组网络可视对象和一个应用层通信服务接口。

1）应用进程索引 AP索引内含有网络可视对象的对象描述在OD中的对象描述指针，它由50个16bit（100个8bit）的无符号整数组成。当AP索引的规模大于100个8bit时，采用多个索引对象，并在OD中按顺序编号。读取OD中的描述条目得到AP索引目录号。

2）对象字典 FF采用对象描述来说明总线上传输的数据格式与意义，把这些对象描述收集在一起，形成对象字典（OD），它由一系列的条目组成。每一个条目分别描述一个应用进程对象和它的报文数据。在现场总线报文规范（Fieldbus Message Specification，FMS）中规定了与这些条目相应的AP对象，并为每个OD条目分配了一个序列号，在总线报文规范子层的OD服务中，就是运用这个序号辨认出与之对应的AP对象。对象字典由OD描述、数据类型、静态条目、动态条目等4个部分组成。

3）网络可视对象 网络可视对象是可以通过应用层接口进行访问的对象。它由一个或多个AP对象组成，由多于一个AP对象组成的网络可视对象称为复合对象。在复合对象中的第一个AP对象经常作为该复合对象的标题，标题包含了这个复合对象的结构与特征信息。它们是AP的实际物理资源的代表。

4）应用层接口 应用进程通过应用层接口访问其通信实体。这个接口既可单独访问现场总线报文规范（FMS）子层或现场总线访问子层（Fieldbus Access Sublayer，FAS），也可同时访问两者。AP通过一个单独的本地接口，可以访问设备中的网络管理代理和系统管理内核。总线报文规范子层为每类AP对象提供一组特定的信息服务，现场总线访问子层（FAS）则用来发送和接收报文。AP应用进程规定了这些报文的格式和处理程序。为了访问FMS和FAS服务，应用层接口还可对AP提供其他附加服务，如编码、解码、确认AP报文数据等。由功能块壳体为功能块应用进程提供这些附加功能。

以上几部分的有机结合，构成完整的应用进程。

（3）虚拟通信关系

在基金会现场总线网络中，设备之间传送信息是通过预先组态好了的通信通道进行的。这种通信通道称为虚拟通信关系（VCR）。为满足不同的应用需要，基金会现场总线设置了客户/服务器型、报告分发型、发布/预订接收型等虚拟通信关系的类型。

1）客户/服务器型虚拟通信关系 客户/服务器VCR类型是实现现场总线上两个设备间一对一的排队式的非周期通信。所谓排队就是指消息的发送与接收是按优先级所安排的顺序进行，其中发出请求信息的设备称为客户，而接收请求的设备称为服务者。这种在客户与服务者之间进行的请求/响应式数据交换常用于设置参数或实现某些操作，如改变给定值、对调节器参数的访问与调整、对报警的确认、设备的上载与下载等。

2）报告分发型虚拟通信关系 报告分发型虚拟通信关系是一种排队式、非周期通信、一对多的通信方式，即一个报告者对应由多个设备组成的一组收听者，主要用于广播或多点传送，其典型的应用场合是将报警状态、趋势数据等通知操作台。

3）发布/预订接收型虚拟通信关系 这种虚拟通信关系主要用于实现缓冲型、一对多的通信。当数据发布设备收到令牌时，将对总线上的所有设备发布或广播它的消息。希望接收这一消息的设备被称为预定接收者，或称为订阅者。缓冲型意味着网络缓冲器内只保留最近发布的数据，现场设备经常采用这种虚拟通信关系，按周期性的调度方式，为用户应用功能块的输入输出刷新数据，如刷新过程变量、操作输出等。

(4) 高速以太网

高速以太网（High Speed Ethernet，HSE）是现场总线基金会为迎合控制和仪器仪表最终用户对可互操作的、节约成本的、高速的现场总线解决方案的要求而发布的。HSE 充分利用低成本和可应用的商业以太网技术和 TCP/IP 协议，并以 100Mbit/s 到 1Gbit/s 或更高的速度运行，主要用于复杂控制、子系统集成、数据服务器的组网等。它的通信模型由底层到高层分别采用了 IEEE 802.3 物理层、媒体访问控制子层（Medium Access Control，MAC）、IP 层、TCP（UDP）层以及应用层（现场总线访问代理）和用户层等 6 层结构。HSE 支持所有的基金会现场总线 H1 的功能，通过链接设备接口可实现 H1 设备与 HSE 设备、其他链接设备相连的 H1 设备之间实现点对点通信而无需主机的系统干涉。

(5) 基金会现场总线系统结构

图 5-43 给出了基于基金会现场总线（包括 H1 和 HSE）控制系统的网络拓扑结构。基金会现场总线网络可以包含一个或多个 HSE 子网，和（或）一个或多个互连的 H1 链路，其主要技术特点有：

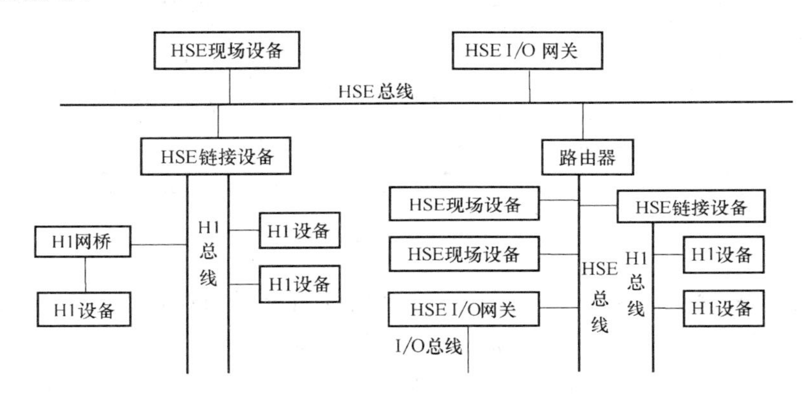

图 5-43　基金会现场总线系统拓扑结构

①几个 HSE 子网之间可以通过标准路由器进行互连；

②一个 HSE 子网包含一个或多个 HSE 设备，同一个子网上的 HSE 设备可通过标准 Ethernet 交换机进行互连；

③HSE 设备可以是 HSE 现场设备、HSE 链接设备、I/O 网关设备等；

④HSE 链接设备用于将一个或几个 H1 链路链接到 HSE 子网上；

⑤一条 H1 链路可连接一个或几个 H1 设备；

⑥两个或多个 H1 设备之间可通过 H1 网桥实现互连；

⑦根据需要，可对 HSE 子网本身以及 HSE 设备进行冗余配置。

2. PROFIBUS 总线

PROFIBUS（Process Fieldbus）称为过程现场总线，它也是一种国际性的开放式现场总线标准。PROFIBUS 协议满足 ISO/OSI 网络参考模型对开放系统的要求，构成从变送器/执行器、现场级单元级直至管理级的透明的通信系统。

PROFIBUS 有 3 种类型，即 FMS（现场总线报文规范）、DP（分散外围设备）和 PA（过程自动化），它们分别适用于不同的领域。FMS 主要用于解决车间级通用性通信任务，提供大量的通信任务，完成中等传输速度的循环和非循环通信任务；DP 是专为自动控制系统和设备级分散 I/O 之间的高速数据通信设计的；PA 则用于过程控制领域，其本质安全的传输技术实现了 IEC 61158-2 中规定的通信规程，用于对安全性要求高的场合及由总线供电的站点。最近发布的 PROFINET 则是 PROFIBUS 与 Ethernet、TCP/IP 相结合的高速协议类型，它用于 PROFIBUS 总线通过以太网连接到企业的管理信息系统。

（1）协议结构

PROFIBUS 协议的结构如图 5-44 所示，它根据 ISO/OSI 通信参考模型取其物理层、数据链路层和应用层。

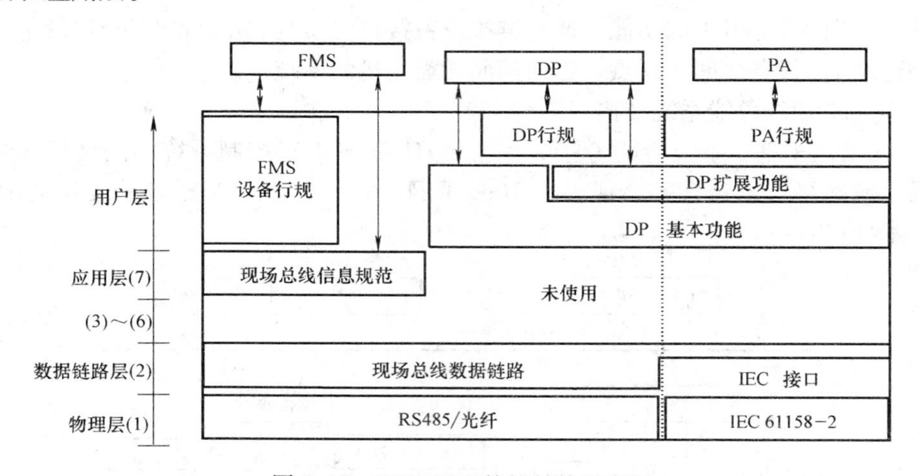

图 5-44 PROFIBUS 协议结构示意图

PROFIBUS-FMS 定义了物理层、数据链路层和应用层和用户接口，3～6 层未加描述。FMS 协议中的物理层提供了光纤和 RS485 两种传输技术，数据链路层完成总线的存取控制并保证数据的可靠性，应用层定义了现场总线信息规范（Fieldbus Message Specification，FMS）和低层接口（Lower Layer Interface，LLI）。FMS 包括了应用协议并向用户提供了可广泛选用的通信服务，LLI 协调不同的通信关系并向 FMS 提供与设备相关的访问通道。

PROFIBUS-DP 使用物理层、数据链路层和用户层接口，其中的物理层和数据链路层与 FMS 中的定义完全相同，两者采用了相同的传输技术和统一的总线控制协议。用户接口定义了用户及系统以及不同设备可调用的应用功能。PROFIBUS-DP 采用 RS485 或光纤传输技术，传输速率可为 9.6kbit/s～12Mbit/s，最大传输距离与传输速率有关，也可用中继器延长至数千米。

PROFIBUS-PA 的数据传输采用扩展的 PROFIBUS-DP 协议，增加了描述现场设备行为的 PA 行规。简单地说，PROFIBUS-PA 就相当于 PROFIBUS-DP 通信协议加上最适合现场仪表的传输协议 IEC 61158-2。采用 IEC 61158-2 传输技术，PROFIBUS-PA 设备通过使用网段耦合器能够方便地集成到 PROFIBUS-DP 网络中，并通过总线给现场设备供电，保持其本质安全性。

（2）总线存取协议

PROFIBUS-DP、PROFIBUS-FMS 和 PROFIBUS-PA 均使用一致的总线存取协议，该协议是通过 OSI 参考模型的第二层来实现的。它还包括数据的可靠性以及传输协议和报文的处理。

如图 5-45 所示，PROFIBUS 将设备分为主站和从站。主站决定总线的数据通信，当主站得到总线控制权（令牌）时，没有外界请求也可以主动发送信息。从站为外围设备，典型的从站包括输入/输出装置、阀门、驱动器和测量变送器等，它们没有总线控制权，仅对接收到的信息给予确认或当主站发出请求时向它发送信息。因此，PROFIBUS 总线存取协议包括两部分，即主站之间的令牌传递方式以及主站和从站之间的主从方式。

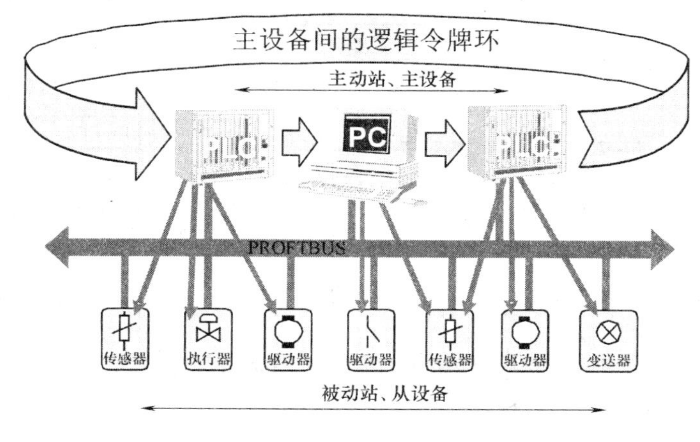

图 5-45　PROFIBUS 总线存取协议

令牌传递方式保证了每个主站在一个确切规定的时间间隔内得到总线存取权（令牌），在这段时间内，它可依照主—从关系表与所属从站通信，也可依照主—主关系表与其他主站通信。令牌在所有主站中循环一周的最长时间是事先规定的。

PROFIBUS 第二层的另一重要工作任务是保证数据的可靠性，其报文帧格式保证高度的数据完整性，所有报文的海明距离 $HD=4$。此外，PROFIBUS 第二层按照非连接的模式操作，除提供点对点逻辑数据传输外，还提供多点通信（广播及有选择广播）功能。

（3）PROFINET

作为一种可靠的、经过考验的现场总线技术，PROFIBUS 为各领域的自动化控制提供了一致的、协调的通信解决方案，无论是在控制器与分布式 I/O 之间交换自动化信息，还是在智能化现场仪表和各种控制设备间的全数字化通信，无论是在普通场合，还是在本质安全区域，它都能为用户的各种应用提供优化统一的技术标准。由于当前的工业网络已逐渐向高层 IT 系统融合甚至通过互联网实现全球化联网的趋势发展，这也推动着现场总线技术向纵向集成的方向扩展。PROFINET 正是体现了现场总线技术纵向集成的一种透明性理念。

如图 5-46 所示，PROFINET 选用以太网作为通信媒介，一方面它可以把基于通用的 PROFIBUS 技术的系统无缝地集成到整个系统中，另一方面它也可以通过代理服务器实现 PROFIBUS-DP 及其他现场总线系统与 PROFINET 系统的简单集成。如图 5-47 所示，在整个协议构架中，ES-Device 由抽象出来的工程设计系统对象（Engineering System Object，ES-Object）模型和开放的、面向对象的 PROFINET 运行期（runtime）模型（即运行期自动化对象 RT-AUTO）两个关键模型来表达。RT-AUTO 是在 PROFINET 物理设备上运行的软件部件。RT-AUTO 之间的相互连接必须用组态工具进行规定。为此目的，RT-AUTO 在组态工具中有其相应的对应物，它包含整个组态过程所需要的所有信息：工程系统自动化对象（ES-AUTO）。当编译和装载应用时就从每个 ES-AUTO 创建与之相匹配的 RT-AUTO。这样组态工具将知道该自动化对象是哪台设备上的，就可获得以工程系统设备（ES-Device）形式出现的该对象的对应物。严格地说，ES-Device 对应于逻辑设备（logical device）。

工程设计系统对象 ES-Object 包括了用户在组态期间检测和控制的所有对象，ES-Object

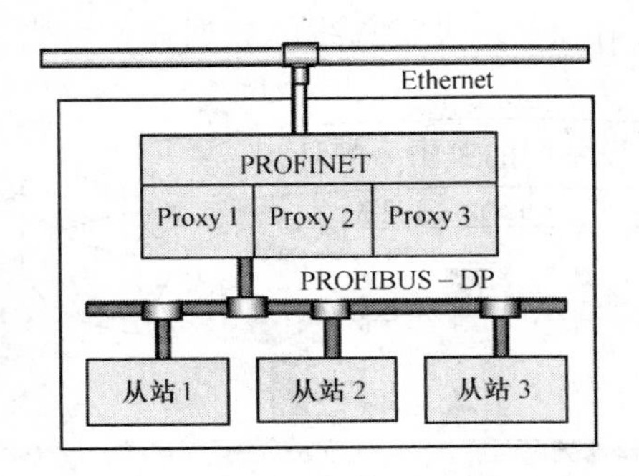

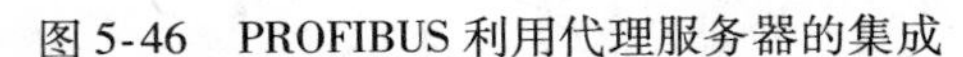
图5-46 PROFIBUS利用代理服务器的集成

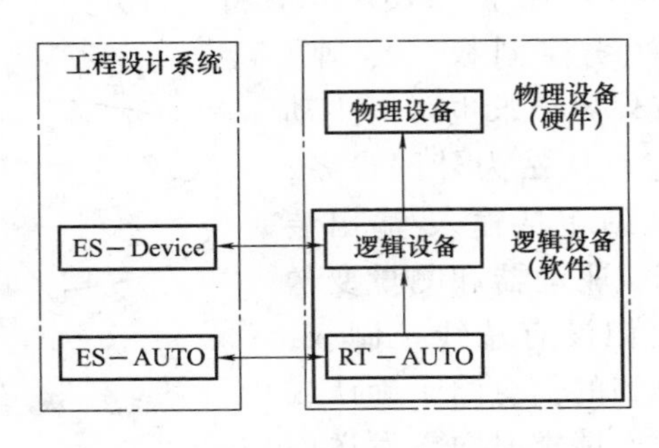

图5-47 PROFINET的对象模型

的实例、相互连接和参数化构成了自动化解决方案的实际模型，然后通过下载激活，就可以建立以工程设计模型为基础的运行期软件。

PROFINET运行期对象模型则通过指定一种开放的、面向对象的运行期（runtime）概念，以具有以太网标准机制的通信功能为基础（如TCP、UDP/IP），上层提供了一种优化的DCOM机制，作为用于硬实时通信应用的一种选择。PROFINET部件以对象的形式出现，PROFInet站之间通信链接的建立以及它们之间的数据交换由已组态的相互连接提供。该模型包括物理设备、逻辑设备、运行期自动化对象和活动控制连接对象等4类对象，其中运行期自动化对象就是在PROFINET物理设备上运行的软件部件。

如图5-48所示，PROFINET为这些应用提供了两种集成方案：装备本身具有PROFINET能力，或者通过代理服务器。

具备PROFINET能力的装备，如现场总线的主站，就可通过以下任一种实现PROFINET通信：一是将以太网接口和PROFINET运行期软件的端口直接集成到现场总线主站的CPU中，主站上的用户程序可以完全保持不变；二是用PROFINET运行期软件替代以太网接口模块，这种方法则需增加新的模块，在此模块上执行PROFINET软件，用户程序基本保持不变。

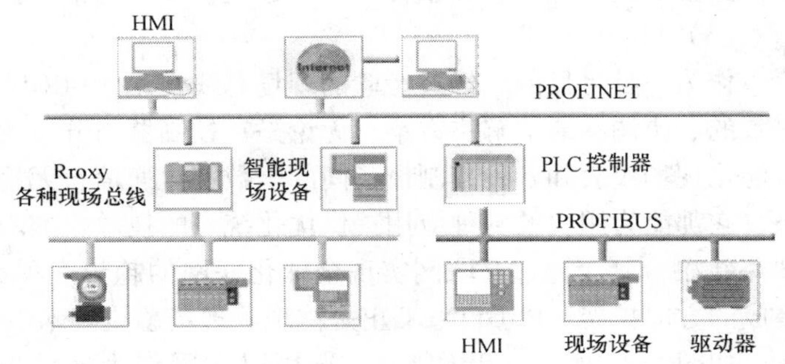

图5-48 PROFINET的集成

代理服务器可实现PROFINET从“外部”观察现场设备，通过代理服务器集成将不影响原总线上主/从站之间的数据传输，这些数据通过代理服务器还可在工程系统中与其他PROFINET站的互连，而且代理服务器的概念并不限于PROFIBUS-DP，原则上其他的现场总线如FF、CAN、INTERBUS等通常都可以这种方式集成到PROFINET领域。

3. EPA简介

长期以来，由于我国在现场总线标准方面缺少原始创造，现场总线技术一直是我国工业自动化产业的发展瓶颈。EPA（Ethernet for Plant Automation）是在国家标准化管理委员会、全国工业过程测量与控制标准化技术委员会的支持下，由浙江大学、浙江中控技术有限公司、中国科学院沈阳自动化研究所、重庆邮电学院、清华大学、大连理工大学、上海工业自动化仪表研究所、机械工业仪器仪表综合技术经济研究所、北京华控技术有限责任公司等单位联合成立的标准起草工作组提出的基于工业以太网的实时通信控制系统解决方案。2006 年，EPA 标准被 IEC 发布为现场总线标准 IEC 61158-3-14/-4-14/-5-14/-6-14，以及实时以太网应用行规 IEC 61784-2/CPF14，成为我国第一个自主制定的工业自动化国际标准，成功将以太网直接应用于现场总线，使之完全适用于环境恶劣下的流程工业自动化仪器仪表之间的通信，实现了从管理层、控制层到现场设备层等各层次网络的“E（Ethernet）网到底”。EPA 标准的提出，对于改变我国工业自动化产业一直所处的跟踪研究与低端产品开发的状态，实现跨越式发展，具有十分重要的作用。

EPA 的本质就是把实时以太网通信技术用于底层工业控制现场设备之间及其与监控层的通信。EPA 标准通过增加一些必要的改进措施，改善以太网的通信实时性，在以太网、TCP/IP 协议之上定义工业控制应用层服务和协议规范，将在 IT 领域应用较为广泛的以太网（包括无线局域网、蓝牙）以及 TCP/IP 协议应用于工业控制网络，实现工业企业综合自动化系统中由信息管理层、过程监控层直至现场设备层的无缝信息集成。

（1）EPA 网络拓扑结构

EPA 网络拓扑结构如图 5-49 所示，它用逻辑隔离式微网段化技术形成了“总体分散、局部集中”的控制系统结构。它由现场设备层 L1 和过程监控层 L2 两个网段组成。

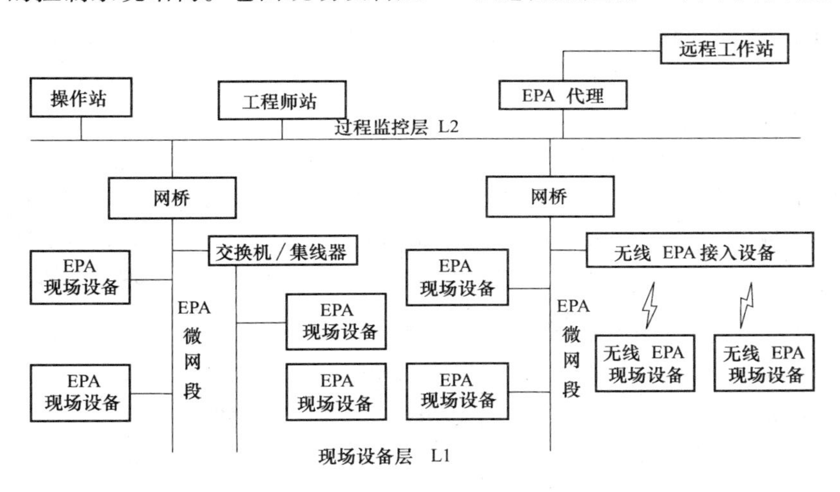

图 5-49　EPA 系统网络拓扑结构

现场设备层 L1 网段用于工业生产现场的各种现场设备（如变送器、执行机构、分析仪器等）之间以及现场设备与 L2 网段的连接；过程监控层 L2 网段主要用于控制室仪表、装置以及人机接口之间的连接。无论是过程监控层 L2 网段还是现场设备层 L1 网段，均可以分为一个或几个微网段。

一个微网段即为一个控制区域。在一个控制区域内，EPA 设备之间互相通信，实现特定的测量与控制功能。微网段之间通过 EPA 网桥相连。一个微网段可以由以太网、无线局域网或蓝牙 3 种类型网络中的一种构成，也可以由其中的两种或 3 种类型的网络组合而成，但不同类型的网络之间需要通过相应的网关或无线接入设备连接。

EPA 控制系统中的设备有 EPA 主设备、EPA 现场设备、EPA 网桥、EPA 代理和无线接入设备等几类。

1）EPA 主设备　EPA 主设备位于过程监控级 L2 网段，一般指 EPA 控制系统中的组态、监控设备或人机接口等，如工程师站、操作站和 HMI 等。它需要有 EPA 通信接口，不要求控制功能块或功能块应用进程。EPA 主设备的 IP 地址必须在系统中唯一。

2）EPA 现场设备　EPA 现场设备是指处于工业现场应用环境的设备，如变送器、执行器、开关、数据采集器和现场控制器等。EPA 现场设备必须具有 EPA 通信实体，并包含至少一个功能块实例，其 IP 地址在系统中也必须是唯一的。

3）EPA 网桥　EPA 网桥是微网段与其他微网段或与监控级 L2 连接的设备，具有通信隔离和报文转发与控制功能。所谓通信隔离就是指一个 EPA 网桥必须将其所连接的本地所有通信流量限制在其所在的微网段内，而不占用其他微网段的通信带宽资源。而报文转发与控制功能是指 EPA 网桥对两个不同网段的设备之间互相通信的报文进行转发与控制，即连接在一个微网段的 EPA 设备与连接在其他微网段或 L2 网段的 EPA 设备进行通信时，其通信报文由 EPA 网桥负责控制转发。

4）无线 EPA 接入设备　无线 EPA 接入设备是一个可选设备，由一个无线通信接口（如无线局域网接口或蓝牙接口）和一个以太网通信接口构成，用于集成无线网络。

5）无线 EPA 现场设备　无线 EPA 现场设备具有至少一个无线通信接口，并具有 EPA 通信实体，包含至少一个功能块实例。

6）EPA 代理　EPA 代理也是一个可选设备，用于连接 EPA 网络与其他网络，并对远程访问和数据交换进行安全控制与管理。

（2）EPA 通信模型

EPA 通信模型如图 5-50 所示，参考 ISO/OSI 开放系统互联模型，低 4 层采用 IT 领域的通用技术，网络层以及传输层采用 TCP（UDP）/IP 协议，并在网络层和 MAC 层之间定义了一个 EPA 通信调度接口，完成实时信息和非实时信息的传输调度。会话层和表示层未使用。应用层定义了 EPA 应用层协议和服务及 EPA 套接字映射接口、EPA 管理功能块及其服务，同时还支持 IT 领域现有的协议，包括 HTTP、FTP、DHCP、SNTP、SNMP 等。另外增加

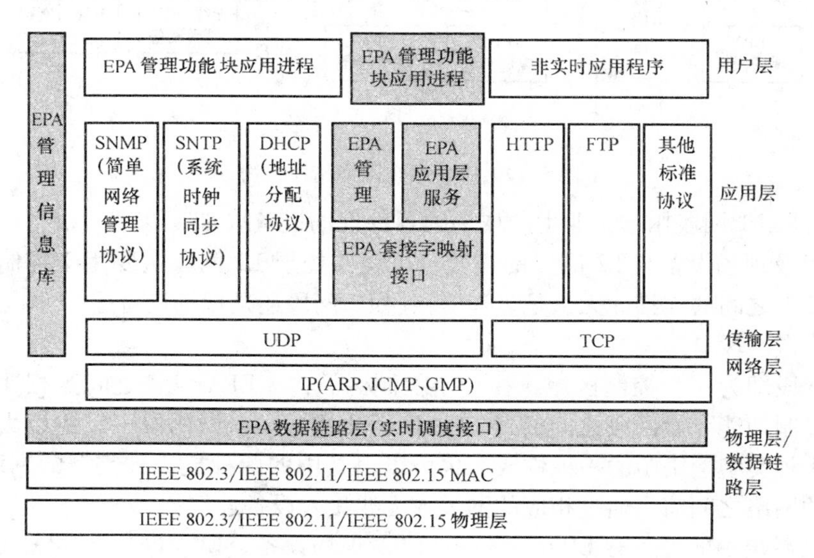

图 5-50　EPA 通信模型

了用户层，采用基于 IEC 61499 和 IEC 61804 定义的功能块及其应用进程。

1）物理层和数据链路层　EPA 的物理层与数据链路层为 EPA 提供数据传输物理通道以及多个设备共享通信信道的机制，并定义了数据帧的同步、数据传输错误的校验与纠错等。在传输介质与物理接口上还增加了适用于工业生产现场的应用导则。EPA 通信调度接口定义了网络层（IP 层）与数据链路层（MAC 层）之间的接口，用于控制由网络层到 MAC 层的实时数据包与非实时数据包的传输调度，以满足 EPA 周期与非周期信息传输的实时性。

2）网络层和传输层　EPA 的网络层和传输层为 EPA 应用层提供报文传输与控制的平台。网络层采用 32bit 地址的 IPv4 互联网协议，提供由 RFC791 定义的不可靠、无连接的数据报文传输服务。在传输层采用 TCP/UDP 协议集，其中，UDP 用于 EPA 实时数据通信。而对于其他实时性要求不高、对传输可靠性要求高的应用，可使用 TCP 协议，也可使用 UDP 协议。

3）应用层　EPA 应用层规范为 EPA 设备与控制系统、装置之间实时和非实时的传输数据提供通信通道和服务接口。它由 EPA 实时通信规范和非实时通信协议两部分组成。其中，EPA 实时通信规范是专门为 EPA 实时控制应用进程之间的数据传输提供实时的通信通道和服务接口，而非实时通信协议则主要包括 HTTP、FTP、TFTP 等互联网中广泛使用的通信协议。

4）用户层　用户层直接面向用户，用户根据自己的控制逻辑需要，利用 EPA 组态软件组态不同功能块应用进程以完成各种控制策略，也可根据自己的需要组态各种非实时性应用程序的服务。EPA 用户层规范采用基于 IEC 61499 介绍的功能模块结构模型和 IEC 61804 定义的功能模块元素。

简言之，EPA 标准没有改变以太网结构，但完全避免了报文碰撞，使以太网通信变为“确定”；各设备的通信角色地位平等，无主从之分，避免了主从式、令牌式通信控制方式中由于主站或令牌主站的故障引起的整个系统通信的故障；适用于线性结构、共享式集线器连接和交换式集线器（交换机）连接的以太网；支持标准以太网报文（作为优先级较低的非周期报文）与 EPA 实时以太网报文在同一个网络上并行传输；将实时数据得以优先传输，减少了通信排队处理延迟，提高了工业以太网通信的实时性。

（3）以太网对现场总线技术发展的影响

随着互联网技术的迅速发展与普及，以太网已无可争议的成为管理信息层的主要网络技术，监控层网络也由 RS485、RS232 等串行通信方式逐渐统一到以太网络，而对于底层现场设备网络的现场总线技术，由于一开始就没有统一的标准，世界主要工控公司均发展了自己的现场总线技术，由于总线协议的多样性和政治、经济等其他一系列的问题，要实现不同协议现场总线技术集成仍然存在很多现实问题。

与目前的现场总线相比，以太网具有应用广泛、成本低廉、通信速率高、软硬件资源极其丰富等无可比拟的优点，可见以太网具备成为未来现场总线标准统一标准的可能性。如果采用以太网作为现场总线，可以避免现场总线技术游离于计算机网络技术的发展主流之外，使现场总线和计算机网络技术的主流技术很好地融合起来，从而使现场总线技术和一般网络技术互相促进、共同发展。同时机器人技术、智能技术的发展都要求通信网络有更高的带宽、更好的通信性能和通信灵活性，这些要求以太网都能很好地满足。目前，EPA 正是一个实现了基于以太网现场总线的成功典范。然而，由于以太网通信控制技术的固有特点，以太网应用于现场设备时，通信响应实时性、优先级技术、现场设备的总线供电、本质安全、远距离通信和可互操作性等始终是需要重点解决的技术问题。

由于以太网具有目前各种现场总线无法比拟的优势，加上其通信的实时性服务质量得到了大大提高，因此只要进一步解决上述问题和关键技术，以太网完全有可能成为代替现有各种现场总线，而成为唯一受到广泛支持的现场总线标准，实现“E（Ethernet）网到底”的企业综合自动化与信息化网络体系。

4. LonWorks 技术简介

LonWorks 现场总线技术是美国 Echelon 公司为支持局部操作网络（Local Operation Network，LON）总线而于 1991 年推出的。它采用了面向对象的设计方法，通过网络变量把网络通信设计简化为参数设置，通信速率从 300bit/s ~ 1.5Mbit/s 不等，直接通信距离可达 2700m（78kbit/s，双绞线），支持双绞线、同轴电缆、光纤、射频、红外线、电力线等多种通信介质。LON 总线产品广泛地应用在工业、楼宇、家庭、交通、能源等自动领域。

LonWorks 技术由 LonWorks 节点和路由器、LonTalk 协议、LonWorks 收发器、LonWorks 网络和节点开发工具等几部分组成，通过节点、路由器和网络管理这 3 部分有机地结合，就可以构成一个带有多介质、完整的网络系统。

一个典型的现场控制网络节点主要包括应用 CPU、I/O 处理单元、通信处理器、收发器和电源。路由器是其他现场总线所不具备的，正是由于路由器的使用，使 LON 总线突破其他现场总线在通信介质、通信距离、通信速率上的限制，包括中继器、桥接器、路由器等。网络管理工具也是 LON 总线和其他总线不同的地方，其主要功能是网络安装、网络维护和网络监控。当单个节点建成以后，节点之间需要互相通信，这就需要一个网络工具为网络上的节点分配逻辑地址，同时也需要将每个节点的网络变量和显示报文连接起来；一旦网络系统建成正常运行后，还需要对其进行维护；对一个网络系统还需要有上位机能够随时了解该网络的所有节点网络变量和显示报文的变化情况。

LonTalk 协议是为 LON 总线设计的专用通信协议，它遵循 ISO/OSI 七层参考模型，提供了 OSI 参考模型规定的 7 层服务，具有发送的报文都是很短的数据（通常几个到几十个字节）、通信带宽不高（几 kbit/s 到 2Mbit/s）、网络上的节点往往是低成本低维护的单片机、多节点多通信介质、可靠性高、实时性强等一些特点。LonTalk 协议不受通信媒介、网络结构和网络拓扑的限制。它可在任何媒介下通信，可采用总线、环形、星形等任何拓扑形式；使用现在所有通信结构，包括主从式、点对点和客户/服务器结构。

LonTalk 协议提供 4 种基本报文服务：应答确认方式、请求/响应方式、非应答重复方式和非应答确认方式。在前两种服务方式中，发送方需要得到每一个接收到报文的节点的应答信号，报文应答服务由网络处理器完成，不必由应用程序来干预；后两种则不需要每一个接收到报文的节点向发送方应答或响应。

LonTalk 协议支持授权报文，节点在网络安装时约定了一个 6B（48bit）的授权字，接收者在接收报文时将检查发送者是否经授权，只有经发送方授权的报文方可接收。因此，授权功能禁止非法访问节点。

LonTalk 协议的介质访问控制（MAC）算法符合 CSMA/CD 标准，但是对 CSMA/CD 算法做了改进，称之为带预测的 P-坚持（Preedict P-Persistent）CSMA。LonTalk 中的 P-Persistent CSMA 算法按固定概率 p 给出随机数量的时间片（最少 16 个），待发送的节点任意分布在这些时间片上。根据对信道上积压工作的估计，确定一个值为 1～63 的 n，由 n 来决定应该增加的时间片数。这种根据网络的负载情况动态调整时间片的方法，在网络负载轻时缩短了介质访问延时，在负载重时则减轻了冲突的可能。

另外，LonTalk 协议为提高紧急事件的响应时间，提供了一个可选择设置优先级的功能。该功能容许用户为每一个需要优先级的节点分配一个待定的优先级时间片。在发送过程中，优先级数据报文将在那个时间片里将数据报文发送出去，优先级时间片是从 0～127，0 表示不需要等待立即发送，1 表示等待一个时间片，2 表示等待两个时间片，……，127 表示等待 127 个时间片。这个时间片是在 p-概率时间片之前的。所以，没有优先级的节点必须等待优先级时间片都完成之后，再等待 p-概率时间片后才发送。

LonWorks 技术的核心是 Neuron 神经元芯片，它是高度集成的大规模集成电路，主要包括 MC143150 或 MC143120 两大系列，其中 MC143150 支持外部存储器，适合更为复杂的应用，而 MC143120 本身带有 ROM，不支持外部存储器。Neuron 芯片通过硬件和软件的独特结合，提供了处理来自监控设备的输入和通过各种网络媒介传送控制信息的所有关键功能，使一个 Neuron 芯片几乎包含一个现场节点的大部分功能块——应用 CPU、微处理单元和通信处理器。因此，一个 Neuron 芯片加上收发器便可构成一个典型的现场控制节点，使得开发低成本现场总线成为可能。

5. HART 通信协议简介

可寻址远程传感器数据公路（Highway Addressable Remote Transducer，HART）协议是由美国 Rosemount 公司提出并开发，用于现场智能仪表和控制室设备之间通信的一种协议。HART 协议虽然不是全数字通信协议，也不是现场总线国际标准 IEC 61158 中的类型之一，但作为模拟信号传输方式向全数字通信过渡的控制网络技术，在多种现场总线并存的今天，是应用最为广泛的控制网络技术之一，并已成为目前工控领域“事实上”的现场总线协议，特别是在智能变送器中得到了广泛的应用。

HART 通信协议参照 ISO/OSI 七层参考模型，简化并引用了其中的 1、2、7 三层，即物理层、数据链路层和应用层。

物理层规定了 HART 通信的物理信号方式和传输介质。它采用基于 Bell202 标准的频移键控技术（Frequency Shift Keying，FSK），在 4～20mA 的模拟信号上叠加了一个幅度为 0.5mA 的正弦调制波，1200Hz 代表逻辑“1”，2200Hz 代表逻辑“0”。由于所叠加的正弦波的平均值为零，所以数字信号不会干扰 4～20mA 的模拟信号，这就使数字通信与模拟信号并存而不相互干扰，这是 HART 通信协议标准的重要优点。HART 通信可以有点对点或多点连接模式。传输介质一般为双绞线，当传输距离较长时，可用屏蔽双绞线，通信的速度为 1200bit/s。

数据链路层规定了数据帧格式和数据通信规程。HART 协议是主从式的通信协议，系统允许有两个主设备，最多可有 15 个从设备。从设备可寻址范围为 0～15，当地址为 0 时，为点对点模式，智能变送器处于 4～20mA 与数字通信兼容的状态；当地址为 1～15 时，为多点模式，智能变送器处于全数字通信状态。智能变送器可以作为从设备应答主设备的询问；也可以处于“突发模式”，自动、连续地发送信息。后者速度较快，但仅用于点对点模式。

应用层规定了三类 HART 通信命令的内容。第一类是通用命令（Universal Commands），适用于所有符合 HART 协议的产品，如读制造厂号及产品型号，读过程变量值及单位，读电流百分比输出等。第二类是普通应用命令（Common-Practice Commands），适用于大部分符合 HART 协议的产品，但不同公司的 HART 产品可能会有少量区别，如写过程变量单位、微调 DA 的零点和增益、写阻尼时间常数等。以上两类命令的规定使符合 HART 协议的产品具有一定的互换性。第三类是特殊命令（Device-Specific Commands），这是各家公司针对具体产品的特殊性而设立的特有命令，不互相兼容，如特征化，微调传感头校正等。

HART 通信的应用通常有 3 种方式。第一种方式是用手持通信终端（HHT）与现场智能仪表进行通信，这是一种最普通的方式。通常，HHT 供仪表维护人员使用，不适合工艺操作人员经常使用。为克服上述不足，市场上出现了一些带 HART 通信功能的控制室仪表，如 Arocom 公司的壁挂式仪表 MID，它可与多台 HART 仪表进行通信并组态，在控制室盘面为操作人员提供一个人机界面和信号扩展接口。虽然它并不参与现场控制，却可使智能变送器的内在功能得到充分的发挥和拓展。这是 HART 通信应用的第二种方式。第三种方式是与 PC 或 DCS 操作站进行通信。这是一种功能丰富、使用灵活的方案，可以使它与整个系统成为有机的整体，但它会涉及接口硬件和通信软件问题。由于 HART 通信传输的信息大多为仪表维护及管理信息，在 PC 上增加 HART 通信功能及相应软件构成的设备管理系统（EMS）则较受欢迎。

HART 仪表与原 4 ~20mA 标准的仪表具有兼容性，因此 HART 仪表的开发与应用发展迅速，特别是在设备改造中受到欢迎。HART 协议与 FF 等协议相比，较为简单，开发方便，但总线供电的 HART 仪表对低功耗的要求较为苛刻，要求其从总线吸取的电流不大于 4mA。

5.4.3 现场总线控制系统的组成

现场总线不仅是一个通信网络，也不仅仅是用数字仪表代替模拟仪表，它更是一个新型的、开放式的网络控制系统，实现现场总线通信网络与控制系统的集成。

1. 现场总线控制系统的硬件组成

一般来讲，现场总线控制系统（FCS）是一个由三类部件组成的实时连续反馈系统，即由现场总线节点、网络设备和监控设备以及相关软件、被控过程（或对象）等组成的闭环通信控制系统。

1）现场总线网络节点　现场总线网络节点是现场设备或现场仪表，如传感器、变送器、执行器和编程器等。这些节点不是传统的单功能的现场仪表，而是具有综合功能的智能仪表，如变送器既有检测、变换和补偿功能，又有 PID 等控制和运算功能；执行器的基本功能是信号驱动和执行，还内含调节阀输出特性补偿、PID 控制和运算等功能，另外有阀门特性自校验和自诊断功能等。同时这些现场总线节点由于数字通信特点，因此它与监控设备之间不仅可以传递测量、控制的数值信息，还可以传递设备标识、运行状态和故障诊断状态等信息，因而可以构成智能仪表的设备资源管理系统。

2）现场总线网络设备　现场总线网络设备是指基于现场总线的数据服务器、网桥（网关）、中继器、安全栅、总线电源和便携式编程器等。

3）监控设备　监控设备主要有工程师站、操作员站和计算机站，工程师站提供现场总线控制系统组态，操作员站提供工艺操作与监视，计算机站则用于优化控制和建模。

2. 现场总线控制系统软件

现场总线控制系统大都采用工业控制计算机作为监控计算机，因而其人机接口部分与普通计算机差异不大。作为一个完整的控制系统，仍然需要具有类似于DCS或其他计算机控制系统那样的控制软件、人机接口软件。当然，现场总线控制系统软件有继承DCS等控制软件的部分，也有在它们的基础上前进发展和具有自己特色的部分。

现场总线控制系统软件主要由组态软件、维护软件、仿真软件、现场设备管理软件和监控软件等几部分组成。

组态软件包括通信组态与控制系统组态，用于生成各种控制回路和通信关系，明确系统要完成的控制功能、各控制回路的组成结构、各回路采取的控制方式与策略，明确节点与节点间的通信关系，以便实现各现场仪表之间、现场仪表与监控计算机之间以及计算机与计算机之间的数据通信。维护软件用于对现场控制系统软硬件的运行状态进行监测、故障诊断以及某些软件测试维护等。仿真软件用于对现场总线控制系统的部件，如通信节点、网段、功能模块等进行仿真运行，作为对系统进行组态、调试、研究的工具。现场设备管理软件用于对现场设备进行维护管理。监控软件是必备的直接用于生产操作和监视的控制软件包，其功能十分丰富，主要内容有：实时数据采集、常规控制计算与数据处理、优化控制、逻辑控制、报警监视、运行参数的画面显示、报表输出、操作与参数修改等，文件管理、数据库管理等内容也是现场总线控制系统监控软件的组成部分。

3. 现场总线设备管理系统与管控一体化

自动化仪表的设备管理是现场总线仪表发展引出的新概念。由于模拟仪表只能提供过程参数的测量信号，不能提供任何别的信息，因而设备管理无从谈起。而现场总线节点设备具有数字通信功能，在数字信号中，除了过程变量的测量值以外，还含有设备运行的状态信息以及设备制造商提供的设备制造信息等。现场总线设备管理系统的目的就是充分运用现场总线仪表所赋予的丰富的管理信息，直观、全面地反映现场设备状态，以便把传统经验型的、被动的维护管理模式，改变成可预测性的设备管理与维护模式，实现工厂的管理控制一体化。

一般来讲，设备管理系统所能完成的功能包括设备组态管理、故障诊断、在线调试标定以及系统的自动维护和跟踪记录。

设备组态管理用于改变设备的组态参数，或者将一个现存的组态方案整个地下载到设备中去。设备组态管理共有参数包括被测量参数的单位、量程、阻尼、仪表位号、报警级别、探询地址、设备ID、写保护、设备型号、制造商、设备制造日期和设备材料等。对于不同类型的设备，还有一些不同的参数，如温度变送器中的传感器类型、传感器的连接方式、传感器的允许测量范围等。有些参数是可更改的，有些则只能读不能写。

故障诊断主要用于向用户提供详细的设备状态信息，如主变量越限、冷启动、组态更改等，甚至还可以提供设备内部的芯片故障信息以及通信故障信息。根据这些信息，维护人员可以方便地对设备进行故障诊断、定位，方便快速地排除现场故障。

调试标定功能是让用户可以在控制室的设备管理计算机上完成设备自检、回路测试和设备标定等工作。调试工作可以通过编制调试标定计划，由设备管理软件自动完成，或将标定内容下载到被标定的现场设备，由现场设备自动完成。

设备管理系统的另一特殊功能是记录跟踪。记录跟踪自动地为每台设备生成历史记录，包括设备组态记录、调试前/后记录、诊断信息以及维护记录等。用户还可以选择观察整个工厂或只观察某个特定设备的记录，从而方便地分析这些信息。

5.4.4 信息集成的连接桥梁——OPC

现场总线是一种开放的控制网络，能实现现场设备之间、现场设备与控制室之间的信号通信。而当现场信号传至监控计算机之后，如何实现计算机内部各应用程序之间的信息沟通与传递，让现场信息出现在计算机的各应用平台上，依然存在一个连接标准与规范的问题。特别是当工业 PC 在自动化系统中被广泛采用，让各种控制系统能充分运用 PC 丰富强大的软件资源，是一件十分有意义的工作。目前这项工作主要通过 OPC 标准来完成，即利用 OPC 在现场信号与各种应用软件中间构建开放的信息传递通道。

OPC 是英文 OLE for Process Control 的缩写，意为过程控制中的对象链接嵌入技术。它是一个开放的接口标准，其国际组织为 OPC 基金会。OPC 是在 Windows 的对象链接嵌入（Object Linking and Embedding，OLE）、部件对象模块（Component Object Model，COM）、分布部件对象模块（Distributed Component Object Model，DCOM）技术的基础上进行开发。为推广 OPC 技术，现场总线基金会提供了某些通用的开发工具包，使用户可以方便地集成自己的产品。

在 OPC 提供的系统集成问题方案中，包括有 OPC 服务器与 OPC 客户，它的作用就是为服务器/客户的链接提供统一、标准的接口规范。按照这种统一规范，各客户/服务器之间可组成如图 5-51 所示的链接方式。

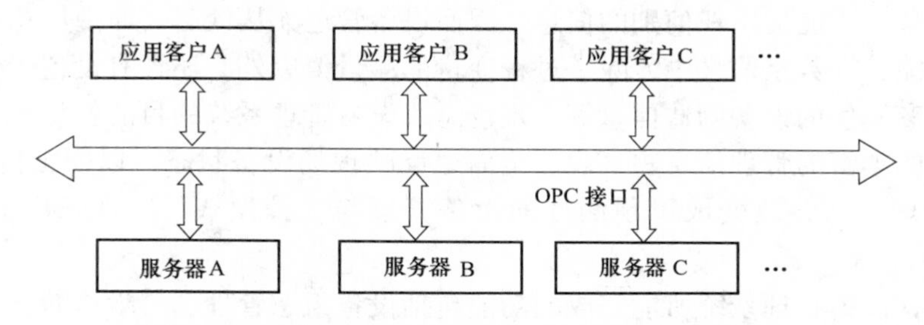

图 5-51 OPC 对数据源与数据用户之间的链接关系

OPC，为应用程序间的信息集成和交互提供了强有力的手段。有了 OPC 作为通用接口，就可以把现场信号与上位监控、人机界面软件方便地链接起来，还可以把它们与 PC 的某些通用开发平台和应用软件平台链接起来，如 VB，C++，Access 等。制造商可以将开发驱动服务程序的大量人力与资金集中到对单一 OPC 接口的开发，用户不再需要讨论关于集成不同部件的接口问题，把精力集中到解决有关自动化功能的实现上。

思考练习题

1. 典型计算机控制系统由哪些环节组成？简要说明各组成环节的基本功能。

2. 计算机控制装置的硬件一般包括哪些部分？各部分的功能是什么？

3. 计算机控制装置的软件一般有哪些类型？各有什么功能？

4. 简要叙述集散控制系统（DCS）的基本特征及其发展历程，为什么说早期的 DCS 以“分散”作为关键字，今后“综合”又将成为其关键字？这里的“综合”是指什么？

5. 集散控制系统中现场控制站一般要包括哪些硬件模块？应具备哪些功能？

6. 集散控制系统中操作员站和工程师站在功能上有何不同？如果请你来设计计算机控制系统，你将采用什么方式来设计不同的操作员站和工程师站？

7. 在计算机控制系统中，控制软件、监控软件和组态软件的作用分别是什么？各类软件分别需要具备哪些基本功能？

8. 什么是位置式和增量式数字 PID 控制算法？它们各有什么性能特点？

9. 运用后向差分方法列出基本 PID 控制算法的位置式和增量式表达式。

10. 简述集散控制系统的设计、组态的基本工作流程。

11. 可编程序控制器（PLC）的定义是什么？一体化 PLC 和模块化 PLC 各有什么特点？

12. 什么是 PLC 的扫描周期？它与哪些因素有关？

13. PLC 常用的编程语言主要有哪些？

14. 什么是 I/O 响应滞后？造成这种现象的原因有哪些？

15. 某差压变送器的量程是 0 ~ 40kPa，差压变送器的输出信号范围与 A-D 转换器的输入信号范围相同，要求分辨力为 50Pa，则 A-D 转换器的分辨率 n 至少为多少位？若 n 保持不变，差压变送器的量程变为 20k ~ 100kPa，此时系统对差压变化的分辨力是多少（不考虑变送器的误差）？

16. 如何通过 24V DC 的开关量输入模块接入无源接点或 220V AC 开关量输入信号？

17. 如何通过 24V DC 的开关量输出模块输出无源接点或 220V AC 开关量输出信号？

18. I/O 为什么需要强调总线隔离？

19. 请写出图 5-52 对应的指令程序。

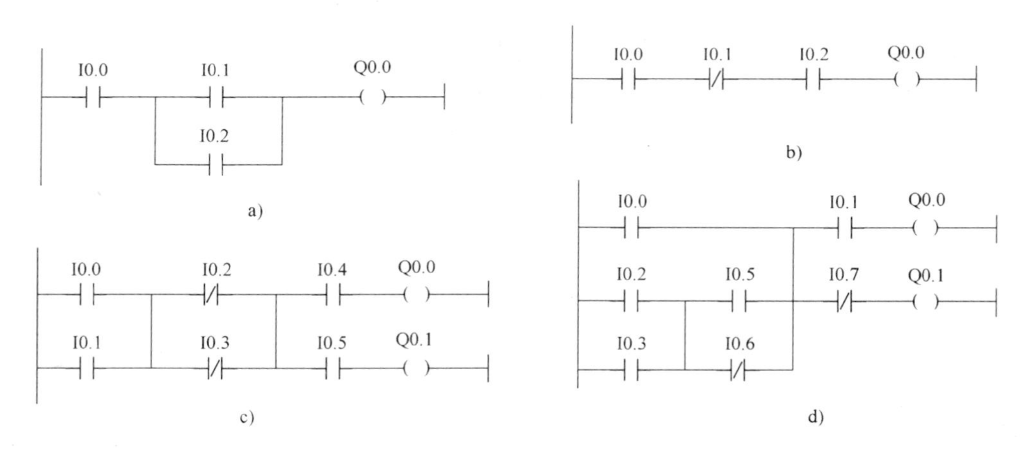

图 5-52　题 5-19 图

20. 有一个抢答显示系统，包括一个主席台和 3 个抢答台，主席台上有一个无自锁的复位按钮，抢答台上各有一个无自锁的抢答按钮和一个指示灯，其控制要求是：

（1）参赛者在回答问题之前要抢先按下桌面上的抢答按钮，桌面上的指示灯点亮；此时，其他参赛者再按抢答按钮，则系统不作反应。

（2）只有主持人按下复位按钮后指示灯才熄灭，进入下一轮抢答。

请分别用梯形图和指令语言编写控制程序。

21. 用 S7—300 PLC 的指令语言编制一个 PID 运算程序。

22. 假设某控制系统需要输入 21 路二线制连接的 4 ~ 20mA 电流信号、15 路四线制连接的 4 ~ 20mA 电流信号、3 路 1 ~ 5V DC 电压信号、14 路 Pt100 电阻信号，输出 27 路 24V DC 开关量信号、15 路 220V AC 开关量输出信号，输出 45 路 4 ~ 20mA 电流信号。要求：

(1) 配置满足上述要求的 S7—300 PLC 系统。

(2) 根据可能出现的实际工艺情况，谈谈在确定系统结构时需要注意的问题。

23. 在 S7—300 PLC 的控制软件中通常要用到不同的 OB、FB、FC 和 DB，它们的作用分别是什么？简述它们之间的相互调用关系。

24. 要设计一个好的 PLC 控制系统，通常需要使系统具备一定的可扩展能力、异构系统的集成能力，请你针对 S7—300 PLC 谈谈系统可扩展性、PLC 与 PLC 之间的通信、异构系统集成等问题的解决方案。

25. 在计算机控制系统中，安全回路的作用是什么？

26. 什么是现场总线和现场总线控制系统？

27. 现场总线的技术特征主要有哪些？请阐述一下现场总线控制系统的“全数字、全分散”特点。

28. 基金会现场总线由哪几部分组成？各部分主要适用于什么场合？

29. 基金会现场总线有哪几种类型的虚拟通信关系，每种虚拟通信关系的特点是什么？

30. PROFIBUS 总线由哪几部分组成？每部分的特点和适用范围分别是什么？

31. PROFIBUS－DP 和 PROFIBUS－PA 的物理层有什么不同？它们是如何实现互连的？

32. PROFINET 与 PROFIBUS－FMS 有什么不同？PROFINNET 是如何实现与 PROFIBUS－DP 及其他现场总线系统集成的？

33. 什么是 EPA？EPA 的本质特点是什么？

34. 试比较 FCS 和 DCS、现场总线和一般计算机通信的区别和联系。

35. 什么是 LonWorks 现场总线？

36. HART 不是现场总线国际标准 IEC 61158 中的类型之一，但称之为工控领域“事实上”的现场总线协议，为什么？

37. 简要描述 OPC 技术在现场总线控制系统中的意义。

38. 计算机控制系统中“E 网到底”的含义是什么？

第 6 章　先进控制系统

前几章的讨论只局限于单输入单输出（Single-Input-Single-Output，SISO）系统，只允许同时独立地控制一个被控变量。对选择控制而言，被控变量与辅助约束变量根据情况进行切换，独立受控的变量只有一个；分程控制包括两个操作变量但仅含一个被控变量；串级控制包含了两个控制回路，但独立受控的变量也只有一个。然而，大多数生产过程属于典型的多输入多输出（Multi-Input-Multi-Output，MIMO）系统，包括多个操作变量与多个被控变量。此时就会产生这样的问题：哪个阀门应该由哪个测量值来控制？对于有的工艺过程，回答是明显的。但是有时却不然，必须有某种依据才能做出正确的决定。值得指出的是，这些被控变量与操作变量之间往往存在着某种程度的相互影响，妨碍着各个控制回路的独立运行，有时甚至会破坏整个系统的正常工作，使之不能投入运行。这种关联性质完全取决于被控对象。因此如何结合对象特性与控制目标，设计合适的多回路控制系统是过程工程师首先需要解决的问题。

与此同时，随着现代过程工业的发展，工艺过程与装置设备变得越来越复杂，采用常规的 PID 控制有时很难达到控制要求，此时就需要采用先进过程控制（Advanced Process Control，APC）策略。先进控制策略涉及解耦控制、纯滞后补偿、内模控制、预测控制、非线性增益补偿、自适应控制、鲁棒控制、推断控制以及模糊控制、专家控制、神经网络控制等智能控制方法。限于篇幅，本章着重介绍设计思想明确、实际应用较为广泛的部分 APC 策略，主要包括解耦控制、预测控制和自适应控制等。这些控制策略与 PID 反馈控制相结合，已成功应用于工业过程的控制，并已获得广泛的认可。

6.1　多回路系统关联分析与变量配对

对于 MIMO 系统各个回路之间的耦合，有些可以采用被控变量和操作变量之间的适当匹配和控制器参数的重新整定来解决。这类方法在实际生产中得到了广泛的应用。至于那些关联严重，上述方法已无法奏效的情况，目前一般采用附加补偿装置，用以消除或减弱系统中各回路之间的耦合关系。这种方法在生产过程中也有很成功的案例。当然，如果应用多变量控制技术，从生产过程的全局出发，直接进行多变量系统的设计，不仅可以避免或减弱各个被控变量之间的耦合，而且还能达到一定的优化指标，使系统达到更高的控制水平。

本节主要以“相对增益”概念为基础，分别就被控变量与控制变量的配对、控制参数整定等方面展开讨论。

6.1.1　相对增益

对单回路控制系统进行分析或参数整定时，首先要计算其开环增益。同样，在多变量系统中也是如此，但是要更复杂一些。对于具有两个被控变量和两个操作变量的过程，需要考虑 4 个开环增益。尽管从外表上看只有两个增益闭合在回路中，但是必须就如何匹配作出选择。显然，对于一个具有3对输入/输出变量的过程，设计就更加困难。因此必须在设计之前，对过程中的耦合性质及耦合程度需要有充分的了解。下面介绍一种简单易用的“相对增益”关联分析法。该方法最早由 Bristol 和 Shinskey 于1966年提出，因其概念清晰、计算简便，已在工程上得到了广泛应用。

1. 相对增益的概念

相对增益用于刻划多变量系统中各控制回路之间的关联大小。为方便起见，首先针对 2×2 过程（两输入两输出系统）进行讨论。典型的双回路控制系统框图如图6-1所示，图中传递函数 $K_{ij}g_{ij}(s)$ 表示了通道 u_j-y_i 的对象特性，其中 K_{ij} 为开环增益，而 $g_{ij}(s)$ 只描述其动态特性（其开环增益为1）。

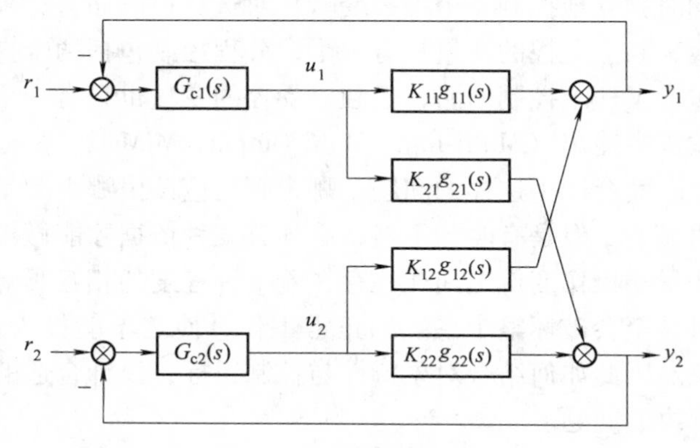

图6-1　双回路控制系统框图

现在来分析回路2对回路1的影响。当回路2未投入“自动”运行时，假设控制器2的输出不变，则对回路1而言，其广义对象为 $K_{11}g_{11}(s)$，其静态增益为 K_{11}。当回路2投入“自动”时，假设控制回路2系统稳定，则对回路1而言，其广义对象即为

$$\frac{y_1(s)}{u_1(s)}=K_{11}g_{11}(s)-\frac{K_{12}g_{12}(s)G_{c2}(s)K_{21}g_{21}(s)}{1+G_{c2}(s)K_{22}g_{22}(s)} \tag{6-1}$$

假设控制器2含有积分作用，则其静态增益趋向无穷大；而对回路1而言，对应的广义对象静态增益即为 $K'_{11}=K_{11}-\dfrac{K_{12}K_{21}}{K_{22}}$。

现定义通道 u_1-y_1 的相对增益为

$$\lambda_{11}=\frac{K_{11}}{K'_{11}}=\frac{K_{11}}{K_{11}-\dfrac{K_{12}K_{21}}{K_{22}}}=\frac{1}{1-\dfrac{K_{12}K_{21}}{K_{11}K_{22}}} \tag{6-2}$$

由式(6-2)可知，相对增益 λ_{11} 为开环增益 K_{11}（指回路2“开环”）与闭环增益 K'_{11}（指回路2处于“闭环”）之比，直接反映了回路2对回路1的影响；此外，相对增益完全取决于多变量系统的对象特性，而与回路2的控制器无关（只要求含有积分作用）；另外，只要回路1与回路2的关联通道中有一个对应的静态增益 K_{12} 或 K_{21} 为0，则相对增益即为1。

现在将“相对增益”的概念推广应用于如图6-2所示的 $n\times n$ 被控过程，其中操作变量与被控变量的数目均为 n。对于通道 u_j-y_i，先定义开环增益为

$$K_{ij}=\left.\frac{\partial y_i}{\partial u_j}\right|_{\Delta u_e=0} \tag{6-3}$$

式中，$\Delta u_e=0$ 表示除 u_j 外的其他操作变量均不变。

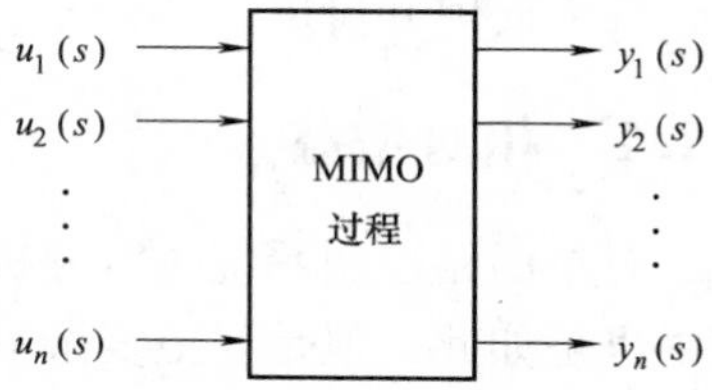

再定义闭环增益为

$u_1(s)$, $u_2(s)$, …, $u_n(s)$ → MIMO过程 → $y_1(s)$, $y_2(s)$, …, $y_n(s)$

图6-2　多变量被控过程

$$K'_{ij}=\left.\frac{\partial y_i}{\partial u_j}\right|_{\Delta y_e=0} \tag{6-4}$$

式中，$\Delta y_e=0$ 表示除 y_i 外的其他被控变量均不变，它表示除通道 u_j-y_i 外，其他通道均投入闭环运行，系统稳定，且除 y_i 外的其他被控变量均不存在余差。

由式(6-3) 与式(6-4)，定义通道 u_j-y_i 的相对增益为

$$\lambda_{ij}=\frac{K_{ij}}{K'_{ij}}=\frac{\left.\dfrac{\partial y_i}{\partial u_j}\right|_{\Delta u_e=0}}{\left.\dfrac{\partial y_i}{\partial u_j}\right|_{\Delta y_e=0}} \tag{6-5}$$

而相对增益矩阵定义为

$$\boldsymbol{\Lambda}\overset{\text{def}}{=\!=}\begin{matrix} \\ y_1 \\ y_2 \\ \vdots \\ y_i \\ \cdots \\ y_n \end{matrix}\begin{bmatrix} u_1 & u_2 & \cdots & u_j & \cdots & u_n \\ \lambda_{11} & \lambda_{12} & \cdots & \lambda_{1j} & \cdots & \lambda_{1n} \\ \lambda_{21} & \lambda_{22} & \cdots & \lambda_{2j} & \cdots & \lambda_{2n} \\ \cdots & \cdots & \cdots & \cdots & \cdots & \cdots \\ \lambda_{i1} & \lambda_{i2} & \cdots & \lambda_{ij} & \cdots & \lambda_{in} \\ \cdots & \cdots & \cdots & \cdots & \cdots & \cdots \\ \lambda_{n1} & \lambda_{n2} & \cdots & \lambda_{nj} & \cdots & \lambda_{nn} \end{bmatrix} \tag{6-6}$$

2. 相对增益矩阵的计算

对于低维的多变量系统，可直接根据相对增益的定义进行计算。以 2×2 系统为例，假设对象的稳态模型为

$$\begin{pmatrix} y_1 \\ y_2 \end{pmatrix}=\begin{pmatrix} K_{11} & K_{12} \\ K_{21} & K_{22} \end{pmatrix}\begin{pmatrix} u_1 \\ u_2 \end{pmatrix} \tag{6-7}$$

先计算通道 u_1-y_1 的相对增益 λ_{11}，由定义可知其开环增益即为 K_{11}，下面计算其闭环增益 $K'_{11}=\left.\dfrac{\partial y_1}{\partial u_1}\right|_{\Delta y_2=0}$。由 $\Delta y_2=0$，得到 $K_{21}\Delta u_1+K_{22}\Delta u_2=0$，或 $\Delta u_2=-\dfrac{K_{21}}{K_{22}}\Delta u_1$。因此，$\Delta y_1=K_{11}\Delta u_1+K_{12}\Delta u_2=\left(K_{11}-\dfrac{K_{12}K_{21}}{K_{22}}\right)\Delta u_1$。因而，

$$\lambda_{11}=\frac{K_{11}}{K'_{11}}=\frac{K_{11}}{K_{11}-\dfrac{K_{12}K_{21}}{K_{22}}}=\frac{1}{1-\dfrac{K_{12}K_{21}}{K_{11}K_{22}}} \tag{6-8a}$$

同理可得

$$\lambda_{12}=\frac{K_{12}}{K'_{12}}=\frac{K_{12}}{K_{12}-\dfrac{K_{11}K_{22}}{K_{21}}}=\frac{1}{1-\dfrac{K_{11}K_{22}}{K_{12}K_{21}}} \tag{6-8b}$$

$$\lambda_{21}=\frac{K_{21}}{K'_{21}}=\frac{K_{21}}{K_{21}-\dfrac{K_{11}K_{22}}{K_{12}}}=\frac{1}{1-\dfrac{K_{11}K_{22}}{K_{12}K_{21}}} \tag{6-8c}$$

$$\lambda_{22}=\frac{K_{22}}{K'_{22}}=\frac{K_{22}}{K_{22}-\dfrac{K_{12}K_{21}}{K_{11}}}=\frac{1}{1-\dfrac{K_{12}K_{21}}{K_{11}K_{22}}} \tag{6-8d}$$

由此可见，只要知道多变量系统的开环增益矩阵，就可以计算其闭环增益，进而得到相对增益矩阵。然而，上述计算方法并不适用于高维的 MIMO 系统。为此，下面针对一般的多变量系统，讨论相对增益矩阵的计算方法。

对于 $n\times n$ 多变量被控系统，假设其稳态模型为

$$\begin{pmatrix} y_1 \\ y_2 \\ \vdots \\ y_n \end{pmatrix} = \begin{pmatrix} K_{11} & K_{12} & \cdots & K_{1n} \\ K_{21} & K_{22} & \cdots & K_{2n} \\ \vdots & \vdots & \ddots & \vdots \\ K_{n1} & K_{n2} & \cdots & K_{nn} \end{pmatrix} \begin{pmatrix} u_1 \\ u_2 \\ \vdots \\ u_n \end{pmatrix} \tag{6-9}$$

对通道 $u_j - y_i$ 而言，其开环增益即为 K_{ij}。为计算闭环增益，假设稳态增益阵 $K=\{K_{ij}\mid i,j=1,\cdots,n\}$ 可逆，则由式(6-9) 可得到

$$\begin{pmatrix} u_1 \\ u_2 \\ \vdots \\ u_n \end{pmatrix} = \begin{pmatrix} H_{11} & H_{12} & \cdots & H_{1n} \\ H_{21} & H_{22} & \cdots & H_{2n} \\ \vdots & \vdots & \ddots & \vdots \\ H_{n1} & H_{n2} & \cdots & H_{nn} \end{pmatrix} \begin{pmatrix} y_1 \\ y_2 \\ \vdots \\ y_n \end{pmatrix} \tag{6-10}$$

式中，$H=K^{-1}$，其元素的物理意义为

$$H_{ji} = \left.\frac{\partial u_j}{\partial y_i}\right|_{\Delta y_e=0} = \frac{1}{\left.\dfrac{\partial y_i}{\partial u_j}\right|_{\Delta y_e=0}} = \frac{1}{K'_{ij}} \tag{6-11}$$

由相对增益的定义式(6-5)，可得到

$$\lambda_{ij} = \frac{K_{ij}}{K'_{ij}} = K_{ij}\cdot H_{ji}; \tag{6-12}$$

由此可见，相对增益矩阵 $\boldsymbol{\Lambda}$ 可表示成增益矩阵 $\boldsymbol{K}$ 中每个元素与逆矩阵 $\boldsymbol{H}=\boldsymbol{K}^{-1}$ 的转置矩阵中相应元素的乘积（点积），即

$$\Lambda = K * (K^{-1})^{\mathrm{T}} \tag{6-13}$$

【例 6-1】 某一 3×3 多变量系统，假设其开环增益矩阵为

$$\boldsymbol{K} = \begin{pmatrix} 0.58 & -0.36 & -0.36 \\ 0.073 & -0.061 & 0 \\ 1 & 1 & 1 \end{pmatrix}，则\ \boldsymbol{H}=\boldsymbol{K}^{-1} = \begin{pmatrix} 1.0638 & 0 & 0.3830 \\ 1.2731 & -16.3934 & 0.4583 \\ -2.3369 & -16.3934 & 0.1587 \end{pmatrix},$$

而相对增益矩阵为 $\boldsymbol{\Lambda}=\boldsymbol{K}\cdot\boldsymbol{H}^{\mathrm{T}} = \begin{pmatrix} 0.617 & -0.4583 & 0.8413 \\ 0 & 1 & 0 \\ 0.383 & 0.4583 & 0.1587 \end{pmatrix}$。

由上述算例可知：相对增益矩阵行列的代数和均为 1。事实上这一性质适合于一般的 $n\times n$ 多变量系统。感兴趣的读者可参考相关文献予以证明。

基于这一性质，为求出整个矩阵所需要计算的元素就可相应减少。例如：对一个 2×2 系统，只需求出 λ_{11}，因为 $\lambda_{11}=\lambda_{22}$，而其余元素只是它对 1 的补数；而对 3×3 系统，只需计算出其中的 4 个相对增益系数，其余元素可以利用上述性质来求取。

此外，这个性质表明：相对增益各元素之间存在着一定的组合关系，例如在一个给定的行或列中，若不存在负数，则所有的元素都将在 0 和 1 之间；反之，如果出现一个比 1 大的

元素，则在同一行或列中必有一个负数。由此可见，相对增益可以在一个很大范围内变化。显然，不同的相对增益正好反映了不同系统控制回路之间的耦合程度。

由相对增益定义式 $\lambda_{ij}=\dfrac{K_{ij}}{K'_{ij}}$，可得

$$K'_{ij}=\frac{K_{ij}}{\lambda_{ij}} \tag{6-14}$$

式(6-14) 表明：当其他回路均为“手动”时，假设通道 u_j-y_i 的静态增益为 K_{ij}；而当其他回路均投入“自动”运行时，该通道的静态增益为原来的 $1/\lambda_{ij}$倍。

若选择 u_j作为被控变量 y_i的操作变量，则根据相对增益的值有如下物理意义：

1）当相对增益接近于 1，则表明其他通道对该通道的关联作用较小。

2）当相对增益小于零或接近于零时，说明使用本通道的控制回路无法得到良好的控制效果。假设当其他回路均为“手动”时，该回路为负反馈；而当其他回路投入“自动”时，该回路即将成为正反馈系统。换句话说，这个通道的变量配对不适当，应重新选择。

3）当相对增益在 0～0.5 之间或大于 2.0 时，则表明其他通道对该通道的关联作用较大，需要重新进行变量配对或引入解耦措施。

6.1.2　耦合系统的变量配对与控制参数整定

一个多变量耦合系统在进行控制系统设计之前，必须首先决定哪个被控变量应该由哪个操作变量来控制，这就是控制系统中的“变量配对”问题。有时会发生这样的情况，每个控制回路的设计、调试都是正确的，可是当它们都投入运行时，由于回路间耦合严重，系统无法正常工作。此时，如将变量重新配对、调试，整个系统就能正常工作。这说明正确的变量配对是进行良好控制的必要条件。此外，还应看到，有时控制回路之间的相互耦合还可能隐藏着不稳定的反馈回路。尽管每个回路本身的控制性能不差，但当所有的控制器都投入“自动”时，整个系统可能完全失去控制。如果把其中的一个或几个控制器参数重新加以整定，就有可能使系统恢复稳定。下面将讨论如何根据系统变量间耦合的情况，应用被控变量和操作变量之间的匹配和重新整定控制器的参数来克服或削弱这种耦合作用。

1. 耦合系统的变量配对

【例 6-2】　某一料液混合系统如图 6-3 所示，两种料液经调和罐均匀混合后送出，要求对混合液的流量 F 和有效成分质量分数 C 进行控制；而控制变量为两输入料液的流量，主要干扰为输入料液的有效成分含量。试分析被控变量与操作变量的配对问题。

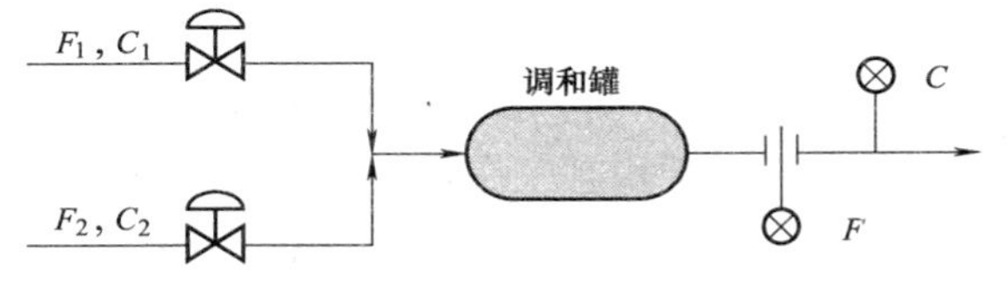

图 6-3　料液混合系统示意图

假设两物流均为液相，流量分别为 F_1、F_2，有效成分质量分数分别为 C_1、C_2。各物流的流量单位均为 t/h。令

$$\begin{pmatrix}y_1\\y_2\end{pmatrix}=\begin{pmatrix}F\\C\end{pmatrix},\ \begin{pmatrix}u_1\\u_2\end{pmatrix}=\begin{pmatrix}F_1\\F_2\end{pmatrix};$$

由物料平衡关系，可得到以下稳态平衡方程：

$$\begin{cases} y_1 = u_1 + u_2 \\ y_2 = \dfrac{C_1 u_1 + C_2 u_2}{u_1 + u_2} \end{cases} \tag{6-15}$$

为了得到合适的变量配对，需要对该对象进行相对增益分析。由式(6-15) 可知，上述MIMO控制对象为典型的非线性系统，首先需要在某稳态工作点附近进行线性化，再应用相对增益的概念对其进行关联分析。下面分步骤来讨论这些问题。

步骤1：假设某稳态工作点为 $Q_0(u_{10}, u_{20}, y_{10}, y_{20})$，其中 u_{10}、u_{20} 为 F_1、F_2 的稳态值；y_{10}、y_{20} 为 F、C 的稳态值；稳态输入与稳态输出变量满足

$$\begin{cases} y_{10} = u_{10} + u_{20} \\ y_{20} = \dfrac{C_{10} u_{10} + C_{20} u_{20}}{u_{10} + u_{20}} \end{cases} \tag{6-16}$$

或者

$$u_{10} = \frac{y_{20} - C_{20}}{C_{10} - C_{20}} y_{10},\ u_{20} = \frac{C_{10} - y_{20}}{C_{10} - C_{20}} y_{10} \tag{6-17}$$

这里 C_{10}、C_{20} 为稳态工作点处输入料液的有效成分含量，并假设 $C_{10} > C_{20}$，即料液 F_1 中的有效成分含量高于 F_2 中的有效成分含量。

步骤2：在稳态工作点 Q_0 附近进行输入、输出变量的偏差化。令

$$\begin{cases} \Delta y_1 = y_1 - y_{10} \\ \Delta y_2 = y_2 - y_{20} \end{cases},\ \begin{cases} \Delta u_1 = u_1 - u_{10} \\ \Delta u_2 = u_2 - u_{20} \end{cases} \tag{6-18}$$

式中，Δu_1、Δu_2、Δy_1、Δy_2 为输入、输出相对于稳态工作点 Q_0 (u_{10}, u_{20}, y_{10}, y_{20}) 的偏差量。

步骤3：在工作点 Q_0 附近进行线性化。记

$$\begin{cases} \Delta y_1 = K_{11} \Delta u_1 + K_{12} \Delta u_2 \\ \Delta y_2 = K_{21} \Delta u_1 + K_{22} \Delta u_2 \end{cases} \tag{6-19}$$

式中

$$K_{11} = \left.\frac{\partial y_1}{\partial u_1}\right|_{Q_0} = 1,\ K_{12} = \left.\frac{\partial y_1}{\partial u_2}\right|_{Q_0} = 1;$$

$$K_{21} = \left.\frac{\partial y_2}{\partial u_1}\right|_{Q_0} = \frac{\partial}{\partial u_1}\left(\frac{C_1 u_1 + C_2 u_2}{u_1 + u_2}\right) = \left.\frac{(C_1 - C_2) u_2}{(u_1 + u_2)^2}\right|_{Q_0} = \frac{(C_{10} - C_{20}) u_{20}}{(u_{10} + u_{20})^2},$$

$$K_{22} = \left.\frac{\partial y_2}{\partial u_2}\right|_{Q_0} = \frac{\partial}{\partial u_2}\left(\frac{C_1 u_1 + C_2 u_2}{u_1 + u_2}\right) = -\left.\frac{(C_1 - C_2) u_1}{(u_1 + u_2)^2}\right|_{Q_0} = -\frac{(C_{10} - C_{20}) u_{10}}{(u_{10} + u_{20})^2}。$$

步骤4：对于稳态工作点 Q_0 计算某一相对增益。例如

$$\lambda_{11} = \frac{\left.\dfrac{\partial \Delta y_1}{\partial \Delta u_1}\right|_{\Delta u_2 = 0}}{\left.\dfrac{\partial \Delta y_1}{\partial \Delta u_1}\right|_{\Delta y_2 = 0}} = \frac{K_{11}}{K_{11} - \dfrac{K_{12} K_{21}}{K_{22}}} = \frac{1}{1 - \Delta},$$

式中 $$\Delta = \frac{K_{12} K_{21}}{K_{11} K_{22}} = \frac{K_{21}}{K_{22}} = -\frac{u_{20}}{u_{10}} = -\frac{C_{10} - y_{20}}{y_{20} - C_{20}};\ 或者\ \lambda_{11} = \frac{y_{20} - C_{20}}{C_{10} - C_{20}}。$$

步骤5：利用相对增益矩阵的性质（行、列代数和均为1），可得到下列相对增益矩阵

$$\boldsymbol{\Lambda}=\begin{pmatrix}\lambda_{11} & 1-\lambda_{11}\\ 1-\lambda_{11} & \lambda_{11}\end{pmatrix}=\begin{pmatrix}\dfrac{y_{20}-C_{20}}{C_{10}-C_{20}} & \dfrac{C_{10}-y_{20}}{C_{10}-C_{20}}\\ \dfrac{C_{10}-y_{20}}{C_{10}-C_{20}} & \dfrac{y_{20}-C_{20}}{C_{10}-C_{20}}\end{pmatrix}=\begin{pmatrix}\dfrac{u_{10}}{y_{10}} & \dfrac{u_{20}}{y_{10}}\\ \dfrac{u_{20}}{y_{10}} & \dfrac{u_{10}}{y_{10}}\end{pmatrix} \tag{6-20}$$

现在来考虑该过程的变量配对问题。上述计算过程表明：非线性多变量系统输入、输出的相互关联与稳态工作点密切相关。由于该对象的相对增益均在 0 ~ 1 之间，因而可得到以下结论：

1）变量配对：用量大的操作变量控制总流量，用量小的操作变量控制总质量分数；

2）若用量大的操作变量占总流量 75% 以上，则只要用常规多回路控制就可以；否则，若两种进料量接近，可考虑采用解耦设计。

2. 耦合多回路系统的控制参数整定

对于多回路系统，在进行合适的变量配对后，第一步应确定各个回路的相对响应速度或工作频率。假设某一回路在其他回路断开的情况下，通过 PID 参数整定使其输出响应达到典型的 4：1 衰减振荡，则相对响应速度可用其振荡周期来表示。振荡周期越小，表明其相对响应速度越快，工作频率越高。下面以双回路系统为例，讨论控制参数整定策略：

1）若其中一个回路的响应速度比另一个回路快得多（工作频率高于 5 倍以上），则先整定该快速回路，而另一回路处于“手动”；然后，在快速回路投入“自动”运行的情况下，再整定另一个慢速回路。两个步骤的整定方法与单回路相同。

2）若两个回路的响应速度相近，但其中一个回路的被控变量比另一个重要，则先各自在另一回路为“手动”的前提下，按单回路方式整定相应的控制参数；然后，将次要回路的控制作用减弱（如减少控制增益）后投入双回路运行。

3）若两个回路的响应速度相近、被控变量也同等重要，则先各自在另一回路为“手动”的前提下，按单回路方式整定相应的控制参数；再按以下原则重新整定两控制器的增益（假设回路所对应的相对增益系数 λ_{ii} 均大于 0）：

$$K'_{Ci} \leftarrow \min(K_{Ci}, \lambda_{ii}K_{Ci})$$

这里以例 6-2 为研究对象，具体讨论耦合系统的控制参数整定方法。该系统稳态模型由式(6-16) 描述。为便于仿真研究，假设对象的动态特性分别为

$$\frac{Y_1(s)}{U_1(s)}=\frac{K_{11}}{s+1},\ \frac{Y_1(s)}{U_2(s)}=\frac{K_{12}}{s+1},\ \frac{Y_2(s)}{U_1(s)}=\frac{K_{21}}{(s+1)\ (4s+1)},\frac{Y_2(s)}{U_2(s)}=\frac{K_{22}}{(s+1)\ (4s+1)};$$

式中，稳态增益 $K_{11}=1$、$K_{12}=1$；而 K_{21}、K_{22} 与稳态工作点有关。

情形 1：假设该调和过程的稳态工作点为 $Q_0(u_{10}, u_{20}, y_{10}, y_{20})$，其中，$u_{10}=80\text{t/h}$，$u_{20}=20\text{t/h}$，$y_{10}=100\text{t/h}$，$y_{20}=64\%$；而 $C_{10}=75\%$，$C_{20}=20\%$。则相对增益矩阵为

$$\boldsymbol{\Lambda}=\begin{pmatrix}0.80 & 0.20\\ 0.20 & 0.80\end{pmatrix} \tag{6-21}$$

因而合适的变量配对为：u_1-y_1，u_2-y_2。由此构成的多回路控制方案如图 6-4 所示。在两个 PID 控制器均为“手动”的

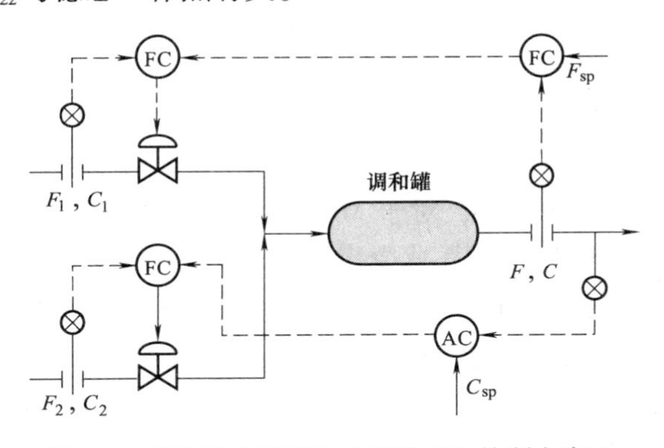

图 6-4　料液混合系统的多回路 PID 控制方案 1

条件下，分别对操作变量 F_1、F_2 作阶跃变化，以得到各回路控制通道的动态响应曲线；再依照单回路 PID 参数整定方法来确定控制器参数（即整定 PID1 时要求 PID2 为“手动”，而且 F_2 保持恒定）。由此得到的 PID 参数分别为

PID1：$K_C = 2$，$T_I = 1\text{min}$，$T_D = 0\text{min}$；PID2：$K_C = -5$，$T_I = 3\text{min}$，$T_D = 0\text{min}$。

然后，将两控制回路同时投入“自动”运行，并改变控制器的设定值 F_{sp}、C_{sp}，系统的闭环响应曲线如图 6-5 所示。图中，实线为系统输出，虚线表示对应的设定值，其中 C_{sp} 在 $t = 10\text{min}$ 处从 64% 阶跃变化至 68%；F_{sp} 在 $t = 100\text{min}$ 处从 100t/h 阶跃变化至 105t/h（以下各响应曲线的意义相同）。

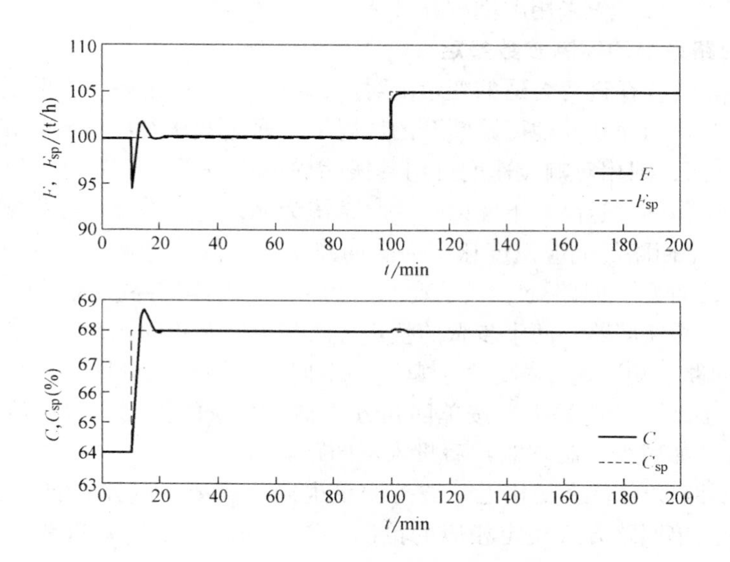

图 6-5 多回路 PID 控制方案 1 的闭环响应（对于情形 1）

作为对比，对于上述同一被控过程，若选择变量配对：$u_1 - y_2$，$u_2 - y_1$；并仍采用 PI 调节规律，由此构成的双回路控制方案如图 6-6 所示。在两个控制器中仅有一个投入“自动”时，依照单回路 PID 参数的整定方法可获得以下较理想的 PID 参数：

PID1：$K_C = 2$，$T_I = 1\text{min}$，$T_D = 0\text{min}$；

PID2：$K_C = 20$，$T_I = 3\text{min}$，$T_D = 0\text{min}$。

当两回路同时投入“自动”时，控制系统的闭环响应如图 6-7 所示。比较闭环响应曲线可知，对于 MIMO 系统，正确的变量配对可显著减少多回路之间的关联；有时即使采用简单的 PID 控制器，也完全可能取得令人满意的控制性能。

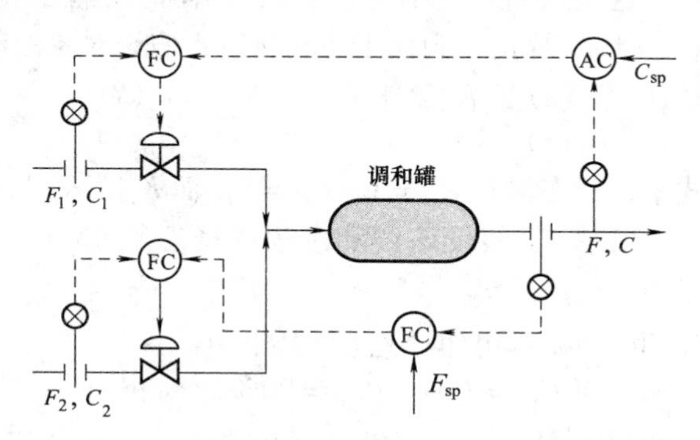

图 6-6 料液混合系统的多回路 PID 控制方案 2

情形 2：假设上述调和过程的稳态工作点改变成 $Q_0(u_{10}, u_{20}, y_{10}, y_{20})$，其中 $u_{10} = 55\text{t/h}$，$u_{20} = 45\text{t/h}$，$y_{10} = 100\text{t/h}$，$y_{20} = 53\%$；而 $C_{10} = 80\%$，$C_{20} = 20\%$。经计算可得到下列相对增益矩阵

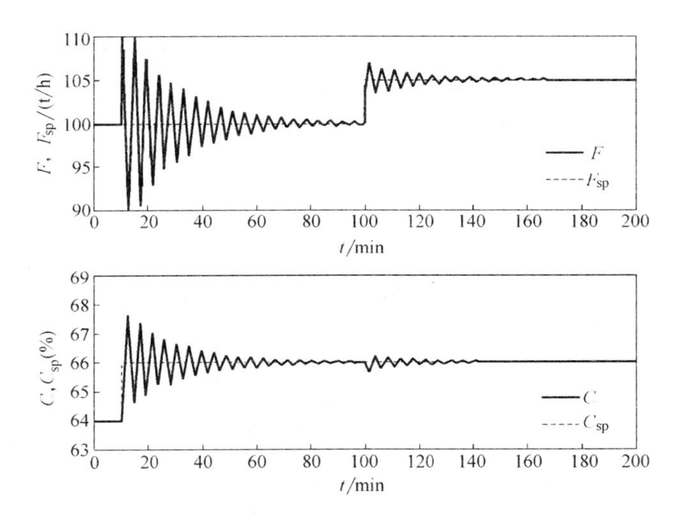

图 6-7　多回路 PID 控制方案 2 的闭环响应（对于情形 1）

$$\boldsymbol{\Lambda}=\begin{pmatrix}0.55 & 0.45\\ 0.45 & 0.55\end{pmatrix} \tag{6-22}$$

合适的变量配对为：u_1-y_1，u_2-y_2；因而可采用如图 6-4 所示的多回路控制方案 1。依照单回路 PID 参数的整定方法，分别可获得以下较理想的 PID 参数：

PID1：$K_C=2$，$T_I=1\text{min}$，$T_D=0\text{min}$；

PID2：$K_C=-4$，$T_I=3\text{min}$，$T_D=0\text{min}$。

将两回路同时投入“自动”时，控制系统的闭环响应曲线如图 6-8 所示。

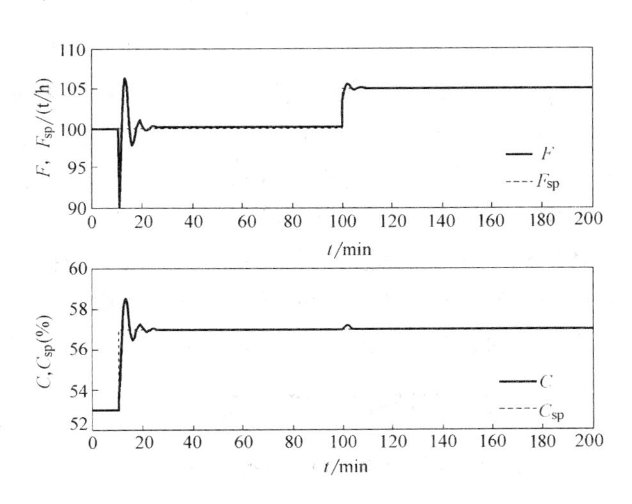

图 6-8　多回路 PID 控制方案 1 的闭环响应（情形 2，初始 PID 参数）

与图 6-5 比较可知，由于两回路之间的耦合加强，使控制系统的稳定性有所下降，衰减比变小。根据相对增益的物理意义，当两回路均投入“自动”时，系统稳定性下降的原因主要在于：控制通道对象静态增益均增大了近一倍。为此，可重新整定控制器增益为

PID1：$K_C=1$；PID2：$K_C=-2$。

相应地，闭环响应曲线如图 6-9 所示。由此可见，正确的变量配对与控制器参数整定可显著减少回路间的关联，很多情况下采用多个 PID 控制器就能取得较理想的控制性能。

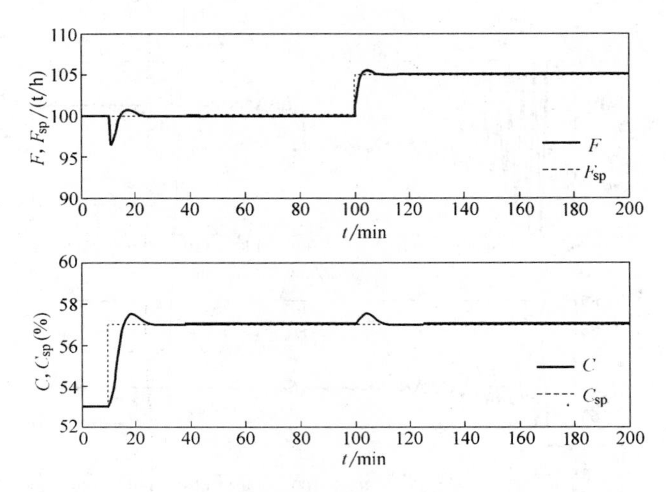

图 6-9　多回路 PID 控制方案 1 的闭环响应
（情形 2，控制器增益调整后）

6.2　多回路系统的解耦设计

当多回路系统关联严重时，即使采用最合理的变量配对也可能得不到满意的控制性能。特别对于静态关联严重且动态特性相近的多回路系统，各回路间易产生共振现象。如果都是快速回路（如流量回路），把一个或更多的控制器加以特殊的整定就可以克服相互影响；但这并不适用于都是慢速回路（如成分回路）的情况。因此，对于关联严重的慢速系统需要进行解耦，否则系统就可能不稳定。

解耦的本质在于设置一个计算网络，用它去抵消过程中的关联，以保证各个单回路控制系统能独立地工作。对多变量耦合系统的解耦方法大体上可分为两类：基于框图的线性解耦与基于工艺机理的非线性解耦。为讨论方便，下面仅考虑双回路系统。

6.2.1　基于框图的串级解耦器

对于如图 6-1 所示的双回路控制系统，最容易设想的解耦器即为如图 6-10 所示的串级解耦网络，其中 $G_{11}(s)$、$G_{21}(s)$、$G_{12}(s)$、$G_{22}(s)$ 分别表示 $K_{11}g_{11}$、$K_{21}g_{21}$、$K_{12}g_{12}$、$K_{22}g_{22}$；而 $D_{11}(s)$、$D_{21}(s)$、$D_{12}(s)$、$D_{22}(s)$ 均为解耦器模块。

由于被控变量和操作变量之间的矩阵为

$$\begin{bmatrix} y_1 \\ y_2 \end{bmatrix} = \begin{bmatrix} G_{11}(s) & G_{12}(s) \\ G_{21}(s) & G_{22}(s) \end{bmatrix} \begin{bmatrix} u_1 \\ u_2 \end{bmatrix} \tag{6-23}$$

而操作变量与控制器输出之间的矩阵为

$$\begin{bmatrix} u_1 \\ u_2 \end{bmatrix} = \begin{bmatrix} D_{11}(s) & D_{12}(s) \\ D_{21}(s) & D_{22}(s) \end{bmatrix} \begin{bmatrix} u_{c1} \\ u_{c2} \end{bmatrix} \tag{6-24}$$

由此得到系统的传递矩阵为

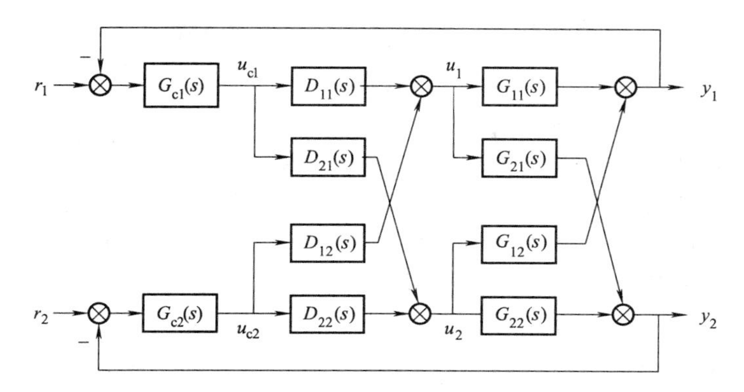

图 6-10　串级解耦控制系统

$$\begin{bmatrix} y_1 \\ y_2 \end{bmatrix} = \begin{bmatrix} G_{11}(s) & G_{12}(s) \\ G_{21}(s) & G_{22}(s) \end{bmatrix} \begin{bmatrix} D_{11}(s) & D_{12}(s) \\ D_{21}(s) & D_{22}(s) \end{bmatrix} \begin{bmatrix} u_{c1} \\ u_{c2} \end{bmatrix} \tag{6-25}$$

为实现解耦，应使系统传递矩阵具有如下形式：

$$\begin{bmatrix} y_1 \\ y_2 \end{bmatrix} = \begin{pmatrix} \hat{G}_{11}(s) & 0 \\ 0 & \hat{G}_{22}(s) \end{pmatrix} \begin{bmatrix} u_{c1} \\ u_{c2} \end{bmatrix} \tag{6-26}$$

假设对象传递矩阵的逆存在，则由式(6-25) 与式(6-26)，可得到解耦器的数学模型为

$$\begin{aligned} \begin{bmatrix} D_{11}(s) & D_{12}(s) \\ D_{21}(s) & D_{22}(s) \end{bmatrix} &= \begin{bmatrix} G_{11}(s) & G_{12}(s) \\ G_{21}(s) & G_{22}(s) \end{bmatrix}^{-1} \begin{bmatrix} \hat{G}_{11}(s) & 0 \\ 0 & \hat{G}_{22}(s) \end{bmatrix} \\ &= \frac{1}{G_{11}(s)G_{22}(s) - G_{12}(s)G_{21}(s)} \begin{bmatrix} G_{22}(s) & -G_{12}(s) \\ -G_{21}(s) & G_{11}(s) \end{bmatrix} \begin{bmatrix} \hat{G}_{11}(s) & 0 \\ 0 & \hat{G}_{22}(s) \end{bmatrix} \\ &= \frac{1}{G_{11}(s)G_{22}(s) - G_{12}(s)G_{21}(s)} \begin{bmatrix} G_{22}(s)\hat{G}_{11}(s) & -G_{12}(s)\hat{G}_{22}(s) \\ -G_{21}(s)\hat{G}_{11}(s) & G_{11}(s)\hat{G}_{22}(s) \end{bmatrix} \end{aligned} \tag{6-27}$$

显然，用式(6-27) 所得到的解耦器进行解耦，将使 y_1、y_2 两个系统完全独立，即图 6-10 所示的系统可等效为图 6-11 所示的独立单回路形式，从而达到解耦的目的。

从原理上讲，对于两个变量以上的多变量系统，经过矩阵运算都可以方便地求得解耦器的数学模型，只是解耦器越来越复杂，如果不予以简化就难以实现。

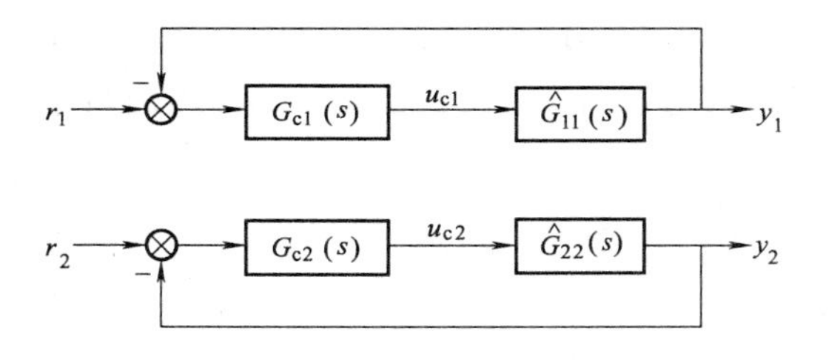

图 6-11　串级解耦后得到的独立子系统

关于 $\hat{G}_{11}(s)$、$\hat{G}_{22}(s)$ 的取值，主要包括以下情况：

情况 1（对角矩阵串级解耦法）：令 $\hat{G}_{11}(s) = G_{11}(s)$、$\hat{G}_{22}(s) = G_{22}(s)$，此时，解耦后的

子系统完全等价于无耦合的独立回路，参数整定可与独立单回路完全相同，但解耦器结构复杂。

情况 2（单位矩阵串级解耦法）：令 $\hat{G}_{11}(s)=1$、$\hat{G}_{22}(s)=1$，解耦后的子系统具有稳定性好、抗扰动能力强等优点，但要实现它的解耦器也将会比其他方法更为困难。例如对于具有一阶滞后的相互关联过程，利用单位矩阵法得到的解耦器可能为一阶微分环节，而应用其他方法却得到具有比例特性的解耦器。如耦合过程具有更复杂的动态特性时，单位矩阵法求出的串级解耦器可能比用其他方法求出的解耦器更难以实现。

情况 3（简化对角矩阵串级解耦法）：为简化解耦器结构，使 $D_{11}(s)=1$，$D_{22}(s)=1$。由式(6-27)，可知：$G_{22}(s)\hat{G}_{11}(s)=\Delta(s)$，$G_{11}(s)\hat{G}_{22}(s)=\Delta(s)$；而

$$D_{12}(s)=-\frac{G_{12}(s)\hat{G}_{22}(s)}{\Delta(s)}=-\frac{G_{12}(s)}{G_{11}(s)},\ D_{21}(s)=-\frac{G_{21}(s)\hat{G}_{11}(s)}{\Delta(s)}=-\frac{G_{21}(s)}{G_{22}(s)};$$

式中，$\Delta(s)=G_{11}(s)G_{22}(s)-G_{12}(s)G_{21}(s)$。简化对角矩阵法所对应的解耦器见式(6-28)，对应的解耦控制系统如图 6-12 所示。

$$D_{11}(s)=1,\ D_{12}(s)=-\frac{G_{12}(s)}{G_{11}(s)},\ D_{21}(s)=-\frac{G_{21}(s)}{G_{22}(s)},\ D_{22}(s)=1 \tag{6-28}$$

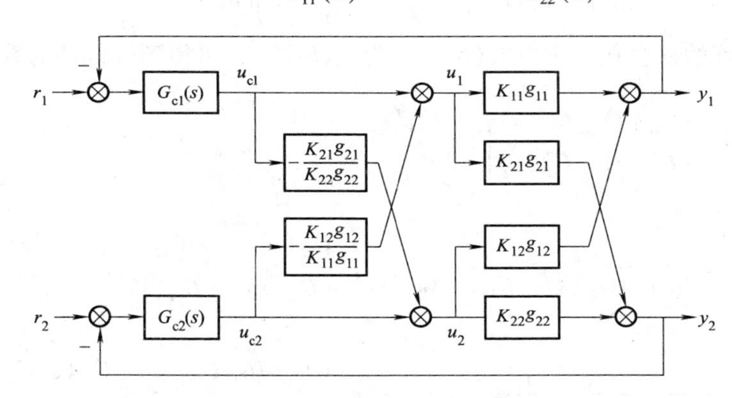

图 6-12　简化的串级解耦控制系统

对于图 6-12 所示的串级解耦方案，存在着以下两个问题：控制器输出的初始化和操作变量的约束运行。所谓控制器输出的初始化就是要找到两个控制器的初始值 u_{c1} 和 u_{c2}，以便控制系统能够无扰动地从“手动”投入至“自动”。假设投用前系统处于稳态，为实现无扰动切换，需要满足以下线性方程：

$$u_1=u_{c1}-\frac{K_{12}}{K_{11}}u_{c2},\ u_2=-\frac{K_{21}}{K_{22}}u_{c1}+u_{c2} \tag{6-29}$$

或者说，应根据投用前操作变量的值 u_1 和 u_2，按式(6-29) 求解出 u_{c1} 和 u_{c2} 后再投用。

初始化问题能够通过一定的程序加以解决，而操作变量的约束运行问题就很难解决了。假如操作变量 u_1、u_2 中有一个受到约束（即达到控制阀的上限或下限），则被控变量 y_1、y_2 两者都不能得到有效的控制，因为此时两个控制器都试图操纵剩下的尚未受到约束的操作变量来进行控制。但由于仅有一个有效的操作变量，而有两个被控变量要求进行定值控制，结

果造成未受约束的操作变量也会被驱赶到极限值。

为解决串级解耦方案中存在的初始化和约束运行问题，过程工业中常采用如图 6-13 所示的前馈解耦方案。在这里，可以由已知的 u_1 和 u_2 来计算 u_{c1} 和 u_{c2}，从而简化了初始化过程。此外，当某一操作变量受到约束时，会使对应的控制回路等价于开环，而受到约束的操作变量就作为前馈补偿输入继续被送至另一回路。由于此时仅有一个控制回路在工作，因而避免了约束运行问题。

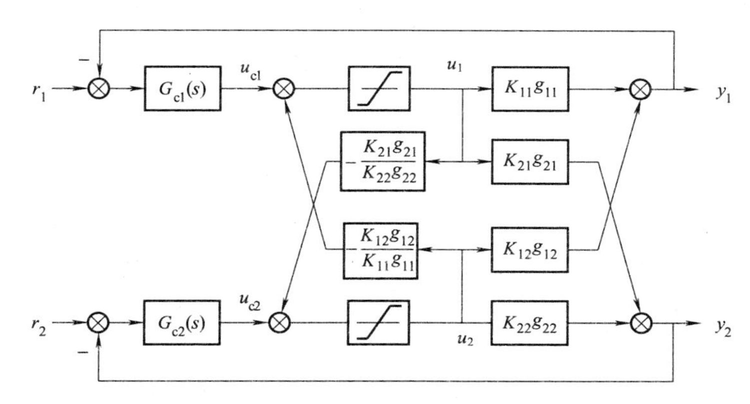

图 6-13　前馈解耦控制系统

对于前馈解耦方案，除了图 6-13 所示的动态线性前馈解耦器以外，为进一步简化解耦器结构，可采用以下简化形式：

情况 1（稳态线性前馈解耦法）：通过忽略动态调节过程中的关联作用，而仅考虑稳态条件下的解耦。对于图 6-13 所示的前馈解耦控制系统，其稳态解耦器为

$$D_{21} = -\frac{K_{21}}{K_{22}},\ D_{12} = -\frac{K_{12}}{K_{11}} \tag{6-30}$$

情况 2（部分线性前馈解耦法）：仍以图 6-13 所示的前馈解耦控制系统为例，若采用部分解耦，即两个前馈解耦器只安装其中一个，这样不仅切断了解耦器回路，还可以有效地切断由两个控制器构成的反馈回路。此外，还可以防止第一回路的干扰进入第二个回路，虽然第二个回路的干扰仍然可以传到第一个回路，但是决不会再返回到第二个回路。当然，为进一步简化，所安装的前馈解耦器也可以采用稳态解耦器。

【例 6-3】 针对例 6-2 所示的料液混合过程，假设其稳态模型可用式(6-15) 描述，而对象动态特性为

$$\begin{bmatrix} Y_1(s) \\ Y_2(s) \end{bmatrix} = \begin{bmatrix} \dfrac{1}{2s+1} & \dfrac{1}{3s+1} \\ \dfrac{K_{21}e^{-5s}}{(2s+1)(10s+1)} & \dfrac{K_{22}e^{-5s}}{(3s+1)(10s+1)} \end{bmatrix} \begin{bmatrix} U_1(s) \\ U_2(s) \end{bmatrix} \tag{6-31}$$

式中，K_{21}、K_{22} 与过程稳态工作点有关。另外，假设该过程的稳态工作点为 $Q_0(u_{10}, u_{20}, y_{10}, y_{20})$，其中 $u_{10} = 55\text{t/h}$，$u_{20} = 45\text{t/h}$，$y_{10} = 100\text{t/h}$，$y_{20} = 53\%$；而 $C_{10} = 80\%$，$C_{20} = 20\%$。试设计相应的前馈解耦控制系统，并进行仿真研究。

步骤 1（变量配对）：基于上述稳态工作条件，可得到以下静态增益矩阵 $\boldsymbol{K}$ 与相对增益矩阵 $\boldsymbol{\Lambda}$：

$$\boldsymbol{K}=\begin{pmatrix}1 & 1\\ K_{21} & K_{22}\end{pmatrix},\ \boldsymbol{\Lambda}=\begin{pmatrix}0.55 & 0.45\\ 0.45 & 0.55\end{pmatrix}$$

式中，$K_{21}=\left.\dfrac{\partial y_2}{\partial u_1}\right|_{Q_0}=\dfrac{(C_{10}-C_{20})u_{20}}{(u_{10}+u_{20})^2}=0.25$，$K_{22}=\left.\dfrac{\partial y_2}{\partial u_2}\right|_{Q_0}=-\dfrac{(C_{10}-C_{20})u_{10}}{(u_{10}+u_{20})^2}=-0.33$。

由此可见，合适的变量配对为：u_1-y_1，u_2-y_2，所构成的多回路控制方案如图 6-4 所示。

步骤 2（PID 参数整定）：依照单回路 PID 参数整定方法可获得如下的 PID 参数：

PID1：$K_C=2$，$T_I=1\text{min}$，$T_D=0\text{min}$；

PID2：$K_C=-2$，$T_I=12\text{min}$，$T_D=0\text{min}$。

当两回路同时投入“自动”时，控制系统的闭环响应如图 6-14 所示。

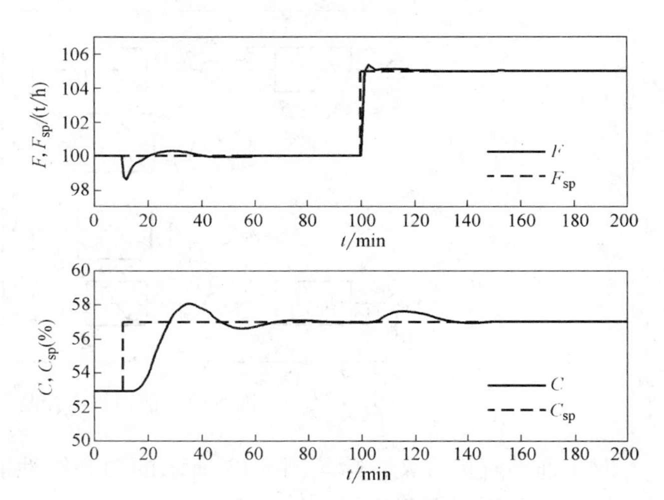

图 6-14 多回路 PID 控制方案的闭环响应

步骤 3（前馈解耦设计）：为进一步提高控制性能，考虑引入解耦设计。结合前面的讨论，这里采用前馈解耦方案。依据复杂程度，可采用的解耦方案包括：

（1）动态线性前馈解耦

由对象在稳态工作点附近的线性化动态模型式(6-31)，可直接得到下列动态前馈解耦器：

$$D_{12}=-\frac{G_{12}}{G_{11}}=-\frac{2s+1}{3s+1};\quad D_{21}=-\frac{G_{21}}{G_{22}}=0.75\times\frac{3s+1}{2s+1}$$

由此构成的解耦控制系统的闭环响应如图 6-15 所示。与图 6-14 相比可以看出：通过引入解耦设计，使两回路之间几乎不存在相互关联，控制性能显著改善。

（2）稳态线性前馈解耦

针对前述动态解耦方案，仅考虑稳态解耦，即得到以下的稳态前馈解耦器：

$$D_{12}=-\left.\frac{G_{12}}{G_{11}}\right|_{s=0}=-1;$$

$$D_{21}=-\left.\frac{G_{21}}{G_{22}}\right|_{s=0}=0.75$$

由此构成的解耦控制系统的闭环响应如图 6-16 所示。与图 6-15 的比较结果表明：采用稳态前馈解耦方式仍能取得很好的效果，而且实现方便。

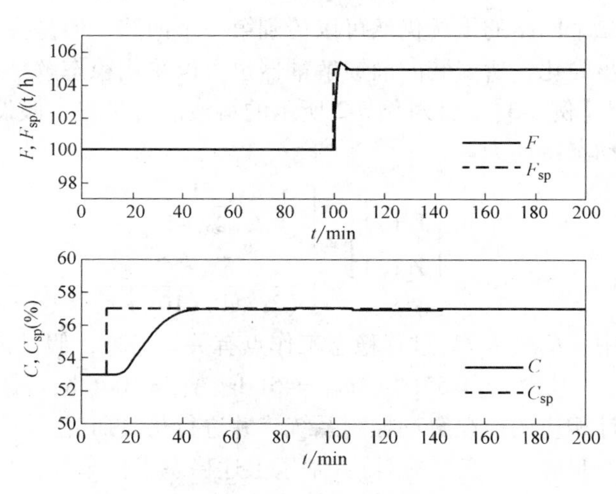

图 6-15 动态前馈解耦控制方案的闭环响应

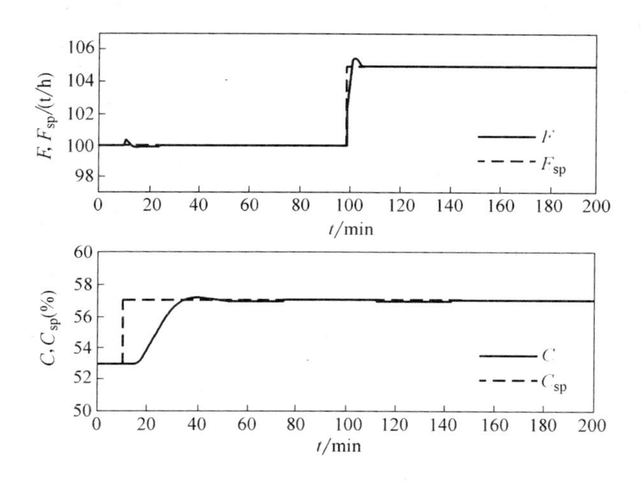

图6-16　稳态前馈解耦控制方案的闭环响应

（3）部分稳态前馈解耦

针对前述稳态前馈解耦器，人为设置 $D_{12}=-1$，$D_{21}=0$，由此构成了部分稳态前馈解耦器，相应的闭环响应如图6-17所示。与完全稳态解耦方式相比较，本例引入的部分解耦方案能有效地克服出口质量分数控制回路对流量回路的影响；而当流量回路设定值改变时，将对出口质量分数产生较大影响。

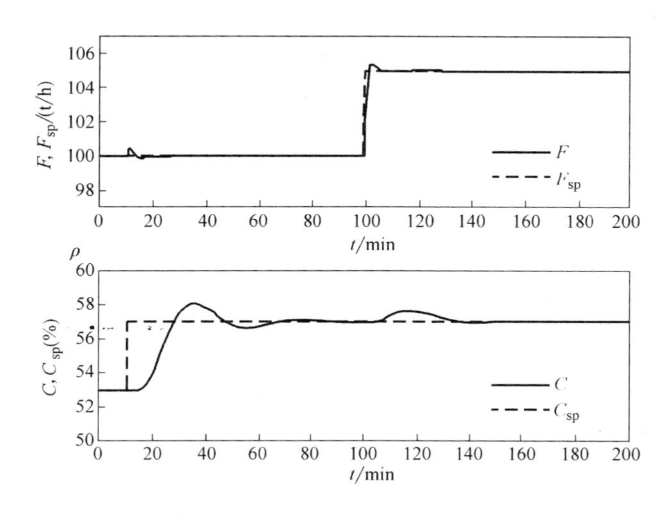

图6-17　部分解耦控制方案的闭环响应

6.2.2　基于过程机理的非线性解耦器

前面所讨论的解耦方案均采用线性模型，而对于非线性过程，自然可引入非线性解耦器。类似于线性串级解耦器，针对双输入双输出过程的稳态非线性串级补偿解耦原理如图6-18所示。

对于稳态解耦而言，通过引入解耦中间变量 v_1、v_2，使 $u_1 = f_1(v_1, v_2)$、$u_2 = f_2(v_1, v_2)$；而所谓“非线性稳态解耦”是指实现以下稳态函数关系：

$$\bar{y}_1 = g_1(\bar{v}_1), \bar{y}_2 = g_2(\bar{v}_2) \quad (6\text{-}32)$$

即输入 y_1 的稳态值 $\bar{y}_1$ 仅与 PID1 输出 v_1 的稳态值 $\bar{v}_1$ 有关，而与 PID2 输出的稳态值 $\bar{v}_2$ 无关；同样，要求 y_2 的稳态值 $\bar{y}_2$ 仅与 PID2 输出 v_2 的稳态值 $\bar{v}_2$ 有关。

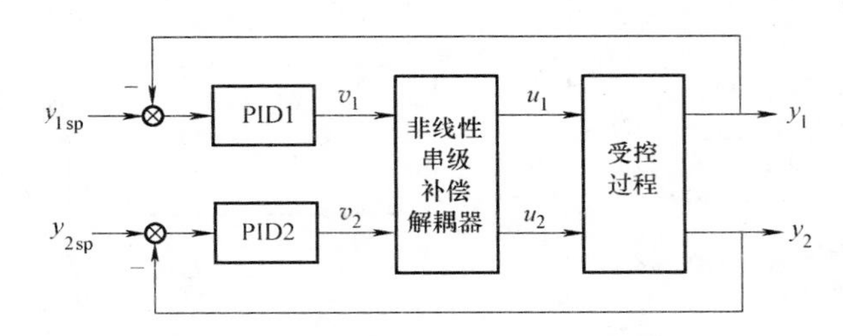

图 6-18 非线性串级补偿解耦原理

为使稳态解耦后的控制回路具有较强的鲁棒性，更为理想的非线性稳态解耦环节应使控制回路的输出与操作变量之间呈线性关系，即要求

$$\begin{cases} \bar{y}_1 = \bar{K}_1 \bar{v}_1 + \bar{B}_1 \\ \bar{y}_2 = \bar{K}_2 \bar{v}_2 + \bar{B}_2 \end{cases} \quad (6\text{-}33)$$

式中，线性系数 $\bar{K}_1$、$\bar{B}_1$、$\bar{K}_2$、$\bar{B}_2$ 要求均与 $\bar{v}_1$、$\bar{v}_2$ 无关。

下面针对图 6-3 所示的料液混合系统，来讨论非线性稳态解耦的实现问题。由稳态平衡方程，可得到

$$\begin{cases} y_1 = u_1 + u_2 \\ y_2 = \dfrac{C_1 u_1 + C_2 u_2}{u_1 + u_2} = C_1\left(1 - \dfrac{u_2}{u_1 + u_2}\right) + C_2\left(\dfrac{u_2}{u_1 + u_2}\right) \end{cases}$$

若令

$$v_1 = u_1 + u_2, \quad v_2 = \frac{u_2}{u_1 + u_2}, \quad (6\text{-}34)$$

则

$$y_1 = v_1, \quad y_2 = C_1(1 - v_2) + C_2 v_2 = (C_2 - C_1)v_2 + C_1 \quad (6\text{-}35)$$

式(6-35) 表明，经非线性变换后，输出 y_1、y_2 与控制器输入 v_1、v_2 实现了理想的稳态解耦。不仅两控制回路间不存在稳态耦合；而且对控制器而言，各回路的广义对象均为线性对象。

由式(6-34)，可得到非线性解耦器的具体函数关系为

$$\begin{cases} u_2 = v_1 v_2 \\ u_1 = v_1(1 - v_2) = v_1 - v_1 v_2 \end{cases} \quad (6\text{-}36)$$

引入非线性串级补偿器式 (6-36) 所构成的非线性稳态完全解耦控制方案如图 6-19 所示。对于混合液流量与质量分数设定值 F_{sp}、C_{sp} 的阶跃变化，控制系统的闭环响应如图 6-20 所示。由此可见，结合对象稳态模型引入非线性解耦补偿器同样可以达到很好的解耦效果，而且实现也并不复杂。

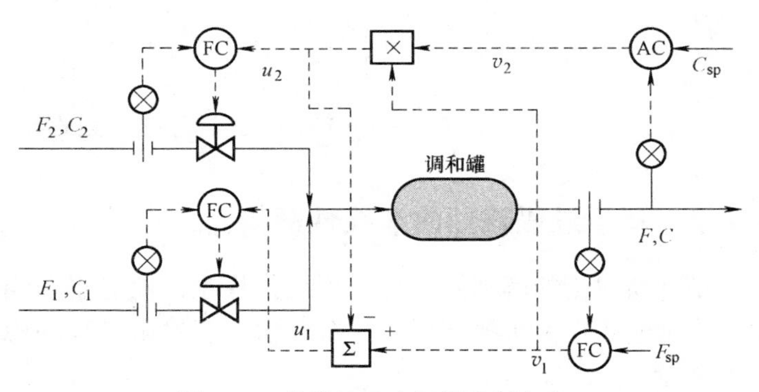

图 6-19 非线性完全解耦控制方案

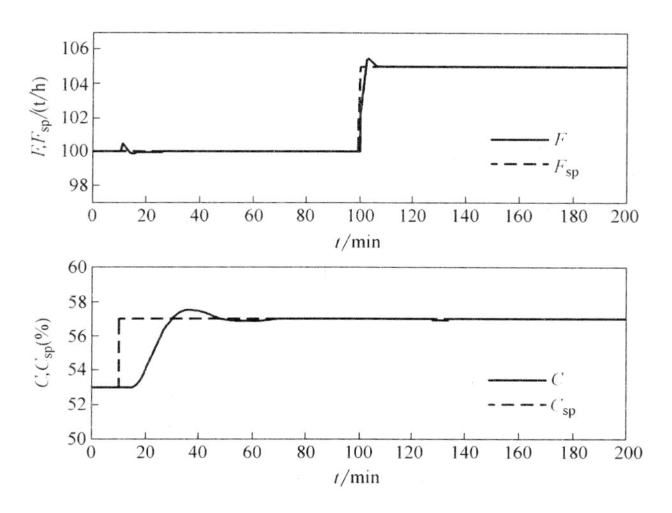

图 6-20　非线性完全解耦控制方案的闭环响应

综上所述，对于工业过程常见的 MIMO 关联系统，应首先进行关联分析并选择合适的变量配对；在此基础上设计相应的多回路控制系统。当各回路间关联严重且动态特性接近时，可考虑进行解耦设计。具体解耦设计方式与对象特性有关，但应以原理简单、实现方便为原则。

6.3　预测控制

模型预测控制（Model Predictive Control）已在炼油、化工和电力等领域获得了广泛的应用，并形成了相当规模的先进控制产业。国外许多著名的控制工程公司，如 ABB、Aspen-Tech、Honeywell 等公司都开发了各自的商品化模型预测控制软件包，并已广泛应用于众多的大型工业过程，如原油常减压蒸馏装置、催化裂化装置、乙烯装置和合成氨过程等。预测控制的广泛应用除了得到飞速发展的计算机产业的支持外，还因为这类方法本身来源于工程实践，而且推动它发展的控制专家们大都有较强的工程背景，从而形成了独具一格的工程应用特色。

回顾历史，早在 20 世纪 60 年代，卡尔曼等系统地发展了基于状态方程的线性系统理论，并用线性二次型方法去解决优化问题，从理论上完美地解决了无约束线性系统的控制和优化问题。但是，这种方法难于描述和处理约束，对模型不确定性过于敏感且不易处理多种类型的性能指标要求。现代工业过程通常是极其复杂的，不仅各通道之间存在着关联，还具有时变和非线性等特性，对过程输入/输出变量存在诸多约束，而且很难建立起精确的数学模型。这些特点要求使用的控制方法必须对模型要求不高、鲁棒性强而且综合控制质量较好。

预测控制就是在这种背景下发展起来的。1978 年 Richalet 等提出了启发式模型预测控制，1980 年 Cutler 和 Ramaker 提出了动态矩阵控制（Dynamic Matrix Control，DMC），1986 年 Garcia 等提出了带二次规划的动态矩阵控制，1987 年 Clarke 等提出了广义预测控制。各种预测控制方法不断出现，控制学者和专家从各自不同应用领域提出了各具特色的方法，预测控制理论得到很大的发展。同时关于各种预测控制方法应用的报道也不绝于耳，预测控制成为控制领域尤其是应用专家们关注的热点。

本节简要介绍预测控制的主要特征、基本工作原理，并以 DMC 为例说明其控制算法实现，最后通过工业应用实例来进一步说明预测控制算法的优越性。

6.3.1 模型预测控制的基本原理

预测控制是一类计算机控制算法，各种预测控制算法尽管侧重点不同，但它们都具有以下 3 个基本特征：预测模型、滚动优化和反馈校正。

1. 预测模型

在预测控制中需要一个描述系统动态行为的基础模型，称为预测模型。这个预测模型应具有预测的功能，即能够根据系统输入/输出的历史信息和未来输入，预测其未来输出值。预测模型有多种描述形式：阶跃响应模型、脉冲响应模型、移动平均自回归模型和状态空间模型等。这些模型只是采用不同的数学形式，从根本上讲都是为了定量地描述过程输入变化对输出的动态特性。在预测模型中，阶跃响应和脉冲响应模型就可以直接来自工业过程，获取方便且模型系数的冗余性会带来控制器对模型失配的鲁棒性，因而工业应用最为广泛。

2. 滚动优化

预测控制也是一种优化控制算法，但它与通常的最优控制算法不同，即采用了滚动式的有限时域输出优化。这种优化方式具有下述特点：

1）优化目标是随时间推移的，即在每一个采样时刻，优化性能指标只涉及从该时刻起至未来某时刻之间所包含的有限时间。这一时间段称为预测时域或优化时域，到下一个采样时刻，这一优化时域同时向前推移。在不同时刻，预测控制器都提出一个立足于该时刻的局部优化目标，而不是采用不变的全局优化目标，因此，优化过程是反复在线进行的。这种滚动优化目标的局部性，虽然使其在理想情况下只能得到全局最优解的近似解；然而，当模型失配或有时变、非线性或其他干扰因素时，却能顾及这种不确定性，及时进行弥补，减小偏差，保持实际上的最优。

2）由于采用了有限时域输出优化，结合模型的输入/输出映射关系，易于得到简便的在线控制律，能适应在线反复进行优化的需要。此外，由于在优化目标中出现的参数直接与系统的外部表现有关，物理意义明确，便于离线设计与在线调整。

3. 反馈校正

预测控制算法的基本结构还包括对模型误差和过程干扰的补偿环节。将过去对“现在”时刻输出的估计值和“现在”时刻的实际输出测量值相比较，得到一个预测误差，它可能是由于模型失配或者过程干扰引起的。预测控制器假设在下一时刻影响因素不变，即“更正确”的预测结果应该是现有模型输出再加上现在的预测偏差。对于模型增益误差和持续干扰（表现为阶跃形式）来说，这种方法可以基本上消除它们的影响；而对其他形式的干扰，这种处理方法也不会使预测结果变得更坏。综合来看，预测控制就是依靠这种反馈校正机制在一定范围内适应了模型偏差或者模型的漂移，并适应了过程中存在的不可测且有规律的干扰。

在实时控制的每个周期内，预测控制器根据现在的过程输出测量值和已经执行但作用还未完全发挥的控制动作，按模型估计出过程输出在不施加新的控制作用时的动态变化轨迹；如果这个轨迹与实际要求有偏差，再根据模型逆向计算出要在现在施加多大的控制才能使偏差最快地消失，或者说使动态响应按某个性能指标达到一定时域内的最优；最后将计算结果输出到过程输入端，这样就完成了一次优化控制。在下一控制周期内再重复此过程，就是预测控制器的工作原理。

预测控制原理如图 6-21 所示，它描述了预测控制器对单输入单输出（SISO）系统的一次优化控制过程。假设在当前时刻过程已经达到一种稳态，此时将输出设定值提高，控制目标是要求输出变量尽可能快和准确地达到设定值。现在来观察预测控制器进行设定值跟踪的全过程：当前时刻由于设定值提高，存在输出偏差。假设控制作用 u 对被控输出 y 的作用方向为正，预测控制器会迅速计算出 u 需要往上调节多少才能使输出达到设定值。但因为同时要满足“尽可能快”的控制要求，算法会在控制时域内得到一组连续的控制序列。尽管当前时刻只是将第一步控制作用 $u(k)$ 加到过程输入端，同时计算一个控制序列还是很有必要的，它保证了输出变量有较好的动态性能，而不仅仅是能达到设定值。

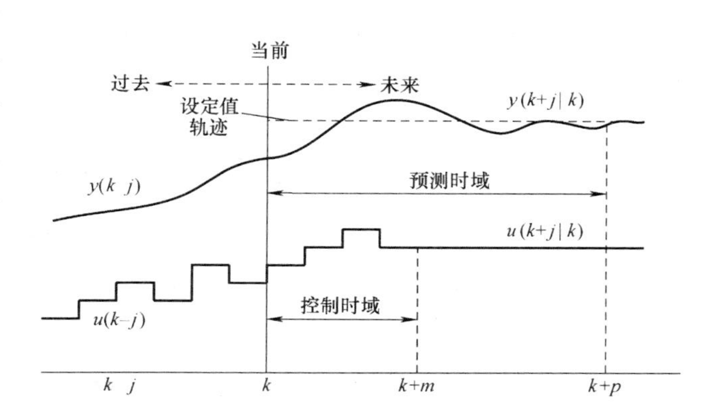

图 6-21　预测控制原理

前面介绍了预测控制的基本原理，事实上控制专家在不同应用领域内提出了很多种预测控制方案。下面以化工过程中应用最为广泛的动态矩阵控制（DMC）为例，讨论其预测模型、反馈校正与滚动优化等基本要素。

6.3.2　动态矩阵控制

动态矩阵控制由壳牌石油公司工程师 Culter 和 Ramaker 于 1980 年提出，它是一种适合于多变量且不带约束的优化控制算法，Garcia 等人将其推广应用于输入输出受约束系统。这里为说明其基本特点，以单输入单输出无约束线性系统为例加以介绍。

1. 阶跃响应模型

对于 SISO 过程，当输入发生阶跃变化时过程输出的动态响应如图 6-22 所示，其中 y 为过程输出，T_S 为采样周期，u 为过程输入；$\Delta u(k)=1$，且 $u(k+i)=u(k)$，$i=1$，…，N；s_j即为阶跃响应系数，$j=1$，…，N；N 为截断步长，通常 N 应不小于通道响应过渡过程结束所需要的采样周期数。输入/输出模型可用以下阶跃响应模型表示：

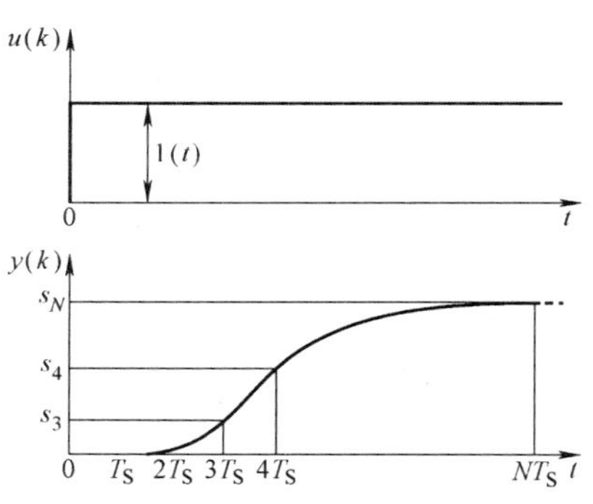

图 6-22　阶跃响应模型

$$y(k)=\sum_{j=1}^{N-1}s_j\Delta u(k-j)+s_N u(k-N)+d(k) \tag{6-37}$$

式中，$d(k)$ 为过程输出所受的外部扰动。

由此可得到过程输出在未来 $k+p$ 时刻的预测值$y(k+p)$，

$$y(k+p)=\sum_{j=1}^{N-1}s_j\Delta u(k+p-j)+s_N u(k+p-N)+d(k+p)$$

或

$$y(k+p)=\sum_{j=1}^{p}s_j\Delta u(k+p-j)+\sum_{j=p+1}^{N-1}s_j\Delta u(k+p-j)+s_N u(k+p-N)+d(k+p)$$

即
$$y(k+p)=\sum_{j=0}^{p-1}s_{p-j}\Delta u(k+j)+y_0(k+p)+d(k+p) \tag{6-38}$$

式中，$y_0(k+p)$ 为未来控制输入不变时过程输出的预测值，

$$y_0(k+p)=\sum_{j=1}^{N-p-1}s_{p+j}\Delta u(k-j)+s_N u(k+p-N)$$

由于外部扰动无法预测，这里假设扰动均为阶跃变化，而且

$$d(k+p)=d(k)=y_m(k)-y_0(k) \tag{6-39}$$

式中，$y_m(k)$ 为过程输出在 k 时刻的实际测量值。

2. 滚动优化

动态矩阵控制的优化目标是使以下性能指标极小化：

$$J(k)=\sum_{j=1}^{P}(y_{sp}(k)-y(k+j))^2+\lambda\sum_{j=1}^{m}\Delta u^2(k+j-1) \tag{6-40}$$

式中，m 为控制步长；P 为预测步长，通常要求 $P>m$；$y_{sp}(k)$ 为过程输出的参考设定值；λ 为输入变化的加权系数。目标函数 $J(k)$ 一方面驱使未来输出序列接近理想的设定值，同时使控制输入的改变量尽可能小。

假设控制输入自 m 步后保持不变，即 $u(k+m+j)=u(k+m-1)$，$j\geqslant 0$；或者 $\Delta u(k+m+j)=0$，$j\geqslant 0$。若令

$$Y(k)=\begin{pmatrix}y(k+1)\\y(k+2)\\\vdots\\y(k+P)\end{pmatrix},\ Y_0(k)=\begin{pmatrix}y_0(k+1)\\y_0(k+2)\\\vdots\\y_0(k+P)\end{pmatrix},\ D(k)=\begin{pmatrix}y_m(k)-y_0(k)\\y_m(k)-y_0(k)\\\vdots\\y_m(k)-y_0(k)\end{pmatrix},$$

$$\Delta U(k)=\begin{pmatrix}\Delta u(k)\\\Delta u(k+1)\\\vdots\\\Delta u(k+m-1)\end{pmatrix},\ \boldsymbol{A}=\begin{pmatrix}s_1&0&\cdots&0\\s_2&s_1&\ddots&\vdots\\\vdots&\vdots&\ddots&0\\s_m&s_{m-1}&\cdots&s_1\\\vdots&\vdots&\vdots&\vdots\\s_P&s_{P-1}&\cdots&s_{P-m+1}\end{pmatrix},\ Y_{sp}(k)=\begin{pmatrix}y_{sp}(k)\\y_{sp}(k)\\\vdots\\y_{sp}(k)\end{pmatrix};$$

则由预测模型式(6-38) 可得

$$Y(k)=\boldsymbol{A}\Delta U(k)+Y_0(k)+D(k) \tag{6-41}$$

式中，系数矩阵 $\boldsymbol{A}$ 通常被称为“动态矩阵”，它反映了未来控制作用对过程输出的

影响。

而优化目标，式(6-40) 可表示成

$$J(k)=(Y_{sp}(k)-Y(k))^{T}(Y_{sp}(k)-Y(k))+\lambda\Delta U^{T}(k)\Delta U(k) \tag{6-42}$$

将式(6-41) 代入式(6-42)，得

$$J(k)=\Delta U^{T}H\Delta U+2\boldsymbol{B}^{T}\Delta U+\boldsymbol{C} \tag{6-43}$$

式中，$\boldsymbol{H}=\boldsymbol{A}^{T}\boldsymbol{A}+\lambda\boldsymbol{I}$，$\boldsymbol{B}=-\boldsymbol{A}^{T}(Y_{sp}-Y_0-D)$，$\boldsymbol{C}=(Y_{sp}-Y_0-D)^{T}(Y_{sp}-Y_0-D)$。

若采用最小二乘法来求解最优控制输出 ΔU，令$\dfrac{\partial J(k)}{\partial \Delta U}=0$，即可得

$$\Delta U=-\boldsymbol{H}^{-1}\boldsymbol{B}=(\boldsymbol{A}^{T}\boldsymbol{A}+\lambda\boldsymbol{I})^{-1}\boldsymbol{A}^{T}(Y_{sp}-Y_0-D) \tag{6-44}$$

根据滚动优化的策略，仅实施当前时刻的控制作用 $\Delta u(k)$，所以只需取式(6-44) 的第一个元素构成当前时刻的控制作用，即

$$\Delta u(k)=\boldsymbol{c}^{T}\Delta U=\boldsymbol{K}^{T}(Y_{sp}-Y_0-D) \tag{6-45}$$

$$u(k)=u(k-1)+\Delta u(k)$$

式中，$\boldsymbol{c}^{T}=(1\quad 0\quad \cdots\quad 0)$，$\boldsymbol{K}^{T}=\boldsymbol{c}^{T}(\boldsymbol{A}^{T}\boldsymbol{A}+\lambda\boldsymbol{I})^{-1}\boldsymbol{A}^{T}$。

因为 $\boldsymbol{K}^{T}$可离线预先算出，所以若不考虑约束，优化问题的在线求解就只是进行系统输出的预测与校正，然后进行向量差与点积运算，因而，在线计算量很小。

3. 参数选择

动态矩阵控制系统的动态性能不仅与受控过程的动态特性有关，还与控制器参数选择相关。对于 SISO 动态矩阵控制器，其关键控制参数包括：预测步长 P、控制步长 m 与输入变化的加权系数 λ。下面给出这些参数的一般性选取原则：

(1) 预测步长 P

为了使滚动优化真正有意义，应使 P 包括被控对象的真实动态部分，也就是说将当前控制作用影响较显著的所有动态响应都包括在内。一般可选择 P 使其覆盖被控对象的动态过渡过程，即使 $PT_S \geq t_S$，其中 t_S为被控对象的过渡过程时间（也称过渡过程的回复时间），T_S为采样周期。

(2) 控制步长 m

控制步长是预测控制器中最重要的参数之一，控制步长的增大可提高系统的跟踪性能，同时使控制系统的鲁棒性与稳定性下降，对控制对象的特性变化更敏感。因而，在对象特性变化较大的场合，应选择较小的控制步长。对于工业过程常见的开环稳定系统，可取 $m=1\sim2$。

(3) 加权系数 λ

加权系数 λ 的作用是用于限制控制增量的剧烈变化，以减少对被控对象的过大冲击。增大加权系数 λ 可提高系统的稳定性与鲁棒性，但系统的调节作用减弱。考虑到输入、输出量纲对动态矩阵数值大小的影响，可作以下变换：

$$\lambda=\lambda_0|\boldsymbol{A}^{T}\boldsymbol{A}|$$

式中，$|\boldsymbol{A}^{T}\boldsymbol{A}|$为方阵 $|\boldsymbol{A}^{T}\boldsymbol{A}|$的模。

加权系数 λ 的取值范围为 $\lambda_0=0\sim1.0$。在实际应用中，可先令 $\lambda_0=0$。若此时控制量变化、调节较大，则可适当增大 λ_0，直到取得满意的控制效果。

4. 计算举例

某一单输入单输出受控过程如图 6-23 所示，其中，$u(t)$ 为控制变量，$d(t)$ 为外部扰动，$y(t)$ 为被控输出。假设初始的对象动态特性为

$$G_P(s)=\frac{2}{4s+1}e^{-4s}，G_D(s)=\frac{1}{2s+1}。$$

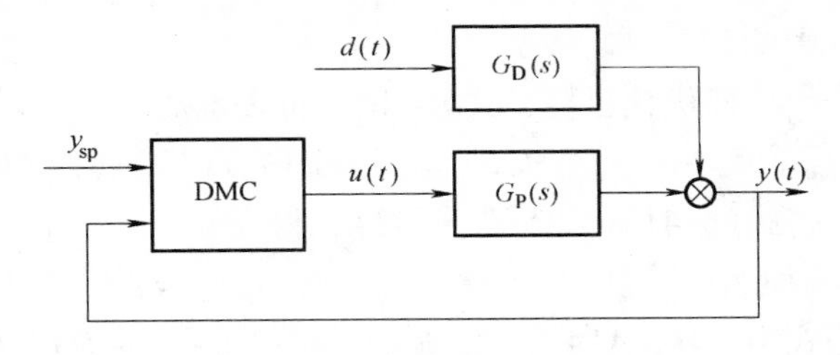

图 6-23 单输入单输出 DMC 控制系统

而 DMC 预测模型也为 $G_m(s)=\frac{2}{4s+1}e^{-4s}$，并取控制步长 $m=1$，预测步长为 $P=60$，控制作用变化加权系数 $\lambda_0=0.1$，则对应的闭环系统动态响应如图 6-24 所示。

若控制器参数与预测模型均不变，而过程控制通道的动态特性 $G_P(s)$ 由 $\frac{2}{4s+1}e^{-4s}$ 改变为 $\frac{2.4}{3s+1}e^{-6s}$，对应的闭环系统动态响应如图 6-25 所示。

上述例子表明：预测控制系统的控制性能直接取决于预测模型是否反映实际对象。当存在较大的模型失配时，闭环控制品质可能显著下降。

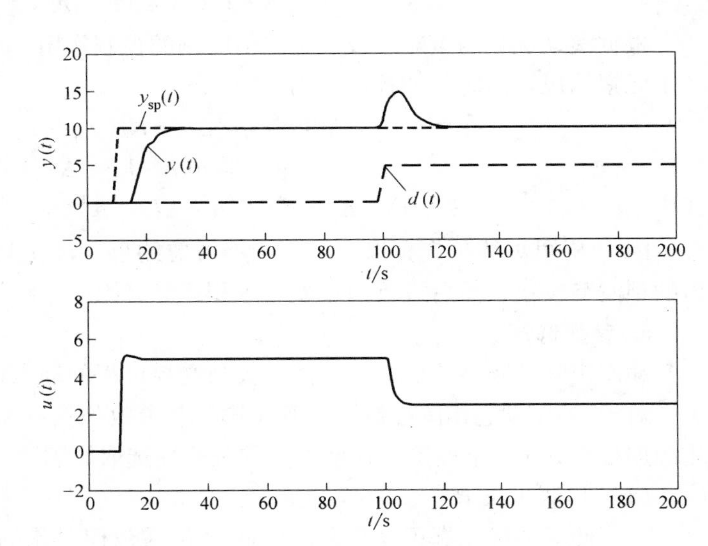

图 6-24 无模型失配时预测控制系统的闭环响应

6.3.3 预测控制应用示例

下面以原油蒸馏塔的多变量预测控制为例介绍预测控制的应用。

1. 工艺概况

原油常减压蒸馏过程是石油化工中的重要生产装置之一，是石油加工的第一道工序。它不仅担负了为大量后续加工过程提供原料或半成品的任务，同时还直接生产若干产品，如航空煤油、轻柴油等。为了对原油进行有效充分的馏分切割，该加工过程需要消耗大量的能源。随着市场竞争的激烈，以往仅仅以平稳操作

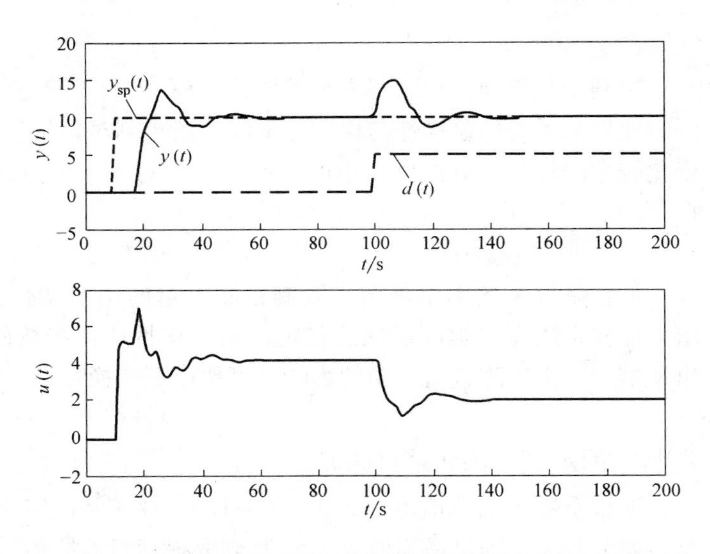

图 6-25 存在模型失配时预测控制系统的闭环响应

为主要目标的生产方式已不能满足要求，人们进一步提出了原油蒸馏过程的先进控制与操作优化问题，即期望用尽可能少的能源，生产出尽可能多的石油产品，并使各石油产品之间的重叠度进一步减小。

某炼油厂的原油常压蒸馏过程如图 6-26 所示。原油经脱盐、脱水、汽提后进入常压炉加热，加热至 360℃ 左右进入常压塔。常压塔顶汽相馏出经空冷与冷却器冷凝后进入常顶回流罐，回流罐内液相（称为常顶汽油）中的一部分作为塔顶回流，另一部分作为催化重整的原料出装置。回流罐内汽相并入全厂瓦斯管路。常一线油自常压塔流入一线汽提塔，经汽提后汽相返回常压塔，液相既可作为轻柴馏分并入常二线，也可经脱水、精制后作为航空煤油产品出装置，常二线油自常压塔流入二线汽提塔，经汽提、碱洗和精制后作为轻柴油产品出装置。常三线油自常压塔流入三线汽提塔，经汽提蒸汽汽提后，既可作为重柴油产品出装置，也可作为催化裂化、加氢裂化等二次加工的原料。常压塔底重油（称为常压渣油）去减压蒸馏塔进行深度分离。为了减少常压塔的能耗、提高常压塔的分离准确度与热能利用率，除塔顶回流后，还增设了常顶、常一中与常二中等循环回流。

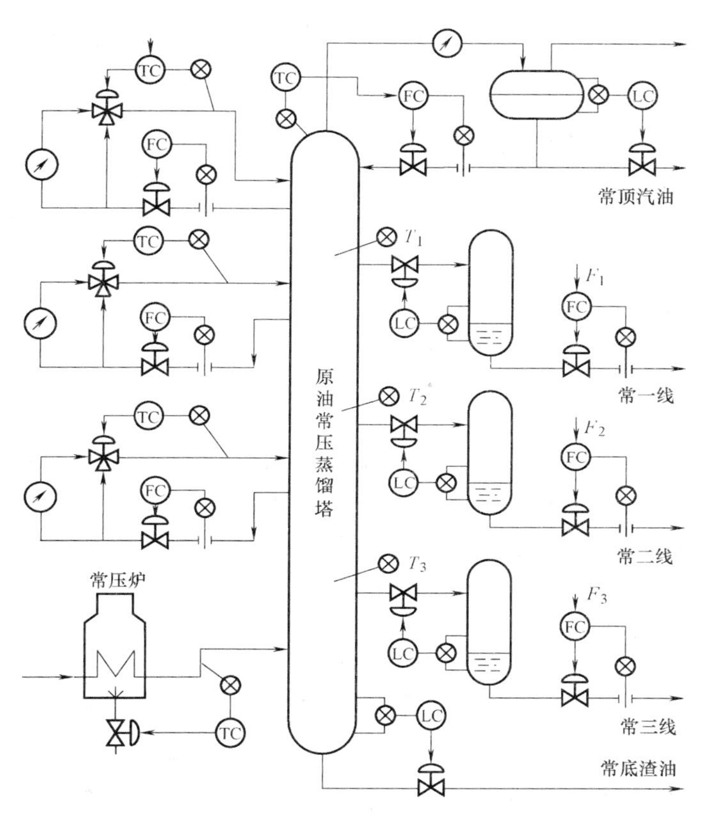

图 6-26　原油常压蒸馏过程

上述原油蒸馏过程属于复杂蒸馏，其工艺过程机理和二元或多元精馏相似，都是通过蒸馏方法将原油按沸点的高低分离成若干种不同馏程的产品。但由于原油中所含组分数目极多，使得原油蒸馏过程较二元或多元精馏更为复杂。具体表现为：

1）原油的组成复杂。一般认为原油中包含上千种组分的复杂烃类以及若干微量杂质元素，因此在原油蒸馏分离过程中，各种组分的分离是很粗的。在每一种馏出物中，单体烃的含量均认为是微量的，欲利用纯组分之间的汽液平衡关系进行各类计算，是十分困难，甚至是不可能的，以至只能采用一些经验的计算方法。

2）原油蒸馏过程的供热方式与二元或多元精馏不同。二元或多元精馏一般采用塔底重沸器供热，而原油蒸馏由于塔底温度过高，从而只能采用加热进料的方式供热，使原油在加料层产生闪蒸汽化，并逐级分离而获得各种不同沸点组分的产品或半成品。原油蒸馏过程的这一特点，使得以重沸器加热量为调节手段的控制方案受到很大限制。

3）由于原油蒸馏塔进料的热量较固定，因而塔的总回流量由全塔热平衡决定，而不是根据产品的分离准确度唯一地确定。一般认为，过大或过小地增减回流比都将直接引起产品回收率下降或产品质量不合格。

4）轻重组分的传热、传质性质相差较大。在原油蒸馏塔中，由于这一特性，使得通常二元或多元精馏中恒摩尔流的假设不再成立。因此，由于操作条件改变而引起塔内汽液负荷分配的改变对分离效果的影响较大。为此，为了克服因塔内汽液负荷分配不均匀而造成液泛、漏塔等异常操作，原油蒸馏塔一般采用多个中段回流的循环回流取热方式。

5）多侧线抽出。由于原油组成复杂，且分离准确度要求不高，为了在同一塔内得到不同沸程的产品，采用了多侧线抽出的方式。这样一个蒸馏塔可看成是由若干个“小塔”叠加起来的塔系，因而其控制问题就相当于一个多塔塔系的联合控制问题，属典型的多输入多输出强耦合系统，从而增加了实施优化控制的难度。

从以上特点可知，尽管其过程机理和多元精馏相似，但从自动控制的角度来看，其难度远远超过二元或多元精馏。然而，由于原油蒸馏过程消耗了大量的能源，其能耗约占炼厂总能耗的30% ~40%。为了进一步降低装置能耗，提高装置对处理量与原料性质变化的适应能力以及提高高附加值产品的收率，国内外的自动控制专家学者对原油蒸馏过程的模型化、先进控制与操作优化进行了大量深入细致的研究开发工作。下面详细讨论一个采用多变量预测控制技术实现全塔温度分布控制的工程应用实例。

2. 常压塔的多变量约束控制问题

在原油蒸馏塔的塔顶压力、加热炉出口温度与循环取热基本不变的前提下，全塔的温度分布与各侧线产品质量有着密切的关系。通过保持蒸馏塔温度分布的稳定，能有效地减少原油处理量及其性质变化对操作状况的影响。对于上述常压蒸馏塔，在塔顶温度得到控制的前提下，与全塔温度分布相关的常用操作手段为各侧线抽出量，对应的多变量约束控制问题如图 6-27 所示。图中，F_1、F_2、F_3分别为常一、二、三线抽出量，t_1、t_2、t_3分别为各侧线抽出板汽相温度。

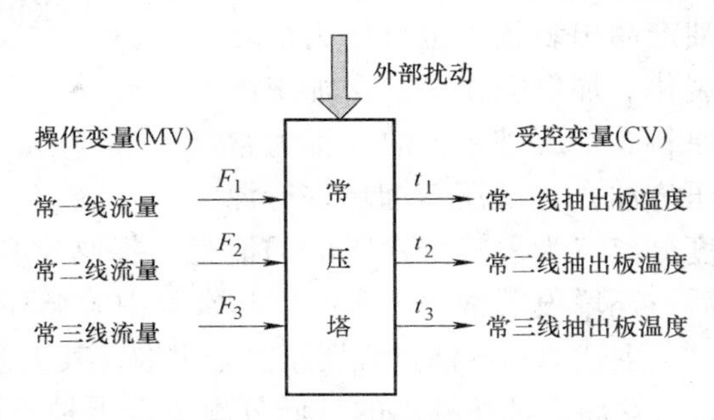

图 6-27　常压塔的控制问题

由于该受控对象关联严重，而且具有严重的非线性（对象特性随着装置处理量与原油性质等因素的变化而变化），再加上输入、输出均要求满足一定的约束，常规的控制手段很难奏效。而已在工业界获得广泛应用的多变量预测控制技术却能有效地处理这一复杂的控制问题。

3. 常压塔先进控制系统的运行结果

针对某炼油厂常压蒸馏塔的实际情况，首先采用阶跃响应测试法以获取各个输入/输出通道的动态特性，再采用多变量受约束预测控制算法，最后进行控制器参数的在线整定。因篇幅限制，关于多变量受约束预测控制算法，这里不做介绍，有兴趣的读者可阅读预测控制方面的专著。

作为示例，先进控制投运前后各侧线温度在正常操作情况下的波动情况如图 6-28 所示。由此可见，多变量预测控制器的应用效果显著，与投用前相比，投运后各侧线温度的波动幅度明显减小。此外，为使该控制器能够长周期地运行，就要求控制器具有较强的鲁棒性，即当外界因素发生变化时，即使预测模型与控制器参数不做任何调整，闭环系统仍具有较好的控制品质。图 6-29 反映了进常压炉原料量从 290t/h 降为 282t/h 时，各侧线温度的控制效果。由此可见，多变量预测控制器具有一定的鲁棒性，当处理量发生变化时，仍能保持侧线温度的稳定。

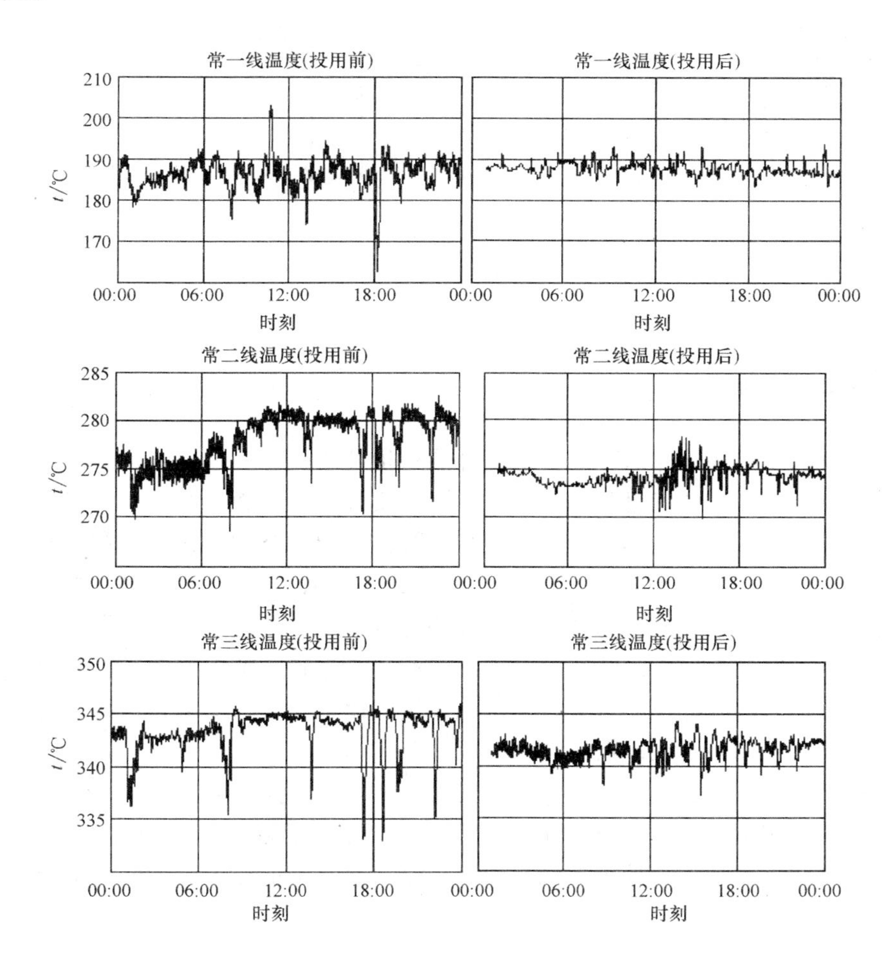

图 6-28　先进控制系统投运前后各侧线温度的波动情况

上述工业应用结果表明：多变量预测控制器达到了期望的效果，实现了常压塔的平稳操作，提高了装置适应处理量与原料性质变化的能力，并降低了劳动强度，减少了人工干预，显著地提高了产品的合格率，深受操作人员与生产管理人员的欢迎。

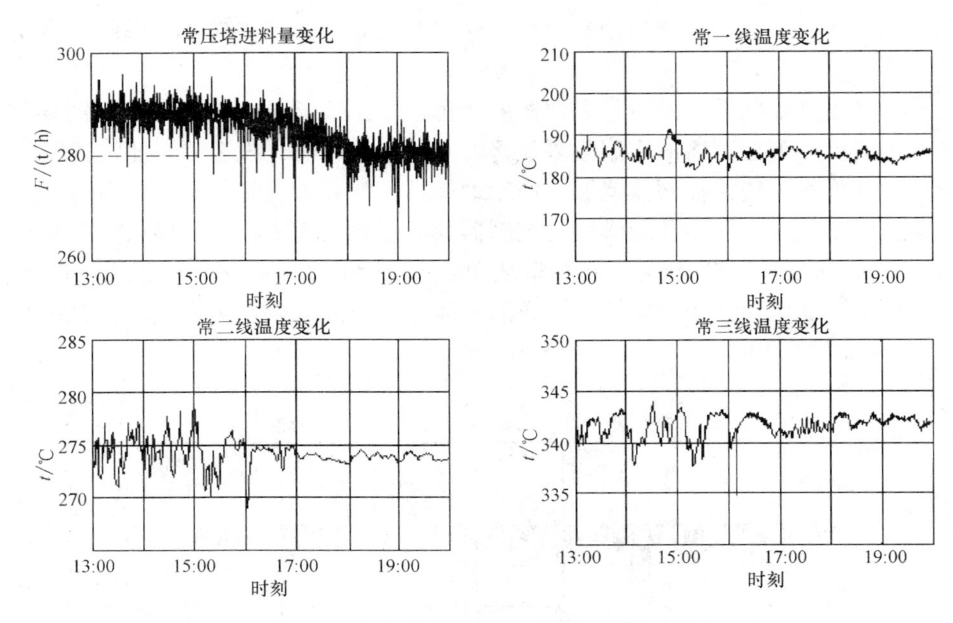

图 6-29 多变量预测控制系统的鲁棒性测试

6.4 自适应控制

在设计一般的反馈控制律时，均要求设计者对被控对象和环境有确切的了解，即要求被控对象的数学模型是已知的而且是确定的。然而，实际上大多数的被控对象或过程的数学模型事先是难以获得的；而且由于环境发生变化，被控对象的结构和参数均存在不确定性。在这些情况下，闭环控制系统就不能获得令人满意的控制效果，甚至还可能导致整个系统失控。为了适应被控对象结构和参数的变化，控制专家提出了“自适应控制”思想。

自适应控制可定义为：控制系统本身不断地测量被控过程的参数或运行指标，根据参数或运行指标的变化，改变控制参数或改变控制作用，以适应被控对象特性的变化，使闭环系统运行在某种意义下的最优或次最优状态。

自适应控制主要包括：增益调度自适应控制、模型参考自适应控制、自校正控制等形式。考虑到实际应用情况，本节仅介绍相对简单的增益调度自适应控制与自整定 PID 控制。对于模型参考自适应控制、自校正控制等控制策略，有兴趣的读者可参阅相关资料。

6.4.1 增益调度自适应控制

在许多情况下，过程动态特性随过程运行条件而变化的关系是已知的。这时人们就能通过监测过程的运行条件来改变控制器参数，这种思想称为“增益调度”。增益调度自适应控制又称程序自适应控制，其控制器的参数按预编程的方式作为运行条件的函数。

在这类控制系统中，一种情况是直接检测引起参数变动的环境条件。根据各种可能出现的环境条件，相应地给出若干组能使系统性能符合要求的控制参数的组合，然后设计参数调整的控制程序。这种系统能根据所检测到的环境条件而引入相应的一组参数值，该组参数的引入可以补偿由于环境变化而引起的过程特性参数的变化，使闭环系统在不同环境下都能满意地工作。

增益调度自适应控制的原理如图 6-30 所示，即根据运行状态或外部扰动信号，按照预先规定的模型或增益调度表，直接去修正控制器参数。增益调度自适应控制的优点是具有快速的适应功能；其缺点是它属于一种开环补偿，因此对不正确的调度没有反馈补偿功能，并且在设计时需具备较多的过程机理知识。

为了说明如何进行控制器增益的适应性修正，这里以换热器出口温度控制系统为例来进行讨论。某列管式蒸汽换热器如图 6-31 所示，通入换热器壳体的蒸汽用来加热从列管中通过的工艺介质。工艺介质出口温度 t_2 采用蒸汽管路上的调节阀来加以控制。

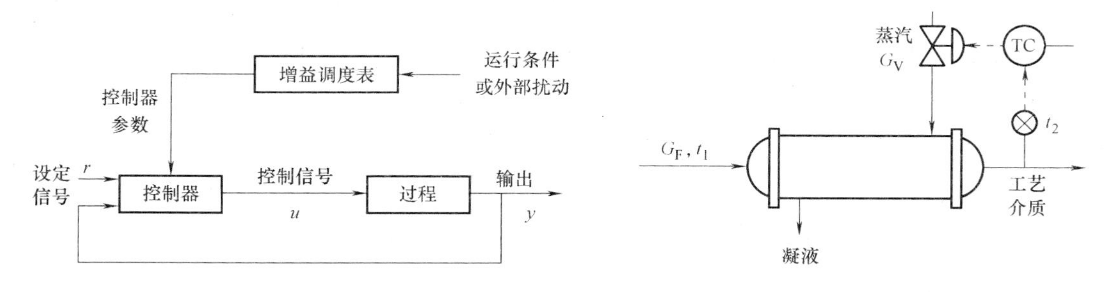

图 6-30　增益调度自适应控制系统

图 6-31　列管式蒸汽换热器

如果忽略壳体的热损失，并假设蒸汽完全被冷却成同温度下的凝液，而工艺介质无相变，则换热器的热量平衡关系可表示为

$$c_p G_F (t_2 - t_1) = \lambda_V G_V \tag{6-46}$$

式中，t_1、t_2 分别为工艺介质进、出换热器的温度；G_V、G_F 分别为加热蒸汽与工艺介质的质量流量；c_p 为工艺介质的定压比热容；λ_V 为蒸汽的汽化潜热。

由式(6-46) 可得到被控变量 t_2 与其操作变量 G_V 之间的关系

$$t_2 = t_1 + \frac{\lambda_V}{c_p G_F} G_V \tag{6-47}$$

因而控制通道的放大倍数为

$$K_P = \frac{\partial t_2}{\partial G_V} = \frac{\lambda_V}{c_p G_F} \tag{6-48}$$

式(6-48) 表明，蒸汽换热器控制通道的稳态增益与被加热工艺介质的流量成反比。这是容易理解的：如果输入热量的增量相同，而流量 G_F 只有一半，则出口温度 t_2 的温升会加倍。为了补偿对象特性的变化，显然要求 K_c 正比于 G_F，其中 K_c 为控制器增益，由此可得到控制参数 K_c 的自适应调整方案。

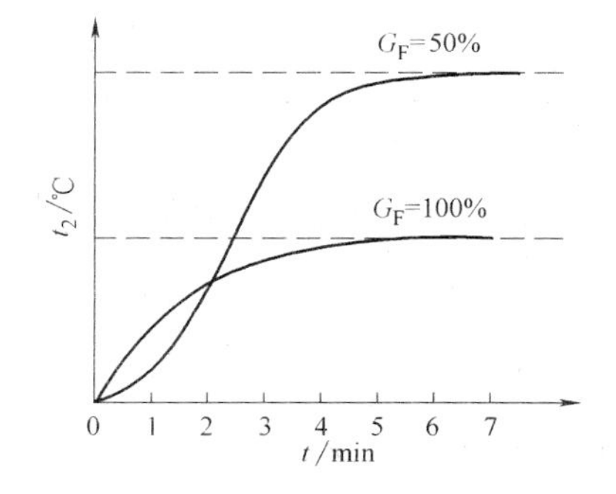

图 6-32　蒸汽换热器在工艺介质不同流量下的动态响应

上面推导的仅仅是换热过程的稳态关系式，实际上随着负荷的变化，换热器的动态特性也会发生相应的变化。阶跃响应实验表明：换热器出口温度到达最终稳态值的 63.2% 所用的时间，大致相当于流体在换热器中的停留时间。然而，这个停留时间（即换热器的容积除以流量）是随着工艺介质的流量变化的。因此，控制通道的纯滞后时间和时间常数均与流量成反比。图 6-32 给出

了在两种不同的工艺介质流量下，由蒸汽量相同的阶跃变化所引起的出口温度的响应曲线。

由控制原理可知，纯滞后时间和时间常数的增加，均会导致系统临界频率的减小。而根据控制器参数工程整定规则，积分时间与微分时间都应随系统临界频率的减小而增大。由此可粗略地提出以下适合于该非线性对象的增益调度适应性控制方案：

$$K_c = \lambda K_{cmax},\ T_i = T_{imax}/\lambda,\ T_d = T_{dmax}/\lambda$$

这里的 K_{cmax}，T_{imax} 和 T_{dmax} 分别为被加热介质流量达最大值时的最佳整定参数；而 λ 表示实际流量占最大流量的百分数。控制器的输入-输出关系为

$$u = \lambda K_{cmax}\left(e + \frac{\lambda}{T_{imax}}\int e\mathrm{d}t + \frac{T_{dmax}}{\lambda}\frac{\mathrm{d}e}{\mathrm{d}t}\right) = \lambda K_{cmax}e + \lambda^2\frac{K_{cmax}}{T_{imax}}\int e\mathrm{d}t + K_{cmax}T_{dmax}\frac{\mathrm{d}e}{\mathrm{d}t} \tag{6-49}$$

式(6-49) 表示，实际上微分作用不需要适应修正，而积分作用却要加倍地修正，由此构成的 PID 增益调度适应控制系统如图 6-33 所示。与常规的固定参数 PID 控制相比，增益调度控制系统对负荷改变等外部因素具有更强的鲁棒性。

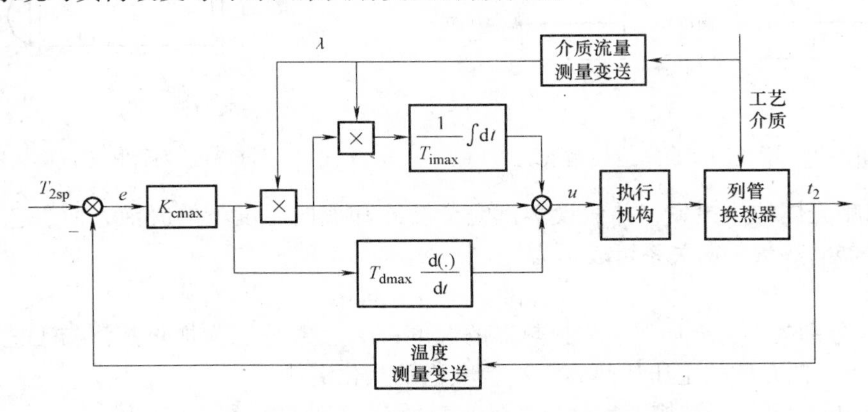

图 6-33 换热器增益调度自适应控制系统

对于对象动态与稳态特性不明确的大多数工业过程，实施增益调度自适应控制的最简单方法是采用“查表”法，即将装置负荷或工况条件（也称“工作点”）分成若干区间，对应不同的工作点选择一套合适的控制器参数值。在实际工程应用中，遇到大幅度提/降量或工作点变化较大时，就从增益调度表中换上一套相应的控制参数。只要保证控制参数切换过程无扰动，就能达到自适应控制的目的。

由上述讨论可知，增益调度自适应控制是一种最简单的自适应控制。它构思简单、易懂，而且确实能明显改进控制质量。对于一个控制器参数需要适应性修正的系统，总是首先考虑采用这种方法。只有当影响对象特性变化的主要因素不可测或者过程特性难以描述时，才考虑采用其他更加复杂的自适应控制方法。

6.4.2 自整定 PID 控制

在工业过程控制中，目前采用最多的控制算法仍然是 PID 控制。但 PID 控制器的参数与被控过程所处的稳态工况有关。一旦工况改变了，控制器参数的“最佳”值也就随着改变，这就意味着需要适时地整定控制器的参数。传统的 PID 参数完全由人工整定。这种整定工作不仅需要经验、熟练的技巧，而且往往相当费时。为此实现 PID 参数的自整定具有十分重大

的工程实践意义。

前面有关 PID 控制器的章节已经介绍了一些 PID 参数整定的方法，这里主要介绍基于这些方法的 PID 参数自整定技术。

1. 模式识别法

模式识别法很像人工整定 PID 参数的过程：“看曲线，整参数”。其实质是将 PID 控制器与被控对象相连组成一个闭环系统，观察该系统对设定值阶跃响应或干扰响应，将实测的响应模式与理想的响应模式相比较，决定如何改变 PID 参数。

美国 Foxboro 公司生产的自整定控制器就是这种自整定控制器的一个具体实例。这种自整定控制器是以特征参数，如超调量、衰减比和振荡周期，来衡量响应曲线的形状。该方法不需要过程的数学模型，直接基于控制工程师的经验，根据响应曲线的形状来决定控制器参数。

控制器参数的自整定过程可简单描述如下：先根据扰动后的受控变量响应曲线，与预先设定的期望响应曲线相比较（实际比较的是曲线特征参数）。若两曲线的衰减比、超调量等特征参数不一致，则重新运行整定程序，得到新的整定参数。当这些新的参数设置后，又可得到新的响应曲线。如此反复，直到响应曲线与要求相吻合。

为了获得响应曲线的特征参数，控制器需要对曲线的峰值进行探测。其探测过程如图 6-34 所示。当需要进行参数自整定时，首先应将自整定开关置于“ON”。这时，若设定值与测量值相等，则算式处在“静止”状态，这时当然不做参数的修正工作。当由于干扰引起控制偏差幅度超越两倍噪声带时，算式启动，并开始监视响应曲线。当控制器处于等待第 1 个峰值时，称为“探测 1”状态。一旦峰值发生，控制器储存其幅度，并且计时器记录周期。在搜索第 2 个峰值前，控制器核实第 1 个峰值是否确实，这时处于“检验 1”状态。在核实中，若一个新的更大的极值发现，则计时器需重新启动。一旦峰值 1 已被确认，控制器将用同样方法去探测并且核实峰值 2 和 3。图 6-35 显示了在外界干扰下，受控变量曲线的峰值信息。有了峰值信息，然后求取“超调量”、“衰减率”等特征参数，并进而求取新的 P、I、D 参数。

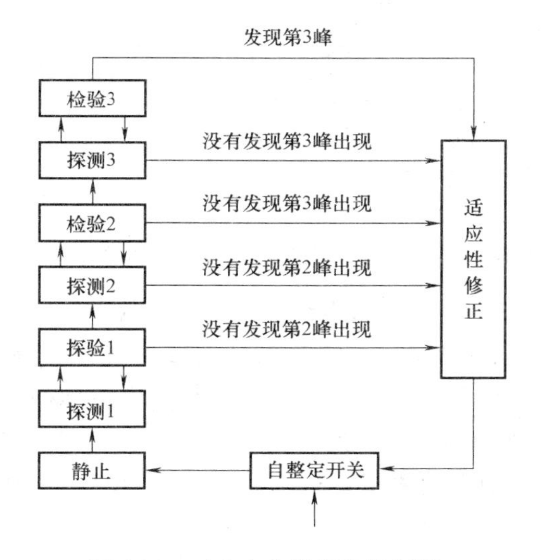

图 6-34　对响应曲线峰值的探测

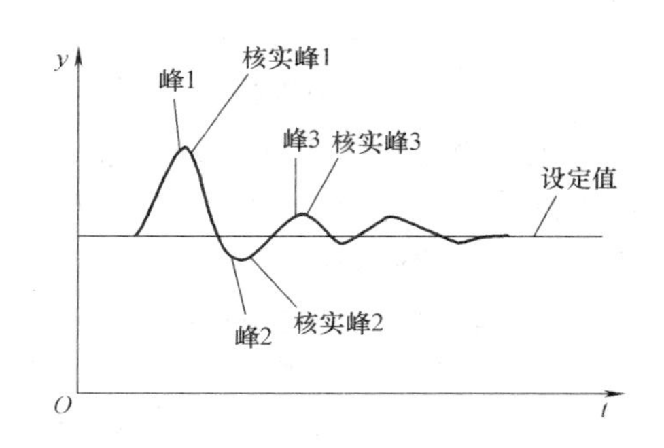

图 6-35　外界干扰下的响应曲线

自整定PID控制器的使用是很方便的。为了执行自整定过程，需由使用者操作组态器给控制器送入一些设定参数。这些参数分两类：一类为必须输入的参数，另一类为任选的参数。所谓任选的参数，即是可默认的参数。对这类参数可以由使用者输入，也可以不输入。若不输入，则控制器会选用预先存入的推荐值，它对大多数场合是适用的。

必须输入的参数有：

1）P、I、D初值　这些参数需由使用者根据自己的经验来确定。由于后续的自整定作用，即使是一些不太合理的初值也将很快得到校正，不会过多地影响控制质量。

2）噪声带　当设定值与测量值之间的偏差较小时，不需要进行自校正工作。使用者根据经验设置噪声带，只有当偏差超过两倍噪声带时，控制器才开始启动自校正过程。

3）最大等待时间　这是在第1个峰值出现后，等待第2个峰值出现的最大等待时间。其数值与回路的运行频率有关。

该控制器除具有自整定功能外，还附有“预整定”功能。附加预整定功能是为了方便用户，通过整定可为缺少经验的使用者提供P、I、D初值。

2. 基于继电反馈的参数自整定

常用的PID参数工程整定方法包括临界比例度法、衰减振荡法以及响应曲线法等，其中临界比例度法采用闭环整定方式，它基于纯比例控制系统的临界振荡试验得到特性参数，即临界比例度和临界振荡周期，再利用一些经验公式，求取PID最佳整定参数。临界比例度法在过程工业中的应用遇到了不少困难。很多实际的控制系统，例如锅炉水位控制系统，由于振荡幅度不可控而不允许进行这种临界振荡试验；另外，有些对象根本无法产生临界振荡。而基于继电反馈的PID参数自整定过程完全在闭环条件下完成，因而对扰动不灵敏；另一方面，由于振荡幅度可控，因而可广泛应用于大多数工业过程。

（1）基本思想

这种方法的基本思想是在继电反馈下观测被控过程的极限环振荡，而由极限环的特征数据计算得到PID参数。图6-36给出了采用继电反馈的自动整定器的框图。当需要整定参数时，把开关置于T侧，这意味着启动继电反馈，断开PID控制器。当系统建立起稳定极限环后，计算出PID参数，然后把PID控制器接入闭环系统中。

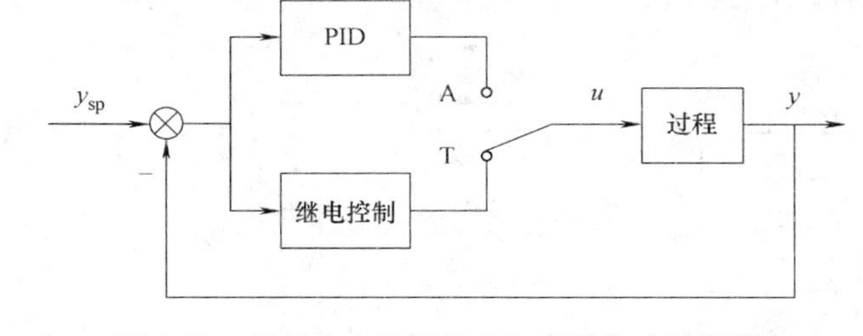

图6-36　基于继电反馈的PID参数自动整定器

（2）继电反馈试验信息分析

现在描述一种称为谐波平衡法或描述函数法的近似方法。考虑由具有传递函数$G(s)$的线性部分和具有理想继电特性的反馈部分组成的简单反馈系统。这里假定$y_{sp}=0$。这个系统产生振荡的近似条件可这样确定：假设有一个周期为T_u和频率为$\omega_u=2\pi/T_u$的极限环使得继电器的输出为周期性的对称方波。如果继电输出的幅度为d，那么由傅里叶级数展开式可知，第一谐波分量的幅度为$4d/\pi$。进一步假设被控对象具有低通滤波特性，而且第一谐波分量在输出中占优势。这样，误差信号的幅度为

$$a=\frac{4d}{\pi}|G(j\omega_u)|$$

式中，$G(\mathrm{j}\omega_u)$ 为被控对象的频率响应函数。因此，系统产生振荡的条件是

$$\arg G(\mathrm{j}\omega_u) = -\pi$$

$$K_u = \frac{4d}{\pi a} = \frac{1}{|G(\mathrm{j}\omega_u)|} \tag{6-50}$$

式中，K_u可看成是继电特性在传输幅度为 a 的正弦信号时的等价控制器增益。幅度 a 和振荡频率 ω_u很容易由式(6-50) 得出。因此，极限环的频率能自动调整到开环过程动力学具有 180°相位滞后的那个频率 ω_u处。在此，我们仍把相应的周期 T_u称为临界周期，参数 K_u称为临界增益。从物理意义上讲，在纯比例控制下，临界增益将使系统达到稳定边界。因此，利用继电反馈试验，就能得到过程开环传递函数在相位滞后 180°的频率处的周期和幅度。还要注意，能量集中在 ω_u处的输入信号在试验中是自动生成的。

另外，为控制极限环振荡的幅度，可在系统中加入能调整继电特性幅度的反馈系统。继电特性能有效地使系统几乎不受噪声的影响。下面将说明如何由 T_u和 K_u来确定 PID 控制器的参数，若对几个振荡周期进行比较和平均，就可使下述方法不受外部扰动的影响。

(3) Ziegler-Nichols 闭环 PID 参数整定方法

选择 PID 控制器参数的一个十分简单的规则，是与继电反馈方法确定的 K_u和 T_u实现理想匹配。控制器的整定值列于表 6-1 中。这些参数给出了一个阻尼相当小的闭环系统，略加修正表中数值便能得到阻尼良好的闭环系统。

表 6-1　由 Ziegler-Nichols 闭环整定方法得到的控制器参数

控制器	K_c	T_i	T_d
P	$0.5K_u$		
PI	$0.4K_u$	$0.8T_u$	
PID	$0.6K_u$	$0.5T_u$	$0.12T_u$

(4) 仿真举例

为了进一步说明基于继电反馈的参数自整定方法及其实现，下面针对两类特性完全不同的被控对象来进行仿真研究。

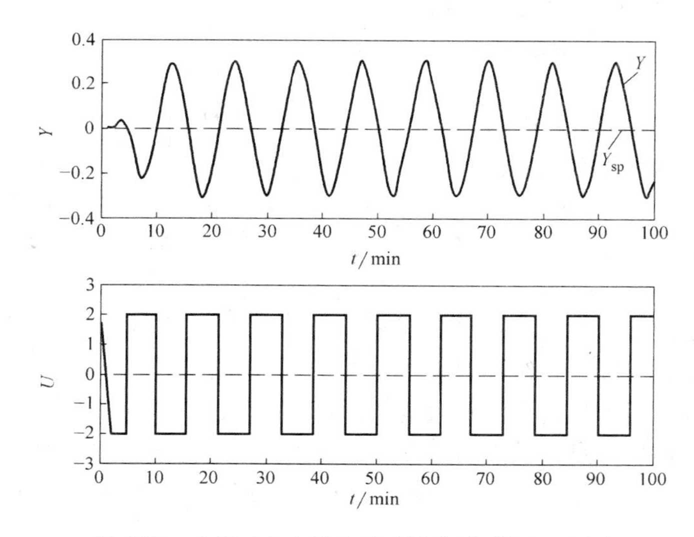

图 6-37　自衡对象在继电器反馈作用下的闭环响应

【例 6-4】 某自衡对象为二阶加纯滞后系统，其控制通道动态特性可用下式表示：

$$G_p(s) = \frac{0.5}{(5s+1)(2s+1)}\mathrm{e}^{-2s}$$

假设继电器幅度为 $d = \pm 2.0$，基于该继电器的反馈作用下的闭环响应如图 6-37 所示。系

统在微量外部扰动的作用下，逐步进入等幅振荡状态（称为非线性系统的“极限环”）。由于输出响应为稳定的振荡状态，因而在自整定过程中，很容易区分是否引入了大幅度的外部扰动。

由该振荡曲线可知：振荡周期 $T_u = 11\text{min}$；振幅 $a = 0.3$。因而对应的临界控制增益为

$$K_u = \frac{4d}{\pi a} = \frac{4 \times 2}{3.14 \times 0.3} \approx 8.5$$

若选择常规控制器为 PI 控制器，则由 Ziegler-Nichols 闭环整定法得到控制器参数为

$$K_c = 0.4 \times K_u = 3.4,$$

$$T_i = 0.8 \times T_u = 9\text{min}$$

将上述控制器参数设置完毕后，再投入常规 PID 控制，图 6-38 反映了该闭环系统的设定值跟踪响应。由此可知，系统输出响应为标准的 4∶1 衰减振荡曲线，整定参数非常理想。

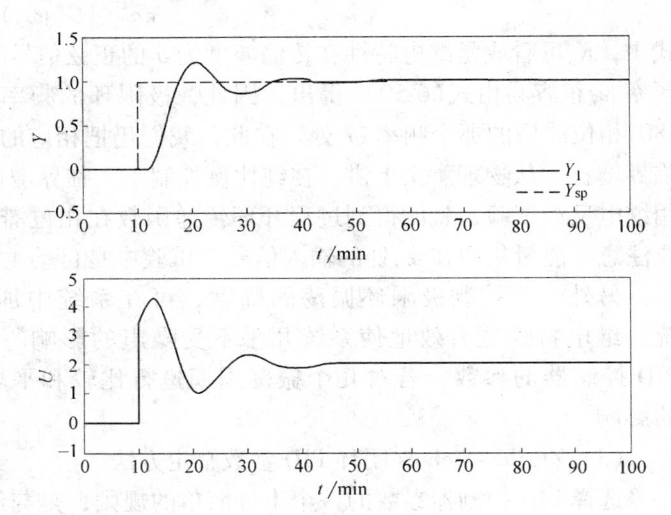

图 6-38 自整定 PID 闭环控制系统的设定值跟踪响应（自衡对象）

【例 6-5】 某非自衡对象的控制通道动态特性可用下式表示：

$$G_p(s) = \frac{0.5}{s(4s+1)} e^{-2s}$$

仍假设继电器幅度为 $d = \pm 2.0$，基于该继电器的反馈系统输入、输出响应如图 6-39 所示。由图 6-39 可知：振荡周期 $T_u = 20\text{min}$，振幅 $a = 2.5$，因而临界增益为 $K_u = 1.02$。

若选择 PI 控制器，则由 Ziegler-Nichols 整定法可得到：$K_c = 0.4K_u = 0.4$，$T_i = 0.8T_u = 16\text{min}$。设置完上述参数后，再投入常规 PID 控制，图 6-40 反映了该系统的设定值跟踪响应。尽管受对象特性的限制，闭环系统的过渡过程时间较长，但调节过程仍然为典型的衰减振荡过程。

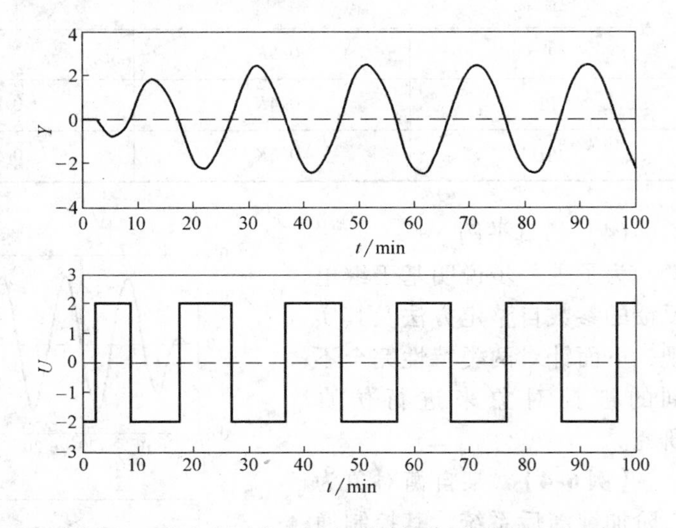

图 6-39 非自衡对象在继电器反馈作用下的闭环响应

由此可见，基于继电反馈的参数自整定方法具有原理简单、安全可靠等特点，可广泛应用于各种工业过程，特别是非自衡系统或对象特性变化显著的过程。

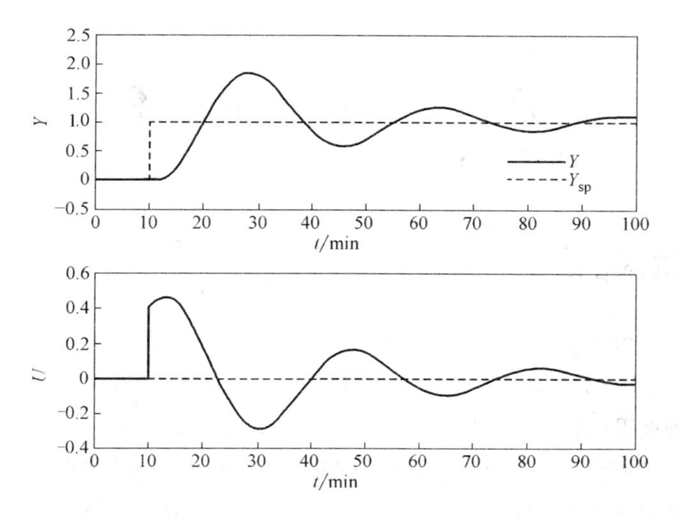

图 6-40　自整定 PID 控制系统的闭环响应（非自衡对象）

思考练习题

1. 对于多输入多输出系统，为什么工业过程中常采用多回路控制，而很少直接采用多变量控制？

2. 在多回路控制方案中，为什么要合理选择被控变量与操作变量的配对？

3. 叙述相对增益 λ_{ij}的物理意义，并指出相对增益矩阵的实用意义。

4. 比较非线性解耦、串级解耦与前馈解耦的异同，并解释为什么理想的串级解耦器难以获得实际应用？

5. 对于图 6-41 所示的二元精馏塔两端产品质量控制系统，若选择被控变量为 $y_1 = t_R$（精馏段灵敏板温度），$y_2 = t_S$（提馏段灵敏板温度）；而控制变量为 $u_1 = L/F$，$u_2 = V/F$，其中 L 为顶回流量，F 为进料量，V 为塔底蒸发量。经阶跃响应测试得到的对象特性为

$$\begin{pmatrix} t_R \\ t_S \end{pmatrix} = \begin{pmatrix} -\dfrac{3.5}{3s+1} & \dfrac{1.2}{4s+1}e^{-4s} \\ -\dfrac{2.5}{4s+1}e^{-2s} & \dfrac{2.0}{2s+1}e^{-2s} \end{pmatrix} \begin{bmatrix} L/F \\ V/F \end{bmatrix}$$

（1）计算两个质量控制回路之间的稳态相对增益矩阵，并分析上述配对是否合适。

（2）设计稳态前馈解耦控制系统，并在流程图上予以表示。

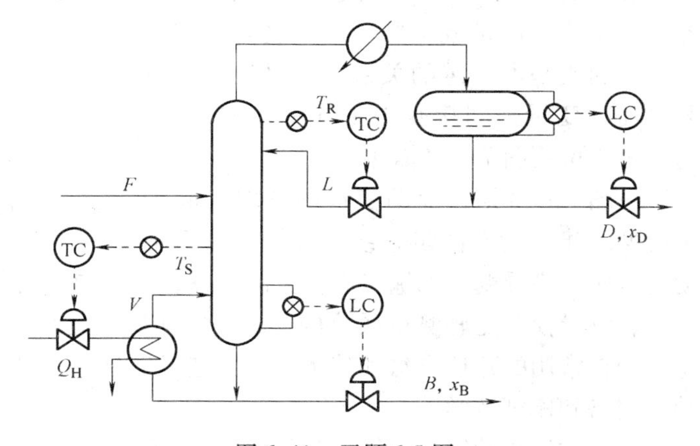

图 6-41　习题 6-5 图

6. 简述模型预测控制系统的组成部分与基本工作原理，比较与 PID 控制的异同。

7. 叙述自适应控制的基本设计思想与特点，并说明为什么工业过程中实际应用并不多？

8. 假设被控过程为线性系统，并选用不带滞环的继电反馈控制器。试问：

（1）要使闭环系统产生极限环振荡，对被控过程有何要求？

（2）对以下典型对象，采用 Matlab/SimuLink 进行基于继电反馈的 PID 参数整定实验：

$$G_1(s) = \frac{K_P}{sT_P+1}e^{-\tau s},\ G_2(s) = \frac{K_P}{s(sT_P+1)}e^{-\tau s}。$$

第 7 章　软测量技术

7.1　软测量技术的基本原理

为了优化生产过程工艺，更好地对生产设备进行控制并使之发挥较高的效率，提高工业产品的质量，需要对更多的参数进行实时检测，以获得更多的有关生产过程中的信息。但是由于传感技术发展水平的限制，现有各种检测仪表无法满足现代生产的需求，主要表现在：①需要实时检测的参数没有对应的检测仪表可用；②需要实时检测的参数虽有检测仪表但这些检测仪表无法用于现场条件苛刻、工艺条件复杂，如高温、高压、强腐蚀等环境；③需要实时检测的参数虽有检测仪表但这些检测仪表的主要性能（如准确度、测量范围、响应速度等）无法满足工业生产要求。

为了解决这一日益突出的问题，20 世纪 90 年代前后，国际上提出了一种间接测量的新思路，即利用易于获得的（可用检测仪表直接测量获得）参数的信息通过一定的方法（建立数学模型）来实现其他参数的估计，这种技术称为软测量（soft sensing）技术。

7.1.1　软测量技术的基本思想

软测量技术的基本思想是：利用相对容易测量的参数（称为辅助变量）与需要测量的参数（称为待测量或主导变量）之间存在某种确定的或基本确定的关系，通过检测仪表测出辅助变量来间接获得主导变量的信息，这一思想可用图 7-1 来描述。

图 7-1　软测量技术的基本思想

由图 7-1 可知，辅助变量的选取和软测量模型的建立是软测量系统的关键。每个辅助变量应对主导变量的输出有较大的贡献，而且辅助变量可用检测仪表方便测得。

软测量模型是软测量系统的核心，它实际上是一个主导变量和辅助变量之间的数学模型。现在常用的建模方法和技术包括工艺机理分析、回归分析、状态估计、系统辨识、人工神经网络和模糊数学等。

实现软测量功能的实体称为软仪表（soft sensor）。软测量技术不仅可以在由于技术或经济原因目前还无法或难于用传统检测仪表直接测量而又十分重要的过程中应用于参数的测量，而且软测量技术的思想可应用于过程控制等领域。

7.1.2　软仪表的一般设计方法

软仪表的设计一般包括 4 个方面：辅助变量的选取、测量数据的处理、软测量模型的建立和软仪表的维护。

1. 辅助变量的选取

辅助变量的选取应建立在对被测对象的机理分析和对被测对象特性的深入了解的基础上，虽然对于不同的问题，软测量模型、主导变量和对测量要求是不一样的，但辅助变量的选取原则基本是一致，主要应考虑以下因素：

1）适用性　辅助变量一定是在线可测的，而且相应的检测仪表应有较高的测量准确度。

2）经济性　作为检测辅助变量的仪表价格是合理的，且使用成本不高。

3）灵敏性　辅助变量应对主导变量的输出贡献较大，即主导变量对辅助变量有较高的灵敏度，同时对模型误差不敏感。

符合上述要求的变量原则上都可以作为辅助变量，但使用过多的辅助变量会出现过参数化问题。通常情况下，先分析辅助变量对主导变量的输出相对影响的大小，在保证软测量准确度的情况下依次逐个去掉影响小的辅助变量。

2. 测量数据的处理

各辅助变量输出的信号一般不能直接使用，而需要经过一定的处理后方可进入软测量模型的计算。对辅助变量输出的测量数据的处理通常包括误差处理和数据变换两部分。

（1）误差处理

检测仪表输出的测量数据不可避免地带有各种各样的误差，较大误差的测量数据将会导致软测量结果的准确度下降，甚至导致软测量的失败。

根据误差出现的规律，测量数据可分为系统误差、随机误差和粗大误差三类。通常情况下检测仪表已将系统误差尽可能减到最小，在实际使用过程中主要是随机误差和粗大误差。

随机误差是指在同一测量条件下，多次重复测量同一被测量时，其绝对值和符号以不可预见的方式变化，即具有随机性的误差。由于随机误差在多次重复测量中符合统计规律，因此可取多次重复测量的平均值或采用适当的数字滤波来减少或消除。

粗大误差是由于检测仪表的不正常偏差和故障（如气路的堵塞、电路故障或仪表失灵等）等导致的误差。在实际使用过程中，粗大误差出现的概率很小，但误差较大。粗大误差的存在将导致软测量结果的不可信，应该剔除，通常可采用统计假设检验法来检验粗大误差的存在。

（2）数据变换

测量数据的变换包括标度变换、转换和权函数 3 个方面。

1）将各个具有不同性质、不同量级的辅助变量信号统一起来，进行规格化以满足软测量模型输入所需要的信号范围称为软测量的标度变换。通常软测量模型的输入是数字信号，而用于辅助变量测量的仪表多半是模拟式的，因此辅助变量的标度变换涉及模拟信号标度变换、模-数（A-D）转换标度变换和数字信号标度变换，如图 7-2 所示。

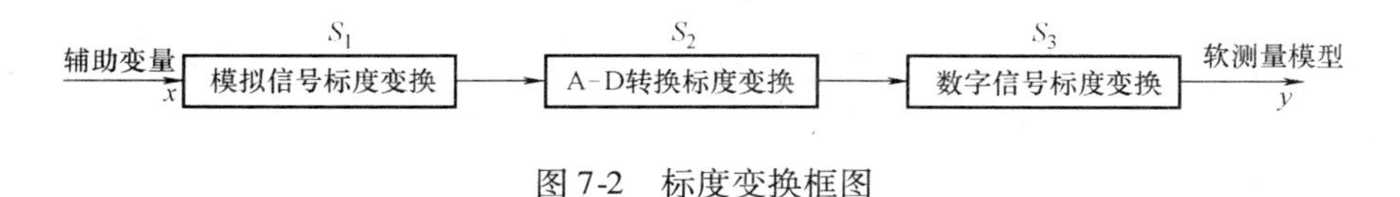

图 7-2　标度变换框图

由图 7-2 可知，软测量模型的输入信号 y 为

$$y = S_1 S_2 S_3 x = Sx \tag{7-1}$$

式中，S 为辅助变量 x 的总标度变换系数，根据式(7-1)，标度变换系数实际上就是灵敏度。一旦检测仪表和 A-D 转换器选定后它们的灵敏度一般就定了，所以在软测量中标度变换主要是改变数字信号的标度变换系数 S_3。

【例 7-1】 设辅助变量为压力，选用的压力检测仪表的测量范围为 0 ~ 400Pa，对应输出电流为 4 ~ 20mA。A-D 转换器选用单级性、分辨率为 12 位，输入信号在 0 ~ 20mA 范围，数字量输出从 0 到满量程。现根据软测量模型的要求，希望辅助变量的信号在 0 ~ 10 范围，求数字信号的标度变换系数。

解：由题意，这是一个线性系统，总标度变换系数为

$$S = \frac{y}{x} = \frac{10 - 0}{400 - 0} = 0.025$$

因为：$S_1 = \frac{20 - 4}{400 - 0} = 0.04$，$S_2 = \frac{(2^{12} - 1) - 0}{20 - 0} = \frac{4095}{20} = 204.75$

所以数字信号的标度变换系数 S_3 为

$$S_3 = \frac{S}{S_1 S_2} = \frac{0.025}{0.04 \times 204.75} = \frac{5}{1638}$$

S_3 也可以这样来计算：A-D 转换器在输入为 4mA 时输出应为 $(2^{12} - 1) \times 4/20 = 819$，对于软测量模型的输入为 0；在 20mA 时，A-D 转换器输出为 $(2^{12} - 1) = 4095$，对应软测量模型输入为 10，所以有

$$S_3 = \frac{10 - 0}{4095 - 819} = \frac{5}{1638}$$

由于检测仪表的“零”信号不为零，因此在实际标度变换计算中还要考虑零点问题，本例中，数字信号的实际标度变换式为

$$y = S_3(DO - 819)$$

式中，DO 为 A-D 转换器的实际输出。

2）有些辅助变量在进入软测量模型前除了要进行标度变换外还需进行其他变换，如按某个函数形式进行转换，通过对这些测量数据的转换，可以有效降低软测量模型的非线性特性，提高模型的性能。

3）有些辅助变量对主导变量的动态响应与其他辅助变量有较大差异，为了提高软测量模型的整体动态特性，需要对某些辅助变量用权函数进行动态特性的补偿。

3. 软测量模型

软测量模型表征辅助变量与主导变量之间的数学关系，它是软仪表的核心。构造软仪表实际上就是在选取合适的辅助变量后如何建立软测量模型。软测量的建模方法有很多，归纳起来可分为基于机理分析的软测量建模、基于统计分析的软测量建模和基于人工智能原理的软测量建模。

基于机理分析的软测量建模是对工艺机理较为清楚，在对过程对象机理分析的基础上运用化学反应动力学、物料平衡、能量平衡及其他物理、化学原理，找出不可测主导变量与可测辅助变量之间的数学模型。例如，经过分析某容器中混合气体在各组分含量变化较少时，其密度主要与容器内温度和压力有关。利用气体状态方程式和实验数据可以获得气体密度与温度和压力之间的关系。在这里温度和压力是辅助变量，密度是主导变量。

显然，当混合气体的各组分含量变化时，该模型就不再适用。因此，软测量模型都有其适用的范围。上例中，为了提高软测量模型的适应能力，可增加组分含量作为新的辅助变量，重新进行建模。新的软测量模型虽然适应能力提高了，但反过来模型的复杂程度大大增加，所以在软测量建模前必须对工艺条件有深入的了解，在满足测量要求的前提下尽可能减少辅助变量的个数。

基于统计分析的软测量建模和基于人工智能原理的软测量建模技术将在 7.2 节中介绍。

4. 软仪表的维护

正如前面介绍的软测量模型是针对特定的对象在一定范围内适用的，然而工业生产过程经常会发生操作条件的改变或生产装置特性随运行时间而发生变化，从而影响软测量模型的准确性，为此必须对软测量进行经常性的维护。

软仪表的维护包括对软仪表的评价和校正。对软仪表的维护实际上就是对软测量模型的维护。大多数的软测量系统中均设置一个软测量模型评价模块，该模块先根据软测量模型的输出和输入情况做出是否需要校正和进行何种校正的判断，然后再自动调用校正模块对软测量模型进行校正。

软测量模型的校正主要有软测量模型结构的优化和软测量模型参数的修正两个方面。前者主要用于生产装置特性和操作条件变化较大，已有软测量模型已不能满足测量要求的情况，在一定程度上相当于新设计和建立一个软测量模型；后者主要用于提高已有软测量模型的适应性或准确度。

对软测量模型参数的修正一般采用在线方式，常用的方法有自适应法和增量法等。为了提高软测量模型的准确度，必要时可采用离线数据进行校正。

7.2 软测量模型

由图 7-1 可知，软测量模型是通过辅助变量来获得对主导变量的最佳估计的数学模型，用数学公式可表示为

$$\hat{y}=f(x_1,x_2,\cdots,x_m) \tag{7-2}$$

式中，x_1，x_2，…，x_m分别为 m 个辅助变量；$\hat{y}$ 为主导变量的估计。一般地，主导变量只有一个，也可以是多个。式(7-2) 表明软测量模型实际上是完成由可测的辅助变量集到待测的主导变量估计的映射。

需要注意的是，软测量模型不一定是一个确定的函数，有时可以把软测量模型当做为一个黑箱子，输入、输出实际上只是一个映射关系。

软测量建模技术已有十余种，由于基于机理分析的软测量方法前面已有简述，以下重点介绍回归分析、主元回归分析和神经网络技术等建模方法。

7.2.1 回归分析方法

回归分析方法是一种基于统计分析的软测量方法，它不必考虑过程机理，只需采用大量的观测数据，通过选择合理的回归模型建立直观的确定性函数关系。

回归方法实际上就是一种基于最小二乘原理的数据处理方法，它有多种形式。按因变量和自变量之间的关系分为线性回归和非线性回归，按自变量个数又可分为一元回归分析和多

元回归分析。工程上最常用的是多元线性回归，而且非线性问题在一定范围也可以转化为线性问题，故以下只介绍线性回归。

设自变量（即辅助变量）为 m 个，则因变量（即主导变量）y 可表示成为自变量 $x_i(i=1, 2, \cdots, m)$ 的线性组合：

$$y=\alpha_0+\alpha_1 x_1+\alpha_2 x_2+\cdots+\alpha_m x_m+e \tag{7-3}$$

式中，$\alpha_i(i=0, 1, \cdots, m)$ 为待定系数，或称回归系数；e 为测量误差。多元线性回归的目的就是利用辅助变量 x_i 与 y 之间已有的观测数据，用最小二乘原理，估计出式(7-3) 中的回归系数 $\boldsymbol{\alpha}_i$，建立线性回归模型。

设通过实验获得 N 组独立的观测数据，则其中第 j 组辅助变量为 $\boldsymbol{X}_j=(x_{j1}x_{j2}\cdots x_{jm})$，$j=0, 1, \cdots, N$，对应的主导变量观测值为 y_j，将它们代入式(7-3) 并写成矩阵形式，有

$$\boldsymbol{Y}=\boldsymbol{X\alpha}+\boldsymbol{E} \tag{7-4}$$

式中，$\boldsymbol{Y}=\begin{pmatrix} y_1 \\ y_2 \\ \vdots \\ y_N \end{pmatrix}$；$\boldsymbol{X}=\begin{pmatrix} 1 & x_{11} & x_{12} & \cdots & x_{1m} \\ 1 & x_{21} & x_{22} & \cdots & x_{2m} \\ \vdots & \vdots & \vdots & \ddots & \vdots \\ 1 & x_{N1} & x_{N2} & \cdots & x_{Nm} \end{pmatrix}$；$\boldsymbol{\alpha}=\begin{pmatrix} \alpha_0 \\ \alpha_1 \\ \vdots \\ \alpha_m \end{pmatrix}$；$\boldsymbol{E}=\begin{bmatrix} e_1 \\ e_2 \\ \vdots \\ e_N \end{bmatrix}$

其中，$\boldsymbol{Y}$ 为输出数据矩阵；$\boldsymbol{X}$ 为输入数据矩阵；$\boldsymbol{\alpha}$ 为回归系数矩阵；$\boldsymbol{E}$ 为测量误差矩阵。

设 N 个测量误差都是相互独立的随机变量，并服从同一正态分布，则根据最小二乘原理，回归系数 $\boldsymbol{\alpha}$ 的最小二乘估计为

$$\hat{\boldsymbol{\alpha}}=(\boldsymbol{X}^{\mathrm{T}}\boldsymbol{X})^{-1}\boldsymbol{X}^{\mathrm{T}}\boldsymbol{Y} \tag{7-5}$$

当辅助变量为已知时，主导变量的估计值为

$$\hat{y}=\hat{\alpha}_0+\hat{\alpha}_1 x_1+\hat{\alpha}_2 x_2+\cdots+\hat{\alpha}_m x_m \tag{7-6}$$

特别地，当 $m=1$，则问题成为一元线性回归，即

$$\hat{y}=\hat{\alpha}_0+\hat{\alpha}_1 x_1 \tag{7-7}$$

由式(7-7) 可得，$|\hat{\alpha}_1|$ 的大小反映了自变量 x_1 对应变量 y 的影响程度。$|\hat{\alpha}_1|$ 越大，说明 x_1 对 y 的影响就越大（较小的 x_1 的变化量可引起较大的 y 的变化量）；$|\hat{\alpha}_1|$ 越小，说明 x_1 对 y 的影响就越小。同样在式(7-6) 中，若第 i 个回归系数 $|\hat{\alpha}_i|$ 为最大，说明 x_i 对 y 的影响与其他自变量 $x_k(k\neq i)$ 相比为最大；如果 $|\hat{\alpha}_i|$ 很小，则说明 x_i 对 y 几乎没有影响，可以在回归分析中去掉该自变量。检验自变量对应变量影响的显著程度可采用显著性检验，常用的方法有 F 检验法、t 检验法和相关系数检验法等。

在多元线性回归分析中，通过对回归系数进行显著性检验可以减少自变量数目，使回归方程趋于合理。为了寻求更理想的回归方程，可采用逐步回归策略。

逐步回归策略的基本思想是：先引入少量的自变量，确保它们都是显著的，然后逐个引入新的自变量，如果新引入的变量经检验是不显著的，则回归结束；如果新引入的变量经检验是显著的，则要对原来的所有自变量也要进行检验，并将不显著的变量从回归方程中剔除。再次引入新的自变量，重复上述步骤，直到结束。图 7-3 给出了程序框图。

线性回归既方便又实用，稳定性也较好。但多元线性回归的实现在很大程度上取决于矩阵 $\boldsymbol{A}(\boldsymbol{A}=\boldsymbol{X}^{\mathrm{T}}\boldsymbol{X})$ 的性态。

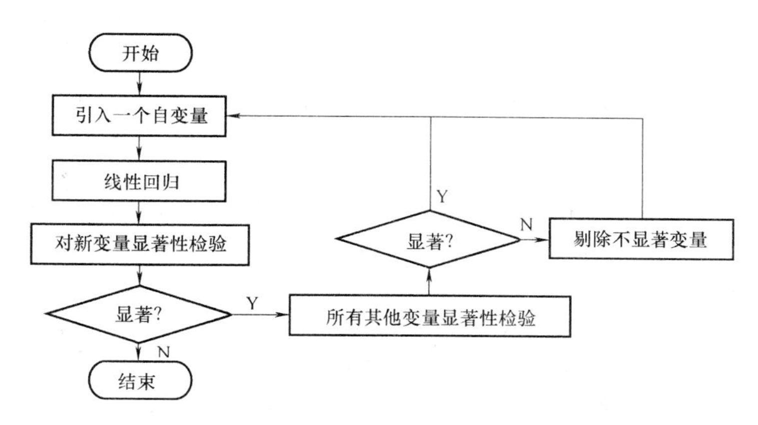

图 7-3 逐步回归策略程序框图

由式(7-5)可知，如果矩阵 $\boldsymbol{A}$ 的逆阵不存在，则就无法利用最小二乘原理求得回归系数矩阵。另一方面，当输入数据矩阵 $\boldsymbol{X}$ 的列向量接近线性相关（$\boldsymbol{A}$ 的逆阵可能存在）时，输入/输出数据的任何测量误差都会导致估计值 $\hat{\alpha}_i$ 的较大波动。从而影响模型的准确度。

为了克服多元分析的上述问题，同时在保证模型准确度的条件下尽可能减少辅助变量的个数，可采用主元回归（principal component regression）方法。

7.2.2 主元回归方法

主元回归方法也称主成分回归或主成分分析方法，其基本思想是：先利用主元分析和矩阵变换，从数据矩阵中提取主元，这些主元是原有变量（即所有辅助变量）的线性组合，并且是彼此正交的。从主元中选择前 k 个主元作为新的自变量进行回归，获得新的回归模型。这样不仅可以减少自变量的个数，而且还能消除多元线性回归存在的问题。

主元回归方法的具体实现过程如下：设有一软测量系统，初步设定辅助变量为 m 个，共进行了 N 次试验得到 N 组测量数据，则样本矩阵 $\boldsymbol{X}$ 为

$$\boldsymbol{X}=\begin{pmatrix} x_{11} & x_{12} & \cdots & x_{1m} \\ x_{21} & x_{22} & \cdots & x_{2m} \\ \vdots & \vdots & \ddots & \vdots \\ x_{N1} & x_{N2} & \cdots & x_{Nm} \end{pmatrix} \tag{7-8}$$

需要注意的是，这里的样本矩阵 $\boldsymbol{X}$ 与式(7-4)中的输入数据矩阵有所不同。对矩阵 $\boldsymbol{X}$ 进行主元分解实际上是对矩阵 $\boldsymbol{A}=\boldsymbol{X}^{\mathrm{T}}\boldsymbol{X}$ 进行特征向量分析。通过计算可以求得矩阵 $\boldsymbol{A}$ 的 m 个特征值。将这些特征值按从大到小顺序排序 $\lambda_1 \geqslant \lambda_2 \geqslant \cdots \geqslant \lambda_m > 0$，那么它们对应的特征向量分别为 $\boldsymbol{t}_{\lambda_1}$，$\boldsymbol{t}_{\lambda_2}$，…，$\boldsymbol{t}_{\lambda_m}$，其中，$\boldsymbol{t}_{\lambda_j}=(t_{1j}t_{2j}\cdots t_{mj})^{\mathrm{T}}$，$j=1, 2, \cdots, m$。

令 $\boldsymbol{T}=(\boldsymbol{t}_{\lambda_1}\boldsymbol{t}_{\lambda_2}\cdots\boldsymbol{t}_{\lambda_m})$，$\boldsymbol{T}$ 称为样本矩阵 $\boldsymbol{X}$ 的负载矩阵（loading matrix）。

由于特征值 λ_1 对应的特征向量为 $\boldsymbol{t}_{\lambda_1}$，对于自变量 x_1，x_2，…，x_m，它与特征向量 $\boldsymbol{t}_{\lambda_1}$ 可构成一个新的自变量 u_1，即

$$u_1 = (x_1 \quad x_2 \quad \cdots \quad x_m)\begin{pmatrix} t_{11} \\ t_{21} \\ \vdots \\ t_{m1} \end{pmatrix} \tag{7-9}$$

u_1称为对应于特征值λ_1的主元。同理，自变量x_1，x_2，…，x_m与其他特征向量可构成其他主元u_2，u_3，…，u_m。这样实际上用负载矩阵$\boldsymbol{T}$将原来的自变量x_1，x_2，…，x_m线性地变换成了主元u_1，u_2，…，u_m。进一步，对于自变量x_1，x_2，…，x_m的N组测量数据，可以得到对应主元u_1，u_2，…，u_m的N组观测数据，有

$$\boldsymbol{U} = \boldsymbol{XT} \tag{7-10}$$

式中，$\boldsymbol{U}$为主元矩阵，其元素$\boldsymbol{U} = (\boldsymbol{u}_1, \boldsymbol{u}_2, \cdots, \boldsymbol{u}_m)$称为主元向量，其中$\boldsymbol{u}_j = (u_{1j}, u_{2j}, \cdots, u_{Nj})^{\mathrm{T}}$，$j = 1, 2, \cdots, m$。

如果矩阵$\boldsymbol{A}$在第k个以后的特征值λ_{k+1}，λ_{k+2}，…，λ_m相比前k个特征值小得多，并且趋于零，则它们对应的特征向量$\boldsymbol{t}_{\lambda_{k+1}}$，$\boldsymbol{t}_{\lambda_{k+2}}$，…，$\boldsymbol{t}_{\lambda_m}$的取值和主元的观测数据$\boldsymbol{u}_j$，$(k+1) \leqslant j \leqslant m$，也接近于零。这样只要保留前$k$个主元，对信息的损失很小，从而实现了降维的目的。

降维后主元的观测数据的样本矩阵成为

$$\boldsymbol{U} = \begin{pmatrix} u_{11} & u_{12} & \cdots & u_{1k} \\ u_{21} & u_{22} & \cdots & u_{2k} \\ \vdots & \vdots & \ddots & \vdots \\ u_{N1} & u_{N2} & \cdots & u_{Nk} \end{pmatrix} \tag{7-11}$$

利用多元回归可求得相应的回归系数。

如果原自变量存在复共线性，则矩阵$\boldsymbol{A}$中特征值接近于零的个数就较多，相应的主元向量就可以删去，因此主元回归克服了多元线性回归中自变量线性相关的问题。

7.2.3 神经网络技术

神经网络技术是一种基于人工智能的软测量技术，目前在智能控制、模式识别、数据融合、优化等领域得到广泛的应用。

神经网络是模拟人脑神经，能以任意准确度逼近任意非线性连续函数，具有很强的自学习能力，克服了线性回归中辅助变量与主导变量只能是线性关系的问题，具有更强的适应性。

对外部来说，神经网络内部可看成是一个“黑箱子”。所有辅助变量就是神经网络的输入，而主导变量作为神经网络的输出。和回归分析方法相似，神经网络需要大量的已知的输入、输出数据作为训练使用的样本，以确定神经网络内各权函数和阈值。一旦训练完毕，神经网络就可以根据辅助变量的输入数据直接得到软测量所需要的主导变量的值。

1. 神经网络模型

神经网络是由相互联系、相互作用的单个神经元组成。神经元包括输入信号的接收、处理和输出3个部分。典型的人工神经元模型如图7-4所示，其中$x_i(i = 1, 2, \cdots, n)$为神

经元的输入；ω_i 称为权函数；u 是输入信号的线性组合，即

$$u = \sum_{i=1}^{n} \omega_i x_i \tag{7-12}$$

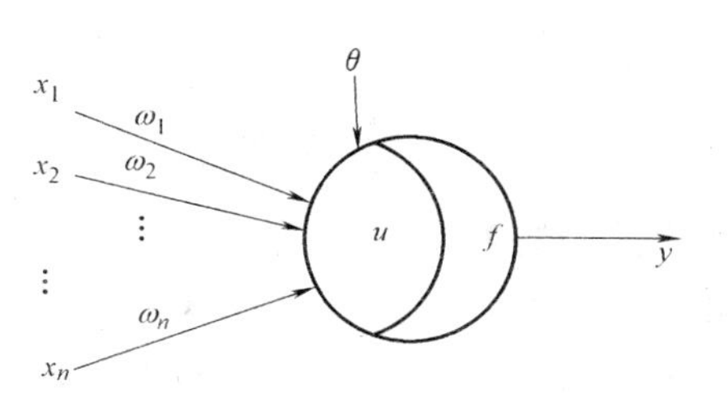

图 7-4　典型神经元模型

图 7-4 中，f 为激励函数，它对 u 和神经元阈值 θ 的代数和按照函数 f 来运算；y 是神经元的输出，即

$$y = f(u + \theta) = f(v) \tag{7-13}$$

式中，$v = u + \theta$。

激励函数在神经元中起着重要作用，它将输出信号限制在允许的范围内。激励函数主要有阶跃函数、符号函数、分段函数和 Sigmoid 函数，如图 7-5 所示，它们的共同特点是将输入信号 v 限制在（-1，1）或（0，1）的范围内。单级性 Sigmoid 函数也称 S 型函数，如图 7-5d 所示，是人工神经元网络常用的一种激励函数，其定义为：

$$f(v) = \frac{1}{1 + e^{-v}} \tag{7-14}$$

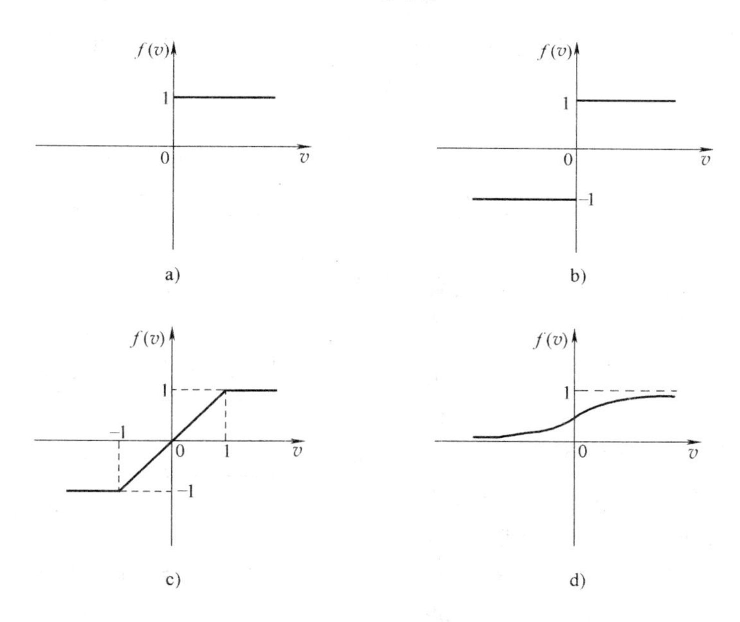

图 7-5　激励函数的几种形式

a）阶跃函数　b）符号函数　c）分段函数　d）Sigmoid 函数

神经网络由大量的神经元组成，它们之间的相互作用可以实现对信息的处理和储存。神经网络有多种类型，其中前向神经网络是目前应用最广泛的一种，常见的有 BP（Back Propagation）神经网络，RBF（Radial Basis Function）神经网络。以下主要介绍 BP 神经网络。

BP 神经网络是一种单向传播的多层前向网络，其中包含输入层、隐含层和输出层。隐含层可以是一层或多层，因此最简单的也是最常见的是三层神经网络，其结构如图 7-6 所示。

第一层为输入层，n 个输入对应 n 个节点，节点上不做任何的运算，每个节点经过权函数 ω_{ij} 的作用向前一层（第二层）的各个节点传送信息。第二层为中间层，也称隐含层，m 个节点分别接收来自输入层各节点的信息，经过式(7-12)~式(7-14)的运算后传给第三层。第三层为输出层，一个节点经与第二层相似的运算后直接输出，输出 o_1，o_2，…，o_l 即为软测量的主导变量。

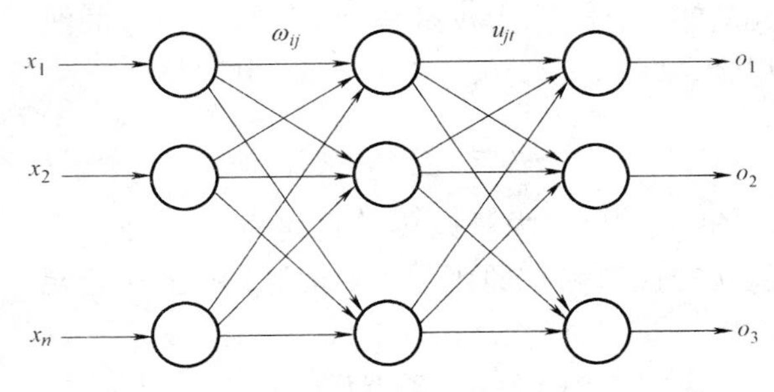

图 7-6　BP 三层神经网络模型

由图 7-6 可见，BP 网络的信息向前一层一层传输，每层中的节点不横向传递信息，也不反向传递。

根据图 7-6，中间层各节点的输出 y_j 为

$$y_j = f\left[\left(\sum_{i=1}^{n} x_i\omega_{ij}\right) + \theta_j\right],\quad j = 1,2,\cdots,m \tag{7-15}$$

式中，ω_{ij} 为输入层第 i 个节点到中间层第 j 个节点的权函数；θ_j 为中间层第 j 个节点的阈值。

同理可获得输出层各节点的输出 o_t：

$$o_t = f\left[\left(\sum_{j=1}^{m} y_j\nu_{jt}\right) + \gamma_t\right],\quad t = 1,2,\cdots,l \tag{7-16}$$

式中，ν_{jt} 为中间层第 j 个节点到输出层第 t 个节点的权函数；γ_t 为输出层第 t 个节点的阈值。

2. 神经网络的训练

由前面的分析可以看到，如果神经网络的各权函数和阈值都为已知，则当有一组输入样本 $\boldsymbol{X} = (x_1,\ x_2,\ \cdots,\ x_n)^{\mathrm{T}}$，神经网络就能计算出输出值 $\boldsymbol{O} = (o_1,\ o_2,\ \cdots,\ o_l)^{\mathrm{T}}$。神经网络的训练就是利用已有的数据样本来获得神经网络的各权函数和阈值。

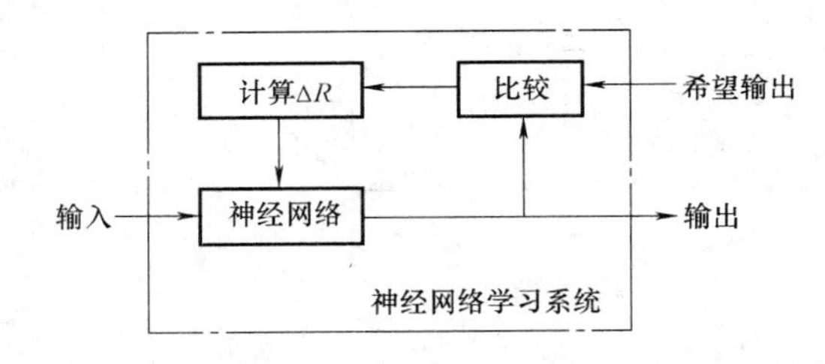

图 7-7　神经网络训练框图

神经网络的训练框图如图 7-7 所示。训练时先预设神经网络中各权函数和阈值，神经网络在输入 $\boldsymbol{X}$ 下产生输出 $\boldsymbol{O}$。该输出与期望输出 $\boldsymbol{d} = (d_1,\ d_2,\ \cdots,\ d_l)^{\mathrm{T}}$ 进行比较，根据 $\boldsymbol{O}$ 与 $\boldsymbol{d}$ 之间的误差大小调整各权函数和阈值，重新计算神经网络的输出，并计算相应的误差，直到误差达到预定值。这时神经网络的各权函数和阈值就是训练后神经网络的模型。

训练过程中神经网络的输出 $\boldsymbol{O}$ 与期望输出 $\boldsymbol{d}$ 之间的误差称为误差函数，其定义为

$$E_{\mathrm{p}} = \frac{1}{2}\sum_{t=1}^{l}(d_t - o_t)^2 \tag{7-17}$$

训练时每次权函数或阈值的修正量为

$$\Delta R = -\alpha\frac{\partial E_{\mathrm{p}}}{\partial R} \tag{7-18}$$

式中，R 代表某一个权函数或阈值，以下统称为权值；α 为学习率，一般取值在 0 ~ 1。

下面以权函数 ν_{jt} 为例来推导其修正量的表达式。由式(7-18) 可得

$$\Delta\nu_{jt} = -\alpha \frac{\partial E_{\mathrm{P}}}{\partial \nu_{jt}} = -\alpha \frac{\partial E_{\mathrm{p}}}{\partial o_t} \cdot \frac{\partial o_t}{\partial \nu_{jt}} \tag{7-19}$$

由式(7-17) 可得

$$\frac{\partial E_{\mathrm{p}}}{\partial o_t} = -(d_t - o_t) \tag{7-20}$$

由式(7-14) 可得

$$f'(v) = f(v)[1 - f(v)] \tag{7-21}$$

由式(7-16) 可得

$$\frac{\partial o_t}{\partial \nu_{jt}} = f'(v) \cdot y_j = y_j f(v)[1 - f(v)] = y_j o_t (1 - o_t) \tag{7-22}$$

将式(7-20) 和式(7-22) 代入式(7-19)，可得

$$\Delta\nu_{jt} = \alpha y_j (d_t - o_t) o_t (1 - o_t) \tag{7-23}$$

同理可求得其他权值的修正值：

$$\Delta\gamma_t = -\alpha (d_t - o_t) o_t (1 - o_t) \tag{7-24}$$

$$\Delta\omega_{ij} = \alpha x_i \sum_{t=1}^{l} (d_t - o_t) o_t (1 - o_t) \nu_{jt} y_j (1 - y_j) \tag{7-25}$$

$$\Delta\theta_j = -\alpha \sum_{t=1}^{l} (d_t - o_t) o_t (1 - o_t) \nu_{jt} y_j (1 - y_j) \tag{7-26}$$

当有 p 组训练样本时，设输入样本组分别为 $\boldsymbol{X}^1$，$\boldsymbol{X}^2$，…，$\boldsymbol{X}^p$，对应的期望输出组分别为 $\boldsymbol{d}^1$，$\boldsymbol{d}^2$，…，$\boldsymbol{d}^p$，则神经网络的训练过程有增量型学习和累积型学习两种，其学习算法分别如下：

(1) 增量型学习算法

①选 $\alpha > 0$，$E_{\max}$，设定各权值 R 的初始值；

②令 $k \leftarrow 1$，$E \leftarrow 0$；

③由 $\boldsymbol{X}^k$ 和权值 R 求神经网络的输出 $\boldsymbol{O}^k$；

④计算误差 $E \leftarrow \frac{1}{2} \sum_{t=1}^{l} (d_t^k - o_t^k)^2 + E$；

⑤按式(7-23) ~ 式(7-26) 计算各权值增量 ΔR，并且 $R \leftarrow R + \Delta R$；

⑥若 $k < p$，$k \leftarrow k + 1$，转③；否则转⑦；

⑦若 $E < E_{\max}$，训练结束；否则转②。

(2) 累积型学习算法

①选 $\alpha > 0$，$E_{\max}$，设定各权值 R 的初始值；

②令 $k \leftarrow 1$，$E \leftarrow 0$；

③由 $\boldsymbol{X}^k$ 和权值 R 求神经网络的输出 $\boldsymbol{O}^k$；

④计算误差 $E \leftarrow \frac{1}{2} \sum_{t=1}^{l} (d_t^k - o_t^k)^2 + E$；

⑤若 $k < p$，$k \leftarrow k + 1$，转③；否则转⑦；

⑥按式(7-27) ~ 式(7-30) 计算各权值增量 ΔR，并且 $R \leftarrow R + \Delta R$；转②；

⑦若 $E < E_{max}$，训练结束；否则转⑥。

各权值的计算式为

$$\Delta \nu_{jt} = \alpha \sum_{k=1}^{p} y_j^k (d_t^k - o_t^k) o_t^k (1 - o_t^k) \tag{7-27}$$

$$\Delta \gamma_t = -\alpha \sum_{k=1}^{p} (d_t^k - o_t^k) o_t^k (1 - o_t^k) \tag{7-28}$$

$$\Delta \omega_{ij} = \alpha \sum_{k=1}^{p} x_i^k \sum_{t=1}^{l} (d_t^k - o_t^k) o_t^k (1 - o_t^k) \nu_{jt} y_j^k (1 - y_j^k) \tag{7-29}$$

$$\Delta \theta_j = -\alpha \sum_{k=1}^{p} \sum_{t=1}^{l} (d_t^k - o_t^k) o_t^k (1 - o_t^k) \nu_{jt} y_j^k (1 - y_j^k) \tag{7-30}$$

3. 神经网络在检测技术中的应用

在参数检测时，当待测参数无法直接测得时（没有对应的传感器等原因）可采用间接测量方法。但有时间接测量的参数与待测参数之间没有明确的函数关系，只知道影响待测参数的各其他参数。在这种情况下可采用神经网络方法。使用神经网络进行参数测量时一般要考虑以下内容：

1）待测参数即为神经网络的输出。

2）影响待测参数的各间接测量的参数为神经网络的输入。一般来讲，神经网络的输入节点越多，神经网络的效果就越好，但随着输入节点数的增加，传感器的费用也相应增加，有时增加节点数对神经网络的输出影响并不大。所以在设计神经网络时要仔细分析影响待测参数的各种因素，确定合理的输入节点数。

3）在检测技术中，神经网络的中间层一般采用一层，中间层的节点数和输入层的情况类似，并非越多越好，随着节点数的增加将大大增加神经网络的训练时间和收敛的难度，但节点数过少也会影响神经网络的准确度。

4）神经网络在正式使用前要进行训练，即用一定数量的已知的待测参数值和与之对应的各输入参数的值分别作为神经网络的输出和输入对其进行训练，确定神经网络的各权函数和阈值。为了确保训练的神经网络具有较宽的适用范围，训练数据应覆盖待测参数的可能变化范围，并有足够多的训练样本。

5）如果设计的神经网络达不到预期的效果，要考虑重新调整神经网络的结构，包括输入节点数、中间层节点数的增加，采用其他形式的神经网络等。

6）神经网络不是万能的，人们应努力去研究、发现新的传感器（传感技术）以实现对待测参数的直接测量。

思考练习题

1. 什么叫主导变量？什么叫辅助变量？辅助变量的选取有何要求？
2. 在一个软测量系统中，“辅助变量越多，则软测量的准确度就越高”，这句话对吗？为什么？
3. 采用何种方法可以尽可能减少辅助变量的个数？
4. 请比较基于回归分析方法和基于神经元网络方法的软测量系统的各自特点。

附录　常用标准热电偶的分度表

表 A-1　铂铑 10-铂热电偶（S 型）分度表　　（参考温度：0℃）

t /℃	0	-10	-20	-30	-40	-50	-60	-70	-80	-90
	E /mV									
0	-0.000	-0.053	-0.103	-0.150	-0.194	-0.236				
t /℃	0	10	20	30	40	50	60	70	80	90
	E /mV									
0	0.000	0.055	0.113	0.173	0.235	0.299	0.365	0.433	0.502	0.573
100	0.646	0.720	0.795	0.872	0.950	1.029	1.110	1.191	1.273	1.357
200	1.441	1.526	1.612	1.698	1.786	1.874	1.962	2.052	2.141	2.232
300	2.323	2.415	2.507	2.599	2.692	2.786	2.880	2.974	3.069	3.164
400	3.259	3.355	3.451	3.548	3.645	3.742	3.840	3.938	4.036	4.134
500	4.233	4.332	4.432	4.532	4.632	4.732	4.833	4.934	5.035	5.137
600	5.239	5.341	5.443	5.546	5.649	5.753	5.857	5.961	6.065	6.170
700	6.275	6.381	6.486	6.593	6.699	6.806	6.913	7.020	7.128	7.236
800	7.345	7.454	7.563	7.673	7.783	7.893	8.003	8.114	8.226	8.337
900	8.449	8.562	8.674	8.787	8.900	9.014	9.128	9.242	9.357	9.472
1000	9.587	9.703	9.819	9.935	10.051	10.168	10.285	10.403	10.520	10.638
1100	10.757	10.875	10.994	11.113	11.232	11.352	11.471	11.590	11.710	11.830
1200	11.951	12.071	12.191	12.312	12.433	12.554	12.675	12.796	12.917	13.038
1300	13.159	13.280	13.402	13.523	13.644	13.766	13.887	14.009	14.130	14.251
1400	14.373	14.494	14.615	14.736	14.857	14.978	15.099	15.220	15.341	15.461
1500	15.582	15.702	15.822	15.942	16.062	16.182	16.301	16.420	16.539	16.658
1600	16.777	16.895	17.013	17.131	17.249	17.366	17.483	17.600	17.717	17.832
1700	17.947	18.061	18.174	18.285	18.395	18.503	18.609			

表 A-2　铂铑 30-铂铑 6 热电偶（B 型）分度表　　（参考温度：0℃）

t /℃	0	10	20	30	40	50	60	70	80	90
	E /mV									
0	0.000	-0.002	-0.003	-0.002	-0.000	0.002	0.006	0.011	0.017	0.025
100	0.033	0.043	0.053	0.065	0.078	0.092	0.107	0.123	0.141	0.159
200	0.178	0.199	0.220	0.243	0.267	0.291	0.317	0.344	0.372	0.401
300	0.431	0.462	0.494	0.527	0.561	0.596	0.632	0.669	0.707	0.746
400	0.787	0.828	0.870	0.913	0.957	1.002	1.048	1.095	1.143	1.192

（续）

t /℃	0	10	20	30	40	50	60	70	80	90
	E /mV									
500	1. 242	1. 293	1. 344	1. 397	1. 451	1. 505	1. 561	1. 617	1. 675	1. 733
600	1. 792	1. 852	1. 913	1. 975	2. 037	2. 101	2. 165	2. 230	2. 296	2. 363
700	2. 431	2. 499	2. 569	2. 639	2. 710	2. 782	2. 854	2. 928	3. 002	3. 078
800	3. 154	3. 230	3. 308	3. 386	3. 466	3. 546	3. 626	3. 708	3. 790	3. 873
900	3. 957	4. 041	4. 127	4. 213	4. 299	4. 387	4. 475	4. 564	4. 653	4. 743
1000	4. 834	4. 926	5. 018	5. 111	5. 205	5. 299	5. 394	5. 489	5. 585	5. 682
1100	5. 780	5. 878	5. 976	6. 075	6. 175	6. 276	6. 377	6. 478	6. 580	6. 683
1200	6. 786	6. 890	6. 995	7. 100	7. 205	7. 311	7. 417	7. 524	7. 632	7. 740
1300	7. 848	7. 957	8. 066	8. 176	8. 286	8. 397	8. 508	8. 620	8. 731	8. 844
1400	8. 956	9. 069	9. 182	9. 296	9. 410	9. 524	9. 639	9. 753	9. 868	9. 984
1500	10. 099	10. 215	10. 331	10. 447	10. 563	10. 679	10. 796	10. 913	11. 029	11. 146
1600	11. 263	11. 380	11. 497	11. 614	11. 731	11. 848	11. 965	12. 082	12. 199	12. 316
1700	12. 433	12. 549	12. 666	12. 782	12. 898	13. 014	13. 130	13. 246	13. 361	13. 476
1800	13. 591	13. 706	13. 820							

表 A-3　镍铬-镍硅热电偶（K 型）分度表　（参考温度：0℃）

t /℃	0	-10	-20	-30	-40	-50	-60	-70	-80	-90
	E /mV									
-200	-5. 891	-6. 035	-6. 158	-6. 262	-6. 344	-6. 404	-6. 441	-6. 458		
-100	-3. 554	-3. 852	-4. 138	-4. 411	-4. 669	-4. 913	-5. 141	-5. 354	-5. 550	-5. 730
0	0. 000	-0. 392	-0. 778	-1. 156	-1. 527	-1. 889	-2. 243	-2. 587	-2. 920	-3. 243
t /℃	0	10	20	30	40	50	60	70	80	90
	E /mV									
0	0. 000	0. 397	0. 798	1. 203	1. 612	2. 023	2. 436	2. 851	3. 267	3. 682
100	4. 096	4. 509	4. 920	5. 328	5. 735	6. 138	6. 540	6. 941	7. 340	7. 739
200	8. 138	8. 539	8. 940	9. 343	9. 747	10. 153	10. 561	10. 971	11. 382	11. 795
300	12. 209	12. 624	13. 040	13. 457	13. 874	14. 293	14. 713	15. 133	15. 554	15. 975
400	16. 397	16. 820	17. 243	17. 667	18. 091	18. 516	18. 941	19. 366	19. 792	20. 218
500	20. 644	21. 071	21. 497	21. 924	22. 350	22. 776	23. 203	23. 629	24. 055	24. 480
600	24. 905	25. 330	25. 755	26. 179	26. 602	27. 025	27. 447	27. 869	28. 289	28. 710
700	29. 129	29. 548	29. 965	30. 382	30. 798	31. 213	31. 628	32. 041	32. 453	32. 865
800	33. 275	33. 685	34. 093	34. 501	34. 908	35. 313	35. 718	36. 121	36. 524	36. 925
900	37. 326	37. 725	38. 124	38. 522	38. 918	39. 314	39. 708	40. 101	40. 494	40. 885
1000	41. 276	41. 665	42. 053	42. 440	42. 826	43. 211	43. 595	43. 978	44. 359	44. 740
1100	45. 119	45. 497	45. 873	46. 249	46. 623	46. 995	47. 367	47. 737	48. 105	48. 473
1200	48. 838	49. 202	49. 565	49. 926	50. 286	50. 644	51. 000	51. 355	51. 708	52. 060
1300	52. 410	52. 759	53. 106	53. 451	53. 795	54. 138	54. 479	54. 819		

表 A-4 镍铬-铜镍合金（康铜）热电偶（E 型）分度表 （参考温度：0℃）

t /℃	0	-10	-20	-30	-40	-50	-60	-70	-80	-90
	E /mV									
-200	-8.825	-9.063	-9.274	-9.455	-9.604	-9.718	-9.797	-9.835		
-100	-5.237	-5.681	-6.107	-6.516	-6.907	-7.279	-7.632	-7.963	-8.273	-8.561
0	0.000	-0.582	-1.152	-1.709	-2.255	-2.787	-3.306	-3.811	-4.302	-4.777
t /℃	0	10	20	30	40	50	60	70	80	90
	E /mV									
0	0.000	0.591	1.192	1.801	2.420	3.048	3.685	4.330	4.985	5.648
100	6.319	6.998	7.685	8.379	9.081	9.789	10.503	11.224	11.951	12.684
200	13.421	14.164	14.912	15.664	16.420	17.181	17.945	18.713	19.484	20.259
300	21.036	21.817	22.600	23.386	24.174	24.964	25.757	26.552	27.348	28.146
400	28.946	29.747	30.550	31.354	32.159	32.965	33.772	34.579	35.387	36.196
500	37.005	37.815	38.624	39.434	40.243	41.053	41.862	42.671	43.479	44.286
600	45.093	45.900	46.705	47.509	48.313	49.116	49.917	50.718	51.517	52.315
700	53.112	53.908	54.703	55.497	56.289	57.080	57.870	58.659	59.446	60.232
800	61.017	61.801	62.583	63.364	64.144	64.922	65.698	66.473	67.246	68.017
900	68.787	69.554	70.319	71.082	71.844	72.603	73.360	74.115	74.869	75.621
1000	76.373									

参考文献

[1] 俞金寿.过程自动化及仪表[M].北京:化学工业出版社,2003.

[2] Curtis D Johnson.过程控制仪表技术[M].北京:科学出版社,2002.

[3] 张宝芬.自动化检测技术及仪表控制系统[M].北京:化学工业出版社,2000.

[4] 张宏建,蒙建波.自动检测技术与装置[M].北京:化学工业出版社,2004.

[5] 厉玉鸣.化工仪表及自动化[M].4版.北京:化学工业出版社,2006.

[6] 杨丽明,张光新.化工自动化及仪表[M].北京:化学工业出版社,2004.

[7] 王化祥.自动检测技术[M].北京:化学工业出版社,2004.

[8] 王锦标.计算机控制系统[M].北京:清华大学出版社,2004.

[9] 刘建昌,等.计算机控制系统[M].北京:科学出版社,2009.

[10] 赵邦信.计算机控制技术[M].北京:科学出版社,2008.

[11] 周泽魁.控制仪表与计算机控制装置[M].北京:化学工业出版社,2002.

[12] 王慧,金以慧.计算机控制系统[M].北京:化学工业出版社,2000.

[13] 吴勤勤.控制仪表及装置[M].3版.北京:化学工业出版社,2007.

[14] 张永德.过程控制装置[M].北京:化学工业出版社,2000.

[15] 廖常初.S7-300/S7-400 PLC应用技术[M].北京:机械工业出版社,2005.

[16] 郑晟,等.现代可编程控制器原理与应用[M].北京:科学出版社,1999.

[17] 邱公伟.可编程控制器网络通信及应用[M].北京:清华大学出版社,2000.

[18] 徐世许.可编程控制器原理·应用·网络[M].合肥:中国科学技术大学出版社,2000.

[19] 瞿坦.计算机网络及应用[M].北京:化学工业出版社,2002.

[20] 冯冬芹,黄文君.工业通信网络与系统集成[M].北京:科学出版社,2005.

[21] 阳宪惠.工业数据通信与控制网络[M].北京:清华大学出版社,2003.

[22] 阳宪惠.现场总线技术及应用[M].北京:清华大学出版社,1999.

[23] 张凤登.现场总线技术与应用[M].北京:科学出版社,2008.

[24] 《石油化工仪表自动化培训教材》编写组.安全仪表控制系统[M].北京:中国石化出版社,2009.

[25] William M Goble.控制系统的安全评估及可靠性[M].北京:中国电力出版社,2008.

[26] 阳宪惠.安全仪表系统的功能安全[M].北京:清华大学出版社,2007.

[27] 于海生,等.微型计算机控制技术[M].北京:清华大学出版社,2000.

[28] 蔡武昌,等.流量测量方法和仪表的选用[M].北京:化学工业出版社,2001.

[29] 杜维,等.化工检测技术及显示仪表[M].杭州:浙江大学出版社,1988.

[30] 杜维,张宏建.过程检测技术及仪表[M].北京:化学工业出版社,1999.

[31] 杜水友.压力测量技术及仪表[M].北京:机械工业出版社,2005.

[32] 范玉久.化工测量及仪表[M].2版.北京:化学工业出版社,2002.

[33] 范玉久.化工测量及仪表[M].北京:化学工业出版社,1981.

[34] 高魁明.热工测量仪表[M].北京:冶金工业出版社,1993.

[35] Eenest O Doebelin.测量系统应用与设计[M].王伯雄,等,译.北京:电子工业出版社,2007.

[36] John P Bentley. Principles of Measurement System[M]. London:Longman,1983.

[37] 何希才.传感器及其应用[M].北京:国防工业出版社,2001.

[38] 侯志林.过程控制与自动化仪表[M].北京:机械工业出版社,2003.

[39] 蒋宗文,等.自动显示仪表[M].武汉:华中工学院出版社,1985.

[40] 金篆芷,王明时. 现代传感器技术[M]. 北京:电子工业出版社,1995.
[41] 李海青,等. 两相流参数检测及应用[M]. 杭州:浙江大学出版社,1991.
[42] 李科杰. 现代传感技术[M]. 北京:电子工业出版社,2005.
[43] 李科杰. 新编传感器技术手册[M]. 北京:国防工业出版社,2002.
[44] 刘君华. 现代检测技术与测试系统设计[M]. 西安:西安交通大学出版社,1999.
[45] 历玉鸣. 化工仪表及自动化例题习题集[M]. 北京:化学工业出版社,1999.
[46] 凌善康,原遵东. '90 国际温标通用热电偶分度表手册[M]. 北京:中国计量出版社,1994.
[47] 凌善康. '90 国际温标工业用铂电阻温度计分度表[M]. 北京:中国计量出版社,1996.
[48] 梁国伟,蔡武昌. 流量测量技术及仪表[M]. 北京:机械工业出版社,2002.
[49] 林宗虎. 工程测量技术手册[M]. 北京:化学工业出版社,1997.
[50] 单成祥. 传感器的理论与设计基础及其应用[M]. 北京:国防工业出版社,1999.
[51] 王绍纯. 自动检测技术[M]. 北京:冶金工业出版社,1995.
[52] 王森. 仪表常用数据手册[M]. 北京:化学工业出版社,1998.
[53] 王家桢,王俊杰. 传感器与变送器[M]. 北京:清华大学出版社,1996.
[54] 吴勤勤. 控制仪表及装置[M]. 北京:化学工业出版社,1997.
[55] 萧鹏,等. 过程分析技术及仪表[M]. 北京:机械工业出版社,2008.
[56] 于洋. 在线分析仪表[M]. 北京:电子工业出版社,2006.
[57] 曾繁情,杨业智. 现代分析仪器原理[M]. 武汉:武汉大学出版社,2000.
[58] 张福学. 英汉传感技术辞典[M]. 北京:电子工业出版社,1994.
[59] 张是勉,等. 自动检测[M]. 北京:科学出版社,1987.
[60] 张宏建,王化祥,周泽魁,曹丽. 检测控制仪表学习指导[M]. 北京:化学工业出版社,2006.
[61] 张靖,刘少强. 检测技术与系统设计[M]. 北京:中国电力出版社,2002.
[62] 郑建光. 过程控制调节仪表[M]. 北京:中国计量出版社,2007.
[63] 中国大百科全书总编委会. 机械工程. 光盘(1.1 版). 北京:中国大百科全书出版社,2000.
[64] 中国大百科全书总编委会. 自动控制与系统工程. 光盘(1.1 版). 北京:中国大百科全书出版社,2000.
[65] 周泽存,刘馨媛. 检测技术[M]. 北京:机械工业出版社,1993.
[66] 朱麟章,蒙建波. 检测理论及其应用[M]. 北京:机械工业出版社,1997.
[67] 鄢泰宁,等. 检测技术及勘察工程仪表[M]. 北京:中国地质大学出版社,1996.
[68] 王树青,戴连奎,于玲. 过程控制工程[M]. 2 版. 北京:化学工业出版社,2008.
[69] C A Smith. Automated Control Process Control[M]. Hoboken:John Wiley & Sons, Inc. ,2002.
[70] D E Seborg, T F Edgar, D A Mellichamp. Process Dynamics and Control[M]. 2nd ed. Hoboken:John Wiley & Sons, Inc. ,2004.
[71] F G Shinskey. 过程控制系统——应用、设计与整定[M]. 3 版. 萧德云,吕伯明,译. 北京:清华大学出版社,2004.
[72] 王正林,郭阳宽. 过程控制与 Simulink 应用[M]. 北京:电子工业出版社,2006.
[73] 王树青,等. 工业过程控制工程[M]. 北京:化学工业出版社,2003.
[74] 孙洪程,李大字,翁维勤. 过程控制工程[M]. 北京:高等教育出版社,2005.
[75] 金以慧. 过程控制[M]. 北京:清华大学出版社,1993.
[76] J Richalet. Industrial Application of Model Based Predictive Control[J] *Automatica*. 1993, 29(5): 1251-1274.
[77] C E Garcia, D M Prett, M Morari. Model Predictive Control: Theory and Practice—a Survey[J]. *Automatica*. 1989, 25(3): 335-348.
[78] 韦巍. 智能控制技术[M]. 北京:机械工业出版社,2000.

[79] 李海青,等.软测量技术原理及应用[M].北京:化学工业出版社,2000.
[80] 张宏建,等.现代检测技术[M].北京:化学工业出版社,2007.
[81] 邵军力,等.人工智能基础[M].北京:电子工业出版社,2000.
[82] 张毅,等.自动检测技术及仪表控制系统[M].2版.北京:化学工业出版社,2005.